现代化学专著系列·典藏版　15

晶态聚合物结构和 X 射线衍射

（第二版）

莫志深　张宏放　张吉东　编著

科 学 出 版 社

北　京

内 容 简 介

本书是一本较全面反映 X 射线在聚合物各领域应用的专著，全书共十五章。第一章至第五章论述了相关基础理论：聚合物 X 射线晶体学基础、晶态聚合物、X 射线物理基础、聚合物 X 射线衍射、实验方法；第六章至第十五章较全面介绍了 X 射线衍射在聚合物中的具体应用：聚合物 X 射线衍射图分类、聚合物材料的结构鉴定、多晶法测定聚合物晶体结构、聚合物材料的结晶度、聚合物材料的取向度、聚合物材料微晶尺寸和点阵畸变、聚合物材料的小角 X 射线散射、聚合物材料掠入射 X 射线衍射、非晶态聚合物材料的 X 射线散射、同步辐射 X 射线散射等。

本书可作为高等院校和科研院所高分子专业研究生的教学用书，对从事高分子科研和生产技术与工程技术的人员来说，也是一本有价值的参考书。

图书在版编目（CIP）数据

现代化学专著系列：典藏版 / 江明，李静海，沈家骢，等编著. —北京：科学出版社，2017.1

ISBN 978-7-03-051504-9

Ⅰ.①现… Ⅱ.①江… ②李… ③沈… Ⅲ.①化学 Ⅳ.①O6

中国版本图书馆 CIP 数据核字（2017）第 013428 号

责任编辑：黄 海 刘 冉／责任校对：张凤琴
责任印制：张 伟 ／封面设计：铭轩堂

科 学 出 版 社 出版
北京东黄城根北街 16 号
邮政编码：100717
http://www.sciencep.com
北京厚诚则铭印刷科技有限公司印刷
科学出版社发行　各地新华书店经销

*

2017 年 1 月第 一 版　　开本：B5（720×1000）
2017 年 1 月第 一 版　　印张：33 1/4
字数：650 000

定价：7980.00 元（全 45 册）

（如有印装质量问题，我社负责调换）

第二版前言

2003 年出版的《晶态聚合物结构和 X 射线衍射》（第一版）的前言已指出，该书是作者多年科研和教学汇集而成的专著，迄今六年有余，其间高分子科学与技术的新理论、新方法和新仪器均有了明显的发展。该书是一本较全面反映 X 射线在聚合物各领域应用的专著，应部分读者要求，作者愿对其进行修改和补充，供高等学校和科研院所研究生及高分子科研和生产技术与工程技术人员参考。

我十分有幸邀请了国内知名学者中国科学技术大学李良彬教授，撰写了第十五章同步辐射 X 射线散射在聚合物材料研究中的应用。

感谢科学出版社对本书再版的关心和支持。

本书第二版由莫志深、张宏放、张吉东共同编写，全书由莫志深统稿、审校。限于作者的学识水平，第二版仍可能存在缺点和错误，诚挚希望读者批评指正。

感谢刘结平博士、王尚尔博士、喻龙宝博士、刘天西博士、李三喜博士、那辉博士、姬相玲博士、朱诚身博士、安玉贤博士、乔秀颖博士、郑京桥硕士、刘思杨硕士、邱兆斌博士、肖学山博士、张庆新博士、张志豪博士、任敏巧博士、陈庆勇博士、宋剑斌博士、孙小红博士和张会良博士等，他们先后在本组工作期间取得的科研成果，大大丰富了本书的内容。感谢中国科学院长春应用化学研究所高分子物理与化学国家重点实验室提供了良好的科研和生活条件，使师生间深深感受到科研的乐趣以及生活的充实、精彩和愉快。

莫志深

2010 年 4 月于中国科学院长春应用化学研究所

高分子物理与化学国家重点实验室

第一版前言

本书是以作者自 1978 年以来在中国科学院长春应用化学研究所研究生教学及多年科研工作的积累为基础汇集而成的专著。内容包括：第一章聚合物 X 射线晶体学基础，但考虑到晶体几何学以及 X 射线晶体学在该章所引用的几本专著中已有全面深入的论述，因此，该章仅简述了晶体几何学基础，并重点强调高分子晶体的特点，目的是使读者了解我们所研究对象的特点；第二章晶态聚合物及第六章 X 射线衍射图分类着重叙述了聚合物晶体的形成与结构，以及一些典型晶态聚合物分子链的基本堆砌及物理图像；第三至五章着重介绍了 X 射线物理基础、聚合物 X 射线实验方法及基本原理，第七至十四章结合作者科研成果，并吸纳国内外相关最新结果，对 X 射线衍射在聚合物各个领域的应用作了较全面的论述。

本书可用做高等院校和科研院所硕士和博士研究生教学用书，对从事高分子科研和生产的科技人员与工程技术人员也是一本有价值的参考书。

本书得以出版，承蒙中国科学院科学出版基金的资助以及组内研究生、同事们帮助打印成书稿，作者在此表示衷心感谢。

应该说明的是，根据国家标准，"原子量"应为"相对原子质量"；"分子量"应为"相对分子质量"；"数均分子量"应为"数均摩尔质量"。晶体结构中大量习惯使用单位埃（Å，非法定单位，$1Å = 10^{-10}m$），为方便研究生、科研和工程人员阅读，本书仍使用习惯用法，敬请读者注意。

本书由莫志深、张宏放合写，限于作者的学识水平，尽管已做了种种努力，但缺点和错误在所难免，恳请读者批评指正。

莫志深　张宏放
2002 年 10 月于中国科学院长春应用化学研究所
高分子物理与化学国家重点实验室

目　　录

第一章　聚合物 X 射线晶体学基础[1-16]

X 射线是在 1895 年由德国物理学家伦琴（W. C. Röentgen）发现的，因为当时对这种射线的本质还不了解，伦琴把它称为"X"射线（源于数学中常用"X"代表未知数）。后来为了纪念伦琴，人们也称其为伦琴射线。X 射线一经发现，就被医师们用做检查人体伤病的工具，其后不久，又被工程师们用来检查金属或其他不透明物体内部缺陷。但 X 射线的本质直到 1912 年才被肯定。同年，劳埃（Max von Laue）等发现了 X 射线的晶体衍射现象，证实了 X 射线和光同是一种电磁波，但是波长较光更短。它的波长与在晶体中发现的周期具有相同的数量级。劳埃实验证明了晶体内部原子排列的周期性结构，它使结晶学家手中增添了一种研究物质微细结构的极有利的工具，使结晶学进入了一个新时代。稍后，X 射线衍射的基础理论和测定晶体结构的技术都得到了迅猛发展，被测定的晶体结构和数目成倍增加。1920 年，德国科学家施陶丁格（Staudinger）在系统地研究了许多聚合物的结构性质之后，提出了大分子的假设，并在其划时代的"论聚合"一文中，提出了聚苯乙烯、聚甲醛、天然橡胶等聚合物具有线型长链结构式，这在今天看来依然是正确的。几乎同时，一些科学家已经开始用 X 射线测定聚合物晶体结构，最先是纤维素晶体结构的研究，但测得的聚合物晶胞尺寸并不比低分子的化合物大。当时，绝大多数科学家强烈反对大分子学说，认为大分子是由小分子"缔合"成的胶束——所谓"胶束缔合论"。当时，用 X 射线测得的聚合物晶体结构的结果被他们误解。他们认为，所谓"大分子"，不会比 X 射线测得的结果大。大分子学说在当时受到激烈的围攻，Staudinger 坚持自己发现大分子的科学真理，表现了高度勇气，坚持了高分子大小和其晶胞大小无关的观点，开拓了一个崭新的领域。1953 年，他因"链状高分子化合物的研究"的卓越贡献被授予诺贝尔化学奖。

产生上述反对科学真理现象的主要原因，是当时大多数科学家一方面受到"胶束缔合论"的束缚，另一方面对聚合物结晶的特点还不了解。故本章从讨论高分子结晶的特点入手，对聚合物 X 射线晶体学作简明叙述。

1.1　晶　　体

低分子物质 X 射线晶体学是聚合物晶体学的基础。

什么是晶体？晶体是由原子、离子或分子在三维空间周期性排列构成的固体物质。被一个空间点阵贯穿始终的固体称为单晶体，许多小单晶体按不同取向聚集而成的固体称多晶体。在绝大多数情况下，用于实验的聚合物样品均为多晶体。从数学（或物理）角度，晶体可以看做：晶体 = 点阵 + 结构基元（或晶体等于点阵和结构基元相互作用的结果）。对低分子物质，结构基元可以是原子、离子或分子；对高分子，结构基元是指可结晶的高分子"链段"。为此，IUPAC于 1988 年建议从熔体结晶的高分子链伸展成杆状（stems）的部分链段是折叠链片晶的基元，即杆状链段是结晶的基元。

　　1939 年，C. W. Bunn 首先使用多晶 X 射线衍射方法，测定了聚乙烯的晶体结构，所得结果今天看来仍然是正确的，从而奠定了聚合物晶体学基础。

　　聚合物晶体除与低分子物质晶体共有特征，如晶体对称性、对 X 射线产生衍射、自发形成多面体外形以及平整晶面、均匀性（宏观观察）、各向异性（微观观察）外，还具有下面一些特点。

1.2　高分子晶体的特点

1.2.1　晶胞由链段构成

　　聚合物晶胞是由一个或若干个高分子链段构成的，除少数天然蛋白质以分子链球堆砌成晶胞外，在绝大多数情况下，高分子链以链段（或化学重复单元）排入晶胞中，一个高分子链可以穿越若干个微晶晶胞［图 1.1（b）］。X 射线衍射测得聚合物晶胞尺寸正好是高分子链段（或结构重复单元）的长度，这与一

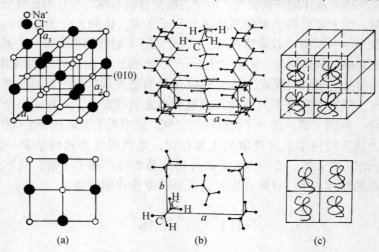

图 1.1　低分子物质晶胞与聚合物晶胞比较
（a）低分子晶体（NaCl）；（b）聚合物晶体（PE）；（c）蛋白质晶体

般低分子物质以原子或分子等作为单一结构单元排入晶胞有显著不同［图1.1（a）］，晶态高分子链轴与一根结晶主轴平行。表1.1 给出了某些聚合物的化学重复单元和晶体结构重复单元。

表 1.1　某些聚合物的化学重复单元及晶体结构重复单元

聚合物	化学重复单元	晶体结构重复单元	N	Z	L
PE	$\{CH_2-CH_2\}_n$	○表示C原子	2	2	2
尼龙 1010			1	1	1
PEK			2	2	2
$i\text{-}PP$	$\{CH_2-CH\}_n$ 〈CH_3		4	4	12
PEEK			2	2	$2\times 2/3$

续表

聚合物	化学重复单元	晶体结构重复单元	N	Z	L
PTh			2	2	4

注：①N 为通过一个晶胞的分子链数目；Z 为一个晶胞中含晶体结构重复单元的数目（$n = Z$）；L 为一个晶胞中含有化学重复单元的数目（$L = Z \times n$）；n 为一个晶体结构重复单元中含有化学重复单元的数目。

②PE、尼龙 1010、PEK 的化学重复单元与晶体结构重复单元相同，i-PP、PEEK、PTh 的化学重复单元与晶体结构重复单元不同。

1.2.2　折叠链

在大多数情况下，高分子链以折叠链片晶形态构成高分子晶体。

1.2.3　聚合物晶体的晶胞结构重复单元

表 1.1 表明构成高分子晶胞的晶体结构重复单元数目 Z 有时与其化学重复单元数目 L 并不相同。

1.2.4　结晶不完善

由于高分子链内以原子共价键连接，分子链间存在范德华（van der Waals）力或氢键相互作用，使得其结晶时，链自由运动受阻，妨碍链规整堆砌排列，使聚合物只能部分结晶并且产生许多畸变晶格及缺陷——结晶不完善。所谓结晶聚合物，实际上是部分结晶，其结晶度常常在 50% 以下。目前合成的聚合物的单晶尺寸很小（<0.1mm），仅供电子显微镜（EM）用，不适用于 X 射线衍射。

1.2.5　结构的复杂性及多重性

最近研究表明，结晶聚合物通常为结晶、非晶、中间层、"液态结构"、亚稳态等构成的共存体系，常处在热力学不平衡状态，因此它的熔点不是一个单一温度值，而是存在一个温度范围（熔限）。加于聚合物一个很小的外场力，有时可以在很大程度上改变部分聚合物中结晶–非晶的平衡态，有利于聚合物结晶提高熔点。对聚合物结晶不仅要考虑如通常低分子结晶的微观结构参数，还要考虑聚合物的"宏观"结构参数（表 1.2）。

表 1.2 结晶态聚合物结构参数

微观结构参数	宏观结构参数
晶格参数：a, b, c, α, β, γ	微晶尺寸 L_{hkl}
空间群	片晶厚度
单位晶胞内单体数目 N	长周期 L
分子链构象	结晶 – 非晶中间层
原子坐标 x/a, y/b, z/c	晶格畸变
原子的温度因子： 　各向同性：B 　各向异性：B_{ij}（i，$j=1$，2，3）	次晶结构
结晶密度 ρ_c	结晶度 $W_{c,x}$
堆砌密度 k	

1.2.6 聚合物晶体的空间群

聚合物晶体空间群大部分分布在 $C_{2h}^5\text{-}P2_1/c$，$D_2^4\text{-}P2_12_12_1$，$C_i^1\text{-}P\,\overline{1}$，$C_1^1\text{-}P1$，$D_{2h}^{16}\text{-}Pnam$，$C_{3v}^6\text{-}R3c$，$C_{2v}^9\text{-}P2_1cn$ 等少数空间群中。

1.3 晶胞和点阵

1.3.1 晶胞

按照晶体内部的周期性及对称性，可划分出形状和大小完全相同的平行六面体，它代表晶体结构的基本重复单元，称为晶胞（图 1.2）。晶胞划分的两个要素：一是尽可能取对称性高的素单位；二是尽可能反映晶体结构的对称性。整个晶体就是由晶胞在三维空间周期性堆砌而成的。测定晶体结构的两个要素：一是晶胞大小和形状，它是由晶体内部结构和晶胞参数 a，b，c，α，β，γ 所规定的，bc 之间夹角是 α，ac 之间夹角是 β，ab 之间夹角是 γ；二是晶胞内各原子的坐标位置，它由原子坐标参数（x，y，z）表示，由晶胞原点至该原子位置间距矢量为 r，x，y，z 为该原子的分数坐标，a，b，c 为规定晶胞的基向量（图 1.3），则

$$r = xa + yb + zc$$

测定了晶胞上述两个要素后，相应的晶体空间结构即可确定。

1.3.2 点阵

为了更好地描述晶体内部结构的周期性，可将晶体中按周期重复的那一部分物质点（原子、分子和离子）抽象成一些几何点，不考虑周期性所包含的具体

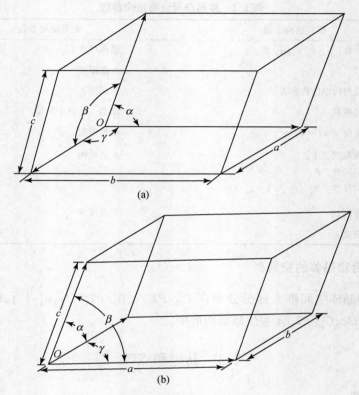

图 1.2　晶胞原点改变

（a）、（b）图是根据右手法则得到的晶胞矢量排列的变化

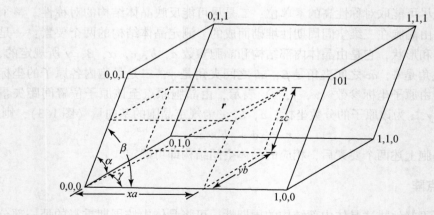

图 1.3　原子分数坐标参数

内容（指原子、分子和离子），那么晶体的周期性可以用点阵来描述。点阵的基本性质是一组无限数目的结点，连接其中任意两个点的矢量，进行平移时，均能使点阵复原。当矢量的一端落在任一点阵点时，矢量的另一端必定也落在另一点阵点上，所以晶体点阵中各个点必定具有相同环境。图 1.4 用三个不相平行的单位矢量 a，b，c 和它们之间夹角 α，β，γ 按单位矢量连成平行六面体（称晶格），所以晶体的点阵和晶格是晶体周期性结构抽象的结果，一定是和一种形状的晶胞相应，此时每一个结点代表着一定的具体内容。例如，聚乙烯的晶体结构 =（聚乙烯）点阵 + 结构基元（聚乙烯链段）（图 1.5）。

可见结构基元是在晶体中按周期性重复的基本内容。

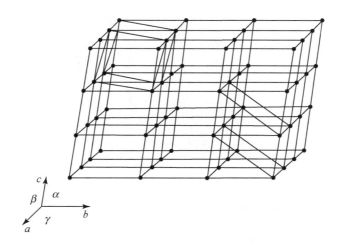

图 1.4　晶体的点阵和晶格

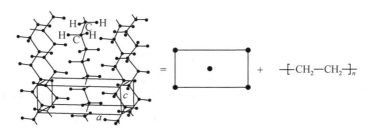

图 1.5　聚乙烯的晶体结构 = 点阵 + 结构基元

1.3.3　点阵点、直线点阵及平面点阵的指标

1. 点阵点指标 uvw

对空间点阵中某一阵点的指标，可作从原点至该点的向量 r，并将 r 用单位向量 a，b，c 表示；若 $r = ua + vb + wc$，这里是 uvw 点阵点的指标，u，v，w 可以是正值，也可为负值。图 1.6 示出了点阵点 331（$u = 3$，$v = 3$，$w = 1$）在晶格中的位置。

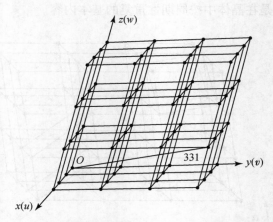

图 1.6　点阵点指标（点阵点 331 在点阵中的位置）

2. 直线点阵指标或晶棱指标 $[uvw]$

由坐标原点引向结点直线，其直线组的方向用记号 $[uvw]$ 表示，其中 uvw 为三坐标轴的分量，$[uvw]$ 为互质整数，方向与矢量 $r = ua + vb + wc$ 平行。

3. 平面点阵指标或晶面指标 (hkl)

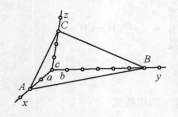

图 1.7　晶面 (3, 1, 2) 的取向

设一平面点阵与三坐标轴相交（图 1.7），其截距分别为 2，6，3（以 a，b，c 为单位），则晶面指数规定为截距倒数的互质比，此晶面指数为 3，1，2。三个数分别用 h，k，l 表示，又称米勒指数（Miller indices）。通常用 (hkl) 表示互质，h，k，l 不互质。取倒数的原因是当晶面与某一晶轴平行时，截距将为无限大，为避免无限大的出现，故取截距的倒数。不同米勒指数的晶面如图 1.8 所示。

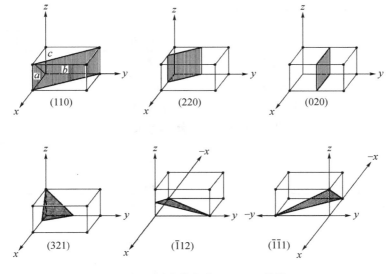

图 1.8　不同米勒指数（ hkl ）的晶面

1.4　晶体对称性、晶系与晶体空间点阵形式

1.4.1　晶体对称性

对称性定义：将物体或图形进行一定移动或操作后，不可能区分与原位置的差别，则称这些物体或图形具有对称性。或者说，对称物体或图形是由两个或两个以上等同部分组成的，这些等同部分通过一定的对称操作后可以有规律地重复，分不出操作（调换位置）前后的差别。由于晶体具有周期性和点阵结构，无论外形（宏观）还是内部（微观）结构，都具有一定对称性。表 1.3 列出了晶体中可能存在的对称元素。

表 1.3　晶体中可能存在的对称元素*

对称元素类型	书写记号	图示记号	
		垂直纸面	在纸面内
平移矢量	a, b, c	—	⟶
对称中心	$\bar{1}$	○	○
旋转轴	2	⬮	⟷
	3	▲	
	4	■	
	6	⬣	

续表

对称元素类型	书写记号	图示记号	
		垂直纸面	在纸面内
螺旋轴	2_1		
	3_1，3_2		→
	4_1，4_2，4_3		
	6_1，6_2，6_3，6_4，6_5，		
反轴	$\bar{3}$		
	$\bar{4}$		
	$\bar{6}$		
镜面	m	——————	
滑移面	a，b，c	在纸面内滑移 ------ 离开纸面滑移	
	n	—·—·—·—	
	d		

* 引自周公度，郭可信. 晶体和准晶体的衍射. 北京：北京大学出版社，1999：28.

下面图示了几种宏观对称模型和图形。

图 1.9、图 1.10 为镜面对称。

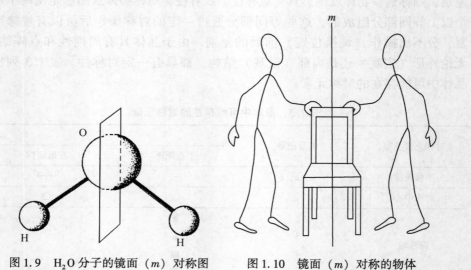

图 1.9　H_2O 分子的镜面（m）对称图　　　图 1.10　镜面（m）对称的物体

极射赤平投影图（图 1.11）是晶体学家常用的工具，D，C 点分别向北极连线，在赤平面上投影，用 $D' \bullet$，$C' \bullet$ 表示。同理 A，B 点分别向南极连线，在赤平面上的投影用 $A' \circ$，$B' \circ$ 表示。

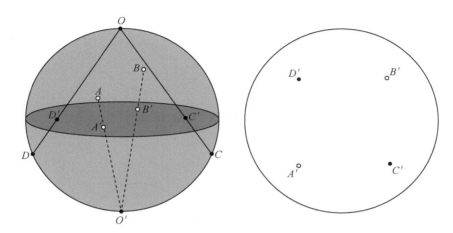

图 1.11　极射赤平投影图

具有 2、3、4、6 次旋转轴的晶体如图 1.12 所示。

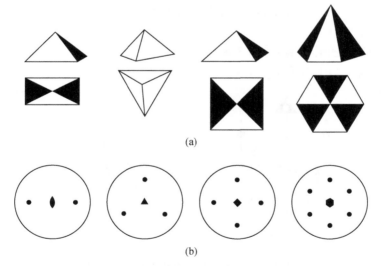

图 1.12　透视图与俯视图（a）及相应的极射赤面投影图（b）

$\bar{1}$、$\bar{2}$、$\bar{3}$、$\bar{4}$、$\bar{6}$ 及其极射赤面投影图如图 1.13 ~ 图 1.17 所示。

一次反轴即对称中心：$\bar{1} = i$

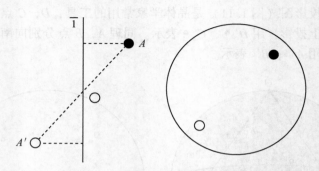

图 1.13　一次反轴及其极射赤面投影图

二次反轴：$\bar{2} = m_\perp$

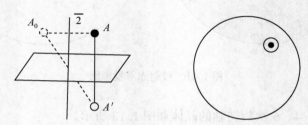

图 1.14　二次反轴及其极射赤面投影图

三次反轴的操作过程：$\bar{3} = 3 + i$

三次反轴的操作结果：$\bar{3} = 3 + i$

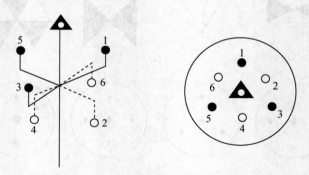

图 1.15　三次反轴及其极射赤面投影图

四次反轴的操作过程：$\bar{4} = 4 + i$

四次反轴的操作结果：$\bar{4} \neq 4 + i$

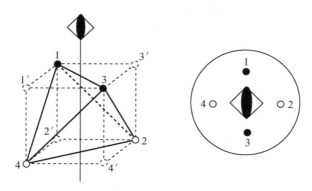

图 1.16　四次反轴及其极射赤面投影图

六次反轴的操作过程：$\overline{6} = 6 + i$

六次反轴的操作结果：$\overline{6} = 3 + m_\perp$

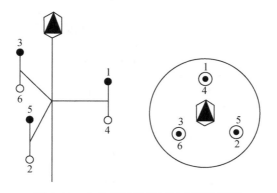

图 1.17　六次反轴及其极射赤面投影图

晶体对称性由于受到点阵的制约，不存在五重轴和高于六次轴的各种对称轴，晶体从外形及内部结构具有 7 种可能的对称操作。它们分别是：①对称中心（$\overline{1} = i$）；②镜面（m）；③旋转轴（n）；④反轴（$\overline{n}$）；⑤平移（$\boldsymbol{a}$、$\boldsymbol{b}$、$\boldsymbol{c}$）；⑥滑移面（a、b、c、n、d）；⑦螺旋轴（n_m），它是一个复合对称操作，旋转后接着沿轴方向平移，它们的记号、动作过程和符号见表 1.4 和表 1.5。图 1.18、图 1.19 为晶体的各种螺旋轴及自然界中的旋转轴和螺旋轴。

表 1.4 对称元素记号、操作过程及符号

对称轴	记号	动作	垂直纸面符号
一重旋转轴	1	0 或 360°	
二重旋转轴	2	180°	⬮
三重旋转轴	3	120°	▲
四重旋转轴	4	90°	■
六重旋转轴	6	60°	⬢
一重反轴	$\bar{1}$	0 或 360° + 倒反	○
二重反轴	$\bar{2}$	180° + 倒反	
三重反轴	$\bar{3}$	120° + 倒反	◮
四重反轴	$\bar{4}$	90° + 倒反	◈
六重反轴	$\bar{6}$	60° + 倒反	⬣
二重螺旋轴	2_1	180° + 1/2c (a, b)	
三重螺旋轴	3_1	120° + 1/3c	
	3_2	120° + 2/3c	
四重螺旋轴	4_1	90° + 1/4c	
	4_2	90° + 1/2c	
	4_3	90° + 3/4c	
六重螺旋轴	6_1	60° + 1/6c	
	6_2	60° + 2/6c	
	6_3	60° + 3/6c	
	6_4	60° + 4/6c	
	6_5	60° + 5/6c	

表 1.5 对称元素及其表示

镜面和滑移面	记号	滑移量	垂直纸面符号
镜面	m		——————
轴滑移面	a	$\dfrac{1}{2}a$	– – – – – –
	b	$\dfrac{1}{2}b$	在纸面内滑移 · · · · · · · ·
	c	$\dfrac{1}{2}c$	离开纸面滑移
对角滑移面	n	$\dfrac{1}{2}(a+b)$，$\dfrac{1}{2}(a+c)$，$\dfrac{1}{2}(b+c)$，$\dfrac{1}{2}(a+b+c)$	– – – – –
金刚石滑移面	d	$\dfrac{1}{4}(a\pm c)$，$\dfrac{1}{4}(b\pm c)$，$\dfrac{1}{4}(a\pm b\pm c)$	◄–·–·–► ◄–·–·–►

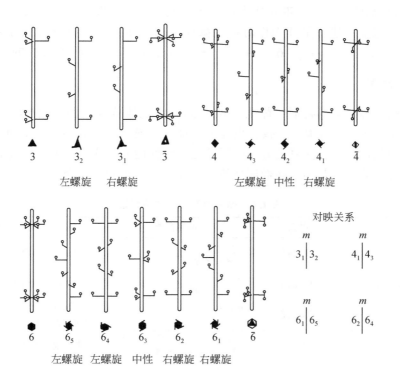

图 1.18 晶体的各种螺旋轴

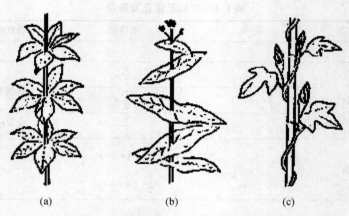

图 1.19 自然界中的旋转轴（a）和螺旋轴（b，c）

从晶体外形（宏观）所表现出来的对称性元素仅有 8 种：1，2，3，4，6，i，m 和 $\bar{4}$。因为从晶体外形观察不到晶体内部（微观）的平移操作元素，故晶体宏观对称元素不包括上述含平移操作对称性操作，从上面图示及讨论可以证明：$\bar{1} = i$（而 $i = 2 + m_\perp$），$\bar{2} = m_\perp$，$\bar{6} = 3 + m_\perp$，$\bar{3} = 3 + i$，$\bar{4} \neq 4 + i$，即 $\bar{4}$ 是独立的。

1.4.2 晶系

根据晶体具有的特征对称性（表 1.6），将晶体分成 7 种不同形状的平行六面体类型，即 7 个晶系。若仅根据晶胞三轴长（或轴比）和轴间夹角划分晶胞往往会导致错误结果，晶系的分类必须按晶体对称性进行分类，不能仅按晶胞形状进行分类。高分子晶体大多数属低级晶系（三斜、单斜、正交）。

表 1.6 晶系及其特征对称元素 *

级别	晶系	晶胞参数	特征对称元素
低级晶系	三斜晶系	$a \neq b \neq c$ $\alpha \neq \beta \neq \gamma$	对称中心或自身
	单斜晶系	$a \neq b \neq c$ $\alpha = \gamma = 90° \neq \beta$	一个二重轴或对称面
	正交晶系	$a \neq b \neq c$ $\alpha = \beta = \gamma = 90°$	三个互相垂直二重轴或两个互相垂直的对称面
中级晶系	三方晶系	① $a = b = c, \alpha = \beta = \gamma \neq 90°$ ② 与六方晶系相同	三重轴或三重反轴
	四方晶系	$a = b \neq c$ $\alpha = \beta = \gamma = 90°$	四重轴或四重反轴
	六方晶系	$a = b \neq c$ $\alpha = \beta = 90°, \gamma = 120°$	六重轴或六重反轴

续表

级别	晶系	晶胞参数	特征对称元素
高级晶系	立方晶系	$a = b = c$ $\alpha = \beta = \gamma = 90°$	四个三重轴按立方对角线排列

* 表中的对称轴包括旋转轴，螺旋轴和反轴；对称面包括镜面和滑移面。

1.4.3　平面间距（晶面间距）

一组指数为（hkl）的平面点阵族，以等距离排列，两相邻平面间的垂直距离称平面间距或晶面间距，用 d_{hkl} 表示或用简写 d 表示。各晶系 d 值计算公式如下：

三斜

$$\frac{1}{d_{hkl}^2} = \frac{1}{(1 + 2\cos\alpha\cos\beta\cos\gamma - \cos^2\alpha - \cos^2\beta - \cos^2\gamma)}$$
$$\times \left[\frac{h^2\sin^2\alpha}{a^2} + \frac{k^2\sin^2\beta}{b^2} + \frac{l^2\sin^2\gamma}{c^2} + \frac{2hk}{ab}(\cos\alpha\cos\beta - \cos\gamma) \right.$$
$$\left. + \frac{2kl}{bc}(\cos\beta\cos\gamma - \cos\alpha) + \frac{2hl}{ac}(\cos\gamma\cos\alpha - \cos\beta) \right]$$

单斜

$$\frac{1}{d_{hkl}^2} = \frac{1}{\sin^2\beta}\left(\frac{h^2}{a^2} + \frac{k^2\sin^2\beta}{b^2} + \frac{l^2}{c^2} - \frac{2hl\cos\beta}{ac} \right)$$

正交

$$\frac{1}{d_{hkl}^2} = \frac{h^2}{a^2} + \frac{k^2}{b^2} + \frac{l^2}{c^2}$$

四方

$$\frac{1}{d_{hkl}^2} = \frac{h^2 + k^2}{a^2} + \frac{l^2}{c^2}$$

三方

$$\frac{1}{d_{hkl}^2} = \frac{(h^2 + k^2 + l^2)\sin^2\alpha + 2(hk + kl + lh)(\cos^2\alpha - \cos\alpha)}{a^2(1 + 2\cos^3\alpha - 3\cos^2\alpha)}$$

六方

$$\frac{1}{d_{hkl}^2} = \frac{4}{3}\left(\frac{h^2 + hk + k^2}{a^2} \right) + \frac{l^2}{c^2}$$

立方

$$\frac{1}{d_{hkl}^2} = \frac{h^2 + k^2 + l^2}{a^2}$$

1.4.4　晶体空间点阵形式

根据 7 种晶系选择点阵单位（表 1.6），7 种晶系共有 14 种空间点阵形式，或称 14 种布拉维（Bravias）点阵形式（表 1.7）。如果只在单位平行六面体八个顶点分布有点阵点，称素格子（P）或称简单格子；平行六面体中心有点阵点，称体心格子（I）；在对应面中心有点阵点，称底心格子（C）；若所有对应面有点阵点，称面心格子（F）。这样 7 个晶系都可推导出 P，C，I，F 四种类型的格子。根据不破坏原始点阵、不破坏原有对称性的原则，有些格子是不存在的，有些是重复的，最后得出 14 种空间点阵形式（图 1.20）。

表 1.7　14 种空间点阵形式

级别	晶系	晶胞参数的限制	空间点阵形式	晶格中结点数	所属点群
低级晶系	三斜		P 简单三斜	1	$1, \bar{1}$
	单斜	$\alpha = \gamma = 90°$	P 简单单斜 C 心单斜	1 2	$m, 2, 2/m$
	正交	$\alpha = \beta = \gamma = 90°$	P 简单正交 $C\,(A, B)$ 心正交 I 体心正交 F 面心正交	1 2 2 4	$222, mm2, 2/m\,2/m\,2/m$
中级晶系	六方	$a = b \neq c$ $\alpha = \beta = 90°,\ \gamma = 120°$	P 简单六方	1	$6, \bar{6}, 6/m, 622, 6mm, \bar{6}m2,$ $6/m\,2/m\,2/m$
	三方	与六方晶系相同	P 简单六方	1	$3, \bar{3}, 3m$ $32, \bar{3}2/m$
		$a = b = c$ $\alpha = \beta = \gamma \neq 90$	R 心六方	3	
	四方	$a = b$ $\alpha = \beta = \gamma = 90°$	P 简单四方 I 体心四方	1 2	$4, \bar{4}, 4/m, 422,$ $4mm, \bar{4}2m, 4/m\,2/m\,2/m$
高级晶系	立方	$a = b = c$ $\alpha = \beta = \gamma = 90°$	P 简单立方 I 体心立方 F 面心立方	1 2 4	$23, 2/m\,\bar{3}, 432$ $\bar{4}3m, 4/m\,\bar{3}\,2/m$

　　图 1.20 示出了 14 种空间点阵形式。14 种空间点阵形式在晶格中结点数（对高分子晶体而言则为通过晶棱或晶胞的高分子链数目）的计算，棱上占 $\frac{1}{4}$，面上占 $\frac{1}{2}$，心占 1，顶角占 $\frac{1}{8}$（在高分子晶格中一般不存在）。例如，在图 1.1（b）PE 的晶体结构中，四条分子链通过四个棱，一条分子链通过中心，故每个 PE 晶胞含有 PE 分子链数目为 $4 \times \frac{1}{4} + 1 = 2$。由此可见，对低分子，晶胞中节点数 $N =$

$\frac{1}{2}N$（面）$+\frac{1}{4}N$（棱）$+\frac{1}{8}N$（顶角）$+1N$（心）；对高分子，晶胞中分子链

（链段）数目 $N=\frac{1}{2}N$（面）$+\frac{1}{4}N$（棱）$+1N$（心）。表 1.7 没有列入三方菱面

体记号，而图 1.20 及图 1.22 示出三方菱面体素单位，是以带心的六方点阵单位 hR 代替。因三方晶系和六方晶系合称六方晶族，它们的晶胞有两种形式，一是 hP 六方（只含有一个点阵点），二是 hR，R 心六方（含有三个点阵点），如图 1.22 所示。六方 hP 和三方 hP 相同，六方晶系一般不取复单胞，所以空间点阵的形式是 14 种。

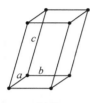

14-1

晶系：三斜晶系

特征对称元素：无

晶胞参数：

$a \neq b \neq c$，$\alpha \neq \beta \neq \gamma \neq 90°$

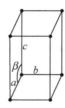

14-2

晶系：单斜晶系

特征对称元素：二重对称轴或对称面

晶胞参数：

$a \neq b \neq c$，$\alpha = \gamma = 90° \neq \beta$

14-3

晶系：单斜晶系

特征对称元素：二重对称轴或对称面

晶胞参数：

$a \neq b \neq c$，$\alpha = \gamma = 90° \neq \beta$

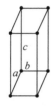

14-4

晶系：正交晶系

特征对称元素：2 个互相垂直的对称面或 3 个互相垂直的二重对称轴

晶胞参数：

$a \neq b \neq c$，$\alpha = \beta = \gamma = 90°$

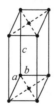
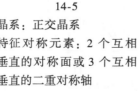

14-5

晶系：正交晶系

特征对称元素：2 个互相垂直的对称面或 3 个互相垂直的二重对称轴

晶胞参数：

$a \neq b \neq c$，$\alpha = \beta = \gamma = 90°$

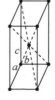

14-6

晶系：正交晶系

特征对称元素：2 个互相垂直的对称面或 3 个互相垂直的二重对称轴

晶胞参数：

$a \neq b \neq c$，$\alpha = \beta = \gamma = 90°$

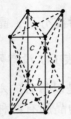

14-7

晶系：正交晶系

特征对称元素：2 个互相垂直的对称面
或 3 个互相垂直的二重对称轴

晶胞参数：

$a \neq b \neq c$, $\alpha = \beta = \gamma = 90°$

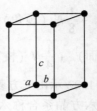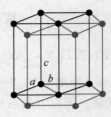

14-8

晶系：六方晶系

特征对称元素：六重对称轴

晶胞参数：

$a = b \neq c$, $\alpha = \beta = 90°$, $\gamma = 120°$

14-9-1

晶系：三方晶系

特征对称元素：三重对称轴

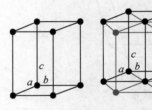

14-9-2

晶胞参数（取六方晶轴系）：

$a = b \neq c$, $\alpha = \beta = 90°$, $\gamma = 120°$

六方 R 心（hR）格子只用于三方晶系，六方晶系没有 hR；

六方简单格子为三方和六方两个晶系共用，所以只能算一种格子

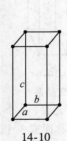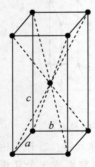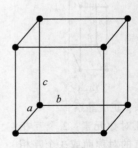

14-10

晶系：四方晶系

特征对称元素：四重对称轴

晶胞参数：

$a = b \neq c$, $\alpha = \beta = \gamma = 90°$

14-11

晶系：四方晶系

特征对称元素：四重对称轴

晶胞参数：

$a = b \neq c$, $\alpha = \beta = \gamma = 90°$

14-12

晶系：立方

特征对称元素：4 个按立方体对角线取向的三重旋转轴

晶胞参数：

$a = b = c$

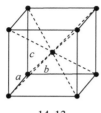

14-13

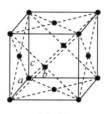

14-14

晶系：立方

特征对称元素：4 个按立方体体对角线取向的三重旋转轴

晶胞参数：

$a = b = c,\ \alpha = \beta = \gamma = 90°$

晶系：立方

特征对称元素：4 个按立方体体对角线取向的三重旋转轴

晶胞参数：

$a = b = c,\ \alpha = \beta = \gamma = 90°$

图 1.20　14 种空间点阵形式

14-1. 简单三斜（P）；14-2. 简单单斜（P）；14-3. C 心单斜（C）；14-4. 简单正交（P）；14-5. C 心正交（C）；14-6. 体心正交（I）；14-7. 面心正交（F）；14-8. 简单六方（P）；14-9. R 心六方（R）；14-10. 简单四方（P）；14-11. 体心四方（I）；14-12. 简单立方（P）；14-13. 体心立方（I）；14-14. 面心立方（F）

图 1.21 为不可能存在的空间点阵形式。

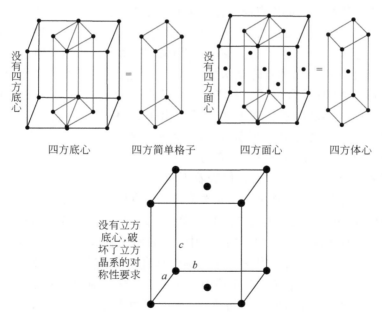

图 1.21　不可能存在的空间点阵形式

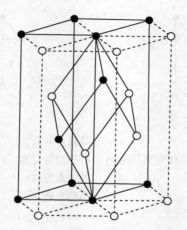

图 1.22　R 心六方（hR）和菱面体素单位的关系
图中黑点实线为一六方晶胞，菱面体晶胞也用实线表示

1.5　点　　群

点对称操作组成的群称点群。在 1.4 节中已指出，从晶体外形观察到的宏观对称元素只有 8 个：1，2，3，4，6，$\bar{4}$，m，i。它们有一个共同特点，即进行对称操作时，至少有一个点不动，故称点动作。把这些对称元素通过一个公共点按一切可能性（符合晶体点阵结构的要求，不产生上述以外的对称元素）组合起来，共可得 32 种组合方式，称为 32 个点群。它们各有自己的特征对称元素，决定它们所属的晶系，表 1.8 分类列出了 32 种晶体点群，分类记号采用两种符号系统，前者是申弗利斯（Schoenflies）符号，后者是国际符号，或称赫曼 – 莫根（Hermann-Mauguin）符号系统。

申弗利斯符号各大写字母，代表着不同意义：

C 代表旋转点群，C_n 具有一个 n 次旋转轴的点群；C_{nh} 中，h 代表水平对称面与 C_n 垂直；C_{nv} 中，v 表示垂直方向对称面，通过 C_n 轴；C_i 表示对称元素为对称中心；D 代表双面体（或二面体）；D_n 中，n 表示主轴轴次，并表示有 n 个二重轴与此主轴垂直；D_{nh} 中，h 代表水平对称面垂直 n 次主轴，并可知水平对称面与 n 个二重轴平行；D_{nd} 中，d 是对角镜面，表示二等分二副轴交角镜面；S_n 表示反轴群，表示具有 n 次轴旋转反映晶类；T 表示四面体群，O 表示八面体群，它们的小写脚标意义同上。

国际记号，这是晶体学中习惯使用的符号，优点是可一目了然地看出其按规定的三个方向对称元素情况。国际记号规定各个晶系三个主要方向所表示的对称元素符号（表1.8和表1.9）。在晶体学中，国际记号习惯用 1，2，3，4，6 分别表示相应旋转轴次的旋转轴，用 $\bar{1}$，$\bar{2}$，$\bar{3}$，$\bar{4}$，$\bar{6}$ 表示反轴，m 表示镜面，当旋转轴与镜面垂直时，用 $\dfrac{x}{m}$ 表示：x 可以是 1，2，3，4，6，例如，$\dfrac{3}{m}$ 表示镜面垂直三重轴。若旋转轴为反轴 $\bar{x}$，则用 $\dfrac{\bar{x}}{m}$ 表示，$\bar{x}$ 可以是 $\bar{1},\bar{2},\bar{3},\bar{4},\bar{6}$。如镜面分别包含有旋转轴和反轴（$x$ 和 $\bar{x}$），则分别表示为 xm，$\bar{x}m$。例如，$3m$ 或 $\bar{3}m$ 分别表示镜面包含三重轴或三重反轴。

表 1.8　32 种晶体点群记号及其对称元素

晶系	点 群 符 号			对称元素的方向及其数目			
	序号	申弗利斯	国际记号全写	国际记号简写	a	b	c	
三斜	1	C_1	1	1				
	2	C_i （S_2）	$\bar{1}$	$\bar{1}$				$\bar{1}$
单斜	3	C_2	2	2		2		
	4	C_s （C_{1h}）	m	m		m		
	5	C_{2h}	$2/m$	$2/m$		$2/m$		$\bar{1}$
正交	6	D_2	222	222	2	2	2	
	7	C_{2v}	$mm2$	mm	m	m	2 (2)	
	8	D_{2h}	$2/m\ 2/m\ 2/m$	mmm	$2/m$	$2/m$	$2/m$	$\bar{1}$
					c	a	$a+b$	
四方	9	C_4	4	4	4			
	10	S_4	$\bar{4}$	$\bar{4}$	$\bar{4}$			
	11	C_{4h}	$4/m$	$4/m$	$4/m$			$\bar{1}$
	12	D_4	422	42	4	2 (2)	2 (2)	
	13	C_{4v}	$4mm$	$4mm$	4	m (2)	m (2)	
	14	D_{2d}	$\bar{4}2m$	$\bar{4}2m$	$\bar{4}$	2 (2)	m (2)	
	15	D_{4h}	$4/m\ 2/m\ 2/m$	$4/m\ mm$	$4/m$	$2/m$ (2)	$2/m$ (2)	$\bar{1}$
					c	a		
三方	16	C_3	3	3	3			
	17	C_{3i} （S_6）	$\bar{3}$	$\bar{3}$	$\bar{3}$			$\bar{1}$
	18	D_3	32	32	3	2 (3)		
	19	C_{3v}	$3m$	$3m$	3	m (3)		
	20	D_{3d}	$\bar{3}2/m$	$\bar{3}m$	$\bar{3}$	$2/m$ (3)		$\bar{1}$

续表

晶系	序号	点群符号 申弗利斯	国际记号全写	国际记号简写	对称元素的方向及其数目 a / c	b / a	c / $2a+b$
六方	21	C_6	6	6	6		
	22	C_{3h}	$\bar{6}$	$\bar{6}$	$\bar{6}$		
	23	C_{6h}	$6/m$	$6/m$	$6/m$		$\bar{1}$
	24	D_6	622	62	6	2 (3)	2 (3)
	25	C_{6v}	$6mm$	$6mm$	6	m (3)	m (3)
	26	D_{3h}	$\bar{6}m2$	$\bar{6}m2$	$\bar{6}$	m (3)	2 (3)
	27	D_{6h}	$6/m\,2/m\,2/m$	$6/m\,mm$	$6/m$	$2/m$ (3)	$2/m$ (3) / $\bar{1}$
立方					a	$a+b+c$	$a+b$
	28	T	23	23	2 (3)	3 (4)	
	29	T_h	$2/m\bar{3}$	$m\bar{3}$	$2/m$ (3)	$\bar{3}$ (4)	$\bar{1}$
	30	O	432	43	4 (3)	3 (4)	2 (6)
	31	T_d	$\bar{4}3m$	$\bar{4}3m$	$\bar{4}$ (3)	3 (4)	m (6)
	32	O_h	$4/m\,\bar{3}\,2/m$	$m\bar{3}m$	$4/m$ (3)	$\bar{3}$ (4)	$2/m$ (6) / $\bar{1}$

表 1.9　国际记号中对称性方向规定

晶系	对称性方向 第一方向	第二方向	第三方向
三斜	任意	—	—
单斜	b	—	—
正交	a	b	c
四方	c	a	$a+b$
三方（取菱形晶胞）	$a+b+c$	$a-b$	
三方（按六方取）	c	a	
六方	c	a	$2a+b$
立方	a	$a+b+c$	$a+b$

在 32 个点群中，对称元素排布的极射赤面投影图如图 1.23 所示。三斜晶系有两个点群 C_1-1 和 C_i-$\bar{1}$，前者相当于晶体无任何对称元素，后者仅有对称中心 $\bar{1}$。从图 1.23 中可明显看出上述两个点群差别。单斜晶系有三个点群：C_2-2，一个二次轴；C_s-m，一个镜面；C_{2h}-$2/m$，一个二次轴和一个镜面（$2/m$ 表示镜面

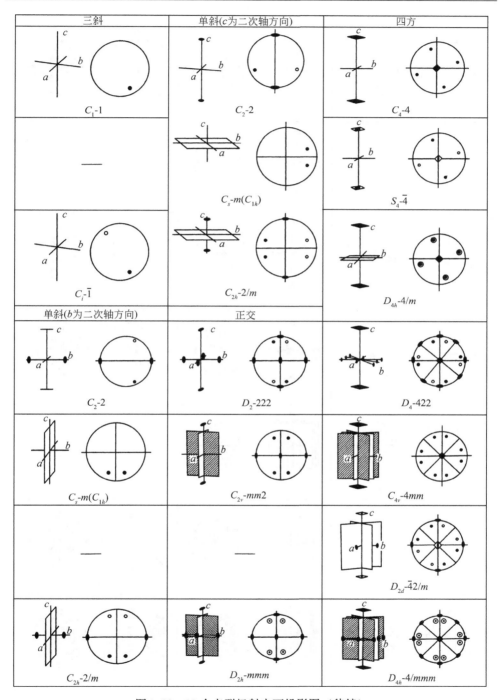

图 1.23 32 个点群极射赤面投影图（待续）

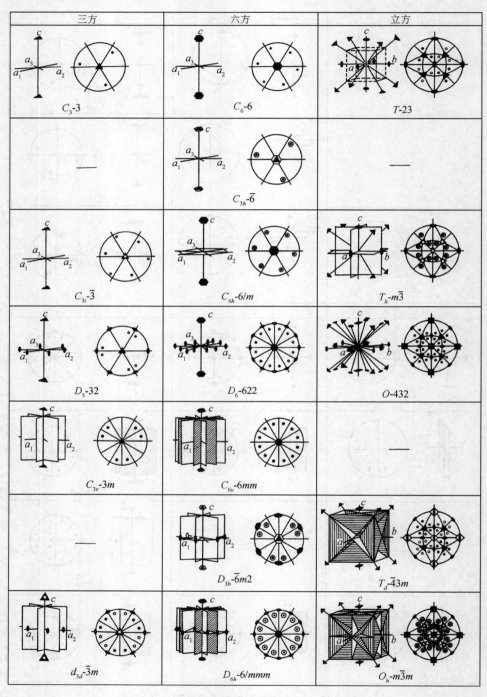

图 1.23　（续）

垂直二次轴）。在图 1.23 中接着单斜投影图，由于选取 c 轴为第一方向（对高分子选分子链轴方向），故与上述三投影图有所不同。正交晶系有三个点群（图 1.23），以 D_{2h}-mmm 为例，实际上两个平面交线必产生一个二重轴，故共有三个二重轴，二重轴与垂直对称面组合产生对称中心，故此点群对称元素数目共 7 个（表 1.8）：a，b，c 三方向对称元素分别为 $\frac{2}{m}$，$\frac{2}{m}$，$\frac{2}{m}$ 和 i，并有 $\bar{2} = m$。四方晶系共有 7 个点群（表 1.8），以 D_{4h}-$4/mmm$ 为例，对称元素数目共 11 个，c 方向 $4/m$，a 方向 $2/m$（2），$(a+b)$ 方向 $2/m$（2），还有 i（图 1.23）。三方晶系点群：C_{3v}-$3m$，记号 $3m$ 的组合，它表示镜面包含三次轴，三方对称性要求有三个相交成 $120°$，通过三重轴的垂直镜面，此点群的对称元素数目为 4，c 方向有 3（1），a 方向有 m（3）。同理，D_{3d}-$\bar{3}m$ 对称元素数目为 8，c 方向有 $\bar{3}$，a 方向有 $2/m$（3）和 i，并有 $\bar{3} = 3 + i$。同理可知，六方晶系点群 D_{6h}-$6/mmm$，共有 15 个对称元素；c 方向 $6/m$，a 方向 $2/m$（3），$2a+b$ 方向 $2/m$（3）和对称中心 i（表 1.8）。立方晶系点群：O-432，a 方向 4（3），$a+b+c$ 方向 3（4），$a+b$ 方向 2（6），共有 13 个对称元素；T_d-$\bar{4}3m$，共有 13 个对称元素，按国际记号中对称性方向规定，依次为 $\bar{4}$（3），3（4），m（6），并有 $\bar{2} = m_\perp$；O_h-$m\bar{3}m$，共有 23 个对称元素，按对称性方向规定依次为 $\frac{4}{m}$（3），$\bar{3}$（4），$\frac{2}{m}$（6）和 i，并有 $\bar{2} = m_\perp$。

1.6　空　间　群

1.6.1　空间群及其推导举例

点阵结构的空间对称操作群，称为空间群，是晶体内部结构对称性的总和。描述晶体内部结构的对称性由三方面内容组成：14 种空间点阵形式和 32 个晶体点群，再加上平移的对称操作（包括平移、螺旋轴、滑移面）与每一种相应的对称操作群成为一种空间群。

空间群的推导：将上述三部分内容合理组合就可以推引出 230 个空间群。如 32 个晶体点群对称性（或对称元素）是有限晶体多面体外形（有限图形）所表现出来的对称元素，所以其对称元素的数目也是有限的，且不可能观察到微观对称元素，这是因为晶体内部结构微观对称性（如平移）在反映到晶体外形对称性过程中，平移对称性被晶体外形的对称性掩盖了。所以相应于宏观对称元素的微观对称元素有 $2 \to 2$，2_1；$3 \to 3$，3_1，3_2；$4 \to 4$，4_1，4_2，4_3；$6 \to 6$，6_1，6_2，6_3，6_4，6_5；$m \to m$，a，b，c，n，d。所以空间群推导往往是从点群开始，如上述旋转轴用轴次相同的旋转轴或螺旋轴代替，镜面用平行镜面或滑移面代替，再加上不同的空间点阵，将这些内容相互组合，组合后对称元素不超出表 1.3 的限制，就可得到 230 个空间群（表 1.10）。

表 1.10 230 个空间群及其国际序号

晶系	点群	序号	申弗利斯符号	空间群国际符号简写	空间群国际符号全写
三斜	$C_1\text{-}1$	1	C_1^1	$P1$	
	$C_i\text{-}\bar{1}$	2	C_i^1	$P\bar{1}$	
单斜	$C_2\text{-}2$	3	C_2^1	$P2$	$P121$
		4	C_2^2	$P2_1$	$P12_11$
		5	C_2^3	$C2$	$C121$
	$C_s\text{-}m$	6	C_s^1	Pm	$P1m1$
		7	C_s^2	Pc	$P1c1$
		8	C_s^3	Cm	$C1m1$
		9	C_s^4	Cc	$C1c1$
	$C_{2h}\text{-}2/m$	10	C_{2h}^1	$P2/m$	$P12/m1$
		11	C_{2h}^2	$P2_1/m$	$P12_1/m1$
		12	C_{2h}^3	$C2/m$	$C12/m1$
		13	C_{2h}^4	$P2/c$	$P12/c1$
		14	C_{2h}^5	$P2_1/c$	$P12_1/c1$
		15	C_{2h}^6	$C2/c$	$C12/c1$
正交	$D_2\text{-}222$	16	D_2^1	$P222$	$P222$
		17	D_2^2	$P222_1$	$P222_1$
		18	D_2^3	$P2_12_12$	$P2_12_12$
		19	D_2^4	$P2_12_12_1$	$P2_12_12_1$
		20	D_2^5	$C222_1$	$C222_1$
		21	D_2^6	$C222$	$C222$
		22	D_2^7	$F222$	$F222$
		23	D_2^8	$I222$	$I222$
		24	D_2^9	$I2_12_12_1$	$I2_12_12_1$

续表

晶系	点群	序号	申弗利斯符号	空间群国际符号简写	空间群国际符号全写
	C_{2v}-$mm2$	25	C_{2v}^{1}	$Pmm2$	$Pmm2$
		26	C_{2v}^{2}	$Pmc2_1$	$Pmc2_1$
		27	C_{2v}^{3}	$Pcc2$	$Pcc2$
		28	C_{2v}^{4}	$Pma2$	$Pma2$
		29	C_{2v}^{5}	$Pca2_1$	$Pca2_1$
		30	C_{2v}^{6}	$Pnc2$	$Pnc2$
		31	C_{2v}^{7}	$Pmn2_1$	$Pmn2_1$
		32	C_{2v}^{8}	$Pba2$	$Pba2$
正交		33	C_{2v}^{9}	$Pna2_1$	$Pna2_1$
		34	C_{2v}^{10}	$Pnn2$	$Pnn2$
		35	C_{2v}^{11}	$Cmm2$	$Cmm2$
		36	C_{2v}^{12}	$Cmc2_1$	$Cmc2_1$
		37	C_{2v}^{13}	$Ccc2$	$Ccc2$
		38	C_{2v}^{14}	$Amm2$	$Amm2$
		39	C_{2v}^{15}	$Abm2$	$Abm2$
		40	C_{2v}^{16}	$Ama2$	$Ama2$
		41	C_{2v}^{17}	$Aba2$	$Aba2$
		42	C_{2v}^{18}	$Fmm2$	$Fmm2$
		43	C_{2v}^{19}	$Fdd2$	$Fdd2$
		44	C_{2v}^{20}	$Imm2$	$Imm2$
		45	C_{2v}^{21}	$Iba2$	$Iba2$
		46	C_{2v}^{22}	$Ima2$	$Ima2$
	D_{2h}-mmm	47	D_{2h}^{1}	$Pmmm$	$P\dfrac{2}{m}\dfrac{2}{m}\dfrac{2}{m}$
		48	D_{2h}^{2}	$Pnnn$	$P\dfrac{2}{n}\dfrac{2}{n}\dfrac{2}{n}$
		49	D_{2h}^{3}	$Pccm$	$P\dfrac{2}{c}\dfrac{2}{c}\dfrac{2}{m}$
		50	D_{2h}^{4}	$Pban$	$P\dfrac{2}{b}\dfrac{2}{b}\dfrac{2}{n}$
		51	D_{2h}^{5}	$Pmma$	$P\dfrac{2_1}{m}\dfrac{2}{m}\dfrac{2}{a}$

晶系	点群	序号	申弗利斯符号	空间群国际符号简写	空间群国际符号全写
	D_{2h}-mmm	52	D_{2h}^6	$Pnna$	$P\dfrac{2}{n}\dfrac{2_1}{n}\dfrac{2}{a}$
		53	D_{2h}^7	$Pmna$	$P\dfrac{2}{m}\dfrac{2}{n}\dfrac{2_1}{a}$
		54	D_{2h}^8	$Pcca$	$P\dfrac{2_1}{c}\dfrac{2}{c}\dfrac{2}{a}$
		55	D_{2h}^9	$Pbam$	$P\dfrac{2_1}{b}\dfrac{2_1}{a}\dfrac{2}{m}$
		56	D_{2h}^{10}	$Pccn$	$P\dfrac{2_1}{c}\dfrac{2_1}{c}\dfrac{2}{n}$
		57	D_{2h}^{11}	$Pbcm$	$P\dfrac{2}{b}\dfrac{2_1}{c}\dfrac{2_1}{m}$
		58	D_{2h}^{12}	$Pnnm$	$P\dfrac{2_1}{n}\dfrac{2_1}{n}\dfrac{2}{m}$
		59	D_{2h}^{13}	$Pmmn$	$P\dfrac{2_1}{m}\dfrac{2_1}{m}\dfrac{2}{n}$
正交		60	D_{2h}^{14}	$Pbcn$	$P\dfrac{2_1}{b}\dfrac{2}{c}\dfrac{2_1}{n}$
		61	D_{2h}^{15}	$Pbca$	$P\dfrac{2_1}{b}\dfrac{2_1}{c}\dfrac{2_1}{a}$
		62	D_{2h}^{16}	$Pnma$	$P\dfrac{2_1}{n}\dfrac{2_1}{m}\dfrac{2_1}{a}$
		63	D_{2h}^{17}	$Cmcm$	$C\dfrac{2}{m}\dfrac{2}{c}\dfrac{2_1}{m}$
		64	D_{2h}^{18}	$Cmca$	$C\dfrac{2}{m}\dfrac{2}{c}\dfrac{2_1}{a}$
		65	D_{2h}^{19}	$Cmmm$	$C\dfrac{2}{m}\dfrac{2}{m}\dfrac{2}{m}$
		66	D_{2h}^{20}	$Cccm$	$C\dfrac{2}{c}\dfrac{2}{c}\dfrac{2}{m}$
		67	D_{2h}^{21}	$Cmma$	$C\dfrac{2}{m}\dfrac{2}{m}\dfrac{2}{a}$
		68	D_{2h}^{22}	$Ccca$	$C\dfrac{2}{c}\dfrac{2}{c}\dfrac{2}{a}$
		69	D_{2h}^{23}	$Fmmm$	$F\dfrac{2}{m}\dfrac{2}{m}\dfrac{2}{m}$
		70	D_{2h}^{24}	$Fddd$	$F\dfrac{2}{d}\dfrac{2}{d}\dfrac{2}{d}$
		71	D_{2h}^{25}	$Immm$	$I\dfrac{2}{m}\dfrac{2}{m}\dfrac{2}{m}$

续表

晶系	点群	序号	申弗利斯符号	空间群国际符号简写	空间群国际符号全写
正交	$D_{2h}\text{-}mmm$	72	D_{2h}^{26}	$Ibam$	$I\frac{2}{b}\frac{2}{a}\frac{2}{m}$
		73	D_{2h}^{27}	$Ibca$	$I\frac{2_1}{b}\frac{2_1}{c}\frac{2_1}{a}$
		74	D_{2h}^{28}	$Imma$	$I\frac{2_1}{m}\frac{2_1}{m}\frac{2_1}{a}$
四方	$C_4\text{-}4$	75	C_4^1	$P4$	$P4$
		76	C_4^2	$P4_1$	$P4_1$
		77	C_4^3	$P4_2$	$P4_2$
		78	C_4^4	$P4_3$	$P4_3$
		79	C_4^5	$I4$	$I4$
		80	C_4^6	$I4_1$	$I4_1$
	$S_4\text{-}\bar{4}$	81	S_4^1	$P\bar{4}$	$P\bar{4}$
		82	S_4^2	$I\bar{4}$	$I\bar{4}$
	$C_{4h}\text{-}4/m$	83	C_{4h}^1	$P4/m$	$P4/m$
		84	C_{4h}^2	$P4_2/m$	$P4_2/m$
		85	C_{4h}^3	$P4/n$	$P4/n$
		86	C_{4h}^4	$P4_2/n$	$P4_2/n$
		87	C_{4h}^5	$I4/m$	$I4/m$
		88	C_{4h}^6	$I4_1/a$	$I4_1/a$
	$D_4\text{-}422$	89	D_4^1	$P422$	$P422$
		90	D_4^2	$P42_12$	$P42_12$
		91	D_4^3	$P4_122$	$P4_122$
		92	D_4^4	$P4_12_12$	$P4_12_12$
		93	D_4^5	$P4_222$	$P4_222$
		94	D_4^6	$P4_22_12$	$P4_22_12$
		95	D_4^7	$P4_322$	$P4_322$
		96	D_4^8	$P4_32_12$	$P4_32_12$
		97	D_4^9	$I422$	$I422$
		98	D_4^{10}	$I4_122$	$I4_122$
	$C_{4v}\text{-}4mm$	99	C_{4v}^1	$P4mm$	$P4mm$
		100	C_{4v}^2	$P4bm$	$P4bm$

晶系	点群	序号	申弗利斯符号	空间群国际符号简写	空间群国际符号全写
		101	C_{4v}^3	$P4_2cm$	$P4_2cm$
		102	C_{4v}^4	$P4_2nm$	$P4_2nm$
		103	C_{4v}^5	$P4cc$	$P4cc$
		104	C_{4v}^6	$P4nc$	$P4nc$
		105	C_{4v}^7	$P4_2mc$	$P4_2mc$
		106	C_{4v}^8	$P4_2bc$	$P4_2bc$
		107	C_{4v}^9	$I4mm$	$I4mm$
		108	C_{4v}^{10}	$I4cm$	$I4cm$
		109	C_{4v}^{11}	$I4_1md$	$I4_1md$
		110	C_{4v}^{12}	$I4_1cd$	$I4_1cd$
四方	$D_{2d}\text{-}\bar{4}2m$	111	D_{2d}^1	$P\bar{4}2m$	$P\bar{4}2m$
		112	D_{2d}^2	$P\bar{4}2c$	$P\bar{4}2c$
		113	D_{2d}^3	$P\bar{4}2_1m$	$P\bar{4}2_1m$
		114	D_{2d}^4	$P\bar{4}2_1c$	$P\bar{4}2_1c$
		115	D_{2d}^5	$P\bar{4}m2$	$P\bar{4}m2$
		116	D_{2d}^6	$P\bar{4}c2$	$P\bar{4}c2$
		117	D_{2d}^7	$P\bar{4}b2$	$P\bar{4}b2$
		118	D_{2d}^8	$P\bar{4}n2$	$P\bar{4}n2$
		119	D_{2d}^9	$I\bar{4}m2$	$I\bar{4}m2$
		120	D_{2d}^{10}	$I\bar{4}c2$	$I\bar{4}c2$
		121	D_{2d}^{11}	$I\bar{4}2m$	$I\bar{4}2m$
		122	D_{2d}^{12}	$I\bar{4}2d$	$I\bar{4}2d$
	$D_{4h}\text{-}4/mmm$	123	D_{4h}^1	$P4/mmm$	$P\dfrac{4}{m}\dfrac{2}{m}\dfrac{2}{m}$
		124	D_{4h}^2	$P4/mcc$	$P\dfrac{4}{m}\dfrac{2}{c}\dfrac{2}{c}$
		125	D_{4h}^3	$P4/nbm$	$P\dfrac{4}{n}\dfrac{2}{b}\dfrac{2}{m}$
		126	D_{4h}^4	$P4/nnc$	$P\dfrac{4}{n}\dfrac{2}{n}\dfrac{2}{c}$
		127	D_{4h}^5	$P4/mbm$	$P\dfrac{4}{m}\dfrac{2_1}{b}\dfrac{2}{m}$
		128	D_{4h}^6	$P4/mnc$	$P\dfrac{4}{m}\dfrac{2_1}{n}\dfrac{2}{c}$

续表

晶系	点群	序号	申弗利斯符号	空间群国际符号简写	空间群国际符号全写
四方		129	D_{4h}^7	$P4/nmm$	$P\dfrac{4}{n}\dfrac{2_1}{m}\dfrac{2}{m}$
		130	D_{4h}^8	$P4/ncc$	$P\dfrac{4}{n}\dfrac{2_1}{c}\dfrac{2}{c}$
		131	D_{4h}^9	$P4_2/mmc$	$P\dfrac{4_2}{m}\dfrac{2}{m}\dfrac{2}{c}$
		132	D_{4h}^{10}	$P4_2mcm$	$P\dfrac{4_2}{m}\dfrac{2}{c}\dfrac{2}{m}$
		133	D_{4h}^{11}	$P4_2/nbc$	$P\dfrac{4_2}{n}\dfrac{2}{b}\dfrac{2}{c}$
		134	D_{4h}^{12}	$P4_2/nnm$	$P\dfrac{4_2}{n}\dfrac{2}{n}\dfrac{2}{m}$
		135	D_{4h}^{13}	$P4_2/mbc$	$P\dfrac{4_2}{m}\dfrac{2_1}{b}\dfrac{2}{c}$
		136	D_{4h}^{14}	$P4_2/mnm$	$P\dfrac{4_2}{m}\dfrac{2_1}{n}\dfrac{2}{m}$
		137	D_{4h}^{15}	$P4_2/nmc$	$P\dfrac{4_2}{n}\dfrac{2_1}{m}\dfrac{2}{c}$
		138	D_{4h}^{16}	$P4_2/ncm$	$P\dfrac{4_2}{n}\dfrac{2_1}{c}\dfrac{2}{m}$
		139	D_{4h}^{17}	$I4/mmm$	$I\dfrac{4}{m}\dfrac{2}{m}\dfrac{2}{m}$
		140	D_{4h}^{18}	$I4/mcm$	$I\dfrac{4}{m}\dfrac{2}{c}\dfrac{2}{m}$
		141	D_{4h}^{19}	$I4_1/amd$	$I\dfrac{4_1}{a}\dfrac{2}{m}\dfrac{2}{d}$
		142	D_{4h}^{20}	$I4_1/acd$	$I\dfrac{4_1}{a}\dfrac{2}{c}\dfrac{2}{d}$
三方	C_3-3	143	C_3^1	$P3$	$P3$
		144	C_3^2	$P3_1$	$P3_1$
		145	C_3^3	$P3_2$	$P3_2$
		146	C_3^4	$R3$	$R3$
	C_{3i}-$\bar{3}$	147	C_{3i}^1	$P\bar{3}$	$P\bar{3}$
		148	C_{3i}^2	$R\bar{3}$	$R\bar{3}$
	D_3-32	149	D_3^1	$P312$	$P312$
		150	D_3^2	$P321$	$P321$
		151	D_3^3	$P3_112$	$P3_112$

续表

晶系	点群	序号	申弗利斯符号	空间群国际符号简写	空间群国际符号全写
		152	D_3^4	$P3_121$	$P3_121$
		153	D_3^5	$P3_212$	$P3_211$
		154	D_3^6	$P3_221$	$P3_221$
		155	D_3^7	$R32$	$R32$
	$C_{3v}\text{-}3m$	156	C_{3v}^1	$P3m1$	$P3m1$
		157	C_{3v}^2	$P31m$	$P31m$
		158	C_{3v}^3	$P3c1$	$P3c1$
三方		159	C_{3v}^4	$P31c$	$P31c$
		160	C_{3v}^5	$R3m$	$R3m$
		161	C_{3v}^6	$R3c$	$R3c$
	$D_{3d}\text{-}\bar{3}m$	162	D_{3d}^1	$P\bar{3}1m$	$P\bar{3}12/m$
		163	D_{3d}^2	$P\bar{3}1c$	$P\bar{3}12/c$
		164	D_{3d}^3	$P\bar{3}m1$	$P\bar{3}2/m1$
		165	D_{3d}^4	$P\bar{3}c1$	$P\bar{3}2/c1$
		166	D_{3d}^5	$R\bar{3}m$	$R\bar{3}2/m$
		167	D_{3d}^6	$R\bar{3}c$	$R\bar{3}2/c$
	$C_6\text{-}6$	168	C_6^1	$P6$	$P6$
		169	C_6^2	$P6_1$	$P6_1$
		170	C_6^3	$P6_5$	$P6_5$
		171	C_6^4	$P6_2$	$P6_2$
		172	C_6^5	$P6_4$	$P6_4$
		173	C_6^6	$P6_3$	$P6_3$
	$C_{3h}\text{-}\bar{6}$	174	C_{3h}^1	$P\bar{6}$	$P\bar{6}$
六方	$C_{6h}\text{-}6/m$	175	C_{6h}^1	$P6/m$	$P6/m$
		176	C_{6h}^2	$P6_3/m$	$P6_3/m$
	$D_6\text{-}622$	177	D_6^1	$P622$	$P622$
		178	D_6^2	$P6_122$	$P6_122$
		179	D_6^3	$P6_522$	$P6_522$
		180	D_6^4	$P6_222$	$P6_222$
		181	D_6^5	$P6_422$	$P6_422$
		182	D_6^6	$P6_322$	$P6_322$

续表

晶系	点群	序号	申弗利斯符号	空间群国际符号简写	空间群国际符号全写
	$C_{6v}\text{-}6mm$	183	C_{6v}^1	$P6mm$	$P6mm$
		184	C_{6v}^2	$P6cc$	$P6cc$
		185	C_{6v}^3	$P6_3cm$	$P6_3cm$
		186	C_{6v}^4	$P6_3mc$	$P6_3mc$
	$D_{3h}\text{-}\overline{6}m$	187	D_{3h}^1	$P\overline{6}m2$	$P\overline{6}m2$
六方		188	D_{3h}^2	$P\overline{6}c2$	$P\overline{6}c2$
		189	D_{3h}^3	$P\overline{6}2m$	$P\overline{6}2m$
		190	D_{3h}^4	$P\overline{6}2c$	$P\overline{6}2c$
	$D_{6h}\text{-}6/mmm$	191	D_{6h}^1	$P6/mmm$	$P\dfrac{6}{m}\dfrac{2}{m}\dfrac{2}{m}$
		192	D_{6h}^2	$P6/mcc$	$P\dfrac{6}{m}\dfrac{2}{c}\dfrac{2}{c}$
		193	D_{6h}^3	$P6_3/mcm$	$P\dfrac{6_3}{m}\dfrac{2}{c}\dfrac{2}{m}$
		194	D_{6h}^4	$P6_3/mmc$	$P\dfrac{6_3}{m}\dfrac{2}{m}\dfrac{2}{c}$
	$T\text{-}23$	195	T^1	$P23$	$P23$
		196	T^2	$F23$	$F23$
		197	T^3	$I23$	$I23$
		198	T^4	$P2_13$	$P2_13$
		199	T^5	$I2_13$	$I2_13$
	$T_h\text{-}m\overline{3}$	200	T_h^1	$Pm\overline{3}$	$P2/m\overline{3}$
		201	T_h^2	$Pn\overline{3}$	$P2/n\overline{3}$
立方		202	T_h^3	$Fm\overline{3}$	$F2/m\overline{3}$
		203	T_h^4	$Fd\overline{3}$	$F2/d\overline{3}$
		204	T_h^5	$Im\overline{3}$	$I2/m\overline{3}$
		205	T_h^6	$Pa\overline{3}$	$P2_1/a\overline{3}$
		206	T_h^7	$Ia\overline{3}$	$I2_1/a\overline{3}$
	$O\text{-}432$	207	O^1	$P432$	$P432$
		208	O^2	$P4_232$	$P4_232$
		209	O^3	$F432$	$F432$
		210	O^4	$F4_132$	$F4_132$

续表

晶系	点群	序号	申弗利斯符号	空间群国际符号简写	空间群国际符号全写
		211	O^5	$I432$	$I432$
		212	O^6	$P4_332$	$P4_332$
		213	O^7	$P4_132$	$P4_132$
		214	O^8	$I4_132$	$I4_132$
	T_d-$\bar{4}3m$	215	T_d^1	$P\bar{4}3m$	$P\bar{4}3m$
		216	T_d^2	$F\bar{4}3m$	$F\bar{4}3m$
		217	T_d^3	$I\bar{4}3m$	$I\bar{4}3m$
		218	T_d^4	$P\bar{4}3n$	$P\bar{4}3n$
立方		219	T_d^5	$F\bar{4}3c$	$F\bar{4}3c$
		220	T_d^6	$I\bar{4}3d$	$I\bar{4}3d$
	O_h-$m\bar{3}m$	221	O_h^1	$Pm\bar{3}m$	$P4/m\,\bar{3}\,2/m$
		222	O_h^2	$Pn\bar{3}n$	$P4/n\,\bar{3}\,2/n$
		223	O_h^3	$Pm\bar{3}n$	$P4_2/m\,\bar{3}\,2/n$
		224	O_h^4	$Pn\bar{3}m$	$P4_2/n\,\bar{3}\,2/m$
		225	O_h^5	$Fm\bar{3}m$	$F4/m\,\bar{3}\,2/m$
		226	O_h^6	$Fm\bar{3}c$	$F4/m\,\bar{3}\,2/c$
		227	O_h^7	$Fd\bar{3}m$	$F4_1/d\,\bar{3}\,2/m$
		228	O_h^8	$Fd\bar{3}c$	$F4_1/d\,\bar{3}\,2/c$
		229	O_h^9	$Im\bar{3}m$	$I4/m\,\bar{3}\,2/m$
		230	O_h^{10}	$Ia\bar{3}d$	$I4_1/a\,\bar{3}\,2/d$

同一点群的晶体可以分别属于几个空间群。

例1　单斜晶系共有三个点群，分别是 $2,2/m$，m（表1.8），其空间点阵类型有素格子 P 和 C 心格子（表1.7）。

点群 2，其空间点阵类型可以有 P 和 C。对于素格子，二次轴可以是二次旋转轴 2，也可以是二次螺旋轴 2_1，故素格子空间群只可能是 $P2$，$P2_1$；对于非素格子，只有一种 C 心格子，同样可能有空间群 $C2$，$C2_1$，但在 C 心格子中位于 [010] 取向的二次轴存在着二次旋转轴 2 和二次螺旋轴 2_1，互为派生共存，使 $C2 \equiv C2_1$。故属点群 2，空间群只能有三个 $P2$，$P2_1$，$C2$。

点群 $2/m$，其点阵类型可以有 P 和 C。点群中二重轴在空间群中可以是 2 或 2_1，点群中对称面可以是 m，a，b，c，n。取向为 [010] 对称面不可能是 b 滑移面。另外，通过晶体学 a 轴和 c 轴的对换，a 滑移面将变换为 c 滑移面，还有通过重新选取周期方向为 a 轴，n 滑移面将变为 c 滑移面，故只剩有 m 对称面和 c 滑移面，故对素格子空间群只可能有四个：$P2/m$，$P2_1/m$，$P2/c$，$P2_1/c$。对于非素格子，考虑二次轴以及对称面派生规律，这里参加组合二次轴 2（包含 2_1），对称面 m（包含 n），因而 C 心格子只有可能为空间群 $C2/m$，$C2/c$，即对点群 $2/m$ 而言，就可能有六个空间群：$P2/m$，$P2_1/m$，$P2/c$，$P2_1/c$，$C2/m$，$C2/c$（图 1.24）。

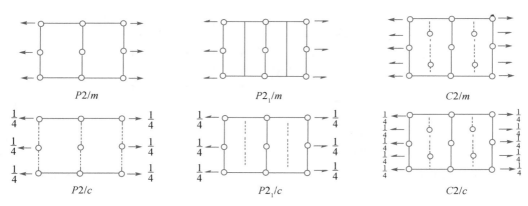

$P2/m$ $\qquad\qquad$ $P2_1/m$ $\qquad\qquad$ $C2/m$

$P2/c$ $\qquad\qquad$ $P2_1/c$ $\qquad\qquad$ $C2/c$

图 1.24　属于点群 $2/m$ 的六个空间群

点群 m，参考上述点群 2 及 $2/m$ 的情况，其素格子可能空间群是 Pm，Pc。同理，C 心格子空间群可能有两个：Cm，Cc。综上所述，属于单斜晶系的三个点群 2，m，$2/m$ 总共可能有 13 个空间群，序号从 3 到 15（表 1.10），上述空间群全写记号见表 1.10。

例 2　点群 4，属四方晶系，四次轴可以是 4，4_1，4_2，4_3。对素格子故可能空间群有四个：$P4$，$P4_1$，$P4_2$，$P4_3$，非素格子点群 4 只有一个体心格子 I，已证明在体心格子 I 中四次旋转轴 4 与四次螺旋轴 4_2 重复，4_1 与 4_3 也重复。故对点群 4，非素格子空间群只可能有 $I4$，$I4_1$（表 1.10）。所以点群 4 共有六个空间群：$P4$，$P4_1$，$P4_2$，$P4_3$，$I4$，$I4_1$。

1.6.2　空间群描述

此处以聚乙烯的空间群为例。图 1.25 为空间群 D_{2h}^{16}-$Pnma$（No. 62）（见 International Tables for X-ray Crystallography. Vol. 1. Birmingham：Kynoch Press，1952）。但正交晶系聚乙烯晶体结构一般用 D_{2h}^{16}-$Pnam$ 描述。将前面空间群 $Pnma$ 中的 b 轴和 c 轴交换，便可得到空间群 $Pnam$（图 1.27）。在这里先讨论 $Pnma$，在图 1.25 中，（a）给出的晶系为正交晶系，点群为 mmm，空间群全写符号为 $P2_1/n\,2_1/m\,2_1/a$，空间群序号 No. 62，空间群缩写符号 $Pnma$，申弗利斯符号 D_{2h}^{16}。图（b）是空间群投影图，其中图（b_2）是对称元素分布图，坐标原点在左

上角。投影图是 c 轴垂直于纸面，正方向由纸面向上（右手坐标系），a 轴指向下，b 轴指向右。

(a) 正交 mmm $P2_1/n\,2_1/m\,2_1/a$ No. 62 $Pnma$

(b) D_{2h}^{16}

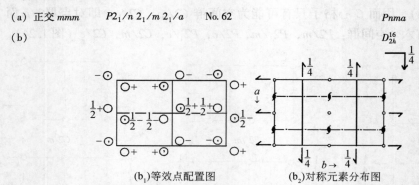

(b₁)等效点配置图   (b₂)对称元素分布图

(c)   原点位置在 $\bar{1}$

(d) 等效点位置数   等效点坐标   可能的反射限制条件

        维科夫符号

        点对称性

(e) 8 d 1

$x,\ y,\ z;\quad \frac{1}{2}+x,\ \frac{1}{2}-y,\ \frac{1}{2}-z;$

$\bar{x},\ \frac{1}{2}+y,\ \bar{z};\quad \frac{1}{2}-x,\ \bar{y},\ \frac{1}{2}+z;$

$\bar{x},\ y,\ z;\quad \frac{1}{2}-x,\ \frac{1}{2}+y,\ \frac{1}{2}+z;$

$x,\ \frac{1}{2}-y,\ z;\quad \frac{1}{2}+z,\ y,\ \frac{1}{2}-z$

hkl: 无反射限制条件
$0kl$: $k+l=2n$
$h0l$: 无反射限制条件
$hk0$: $h=2n$
$h00$: $h=2n$
$0k0$: $k=2n$
$00l$: $l=2n$

(f)

$\begin{cases} 4 & c & m & x,\ \frac{1}{4},\ z;\bar{x},\ \frac{3}{4},\ \bar{z}; \\ & & & \frac{1}{2}-x,\ \frac{3}{4},\ \frac{1}{2}+z;\ \frac{1}{2}+x,\ \frac{1}{4},\ \frac{1}{2}-z. \\ 4 & b & \bar{1} & 0,\ 0,\ \frac{1}{2};0,\ \frac{1}{2},\ \frac{1}{2};\ \frac{1}{2},\ 0,\ 0;\ \frac{1}{2},\ \frac{1}{2},\ 0. \\ 4 & a & \bar{1} & 0,\ 0,\ 0;0,\ \frac{1}{2},\ 0;\ \frac{1}{2},\ 0,\ \frac{1}{2};\ \frac{1}{2},\ \frac{1}{2},\ \frac{1}{2} \end{cases}$

除上面条件外无特殊附加条件

hkl: $h+l=2n$; $k=2n$

二维空间群（平面群）

(g) (001) pgm; $a'=a/2$, $b'=b$ (100) cmm; $b'=b$, $c'=c$ (010) pgg; $c'=c$, $a'=a$

图 1.25 D_{2h}^{16}-$Pnma$ 空间群

图（b_2）中对角线滑移面 n（—·—·—·）垂直于 a 轴，滑移量为 $\frac{(c+b)}{2}$。垂直 c 轴有 a 滑移面，$\lrcorner\frac{1}{4}$ 表示高度在 $\frac{1}{4}c$（或 $z=\frac{1}{4}$，$\frac{3}{4}$）处。镜面 m 垂直于 b 轴。在图（b_2）中还可以看到 2_1（⇁）和对称中心 ○（或 $\bar{1}$）。图（b_1）是等效点配置图，在图中，⊙和○表示两种等效位置，通过第二类对称操作*，互为对映关系。$-$，$+$，$\frac{1}{2}+$，$\frac{1}{2}-$ 分别为 $-z$，$+z$，$\frac{1}{2}+z$ 和 $\frac{1}{2}-z$，它们是以 c 轴长为单位，沿 c 方向的分数坐标。晶胞共有 8 个等效点，晶胞外点可以通过平移得到。（c）指出原点位置在$\bar{1}$，表示对称中心位置取做原点。（d）左边为等效点位置数、维科夫符号和点对称性，中间是等效点坐标，右边是可能的反射限制条件。（e）中间为 8 个表示一般等效点数，如等效点的位置落在某对称元素上，等效点将减少。（f）为特殊位置等效点，数目减少为 4。（e）、（f）中 d、c、b、a 是维尔科符号，表示等效点系，1 表示一般等效点的点对称性是 1（即没有对称性），同样，m，$\bar{1}$ 等效点所在位置的点对称性，属晶体学 32 个点群的点对称性。（e）、（f）右边给出的是反射限制条件，当构成晶体的原子占据一般位置时，hkl 无反射限制条件；$0kl$：$k+l=2n$；$h0l$：无反射限制条件；$hk0$：$h=2n$；$h00$：$h=2n$；$0k0$：$k=2n$；$00l$：$l=2n$。当原子占据特殊位置时，对于（f）中间第一行 4 个原子，除上面条件外，无特殊附加条件。下面两行各 4 个原子，除上面条件外，附加限制条件为 hkl：$h+l=2n$；$k=2n$。（g）为 D_{2h}^{16}-$Pnma$ 分别沿 a，b，c 轴投影得到的二维空间群（平面群）。

图 1.26 为空间群 $Pnma$ 坐标轴变换前后空间群的平面投影图（见 Hahn T. International Tables for Crystallography. Vol A. Space Group Symmetry，1983. p288）。由于正交晶系在对称性上三个互相垂直的二次轴是等价的，按右手坐标系存在六套完全相同的单胞（即有六种取轴方法），如表 1.11 所示，$Pnma$（$P\frac{2_1}{n}\frac{2_1}{m}\frac{2_1}{a}$）系标准空间群，按右手规则方向为 $a\to b\to c$，a，b，c 互换位置后各方向含的对称元素仍以原 $a\to b\to c$ 为标准，则得表 1.9 所示结果，$+c$ 表示向上，$-c$ 表示向下。此时图 1.26 已失去如图 1.25（b_2）的 $\boldsymbol{a}$，$\boldsymbol{b}$ 方向规定。

在图 1.26 中，可以看出坐标选取遵守右手定则，不管坐标轴如何变化，对应原标准空间群 a，b，c 三个方向的对称元素名称数目不变，即 $\boldsymbol{a}$ 方向垂直 n 滑移面不变，$\boldsymbol{b}$ 方向垂直 m 不变，$\boldsymbol{c}$ 方向原有垂直 a 滑移面可以分别是 b，c 滑移面或垂直 m。

---

* 第一类对称操作是指旋转轴、螺旋轴（旋转＋平移）；第二类对称操作是指反映（m）、反演（i）、滑移反映、旋转反演，可以把对映体重叠。

Pnma D_{2h}^{16} *mmm*   正交

No. 62 $P\dfrac{2_1}{n}\dfrac{2_1}{m}\dfrac{2_1}{a}$ Patterson 对称函数

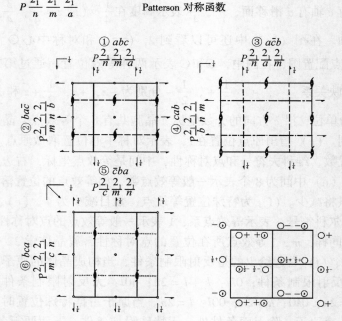

原点在 $\bar{1}$ $(1\ 2_1\ 1)$

不对称单元 $0 \leqslant x \leqslant \dfrac{1}{2}$; $0 \leqslant y \leqslant \dfrac{1}{4}$; $0 \leqslant z \leqslant 1$

对称操作

(1) 1;

(2) $2\ (0, 0, \dfrac{1}{2}),\ \dfrac{1}{4}, 0, z$;

(3) $2\ (0, \dfrac{1}{2}, 0),\ 0, y, 0$;

(4) $2\ (\dfrac{1}{2}, 0, 0),\ x, \dfrac{1}{4}, \dfrac{1}{4}$;

(5) $\bar{1}, 0, 0, 0$;

(6) $a,\ x,\ y,\ \dfrac{1}{4}$;

(7) $m,\ x,\ \dfrac{1}{4},\ z$;

(8) $n\ (0, \dfrac{1}{2}, \dfrac{1}{2}),\ \dfrac{1}{4}, y, z$

图 1.26 空间群 *Pnma* 坐标轴变换前后空间群的平面投影图

表 1.11 正交晶系不同取轴的空间群符号

序号	标准完全空间群符号		I	II	III	简写空间群符号
62	$D_{2h}^{16}\text{-}P\dfrac{2_1}{n}\dfrac{2_1}{m}\dfrac{2_1}{a}$	①	*a*	*b*	*c*	*Pnma*
		②	*b*	*a*	$\bar{c}$	*Pmnb*
		③	*a*	$\bar{c}$	*b*	*Pnam*
		④	*c*	*a*	*b*	*Pbnm*
		⑤	$\bar{c}$	*b*	*a*	*Pcmn*
		⑥	*b*	*c*	*a*	*Pmcn*

表 1.11 中各轴变换关系，可从下面图示清楚看出

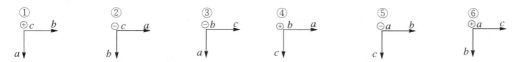

图 1.27 为 PE 晶体结构及其一般使用的空间群 D_{2h}^{16}-$Pnam$ 的平面投影图。通常由溶液或熔体结晶的 PE 晶体结构：正交晶系，点群 D_{2h}-mmm（$\frac{2}{m}\frac{2}{m}\frac{2}{m}$），空间群 D_{2h}^{16}-$Pnam$（全写 $P\frac{2_1}{n}\frac{2_1}{a}\frac{2_1}{m}$），晶胞参数 $a = 0.7417\text{nm}$，$b = 0.4945\text{nm}$，$c = 0.2547\text{nm}$。每个晶胞含有分子链数目为 2（即每个单胞含有 2 个 PE 的化学重复单元）。晶胞 4 个棱上分子链是等同的，但与心上链不等同，故 PE 是正交晶系 P 点阵。将 PE 点群符号和空间群符号对比，可知：①在点群申弗利斯符号右上

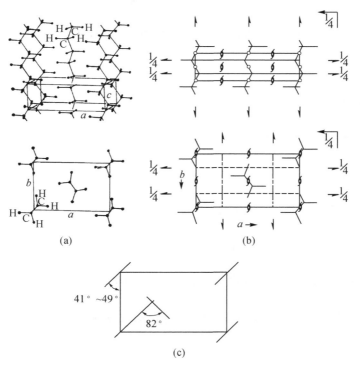

(a)　　　　(b)

(c)

图 1.27　PE 晶体结构及其一般使用的空间群 D_{2h}^{16}-$Pnam$ 的平面投影图

（a）PE 晶体结构；（b）空间群 D_{2h}^{16}-$Pnam$；（c）bc 面和过中心链面与过棱平面间夹角

角加数码，表示空间群序号；②国际记号分为两部分，第一部分是在点群国际记号前加上英文大写字母 P、C、I、F 等，表示空间点阵形式（格子类型），第二部分形式上属点群，但在晶体学上三个方向（表 1.9）换上相应的对称元素（表 1.8）。

从图 1.27 及空间群国际记号，可见在 PE 晶体中的对称元素：第一方向（a 轴方向），⊥a 有对角线滑移面 n（—·—·—），滑移量（$b+c$）/2，平行 a 轴有 2_1；第二方向（b 轴），⊥b 轴有 a 滑移面（－－－或┐），平行 b 轴有 2_1，第三方向（c 轴方向），⊥c 轴有镜面 m（—或┐），平行 c 轴有 2_1，还有对称中心○或$\bar{1}$。

许多研究者已经分别指出四条棱平面与 bc 面夹角为 41°～49°，中心链平面与过棱平面的夹角为 82°［图 1.27（c）］，a 轴受热膨胀，而 b 轴、c 轴基本保持不变。

本 章 小 结

晶体宏观对称元素 8 种：1，2，3，4，6，$\bar{4}$，m，i

│合理组合
▼

32 点群（point group）：点对称操作群

│根据特征对称元素归属为 7 种晶系
▼

7 种晶系

│晶格类型 P，I，F（A，B，C），R
▼

14 种布拉维（Bravais）格子

│32 个点群 + 平移操作（螺旋轴，滑移面）
▼

230 空间群（space group）：点阵结构的空间对称操作群

习　题

1. 与低分子晶体进行比较，高分子晶体有哪些特点？
2. 晶体宏观对称元素有几种？为什么？
3. 画图证明：$\bar{6}=3+m_\perp$，$\bar{2}=m_\perp$，$\bar{3}=3+i$ 以及 $\bar{4}\neq 4+i$。

4. 画出 C_{2h}，D_{2h}，C_6，C_{4v} 点群极射赤面投影图及其所包含对称元素和所属晶系。

5. 选择晶胞要素是什么？7 个晶系特征对称元素是什么？画出 14 种空间点阵形式（14 种 Bravias 格子）的形状及包含的结点数。

6. 某晶体属立方晶系，晶胞顶点全为 A，面心全为 B，体心全为 C。

（1）写出晶体的（化学）组成；

（2）写出 A，B，C 的分数坐标；

（3）写出晶体的点阵形式。

7. 试讨论晶体几何学中符号 uvw、$[uvw]$、(hkl)、hkl 分别代表意义及它们之间的区别。

8. 氯化钠（NaCl）晶体密度 $\rho_c = 2.16\text{g/cm}^3$，参考图 1.1（a），计算 NaCl 晶胞 a、b、c 的长度。[由图 1.1（a）知，$a = b = c$，$\alpha = \beta = \gamma = 90°$]

参 考 文 献

[1] Bunn C W . Trans Faraday Soc, 1939, 35：482-487

[2] 唐有祺. 结晶化学. 北京：高等教育出版社, 1957

[3] 许顺生. 金属 X 射线学. 上海：上海科学技术出版社, 1962

[4] 殷敬华, 莫志深, 现代高分子物理学, 北京：科学出版社, 2001

[5] 周公度, 郭可信. 晶体和准晶体的衍射. 北京：北京大学出版社, 1999

[6] 周公度. 晶体结构的周期性和对称性. 北京：高等教育出版社, 1992

[7] Hahn T. International Tables for Crystallography. Vol A. Space Group Symmetry. 2nd Revised Ed. Dordrecht：D. Reidel Publishing Company, 1987

[8] 梁栋材. X 射线晶体学基础. 北京：科学出版社, 1999

[9] Henry N F M, Lonsdale K. International Tables For X-ray Crystallography . Vol. 1. Birmingham：Kynoch Press, 1952

[10] Woolfson M M. X 射线晶体学导论. 中国科学院生物物理所晶体结构分析组, 译. 北京：科学出版社, 1981

[11] 钱逸泰. 结晶化学导论. 第二版. 合肥：中国科学技术出版社, 1999

[12] 梁敬魁. 多晶 X 射线衍射和结构测定——相图和相结构（上、下册）. 北京：科学出版社, 1993

[13] 梁敬魁著. 粉末衍射法测定晶体结构（上，下册）. 北京：北京科学出版社, 2003

[14] McPherson A. Introduction to Macromolecular Crystallography. New Jersey：John Wiley and Sons Inc, 2003

[15] Massa W. Crystal Structure Determination. 2nd Ed. New York：Springer, 2004

[16] 郭用猷, 刘传朴, 刘耀岗, 等. 结构化学. 济南：山东大学出版社, 2001

第二章　晶态聚合物

2.1　高分子链的组成、构筑、构型及构象

一个聚合物链的组成或构造（constitution）一般是由单体单元或化学结构重复单元决定。当聚合物链堆砌成晶体时，单体组成，聚合物链的合成、键接和构筑不同，使聚合物链的化学结构重复单元与其晶体结构重复单元常常不相同（表2.1）。弄清晶态聚合物化学结构重复单元与晶体结构重复单元的异同，有利于计算聚合物的晶胞尺寸和晶体密度及了解其晶体结构。聚合物分子的构筑（architecture）是指聚合物链的线型、枝化、交联、星形、网状和树枝状等。表2.1（a）给出了四类（Ⅰ~Ⅳ）主要高分子的构筑。水平方向以高分子构筑发现年代为序，垂直方向以高分子从简单到复杂的构筑为序。

高分子链的构型（configuration of polymer chain）是指在给出的化学结构链上原子键接的空间几何排布，这种排布是稳定的。构型的转变必须通过化学键的断裂和重组，改变化学链的立体结构。高分子链的构象（conformation of polymer chain）是指构成高分子主链的单键旋转，使高分子链上各原子在空间的相对位置发生改变，出现不同的几何形状。构象转变是物理现象，主要是热运动引起的，但是一个分子链采取何种构象的决定因素是分子内的相互作用，即绕 C—C 单键内旋转的势垒。高分子链的构型和构象是决定高分子材料的化学、物理乃至生物学行为和效应的最重要的因素。聚合物的结构研究包括两个方面：高分子链的结构研究和聚集态结构研究。前者包括高分子链的化学组成（构造）、高分子链的构筑、构型和构象，构型又可分为旋光异构（对映体异构）和顺反异构（几何异构）。后者包括晶态、非晶态、取向态、液晶态和共混高分子的相态等。本章重点讨论晶态聚合物结构。表2.1（b）列出了一些典型聚合物的化学组成。

表 2.1 (a)　四类 (I~IV) 主要高分子的构筑

线型	交联	枝化	树枝状
柔性线团 刚性棒 环状(闭合线型) 串糖饼	轻交联 密交联 互穿网络	无规短枝化 无规长枝化 规则梳形枝化 规则星形枝化	(1) 无规高枝化 (2) 受控高枝化　树枝状 (3) 规则树枝
20 世纪 30 年代	20 世纪 40 年代	20 世纪 60 年代	20 世纪 80 年代

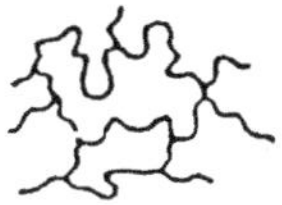

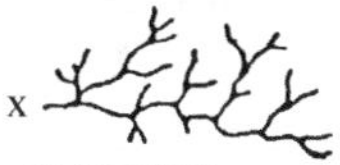

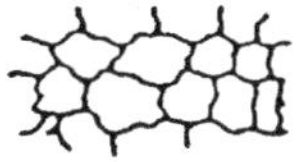

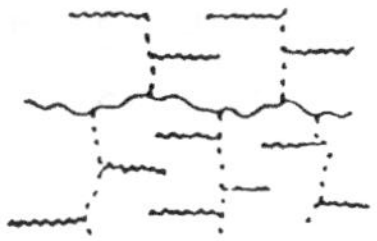

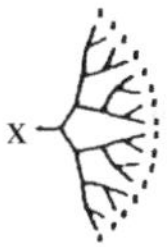

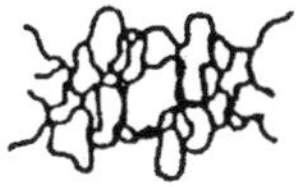

表 2.1 (b)　一些典型聚合物的化学组成

序号	聚合物化学组成重复单元	俗名、英文名、简称*	单体
1	$\{CH_2{-}CH_2\}_n$	聚乙烯 polyethylene PE	$CH_2{=}CH_2$
2	$\{CH_2{-}\underset{\overset{\textstyle CH_3}{\vert}}{CH}\}_n$	聚丙烯 polypropylene PP	$HC{=}CH_2$ $\vert$ CH_3

续表

序号	聚合物化学组成重复单元	俗名、英文名、简称*	单体
3	$\left[CH_2-\underset{\underset{CH_3}{\mid}}{\overset{\overset{CH_3}{\mid}}{C}}\right]_n$	聚异丁烯 polyisobutylene PIB	$\underset{CH_2-C}{\overset{CH_3}{\underset{\mid}{\overset{\mid}{C}}}}\overset{CH_3}{\underset{}{}}$
4	$\left[CH_2-\underset{\underset{H}{\mid}}{\overset{\overset{C=O}{\mid}}{C}}\right]_n$ $C-OH$	聚丙烯酸 poly(acrylic acid) PAA	$\underset{CH_2=CH}{\overset{COOH}{}}$
5	$\left[CH_2-\underset{\underset{H}{\mid}}{\overset{\overset{C=O}{\mid}}{C}}\right]_n$ $C-OCH_3$	聚丙烯酸甲酯 polymethacrylate PMA	$\underset{CH_2=CH}{\overset{O=C-OCH_3}{}}$
6	$\left[CH_2-\underset{\underset{CH_3}{\mid}}{\overset{\overset{C=O}{\mid}}{C}}\right]_n$ $C-OH$	聚甲基丙烯酸 poly(methyl acrylic acid) PMAA	$\underset{CH_2=C-CH_3}{\overset{COOH}{}}$
7	$\left[CH_2-\underset{\underset{CH_3}{\mid}}{\overset{\overset{C=O}{\mid}}{C}}\right]_n$ $C-O-CH_3$	聚甲基丙烯酸甲酯 polymethylmethacrylate PMMA	$\underset{CH_2=C-CH_3}{\overset{O=C-OCH_3}{}}$
8	$\left[CH_2-\underset{\underset{H}{\mid}}{\overset{\overset{O}{\mid}}{C}}\right]_n$ $C=O-CH_3$	聚乙酸乙烯酯 polyvinylacetate PVAc	$\underset{H_2C=CH}{\overset{O=C-CH_3}{\underset{O}{}}}$

续表

序号	聚合物化学组成重复单元	俗名、英文名、简称*	单体
9	$\left[CH_2-CH\right]_n$ $\overset{\displaystyle |}{\underset{\displaystyle CH_3}{O}}$	聚乙烯基甲基醚 polyvinylmethylether PVME	$CH_2=CH$ $\overset{\displaystyle |}{OCH_3}$
10	$\left[CH_2-\overset{\displaystyle H}{\underset{\displaystyle H}{C}}=C-CH_2\right]_n$	聚丁二烯 polybutadiene PB	$CH_2=CH-CH=CH_2$
11	$\left[CH_2-C=CH-CH_2\right]_n$ $\overset{\displaystyle |}{CH_3}$	聚异戊二烯 polyisoprene PI	$CH_2=CH-\overset{\displaystyle CH_2}{\underset{\displaystyle CH_3}{C}}$
12	$\left[CH_2-\overset{\displaystyle H}{\underset{\displaystyle Cl}{C}}\right]_n$	聚氯乙烯 poly(vinylchloride) PVC	$HC=CH_2$ $\overset{\displaystyle |}{Cl}$
13	$\left[CH_2-\overset{\displaystyle Cl}{\underset{\displaystyle Cl}{C}}\right]_n$	聚偏氯乙烯 poly(vinylidene chloride) PVDC	$\overset{\displaystyle Cl}{\underset{\displaystyle Cl}{C}}=CH_2$
14	$\left[CF_2-CF_2\right]_n$	聚四氟乙烯 polytetrafluoroethylene* PTFE	$\overset{\displaystyle F}{\underset{\displaystyle F}{C}}=\overset{\displaystyle F}{\underset{\displaystyle F}{C}}$
15	$\left[CF_2-CH_2\right]_n$	聚偏氟乙烯 polyvinylidenefluoride PVDF	$CH_2=\overset{\displaystyle F}{\underset{\displaystyle F}{C}}$

续表

序号	聚合物化学组成重复单元	俗名、英文名、简称*	单体
16	$\left.\begin{array}{c}H\\-C-CH_2-\\CN\end{array}\right]_n$	聚丙烯腈 polyacrylonitrile PAN	$\begin{array}{c}CH_2=CH\\\quad\quad CN\end{array}$
17	$\left.\left[O-CH_2\right.\right]_n$	聚甲醛 polyoxymethylene POM	HCHO 或
18	$\left[O-CH_2-CH_2\right]_n$	聚氧化乙烯 poly(ethylene oxide) PEO	CH_2-CH_2 $\quad\diagdown O\diagup$
19	$\left[\begin{array}{ccccc}H&&H&O&\\N&(CH_2)_6&N-C&(CH_2)_4&C\end{array}\right]_n$	聚己二酰己二胺 poly(hexamethylene adipamide) Nylon 66	$NH_2(CH_2)_6NH_2 + HOOC(CH_2)_4COOH$
20	$\left[\begin{array}{ccccc}H&&H&O&\\N&(CH_2)_7&N-C&(CH_2)_5&C\end{array}\right]_n$	聚亚庚基庚二酰胺 poly(heptamethylene pimelamide) Nylon 77	$NH_2(CH_2)_7NH_2 + HOOC(CH_2)_5COOH$
21	$\left[\begin{array}{ccc}O&&H\\C&(CH_2)_5&N\end{array}\right]_n$	聚己内酰胺 polycaprolactam Nylon 6	$NH-(CH_2)_5-C=O$

续表

序号	聚合物化学组成重复单元	俗名、英文名、简称*	单体
22	$\left[\text{C}(=\text{O})-(\text{CH}_2)_{10}-\text{N}(\text{H})\right]_n$	聚（11-氨基十一酸） poly(11-aminoundecanoic acid) Nylon 11	$\text{H}_2\text{N}(\text{CH}_2)_{10}\text{COOH}$
23	$\left[\text{CH}_2-\text{CH}(\text{C}_6\text{H}_5)\right]_n$	聚苯乙烯 polystyrene PS	$\text{H}_2\text{C}=\text{CH}-\text{C}_6\text{H}_5$
24	$\left[\text{CH}_2-\text{C}(\text{CH}_3)(\text{C}_6\text{H}_5)\right]_n$	聚（α-甲基苯乙烯） poly(α-methylstyrene)	$\text{CH}_3-\text{C}(=\text{CH}_2)-\text{C}_6\text{H}_5$
25	$\left[\text{O}-\text{C}_6\text{H}_4\right]_n$	聚对苯氧 poly(p-phenylene oxide) PPO	Cl—C₆H₄—Cl + Na₂O
26	$\left[\text{S}-\text{C}_6\text{H}_4\right]_n$	聚对苯硫 poly(p-phenylene sulfide) PPS	Cl—C₆H₄—Cl + Na₂S

续表

序号	聚合物化学组成重复单元	俗名、英文名、简称*	单体
27	$\left[\!\!-\text{C}_6\text{H}_4\!-\!\text{CH}_2\!-\!\right]_n$	聚对苯亚甲基 poly(p-xylene)	CH$_3$—C$_6$H$_4$—CH$_3$（对二甲苯）
28	$\left[\!\!-\text{OC}\!-\!\text{C}_6\text{H}_4\!-\!\text{CO}\!-\!\text{O}\!-\!\text{CH}_2\!-\!\text{CH}_2\!-\!\text{O}\!-\!\right]_n$	聚对苯二甲酸乙二醇酯 poly(ethylene terephthalate) PET	HOCH$_2$CH$_2$OH + HOOC—C$_6$H$_4$—COOH
29	$\left[\!\!-\text{O}\!-\!\text{C}_6\text{H}_4\!-\!\text{C(CH}_3)_2\!-\!\text{C}_6\text{H}_4\!-\!\text{O}\!-\!\text{CO}\!-\!\right]_n$	聚碳酸酯 polycarbonate PC	HO—C$_6$H$_4$—C(CH$_3$)$_2$—C$_6$H$_4$—OH + Cl—CO—Cl
30	$\left[\!\!-\text{O}\!-\!(\text{CH}_2)_4\!-\!\text{O}\!-\!\text{CO}\!-\!\text{C}_6\text{H}_4\!-\!\text{CO}\!-\!\right]_n$	聚对苯二甲酸丁二醇酯 poly(butylenes terephthalate) PBT	H$_3$COOC—C$_6$H$_4$—COOCH$_3$ + HO(CH$_2$)$_4$OH
31	$\left[\!\!-\text{C}_6\text{H}_4\!-\!\text{CO}\!-\!\text{C}_6\text{H}_4\!-\!\text{O}\!-\!\text{C}_6\text{H}_4\!-\!\text{O}\!-\!\right]_n$	聚醚醚酮 poly(ether ether ketone) PEEK	F—C$_6$H$_4$—CO—C$_6$H$_4$—F + HO—C$_6$H$_4$—OH

续表

序号	聚合物化学组成重复单元	俗名、英文名、简称*	单体
32		聚砜 poly(sulfone) PSO	
33		聚对苯二甲酰对苯二胺 poly(p-phenylene terephthalamide) 芳纶(Kevlar)	
34		聚酰亚胺 poly(imide) PI	

续表

序号	聚合物化学组成重复单元	俗名、英文名、简称*	单体
35	$\left[\text{Si}(\text{CH}_3)_2\text{—O}\right]_n$	聚二甲基硅氧烷（硅橡胶）(silicon rubber) poly(dimethylsiloxane) PDMS	$\text{Cl—Si}(\text{CH}_3)_2\text{—Cl}$
36	$\left[\text{Si}(\text{CH}_3)_2\text{—C}_6\text{H}_4\text{—Si}(\text{CH}_3)_2\text{—O}\right]_n$	聚对二(二甲基硅基) 亚苯基硅氧烷 poly-*bis*(dimethylsilyl) phenylene siloxane PBDMSPS	HO—Si(CH₃)₂—C₆H₄—Si(CH₃)₂—OH
37	$\left[\text{CH}_2\text{—CH}_2\right]_n\!\!\left[\text{CH}_2\text{—CH}(\text{O—C(=O)—CH}_3)\right]_n$	乙烯-乙酸乙烯酯共聚物 ethylene-vinyl acetate copolymer EVA	CH₂=CH—O—C(=O)—CH₃ + H₂C=CH₂
38	$\left[\text{C(=O)}(\text{CH}_2)_2\text{C(=O)—O}(\text{CH}_2)_4\text{—O}\right]_n$	聚丁二酸丁二醇酯 poly(butylene succinate) PBS	HO—C(=O)—(CH₂)₂—C(=O)—OH + HO—(CH₂)₄—OH
39	$\left[\text{C(=O)—CH(CH}_3)\text{—O}\right]_n$	聚（L-乳酸） poly(L-lactic acid) PLLA	CH₃—CH(OH)—C(=O)—OH

续表

序号	聚合物化学组成重复单元	俗名、英文名、简称*	单体
40	$+CH_2-C=CH-CH_2+_n$ ，Cl	氯丁橡胶 chloroprene rubber CR	$H_2C=C-C=CH_2$ ，Cl H
41	$+H_2C-\underset{\underset{C=O,\ NH_2}{}}{\overset{H}{C}}+_n$	聚丙烯酰胺 polyacrylamide PAAM	$H_2C=CH$ ，$H_2N-C=O$
42	$+CH_2-\underset{CH_3}{CH}-O-\overset{O}{\underset{}{C}}-O+_n$	聚亚丙基碳酸酯 poly(propylene carbonate) PPC	$CH_2-CH-CH_3$ ，O ，$+CO_2$
43	$+CH_2\underset{OH}{\underset{OH}{\overset{OH}{\bigcirc}}} -(CH_2OH)_m$	酚醛树脂 phenol formaldehyde resins PF	$C_6H_5OH+HCHO$
44	$+CH_2-\underset{C_6H_5}{\overset{H}{C}}-CH_2-\underset{CN}{CH}-CH_2-CH=CH-CH_2+_n$	丙烯腈-丁二烯-苯乙烯共聚物 acrylonitrile-butadiene-styrene copolymer ABS	$CH_2=CH-CN$ + $CH_2=CH-CH=CH_2$ + $CH=CH_2$
45	$\underset{}{\overset{}{+C=C-C=C+}}$ trans	反式聚乙炔 trans-polyacetylene trans-PA	$HC\equiv CH$

续表

序号	聚合物化学组成重复单元	俗名、英文名、简称*	单体
46	[化学结构式]	顺式聚乙炔 cis-polyacetylene cis-PA	HC≡CH
47	[化学结构式]	聚苯胺 polyaniline PAn	[化学结构式]
48	[化学结构式]	聚噻吩 polythiophene PTh	[化学结构式]
49	[化学结构式]	聚吡咯 polypyrrole PPy	[化学结构式]
50	[化学结构式]	聚苯撑乙烯撑 poly(phenylenevinylene) PPV	[化学结构式]
51	[化学结构式]	聚芴 polyfluorene PF	[化学结构式]
52	[化学结构式]	聚对苯撑 poly-p-phenylene PPP	[化学结构式]

* Nylon，Kevlar 为商品名。

2.2　高分子结晶过程

高分子因不同结晶过程（条件），所形成的晶体形态结构及性质也有所不同。如何实现从熔体到晶态结构的调控，建立聚合物结晶过程 – 凝聚态结构 – 制品之间的关系，特别是对可结晶热塑性聚合物材料，从熔体结晶过程和晶态形成及结构中的高分子物理问题已引起高分子科学工作者的日益重视。近年来，聚合物反应加工（成型过程中的化学反应）、快速成型工艺、加工成型的计算机辅助设计、计算机模拟、加工过程的实时测量、在线分析和现场调控等已经成为可结晶热塑性聚合物结晶过程和晶态形成及结构研究的新方向。

高分子可以从不同始态（熔体、玻璃态及溶液）中结晶，但大多数情况都遵循成核 – 生长 – 终止的方式，结晶总速率由成核和生长速率决定。结晶是大多数聚合物从熔体到制品的必经途径。图 2.1 是高分子从熔体及玻璃态结晶过程的示意图。从图中可以看到，聚合物熔体可以经历不同途径形成晶态和非晶态（玻璃态），这些过程一般都经历了热学上的不稳定状态，经熔体淬火得到的非晶态加热（热处理）到 T_g 以上可获得晶态结构。目前，大量事实已经证明从不同途径得到的晶态 I 和晶态 II （图 2.1），在聚集态结构方面常常存在明显不同。一个聚合物的热窗口（thermal windows）是平衡熔点 T_m^0 与玻璃化转变温度 T_g 的差值，即 $T_m^0 - T_g$，"窗口"宽度对聚合物成核和生长动力学起着重要的作用，是该

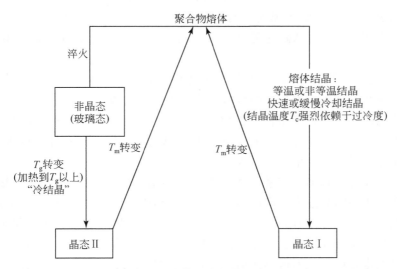

图 2.1　高分子从熔体及玻璃态结晶过程示意图

聚合物的可结晶窗口（范围）。表 2.2 列出了某些聚合物的 T_g，T_m 以及 T_m^0。

表 2.2　某些聚合物的 T_g，T_m 及 T_m^0

聚合物	$T_g/℃$	$T_m/℃$	$T_m^0/℃$
PEEK	145	340	378
PEEKK	156	365	375
PPS	92	290	315
Nylon 6	100	220	231
Nylon 1010	50	205 ~ 210	213.9
i-PP	− 11.95	168	185
s-PP	6.15	133	158
PET	80	250	280

T_g/T_m^0（K）的比值通常为 2/3，可以在 0.5 ~ 0.8 之间变化。从表 2.2 可见，不同聚合物可结晶窗口的 $T_m^0 - T_g$ 值有所不同。过冷度 ΔT 定义为 $\Delta T = T_m^0 - T_c$，其中，T_c 是结晶温度。ΔT 是聚合物结晶成核和生长的驱动力，是重要的参数。ΔT 越大，聚合物从熔体结晶的速度越快，对于结晶窗口很窄的聚合物，ΔT 虽然增加，但效果不明显，这是由于接近 T_g，黏度增加，分子链运动困难。聚合物成核和线性增长速率 G 可用 Turnbull-Fisher（TF）方程表示：

$$G = G_0 \exp(- \Delta F/kT_c) \exp(- \Delta \Phi/kT_c) \qquad (2.1)$$

式中，当 T_c 决定后，G_0 常常是一常数；ΔF 是分子链穿过液-固界面到达晶体表面固化需克服的位垒；$\Delta \Phi$ 是形成临界尺寸晶核所需的自由能；k 是 Boltzmann 常量。

由式（2.1）可以预见，最大的线性增长速率在结晶温度窗口中间（图 2.2）。从图 2.2 还可以看到，曲线被这个最大值分成两个半区，左半区（高过冷区或称低温区）成核速率很快，扩散（迁移）速率是结晶增长速率的决定因素；当靠近 T_g 时，G 接近零。右半区（低过冷或称高温区）迁移速率受限制极小，成核速率是结晶增长速率的决定因素。

从图 2.3 可以看出，随聚合物材料不同，结晶窗口增加，最大线性增长速率增加。图 2.4 为结晶温度和重均相对分子质量对聚四甲基对苯硅氧烷结晶生长速率的影响。从图中可以看到，在低相对分子质量端，随着相对分子质量下降，黏度减小，结晶生长速率快速增加；在高相对分子质量端，相对分子质量增加，生长速率虽然也在增加，但这不如前者明显。为使式（2.1）适合较大范围过冷度下的均聚物结晶，Hoffman 和 Lauritzen 提出球晶生长分子模型，并导出了著名的 LH 方程式（2.2）：

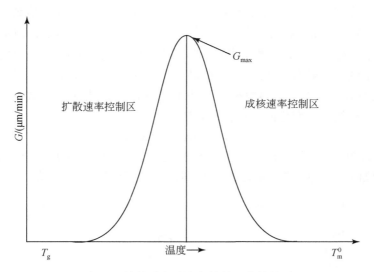

图 2.2　线性增长速率与结晶温度的关系

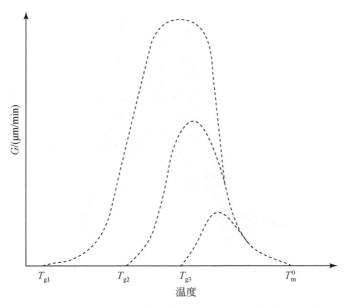

图 2.3　结晶窗口（$T_{\mathrm{m}}^0 - T_{\mathrm{g}}$）对线性增长速率的影响

$$G = G_0 \exp\left[-\frac{U^*}{R(T_{\mathrm{c}} - T_\infty)}\right] \exp\left(-\frac{K_{\mathrm{g}}}{T_{\mathrm{c}} \cdot \Delta T \cdot f}\right) \qquad (2.2)$$

式中，G_0 为前置因子，与温度无关；U^* 为链段穿过液-固界面到达结晶表面所需的活化能；T_c 为结晶温度；f 为过冷液体与晶体之间本体自由能之差的相关参数，$f = 2T_c/(T_m^0 + T_c)$，T_m^0 为平衡熔点；$\Delta T = T_m^0 - T_c$ 为过冷度；T_∞ 是假定黏流体停止运动的温度，一般由式 $T_\infty = T_g - C$ 确定，C 为常数，Hoffman 指出，C 为 30K 和 U^* 为 6280J/mol 对于大多数聚合物能很好符合；K_g 为成核参数，与结晶温度无关，但随成核方式变化而变化，其表达式为

$$K_g = nb_0\sigma\sigma_e T_m^0/\Delta H_f k \qquad (2.3)$$

式中，b_0 为单分子层厚度；σ_e，σ 分别为折叠链和侧表面自由能（$\sigma_e \gg \sigma$）；ΔH_f 为单位体积熔融热焓；n 为 2 或 4，取决于聚合物的生长方式。

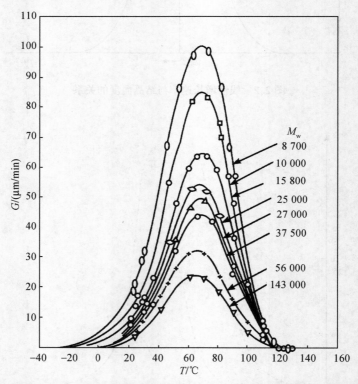

图 2.4　结晶温度和重均相对分子质量对聚四甲基对苯硅氧烷结晶生长速率的影响

Hoffman 根据晶体表面二次晶核形成速率（i）和晶体生长扩散速率（g）的关系，将聚合物的晶体增长划分成三个区，即 I 区，II 区和 III 区。

　　I 区：在过冷度低的高温结晶区，$n = 4$，$i \ll g$，一个晶核一旦形成，很快沿晶体表面扩散，即晶体表面二次晶核是缓慢形成，快速扩散。

Ⅱ区：在过冷度较高的结晶区（或称中温区），$n=2$，$i \approx g$，i 与 g 都较高，二者同时进行。

Ⅲ区：在过冷度高的低温结晶区，$n=4$，$i \gg g$，表面二次晶核瞬间完成，晶体几乎无扩散发生。

这种成核方式的变化，在实验上表现为以方程中 $\ln G + U^*/[R(T_c - T_\infty)]$ 对 $1/(fT_c\Delta T)$ 作图时拟合直线斜率的突然跳跃，如图 2.5 所示，一般情况下，K_g（Ⅲ）/K_g（Ⅱ）与 K_g（Ⅰ）/K_g（Ⅱ）都近似为 2。

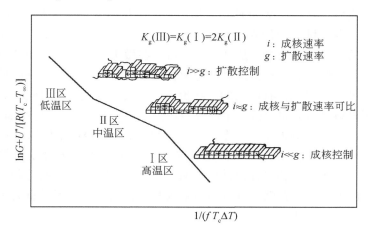

图 2.5　Lauritzen-Hoffman 分析的结晶动力学成核方式

2.3　外场诱变下聚合物结晶及结构

1991 年诺贝尔物理奖得主 de Gennes 在他的获奖演讲中，把液晶、胶体、高分子、两亲分子和生物大分子等统称为"软物质"（soft matter），由此，"软物质"的概念正式被提出。美国科学家把这类凝聚态物质称为复杂流体（complex fluid）。软物质（或复杂流体）反映了高分子材料在外场诱变下易做出响应的特征，并且常常表现为对外场弱影响做出强响应，使其结构性质发生变化。通过调控外场类型、性质及强度，可以制造出不同的软物质材料，从而得到满足不同要求、具有特殊结构和性能的聚合物材料。本节仅就几种外场对聚合物的诱变研究作一概述。

2.3.1　重力场对聚合物形成的影响研究概况

重力科学涉及的研究领域很广，根据不同的环境，可划分为增重力（enhanced gravity）、常规重力（regular gravity）、减重力（reduced gravity）和微重力

（microgravity）等几门分支学科。增重力是指重力加速度远大于 $1g_0$（g_0 = $9.81\mathrm{m/s^2}$）的环境，目前已有人研究到 $10^6 g_0$ 以上；减重力是指重力加速度小于 $1g_0$ 的环境，一般是指重力加速度在 $10^{-5}g_0 \sim 10^{-1}g_0$ 的环境；微重力是指重力加速度低于 $10^{-6}g_0$ 的环境，此时分子力占绝对优势。微重力科学是一门新兴的边缘科学，它兴起于 20 世纪 60 年代，在微重力环境中，重力所造成的对流、沉淀和静压力等现象消失，利用微重力条件可以进行许多在地面上不能进行的科学研究，可以制造和生产许多在地面上不能得到的新材料和新产品。早在 70 年代初，微重力就已应用于材料科学的研究，起初是电子材料、合金和玻璃等无机材料，相对而言，聚合物材料的研究要晚一些。1984 年，美国才正式把聚合物材料列入太空材料的研究计划之中。从理论上分析，在微重力下制备的聚合物材料的组织结构更均匀，性能更优越，这对功能聚合物（如导电聚合物、铁磁性聚合物和聚合物薄膜等）的研究具有巨大的潜在价值，使其成为微重力材料研究中继电子材料、金属材料之后最重要的一个研究对象。图 2.6 为美国 20 世纪 80 年代以来微重力科学应用于材料研究的分布图。由图可知，美国 80 年代以来在微重力下所进行的材料研究中，聚合物材料的研究占了 20% 以上。聚合物材料的研究主要集中在聚合物的合成和聚合物材料的加工方面。同时，欧洲的德国、丹麦和前苏联，美洲的加拿大，亚洲的日本等国紧跟其后，相继展开了微重力下的聚合物材料这一高新技术的研究。

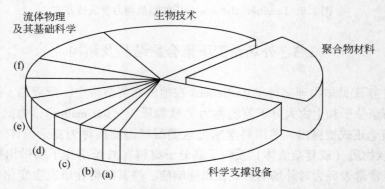

图 2.6　美国 20 世纪 80 年代以来微重力科学应用于材料研究的分布图
（a）燃料科学；（b）材料照射实验；（c）玻璃和陶瓷；（d）溶液中晶体生长及催化；
（e）金属和合金；（f）光电材料

　　在众多的研究中，大多数文章报道的是常规重力下聚合物材料的研究，本节在此不再赘述，因减重力介于增重力和微重力之间，故下面仅就增重力和微重力下目前的一些研究情况作简要介绍，重点阐述微重力下聚合物材料的研究概况。

1. 增重力下聚合物材料的研究

在增加重力的条件下，沉降和对流效应将显著加强，可以利用强化的沉降和对流效应来获得必要的过饱和，避免有害杂质，增加晶体的生长速度。增重力一般通过超高速离心旋转来获得。俄罗斯的 Briskman 等利用离心装置详细研究了不同重力下聚丙烯酰胺、聚丁烯酸甲酯（硬玻璃）等聚合物的合成过程。他们发现，在增重力场下，热效应和收缩必然导致对流和聚合前沿的不稳定，对流程度的强弱取决于热效应和收缩的大小、反应速率和温度、起始混合物的黏度、混合物的热扩散系数、反应容器的尺寸和形状以及反应室的取向，结果严重影响聚合物产品的结构和光学非均匀性。在离心增重力场下的聚合过程中发现了新的重力敏感机制，聚合物产品的机械性能随重力程度有规律地变化，重力行为的特殊原因目前并不清楚，正在进一步研究之中。

2. 微重力下聚合物材料的研究

随着现代科学技术的进步，聚合物材料工业蓬勃发展，尤其是功能聚合物，如导电聚合物，因其导电性能良好，同时又具有密度小、可塑性好和综合机械性能理想的特点而备受各国的工业界青睐，聚合物材料在国民经济和人民生活中占有的比重越来越大。然而，在聚合反应过程中，由于新相的产生而形成的密度梯度流，将严重影响聚合物相对分子质量的大小和分布，同样，在聚合物熔融固化过程中，由于聚合物黏度较大，其结晶受分子取向和构象的约束，重力驱动下的剪切流变将严重影响晶体的组织和结构，而在微重力环境中则可将上述影响消除。在微重力下对聚合物的研究内容主要包括微重力下聚合物的合成（尤其是功能聚合物的合成）、微重力下聚合物重熔再结晶、微重力下聚合物晶体生长和微重力下功能聚合物薄膜的制备。目前，这些研究方面均有文献报道。

1）微重力下聚合物的合成

微重力下合成聚合物的目的是研究重力对聚合物产品的相对分子质量大小和相对分子质量分布的影响，获得大相对分子质量和均一相对分子质量的聚合物。1984 年，美国首次在航天飞机上制备出均匀性极好的聚苯乙烯乳胶小球，其直径达 4.98μm，而在地面上无法制备直径大于 2μm 的小球。随着技术的不断改进，在微重力下制备的聚苯乙烯乳胶小球直径已达 30μm。德国 Bremem 大学微重力和应用空间技术中心的 Sturm 等在落塔装置下研究了微重力对光诱导合成聚丙烯酸盐的相对分子质量大小、构型、颗粒分散性的影响和器壁效应对聚合行为的影响。俄罗斯的 Bogatyreva 等在微重力下通过光诱导合成聚丙烯酰胺溶胶，利用多种测量手段，对比研究了重力对聚合过程的热、质传输机制的影响，实验发现，在聚合过程中，由于释放化学能而引起的局部温升和新的密度相的出现，在地面上的聚合必然导致对流，并严重影响聚合行为和聚丙烯酰胺溶胶的结构，而在微重力下对流强度显著减弱，制得的聚丙烯酰胺溶胶结构均匀。俄罗斯的 Briskman 等利用 "MIR" 航天飞机合成了齐相对分子质量的聚丙烯酰胺、聚丁烯酸甲酯（硬玻璃）等聚合物。美国的 Burns 和 Brown 等设计了一个实验包，该实验包可放在航天飞机的中仓，也可单独作为一个实验室，他们使用偶氮二甲基戊腈为引发剂，在航天飞机上进行了聚酯、聚硅酮和聚甲基丙烯酸酯等多种聚合物的合成实验，在微重力场下合成聚合物。目前，美国等发达国家正致力于在微重力环境中电沉积聚噻吩及其衍生物、电化学合成聚苯胺及其衍生物和光化学合成聚丁二炔等导电或非线性光学聚合物材料的研究。

2) 微重力下聚合物重熔再结晶

微重力下聚合物材料的处理主要是在微重力下聚合物材料的重熔再结晶和其他形式的压力加工。在聚合物加工过程中，地面上由于重力的存在而引起材料变形，改变了材料的微观结构，导致材料性能不均匀，必然影响材料的最终使用性能；在微重力下处理聚合物，能得到结构和性能不同于地面的均匀材料。1992 年，美国的宾夕法尼亚大学采用熔融/固化法在微重力下对聚乙烯进行重熔再结晶研究，发现聚乙烯晶体的晶型和双折射率都发生了变化。美国 3M 公司在微重力下研究了尼龙 6 的熔融聚合和结晶，聚氟丁二烯、聚偏氟乙烯及其分别与聚甲基丙烯酸甲酯混溶的相分离等，目前，他们正努力从事在微重力下的诱变效应对半结晶聚合物的结构、取向和形貌的研究。总之，研究重力对聚合物固化过程和加工过程的影响，有益于指导地面聚合物新产品的设计和开发。

3) 微重力下功能聚合物薄膜的制备

微重力下制备功能聚合物薄膜的主要目的是获得薄膜结构均匀的高效专一的半渗透膜和非线性光学晶体薄膜。委内瑞拉的科学家搭载美国航天飞机，在微重力下采用铸塑成型法制造半渗透聚合物薄膜，其薄膜形貌结构优于地面产品，且薄膜无杂质。高效专一的聚合物渗透薄膜用途极广，可用于气体分离、食品和饮料的生产、制造和工艺控制等。另外，Fox 等在微重力下制备了聚合物液晶薄膜，其光电性能大大优于地面相同方法制备的薄膜。美国 3M 公司从 1985 年开始采用物理气相沉积法多次在太空中生长铜酞菁薄膜，所得薄膜比地面生长的晶体薄膜更光滑，光学性更均匀，密度更大，且性能有大幅度的提高。目前，美国在微重力场下制备聚合物非线性光学晶体薄膜方面的投入较大，他们正致力于在微重力环境中制备聚噻吩晶体薄膜、聚丁二炔晶体薄膜等导电或非线性光学聚合物晶体薄膜的研究，其应用目标是光开关和光计算机。另外，在微重力下制备聚合物薄膜具有巨大的潜在商业价值，因此，目前美国不少企业已参加到这一研究领域。

　　总之，在不同重力环境中进行聚合物材料的研究受多种因素的制约，尤其在微重力下，其总共进行的太空实验次数有限，加之所用方法和相应硬件装置存在的问题，以及实验条件不合适等问题，使得在太空中进行的实验有很大一部分是失败的，目前还有很多待研究的现象和待发掘的规律，如微重力下的结晶行为机制。已有的实验研究表明，在微重力下制备的聚合物晶体的晶型和性质要发生变化，聚合物的相对分子质量大小及分布要发生改变等。这一领域尚有许多方面的研究还是空白，如在微重力下合成功能聚合物材料的研究。因此，积极从事该领域的研究，对于揭示大自然规律和指导地面功能聚合物材料的制备，具有重要的科学价值和社会经济效益。

3. 高真空静电减重力装置

　　图2.7是为了适应研究工作，我们自行设计的静电减重力装置的原理示意图。

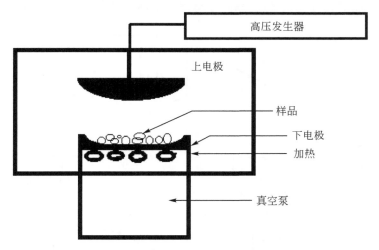

图2.7　静电减重力装置原理示意图

　　此装置的原理是利用静电力削弱重力（mg_0），通过调节两极间的距离（d）达到不同的减重力程度，如 $10^{-1} g_0$、$10^{-2} g_0$，$10^{-3} g_0$ 等。由于电极弧度很小，因此可通过极板间的电势分布近似地做平板电极处理。具体实验时控制极板间距，使样品接近悬浮，则样品的减重力方程可用式（2.4）表达：

$$mg_0 - Q_s \frac{U}{d} = mg_x \qquad (2.4)$$

式中，U 为两极板间电压；d 为两极板间距离；g_x 为残留加速度；m 为样品质量；g_0 为重力加速度；Q_s 为聚合物样品表面自由电荷量，对于不同的聚合物，Q_s 可以通过理论计算或者实验测量得到。为研究方便，我们引入一个新的参数——减重率（Δg）：

$$\Delta g = 1 - \frac{|g_x|}{g_0} \tag{2.5}$$

式中：当 $\Delta g = 0$ 时，聚合物处于常规重力场下；当 $\Delta g = 1$ 时，聚合物所受静电力刚好抵消重力，聚合物处于无重力场下；当 $0 < \Delta g < 1$ 时，聚合物处于减重力场下。

很显然，对于特定聚合物，电场强度越大，减重率更趋于 1。

在上述装置中（图 2.7），我们进行了系列聚合物，如导电聚合物烷基取代聚噻吩、压电聚合物尼龙 11、PVDF 以及 i-PP、s-PS 等的研究，取得了与在常规重力下明显不同的令人兴奋的结果。现以 α 型 i-PP 为例，讨论晶胞参数及晶体形态与静电场强度的关系：α 型 i-PP 在高真空强电场下的等温结晶，随静电场强度的增加，晶胞参数增加（图 2.8），晶体形态逐步由球晶转化为片晶（图 2.9）。

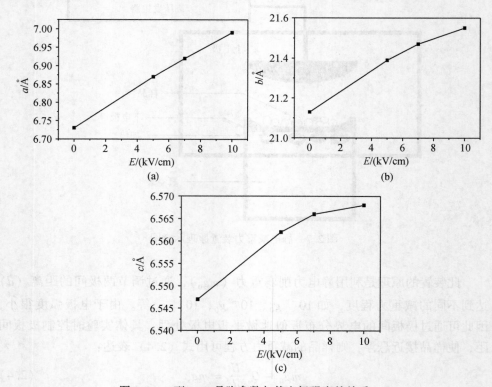

图 2.8　α 型 i-PP 晶胞参数与静电场强度的关系

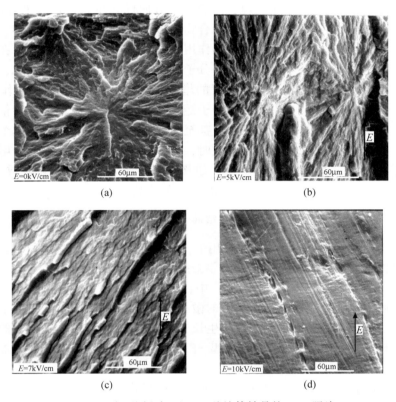

图 2.9 在不同电场下 i-PP 从熔体结晶的 SEM 照片

4. 聚合物熔体在静电场下的晶体生长方式探讨

一般无电场下，熔体聚合物在冷却凝固时，熔体与固体界面为非共价界面，聚合物固体可以不断接受来自熔体的链段，使聚合物晶体的增长连续进行，称为线性增长（G）。又因为聚合物晶体增长时成分不改变，只需界面附近的链段做近距离迁移，故聚合物熔体结晶过程在无电场干扰时仅受界面迁移控制，而界面迁移速度受过冷度控制，一旦其界面突出物发展成细长的原纤维，在过冷度适当的情况下，原纤维会迅速增长，在所有方向几乎以相同的概率均匀地充满空间，这就形成了如图 2.9（a）所示的聚合物球晶。但当存在外电场时，聚合物熔体在强静电场作用下，表面产生极化，并逐步扩散渗透，聚合物表面带上的自由电荷会逐渐增加，聚合物熔体在固化过程中，其分子链所受静电场力随电场强度的增加而增加，当电场强度增加到一定强度时，静电力可以完全抵消重力，聚合物熔体在电场中被"悬浮"起来。在静电场下，聚合物晶核一旦形成，聚合物微

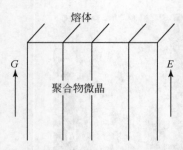

熔体

G　　　　　　E

聚合物微晶

图 2.10　聚合物熔体结晶在强静
电场下的片晶生长示意图

晶会沿静电场方向优先生长，在较强静电场下，熔体聚合物的折叠链会被静电引力拉伸，与未经静电场作用的分子链具有不同的取向，在结晶过程中，分子链的排列和堆砌发生了变化，随静电场强度的增加，聚合物分子链所受的作用力加大，分子链被拉伸的程度增大，进一步偏离平衡位置，甚至向其他晶型发生转变。当几个晶核同时形成时，在静电场作用下一起沿着静电场方向生长，如图 2.10 所示，结果就生成了如图 2.9（d）所示的片晶。

5. 高真空强静电场下聚合物薄膜结晶形态的研究

本小节研究在高真空强静电场作用下，等规聚丙烯、十二烷基取代聚噻吩以及二者共混物（由稀溶液制成）的薄膜微晶体生长形态。

在自行研制的实验装置（图 2.7）中，等规聚丙烯、等规聚丙烯与十二烷基取代聚噻吩共混物薄膜在电场作用下的微晶生长工艺如图 2.11 所示，十二烷基取代聚噻吩薄膜在电场作用下的微晶生长工艺如图 2.12 所示。经处理的聚合物薄膜微晶样品表面喷金，使用 S-500 型 SEM 观察形态，观察时 SEM 的加速电压为 20kV。

图 2.13 为等规聚丙烯薄膜在不同强度静电场作用下生长的微晶 SEM 照片。由图可知，在 $E = 0kV/cm$ 时，等规聚丙烯一旦成核，就向四方均匀生长成树枝形的球晶；当 $E \neq 0kV/cm$ 时，等规聚丙烯一旦成核，主径就沿电场方向优先生长成树枝状。图 2.14 为等规聚丙烯与十二烷基取代聚噻吩共混物薄膜在不同强度静电场作用下生长的微晶 SEM 照片。由图可知，当 $E = 0kV/cm$ 时，共混物薄膜仍然生长成树枝形的球晶；当 $E \neq 0kV/cm$ 时，共混物薄膜沿电场方向生长成压偏的树枝形球晶，且树枝有部分断裂现象发生。图 2.15 为十二烷基取代聚噻吩薄膜在不同强度静电场作用下生长的微晶 SEM 照片。当 $E = 0kV/cm$ 时，十二烷基取代聚噻吩无树枝断裂；当 $E \neq 0kV/cm$ 时，随静电场强度的增加，十二烷基取代聚噻吩树枝断裂增强，尤其当 $E > 6kV/cm$ 时，十二烷基取代聚噻吩树枝几乎完全断裂，原因可能是十二烷基取代聚噻吩在强静电场作用下发生了断链。上述现象解释如下：聚合物在较低温度下结晶，当分子链向晶体的移动起控制作用时，往往生长成树枝晶，因为在这种情况下，凸出的棱角占有几何上的有利条件，棱角往往比其他部分优先生长。在无外场干扰时，聚合物晶体向各方向生长的概率相等，又由于聚合物为稀溶液，在生长过程中受聚合物分子链迁移量限制，在这种情况下，往往长成树枝形的球晶，如图 2.13（a）和图 2.14（a）所

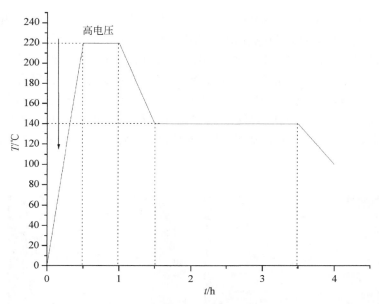

图 2.11　等规聚丙烯、等规聚丙烯与十二烷基取代聚噻
吩共混物薄膜在电场作用下的微晶生长工艺

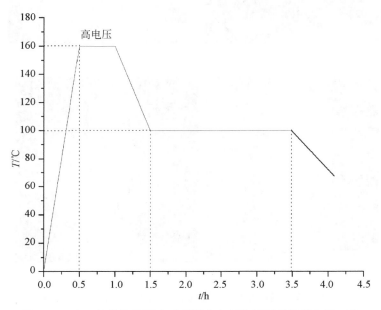

图 2.12　十二烷基取代聚噻吩薄膜在电场作用下的微晶生长工艺

示。而在强静电场下，聚合物无论是极性还是非极性分子，都会发生电荷转移，产生诱导偶极，诱导偶极与电场相互作用，改变了分子的自由能，导致分子链沿电场方向的极化取向，这些因电场作用极化取向的分子链与未经电场作用的分子链有不同的构象，有更伸展的分子链构象。随环境温度的升高，聚合物链段及侧基的运动活性逐渐增强，使得聚合物的偶极矩更易沿着极化电场方向取向。在结晶温度维持一定时间，使取向处理能够充分进行，在此情况下，聚合物一旦成核，主径就沿电场方向生长成典型的树枝状枝晶，如图 2.13（d）和图 2.14（d）所示。

图 2.13　等规聚丙烯薄膜在不同强度静电场作用下生长的微晶 SEM 照片

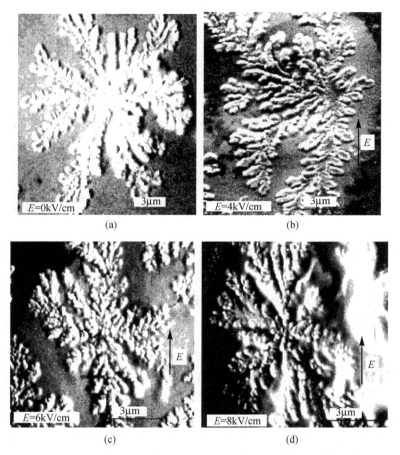

图 2.14　等规聚丙烯与十二烷基取代聚噻吩共混物薄膜
在不同强度静电场作用下生长的微晶 SEM 照片

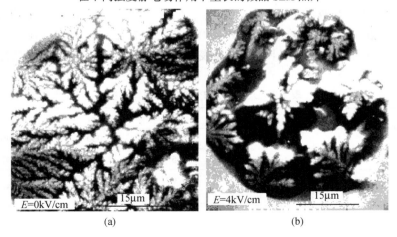

E=6kV/cm　　　　15μm　　　　E=8kV/cm　　　　15μm
　　　　　(c)　　　　　　　　　　　　　　　(d)

图 2.15　十二烷基取代聚噻吩薄膜在不同强度静电场作用下生长的微晶 SEM 照片

2.3.2　应力、热、溶剂诱变下聚合物的结构变化

1. 聚芳醚酮类聚合物

自 20 世纪 80 年代 ICI 公司将聚芳醚酮类聚合物（PAEKs）第一个成员聚醚醚酮（PEEK）商品化以来，许多 PAEKs 被合成和生产出来，如 PEEKK（图 2.16）。PAEKs 为高性能工程塑料，由于具有优异的热、电、化学性质、物理机械性能及易加工成型等特性，其在高技术领域得到广泛的应用，它们的晶体结构几乎被同时研究，结果指出，这类聚合物晶体结构与 PPO 相似，具有正交晶系，每个晶胞有两条分子链通过，其中一条通过晶胞中心，另外 $4 \times 1/4$ 条通过晶胞四条棱（图 2.16），空间群为 D_{2h}^{14}-$Pbcn$；消光规律 $h+k$ 为奇数；$0kl$ 中，k 为奇数；$h0l$ 中，l 为奇数；$h00$，$0k0$，$00l$ 中，h，k，l 为奇数；两个亚苯基间的夹角 $\theta = 124° \sim 126°$，相对扭转角 $\phi = 30° \sim 40°$（图 2.17）。几种典型 PAEKs 的 c 轴长度及它们晶体学参数分别见图 2.18 及表 2.3，某些 PAEKs 的结构和热性能之间的关系列于表 2.4。

表 2.3　几种典型 PAEKs 的晶体学参数

PAEKs		a/nm	b/nm	c/nm	ρ_c/(g/cm³)
PEEK		0.775	0.586	1.000	1.400
PEK		0.765	0.597	1.009	1.412
PEKEKK	（Ⅰ）	0.771	0.607	1.027	1.384
	（Ⅱ）	0.416	1.109	1.008	

续表

PAEKs		a/nm	b/nm	c/nm	ρ_c/(g/cm³)
PEKEKK (t/i)	(Ⅰ)	0.771	0.607	1.013	
	(Ⅱ)	0.417	1.134	1.013	
PEEKEK		0.779	0.594	0.996	1.396
PEEKK	(Ⅰ)	0.7747	0.6003	1.010	1.385
	(Ⅱ)	0.461	1.074	1.080	
PEEKmK		0.771	0.605	3.99	
PEKK	(Ⅰ)	0.767	0.606	1.008	
	(Ⅱ)	0.417	1.134	1.008	
PEKmK		0.766	0.611	1.576	
PEDEK		0.772	0.594	3.75	
PEDEKmK		0.788	0.609	4.82	1.374
		0.785	0.605	4.77	
PEDEKK	0.778	0.606	2.375	1.389	
		0.757	0.598	2.404	
PEEKDK		0.760	0.598	2.288	

注：E 表示醚基，K 表示酮基，D 表示联苯基，m 表示间位结构，Ⅰ 表示晶型Ⅰ，Ⅱ 表示晶型Ⅱ，(t/i) 表示对、间位共聚比例为 1。

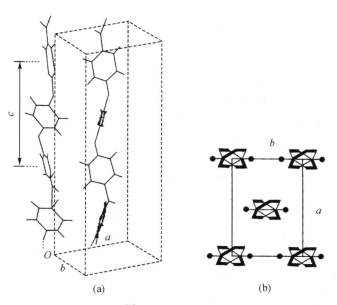

(a)   (b)

图 2.16 PEEKK

(a) 晶胞正视图；(b) ab 平面投影图

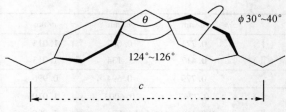

图 2.17　PAEKs 的几何图像

表 2.4　某些 PAEKs 的结构和热性能之间的关系

PAEKs	K/E	$T_g/℃$	$T_m/℃$	$T_m^0/℃$	$T_d/℃$
PEEEK	0.33	129	324		
PEEK	0.50	141 ~ 145	334 ~ 343	359 ~ 395	> 500
PEEKEK	0.67	148 ~ 154	345		> 520
PEK	1.00	154 ~ 165	365 ~ 367		> 520
PEEKK	1.00	150 ~ 158	359 ~ 370	371 ~ 387	> 520
PEKEKK	1.50	160 ~ 173	370 ~ 384		> 520
PEKK	2.00	165 ~ 172	378 ~ 400		535
PEK*m*K	2.00, *meta-*	156 ~ 165	330 ~ 350	354	
PEEK*m*K	1.00, *meta-*	154	308		
PEDEK*m*K	*meta-*	160	302		
PEDEK	0.50, D	167 ~ 183	409 ~ 417	449	> 520
PEDK	1.00, D	180 ~ 216	478		520
PEDEKK	1.00, D	183 ~ 185	409 ~ 412		520
PEEKDK	1.00, D	183 ~ 192	428 ~ 434		
PEDEKDK	1.00, D	209	469		

注：E 表示醚基，K 表示酮基，D 表示联苯基。

　　有关的 PAEKs 在外场诱变下产生多晶型及其原因，王尚尔等[Wang S, Mo Z et al, Macromal Chem Phys, 1996, (197): 4097; ibid, 1997, (198): 969; Macromol Rapid Commun, 1997, (18): 83; Liu T, et al, J Appl Polym Sci, 1999, 73: 237 – 243]已做了系统报道。现以 PEEKK 为例：

　　图 2.19 为高倍拉伸的 PEEKK 纤维图，在图上出现了 "额外" 衍射斑点，它们不能用正交晶系晶型 I 参数指标化，这些额外的衍射斑点收集在图 2.19（b）左上角，它们只能用晶型 II 参数指标化（表 2.3）。

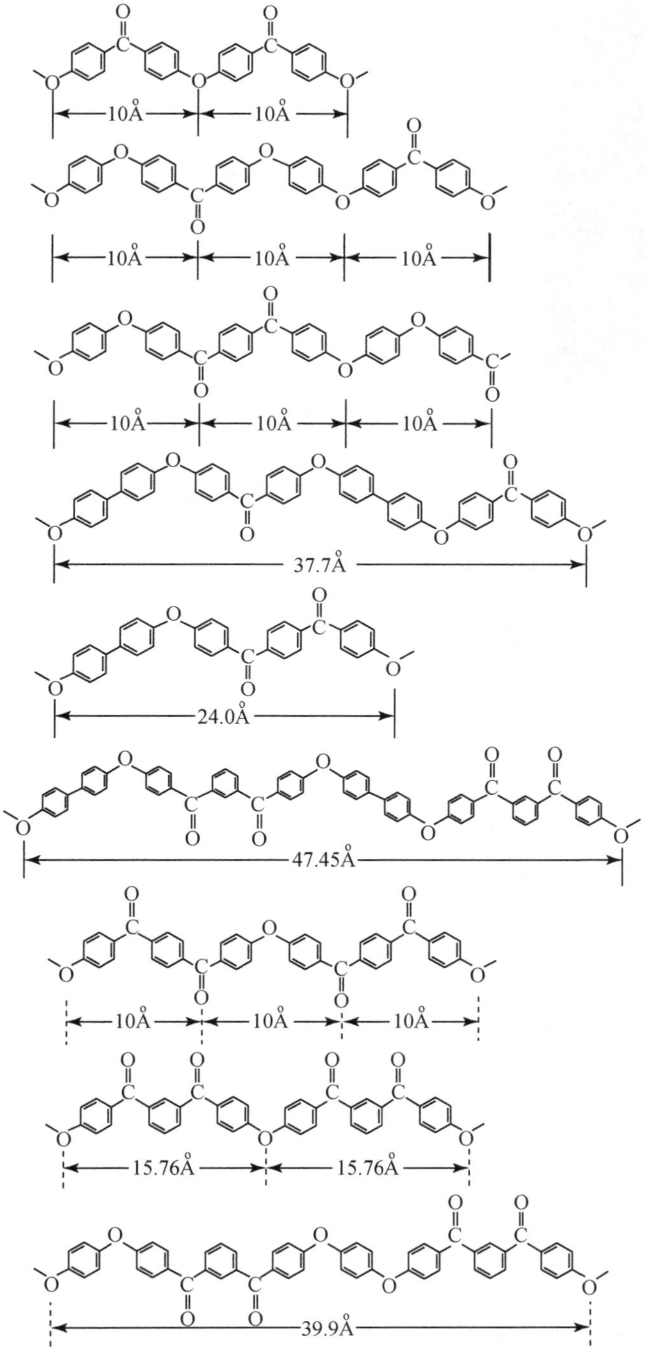

图 2.18 几种典型 PAEKs 的 c 轴长度的比较

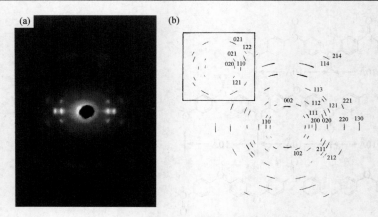

图 2.19　高倍拉伸的 PEEKK 纤维图

（a）"额外" 衍射点收集在左上角；（b）空气中 300℃ 退火 6h

图 2.20 为不同拉伸比 PEEKK 薄膜的 WAXD 曲线，拉伸比（DR）为 1~4.5，

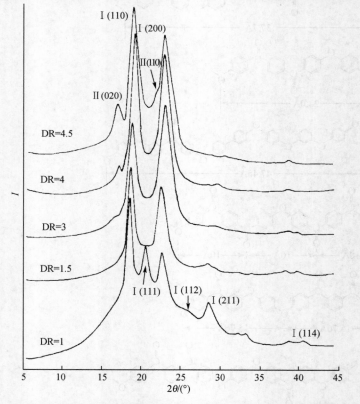

图 2.20　不同拉伸比 PEEKK 薄膜的 WAXD 曲线（280℃ 有张力情况下退火 1h）

在280℃有张力的情况下退火1h后记录X射线衍射图。用晶型Ⅰ及晶型Ⅱ晶体参数（表2.3）指标化后，经应力应变后出现了第二种晶型。图2.21为不同拉伸比PEEKK薄膜的WAXD曲线（在室温下拉伸，不高温退火）。在图上同样可以看到晶型Ⅱ衍射峰的出现，说明了PEEKK中晶型Ⅱ的出现是应力诱变的结果，而非热诱导的结果。

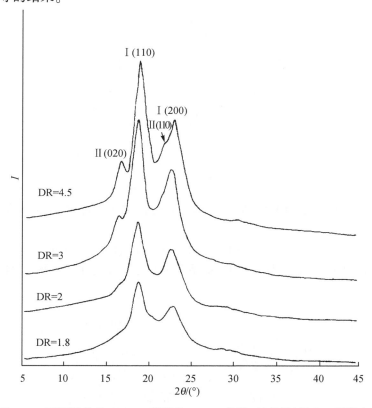

图2.21　不同拉伸比PEEKK薄膜的WAXD曲线（不经过退火，无张力）

　　王尚尔、莫志深等解析了在应力作用下，分子链得到充分伸展，并使 c 轴伸展，分子链可能重新堆砌，引起其他参数的变化（图2.22）。

　　根据图2.22模型及PEEKK晶型Ⅰ及晶型Ⅱ晶胞参数，可以得出PEEKK的晶型Ⅰ及晶型Ⅱ的晶胞堆砌模型。上述晶型Ⅱ结构的产生，也得到微区电子衍射的证实。

　　我们对PAEKs应力诱变结晶的研究证明，PAEKs在应力作用下产生多晶型是较普遍的现象（表2.3），晶型Ⅱ的产生随分子链刚性增加（酮/醚比增加）而增加，并依赖于拉伸温度、速度、热定型温度等。

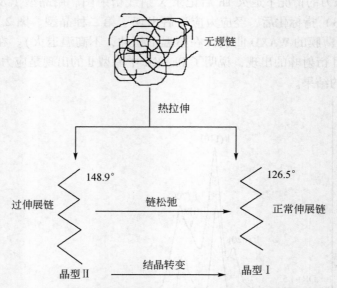

图 2.22　PAEKs 在外场力作用下及外力取消后晶型的转变

　　下面的例子（图 2.23）具体说明分子链刚性大小不同，产生晶型 II 的 WAXD 图峰强弱有明显差异。PEEKK 晶型 I 及晶型 II 的比较见图 2.24。

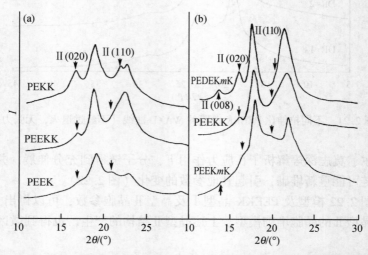

图 2.23　PAEKs 分子链结构不同，拉伸诱变产生晶型 II 的 WAXD 图峰强弱有所不同

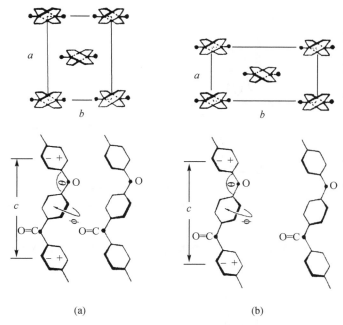

图 2.24　PEEKK 晶型 Ⅰ 及晶型 Ⅱ 的比较

(a) 晶型 Ⅰ；(b) 晶型 Ⅱ

将 PEKEKK (t/i) 的非晶样品放入 CH_2Cl_2 溶剂中，于室温保持一周时间，然后放入真空烘箱中除去溶剂，得到溶剂诱变结晶样品。其 WAXD 图如图 2.25 所示。WAXD 图表明，溶剂的存在能够诱变 PEKEKK (t/i) 的非晶样品结晶。此外，从 WAXD 图中弱的结晶峰可以看出，经溶剂诱变结晶后，只产生很少的结晶。这与熔体结晶过程中产生的强结晶衍射峰是无法比拟的。

对熔体结晶、溶剂诱变结晶和冷结晶 PEKEKK (t/i) 的结晶进行了研究，得到了两种不同的晶型：晶型 Ⅰ 与晶型 Ⅱ。熔体结晶仅得到晶型 Ⅰ，溶剂诱变结晶得到晶型 Ⅱ，而热诱导玻璃态结晶（冷结晶）则晶型 Ⅰ 与晶型 Ⅱ 共存（图 2.26）。

下面一些例子将说明在外场作用下聚合物分子结构对产生晶型 Ⅱ 的影响。从熔体缓慢结晶的 PEKEKK (t) 没有产生晶型 Ⅱ 结构（图 2.27）。在溶剂（同前溶剂）诱变下只有 PEKEKK (t) 和 PEKEKK (t/i) 产生晶型 Ⅱ 结构（图 2.28）。这是因为全间位结构 PEKEKK (i) 的分子链变柔软，不利于形成晶型 Ⅱ。

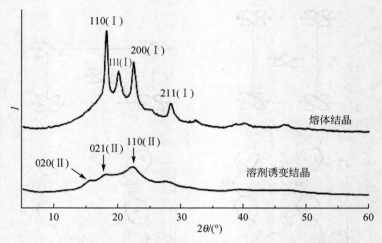

图 2.25　PEKEKK（t/i）熔体结晶和溶剂诱变结晶的 WAXD 图

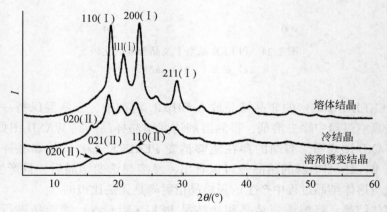

图 2.26　PEKEKK（t/i）在不同结晶条件下的 WAXD 图

2. 应力和热诱导对尼龙 11 结构的影响

尼龙 11 不仅具有优良的物理和化学性能，而且是一种极稀少的压电和铁电材料，尼龙 11 的压电性与其晶型密切相关。为了寻找出其晶型与压电性关系，迄今已有许多研究报导，尼龙 11 有 α，β，γ，δ，δ' 等多种晶型，目前已知只有 δ' 晶型才具有良好的铁电和压电性质。从熔体或从苯酚/甲酸混合溶剂结晶一般可以得到三斜晶系 α 型晶体（中国科学院长春应用化学研究所中试产品 $M_n =$ 1.6×10^4，$T_g = 42℃$，$T_m = 184℃$），三斜晶系晶胞参数为 $a = 0.49$nm，$b =$

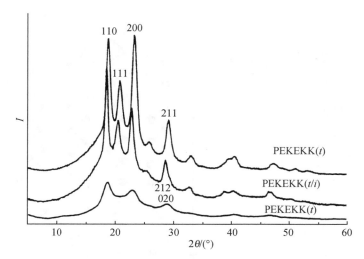

图 2.27 PEKEKK 熔体结晶的 WAXD 图

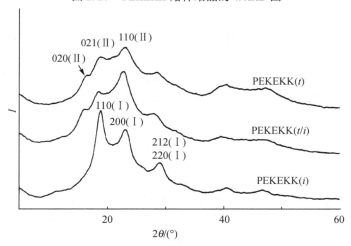

图 2.28 PEKEKK 溶剂诱变结晶的 WAXD 图
此溶剂诱变结果见邱兆斌博士论文，中国科学院长春应用化学研究所，2000

0.54nm，$c = 1.49$nm，$\alpha = 49°$，$\beta = 77°$，$\gamma = 63°$，其分子链构象及晶体结构见图2.29。β 型尼龙11 为单斜晶系，γ 型、δ 型、δ' 型尼龙11 为六方或假六方结构。经研究得知，应力诱变对尼龙11 晶型的形成有直接的影响，并且决定了其铁电和压电性能。图 2.30 为尼龙11 在高温（165℃）下热处理不同时间时晶型转变过程的 WAXD 图。在图 2.30 中，α 型尼龙11 两个明显的衍射峰分别为 $2\theta = 20.2°$（100）和$2\theta = 23.01°$（010，110）。随热处理时间的增加，α 型转变为 δ 型，仅

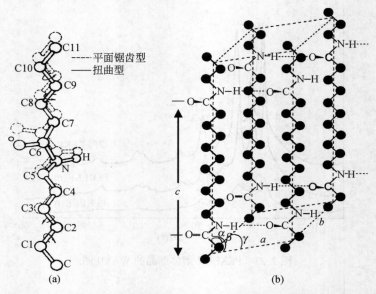

图 2.29　尼龙 11 分子链构象（a）及 α 型三斜晶胞晶体结构（b）

有 1 个（100）尖锐的衍射峰，热处理时间继续增加，δ 型晶型（100）分裂为两个明显衍射峰（100），（010，110），又转变为 α 型。

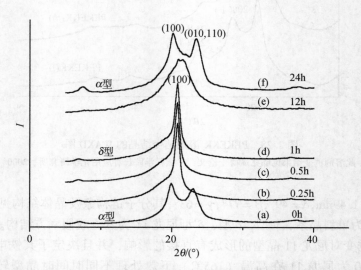

图 2.30　α 型尼龙 11 在 165℃下热处理不同时间时晶型转变过程的 WAXD 图

尼龙 11 熔体淬火到冰水中得到 δ' 晶型，165℃高温热诱导不同时间可分别得到 δ 型和 α 型以及它们的混晶（图 2.31）。在图中可以看到，δ' 型较 δ 型（110）衍射晶面线宽，说明其晶胞堆砌较疏松，结晶不完善。随着热处理时间的增长，δ 型进一步转化为 α 型，此时在氢键面内的氢键更有序，晶体结构也进一步有序化。

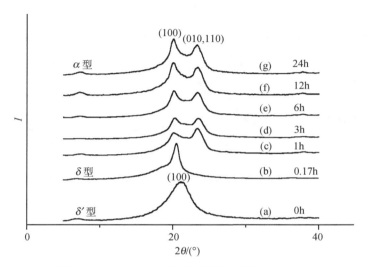

图 2.31　δ' 型的尼龙 11 在 165℃下热处理不同时间时晶型转变的 WAXD 图

图 2.32 为固定拉伸温度（$T_d = 80$℃）、不同拉伸倍数（n）的 α 型尼龙 11 的 WAXD 图。随 n 增大，（001）峰 [d（001）$= 1.18$nm] 消失，而（100），（010，110）两峰增宽靠近。以它们的晶面间距对拉伸比作图（图 2.33），表明三斜 α 型向六方型转变。

图 2.34 为拉伸倍数不同、拉伸温度固定在 80℃ 的 δ' 晶型的 WAXD 图。WAXD 图仅表现出 $2\theta = 21°$（$d = 0.42$nm）的强衍射，并随拉伸倍数增加而增加。我们将此条件下获得的样品在室温（$< T_g$）下存放两个月以上，δ' 型结构仍稳定且具有良好的压电性，由此可见，在低温下应变产生的 δ' 型是稳定的。

图 2.35 为 α 型尼龙 11 固定拉伸倍数（$n = 5$），改变拉伸温度的 WAXD 图。在低温（40℃）时，WAXD 曲线表现出非常相似的 δ' 型六方结构，仅有一个（100）强衍射峰，随着温度增加，（100）缓慢分裂为两个峰，到 $T_d = 160$℃，α 型两个峰出现，而且（010，110）更尖锐更明显。这些结果指出，低温拉伸有利于 δ' 型形成，但随着拉伸温度增加，α 型含量增加。

图 2.36 为 δ' 型尼龙 11 在不同温度下拉伸相同倍数的 WAXD 图。从图中可

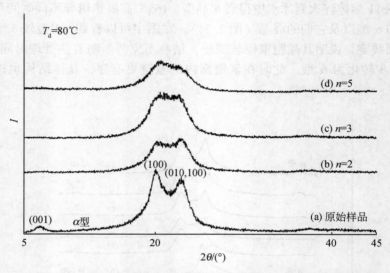

图 2.32　α 型尼龙 11 在 80℃下拉伸不同倍数 （n） 的 WAXD 图

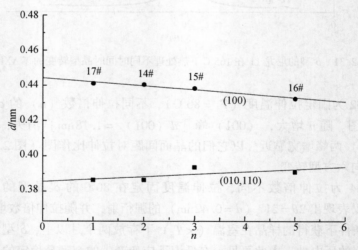

图 2.33　α 型尼龙 11 的 （100） 和 （010, 110） 晶面间距 （d） 对拉伸比 （n） 作图

知，在低温下，δ′型是稳定的 ［图 2.36 （b） 和 （c）］，但当 T_d = 95℃ ［图 2.36 （d）］时，（100） 峰开始分裂，随 T_d 增加，峰分裂越来越明显，当 T_d =165℃时，完全为 α 型结构。从图 2.36 可知，当 T_d >95℃时，δ′型开始转变为 α 型，且 T_d 增加而明显。晶面间距 d （100） 与 d （010, 110） 与 T_d 的关系如图 2.37 所示，从图中可明显得知，δ′型→α 型发生在 T_d >95℃。

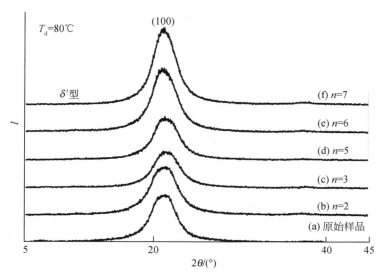

图 2.34 δ′型尼龙 11 在 80℃下不同拉伸倍数的 WAXD 图

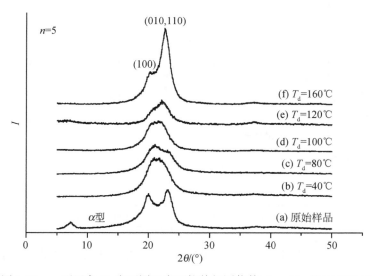

图 2.35 α 型尼龙 11 在不同温度下拉伸相同倍数（$n=5$）的 WAXD 图

从上述拉伸诱导和热诱导尼龙 11 的研究可以获得以下结果：

（1）α 型和 δ′型尼龙 11 高温热诱导表现出相同转变行为，即转变为 δ 型，δ 型为亚稳结构，随热诱导时间增加而转变为 α 型；

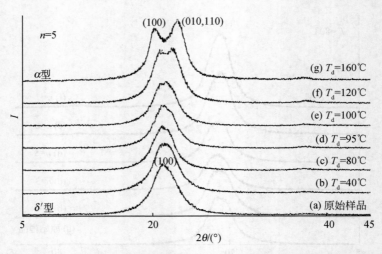

图 2.36 δ′型尼龙 11 在不同温度下拉伸相同倍数（n = 5）的 WAXD 图

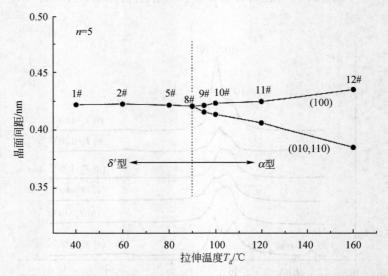

图 2.37 尼龙 11 晶面间距 d(100) 和 d(010,110) 与拉伸温度的关系（从图 2.36 计算而得）

（2）α 型尼龙 11 从室温到 T_m 为亚稳结构；

（3）δ′型尼龙 11 可在低温下（<95℃）拉伸得到，在室温（<T_g）下是稳定结构；

（4）在热诱导和拉伸诱导共存的情况下，存在两者竞争，热诱导有利于形成 α 型，应力诱导有利于形成 δ′型。

上述讨论外场应力和热诱导对尼龙 11 晶体转变过程总结在图 2.38 及文献（Qingxin Zhang，Zhishen Mo，Hongfang Zhang，Siyang Liu，Polymer，2001，42：5543-5547）中。

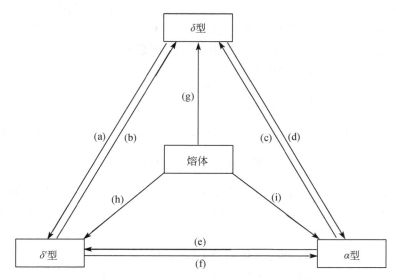

图 2.38　在外场（热、应力）诱导下尼龙 11 结晶的转变

（a）淬火到冰水；（b）加热到高温（>95℃）；（c）加热到高温（>95℃）；（d）等温结晶（>95℃）；（e）低温拉伸（<95℃）；（f）高温退火（>95℃）；（g）冷却到高温；（h）淬火到冰水；（i）高温等温结晶（>95℃）

外场诱导可引起软物质——聚合物结构的变化，因外场性质、强度和聚合物本身结构的不同，其变化机理和结果也有所不同，下面仅就国内外有关结晶聚合物应力－形变机理作一简介。

3. 聚合物应力－形变机理

关于结晶聚物形变机理的争论已有 30 多年的历史，在此期间，人们曾提出了各种模型，下面仅就具有代表性的模型进行讨论。

（1）Peterlin 模型。它是目前较为普遍被接受的模型。该模型认为在应力作用下，球晶首先发生塑性形变、破裂、组成球晶的片层倾斜、链滑移，最后折叠链取向排列成纤维结构（即球晶→片晶→纤维结构）。

（2）应力－熔融－再结晶模型。Harrison 等在研究 PE、PP 拉伸过程中认为应力可转变为热，使微晶熔融再结晶，提出形变过程应力诱导结晶机理："应力－熔融－再结晶"，以解析大形变及长周期变化。Hendra 等指出 PE 在低拉伸

速度时会产生单斜晶，但高速拉伸时单斜晶消失，推断由于高速拉伸产生热，使
PE 内部单斜微晶熔融至消失，并提出用单斜晶作为"分子热敏计"（sensitive
molecular level thermometer）测量拉伸过程热效应，进一步支持及补充了 Harrison
模型。詹才茂曾报道从实验上证明 Hendra 的实验及推断是错误的，认为 Peterlin
模型是正确的。Kammer 等用 WAXS 研究了 i-PP/EPR 共混体系的拉伸形变，并
提出了各向异性及取向度表达式，结果表明，形变分两个阶段进行，原始球晶转
为纤维结构，后取向纤维发生塑性形变，非晶态 EPR 在共混体系拉伸中起润滑
作用，支持了 Peterlin 模型。目前对立两派大多采用 PE 为研究对象，用 PE 熔融
慢冷结晶时在 720cm⁻¹ 尖锐的 IR 吸收峰处，经拉伸后在 716cm⁻¹ 出现肩峰（图
2.39），归属为单斜晶的—CH₂—摇摆振动，并用式（2.6）计算单斜晶含量：

$$M = 1.2\frac{A_{716}}{A_{731}} \times 100\% \tag{2.6}$$

716cm⁻¹ 肩峰强度非常微弱，且与 720cm⁻¹ 只差 4 个波数，使用分峰和定量
计算十分困难，容易掺入人的主观因素，式（2.6）也缺乏理论依据。WAXS 的
单斜晶含量也可采用式（2.7）计算：

$$M = IM_{001}/(IO_{110} + IO_{200} + IM_{001}) \times 100\% \tag{2.7}$$

式中，IM_{001} 为 PE 单斜晶（001）面衍射强度；IO_{110}，IO_{200} 分别为 PE 正交晶系
（110）面，（200）面衍射强度。问题是单斜晶（001）面 $2\theta = 19.5°$（$d =
0.455nm$），完全与 PE 的非晶峰 $2\theta = 19.5°$（$d_0 = 0.445$）重叠，难以进行峰的分
解和归属。Porter 等最近总结了 17 种晶态聚合物形变及晶相转变情况，为获得一
个预期结构的产品，如为获得晶态聚合物大形变，使折叠链片晶解开，又不发生
断裂，科学控制形变过程条件是关键。下面几个方面值得注意：①过冷度 $\Delta T =$

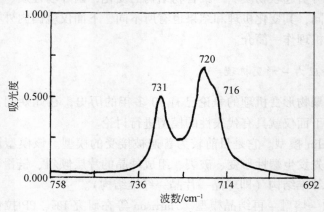

图 2.39　经拉伸后 PE 的 IR 谱

$T_m^0 - T_{DR}$，由拉伸温度（T_{DR}）决定，T_m^0 为平衡熔点温度；②应变速率；③拉伸比；④静压力等。其中，①是关键，上述条件改变都会影响晶态聚合物形变过程及机理。关于晶态聚合物形变过程的研究，目前大多数集中在 PE 和 PP 上。由于结晶聚合物结构的多重性以及形变过程的复杂性，尚难用一个统一模型说明。

2.3.3 聚合物高压结晶和剪切场下的结晶

1964 年，Wunderlich 等发现在 300~540MPa 下使 PE 结晶，可以获得 PE 伸直链晶体（extended-chain crystal，ECC）。这一发现引起众多高分子材料科学工作者的极大兴趣，他们相继对聚乙烯、聚丙烯、聚四氟乙烯、聚对苯二甲酸乙二酯、聚偏氟乙烯、聚酰胺等在高压下的结晶行为进行了深入研究，并获得了这些聚合物的伸直链晶体。自 20 世纪 80 年代初，黄锐等将高压技术制备高分子材料介绍到国内以来，他们对 PE、PP、PA 以及 PET 等进行了系列的研究工作，取得了可喜的成果。目前高压制备新的聚合物材料，可能得到结构规整、含有伸直链结构的高强度、高模量材料，逐步向实用性目标迈进。有关聚合物高压结晶，见本书作者等在《跨世纪的高分子科学·高分子物理》（北京：化学工业出版社，2001）第七章中的阐述。

经过高分子科学工作者几十年的努力，聚合物熔体在剪切场的作用下，可以促进晶核形成，加速聚合物结晶过程，已取得了许多有意义结果，S. C. Jiang 和 L. J. An 等研究报道了有成核剂存在下的 i-PP 在剪切场下的结晶结构及形态变化，Z. G. Wang 和 B. S. Hsiao 等利用同步辐射原位 SAXS 研究了剪切场诱导 i-PP 结构形态变化及其发展，S. Z. D. Cheng 等研究报道了 PEO-b-PS 二嵌段共聚物与低相对分子质量聚苯乙烯均聚物的共混物，在剪切场下的相分离及形态结构。

2.4 晶态聚合物结构

从表 1.2 聚合物晶体结构参数的表征，有可能得知有关聚合物分子链折叠堆砌、排列、晶体结构模型、分子间相互作用的本质。从"相"结构角度，结晶可分为晶相、非晶相、液晶相（介晶相）、中间相（或称中间层、过渡层等）。由于结晶条件不同，或外场诱变作用不同，一种聚合物结晶可以生成多种晶相结构，这是较普遍的聚合物多晶型现象，已越来越引起人们的兴趣。

从聚集态（凝聚态）角度看，高分子聚集态是多个高分子链的聚集体，这种聚集体也常称高分子的超分子结构，超分子结构使高分子链之间通过强的或弱的相互作用转化为具有强的结合能的超分子结构。由于高分子材料具有软物质的特征，常常对外界的弱作用做出强响应。应该指出，无论是通过强的还是弱的相互作用所形成的聚集态——超分子结构，其物性往往与个体高分子的禀性迥然不同。研究高分子聚集态有两个目的：一方面要阐明高分子链本身构筑的特征及相互作用的性质、表征参数及标度；另一方面要阐明内部及外部（加工成型）条件对聚集态结构的影响。尽管目前有关高分子聚集态的某些问题还存在争议，但高分子聚集态的研究在晶态、非晶态、取向态、液晶态以及共混高分子相态方面已获得丰富的成果。

2.4.1 晶态高分子链的基本堆砌

构象（conformation）是指聚合物分子链中原子或基团绕 C—C 单键旋转而引起相对空间位置不同的排列。晶态聚合物构象的决定因素首先是微晶分子内的相互作用，即绕 C—C 单键内旋转的势能障碍大小；其次是非键原子或基团之间的排斥力及 van der Waals 力、静电相互作用以及氢键。晶态下聚合物分子链具有最稳定构象，即在晶态下高分子链只有一种堆砌方式。但某些聚合物由于结晶条件不同可产生不同变体，具有两种或两种以上的堆砌。X 射线衍射及 ^{13}C 固体高分辨 NMR 是测定聚合物构象的有效方法。迄今发现的聚合物分子链构象类型，仍然符合 Bunn 最初根据键交差原理推测的 C—C 链单键可能构象（图 2.40）。T 为反式，G 为左旁式，$\bar{G}$ 为右旁式，G、$\bar{G}$ 构象势能较 T 稍高。

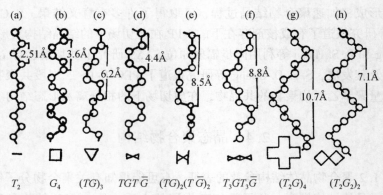

图 2.40 聚合物 C—C 链的可数单键构象［除（g），（h）外，均为 Bunn 建议构象］

图 2.40 中的可能构象，经人们过去研究已找到许多例子，如 PE(a)、POM(b)、i-PP（c）、PVC（d）、反式-1,4-聚异戊二烯（f）、PEO(g)、s-PP(h) 等。

1. 平面锯齿型

平面锯齿型是最简单的构象，采用平面锯齿型构象的晶态聚合物的例子是很多的，PE 是其典型代表（图2.41），用 T_2（2/1）表示［图2.40（a）］，2/1 表示一个周期内含有两个重复单元。含有 C═C 键或酰胺键的聚合物具有较低的能量，一般为伸展平面锯齿链堆砌。

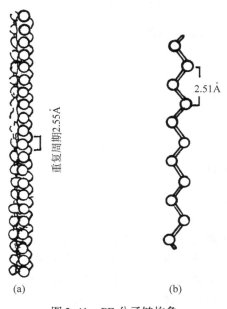

(a) （b）

图2.41　PE 分子链构象

（a）C，H 链；（b）C 链

2. 螺旋构象

具有螺旋对称轴的高分子称螺旋链构象高分子。螺旋符号有两种表示方法：一种是螺旋轴表示法，此种表示法与晶体学中螺旋轴规定相同；另一种是螺旋点网符号（helical point net notation），这种表示法的依据是 IUPAC 高分子专业委员会于1988年推荐使用的符号：$S(A*M/N)$。其中 S 表示螺旋轴，A 表示螺旋类型，$*$ 为分离符号，M 为在一个等同周期内旋转 N 次所含有螺旋基团的数目（M，N 互为质数）。A 有时可略去，简化为 $S(M/N)$，甚至 S 也可省略，简化为（M/N）。目前，许多文献、教科书仍沿用 $A*u/t$ 表示聚合物螺旋链的方法，A 及 $*$ 的意义同上述，而此处 $u=M$，$t=N$。也有不少文献、教科书用 H 代表螺旋轴。采用螺旋链构象结晶聚合物分子链有图2.40中的 POM（b）、i-PP（c）、PEO（g）、s-PP（h）等。在某些聚合物分子链中，由于存在较大侧基，产生空间位阻，分子链不能采取平面锯齿型构象，为避免空间阻碍，采取势能较低的构象——螺旋构象。

两种螺旋轴关系：

（1）低分子螺旋链符号：2_1，3_1，3_2，4_1，4_2，4_3，6_1，6_2，6_3，6_4，6_5，共 11 种。

（2）高分子螺旋点网符号 S_h。

由 S （$A*M/N$）（IUPAC，1988）及经验式：

$$h = \frac{Y*M+1}{N}, Y \text{ 为零或正整数}$$

i-PP：$2*3/1 \rightarrow$

$$h = \frac{Y \times 3 + 1}{1} = 1, Y = 0$$

$$\therefore S_h(i\text{-PP}) \rightarrow 3_1$$

PTFE：$1*13/6$

$$h = \frac{Y \times 13 + 1}{6} = 11, Y = 5$$

$$\therefore S_h(\text{PTFE}) \rightarrow 13_{11}$$

同理，S_h（POM 9/5）$\rightarrow 9_2$

表 2.5 列出了一些常见原子或基团的 van der Waals 半径，它有助于分析聚合物分子链的构象。如聚四氟乙烯（PTFE）的两倍氟原子 van der Waals 半径为 0.27nm，较 C—C 链平面锯齿型等同周期 0.253nm 大得多，故氟原子间斥力——分子间相互作用力使 PTFE 主链不能形成平面锯齿型构象，而为螺旋构象。相反，两倍氢原子 van der Waals 半径为 0.24nm（表 2.5）。PE 纤维等同周期 0.253nm，不存在空间位阻，这就是 PE 采取平面锯齿型的决定因素。

表 2.5　常见原子或基团的 van der Waals 半径

原子或基团	半径/nm	原子或基团	半径/nm
H	0.120	Cl	0.180
N	0.150	Br	0.195
O	0.140	I	0.215
F	0.135	CH_2	0.200
P	0.190	CH_3	0.200
S	0.185	苯环 1/2 的厚度	0.175 ~ 0.180

3. 滑移面对称

许多间规立构聚合物经常采取此类构象，在这类分子的构象中，沿分子链方向（在纸面）有一个滑移面（垂直纸面反映 + 平移），如图 2.40（d）、图 2.40（e）、图 2.40（f）。图 2.40（d）如聚偏氯乙烯，图 2.40（f）如反式-1,4-聚异戊二烯，图 2.40（e）迄今未有例子。这些聚合物分子链虽有取代基，但甲基小且有极性，结晶时在晶态下采取 $TGT\bar{G}$，$T_3GT_3\bar{G}$ 等滑移面对称型构象。反式-1，4-聚异戊二烯（古塔波胶）具有 α 和 β 两种晶型。α 晶型分子链构象如图 2.42（a）所示，结晶成单斜晶系 $a=7.98$Å，$b=5.29$Å，$c=8.77$Å，$\beta=102.0°$，$N=2$，空间群 C_{2h}^5-$P\,2_1/c$ ［图 2.42（b）］；β 晶型结晶成斜方晶系，$a=0.778$nm，$b=1.178$nm，$c=0.472$nm，$N=4$，分子链采取反式 $ST\bar{S}$ 构象。

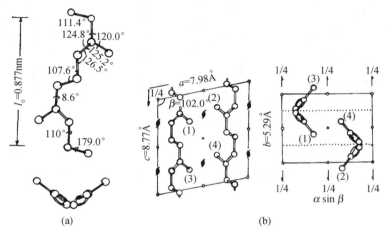

图 2.42　反式-1,4-聚异戊二烯分子链构象（a）和 α 晶体结构（b）

4. 对称中心结构

PET 的苯环与二醇是反式构型（图 2.43）。X 射线衍射测得纤维周期为 10.75Å，与假定完全处于伸展状态的计算值 10.90Å 很一致，说明 PET 接近完全伸展的平面锯齿型构象。Bunn 等测得结构：三斜晶系，$a=4.57$Å，$b=5.95$Å，$c=10.75$Å，$\alpha=98.5°$，$\beta=118°$，$\gamma=112°$，$Z=1$（单胞中重复单元数）；空间群 C_i^1-$P\bar{1}$，具有对称中心结构，$\rho_c=1.455$g/cm³，分子链轴（c 轴）与纤维轴（拉伸方向）偏离 5°。

5. 二重轴垂直分子链轴

聚丁二酸乙二酯具有二重螺旋轴垂直分子链结构，如图 2.44 所示，分子链具有 $T_3GT_3\bar{G}$ 构象 ［图 2.44（c）］，晶体结构 ［图 2.44（a）］属正交晶系，$a=7.60$Å，$b=10.75$Å，$c=8.33$Å，$N=4$，空间群 D_{2h}^{10}-$Pbnb$，二重轴沿滑移面平行于 b 轴，垂直于分子链轴。

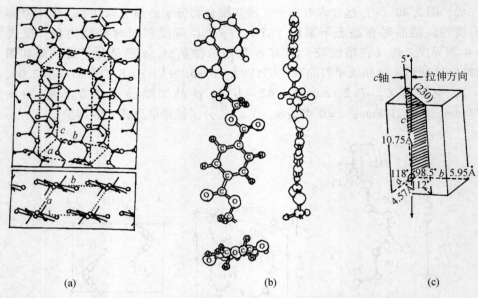

图 2.43　PET 的晶体结构（a）、分子链构象（b）和晶胞（c）

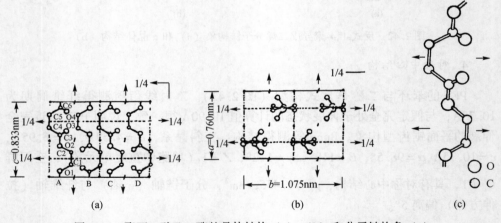

图 2.44　聚丁二酸乙二酯的晶体结构（a）、（b）和分子链构象（c）

6. 镜面垂直分子链轴

尼龙 77［图 2.45（a）］是镜面垂直分子链轴的一个例子，属假六方，$a = 4.82\text{Å}$，$b\ (f,\ a) = 19.0\text{Å}$，$c = 4.82\text{Å}$，$\beta = 60°$，$N = 1$，空间群 $C_s^1\text{-}Pm$，分子链轴沿 b 轴方向伸展，链间形成氢键，bc 面为氢键面，分子链对称面与空间群对称面一致，结晶为 γ 晶型（见后述）。

7. 双重螺旋

生命的重要物质脱氧核糖核酸（DNA）存在于染色体中，DNA 主链是由酯链及磷酸组成，有 4 种类型的碱性侧链。X 射线衍射证实 DNA 具有双重螺旋结构［图 2.45（b）］。双重螺旋结构的另一个重要例子是 i-PMMA ［图 2.45（c）］。

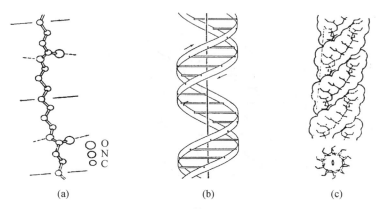

图 2.45　尼龙 77 分子链构象(a)、DNA 双重螺旋结构(b)及 i-PMMA 双重螺旋结构(c)

8. 梳状高分子及其层状结构

莫志深等报道合成了一种梳状两亲高分子 $PAMC_{16}S$ ［图 2.46（a）］及其自组装的超分子层状结构 ［图 2.46（b）］［Mo Z S，Wang S E，Fang T R，Zhang H F. Comb- like amphiphilic polymer and supermolecular structure. The Polymeric Materials Encyclopedia. CRC press，Inc，1996］。

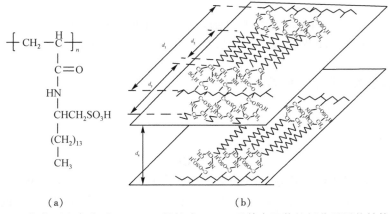

图 2.46　梳状两亲高分子 $PAMC_{16}S$ 结构式（a）及其自组装的超分子层状结构（b）

乔秀颖等报道了八烷基取代聚噻吩（P3OT）、十二烷基取代聚噻吩（P3DDOT）和十八烷基取代聚噻吩（P3ODDOT）及其形成的超分子层状结构（图 2.47）〔Xiuying Qiao，Xianhong Wang，Zhishen Mo，Synthetic Metals，2001，118：89 – 95；Xiuying Qiao，Xueshan Xiao，Xianhong Wang，Jian Yang，Zhaobin Qiu，Lijia An，Wenkui Wang，Zhishen Mo，European Polymer Journal，2002，38（6）：1183 – 1190〕。

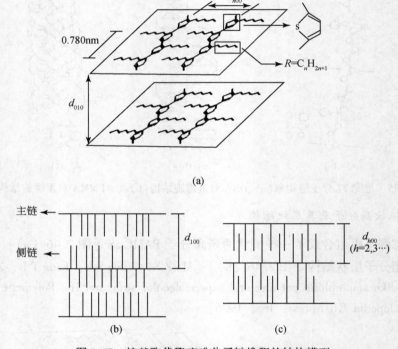

图 2.47　烷基取代聚噻吩分子链堆积的结构模型

（a）三维层状结构模型；（b）侧链堆积的双层结构；（c）侧链堆积的穿插结构

2.4.2　某些典型聚合物的晶体结构

1. 平面锯齿型构象

1）聚乙烯

$$\text{—[CH}_2\text{—CH}_2\text{—]}_n$$

先看一条伸展聚乙烯链（图 2.48），除了平移对称轴外，有两种类型的二重对称轴：一是在 y 轴方向过 C 原子的二重轴 $C_2(y)$；二是每个过 C—C 键中心沿 z 方向（垂直纸面）的 $C_2(z)$ 二重轴。在每个 C—C 键中央，有对称中心 i。$\sigma(xy)$ 为包含所有碳原子的分子平面。$\sigma(yz)$ 是一套过 C 原子并垂直于分子链轴的镜面。$C_2^s(x)$ 表示二重螺旋轴，其对称操作为沿分子链轴旋转 180° 再平移 $\frac{1}{2}c$ （$c=0.253\text{nm}$）。$\sigma_g(xz)$ 为滑移面，它是镜面和平移操作的联合。请注意，上面讨论所用的对称元素符号为群论中使用的一维空间群（直线群）符号（图 2.48），下面讨论晶体结构时所用符号，尽管有所不同，但其意义相同。

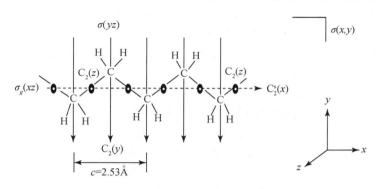

图 2.48　一条伸展聚乙烯链的对称性

聚乙烯分子链经凝聚堆砌结晶后，一般采取平面锯齿型结构，但由于结晶条件不同，至少有三种不同晶型。

（1）稳定相：通常溶液或熔体结晶均可得到稳定相。正交晶系，点群 $D_{2h}\text{-}mmm\left(\dfrac{2\ 2\ 2}{m\ m\ m}\right)$，空间群 $D_{2h}^{16}\text{-}Pnam\left(P\dfrac{2_1\,2_1\,2_1}{n\ a\ m}\right)$，晶胞参数 $a=0.7417\text{nm}$，$b=0.4945\text{nm}$，$c=0.2547\text{nm}$，每个晶胞含有分子链数目为 $N=2$（即每个单胞含有两个 PE 重复单元）。

图 2.49 为聚乙烯（PE）晶体结构及空间群对称元素分布。

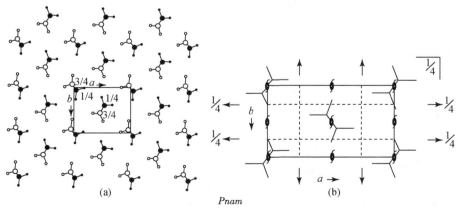

图 2.49　PE 晶体结构（a）及空间群对称元素分布（b）

许多研究者已经分别指出过四条棱平面与 bc 面夹角为 $41° \sim 49°$，中心链平面与过棱平面的夹角为 $82°$，a 轴受热膨胀，而 b，c 轴基本保持不变。

（2）亚稳相：单斜晶系，点群 C_{2h}-$\dfrac{2}{m}$，空间群 C_{2h}^3-$C\dfrac{2}{m}$，晶胞参数 $a = 8.09\text{Å}$，$b = 2.53\text{Å}$（纤维轴），$c = 4.79\text{Å}$，$\beta = 107.9°$。一般在拉伸形变时获得此晶型，它是亚稳态，当稍加热时，即转变为稳定相态。

（3）高压相：在 $0.35 \sim 1.50\text{GPa}$，高于 $210℃$ 下，可形成高压六方相结构（常压下 WAXD 分析仍可保持六方晶型），$a = 8.42\text{Å}$，$b = 4.56\text{Å}$，c 未确定。

2）聚酰胺（尼龙）

根据制备尼龙所用的单体不同，脂肪族尼龙可分为三类：

（1）由氨基酸或内酰胺制得的尼龙，用一个数字 x 表示，通式为

$$-\!\!\left[\,(CH_2)_{x-1}CO—NH\,\right]_n\!\!-$$

如尼龙 3，尼龙 4，尼龙 11，尼龙 12 等。数字 x 表示碳原子的数目。

（2）由二元胺和二元酸制得的尼龙，用两个数字 x，y 表示，通式为

$$-\!\!\left[\,NH\!\left(CH_2\right)_x\!NH—CO\!\left(CH_2\right)_{y-2}\!CO\,\right]_n\!\!-$$

如尼龙 66，尼龙 77，尼龙 67，尼龙 1010。前一个数字 X 表示二元胺中碳原子的数目，后一个数字 y 表示二元酸中碳原子的数目。

（3）共聚尼龙，是由以上相应两类尼龙共聚合制得，如尼龙 66/6（60：40），括号中数字表示缩聚反应各组分的质量比。表 2.6 列出了某些尼龙的晶体学数据。

表 2.6　某些尼龙的晶体学数据

聚合物名称	晶系，空间群，每个晶胞中含分子链数目	晶胞参数		分子链构象	晶体密度/ (g/cm^3)
尼龙 3 $-\!\!\left[CH_2\right]_2\!CONH\,]_n\!\!-$	α 相，三斜 $P1$-C_i^1 $N = 4$	$a = 9.3\text{Å}$ $b = 8.7\text{Å}$ $c = 4.8\text{Å}$	$\alpha = 90°$ $\beta = 90°$ $\gamma = 60°$	平面锯齿 （1/0）	1.40
尼龙 4 $-\!\!\left[CH_2\right]_3\!CONH\,]_n\!\!-$	α 相，单斜 $P2_1$-C_2^2 $N = 4$	$a = 9.29\text{Å}$ $b = 12.24\text{Å}$ $c = 7.97\text{Å}$	$\beta = 114.5°$	平面锯齿 （2/1）	1.37
尼龙 5 $-\!\!\left[CH_2\right]_4\!CONH\,]_n\!\!-$	α 相，三斜 $P1$-C_1^1 $N = 2$	$a = 9.5\text{Å}$ $b = 5.6\text{Å}$ $c = 7.5\text{Å}$	$\alpha = 48°$ $\beta = 90°$ $\gamma = 67°$	平面锯齿 （1/0）	1.30

续表

聚合物名称	晶系，空间群，每个晶胞中含分子链数目	晶胞参数		分子链构象	晶体密度/ (g/cm^3)
尼龙6 $\{CH_2\}_5 CONH\}_n$	α 相，单斜 $P2_1$-C_2^2 $N=4$	$a=9.56$Å $b\ (f,\ a)=17.2$Å $c=8.01$Å	$\beta=67.5°$	平面锯齿 (2/1)	1.23
	γ 相，单斜 $P2_1/a$-C_{2h}^5 $N=2$	$a=9.33$Å $b=16.88$Å $c=4.78$Å	$\beta=121°$	螺旋 (2/1) $(T_4 S T\bar{S}_2)_2$	1.17
	β 相，六方	$a=b=4.80$Å $c=8.35$Å	$\gamma=120°$	介晶态	
尼龙7 $\{CH_2\}_6 CONH\}_n$	α 相，三斜 $P1$-C_1^1 $N=4$	$a=9.8$Å $b=10.0$Å $c=9.8$Å	$\alpha=56°$ $\beta=90°$ $\gamma=69°$	平面锯齿 (1/0)	1.19
尼龙8 $\{CH_2\}_7 CONH\}_n$	α 相，单斜 $P2_1$-C_2^2 $N=4$	$a=9.8$Å $b\ (f,\ a)=22.4$Å $c=8.3$Å	$\beta=65°$	平面锯齿 (2/1)	1.14
	γ 相 $N=1$	$a=b=4.79$Å $c=21.7$Å	$\alpha=\beta=90°$ $\gamma=60°$	螺旋 (2/1) $(T_6 S T\bar{S})_2$	1.09
尼龙9 $\{CH_2\}_8 CONH\}_n$	α 相，三斜 $P1$-C_1^1 $N=4$	$a=b=9.7$Å $c=12.6$Å	$\alpha=64°$ $\beta=90°$ $\gamma=67°$	平面锯齿 (1/0)	1.07
尼龙11 $\{CH_2\}_{10} CONH\}_n$	α 相，三斜 $P1$-C_1^1 $N=4$	$a=9.5$Å $b=10.0$Å $c=15.0$Å	$\alpha=60°$ $\beta=90°$ $\gamma=67°$	平面锯齿 (1/0)	1.09
尼龙12 $\{CH_2\}_{11} CONH\}_n$	α 相，单斜 $P2_1/c$-C_{2n}^5 $N=2$	$a=9.38$Å $b\ (f,\ a)=32.2$Å $c=4.87$Å	$\beta=121.5°$	螺旋 (2/1) $(T_{10} S T\bar{S})_2$	1.04
尼龙66 $\{NH\{CH_2\}_6 NHCO$ $\{CH_2\}_4 CO\}_n$	α 相，三斜 $P\bar{1}$-C_i^1 $N=1$	$a=4.9$Å $b=5.4$Å $c=17.2$Å	$\alpha=48.5°$ $\beta=77°$ $\gamma=63.5°$	平面锯齿 (1/0)	1.24
	β 相，三斜 $P\bar{1}$-C_i^1 $N=2$	$a=4.9$Å $b=8.0$Å $c=17.2$Å	$\alpha=90°$ $\beta=77°$ $\gamma=67°$	平面锯齿 (1/0)	1.248

聚合物名称	晶系，空间群，每个晶胞中含分子链数目	晶胞参数		分子链构象	晶体密度/(g/cm^3)
尼龙 610 $\fbox{NH}\fbox{CH_2}_6 NHCO$ $\fbox{CH_2}_8 CO\fbox{}_n$	α 相，三斜 $P\bar{1}\text{-}C_i^1$ $N=1$	$a=4.95\text{Å}$ $b=5.4\text{Å}$ $c=22.4\text{Å}$	$\alpha=49°$ $\beta=76.5°$ $\gamma=63.5°$	平面锯齿 (1/0)	1.157
	β 相，三斜 $P\bar{1}\text{-}C_i^1$ $N=2$	$a=4.9\text{Å}$ $b=8.0\text{Å}$ $c=22.4\text{Å}$	$\alpha=90°$ $\beta=77°$ $\gamma=67°$	平面锯齿 (1/0)	1.196
尼龙 1010 $\fbox{NH}\fbox{CH_2}_{10} NHCO$ $\fbox{CH_2}_8 CO\fbox{}_n$	三斜 $P\bar{1}\text{-}C_i^1$ $N=1$	$a=4.9\text{Å}$ $b=5.4\text{Å}$ $c=27.7\text{Å}$	$\alpha=49°$ $\beta=77°$ $\gamma=64°$	平面锯齿	1.135
尼龙 77 $\fbox{NH}\fbox{CH_2}_7 NHCO$ $\fbox{CH_2}_5 CO\fbox{}_n$	γ 相，假六方 $Pm\text{-}C_s^1$ $N=1$	$a=4.82\text{Å}$ $b\,(f,\,a)=19.0\text{Å}$ $c=4.82\text{Å}$	 $\beta=60°$	(1/0) $T_6 ST\bar{S}T_4 ST\bar{S}$	1.105
聚己二酰间二甲苯胺 $\fbox{CH_2}\text{—}\fbox{}\text{—}CH_2$ $\text{—NHCO}\fbox{CH_2}_4 CONH\fbox{}_n$	三斜 $P\bar{1}\text{-}C_i^1$ $N=1$	$a=12.01\text{Å}$ $b=4.83\text{Å}$ $c=29.8\text{Å}$	$\alpha=75.0°$ $\beta=26.0°$ $\gamma=65.0°$	稍畸变 平面锯齿 (2/0)	1.250
聚对苯甲酰胺 $\fbox{}\fbox{}\text{—CONH}\fbox{}_n$	正交， $P2_12_12_1\text{-}D_2^4$ $N=2$	$a=7.71\text{Å}$ $b=5.14\text{Å}$ $c=12.8\text{Å}$	 $\alpha=\beta=\gamma=90°$	$(TG)_2$ (2/1)	1.54
聚对苯二甲酰对苯二胺 $\fbox{NH}\text{—}\fbox{}\text{—NHCO}$ $\text{—}\fbox{}\text{—CO}\fbox{}_n$	单斜 $P2_1/n\text{-}C_{2h}^5$ $N=2$	$a=7.80\text{Å}$ $b=5.19\text{Å}$ $c=12.9\text{Å}$	 $\gamma=90°$	$TTTT$	1.50
聚间苯二甲酰间苯二胺 $\fbox{NH}\text{—}\fbox{}\text{—NHCO}$ $\text{—}\fbox{}\text{—CO}\fbox{}_n$	三斜 $P1\text{-}C_1^1$ $N=1$	$a=5.27\text{Å}$ $b=5.25\text{Å}$ $c=11.3\text{Å}$	$\alpha=111.5°$ $\beta=111.4°$ $\gamma=88.0°$	$\bar{S}GT\bar{G}ST$ (1/0)	1.45

下面回答两个问题：

（1）为什么大多数聚酰胺采用平面锯齿型构象？

酰胺基中 C—N 键（1.33Å）比一般 C—N 键（1.46Å）短得多，具有双键特征，因而 —$\overset{O}{\overset{\|}{C}}$—N— 在一平面上，如图 2.50 所示，含有 —$\overset{O}{\overset{\|}{C}}$—N— 基团高分子链一般采取平面锯齿型构象。

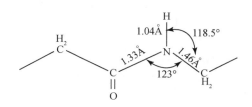

图 2.50　聚酰胺的键长和键角

（2）为什么尼龙结晶时会有 α，β，γ 等多种晶型呢？

脂肪族聚酰胺 α 型分子采取完全伸展的平面锯齿型构象，β 型与 α 型的差别只是分子链在晶胞中的堆砌方式不同，而 γ 型可视为连接到酰胺基的 C—C 及 N—C 键稍扭折，链稍微收缩所致。现用几种代表性尼龙（表 2.7）说明如下：

① 当 x，y 均为偶数时，如尼龙 66、尼龙 610、尼龙 1010 等，以尼龙 66 为例，其单体连接方式可分为 A，B，C 三种情况：

A. $\left[\overset{H}{N}-(CH_2)_6-\overset{H}{N}-\overset{O}{\overset{\|}{C}}-(CH_2)_4-\overset{O}{\overset{\|}{C}}\right]_n$

B. $\left[-(CH_2)_3-\overset{H}{N}-\overset{O}{\overset{\|}{C}}-(CH_2)_4-\overset{O}{\overset{\|}{C}}-\overset{H}{N}-(CH_2)_3-\right]_n$

C. $\left[-(CH_2)_2-\overset{O}{\overset{\|}{C}}-\overset{H}{N}-(CH_2)_6-\overset{H}{N}-\overset{O}{\overset{\|}{C}}-(CH_2)_2-\right]_n$

其中，A 连接无对称中心，分子有方向性，分子顺反排列可识别；B，C 连接分子有对称中心，分子链顺反（或称平行反平行）排列不可识别。

若分子顺向排列，氢键可以全部利用（表 2.7），形成氢键的位置高度相等[图 2.51（b）]，称 α 型，其晶体结构如图 [2.51（a）] 所示；反向排列的氢键部分被利用，形成氢键位置高度不等 [图 2.51（c）]，称 β 型。两者都是三斜晶系，$P\overline{1}$ 空间群，见表 2.6。

表 2.7 几种尼龙的分子间氢键的不同排列情况

	尼龙 6		尼龙 7	
分子间氢键的形成				
类型	偶数氨基酸		奇数氨基酸	
成键数	半数成键	全部成键	全部成键	全部成键
排列方式	平行排列	反平行排列	平行排列	反平行排列

	尼龙 67		尼龙 76	
分子间氢键的形成				
类型	偶胺奇酸		奇胺偶酸	
成键数	3/4 成键	半数成键	1/4 成键	半数成键
排列方式	平行排列	反平行排列	平行排列	反平行排列

续表

	尼龙66		尼龙77	
分子间氢键的形成	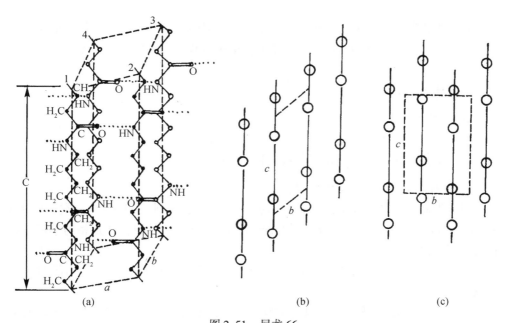			
类型	偶胺偶酸		奇胺奇酸	
成键数	全部成键	半数成键	半数成键	半数成键
排列方式	平行排列	反平行排列	平行排列	反平行排列

图 2.51　尼龙 66

（a）晶体结构；（b）α型排列；（c）β型排列

②当 x，y 均为奇数时，如尼龙 77，其分子有方向性，没有对称中心，分子

顺反排列可识别。尼龙 77 的构象为平面锯齿型，等同周期为 19.7Å，而观察到的周期稍缩短，为 19.0Å，其结晶成 γ 型（表 2.6），理由如前述，分子链中按酰胺基两端的 N—C 和 C—C 键稍扭折，采取如下构象：

$$—CH_2—CO—NH—CH_2—$$
$$S \quad T \quad \bar{S}$$

或

$$\bar{S} \qquad T$$

使整个分子链有向螺旋构象发展的趋势。目前，人们已知多种尼龙具有 α 晶型、β 晶型，并从实际中已得知 α 晶型比 β 晶型更稳定，但其原因尚待弄清。

③x 为偶数，y 为奇数，如尼龙 67，按 A 连接没有对称中心，按 B 有对称中心，不存在 C 连接，可形成 α 晶型及 β 晶型。

A. $\left[\overset{H}{N}-(CH_2)_6-\overset{H}{N}-\overset{O}{\overset{\|}{C}}-(CH_2)_5-\overset{O}{\overset{\|}{C}} \right]_n$

B. $\left[(CH_2)_3-\overset{H}{N}-\overset{O}{\overset{\|}{C}}-(CH_2)_5-\overset{O}{\overset{\|}{C}}-\overset{H}{N}-(CH_4)_3 \right]_n$

C. 不存在

④x 为奇数，y 为偶数，如尼龙 76，按 A 连接没有对称中心，按 C 连接则有对称中心，不存在 B 连接，顺向可形成 γ 晶型，反向形成 β 晶型。

A. $\left[\overset{H}{N}-(CH_2)_7-\overset{H}{N}-\overset{O}{\overset{\|}{C}}-(CH_2)_4-\overset{O}{\overset{\|}{C}} \right]_n$

B. 不存在

C. $\left[(CH_2)_2-\overset{O}{\overset{\|}{C}}-\overset{H}{N}-(CH_2)_7-\overset{H}{N}-(CH_2)_2-\overset{O}{\overset{\|}{C}} \right]_n$

现在看用一个数字表示的尼龙。

⑤x 为偶数，如尼龙 6，分子无对称中心，顺、反排列可识别。顺向排列氢键半数成键，形成 α 晶型，反向排列全部成键，形成 γ 晶型，其 β 相为不稳定结晶相（表 2.6）。

⑥x 为奇数，如尼龙 7，无论顺反排列，氢键均可全部利用，其结晶时仅形成 α 晶型。

上面简述了脂肪族聚酰胺氢键成键多少与多晶型的关系，实际上，随着研究深入，情况要复杂得多，如尼龙 11，其顺、反排列如图 2.52 所示，随结晶条件（外场诱变）不同，可以结晶成 α，β，γ，δ，δ' 等晶型。尼龙 6 除可生成 α 晶型、γ 晶型外，还可生成介晶态 β 晶型（表 2.6）。

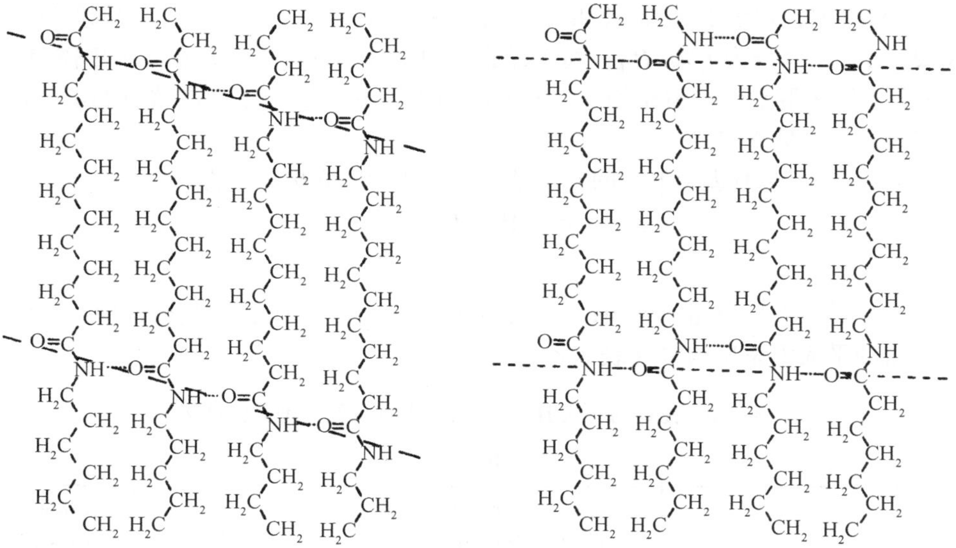

图 2.52　尼龙 11 分子的链排列方式

（a）顺向；（b）反向

3）含芳杂环的聚合物

①聚噻吩（PTh）。它是一种新型的共轭导电聚合物，由于杂环的影响，晶性较差，很难确定其晶体结构，我们用热处理的方法大大改善了 PTh 的晶性，得到了前人未曾获得的多于 11 条结晶衍射线，对这些衍射线进行了合理的指标化，指出，PTh 属于正交晶系，给出了晶胞参数，单胞分子数、密度。在 PTh 的噻吩单元中，硫原子交替分布在分子链的两侧，重复单元见图 2.53（b），是平面伸展链构象，而不是目前文献报道的重复单元［图 2.53（a）］，后者将形成螺旋构象，c 方向重复距离为 0.41nm，但 X 射线衍射测定的结果为 $c = 0.803$nm（按正交晶系）（见 Mo Z et al. Macromolecules，1985，18：1972-7），故图 2.53（b）所示的晶体结构重复单元是正确的。

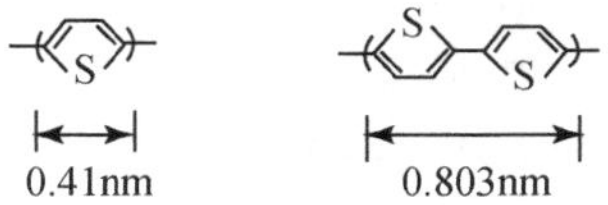

图 2.53　聚噻吩的化学结构重复单元（a）和晶体结构重复单元（b）

②聚芳醚酮类（PAEKs）聚合物。这类聚合物，迄今已知均采取平面伸展构象（见 2.3.2 节）。

③聚苯硫醚（PPS，$\left[\!-\!\!\bigcirc\!\!-\!S\!-\right]_n$）。X 射线方法已证实其晶体结构与 PAEKs

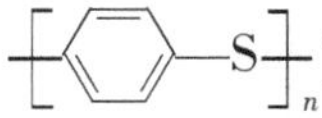

和 PPO 相似，PPS 具有正交晶胞（$a = 8.67$Å，$b = 5.61$Å，c（纤维轴）= 10.26Å），空间群为 $Pbcn\text{-}D_{2h}^{14}$。每个晶胞有两个分子链通过，共有 4 个单体单元。PPS 分子链采取平面锯齿型构象。S 键角 110°，分子链中苯环围绕（110）平面 +45° 和 −45° 交替排列。

4）主链带取代基（R）的乙烯基类无规或间规立构聚合物

$$\{CH_2\!-\!CH\}_n$$
$$R$$

当 R 较小时，如 R = —OH，—F，—Cl，—CH=CH$_2$，此类聚合物结晶采取稍歪扭的平面锯齿型构象（表2.8）。

表 2.8　主链为 $\{CH_2\!-\!CH\}_n$ 的平面锯齿型晶体结构

聚合物	晶系，空间群，点阵常数 每个晶胞含分子链数（N）	分子链构象	晶体密度 /(g/cm³)
间规聚氯乙烯 $\{CH_2\!-\!CH\}_n$ ｜ Cl	正交，$D_{2h}^1\text{-}Pcam$，$a = 10.6$Å，$b = 5.4$Å，$c = 5.1$Å $N = 2$	平面锯齿型	1.42
无规聚乙烯醇 $\{CH_2\!-\!CH\}_n$ ｜ OH	单斜，$C_{2h}^2\text{-}P2_1/m$，$a = 7.81$Å，$b = 2.5$Å，$c = 5.51$Å $\beta = 91.7°$，$N = 2$	平面锯齿型	1.35
无规聚氟乙烯 $\{CH_2\!-\!CH\}_n$ ｜ F	正交，$C_{2v}^{14}\text{-}Amm2$ $a = 8.57$Å，$b = 4.95$Å，$c = 2.52$Å $N = 2$	平面锯齿型	1.430
聚偏氟乙烯 $\{CH_2\!-\!C\}_n$ ｜F ｜F	晶型 I（β 型），正交 $C_{2v}^{14}\text{-}Amm2$，$a = 8.58$Å $b = 4.91$Å，$c = 2.56$Å，$N = 2$	稍偏离平面锯齿型	1.937
	晶型 II（α 型），单斜 $P2_1/c\text{-}C_{2h}^5$，$a = 4.96$Å，$b = 9.64$Å，$c = 4.62$Å，$N = 2$	滑移面对称型	1.925
	晶型 III γ 型，单斜 $C_2^3\text{-}C2$，$a = 8.66$Å，$b = 4.93$Å，$c = 2.58$Å，$N = 2$	稍偏离平面锯齿型	1.944
间规立构-1,2-聚丁二烯 $\{CH_2\!-\!CH\}_n$ ｜ CH=CH$_2$	正交，$D_{2h}^{11}\text{-}Pcam$ $a = 10.98$Å，$b = 6.60$Å，$c = 5.14$Å，$N = 2$	稍偏离平面锯齿型	0.964

2. 螺旋型构象

1）全同立构乙烯基聚合物 $\left.+CH_2-CH\right]_n$ R

与 R 较小的无规或间规立构乙烯基聚合物相反，目前已知几乎所有全同立构乙烯基聚合物分子链都是采取螺旋构象，侧基（R 基）的大小及性质决定了聚合物分子链在一个等同周期内旋转的圈数和重复单元的数目（表2.9）。

表2.9　高分子主链为螺旋链聚合物

聚合物		螺旋构象类型
全同立构聚丙烯	$\left.+CH_2-CH\right]_n$ CH$_3$	2 * 3/1
全同立构聚（1-丁烯）	$\left.+CH_2-CH\right]_n$ C$_2$H$_5$	2 * 3/1
全同立构聚（1-己烯）	$\left.+CH_2-CH\right]_n$ C$_4$H$_9$	2 * 7/2
全同立构聚（4-甲基-1-戊烯）	$\left.+CH_2-CH\right]_n$ CH$_2$ CH$_3$—CH CH$_3$	2 * 7/2
全同立构聚（3-甲基-1-丁烯）	$\left.+CH_2-CH\right]_n$ HC—CH$_3$ CH$_3$	2 * 4/1
全同立构聚（5-甲基-1-己烯）	$\left.+CH_2-CH\right]_n$ CH$_2$ CH$_2$ CH$_3$—CH CH$_3$	2 * 3/1

表2.9及图2.54列出了几种全同立构聚合物螺旋构象的类型，3_1 表示一个等同周期内包含有 3 个重复单元转一圈；7_2 表示一个等同周期包含有 7 个重复单元转 2 圈；3_1，7_2，4_1 等不同螺旋的产生与取代基的形状大小有关。在表2.9

中，$R = —CH_3$，$—C_2H_5$ 产生 3_1 螺旋，如果侧链第一个碳原子有分枝，为避免空阻，需增大旋距形成 4_1 螺旋，若分枝在第二个碳原子上，空阻较 4_1 螺旋小，所以在 3_1 和 4_1 间出现 7_2 螺旋，如果支链更长，则又呈 3_1 螺旋（表2.9）。但全同

立构聚异丁烯 $\left[CH_2—\underset{\underset{CH_3}{|}}{\overset{\overset{CH_3}{|}}{C}}\right]_n$ 则呈 8_3 螺旋，全同立构聚（1-戊烯）

$\left[CH_2—\underset{\underset{C_3H_7}{|}}{CH}\right]_n$ 仍呈 3_1 螺旋等。有关各种螺旋产生原因及不同取代基形状大小

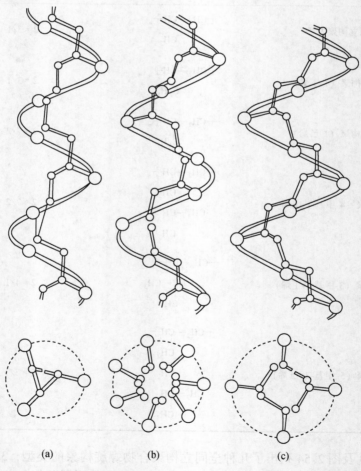

图 2.54　全同立构聚合物的 3/1（a）、7/2（b）、4/1（c）螺旋构象

的影响等，尚待进一步研究。实际上，具有 $\leftarrow\text{CH}_2\text{—CH}\rightarrow_n$ 链结构的聚合物所
　　　　　　　　　　　　　　　　　　　　　　　　　　　　 $|$
　　　　　　　　　　　　　　　　　　　　　　　　　　　　 R

生成晶体的结构要比表 2.9 所示复杂得多，例如 i-PP 结晶结构。

　　i-PP 由于结晶条件不同可生成不同变体（晶型），各种不同变体中以 α、β、γ 晶型为主。α 晶型是最普通的一种，属单斜晶系，$a = 6.65\text{Å}$，$b = 20.96\text{Å}$，$c = 6.50\text{Å}$，$\beta = 99°20'$，$N = 4$［图 2.55（b）］，分子链采取 $(TG)_3$（$2 * 3/1$）螺旋构象［图 2.55（a）］，从消光规律及对称性可得，空间群为 $C_s^4\text{-}Cc$ 或 $C_{2h}^6\text{-}C2/c$［图 2.55（c）、（d）］。i-PP 晶体密度 ρ_c 可由下式计算：

$$\rho_c = \frac{nN \cdot M}{N_A \cdot V} = \frac{(4 \times 3) \times 42}{6.023 \times 10^{23} \times 6.65 \times 20.96 \times 6.50 \times 10^{-24} \times \sin 99°20'}$$

$$= 0.939 (\text{g/cm}^3)$$

式中，N 为每个单胞含分子链数目（$N = 4$）；n 为每个晶体结构重复单元中含有化学重复单元数目（$n = 3$）；L 为单胞中含有化学重复单元数目（$L = N \times n = 12$）；M 为重复单元相对分子质量（$M = 42$）；N_A 为 Avogadro 常量；V 为晶胞体积。

　　图 2.55（a）从下往上看，i-PP 分子按顺时针向上向右旋转——左手螺旋，每个等同周期包含有三个重复单元，转一周的周期距离为 6.5Å。i-PP 采取这种构象的原因是在 i-PP 中每隔一个碳原子就有一个侧甲基—CH_3，van der Waals 作用半径为 2.0Å（表 2.5），两个—CH_3 的接触距离需 4.0Å，若采取平面锯齿型，两个—CH_3 之间只有 2.53Å，为避免空间位阻，必须采取 3_1 螺旋构象［图 2.55（a）及图 2.40（c）］。在图 2.55（a）中，R 为甲基，$R_1C_1C_2$、$R_2C_3C_4$、$R_3C_5C_6$ 分别为第一、二、三单体，共转 360°，第四单体链节 $R_1C_1C_2$ 与第一单体重复，俯视图 2.55（a）分子链 C_2C_3、C_4C_5、C_6C_1 分别重叠，生成了 3_1 螺旋。图 2.55（d）为 it-PP 的晶胞结构，AA' 表示—CH_3 顺时针向上向右转——左螺旋（LU），B 表示—CH_3 逆时针向上向左旋转—右手螺旋（RU）。同理，C 为左手螺旋（LU），DD' 为右手螺旋（RU）。图 2.55（d）中各螺旋分别位于与 ac 平面平行的平面内，交替沿 b 轴方向分布。若 i-PP 晶体结构属 $C_s^4\text{-}Cc$ 空间群［图 2.55（b）］，则 i-PP 分子链仅有图 2.56 中实线表示的 B 和 A 两个分子链。B 为逆时针向上向左旋转——右手螺旋（RU），A 为顺时针向上向右旋转——左手螺旋（RU）。但在消光规律及对称性的研究中，it-PP 可属另一空间群 $C_{2h}^6\text{-}C2/m$［图 2.55（c）］，此时可出现虚线 B'、A' 的分子链构象。B' 可以理解为从实线 B 上端向下向左旋转——右手螺旋（RD），A' 可以理解为从实线 A 上端向下向右转——左手螺旋（LD）。图 2.56 中向上实线及向下虚线的螺旋之间，可以通过一条垂直于螺旋轴的二重轴联系起来。

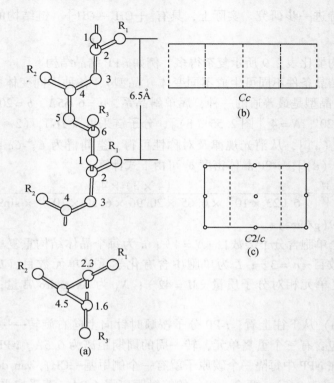

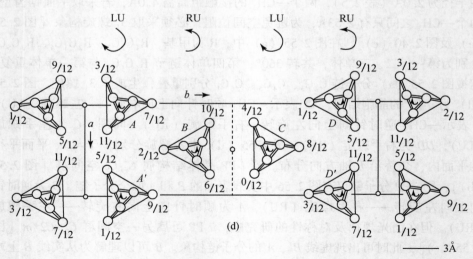

图 2.55 *i*-PP

（a）分子链构象；（b）空间群 C_s^4-*Cc*；（c）空间群 C_{2h}^6-*C2/c*；（d）晶胞结构

图 2.56 具体描述如下：

图 2.56 空间群 C_s^4-Cc，B 实线↶向上向左旋转——右手（向上）螺旋（RU）；

A 实线↷向上向右旋转——左手（向上）螺旋（LU）；

空间群 C_{2h}^6-$C2/c$，B'虚线⤸向下向左旋转——右手（向下）螺旋（RD）；

A′虚线⤻向下向右旋转——左手（向下）螺旋（LD）。

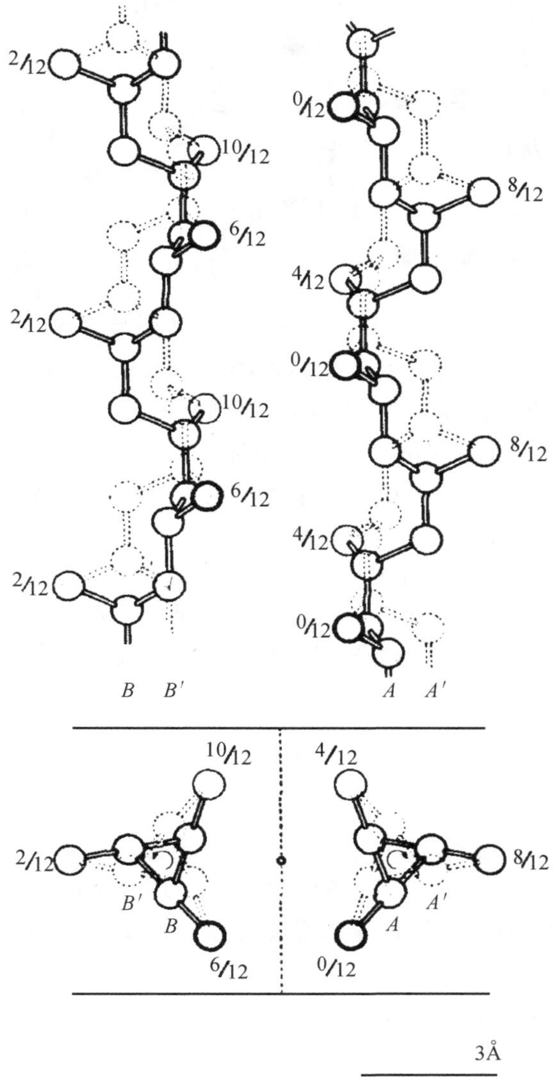

图 2.56　i-PP 的上、下指向的分子链

　　上述四种分子链构象关系如图 2.57 所示，由于在 i-PP 中有不对称碳原子，故单体链节有 d, l 之分，故有可能在 i-PP 晶体中存在四种螺旋结构（图 2.57），它们的关系为 A 与 B，C 与 D 互为对映体。

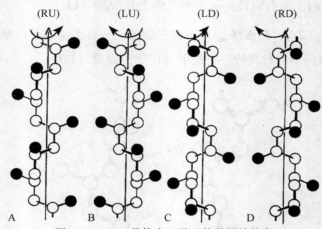

图 2.57　i-PP 晶体中四种可能的螺旋构象

　　i-PP 究竟属哪个空间群？Natta 等早期研究指出 Cc 空间群可描述局部微晶结构，而 $C2/m$ 更有利于描述较大范围 i-PP 微晶结构。

　　i-PP 由于结晶条件不同可生成不同变体，除上面介绍的 α 晶型属单斜晶型外，还可能生成 β, γ, δ 等晶型。β 晶型属六方，$a = 19.08$Å，$c = 6.49$Å，$N = 9$。γ 晶型属三斜，$a = 6.54$Å，$b = 21.40$Å，$c = 6.50$Å，$\alpha = 88°$，$\beta = 100°$，$\gamma = 99°$，$N = 4$。不管何种晶型，纤维轴方向等同周期都在 $6.3 \sim 6.5$Å 之间，分子链具有 $(TG)_3 3_1$ 螺旋构象。在急冷条件下，可生成一种介于晶体及液态之间不稳定结构——次晶结构（δ 晶型），热处理可转化为稳定 α 晶型。

　　2）主链为 $\left(\!\!-CH_2\!-\!\overset{\displaystyle R_1}{\underset{\displaystyle R_2}{C}}\!-\!\right)_n$ 的晶体结构

　　当 $R_1 = R_2$ 时，有聚偏氯乙烯（PVDC）、聚偏氟乙烯（PVDF）、聚异丁烯（PIB）、聚四氟乙烯（PTFE）等。侧基 R_1，R_2 大小不同，分子构象有所不同。当侧基较小时，分子链采取平面锯齿型或滑移面型构象；当侧基较大时，分子链采取螺旋构象。例如，PVDF $\left[\left(\!\!-CH_2\!-\!\overset{\displaystyle F}{\underset{\displaystyle F}{C}}\!-\!\right)_n\right]$ 可生成 I（β）、II（α）、III（γ）三种晶型。I、III 晶型属平面锯齿型构象（表 2.8），II 型属 α 相，单斜晶系，$a =$

4.96Å, b = 9.64Å, c = 4.62Å, β = 90°, N = 2, 空间群 $C_{2h}^5 - P2_1/c$, 采取滑移型 $TGT\overline{G}$ 构象。虽然 α 晶型 $\text{─}(\text{CH}_2\text{—CF}_2\text{─})\text{─}$ 取代基不大，但因取代基极性较大，故在晶态下采取滑移面构象，而不是采取平面锯齿型构象。聚偏氯乙烯 $\text{─}(\text{CH}_2\text{—C}$ $(\text{Cl}_2\text{─})\text{─}_n$ 又是一个典型例子，它结晶成单斜晶系，a = 6.71Å, b (f, a) = 4.68Å, c = 12.51Å, β = 123°, N = 2 （图 2.58），空间群 $C_{2h}^2 - P2_1/m$。在 PVDC 晶体结构中，按 C—Cl 键方向，分子链向上、向下各占 1/2 概率，采取 $TGT\overline{G}$ 构象，形成统计无序链，等同周期为 4.68Å，其晶体结构示于图 2.58 中。

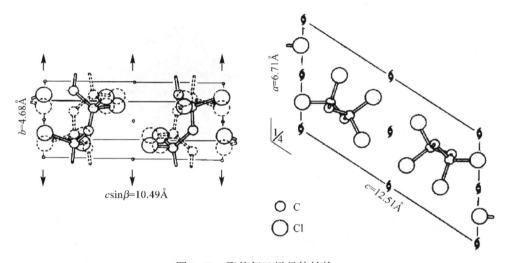

图 2.58 聚偏氯乙烯晶体结构

X 射线衍射结果指出 PTFE 在 19℃ 存在一个一级晶相转变，但无论在 19℃ 以上或以下，PTFE 均采取了螺旋构象。19℃ 以下属三斜（假六方）晶系 a' = b' = 5.59Å，纤维周期 c = 16.88Å，γ = 119.3°, N = 1，（13/6）螺旋构象，ρ_c = 2.35g/cm³；19℃ 以上属六方晶系 a = 5.66Å，纤维周期 c = 19.50Å，N = 1，（15/7）螺旋构象，ρ_c = 2.30g/cm³。在 30℃ 以上，PTFE 六方晶系进一步无序化（图 2.59），有趣的是，作者已证明当四氟乙烯与少量六氟丙烯共聚后，所得聚全氟乙丙烯（FEP）不再存在一级晶相转变，基本属六方晶系结构［莫志深，等. 应化集刊，1982，18（69）：69]。

3. 间规立构乙烯基聚合物

1）间规立构聚丙烯（s-PP）

A. s-PP 复杂的多晶型及各晶型的结构特点

1962 年，Natta 等首次报道了一种具有立体选择性的催化剂，该催化剂可将

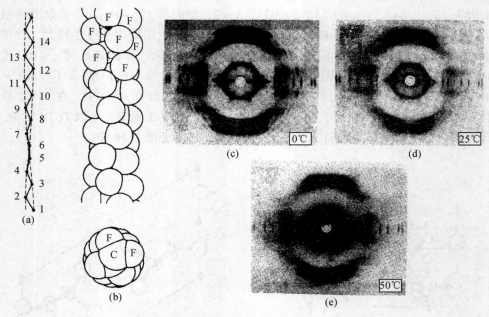

图 2.59　聚四乙烯的分子结构图 ［(a)、(b)］
及不同温度下 X 射线纤维图 ［(c)、(d)、(e)］

丙烯按照头 – 尾的方式聚合成间规聚丙烯（或间规立构聚丙烯，简称 s-PP）。这种基于钒体系催化剂所得的 s-PP 规整度并不高，分子链中还存在一定程度的等规序列，与等规聚丙烯（i-PP）相比，其熔点以及某些性能相对较差，使其应用和研究受到一定程度的限制，因而被人们忽视。1980 年，德国汉堡大学的 Kaminsky 教授发明了具有单一活性位点、高效的茂金属催化剂，并且将其成功地应用于聚烯烃的合成。1988 年，Ewen 等利用该类型催化剂首次合成出具有高间规度的 s-PP，这种高间规度 s-PP 的熔点及性能有了明显的提高。高间规度 s-PP 的优异性能已引起了各国学者和企业界的极大关注，掀起了一股新的研究热潮。s-PP 多晶型的存在与其分子链构象的多样性分不开，现仅就 s-PP 多姿多彩的多晶型结构及其研究进展，结合作者的近期研究做一概述。

　　早在 1960 年，Natta 等就提出具有 T_2G_2 螺旋构象的 s-PP 的分子链构象能最低 ［图 2.60（a）］，该螺旋结构由于空间立体排布情况的不同，还存在着左手（L）螺旋和右手螺旋（R）之分。1964 年，通过对冷拉伸从熔体淬火样品的研究，又提出了具有平面锯齿型构象（T_4）的分子链 ［图 2.60（b）］。1990 年，Chatini 等发现具有平面锯齿型构象的 s-PP 样品在某些有机溶剂蒸气诱导作用下，其分子链构象会由平面锯齿型向 $T_6G_2T_2G_2$ ［图 2.60（c）］ 转变。相比较而言，T_2G_2 最稳定，T_4 最不稳定，$T_6G_2T_2G_2$ 的稳定性介于上述二者之间。这三种分子链采取不同方式堆砌的基本构象，导致 s-PP 表现出相当复杂的多晶型现象。

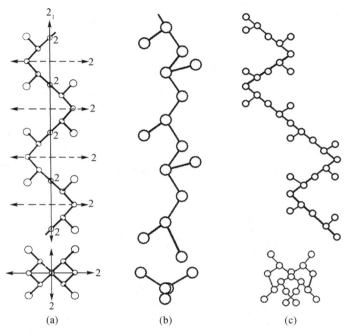

图 2.60　s-PP 分子链构象示意图

（a）（T_2G_2）构象（晶型Ⅰ和晶型Ⅱ）；（b）T_4 构象（晶型Ⅲ）；（c）（$T_6G_2T_2G_2$）构象（晶型Ⅳ）

为了更清楚、系统地描述 s-PP 的多晶现象，Rosa 等将 s-PP 几种有限有序的晶型分别命名为晶型Ⅰ、晶型Ⅱ、晶型Ⅲ和晶型Ⅳ。其中，晶型Ⅰ和晶型Ⅱ的分子链为 T_2G_2 螺旋；晶型Ⅲ分子链为 T_4 构象；晶型Ⅳ的分子链构象为 $T_6G_2T_2G_2$。

a. 晶型Ⅰ

对于晶型Ⅰ来说，根据不同样品（如不同间规度、相对分子质量及相对分子质量分布），不同结晶条件（如拉伸、淬火、退火）以及不同的研究手段（如电子衍射、X 射线衍射、^{13}C NMR 等）得出的主要结果如下：

Lotz 和 Lovinger 等对具有较高立构规整度的 s-PP 样品（［rr］= 0.698，［mr］= 0.143，［mm］= 0.159）进行了研究，先将该样品在三氯苯中制成稀溶液，滴在云母片或盖玻片上，然后挥发掉溶剂制成超薄薄片，再在 170℃熔融几分钟，随后慢速降温（0.2℃/min）结晶。在电子显微镜的观察下，他们发现有较大几何形状规则的片单晶生成。通过电子衍射，认为分子链构象为 S（2＊2/1），该片单晶具有理想的有限有序结构，分子链呈左手和右手螺旋，沿着晶胞 a 轴和 b 轴方向分别交替堆砌（图 2.61），属正交晶系，体心结构，晶胞参数分别为 a = 14.5Å，b = 11.2Å，c = 7.4Å，空间群为 Ibca，螺旋轴在晶胞中的位置为（0，0，z）和

(1/2, 0, z)。实际上，分子链堆砌要复杂得多，分子链并不是严格按照上述方式排布，有些可能按照相同的手性相邻排列，因此就造成分子链堆砌在一定程度上的无序性。高间规度的 s-PP 样品（［rrr］＞99％）的 X 射线衍射和电子衍射也表明，与上述低间规度样品相同，在结晶温度较高时得到的晶体结构与理想晶体更相近。当结晶温度较低时，在结构上与具有完全相反手性堆砌的理想的体心结构晶体有一定的偏离，这种堆砌方式，只在沿着晶胞 a 轴方向呈相反手性的螺旋链交替堆砌排列；沿 b 轴方向分子链的排列手性相同，正交晶系，晶胞参数分别为 $a = 14.5$Å，$b = 5.60$Å，$c = 7.4$Å，空间群为 $Pcaa$（图 2.62）。此外，这种结构并不局限于超薄薄片所形成的片单晶，同样从聚合反应中直接得到的样品，单轴拉伸的样品以及熔体结晶所得到的样品也具有上述的结构特征。接近理想晶体

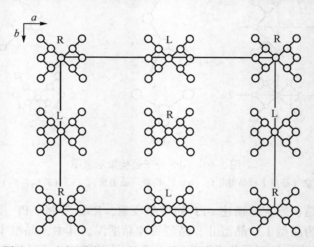

图 2.61　空间群为 $Ibca$ 的 s-PP 的有限有序晶型 Ⅰ 堆砌模型

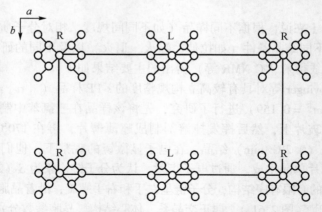

图 2.62　空间群为 $Pcaa$ 的 s-PP 的有限无序晶型 Ⅰ 堆砌模型

结构的（*Ibca*）样品，其 X 射线（CuK$_\alpha$）主要的衍射峰出现在 $2\theta = 12.2°$，$15.8°$，$18.8°$和$20.6°$（$d = 7.25$Å，5.6Å，4.70Å 和 4.31Å）。与理想晶体偏差较大的样品（*Pcaa*），在 X 射线或电子衍射图上，对应于 $2\theta = 18.8°$（$d = 4.7$Å）的（211）晶面的反射弱化，或几乎不出现。

Rosa 等根据高间规度的 *s*-PP 样品（［rrrr］= 94.5%）在较高温度（140℃）下生长片单晶的电子衍射谱研究，发现有（001）面反射出现，这种情况在空间群 *Ibca* 中是不允许的。同时晶型 Ⅰ 的^{13}C NMR 谱中甲基碳原子的共振出现分裂，表明甲基碳原子并不完全等同。根据 X 射线衍射结果，他们认为分子链以单斜方式堆砌，沿着晶胞 *a* 轴和 *b* 轴方向分别呈左手和右手螺旋交替排列，晶胞参数为 $a = 14.31$Å，$b = 11.15$Å，$c = 7.5$Å，$\gamma = 90.3°$，空间群为 $P2_1/a$（图 2.63）。该结果与 *Ibca* 很相近，只是空间群的对称性较 *Ibca* 要低，这种结构能更好地对晶型 Ⅰ 晶型进行描述。同时该结果还表明分子链围绕着链轴方向有一个 $\pm 5°$ 的旋转，而且分子链轴沿 *bc* 层面还有一定的平移。该结构可对^{13}C NMR 谱中甲基碳原子的共振分裂作很好的解释。

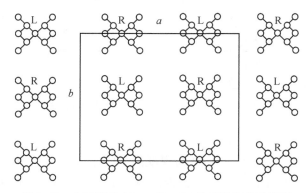

图 2.63 空间群为 $P2_1/a$ 的 *s*-PP 的晶型 Ⅰ 堆砌模型

b. 晶型 Ⅱ

晶型 Ⅱ 可由以下几种方法得到：①低间规度 *s*-PP 纤维样品退火；②高间规度的 *s*-PP 纤维样品退火，但得到的通常为其与晶型 Ⅰ 的混合物；③低间规度 *s*-PP 的模压样品（茂金属或 Z-N 催化的均可）经拉伸；④高压结晶（> 150MPa）。根据 X 射线纤维样品衍射结果，推测其结构为 C 心结构，该晶型也是由 $S(2*2/1)$ 构象的螺旋分子链堆砌而成，属正交晶系，晶胞参数为：$a = 14.5$Å，$b = 5.60$Å，$c = 7.4$Å。其螺旋轴的位置为 $(0, 0, z)$ 和 $(1/2, 1/2, z)$，空间群为 $C222_1$（图 2.64），每一条螺旋链手性都相同。晶型 Ⅱ 的主要 X 射线衍射峰有 $2\theta = 12.2°$，$17.0°$和$20.6°$（相应的 $d = 7.25$Å，5.22Å 和 4.31Å）。退火的纤维样品 X 射线衍射图中在 $2\theta = 17.0°$ 的（110）面的衍射为一尖锐的峰。具有较低间规度（［rrrr］=

86%）从溶液中析出经淬火的粉末样品，也表现出晶型Ⅱ的典型特征，在 $2\theta = 17.0°$ 处有一衍射峰，但与退火的纤维样品相比峰明显宽化，表明可能有晶型Ⅰ出现。同样对于晶型Ⅱ来说，空间群为 $C222_1$ 对应于有限有序的晶体构型，但有限无序的晶体构型也会出现。通过对粉末样品的固态 ^{13}C NMR 谱分析，认为粉末样品的分子链构象出现了一定的无序。这种无序对应于在一条分子链中同时出现 S（$2*2/1$）螺旋构象与反式平面构象，从而造成分子链中形成扭结键（kink band）。

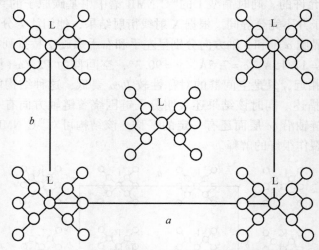

图 2.64　空间群为 $C222_1$ 的 s-PP 的晶型Ⅱ堆砌模型

c. 晶型Ⅲ

晶型Ⅲ是由茂金属催化得到高间规度的 s-PP 样品，先模压后在室温下拉伸所得，这种晶型的分子链构象为平面锯齿型构象（图 2.65）。该种晶型还可由熔体淬火的样品再经冷拉伸得到。平面锯齿型的分子链堆砌成正交的单胞，$a = 5.22$Å，$b = 11.17$Å，$c = 5.06$Å，空间群为 $P2_1cn$。但该类型的构象不稳定，具有晶型Ⅲ晶型的样品在 100℃左右退火，该样品的分子链构象将从平面锯齿型变为螺旋型，转变为晶型Ⅰ和晶型Ⅱ的混合物。

此外，发现从熔体在冰水中淬火的样品，如果长时间保持在 0℃ 环境中，可自发结晶，由 X 射线衍射、^{13}C NMR、FTIR、DSC 等测试证明该晶体的分子链构象也为 T_4 构象。将具有这种平面锯齿型构象的晶体与传统的晶型Ⅲ进行比较，二者并不相同，后者具有亚稳态或次晶（paracrystalline）的特征。这种晶型在 80℃ 时表现得相当稳定，但在 90℃ 时则完全转化为晶型Ⅰ晶型。高间规度的 s-PP 在 0℃ 时比较容易生成具有平面锯齿构象的亚稳定晶型，升温到室温也能很好地保持，低间规的 s-PP 则比较困难，在室温下生成的量也很低。

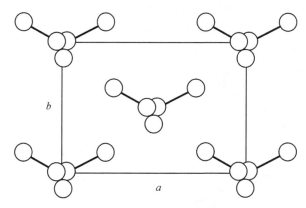

图 2.65 s-PP 的晶型 Ⅲ 晶体结构模型

d. 晶型 Ⅳ

晶型 Ⅳ 是以分子链构象 $T_6G_2T_2G_2$ 堆砌而成，这种分子链构象的稳定性介于螺旋 (T_2G_2) 与平面锯齿型 (T_4) 构象之间。晶型 Ⅳ 是由晶型 Ⅲ s-PP 在低于 50℃条件下，用适当的溶剂蒸气（如苯、甲苯、二甲苯）诱导得到的。最初认为该晶体属三斜晶系，$P1$ 空间群，晶胞参数为 $a = 5.72$Å，$b = 7.64$Å，$c = 11.6$Å，$\alpha = 73.1°$，$\beta = 88.8°$，$\gamma = 112.0°$（图 2.66）。后来从计算堆砌能和结构因子入手，在三斜晶系的基础上提出一种具有单斜结构的晶体模型，晶胞参数为 $a =$

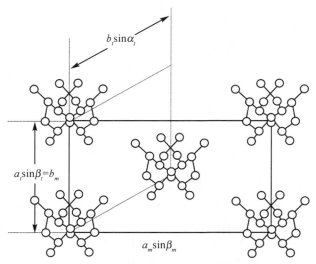

图 2.66 s-PP 晶型 Ⅳ 的三斜晶系晶体结构模型

细线为三斜单胞；粗实线为单斜单胞

14. 17Å，$b = 5.72$Å，$c = 11.6$Å，$\beta = 108.8°$，$C2$ 空间群（图 2.67），并认为相对三斜晶系来说，由单斜晶系计算得到的结构因子与观测值更吻合。

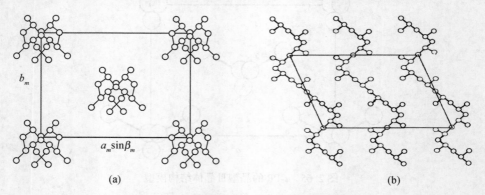

(a)　　　　　　　　　　　　　　　　　　(b)

图 2.67　sPP 晶型Ⅳ的单斜晶系晶体结构
（a）沿分子链轴方向的投影；（b）沿 b 轴方向的投影

综上所述，将 s-PP 各晶型的形成以及晶型之间的转换关系总结归纳如图 2.68 所示。

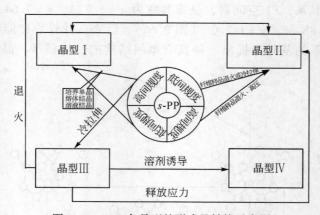

图 2.68　s-PP 各晶型的形成及转换示意图

s-PP 之所以表现出如此复杂的晶型是与样品的立构规整性、受力、热历史以及溶剂诱导等因素有很大的关系。各种因素的影响，造成不同的晶型的生成或在结晶堆砌过程中造成的不同数量及不同程度上的无序性堆砌，与理想的晶体结构有一定的偏差. 下面就上述几个方面因素进行讨论：

立体规整度　较低间规度的 s-PP 和高间规度的 s-PP 样品在熔体结晶，从溶液中培养片单晶等均结晶生成晶型Ⅰ。对于高间规度的样品，在较高结晶温度下生成有限有序的晶型Ⅰ，在 X 射线衍射图中，$2\theta = 18.8°$处的（211）衍射峰为一强衍射峰；对于较低间规度的样品，获得的总是有限无序型的晶型 I，在 X 射线衍射图中，$2\theta = 16°$ 处的（020）衍射峰的强度低和峰增宽，$2\theta = 18.8°$ 处的（211）衍射峰的强度非常低甚至不出现，在较高的结晶温度下亦是如此。在较低间规度且没经过任何处理的粉末样品 X 射线衍射图中，$2\theta = 17°$ 处出现低强度的峰和肩峰，表明有少量晶型 II 晶体生成，或者说在占优势的晶型 I 的堆砌模式中，晶型 II 作为一种缺陷的形式出现。

结晶温度　对于高间规度的 s-PP 样品来说，在一般的结晶条件下，当结晶温度较高时，生成的晶体更接近于理想的有限有序的晶型 I 晶体；当结晶温度较低时，生成的晶体与理想的有限有序的晶型 I 晶体相比有一定的偏差。对于低间规度的 s-PP 样品来说，无论结晶温度高低，生成的晶体与理想的有限有序的晶型 I 晶体都存在较大的偏差。

力场的作用　对于低间规度的 s-PP 样品，冷拉伸（单轴）或纤维样品退火得到晶型 II；对于高间规度的 s-PP 样品，冷拉伸（单轴）得晶型 III。

溶剂的作用　具有晶型 III 晶型的样品在溶剂蒸气的作用下，分子链构象由平面锯齿型转变为 T_2G_2 构象，晶型也转变为晶型 IV。

B. s-PP 在其他方面的研究

如同其他结晶性聚合物一样，s-PP 的结晶热力学、动力学和相态等方面的研究对于研究结构与性能的关系也很重要，在这些方面的研究有以下几个方面。

a. 平衡熔点（T_m^0）

对于 s-PP 来说，T_m^0 是一个很重要的热力学参数，因为 s-PP 的平衡熔点与样品的间规度密切相关，同时与晶型以及相对分子质量也有一定的关系。对于 sPP 的 T_m^0，不同的研究者使用不同的样品和不同的研究方法得出了不同的结果。需要指出的是，晶型 I 是在通常的结晶条件下得到的，而晶型 II、晶型 III 和晶型 IV 的结晶条件具有特殊性，所以对于 T_m^0 的研究只是针对晶型 I 而言。

Boor 和 Youngman 通过对不同结晶度样品的熔融温度与比容曲线外推，得到 s-PP 在结晶度为 100% 时的 T_m^0 为 161℃。Miller 等使用 Hoffman-Weeks 方程外推得到的 T_m^0 为 158.8℃。对于不同间规度的样品，根据 Flory 关于共聚物熔点下降的理论预测间规度为 100% 的 s-PP 平衡熔点为 220℃ 左右。Haftka 等对具有相对较短序列 s-PP 进行了研究，得出它们的 T_m^0 在 151℃ 和 155℃ 之间。Balbontin 等将 Hoffman-Weeks 方程以及 Flory 的共聚物熔点降低理论结合起来，对不同相对分子质量和间规度的 s-PP 进行了研究，发现相对分子质量对 T_m^0 的影响不大，而间规度的影响较大，最终得出 T_m^0 为 214℃。Cheng 等利用 Hoffman-Weeks 方程外推，并根据熔点与晶体片层厚度的倒数之间的关系，得出 T_m^0 为 160℃。Rosa 等得出具有高间规度 s-PP 样品的 T_m^0 为 182℃。Supaphol 等根据"线性"和"非线性"

的 Hoffman-Weeks 方程，分别得到 T_m^0 为 145℃和 182℃。

综上所述，不同的研究者使用不同的方法和不同的样品得出了差别较大的 T_m^0 值。究竟 T_m^0 在什么范围内才比较合理？这一问题很值得探讨。早期的工作由于使用的 s-PP 为钒体系催化剂，s-PP 间规度较低，在间规序列中还有一定量的等规序列存在，样品的结晶度自然也较低，虽然研究者们也考虑到这些因素，但得出的 T_m^0 值偏差仍然较大。基于茂金属催化体系合成的 s-PP，具有较高的立构规整性，其熔点在 160℃以上，因此 T_m^0 也必然高于 160℃。此外，还应该考虑到 DSC 的升温速率对所得 T_m^0 的影响，Rosa 和 Supaphol 等在较合适的升温速率条件下，得到的 T_m^0 为 182℃，较为合理，并且这一结果与等规聚丙烯（i-PP）的 T_m^0（186℃）很相近。

b. 相态

s-PP 在不同的结晶条件下也表现出形形色色的相态。Marchetti 等在稀溶液中培养出窄长的 s-PP 片单晶，这种片单晶在电子束的作用下寿命很短。

Lotz 和 Lovinger 等在云母片或盖玻片上滴加 s-PP 的稀溶液，挥发掉溶剂后，在 170℃熔融，然后慢速降温（0.2℃/min），在电镜下观察到较大且具有长方形形状的 s-PP 片单晶，并认为该片单晶沿着（100）面和（010）面生长。随后他们还研究了相态与结晶温度的关系，发现较低间规度的 s-PP（[rr] > 0.769），在熔体结晶温度较高时（T_c > 105℃），得到较大且具有规则几何形状的片单晶；熔体结晶温度较低时（T_c < 105℃），生成的晶体为轴晶，结晶温度再低时（T_c < 70℃），出现球晶。对于高间规度的样品（[rr] > 99%）与相对较低规整度的样品具有类似相行为，相应的晶体结构和相形态与温度的关系有一个 40℃甚至更高的偏移，同时对于生成的片单晶表现出两个很典型的特征：横向断裂（transverse fractures）和褶皱（ripples），二者均表现出一定的准周期性（quasi-periodic），这种现象在高过冷度和低过冷度下结晶均存在，认为此特性对 s-PP 的机械性能和应用有一定的负面影响。Thomann 等用光学显微镜、原子力显微镜（AFM）以及小角 X 射线散射（SAXS）对 [rrrr] > 91% 的样品进行了研究。在光学显微镜的观察下，115～150℃整个结晶范围内生成典型的针状晶体。在 AFM 的观察下，发现较大的片晶束且长方形的片单晶占主体，片单晶也展示两种断裂的特征：① 横向断裂的平均距离大约在 2μm；② 断裂不规则，产生小的斑纹状（mosaic-like）结构。从 SAXS 的二维相关函数计算 135℃等温结晶的样品片层厚度为 10nm，长周期为 20nm，这一结果与 AFM 直接观测的结果很相近。Cheng 等对不同间规度系列的 s-PP 样品进行了研究，得到了与 Lovinger 等相同的结果。

c. 多重熔融峰

与很多结晶性聚合物一样，s-PP 在熔融过程中，也表现出多重熔融峰现象，对于 s-PP 出现的两个熔融峰的解释有两种观点：①在熔融过程中发生重结晶；②存在两种不同结构的晶体，如不同晶型及其完善程度不同的结晶结构。

Boor 和 Youngman 将 s-PP 的这两个峰分别归属为一个是螺旋型构象的晶型，另一个是平面锯齿型构象的晶型所引起。Marchetti 等则认为双重峰分别对应于完善程度不同的晶体。Lovinger 等认为在 131 ~ 134℃ 的峰应该归属于间规成分的晶体熔融，而较低温度峰应归属为在慢速结晶过程中，其结晶受到低分子量级分抑制所形成的结晶体的熔融。对此，Balbontin 等也持相同的看法，他们发现相对分子质量分布窄的样品在熔融过程中只有一个峰出现。Xu 等对不同级分的样品进行了研究，认为两个熔融峰应归属为有序程度不同的晶型 I，高间规度和高结晶温度有利于生成有限有序的晶型 I，而低间规度和较低的结晶温度有利于生成有限无序的结构。

Cheng 等对不同间规度系列的 s-PP 样品的熔融过程进行了研究，发现在过冷度（$\Delta T > 50℃$）时不管间规度如何双重熔融峰的现象都存在，在相对较小的过冷区只有一个熔融峰，他们认为是重结晶的作用。Strobl 等对此也持相同的观点。

d. 结晶动力学、平衡热焓及结晶度

对于 s-PP 的结晶的动力学的研究，大多采用光学显微镜和 DSC 方法。Miller 等第一次利用光学显微镜对钒体系 s-PP 的等温结晶动力学进行了研究，根据已有的 T_m^0 和 $T_g = 0℃$（DSC）值，得到折叠链自由能 $\sigma_e = 47 erg/cm^2$（47 × $10^{-7} J/cm^2$），侧表面折叠链自由能 $\sigma = 4.4 erg/cm^2$（$4.4 \times 10^{-7} J/mol$），折叠链功 $q = 23.5 kJ/mol$。我们对茂金属催化的 s-PP 的等温和非等温结晶动力学进行了研究，对等温结晶过程，求得 $\sigma_e = 69 erg/cm^2$（69 × $10^{-7} J/cm^2$），$\sigma = 5.2 erg/cm^2$（$5.2 \times 10^{-7} J/cm^2$），$q = 33.75$ kJ/mol，结晶总活化能 $\Delta E = 73.7 kJ/mol$。对于非等温结晶来说，Ozawa 方法和由我们研究组建立的方法均能很好地对 sPP 的非等温结晶过程进行描述。Xu 等对不同级分 s-PP 的非等温结晶动力学进行了研究，发现结晶动力学参数随间规度的升高而增大，随着降温速率的增大而降低，反映了间规度越高的样品越容易结晶这一事实。Supaphol 等在 60 ~ 97.5℃ 这一温度范围内对 s-PP 的等温结晶动力学进行了研究，认为在这一温度区间结晶方式 Regime III，Avrami 指数为 2 ~ 3，结晶速率较尼龙 66，尼龙 6 和 i-PP 慢，比 i-PS 快。非等温结晶过程的 Avrami 指数为 2.4 ~ 5.3，求得非等温结晶活化能为 $-78.6 ~ 108.1 kJ/mol$，与我们的结果基本一致。他们还对 s-PP 的各结晶动力学参数重新评估，根据 Hoffman-Lauritzen 二次成核理论，s-PP 在 110℃ 的结晶方式由 Regime II 向区域 III 转变，$K_{gIII}/K_{gII} = 1.7 ~ 2.2$。

平衡热焓（ΔH_m^0）和结晶度的研究，文献中的报道很少。根据熔融热焓和比容的关系，本文作者得出 s-PP 的 $\Delta H_{m}^{0} = 3.7\text{kJ/mol}$，与 Miller 等的 $\Delta H_{m}^{0} = 3.2\text{kJ/mol}$ 相近。作者还利用 WAXD 法，将晶型 I 的 WAXD 图分解为结晶峰和无定形峰（图 2.69），导出 s-PP 晶型 I 的结晶度计算公式 [式（2.8）]，并发现在 95℃ 等温结晶时样品的结晶度最大。

$$W_{c,x} = \frac{I_{200} + 2.01I_{020} + 3.17I_{211} + 4.25I_{220.121} + 7.62I_{002}}{I_{200} + 2.01I_{020} + 3.17I_{211} + 4.25I_{220,121} + 7.62I_{002} + 1.69I_a} \tag{2.8}$$

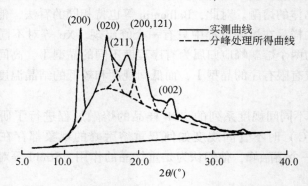

图 2.69　s-PP 样品的 WAXD 曲线分峰图（$T_c = 115℃$）

2）间规聚苯乙烯（s-PS）

1985 年，第一次合成出具有高间规度的聚苯乙烯，表现出与大多数聚合物的不同特性，这种聚合物结晶速度快，结晶度高，热稳定性好，抗溶剂性能强，熔点高达 270℃，具有复杂的多晶型和多重熔融峰。

a. 间规聚苯乙烯的各种晶型的晶体结构

到目前为止，间规聚苯乙烯有四种稳定的晶型：α 型、β 型、δ 型和 γ 型。其中 α 型和 β 型分子链为 T_4 平面锯齿构象 [图 2.70（a）]，等同周期为 5.1Å；δ 型和 γ 型为 S（2*2/1）T_2G_2 螺旋构象 [图 2.70（b）]，等同周期为 7.7Å。

①α 型。α 型晶胞由如图 2.71 所示的三分子链簇（triplet）构成，分子链轴沿 c 轴方向。根据结构有序程度不同，α 型可分为有限无序（limiting disordered）的 α' 型和有限有序（limiting ordered）α'' 型。图 2.71（a）和图 2.71（b）为构成 α'' 型的基本单元，但分子链并不严格按照图 2.71（a）和图 2.71（b）的方式排布。图 2.71（c）是构成 α'' 型的基本单元模型。如果图 2.71（a）和图 2.71（b）之间互相旋转 60°±120°，并且沿分子链方向平移 $c/2$，或经过中心对称操作，则图 2.7（a）和图 2.7（b）等同。图 2.71（a）、图 2.71（b）苯环的空间位阻与图 2.71（c）是等同的。图 2.72 是 α' 型晶体结构模型。

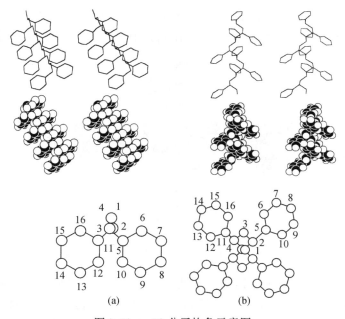

图 2.70　*s*-PS 分子构象示意图

（a）T_4 平面锯齿型构象；（b）T_2G_2 螺旋型构象

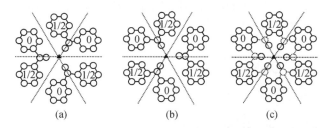

图 2.71　*s*-PS 的三种可能排布方式的三分子链簇沿 *c* 轴方向的投影

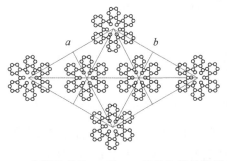

图 2.72　有限无序的 α' 型 *s*-PS 的晶胞结构统计模型

Greis 等基于电子衍射结果，认为 α'' 型为六方晶系（图 2.73），$a = b = 26.26\text{Å}$，$c = 5.04\text{Å}$，空间群为 $P\bar{6}2c$，在晶胞中三分子链簇的中心在同一高度。

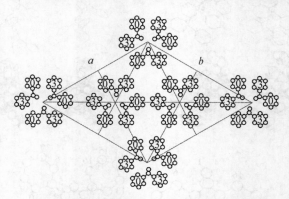

图 2.73　Greis 等提出的 α'' 型晶胞结构示意图

Rosa 等认为，三个分子链簇并不处在同一高度，而是相对有 $c/3$ 的平移，如图 2.74（a）所示。他们认为 α' 型和 α'' 型应该为三方晶系，空间群分别为 $R\bar{3}c$ 和 $P3c1$，这种结构似乎更合理。进一步研究表明，相对于图 2.74 中的三分子链簇，有一个约 7° 的旋转［图 2.74（b）］，α' 型的空间群为 $R\bar{3}$。考虑到 α' 型和 α'' 型的（$hk0$）面和（$kh0$）面的反射强度不同，α'' 型的空间对称性应该较 $P3c1$ 低为 $P3$，$a = b = 26.26\text{Å}$，$c = 5.04$ Å。

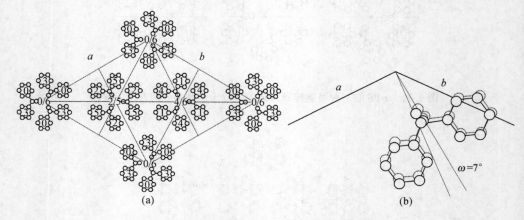

图 2.74　有限有序的 α'' 型 sPS 晶体结构示意图

② β 型。s-PS 的有限有序 β'' 型晶胞结构如图 2.75 所示，苯环中心的相对高度为 $c/4$，空间群为 $P2_12_12_1$，正交晶系，$a = 8.81\text{Å}$，$b = 28.82\text{Å}$，$c = 5.04\text{Å}$。有限无序的 β' 型结构统计模型如图 2.76 所示，也为正交晶系，晶胞参数与 β'' 型相

同。其中，β''型的有序性表现如图 2.77 所示，分子层面以 ABAB 方式连续而又有规则地排布，而 β' 型双分子层中存在 AA 或 BB 这种方式排布（图 2.78），这种方式的排布在一定程度上破坏了结构的有序性。

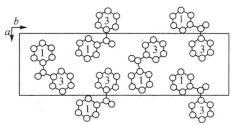

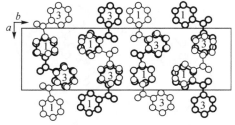

图 2.75　有限有序 β'' 型 s-PS 晶体结构示意图　图 2.76　有限无序 β' 型 s-PS 晶体结构示意图

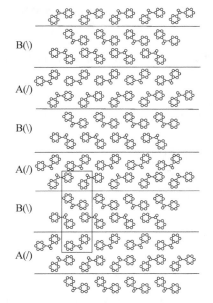

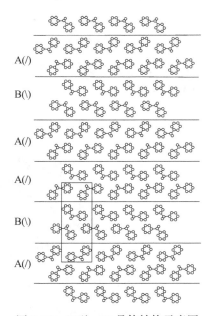

图 2.77　β'' 型 s-PS 晶体结构示意图　　　图 2.78　β' 型 s-PS 晶体结构示意图

③δ、δ_e 和 γ 型。δ 型晶体由固态 s-PS 在适当的溶剂（如二甲苯、1,2-二氯乙烷、二氯甲烷等）里溶胀，并在一定的条件下处理所得。因此，δ 型晶体以 s-PS 螺旋链为主体，以一定量的溶剂分子为客体，形成笼（clathrate）状结构，其晶胞参数随所含溶剂分子类型和溶剂量不同有所不同，但均为单斜晶系，空间群均为 $P2_1/a$。

δ_e型　如图 2.79 所示，该晶胞中几乎不含客体分子，晶胞参数为 $a = 17.4$Å，$b = 11.85$Å，$c = 7.7$Å，$\gamma = 117°$。

含二甲苯 13%（质量分数）的 δ 型 晶体结构如图 2.80 所示，晶胞参数为 $a = 17.58\text{Å}$，$b = 13.26\text{Å}$，$c = 7.71\text{Å}$，$\gamma = 121.2°$，与 δ_e 型相比，δ 型分子链间有一定量的客体小分子填充。

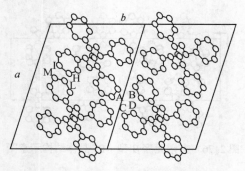

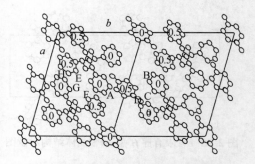

图 2.79 δ_e 型晶体结构示意图

（二甲苯 < 1%）

图 2.80 δ 型 s-PS 晶体结构示意图

（二甲苯质量分数为 13%）

含有 1,2-二氯乙烷的 δ 型 如图 2.81 所示，晶胞参数为 $a = 17.11\text{Å}$，$b = 12.17\text{Å}$，$c = 7.71\text{Å}$，$\gamma = 121.2°$。

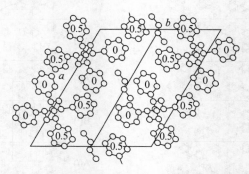

图 2.81 δ 型 s-PS 晶体结构示意图（客体为 1,2-二氯乙烷）

γ 型晶体 γ 型晶胞中不含有溶剂分子，但它与不含有溶剂分子的 δ_e 型不同，虽然它也属于单斜晶系，到目前为止还没有关于该晶型晶体结构的详细报道。

b. 间规聚苯乙烯各晶型的形成条件及相互转化关系

研究表明，温度和溶剂诱导是 s-PS 晶型转变的两大因素，另外还与样品的起始状态有很大的关系。本体结晶样品在热处理的情况下，得到分子链呈平面锯齿型的 α 型或 β 型晶体；在溶剂或溶剂蒸气诱导作用下得到分子链呈螺旋型的 δ 型或 γ 型。

①α 型和 β 型晶体。Guerra 等给出了 α（α′和 α″）型和 β（β′和 β″）型的特征 WAXD 图，各晶型的特征衍射峰见表 2.10。如果样品从玻璃态起始，在较低

温度（<190℃）下冷结晶，得到 α′型晶体；在较高的温度（>190℃）下得到 α″型晶体［图 2.82（a）］。在熔体结晶的情况下，当熔融温度较高（如 345℃）时，样品充分熔融，结晶温度较低（<190℃）生成 α 型，而结晶温度较高（>210℃）则生成 β 型（实为 β′型）［图 2.82（b）］，在中间区域生成的晶体为 α 型和 β 型的混合晶体。结晶温度越高，β 型所占比例就越大；结晶温度越低，α 型所占比例就越大。在熔融温度较低（如 290℃）的情况下，样品没有充分熔融，此时有残余的 α 型晶种，则生成的晶体仅为 α 型。α″晶型还可由在 200℃ 模压得到。在非等温结晶的情况下，在较高的熔融温度下，熔体慢速冷却倾向于生成 α 晶型，快速冷却更有利于生成 β 晶型。β″晶型可由 s-PS 的邻二氯苯溶液在 170℃ 浇铸得到。

表 2.10　间规聚苯乙烯各晶型的特征衍射峰（Cu K_α）

α′	2θ	6.7		11.8	13.5				20.1				35.1
	hkl	110		300	220				211				002
α″	2θ	6.7	10.3	11.8	13.5	14.0	15.6	18.0	20.1				35.0
	hkl	110	210	300	220	310	400	410	211				002
β′	2θ	6.1	10.4		12.3	13.6		18.6	20.2	21.3	23.9		35.0
	hkl	020	110		040	130		060	111	041	170		002
β″	2θ	6.1	10.4	11.8	12.3	13.6	15.8	18.6	20.2	21.3	23.9		35.0
	hkl	020	110	120	040	130	140	060	111	041	170		002

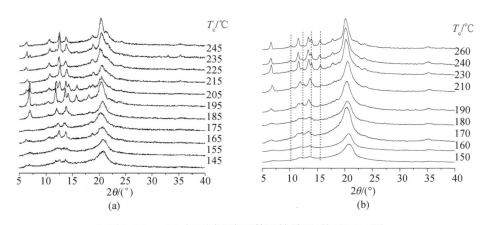

图 2.82　s-PS 在不同温度下等温结晶 2h 的 WAXD 图
（a）冷结晶；（b）熔体结晶

②δ 型和 γ 型晶体。将固态的 s-PS 样品在适当的溶剂，如二甲苯、1,2-二氯乙烷、1,2-二溴乙烷、二氯甲烷等里溶胀或沐浴在溶剂蒸气里一定的时间，溶剂

小分子作为客体可以进入到作为主体的 s-PS 单胞中。在温度设置适当的真空烘箱中除去一定量的溶剂分子，可以得到客体含量不同，结构也随之不同的晶体，该类型的晶体统称为 δ 型。δ 型晶体为笼状（clathrate）结构，其晶胞大小与客体分子自身的性质以及客体分子的含量有关。如样品由 α 晶型在二氯甲烷中溶胀，然后在 60℃ 的真空烘箱中干燥 14h，最后溶剂的残余量为 13%（质量分数），其晶体结构如图 2.80 所示。完全不含有客体分子的 δ 型，因单胞中不含有客体分子，而被形象地称为 $δ_e$ 型的空笼状（emptied clathrate）结构。

在 130℃ 退火获得的 γ 型和 δ 型单胞中也不含有客体分子，需强调指出的是，该晶型与 $δ_e$ 型并不相同。

综上所述，将 s-PS 各种晶型的生成条件以及相互间的关系总结于图 2.83 中。

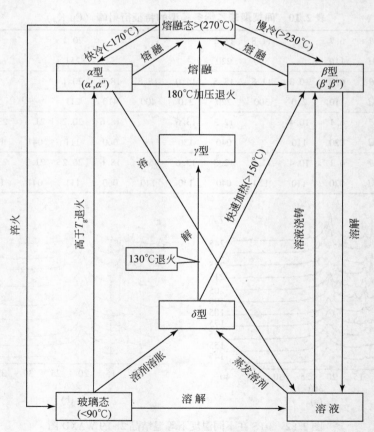

图 2.83　s-PS 各晶型的制备及晶型转化示意图

c. 间规聚苯乙烯结晶行为

①s-PS 的结晶动力学。在相同的过冷度下，s-PS 熔体结晶速率比 i-PS 快得

多，以致在靠近最大结晶温度处的结晶动力学参数无法获得。同时在不同的温度区间可有不同晶型生成，这给 s-PS 的结晶动力学的研究增加了一定难度，但也丰富了 s-PS 结晶动力学内容。在熔体结晶的情况下，s-PS 表现出球晶生长的特征，球晶生长速率与结晶温度和样品本身的性质有关。此外，结晶速率还与样品的相对分子质量有关。在高温区，相对分子质量大的样品结晶速率较快；而在低温区，相对分子质量小的结晶较快。在高温区，相对分子质量大的样品黏度大，分子链流动性较差，结晶过程中链重组的必要性也就减少，结晶速率相应越大。在低温区，因为过冷度很大，高相对分子质量的样品在熔融态下分子链有序性这一优势并不明显，相反，低相对分子质量的链段更容易迁移而结晶。

等温结晶　Avrami 方程是处理等温结晶动力学的一种有效的方法：

$$X_t = 1 - \exp(-Z_t t^n)$$

$$\lg[-\ln(1 - X_t)] = n\lg t + \lg Z_t \qquad (2.9)$$

式中，Z_t 为结晶速率常数；X_t 为 t 时刻的相对结晶度；n 为 Avrami 指数。对于 s-PS 熔体结晶，高于 230℃ 生成的晶型绝大部分为 β' 型，在 238～244℃ 这一温度区间的等温熔体结晶研究表明，用上述方程处理结果如图 2.84 所示，n 和 Z_t 的值见表 2.11。n 值表明，较低的结晶温度下晶体为二维圆盘生长，较高的结晶温度为一维纤维状生长。Z_t 值表明，较低的结晶温度下结晶速度快，较高的温度下结晶速度慢。利用 Lauritzen-Hoffman 二次成核理论发现，在 239℃ 时，其结晶方式由方式Ⅲ转向方式Ⅱ（图 2.85）。在此基础上，得出不同结晶方式下等温结晶 s-PS 的表面自由能（σ，σ_e）和折叠链功（q），见表 2.12。结果表明，s-PS 的 q 值与 i-PS 非常相近，说明其分子链刚性相当。

表 2.11　用 Avrami 方法所得 s-PS 等温结晶的参数 (n, Z_t)

T_c/℃	236	237	238	239	240	241	242	243	244
n	1.9	2.0	1.5	1.4	1.4	1.1	1.3	1.2	1.1
Z_t/min^{-1}	7.9433	5.1051	1.4061	0.8831	0.6546	0.2906	0.3710	0.3165	0.2679

表 2.12　s-PS 和 i-PS 等温结晶动力学参数比较

参数	s-PS		i-PS
	方式Ⅱ	方式Ⅲ	
K_g/K^2	1.58×10^5	3.67×10^5	—
σ/(erg/cm^2)	3.24	3.24	5.3
σ_e/(erg/cm^2)	48.15	56.5	28.8
q/(kcal/mol)	4.11	4.87	4.78

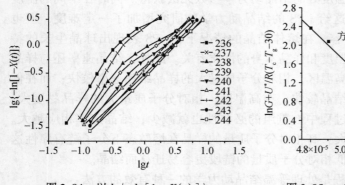

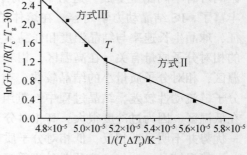

图 2.84   以 $\lg\{-\ln[1-X(t)]\}$ 对 $\lg t$ 作图

图 2.85   s-PS 等温熔体结晶生长速率

对于 s-PS 冷结晶，结晶过程明显分为两阶段，第一阶段在较高的温度区间结晶很快就完成，如 120℃时大约 25min，而 180℃时不足 1min，随后才是第二阶段的一个较慢的结晶过程。

非等温结晶   在实际生产中，如挤出、模压、吹塑等聚合物加工成型过程常常是在动态非等温条件下的结晶。因此，对非等温结晶的研究显得尤为重要。研究表明，Ozawa 方程不适合描述 s-PS 非等温结晶过程，采用我们研究组建立的方法得到如图 2.86 所示的线性关系很好的直线。

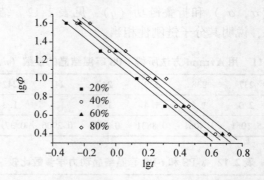

图 2.86   Avrami 和 Ozawa 结合的方法分析 s-PS 非等温熔体结晶的结果

②s-PS 的结晶度。结晶度是衡量聚合物结晶能力的一个重要的参数，由于 s-PS 存在复杂的多晶型，给各晶型的结晶度求算带来了一定的难度，如何较准确地求算 s-PS 在不同结晶条件下各晶型的结晶度又是一个重要的课题。一般求算结晶度的方法有 WAXD、DSC 和密度法。由于 s-PS 结晶的密度和非晶密度的差别很小，因此不能用密度法对 s-PS 的结晶度进行求算，只能从 WAXD 法和 DSC 法入手。

WAXD 法式（2.10）为图解分峰法：

$$W_{c,x} = \frac{\sum\limits_{i} C_{i,hkl}(\theta) I_{i,hkl}(\theta)}{\sum\limits_{i} C_{i,hkl}(\theta) I_{i,hkl}(\theta) + \sum\limits_{i} k_i C_j(\theta) I_j(\theta)} \qquad (2.10)$$

式中，i，j 分别为计算衍射峰和非晶峰的数目；$C_{i,hkl}(\theta)$ 和 $I_{i,hkl}(\theta)$ 分别为对应于（hkl）晶面的衍射峰的校正因子及衍射峰积分强度；$C_j(\theta)$ 和 $I_j(\theta)$ 分别为非晶峰的校正因子及散射分峰积分强度；k_i 为校正因子，$k_i = \sum I_{i,cal} / \sum I_{i,total}$（$k_i \leqslant$ 1），是计算采用的各衍射峰强度与全部观察到衍射峰强度之比。图 2.87 为在不同热处理温度下所得的 s-PS 本体结晶样品的 WAXD 图，利用数值拟合分峰法将 X 射线衍射强度曲线分解为结晶峰及非晶峰（图 2.87），据式（2.10）导出 α' 型、α'' 型和 β' 型的结晶度计算公式 ［式（2.11）、式（2.12）、式（2.13）］，由这些公式可求出不同晶型的结晶度。

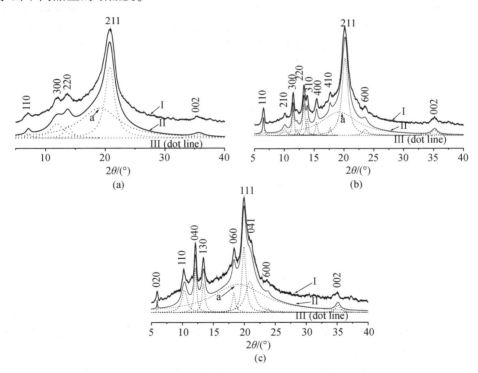

图 2.87　s-PS 各晶型的 WAXD 多峰曲线分解拟合结果

（a）α' 型；（b）α'' 型；（c）β' 型

$$W_{c,x} = \frac{I_{300} + 1.43 I_{220} + 4.48 I_{211}}{I_{300} + 1.43 I_{220} + 4.48 I_{211} + 3.44 I_a} \times 100\% \,(\alpha') \qquad (2.11)$$

$$W_{c,x} = \frac{0.70I_{300} + I_{220} + 1.46I_{400} + 2.15I_{410} + 3.15I_{211}}{0.70I_{300} + I_{220} + 1.46I_{400} + 2.15I_{410} + 3.15I_{211} + 2.42I_a} \times 100\% \,(\alpha'')$$

(2.12)

$$W_{c,x} = \frac{I_{110} + 1.46I_{040} + 1.87I_{130} + 4.27I_{060} + 5.51I_{111} + 6.50I_{041}}{I_{110} + 1.46I_{040} + 1.87I_{130} + 4.27I_{060} + 5.51I_{111} + 6.50I_{041} + 4.46I_a}$$
$$\times 100\% \,(\beta')$$

(2.13)

DSC 法　用 DSC 法测定晶性聚合物的结晶度（$W_{c,h}$），见式（2.14）：

$$W_{c,h} = \frac{\Delta H_m}{\Delta H_m^0} \times 100\%$$

(2.14)

式中，ΔH_m 和 ΔH_m^0 分别为测得样品的熔融热和完全结晶样品的熔融热。严格说来，α 型和 β 型的晶体由于晶体结构不同，其平衡熔融热焓应有所不同，但目前并没有相应的数据可以利用，因此 ΔH_m^0 取值为 53.2J/g。将用 WAXD 法和 DSC 法所得结果做一比较可以看出（图 2.88），在高温区和低温区的结晶度较大，而处于其间的温度区域结晶度较小，这主要是因为较高温度或较低温度有利于某一晶型生长，而在中间温度区生成的晶体为混合晶型，这种混晶结构不利于晶体的生长。

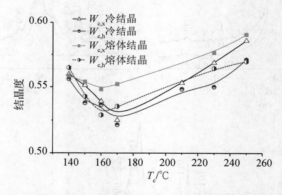

图 2.88　用 WAXD 法和 DSC 法计算的 s-PS 的结晶度变化情况比较

用 WAXD 法求 α 型晶体和 β 型晶体的相对含量　如前所述，在一定的温度条件下，s-PP 样品得到的结晶往往是 α 型和 β 型晶体的混合体，对这种混晶结构如何求算二者的相对含量，是一个很值得探讨的问题。

根据 α 型和 β 型 WAXD 图的差别，可从 WAXD 图估算 s-PS 熔体结晶中 α 型晶体和 β 型晶体的相对含量。为方便起见，只考虑 2θ 位于 $10° \sim 15°$ 这一区间的衍射情况，在 WAXD 曲线上，在 $2\theta = 10.8°$ 和 $2\theta = 14.8°$ 之间的衍射强度最小处作一基准线，然后根据 $2\theta = 11.6°$ 和 $2\theta = 12.2°$ 两衍射峰与基线间的面积，用式

（2.15）近似求算 α 型晶体的百分含量：

$$P_\alpha = \frac{1.8A(11.6)/A(12.2)}{1 + 1.8A(11.6)/A(12.2)} \times 100 \qquad (2.15)$$

式中，1.8 为在同样的实验条件下相同结晶度纯的 α 型 11.6°衍射峰和纯的 β 型 12.2°衍射峰的比值。利用式（2.15）可粗略地求得 α 型和 β 型在整个结晶组分中所占的比例。

　　IR 法估算 α 型晶体和 β 型晶体的结晶度　根据 α 型和 β 型红外吸收光谱的不同，非晶相的特定吸收峰在 $905\,cm^{-1}$ 和 $841\,cm^{-1}$，α 晶相的特定吸收在 $901\,cm^{-1}$（由 $905\,cm^{-1}$ 移动而来）和 $851\,cm^{-1}$（由 $841\,cm^{-1}$ 移动而来），β 晶相的特定吸收在 $911\,cm^{-1}$（由 $905\,cm^{-1}$ 移动而来）和 $858\,cm^{-1}$（由 $841\,cm^{-1}$ 移动而来）。利用式（2.14）可求 α 型和 β 型的结晶度：

$$C_\alpha = \frac{A_{851}/a_\alpha}{A_{841} + A_{851}/a_\alpha + A_{858}/a_\beta} \times 100\%$$

$$C_\beta = \frac{A_{851}/a_\beta}{A_{841} + A_{851}/a_\alpha + A_{858}/a_\beta} \times 100\% \qquad (2.16)$$

式中，C_α 和 C_β 分别为 α 型和 β 型晶体的结晶度；A_{841}、A_{851}、A_{858} 分别为非晶、α 型和 β 型的面积；换算系数 a_α 和 a_β 分别为 A_{851}/A_{841}、A_{858}/A_{841} 吸收系数的比值，通常 a_α 和 a_β 分别为 0.178 ± 0.005 和 0.272 ± 0.005。利用这一方法所得的结果相对偏高。

　　③s-PS 多重熔融峰与多晶型的对应关系。结晶性聚合物出现多重熔融峰是一种常见现象。目前，关于多重熔融峰对于不同的聚合物不同的研究者可能有不同的解释，归纳起来一般有以下三种：i. 不同尺寸片晶熔融的结果；ii. 小得不完整晶粒的熔融重结晶；iii. 不同晶型晶体的熔融。对于 s-PS 来说情况更为复杂，在某些情况下，s-PS 在熔融过程中 DSC 图中出现三重（10℃/min）甚至四重峰（5℃/min 或 2.5℃/min）。在 230～250℃熔体结晶的样品，其 DSC 曲线（10℃/min）至少有三个明显的熔融峰，如果按温度由低向高的次序，将峰命名为 PⅠ、PⅡ、PⅢ。在这一温度区间，随着结晶温度的升高，PⅠ强度增大，且向高温方向移动，PⅡ向高温方向移动，但强度保持不变，PⅢ强度减弱，当结晶温度高于 252℃时 PⅢ的峰消失。对于 s-PS/a-PS 以及 s-PS/PPO 共混体系，熔体结晶后的样品，其 DSC 只出现 PI 和 PIII，因为共混体系的 WAXD 表明只有 β 型晶体生成，因此将 PII 归于 α 型的熔融峰，PI 属于 β 型，PⅢ为不稳定 β'型。当扫描温度较低时（5℃/min），PⅢ向高温区出现一个肩峰，如果将此峰命名为 PⅣ，因为 PⅠ 和 PⅣ同时出现，应该同样属于 α 型。

　　④α 型和 β 型的平衡熔点（T_m^0）及平衡热焓（ΔH_m^0）。一般来说，可以利用 Hoffman-Weeks 方程外推的方法来估算 T_m^0 值。因为 s-PS 具有复杂的多晶型现象，

在本体结晶的情况下，得到 α 型、β 型或 α 型和 β 型的混合晶体。其中，α 型为六方或三方晶系，而 β 型为正交晶系，分别属于不同空间群。从理论上说，α 型和 β 型的 T_m^0 以及 ΔH_m^0 也应该有所差别；而 δ 型和 γ 型限于结晶条件的特殊性，其 T_m^0 和 ΔH_m^0 目前并没有求算的办法。最初有关 T_m^0 和 ΔH_m^0 的研究并没有考虑到这一点，只是笼统地得到的平衡熔点 T_m^0 为 285.5℃，$\Delta H_m^0 = 53.2\text{J/g}$。Woo 等在考虑到不同晶型时，通过 Hoffman-Weeks 方程线性外推，得出 α 型的 T_m^0 为 289℃，β 型的 T_m^0 为 283℃，较 α 型的 T_m^0 低。随后不久，Ho 等考虑到 DSC 测量过程温度漂移的影响，通过非线性 Hoffman-Weeks 处理方法得到 α 型的 T_m^0 为 273.1℃，β 型的 T_m^0 为 278.6℃。Wang 等得到 α 型 s-PS 的 T_m^0 为 281℃，β 型的 T_m^0 为 291℃。

习　题

1. 已知 i-PP（α 晶型）的 $a = 6.65\text{Å}$，$b = 20.96\text{Å}$，$c = 6.50\text{Å}$，$\beta = 99°20'$ 并测得此 i-PP 的密度 $\rho_s = 0.915\text{g/cm}^3$。问此 i-PP 每个单胞含有多少条聚合物分子链（N）？含有多少个晶体结构重复单元（Z）和化学重复单元（L）？Avogadro 常数 $N_A = 6.023 \times 10^{23}\text{mol}^{-1}$。

2. 已知 PE 为正交晶系，$a = 7.42\text{Å}$，$b = 4.93\text{Å}$，$c = 2.53\text{Å}$，样品的密度 $\rho_s = 0.896\text{g/cm}^3$（$N_A = 6.023 \times 10^{23}\text{mol}^{-1}$，$N = 2$，$M = 28$）。试计算 PE 理想（完全）结晶时的密度 ρ_c，并与实际样品密度进行比较。

3. 晶态下高分子链基本堆砌（packing）有哪几种？举例说明。

4. 选择下面正确英文字母填入 [　] 内：

（1）X 射线衍射图显示所谓 [　] 称非晶部分，基于这个强度与结晶强度之比可求得样品 [　]。

A. 取向度　B. 局部有序　C. 结晶度　D. 弥散环

（2）聚四氟乙烯重复单元为 $\{CF_2-CF_2\}$，F 原子的 van der Waals 作用半径为 0.135nm，则分子链可能构象为 [　]。聚丙烯重复单元 $\{CH_2-\overset{\displaystyle CH_3}{\underset{\displaystyle |}{CH}}\}$，WAXD 测得其等同周期（$c$ 方向）内含有三个化学重复单元，长度为 0.665nm，它的分子链构象为 [　]。WAXD 测得聚乙烯 c 方向周期长 0.253nm，含有一个 $\{CH_2-CH_2\}$ 重复单元，则分子链构象应为 [　]。X 射线衍射已证明 DNA 具有 [　] 结构。PET 空间群 C_i^1-$P\bar{1}$，具有 [　]。

A. 平面锯齿型　B. 螺旋　C. 双重螺旋　D. 对称中心结构

5. 试分别简述在晶态聚合物中等同周期（I），晶面间距（d）和长周期

（L）的意义及测定计算方法。

6. 图 A 为 s-PP 晶型Ⅰ的结构，图 B 为 s-PP 晶型Ⅰ的另一结构，在这两种晶型中分别有几条分子链通过晶胞？各晶胞的 ρ_c 为多少？

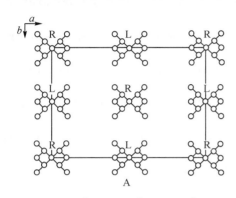

a=14.5Å, b=11.2Å, c=7.40Å
空间群：*Ibca*
A

a=14.5Å, b=5.60Å, c=7.4Å
空间群：*Pcaa*
B

7. 简述目前 s-PP 和 s-PS 可能有的几种晶型。

参 考 文 献

[1]　〔日〕稻垣博，高分子学会编集. 入门高分子特性解析. 东京：共立株式会社出版社，1984

[2]　田所宏行. 高分子，1983，（32）：202-207

[3]　Flory P J, Yoon D Y, Dill K A. Macromolecules, 1984, (17)：862-867

[4]　Yoon D Y, Flory P J. Macromolecules, 1984, (17)：868-871

[5]　Wunderlich B. Macromolecular Physics. Vol. 1. New York：Academic Press, 1973

[6]　莫志深，陈宜宜. 高分子通报，1990，（3）：178-183

[7]　Mo Z S, Meng Q B, Feng J H, et al. Polymer International, 1993, (32)：53-60

[8]　Tadokoro H. Structure of Crystalline Polymer. New York：Wiley-Interscience, 1979；Pure & Appl Chem, 1979, 61 (4)：769-785

[9]　莫志深. 聚合物晶态及非晶态结构研究的进展//施良和，胡汉杰. 高分子科学的今天与明天. 北京：化学工业出版社，1994：122-137

[10]　Wang S E, Liu T X, Mo Z S, et al. Macromol Rapid Commun, 1997, (18)：83-91

[11]　Liu T X, Wang S E, Mo Z S, et al. J Appl Polym Sci, 1999, (73)：237-243；ASC Meeting. Polymer Preprints. Anaheim, USA, 1995, 36

[12]　Auriemma F, Petraccone V, Parravicini L, et al. Macromolecules, 1997, (30)：7554-7560

[13]　殷敬华，莫志深. 现代高分子物理学. 北京：科学出版社，2001

[14]　Zhang Q X, Mo Z S, Liu S Y, et al. Macromolecules, 2000, (33)：5999-6005

[15]　马德柱，何平笙，徐仲德，等. 高聚物结构与性能. 第二版. 北京：科学出版社，1995

[16]　金日光，华幼卿. 高分子物理. 北京：化学工业出版社，2000

[17]　何曼君，陈维孝，董西侠. 高分子物理. 修订版. 上海：复旦大学出版社，1990

[18] 刘凤岐, 汤心颐. 高分子物理. 北京: 高等教育出版社, 1995

[19] 黄葆同, 陈伟. 茂金属催化剂及其烯烃聚合物. 北京: 化学工业出版社, 2000

[20] Natta G, Pasquon I, Corradini P, et al. Atti Accad Nazl Lincei Rend, 1960, 28: 539

[21] Chatani Y, Maruyama H, Asanuma T, et al. Structure of a new crystalline phase of syndiotactic polypropylene. J Polym Sci: Part B, 1991, 29: 1649-1652

[22] Lotz B, Lovringer A J, Cais R E. Crystal structure and morphology of syndiotactic polypropylene single crystals. Macromolecules, 1988, 21: 2375-2382

[23] Rosa C D, Auriemma F, Corradini P. Crystal structure of form I of syndiotactic polypropylene. Macromolecules, 1996, 29: 7452-7459

[24] Rosa C D, Auriemma F, Vinti V. Disordered polymorphic modifications of form I of syndiotactic polypropylene. Macromolecules, 1997, 30, 4137-4146

[25] Rosa C D, Auriemma F, Vinti V. On the form II of syndiotactic polypropylene. Macromolecules, 1998, 31: 7430-7435

[26] Auriemma F, Rosa C D, et al. On the form IV of syndiotactic polypropylene. J Polym Sci.: Part B: Polym Phys, 1998, 36: 395-402

[27] Rosa C D, Auriemma F, Ballesteros O R D. Influence of the stereoregularity on the crystallization of the trans planar mesomorphic form of syndiotactic polypropylene. Polymer, 2001, 42: 9729-9734

[28] Lovinger A J, Lotz B, Davis D D, et al. Morphology and thermal properties of fully syndiotactic polypropylene. Macromolecules, 1994, 27: 6603-6611

[29] 于英宁, 张宏放, 莫志深, 等. 高分子学报, 1999, 3: 302-308

[30] Liu S Y, Yu Y N, Cui Y, et al. J Appl Polym Sci, 1998, 70: 2371-2380

[31] 于英宁, 张宏放, 莫志深, 等. 应用化学, 1998, 15: 77-79

[32] Rosa C D. Crystal structure of the trigonal modification (α-Form) of syndiotactic polystyrene. Macromolecules, 1996, 29: 8460-8465

[33] Rosa C D, Rapacciuolo M, Guerra G, et al. On the crystal structure of the orthorhombic form of syndiotactic polystyrene. Polymer, 1992, 33: 1423-1428

[34] 陈庆勇, 于英宁, 那天海, 等. 不同晶型间规聚苯乙烯结晶度的研究. 应用化学, 2002, (9): 837-841

[35] Chen Q Y, Yu Y N, Na T H, et al. Isothermal and nonisothermal melt-crystallizaion kinetics of syndiotacitc polystyrene. J Appl Polym Sci, 2002, 83: 2528-2538

[36] Sun Y S, Woo E M. Relationships between polymorphic crystals and multiple melting peaks in crystalline syndiotactic polystyrene. Macromolecules, 1999, 32: 7836-7844

[37] Wang C, Hsu Y C, Lo C F. Melting behavior and equilibrium melting temperatures of syndiotactic polystyrene inα and β crystalline forms. Polymer, 2001, 42: 8447-8460

[38] 窦红静, 朱诚身, 何素芹. 高分子通报, 2000 (3): 56-60

[39] Qiao X Y, Wang X H, Mo Z S. Synthetic Metals, 2001, 118: 89-95

[40] Xiao X S, Qiao X Y, Mo Z S, et al. European Polymer Journal, 2001, 37: 2339-2343

[41] Qiao X Y, Xiao X S, Wang X H, et al. European Polymer Journal, 2002, 38 (6): 1183-1190

[42] 肖学山. 外场对聚合物形成的影响 [D]. 长春: 中国科学院长春应用化学研究所, 2000

[43] 陈庆勇, 李悦生, 莫志深. 间规聚苯乙烯的多晶型和结晶行为概述. 功能高分子学报, 2003, 16 (1): 97-106

［44］陈庆勇，李悦生，莫志深. 间规聚丙烯的多晶型及结晶行为的研究进展. 高分子通报，2003；4，57-66

［45］Supaphol P, Spruiell J E. J Appl Polym Sci, 2000, 75：44-59

［46］Supaphol P. J Appl Polym Sci, 2000, 78：338-354

［47］Wang S E, Wang J Z, Zhang H F, et al. Morphological studies on a novel poly（aryl ether ketone）. Macromol Chem Phys, 1996, 197：1643-1650

［48］Zhang H F, Yang B Q, Mo Z S, et al. Structural study on poly（ether ether ketone ketone）and poly（ether biphenyl ether ketone ketone）copolymer. Makromol Chem Rap Commun, 1996, 17：117-122

［49］Wang S E, Wang J Z, Mo Z S, et al. Crystal structure and deformation induced polymorphism in poly（aryl ether ketone）s：1. PEDEKmK. Macromol Chem Phys, 1996, 197：4079-4094

［50］Mo Z S, Wang S E, Fang T R, et al. Comb-like amphiphilic polymer and supermolecular structure//Salamone J C. Polymeric Materials Encyclopedia. Boca Raton：CRC press, Inc, 1996

［51］Wang S E, Wang J Z, Liu T X, et al. The crystal structure and drawing induced polymorphism in poly（aryl ether ketone）s：2. PEEKK. Macromol Chem Phys, 1997, 198：969-982

［52］Liu T X, Mo Z S, Wang S E, et al. Crystallization behavior of a novel poly（aryl ether ketone）：PEDKmK. J Appl Polym Sci, 1997, 64：1451-1461

［53］Ji X L, Zhang W J, Na H, et al. Effect of differences in the backbone chemical environment of carbonyl and ether groups in poly（aryl ether ketone）s on crystallographic parameters. Macromolecules, 1997, 30：4772-4774

［54］Liu T X, Mo Z S, Wang S E, et al. Crystal structure and crystallinity of poly（aryl ether biphenyl ether ketone ketone）（PEDEKK）. Macromal Rapid Commun, 1997, 18：23-30

［55］Wang S E, Liu T X, Mo Z S, et al. The crystal structure and drawing-induced polymorphism in poly（aryl ether ketone）s：3. Crystallization during hot-drawing of PEEKK. Macromol Rapid Commun, 1997, 18：83-91

［56］Qiu Z B, Mo Z S, Zhou H W, et al. Crystallographic equivalence of ether and ketone groups in Poly（aryl ether ketone）s, Macromol Chem Phys, 2001, 202：1862-1865

［57］Qiu Z B, Mo Z S, Sheng S R, et al. Crystal structure and variation in unit cell parameters with crystallization temperature of poly（ether ketone ether ketone containing meta-phenyl links）PEKEKmK. Macromol Chem Phys, 2000, 201：2756-2759

［58］Song J B, Zhang H L, Ren M Q, et al. Crystal Transition of Nylon 1212 Under Drawing and Annealing. Macromal Rapid Commun, 2005, 26：487-490

［59］张俐娜，薛齐，莫志深，金熹高. 高分子物理近代研究方法. 第二版. 武汉：武汉大学出版社，2006

［60］〔德〕G. 斯特罗伯. 高分子物理学. 胡文宾，等译. 北京：科学出版社，2009

［61］董炎明，张海良. 高分子科学教程. 北京：科学出版社，2004

［62］谢封超，张青岭，刘结平，何天白. 高分子软物质特征. 高分子通报，2001，2：53-59

［63］朱诚身. 聚合物结构分析. 第二版. 北京：科学出版社，2010

第三章　X射线物理基础

3.1　X射线的产生及其性质

X射线的产生如图3.1所示，当高速电子冲击在阳极靶上时，则产生X射线。在电子所具有的能量中，能够转变为X射线的极其有限，绝大部分转变为热能。X射线管的效率可用式（3.1）表达：

$$E = 1.1 \times 10^{-9}ZV \tag{3.1}$$

式中，E 为X射线产生的效率；Z 为阳极物质的原子序数；V 为X射线管的操作电压。

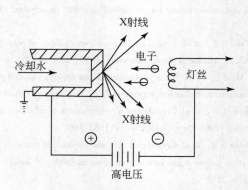

图3.1　X射线的产生示意图

例如，一个具有30kV操作电压的Cu靶阳极X射线管，其消耗的电能只有0.2%左右转变为X射线，绝大部分转变为热。因此要求阳极靶的材料导热良好，同时必须通入足够量的冷却水，以便及时传走阳极靶的热量。

图3.2（a）是X射线衍射用封闭式X射线管示意图，靶是由高纯度的物质（如Cu）组成，工作时由高压变压器将30~60kV的负高压加到阳极上，从灯丝发射出热电子束，经金属聚焦罩聚焦，在高电压加速下，形成一个极端狭窄的电子束，以高速度冲击在阳极上，在靶面上形成一个异常小的"焦斑"，此时所产生的X射线从焦斑上向各个方向发散，其强度在与靶面约成6°角处最强，故在管壁上按此角度开两个或更多窗口让X射线透过。窗口必须严格密

封，保持真空，且还要对 X 射线高度透过。因此，一般多采用铍、铝或云母制造。按 X 射线管结构特征，除上述封闭式 X 射线管外，还有目前较广泛采用高功率旋转阳极 X 射线管［图 3.2（b）］，这种管可时刻为高速电子流提供新鲜的冲击表面，有利于产生高强度 X 射线。此外还有可拆式 X 射线管及细聚焦 X 射线管等。

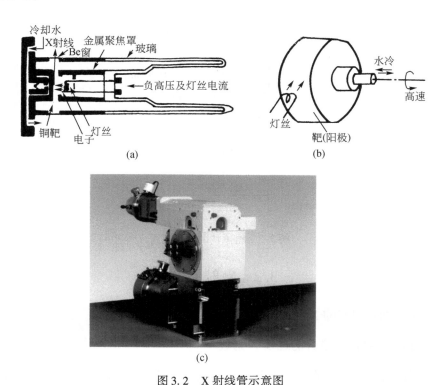

图 3.2　X 射线管示意图

（a）封闭式 X 射线管；（b）高功率旋转阳极；（c）日本理学 18kW 立式旋转阳极

X 射线和光相同，是一种电磁波，显示波-粒二象性，但波长较光更短一些。X 射线的波长范围如图 3.3 所示，在 0.01～100Å。但在聚合物的 X 射线衍射方法中所使用的 X 射线波长一般为 0.05～0.25nm（最有用的是 CuK_α，0.1542nm），因为这个波长与聚合物微晶单胞尺寸（0.2～2nm）大致相同。

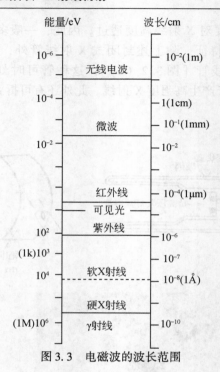

图 3.3　电磁波的波长范围

3.2　X 射 线 谱

从 X 射线管出来的 X 射线, 可以分为以下几种。

3.2.1　具有连续波长成分的连续 X 射线

具有连续波长成分的连续 X 射线, 也称"白色" X 射线 (图 3.4)。因在 X 射线管内, 被加速的电子冲击在靶子上, 电子运动突然受到制止, 产生极大负加速度, 这样电子周围的电磁场发生急剧的变化, 必然产生一个电磁波——X 射线。由于极大数量的电子射到阳极时穿透阳极物质深浅程度不同, 动能降低多少不一, 因此产生种种波长的 X 射线。当保持原来电子动能并转为 X 射线光子时, 具有最短波长 $\lambda_{短波限}$ (或 λ_0), 故有

$$eV = h\nu_{上限} = hc/\lambda_0$$

$$\lambda_0 = \frac{hc}{eV} = \frac{12400}{V} \tag{3.2}$$

式中, e 为电子电荷, 等于 4.803×10^{-10} 静电单位 (一个静电单位的电压降为 300V); V 为电子通过两极的电压降 (静电单位); h 为 Planck 常量, 等于 $6.625 \times 10^{-27} erg \cdot s$ ($6.625 \times 10^{-34} J \cdot s$); λ_0 为 X 射线短波极限 (Å); ν 为 X 射

线频率（s^{-1}）；c 为 X 射线速度，等于 3×10^{10} cm/s。

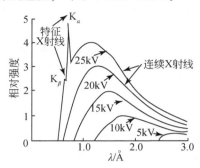

图 3.4 钼的 X 射线光谱及其与电压的关系

3.2.2 特征 X 射线

特征 X 射线是由阳极物质原子序数决定的，具有特定波长的 X 射线。特征 X 射线的产生是由于高速的电子流冲击到阳极物质上，把其原子内层（如 K 层）的电子击出，此时原子的总能量升高。原子外层电子跃入内层填补空位，由于位能下降而发射出 X 射线。图 3.5 是特征 X 射线产生的机理，其波长见表 3.1。靶的 K 层电子被击出后出现空位，L 层电子具有最大迁入概率，产生的 X 射线称为 K_α。L 层内有三个不同能级，由量子力学选择定则有两个能级电子允许迁入 K 层，故 K_α 是由 $K_{\alpha 1}$ 和 $K_{\alpha 2}$ 组成，$K_{\alpha 1}$ 强度为 $K_{\alpha 2}$ 的 2 倍，波长较 $K_{\alpha 2}$ 短 0.004Å，当分辨率低时，$K_{\alpha 1}$ 与 $K_{\alpha 2}$ 分不开。K_α 线的波长用式（3.3）表示：

$$\lambda_{K_\alpha} = \frac{2}{3}\lambda_{K_{\alpha 1}} + \frac{1}{3}\lambda_{K_{\alpha 2}} \tag{3.3}$$

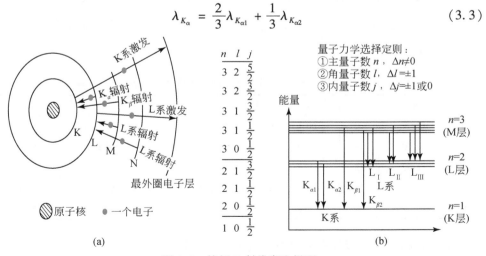

图 3.5 特征 X 射线产生机理

（a）电子跃迁；（b）原子能级及电子跃迁图

由 M 层电子跃迁入 K 层空位，发生的 X 射线称 K_β 线。K_β 线由 $K_{\beta1}$ 和 $K_{\beta2}$ 组成，$K_{\beta2}$ 因强度太弱常常被忽略。对聚合物 X 射线衍射最有用的是 Cu K_α 线（表 3.1）。

表 3.1　常用 X 射线特征波长数据及滤波条件

靶材料		靶面发射的 X 射线				滤波		操作电压 /kV	被 K_α 强烈吸收及散射的元素
原子序数	元素	K_α 平均值/Å	K_{α_1}/Å	K_{α_2}/Å	K_{β_1}/Å	原子序数	元素	K 吸收限 /Å	
24	Cr	2.2907	2.29361	2.28970	2.08487	23	V	2.2691	30~40	Ti, Sc, Ca
26	Fe	1.93731	1.93998	1.93604	1.75661	25	Mn	1.8964	35~45	Cr, V, Ti
27	Co	1.7903	1.79285	1.78897	1.62079	26	Fe	1.7435	35~45	Mn, Cr, V
29	Cu	1.5418	1.54439	1.54056	1.39222	28	Ni	1.4881	35~45	Co, Fe, Mn
42	Mo	0.7107	0.71359	0.70930	0.63229	40	Zr	0.6888	50~55	Y, Sr, Ru

3.3　X 射线吸收

强度 I_0 的单色 X 射线，透过厚度为 l （cm） 的物质，其吸收为

$$I = I_0 e^{-\mu l}, \text{或} \mu = \frac{1}{l}\ln\frac{I_0}{I} \tag{3.4}$$

式中，I_0 为入射 X 射线强度；I 为穿透 X 射线强度；μ 为线吸收系数 （cm^{-1}）；l 为样品厚度 （cm）。μ 的数值随物质的状态而变，它可由物质的化学组成、密度（ρ）、质量吸收系数 （μ_m） 算得，$\mu_m = \dfrac{\mu}{\rho}$。表 3.2 列出了一些常见聚合物及其元素的质量吸收系数。

表 3.2　元素及高分子物质对 CuK$_\alpha$ 的质量吸收系数 μ_m　　（单位：cm^2/g）

元素	μ_m	元素	μ_m	高分子物质	μ_m	高分子物质	μ_m
H	0.435	Si	60.6	聚乙烯	4.00	聚丙烯腈	5.13
C	4.60	S	89.1	聚乙烯醇	6.72	聚氯乙烯	61.9
N	7.52	Cl	106	聚丙烯	4.00	聚偏氯乙烯	78.7
O	11.5	Br	99.6	尼龙6、尼龙66	5.53	聚四氟乙烯	13.53
F	16.4	I	294	聚酯	6.72	纤维素	7.75

某聚合物的质量吸收系数可按式 （3.5） 计算：

$$\mu_m = \sum \mu_{m,i} W_i \tag{3.5}$$

式中，$\mu_{m,i}$ 为第 i 种元素原子的质量吸收系数；W_i 为第 i 种原子的质量分率，如聚乙烯 $\left(C_2H_4\right)_n$ 的重复单元相对分子质量 $= 2 \times 12.01 + 4 \times 1 = 28.02$；$\mu_m(H) = 0.435$，$\mu_m(C) = 4.60$（表3.2），则

$$\mu_m = \frac{24.02}{28.02} \times 4.60 \, cm^2/g + \frac{4}{28.02} \times 0.435 \, cm^2/g = 4.00 \, cm^2/g$$

μ_m 与 X 射线波长及吸收物质的原子序数有关，$\mu_m \approx k\lambda^3 Z^3$，$k$ 为常数。但物质的这种吸收性质在某一定波长时是不连续的，会有突跃式的改变（图3.6）。吸收突变的产生可解释为当入射 X 射线光子具有足够能量（波长较短）时，可将样品中 K 层电子击出，产生荧光 X 射线。当入射 X 射线波长逐渐增加时，对物质的穿透减少，相当于 μ_m 逐渐增加。由于 X 射线波长加长，X 射线光子能量下降；而当下降到某一数值，不足以使物质产生 K 层电子激发时，入射线光子能量除消耗一部分激发 L、M 层电子外，大部分透过，相当于 μ_m 反而降低，这就是图3.6中第一个突变产生的原因，这个突变称 K 吸收限，还有 L 吸收限出现（图3.6）。对 Ni 而言，K 吸收限波长为 $\lambda = 1.4881$Å（表3.1）。当吸收物质一定时，一般地说，吸收系数随波长的减小而急剧下降，但减小到某一波长时，吸收突增，这个吸收跃增的波长称为吸收限，它是吸收元素的特征量，不随实验条件而变。

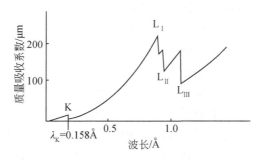

图3.6　白金质量吸收系数与波长的关系

利用吸收限的性质，选择滤波材料的吸收限刚好在靶材料特征 X 射线 K_α 与 K_β 辐射波长之间（滤波材料一般比靶材料元素的原子序数小1或2），可将大部分 K_β 辐射滤掉，而 K_α 很少损失，基本上得到 K_α 单色辐射。有关靶材料及其相应滤波材料选择见表3.1。图3.7是铜靶 X 射线光谱经 Ni 滤波前后的比较示意图。这种采用对 K_β 线质量吸收系数很大，而对 K_α 线质量吸收系数较小的物质做成的 X 射线滤波片称 K_β 滤波片。目前广泛使用单色器使 X 射线单色化，单色器是利用单晶的某一晶面［如石墨的（002）晶面］，将 X 射线单色化的装置。

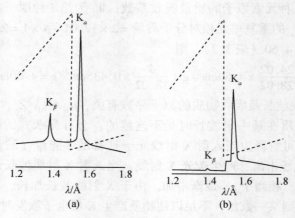

图 3.7　Cu 靶 X 射线谱示意图
（a）滤波前；（b）经 Ni 滤波后
虚线表示 Ni 的质量吸收系数

3.4　X 射线安全防护

　　衍射工作用 X 射线波长比医学上用的波长要长，易被人体组织吸收，危害人体健康。人体受过量 X 射线照射后，轻者造成局部灼伤、坏死，重者白细胞数目下降，毛发脱落，精神衰退，不孕，甚至发生射线病等。但是采用适当的安全防护措施，严格按照安全防护条例操作，上述伤害是可以防止的。光路准直时要绝对避免身体各部分受射线直接照射，在调整衍射仪或小角散射仪时应戴上防护用具（面罩、铅玻璃眼镜、铅胸围裙等），窗口附近要用 1mm 以上铅皮挡好，使 X 射线限制在一个狭窄的范围内，防止射线散射到整个房间；暂时不操作时应立即关好窗口。还要定期用伦琴计量仪进行检查操作人员的位置是否在允许的计量范围。室内通风必须良好，以避免由于高压设备或 X 射线电离作用，产生有害人体的气体含量增加。经常检查 X 射线衍射仪接地线路是否正常。专职工作人员还应定期到医院放射科体检。

3.5　X 射 线 源

　　X 射线源有三种：一是 X 射线机源（图 3.1），它是 X 射线实验室最常用的设备，是通用 X 射线源；二是电子同步加速器源，在同步加速器中电子做接近于光速的圆周运动时连续产生辐射，称同步辐射，这种辐射在某些需要高强度辐射源的特殊研究中应用，它设备庞大，价格昂贵，不是通用的 X 射线源；三是放射性同位素源，放射性同位素 Re^{55} 放射 MnK_α 辐射，它体积小，可供野外地质工作者使用，它发射 X 射线弱，在 X 射线实验室一般不使用。

习　　题

1. X 射线与普通光相比有什么特点？这些特点将带来什么重要作用和用途？

2. 简述 X 射线产生的机制。H，He 是否有特征 X 射线谱？

3. 计算 PE，尼龙 1010，PP，尼龙 66 对 Cu K_α X 射线的 μ_m。

$(\mu_m(C) = 4.60, \mu_m(H) = 0.435, \mu_m(N) = 7.52)$

4. X 射线衍射工作中，滤波片滤波与单色器滤波有何不同？

5. 用 Co，Cu，Fe，Mo 等靶对聚合物材料进行结构分析，为获单色辐射，选用何种材料滤波？为什么？

6. 若使透过 X 射线强度是原来 X 射线强度的 50%，问 PE 样品的厚度是多少？

$(PE：\rho_s = 0.970 \text{ g/cm}^3，\mu_m = 4.0 \text{cm}^2/\text{g})$。

第四章 聚合物 X 射线衍射

4.1 原　　理

当一束 X 射线入射到聚合物晶体样品时，其相互作用过程相当复杂，按能量转换及能量守恒规律，大致可分为三个方面：①被散射；②被吸收；③透过。

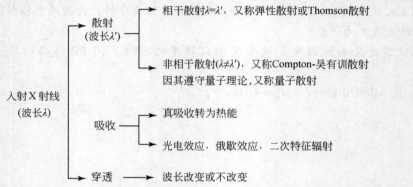

一般言之，相干散射为衍射工作的基础，是我们期望收集到的衍射强度，非相干散射往往会造成背景散射，给衍射带来困难。现仅考虑相干散射，当一束单色 X 射线入射到晶体时，由于晶体是由原子有规律排列成的晶胞所组成，而这些有规律排列的原子间的距离与入射 X 射线波长具有相同数量级。故由不同原子衍射的 X 射线相互干涉叠加，可在某些特殊的方向上，产生强的 X 射线衍射。衍射方向与晶胞的形状与大小有关。衍射强度则与原子在晶胞中的排列方式有关。

4.2　X 射线衍射强度

4.2.1　衍射强度公式

根据 X 射线强度理论，对多晶粉末样品（绝大多数聚合物为多晶样品），某 (hkl) 衍射晶面的累积强度一般要考虑的影响因素有：①洛伦兹（Lorentz）因子，$\dfrac{1}{4\sin^2\theta\cos\theta}$；②偏振（polarization）因子（或称 Thomson 因子），$\dfrac{1+\cos^2 2\theta}{2}$，经常是①和②合并称为 LP 角因子；③温度因子 e^{-2M}；④原子散射因子（f）；

⑤结构因子（F_{hkl}）；⑥多重性因子（P_{hkl}）；⑦线吸收系数μ。综合上述各因素的影响，可导出多晶粉末衍射（hkl）晶面的强度I_{hkl}：

$$I_{hkl} = I_0 \frac{\lambda^3 A}{32\pi r} \cdot \frac{e^4}{m^2 c^4 V^2} \cdot P_{hkl} \cdot |F_{hkl}|^2 \cdot \frac{1+\cos^2 2\theta}{\sin^2 \theta \cos \theta} \cdot \frac{1}{\mu} \cdot e^{-2M} \quad (4.1)$$

式中，I_0为入射 X 射线强度；λ为 X 射线波长；A为试样的面积；π为圆周率；r为由试样到照相底片上hkl衍射环间的距离或衍射仪测角计半径；e为电子电荷；m为电子质量；c为光速；V为被入射 X 射线照射的试样体积；$|F_{hkl}|^2$为结构因数，它是强度测量中的因数，$I_{hkl} \propto |F_{hkl}|^2$；$\frac{1+\cos^2 2\theta}{\sin^2 \theta \cos \theta}$为 LP 角因子，是偏振因子和洛伦兹因子的联合，计算强度时略去常数$\frac{1}{8}$；θ为布拉格角；μ为线吸收系数，此项取决于试样的形状，若为平板试样（聚合物大多为此形状），则吸收系数为$\frac{1}{2\mu}$；P_{hkl}为多重性因子；e^{-2M}为温度因子，$e^{-2M} = e^{-2B\left(\frac{\sin 2\theta}{\lambda^2}\right)}$，对大多数聚合物，$2B = 10$。

多重性因子。在一个单晶体中有若干组借对称性相联系的等效面，例如在立方晶体系中，（100）（$\bar{1}$00）（001）（00$\bar{1}$）（010）（0$\bar{1}$0）六个晶面均为等效点阵面，用（100）来代表，同属于（100）晶面族。属于其某一个晶面族的等效晶面的数目，称为多重性因子。各晶面族的多重性因子列于表4.1中。

表4.1　晶面的多重性因子

晶系	多重性因子						
立方晶系	$\{hkl\}$	$\{hhl\}$	$\{hk0\}$	$\{hh0\}$	$\{hhh\}$	$\{h00\}$	
	48*	24	24*	12	8	6	
正方晶系	$\{hkl\}$	$\{hhl\}$	$\{h0l\}$	$\{hk0\}$	$\{hh0\}$	$\{h00\}$	$\{00l\}$
	16*	8	8	8*	4	4	2
六方晶系、菱方晶系	$\{hkl\}$	$\{hhl\}$	$\{h0l\}$	$\{hk0\}$	$\{hh0\}$	$\{h00\}$	$\{00l\}$
	24*	12*	12*	12*	6	6	2
斜方晶系	$\{hkl\}$	$\{h0l\}$	$\{hk0\}$	$\{0kl\}$	$\{h00\}$	$\{0k0\}$	$\{00l\}$
	8	4	4	4	2	2	2
单斜晶系	$\{hkl\}$	$\{h0l\}$	$\{h00\}$				
	4	2	2				
三斜晶系	全部晶面：2						

*指通常的多重性因子，有些晶体中，具有此种指数的面，可能包含间距相同，但结构因子不同的两族或四族晶面，应区别对待。

4.2.2　结构因子 F_{hkl} 及其计算

F_{hkl} 称为衍射指标 hkl 的结构因子，它是由晶体结构决定的，即由晶胞中原子的种类和原子位置决定。通常原子种类用 f_j 表示，原子位置用 x_j，y_j，z_j 表示。f_j 称原子散射因子。f 的物理意义：$f = \dfrac{一个原子的散射波振幅}{一个电子的散射波振幅}$。$F_{hkl}$ 有各种表达式，常见的有

$$F_{hkl} = \sum_{j=1}^{N} f_j \exp[2\pi i(hx_j + ky_j + lz_j)] \tag{4.2}$$

$$F_{hkl} = \sum_{j=1}^{N} f_j \exp\left[2\pi i\left(h\,\frac{x}{a} + k\,\frac{y}{b} + l\,\frac{z}{c}\right)\right] \tag{4.3}$$

$$F_{hkl} = \sum_{j=1}^{N} f_j e^{2\pi i(H \cdot r_j)} \tag{4.4}$$

$$F_{hkl} = \sum_{j=1}^{N} f_j e^{\pm i\alpha} = \sum_{j=1}^{N} f_j(\cos\alpha \pm i\sin\alpha) \tag{4.5}$$

式中：

$$H = ha^* + kb^* + lc^*$$

$$r_j = ax_j + by_j + cz_j$$

F_{hkl} 的绝对值 $|F_{hkl}|$ 称为结构振幅。它的物理意义为

$$|F_{hkl}| = \frac{一个晶胞内全部原子散射波的振幅}{一个电子散射波的振幅} \tag{4.6}$$

结构因子 F_{hkl} 包含两方面数据，结构振幅 $|F_{hkl}|$ 和相角 α_{hkl}，其间的关系是 $F_{hkl} = |F_{hkl}| \exp[i\alpha_{hkl}]$。由于一般从衍射强度数据只能得出结构振幅 $|F_{hkl}|$，或 $|F_{hkl}|^2$（结构因数），它是衍射强度测量的因数，某晶面（hkl）的衍射强度 I_{hkl} 正比于 $|F_{hkl}|^2$。相角问题一般不能从强度数据测量中获取，这正是结构测定的棘手问题。

F_{hkl} 的计算：

1）简单点阵

单位晶胞中只含有一个结构基元（原子、分子等），其位置在原点上：$(x_j y_j z_j) = (000)$。

$$F = f_j e^{2\pi i(0)} = f_j, \quad F^2 = f_j^2$$

F^2 不受 hkl 的影响。由于 PE 属 P 格子，故 F 不受 hkl 的影响。

2）底心点阵

单位晶胞中含有两个同类基元：$(x_j y_j z_j) = (000), \left(\dfrac{1}{2}\ \dfrac{1}{2}\ 0\right)$。

$$F = f_j[1 + e^{\pi i(h+k)}]$$

由于 $e^{n\pi i} = (-1)^n$，n 为任意整数，

①当 h，k 全为偶数或奇数时，$F = 2f_j$，此时底心点阵晶体 F_{hkl} 不受 l 影响，因此 (420)、(421)、(422)、(423)、等晶面族具有同样的 h，k，其衍射的结构因子 F_{hkl} 相同。

②当 h，k 为一奇一偶时，$F_{hkl} = 0$，称为结构消光。

3）面心点阵

单位晶胞中含有四个同类基元：$(x_j y_j z_j) = (000)$，$\left(\dfrac{1}{2}\ \dfrac{1}{2}\ 0\right)$，$\left(\dfrac{1}{2}\ 0\ \dfrac{1}{2}\right)$，$\left(0\ \dfrac{1}{2}\ \dfrac{1}{2}\right)$。

$$F = f[1 + e^{\pi i(h+k)} + e^{\pi i(h+l)} + e^{\pi i(k+l)}]$$

①当 hkl 全为偶数或奇数时，$F = 4f$。

②当 hkl 为奇偶混杂时，此时有两项为奇数，一项为偶数，则 $F = 0$。例如 Al，Cu 为立方面心点阵，故有 (111)，(200)，(220)，(420)，(311) 等衍射晶面，但不出现 (100)，(110)，(210)，(211) 的衍射晶面。

4）体心点阵

单位晶胞中含有两个同类基元：$(x_j y_j z_j) = (000)$，$\left(\dfrac{1}{2}\ \dfrac{1}{2}\ \dfrac{1}{2}\right)$。

$$F = f[1 + e^{\pi i(h+k+l)}]$$

①$h + k + l$ 为偶数时，$F = 2f$。

②$h + k + l$ 为奇数时，$F = 0$。

5）密集六方点阵

$(x_j y_j z_j) = (000)$，$\left(\dfrac{1}{3}\ \dfrac{2}{3}\ \dfrac{1}{3}\right)$。

①当 l 为奇数、$h + 2k = 3m$ 时，$F = 0$。

②当 l 为偶数、$h + 2k = 3m + 1$ 或 $h + 2k = 3m + 2$ 时，$F = f$。

以上为由同类原子构成的晶体结构。

6）β-ZnS 的结构因子（异类原子）

单位点阵含有两种原子的例子。

Zn 原子的位置：(000)，$\left(\dfrac{1}{2}\ \dfrac{1}{2}\ 0\right)$，$\left(\dfrac{1}{2}\ 0\ \dfrac{1}{2}\right)$，$\left(0\ \dfrac{1}{2}\ \dfrac{1}{2}\right)$。

S 原子的位置：$\left(\dfrac{1}{4}\ \dfrac{1}{4}\ \dfrac{1}{4}\right)$，$\left(\dfrac{3}{4}\ \dfrac{3}{4}\ \dfrac{1}{4}\right)$，$\left(\dfrac{3}{4}\ \dfrac{1}{4}\ \dfrac{3}{4}\right)$，$\left(\dfrac{1}{4}\ \dfrac{3}{4}\ \dfrac{3}{4}\right)$。

①当 h、k、l 中奇数和偶数混杂时，$F = 0$。

②当 h、k、l 全为奇数或全为偶数时，可分成以下三种情况：

（i）当 h、k、l 全为偶数且 $h+k+l=4m+2$ 时，$F=4\ (f_{Z_n}-f_s)$；

（ii）当 h、k、l 全为偶数且 $h+k+l=4m$ 时，$F=4\ (f_{Z_n}+f_s)$；

（iii）当 h、k、l 全为奇数且 $h+k+l=4m\pm1$ 时，$F=4m\ (f_{Z_n}\pm if_s)$。

当计算金刚石型点阵的结构因子时，用 C 来代替 Zn 和 S 即可。于是，当 $h+k+l=4m+2$ 时 $F=0$。

有关复杂晶体结构 F_{hkl} 的计算，首先应确定化合物各元素的原子在晶胞中的坐标位置，此时 F_{hkl} 的表达式可参阅有关专著。

4.2.3 I_{hkl} 的计算

在衍射仪法中，各衍射线条相对强度，由（4.1）式可简化为

$$I_{相对} = |F|^2 \cdot \frac{1+\cos^2 2\theta}{\sin^2\theta\cos\theta} \cdot P_{hkl} \cdot A(\theta) \cdot e^{-2M} \tag{4.7}$$

由于在大多数情况下，聚合物使用平板试样，入射和反射线束在试样表面始终形成相等角度 θ，故入射线束和衍射线束在各个不同衍射角的吸收作用相等，因此计算相对累积强度时，可以不必计及吸收因子，式（4.7）可改写为

$$I_{相对} = |F|^2 \cdot \frac{1+\cos^2 2\theta}{\sin^2\theta\cos\theta} \cdot P_{hkl} \cdot e^{-2M} \tag{4.8}$$

若不采用平板状试样，而是采用细圆柱状试样，则相对强度计算和德拜 – 谢乐法相同。

表 4.2 为 PE 的 X 射线晶体结构分析数据，并列出了计算值与实验值的比较。

表 4.2 PE 的 X 射线晶体结构分析数据

序号	hkl	$2\theta/(°)$	$d_o/\text{Å}$	$d_c/\text{Å}$	I_o	I_c
1	110	21.44	4.14	4.10	4400	4400
2	200	23.82	3.70	3.70	1165	1165
3	210	30.13	2.97	2.96	35	48
4	020	36.38	2.47	2.47	100	226
5	120	38.34	2.35	2.34	10	18
6	011	39.81	2.25	2.25	105	73
7	310	40.82	2.20	2.20	100	218
8	111	41.68	2.17	2.16	75	48
9	201	43.01	2.10	2.10	140	91
10	220	44.12	2.06	2.05	70	175
11	211	46.93	1.93	1.92	70	60
12	400	49.23	1.85	1.85	5	41

序号	hkl	2θ/(°)	d_o/Å	d_c/Å	I_o	I_c
13	320, 410, 121	52.57	1.74	1.72	25	161
14	311	53.00	1.67	1.66	10	134
15	130, 211	57.44	1.60	1.60	5	35
16	230	61.59	1.50	1.50	1	20
17	321, 411, 510	64.72	1.44	1.44	6	56
18	510	65.84	1.42	1.40	4	67
19	031	67.77	1.38	1.38	4	81
20	330	68.80	1.37	1.36	6	36
21	231	73.26	1.30	1.29	2	103
22	520	74.67	1.27	1.26	5	108
23	511	76.69	1.24	1.24	<1	34
24	040, 600	77.64	1.23	1.23	—	—
25	530	88.81	1.10	1.09	1	1

注：下标 o 表示实验值，下标 c 表示计算值。

4.3　几个重要方程

4.3.1　Bragg 方程

若把晶体空间点阵结构看成一簇平面的原子点阵结构，衍射 X 射线可以看做在这簇平面点阵（面网）上的反射，则可推导出晶体反射的布拉格（Bragg）条件。X 射线通过两个相邻的平面后，其光程差（图 4.1）为

$$\Delta = \overline{MB} + \overline{BN} = 2d\sin\theta$$

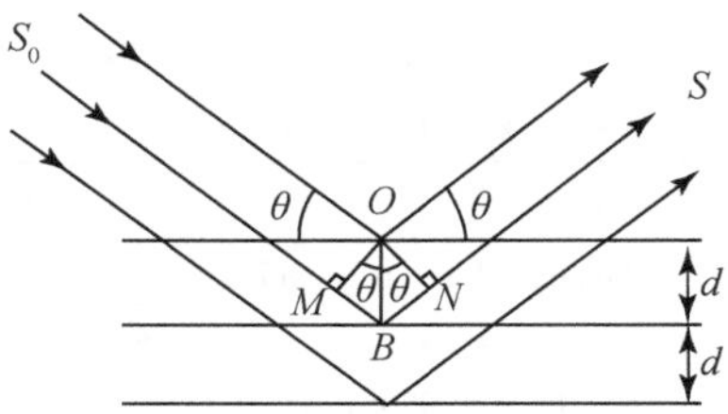

图 4.1　Bragg 反射条件

虽然把 S 当成反射，但它的本质仍是 X 射线通过晶体后发生的衍射线，所以通过两相邻平面的 X 射线光程差 Δ 一定是波长 λ 的整数倍，即

$$2d\sin\theta = n\lambda, \quad n = 1, 2, 3, \cdots \tag{4.9}$$

式中，d 为原子面网间距（晶面间距）；θ 为 X 射线束与平面间夹角，λ 为 X 射线波长。可见一束 X 射线入射在一个晶体面网上，只有满足上述 Bragg 条件才有可能产生"反射"。为区别不同平面反射（或衍射），式（4.9）有时写成

$$2d_{hkl}\sin\theta_{hkl} = n\lambda$$

式中，hkl 称衍射指标，它们的值越小，d 值越大，d_{hkl} 表示属于（hkl）晶面族中两个相邻晶面的晶面点阵间距，有时简写为 d。不同晶系晶面间距的计算公式列于表 4.3。

表 4.3 不同晶系晶面间距计算公式

三斜 （triclinic） $a \neq b \neq c$ $\alpha \neq \beta \neq \gamma$	$\dfrac{1}{d_{hkl}^2} = \dfrac{1}{(1 + 2\cos\alpha\cos\beta\cos\gamma - \cos^2\alpha - \cos^2\beta - \cos^2\gamma)}$ $\times \left[\dfrac{h^2\sin^2\alpha}{a^2} + \dfrac{k^2\sin^2\beta}{b^2} + \dfrac{l^2\sin^2\gamma}{c^2} \right.$ $+ \dfrac{2hl}{ab}(\cos\alpha\cos\beta - \cos\gamma) + \dfrac{2kl}{bc}(\cos\beta\cos\gamma - \cos\alpha)$ $\left. + \dfrac{2lh}{ac}(\cos\gamma\cos\alpha - \cos\beta) \right]$
单斜 （monoclinic） $a \neq b \neq c$ $\alpha = \gamma = 90° \neq \beta$	$\dfrac{1}{d_{hkl}^2} = \dfrac{1}{\sin^2\beta}\left(\dfrac{h^2}{a^2} + \dfrac{k^2\sin^2\beta}{b^2} + \dfrac{l^2}{c^2} - \dfrac{2hl\cos\beta}{ac} \right)$
正交 （orthorhombic） $a \neq b \neq c$ $\alpha = \beta = \gamma = 90°$	$\dfrac{1}{d_{hkl}^2} = \dfrac{h^2}{a^2} + \dfrac{k^2}{b^2} + \dfrac{l^2}{c^2}$
四方 （tetragonal） $a = b \neq c$ $\alpha = \beta = \gamma = 90°, \ a = b$	$\dfrac{1}{d_{hkl}^2} = \dfrac{h^2 + k^2}{a^2} + \dfrac{l^2}{c^2}$
三方 （rhombohedral, trigonal） $a = b = c$ $\alpha = \beta = \gamma \neq 90° < 120°$	$\dfrac{1}{d_{hkl}^2} = \dfrac{(h^2 + k^2 + l^2)\sin^2\alpha + 2(hk + kl + lh)(\cos^2\alpha - \cos\alpha)}{a^2(1 + 2\cos^3\alpha - 3\cos^2\alpha)}$
六方 （hexagonal） $a = b, \ \alpha = \beta = 90°$ $\gamma = 120°$	$\dfrac{1}{d_{hkl}^2} = \dfrac{4}{3}\left(\dfrac{h^2 + hk + k^2}{a^2} \right) + \dfrac{l^2}{c^2}$
立方 （cubic） $a = b = c$ $\alpha = \beta = \gamma = 90°$	$\dfrac{1}{d_{hkl}^2} = \dfrac{h^2 + k^2 + l^2}{a^2}$

4.3.2　Polanyi 方程

假设波长为 λ 的一束 X 射线，垂直入射在一维点阵上，结构单元为点（原子），其周期为 I［图 4.2（a）］，当满足波拉尼（Polanyi）方程［式（4.10）］时，由点阵点可产生强的 X 射线衍射。

$$I\sin\phi_m = m\lambda\ ,\qquad m = 0,\ 1,\ 2,\ \cdots \tag{4.10}$$

式中，m，ϕ_m，λ 均为常数，即衍射线空间轨迹是以直线点阵为轴，以 2（$90°-\phi_m$）为顶角的圆锥面［图 4.2（b）］。当使用圆筒照相机获得高聚物纤维图后，可利用式（4.10）计算纤维等同周期：

$$I = \frac{m\lambda}{\sin\left[\text{arc tan}\left(\dfrac{S_m}{R}\right)\right]} \tag{4.11}$$

式中，I 为纤维等同周期，即聚合物纤维轴方向 c 的周期长。

$$\tan\phi_m = \frac{S_m}{R} \tag{4.12}$$

式中，R 为圆筒照相机半径；S_m 为 0 层与第 m 层层线间距。对许多晶态高聚物来说，用 X 射线测得等同周期后，便可判断分子链的构象属：伸展（平面锯齿形）、螺旋或滑移面对称型等。

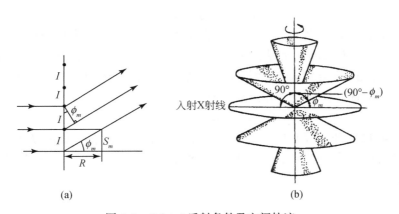

图 4.2　Polanyi 反射条件及空间轨迹

4.3.3　Laue 方程

设波长为 λ 的单色 X 射线 S_0 入射到一维点阵上（图 4.3），其衍射 X 射线为 S，所有原子衍射出来的 X 射线在某一方向加强的条件是每对相邻原子在这个方

向上的光程差为波长的整数倍

$$\Delta = \overline{BN} - \overline{AM} = c(\cos\gamma - \cos\gamma_0) = L\lambda$$

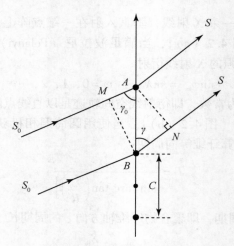

图 4.3 一维原子列衍射

同理，由二维以及三维点阵衍射可导出

$$\left. \begin{array}{l} a(\cos\alpha - \cos\alpha_0) = H\lambda \\ b(\cos\beta - \cos\beta_o) = K\lambda \\ c(\cos\gamma - \cos\gamma_0) = L\lambda \end{array} \right\} \tag{4.13}$$

式 (4.13) 即著名的 Laue 方程，它表明了晶体产生衍射所必须满足的条件。式中，a，b，c 为晶胞三个轴，α_0，β_0，γ_0 分别为入射 X 射线与三个晶轴的交角，待求 α，β，γ 分别为衍射线与三个晶轴的交角，H，K，L 为整数，称为衍射级次。由立体几何知式 (4.13) 中有

$$\cos^2\alpha + \cos^2\beta + \cos^2\gamma = 1 \tag{4.14}$$

式 (4.13) 和式 (4.14) 共 4 个方程 3 个未知数，求解 Laue 方程常采用增加变量的方法：①不滤波，用"白色" X 射线，即 λ 改变；②转动晶体，α_0，β_0，γ_0 改变。

4.4　倒易点阵（倒易空间）

4.4.1　矢量代数中的矢量乘法

1. 矢量的标积（点积）

$\boldsymbol{a} \cdot \boldsymbol{b} = |\boldsymbol{a} \cdot \boldsymbol{b}|\cos\alpha = ab\cos\alpha$（$\alpha$ 为矢量 $\boldsymbol{a}$ 与 $\boldsymbol{b}$ 的夹角）（图 4.4），由矢量性

质可知，顺序可交换，即 $a \cdot b = b \cdot a$，由分配律可知 $(a + b) \cdot (c - d) = (a \cdot c) - (a \cdot d) + (b \cdot c) - (b \cdot d)$，与矢量相乘次序无关。由上述矢量点积关系可知，如 $a \cdot b = 0$，当 $a \neq 0$ 且 $b \neq 0$ 时，必有 $a \perp b$，即两个矢量 a 和 b 相互垂直；反之，当 $a \neq 0$，$b \neq 0$，且 $a \perp b$ 时，必有 $a \cdot b = 0$。

2. 矢量的矢积（叉号乘）

a 和 b 的矢积可写成 $a \times b$（叉号乘），若 $c = a \times b$，则 c 为垂直于 a 和 b 平面的一个矢量，其值为两个矢量绝对值及其夹角 α 正弦值的乘积。如图 4.5，$c = |c| = |a \times b| = ab\sin\alpha$。

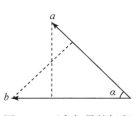

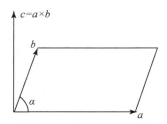

图 4.4　两个矢量的标积　　　　　图 4.5　两个矢量的矢积

矢量 c 的值为以矢量 a 和 b 作边，形成的平行四边形的面积，其方向垂直于该平行四边形；相当于按右手螺旋从 a 转到 b，拇指所指方向。可见若把相乘次序颠倒，则矢量方向会颠倒过来。$a \times b = -(b \times a)$，与矢量相乘次序有关。

4.4.2　倒易点阵的概念及其与正点阵的关系

1. 概念

倒易点阵的概念是由德国物理学家 Ewald 在 1921 年引进 X 射线衍射领域的，在 X 射线衍射结构分析中是一种非常有用的工具。倒易点阵初看起来好像颇为抽象，甚至于被认为是臆造的，然而经过广大衍射工作者的实际应用，已充分证明它是一般的衍射理论。对衍射现象，从最简单到最复杂均适用，它可以简化 X 射线衍射图的解析和计算工作。

倒易点阵是从晶体点阵（正点阵、真实点阵）推引出来的一套抽象点阵（虚点阵），之所以称为倒易点阵，是因为它的许多性质是晶体点阵（正点阵）的倒数。倒易点阵空间称倒易空间，所以它也是一种点阵。

2. 定义

设用来限制单位晶胞的 a，b，c 是晶体点阵（正点阵）三个方向的矢量，其

倒易点阵 a^*，b^*，c^* 用来确定单位倒易晶胞。根据图 4.6，定义下面关系：

$$
\begin{aligned}
a^* &= \frac{b \times c}{a \times b \cdot c} = \frac{1}{V} \ (b \times c) \\
b^* &= \frac{c \times a}{a \times b \cdot c} = \frac{1}{V} \ (c \times a) \\
c^* &= \frac{a \times b}{a \times b \cdot c} = \frac{1}{V} \ (a \times b)
\end{aligned}
\right\}
\tag{4.15}
$$

式中，V 为晶体单胞的体积。c 与 c^* 的夹角为 δ。

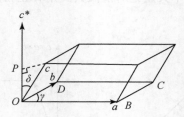

图 4.6　一般三斜晶胞倒易点阵 c^* 的作法

c 在 c^* 上的投影 OP 等于阵胞高，它是正点阵（001）面的晶面间距，$c^* \perp$（001）。

将 a^*，b^*，c^* 用 a，b，c 和 V 定义后，会有下面各种有用的性质。先证明 a^*，b^*，c^* 的长度：

$$
c^* = |c^*| = \left| \frac{1}{V} \ (a \times b) \right| = \frac{\text{平行四边形 } OBCD \text{ 的面积}}{\text{平行四边形 } OBCD \text{ 的面积} \times \text{阵胞高}} = \frac{1}{OP} = \frac{1}{d_{001}}
\tag{4.16}
$$

同理可得 b^*，a^* 分别与（010），（100）晶面垂直，它们的长度则为对应晶面间距的倒数：$b^* = \dfrac{1}{d_{010}}$，$a^* = \dfrac{1}{d_{100}}$。

推广：对晶体点阵中的所有点阵面均可求得此类关系。因此，将倒易单位阵胞以矢量 a^*，b^*，c^* 进行重复平移，便可构成整个倒易点阵。这样产生的点列（图 4.7）可将整个结点用基矢量标明，位于 a^* 末端的结点即标为（100），b^* 末端为（010），c^* 末端为（001）。

$$
a^* = \frac{1}{a \sin \gamma}, \ b^* = \frac{1}{b \sin \gamma}, \ c^* = \frac{1}{c}
\tag{4.17}
$$

对于单位晶胞系以相互垂直的矢量为基础的晶体，如立方系、四方系、正交系，则式（4.15）均变为一种简单形式，即晶体 a^*、b^*、c^* 相应地平行于 a、b、c，而且相应互为倒数（式4.20）。

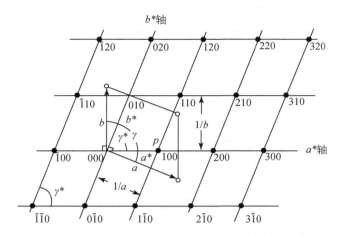

图 4.7 简单单斜点阵（$c \perp ab$）其正点阵（粗黑线）与倒易点阵（细线）关系

3. 基本性质

设（hkl）晶面与晶体三个轴 a、b、c 的交点分别是 A、B、C，由倒易点阵原定 O 向（hkl）晶面作一垂线 ON，若两个点阵共用一个原点 O（图 4.8），则可推引出下面几个重要性质：

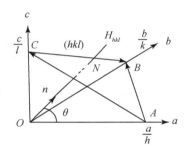

图 4.8 倒易点阵矢量 $\boldsymbol{H}_{hkl}$ 与晶面（hkl）的关系

1）倒易矢量 $\boldsymbol{H}_{hkl}$ 的方向

从倒易原点至坐标为 hkl 的平面作一矢量 $\boldsymbol{H}_{hkl}$，则 $\boldsymbol{H}_{hkl}$ 与米勒指数为 hkl 的面垂直，这个矢量的坐标表达为

$$\boldsymbol{H}_{hkl} = h\boldsymbol{a}^* + k\boldsymbol{b}^* + l\boldsymbol{c}^*, \quad \boldsymbol{H}_{hkl} \perp (hkl) \tag{4.18}$$

2）矢量 $\boldsymbol{H}_{hkl}$ 的长度

矢量 $\boldsymbol{H}_{hkl}$ 的长度等于（hkl）晶面面间距的倒数，即

$$|\boldsymbol{H}_{hkl}| = \frac{1}{d_{hkl}} \tag{4.19}$$

从以上关系可以得出：倒易点阵中结点列完全可以描述晶体点阵，即倒易点阵中每个结点均与晶体中的一组面相联系，并代表该组面的取向和面间距。

在证明式（4.18）和（4.19）之前，为简便倒易关系计算，先考虑单位阵胞互相垂直的矢量，如立方、正方（四方）、正交晶系，此时（4.15）中几个式子如上述均为简单形式：$a^* = \frac{1}{a}$，$b^* = \frac{1}{b}$，$c^* = \frac{1}{c}$，则有

$$a^* a = 1, \quad b^* b = 1, \quad c^* c = 1 \tag{4.20}$$

又因 a^* 与 b 和 c 垂直，b^* 与 a 和 c 垂直，c^* 与 b 和 a 垂直，则有

$$a^* \cdot b = 0, \quad a^* \cdot c = 0, \quad b^* \cdot a = 0, \quad b^* \cdot c = 0, \quad c^* \cdot a = 0, \quad c^* \cdot b = 0$$

$$(4.21)$$

式（4.20）决定了倒易点阵的长度，式（4.21）决定了倒易点阵的方向。为使 H_{hkl} 在图中计算方便，可将倒易点阵放大 K 倍（表4.4），在多数场合取 $K = 1$，有时也令 K 等于 X 射线的波长。

表 4.4 正点阵与倒易阵换算表

三斜	$a^* = \dfrac{Kbc\sin\alpha}{V}$, $b^* = \dfrac{Kca\sin\beta}{V}$, $c^* = \dfrac{Kab\sin\gamma}{V}$ $V = abc(1 + 2\cos\alpha\cos\beta\cos\gamma - \cos^2\alpha - \cos^2\beta - \cos^2\gamma)^{1/2}$ $\quad = 2abc[\sin s \cdot \sin(s-\alpha) \cdot \sin(s-\beta) \cdot \sin(s-\gamma)]^{1/2}$, $V^* = \dfrac{1}{V}$ $2s = \alpha + \beta + \gamma$ $\cos\alpha^* = \dfrac{\cos\beta\cos\gamma - \cos\alpha}{\sin\beta\sin\gamma}$, $\cos\beta^* = \dfrac{\cos\gamma\cos\alpha - \cos\beta}{\sin\gamma\sin\alpha}$ $\cos\gamma^* = \dfrac{\cos\alpha\cos\beta - \cos\gamma}{\sin\alpha\sin\beta}$
单斜	$c \perp ab:\ a^* = \dfrac{K}{a\sin\gamma}, b^* = \dfrac{K}{b\sin\gamma}, c^* = \dfrac{K}{c}, \alpha^* = \beta^* = 90°, \gamma^* = 180° - \gamma$ $b \perp ac:\ a^* = \dfrac{K}{a\sin\beta}, b^* = \dfrac{K}{b}, c^* = \dfrac{K}{c\sin\beta}, \alpha^* = \gamma^* = 90°, \beta^* = 180° - \beta$
正交	$a^* = \dfrac{K}{a}, b^* = \dfrac{K}{b}, c^* = \dfrac{K}{c}, \ \alpha^* = \beta^* = \gamma^* = 90°$
四方	$a^* = b^* = \dfrac{K}{a}, c^* = \dfrac{K}{c}, \ \alpha^* = \beta^* = \gamma^* = 90°$
立方	$a^* = b^* = c^* = \dfrac{K}{a}, \ \alpha^* = \beta^* = \gamma^* = 90°$
六方	$a^* = b^* = \dfrac{2K}{a\sqrt{3}}, c^* = \dfrac{K}{a}, \ \alpha^* = \beta^* = 90°, \gamma^* = 60°$
三方	$a^* = b^* = c^* = \dfrac{Ka^2\sin\alpha}{V}$ $V = a^3(1 - 3\cos^2\alpha + 2\cos^3\alpha)^{1/2}$ $\cos\alpha^* = \cos\beta^* = \cos\gamma^* = \dfrac{\cos^2\alpha - \cos\alpha}{\sin^2\alpha} = -\dfrac{\cos\alpha}{(1 + \cos\alpha)}$

从图4.7还可以看出，倒易点阵 a^*，b^* 及其夹角 γ^*，如同原晶体点阵 a，b 及其夹角 γ 一样，倒易点阵中相应夹角 α^*，β^*，γ^*，分别与原晶体点阵中相应

夹角 α，β，γ 互补。倒易点阵和原晶体点阵具有相似的形状，但由原点阵绕原点旋转了一个 $90°$，其轴比与原晶体点阵的轴比关系为

$$\frac{a^*}{b^*} = \frac{\dfrac{K}{d_{100}}}{\dfrac{K}{d_{010}}} = \frac{\dfrac{K}{a\sin(180-\gamma)}}{\dfrac{K}{b\sin(180-\gamma)}} = \frac{b}{a} \qquad (4.22)$$

表 4.4 中 K 为任意标度常数，由于正点阵与倒易点阵的互易关系，可以把表中 $*$ 去掉，或把没有 $*$ 的地方加上 $*$ 关系式仍成立。

现以立方和六方为例，说明晶体点阵与倒易点阵的倒数关系，即在各种情况下，H 矢量长度皆等于对应面间距的倒数，并且与它们垂直。

由图 4.9 和图 4.10 可见，四个倒易点阵阵胞及每种情况下的两个 H 矢量，利用所示的标定，可以验证每根 H 长度均为对应的面间距倒数，并与它们垂直。

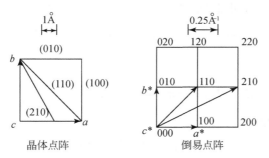

图 4.9　$a=4$Å 的立方晶体的倒易点阵

c 和 c^* 与图面垂直

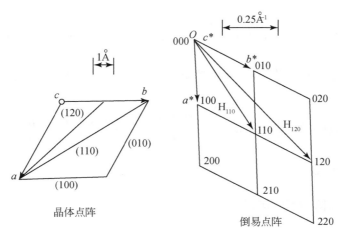

图 4.10　$a=4$Å 的六方晶体的倒易点阵

这里应用三符号系统来标定面指数，c 和 c^* 与图面垂直

推论：①现有 nh，nk，nl 的倒易点阵结点，相当于和 (hkl) 晶面平行，其间距为 $\frac{1}{n}$ 的点阵面；②$\boldsymbol{H}_{200}$ 应垂直于 (200)，平行于 $\boldsymbol{H}_{110}$；③$\boldsymbol{H}_{200}$ 的长度应为 $\boldsymbol{H}_{110}$ 的两倍，因 (200) 的面间距为 (110) 的一半 [式 (4.19)]。

现证明 (4.18) 式，即 $\boldsymbol{H}_{hkl} \perp (hkl)$。

证法 1 由图 4.8，$AB = OB - OA = \dfrac{\boldsymbol{b}}{k} - \dfrac{\boldsymbol{a}}{h}$，等式两边乘 $\boldsymbol{H}_{hkl}$ 得到

$$AB \cdot \boldsymbol{H}_{hkl} = \boldsymbol{H}_{hkl} \cdot \left(\frac{\boldsymbol{b}}{k} - \frac{\boldsymbol{a}}{h} \right)$$

$$= (h\boldsymbol{a}^* + k\boldsymbol{b}^* + l\boldsymbol{c}^*) \cdot \left(\frac{\boldsymbol{b}}{k} - \frac{\boldsymbol{a}}{h} \right)$$

$$= 1 - 1 = 0$$

所以，$\boldsymbol{H}_{hkl} \perp AB$。同理可证 $\boldsymbol{H}_{hkl} \perp BC$，$\boldsymbol{H}_{hkl} \perp AC$，即 $\boldsymbol{H}_{hkl} \perp (hkl)$。

证法 2 由图 4.8 知，$\dfrac{\boldsymbol{a}}{h} + AB = \dfrac{\boldsymbol{b}}{k}$，故 $AB = \dfrac{\boldsymbol{b}}{k} - \dfrac{\boldsymbol{a}}{h}$，而矢量 $\boldsymbol{H}_{hkl}$ 和 AB 标积是

$$AB \cdot \boldsymbol{H}_{hkl} = (h\boldsymbol{a}^* + k\boldsymbol{b}^* + l\boldsymbol{c}^*) \cdot \left(\frac{\boldsymbol{b}}{k} - \frac{\boldsymbol{a}}{h} \right)$$

继而可得证法 1 的结论：

$$\boldsymbol{H}_{hkl} \cdot AB = 1 - 1 = 0$$
$$\boldsymbol{H}_{hkl} \cdot BC = 1 - 1 = 0$$
$$\boldsymbol{H}_{hkl} \cdot AC = 1 - 1 = 0$$

即 $\boldsymbol{H}_{hkl} \perp (hkl)$。

现证明式 (4.19)，即 $|\boldsymbol{H}_{hkl}| = \dfrac{1}{d_{hkl}}$。由图 4.18，作 $ON \perp (hkl)$，可见 $ON /\!/ \boldsymbol{H}_{hkl}$，则有 $d_{hkl} = ON = \dfrac{\boldsymbol{a}}{h} \cdot \boldsymbol{n}$（$\boldsymbol{n}$ 为单位向量），再由图 4.18 并注意到 $\boldsymbol{n}$ 为单位向量，则 $d_{hkl} = OA\cos\theta = \dfrac{\boldsymbol{a}}{h} \cdot \boldsymbol{n}\cos\theta \dfrac{\dfrac{\boldsymbol{a}}{h} \cdot \boldsymbol{n} |\boldsymbol{H}_{hkl}| \cos\theta}{|\boldsymbol{H}_{hkl}|} = \dfrac{OA \cdot \boldsymbol{H}_{hkl}}{|\boldsymbol{H}_{hkl}|} = \dfrac{\boldsymbol{a}}{h} \cdot (h\boldsymbol{a}^* + k\boldsymbol{b}^* + l\boldsymbol{c}^*)/|\boldsymbol{H}_{hkl}| = \dfrac{1}{|\boldsymbol{H}_{hkl}|}$

4.4.3 倒易点阵的某些应用

1. 晶带轴

凡平行于同一直线的点阵面，称为共带面；该直线称为晶带轴，晶带轴具有

方向性，从而这一整组的点阵面（共带面）便可用晶带轴指数加以表示。各晶面（共带面）平行于同一直线，图 4.11 表示了一些共带面例子，当晶带轴指数为 [uvw] 时，晶带任一个面的指数 (hkl) 必须满足下面的关系：

$$hu + kv + lw = 0 \qquad (4.23)$$

式 (4.23) 的证明：由于所有共带面与一根线（晶带轴）平行，因此，共带面的法线必定共面，这就意味着，在倒易点阵中，所有共带面可以用通过倒易点阵原点的某一个平面上的一组结点来代表。例如，(hkl) 面属于带轴为 [uvw] 的晶带，则 (hkl) 的法线 $\boldsymbol{H}_{hkl}$ 必定垂直于 [uvw]，用晶体点阵中的一个矢量表达晶带轴，而 $\boldsymbol{H}_{hkl}$ 表达倒易点中一个矢量，则有

$$晶带轴 = u\boldsymbol{a} + v\boldsymbol{b} + w\boldsymbol{c}$$

$$\boldsymbol{H}_{hkl} = h\boldsymbol{a}^* + k\boldsymbol{b}^* + l\boldsymbol{c}^*$$

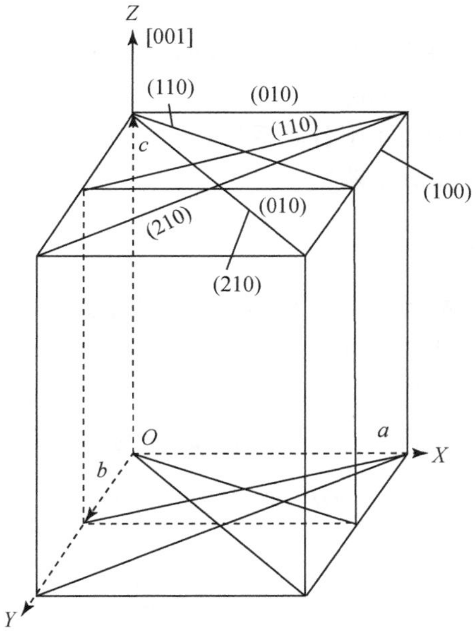

图 4.11　晶带面和晶带轴（表示了正交晶体的两个晶胞）

两个矢量互相垂直，标积必为零，即 $(u\boldsymbol{a} + v\boldsymbol{b} + w\boldsymbol{c}) \cdot (h\boldsymbol{a}^* + k\boldsymbol{b}^* + l\boldsymbol{c}^*) = 0$，故有

$$hu + kv + lw = 0 \qquad (4.24)$$

2. 倒易晶胞体积

基本关系式

$$V^* = \frac{1}{V}$$

式中，V^* 为倒易晶胞的体积。由图 4.6，平行四边形 *OBCD* 的面积为 $ab\sin\gamma$，该平行四面体的体积

$$V = ab\sin\gamma \cdot \boldsymbol{op} = ab\sin\gamma \cdot c\cos\delta$$
$$= |\boldsymbol{a} \times \boldsymbol{b}| \cdot \boldsymbol{c} = |\boldsymbol{b} \times \boldsymbol{c}| \cdot \boldsymbol{a} = |\boldsymbol{c} \times \boldsymbol{a}| \cdot \boldsymbol{b}$$

3. 晶面间距

由表 4.3 可知，对于非正交晶系的面间距计算是相当繁复的。倒易格子的应用可使问题大大简化，由式（4.19）可知，

$$d_{hkl} = \frac{1}{|\boldsymbol{H}_{hkl}|}$$

$$\frac{1}{d_{hkl}^2} = |\boldsymbol{H}_{hkl}|^2 = |h\boldsymbol{a}^* + k\boldsymbol{b}^* + l\boldsymbol{c}^*|^2$$

$$= h^2 a^{*2} + k^2 b^{*2} + l^2 c^{*2} + 2hka^* b^* \cos\gamma^* + 2klb^* c^* \cos\alpha^*$$
$$+ 2lhc^* a^* \cos\beta^* \qquad (4.25)$$

利用式（4.25）及表 4.4 中各晶系公式，可以从式（4.25）推得表 4.3 中各晶系的晶面间距公式（推导从略）。

4. 埃瓦尔德反射球

图 4.12 为著名的埃瓦尔德（Ewald）反射球截面，以 *S* 为圆心（样品位置），λ^{-1} 为半径作圆。入射 X 射线方向为 *AO*（s_0），$|AO| = 2\lambda^{-1}$，原点 *O* 为入射 X 射线 *AO* 与反射球交点。*SP*（*s*）为衍射方向，与反射球交于 *P* 点，为倒易格子点。*OP* 为平面簇（*hkl*）的法线方向，故 *AP* 与晶体点阵平面簇平行，则

$$|OP| = |\boldsymbol{H}_{hkl}| = \frac{1}{d_{hkl}}$$

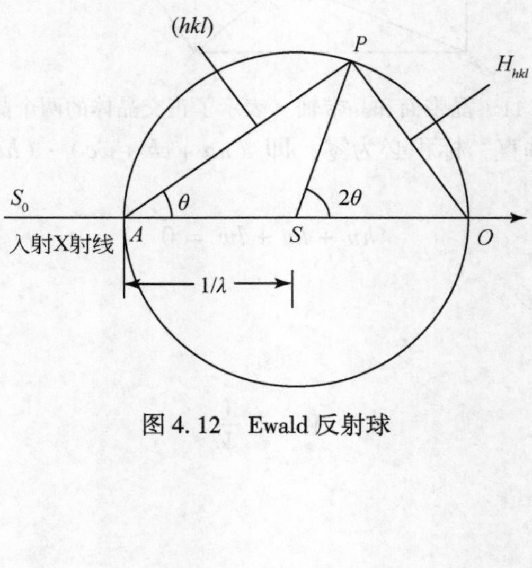

图 4.12   Ewald 反射球

基于上面的关系，由图 4.12 可很方便地导出 Bragg 方程：

$$\sin\theta_{hkl} = \frac{OP}{AO} = \frac{\dfrac{1}{d_{hkl}}}{2/\lambda}$$

所以

$$2d_{hkl}\sin\theta_{hkl} = \lambda \qquad (4.26)$$

同样可以利用图 4.12 及式（4.18）导出 Laue 方程，由矢量 AO（即入射 X 射线方向 s_0），SP（即 s 衍射方向）和 (hkl) 的法线方向 $\boldsymbol{H}_{hkl}$ 构成的三角形 SOP 可得

$$\boldsymbol{H}_{hkl} = \frac{\boldsymbol{s} - \boldsymbol{s}_0}{\lambda} = h\boldsymbol{a}^* + k\boldsymbol{b}^* + l\boldsymbol{c}^* \qquad (4.27)$$

将式（4.27）两边分别乘以矢量 $\boldsymbol{a}$，$\boldsymbol{b}$，$\boldsymbol{c}$：

$$\frac{\boldsymbol{s} - \boldsymbol{s}_0}{\lambda} \cdot \boldsymbol{a} = (h\boldsymbol{a}^* + k\boldsymbol{b}^* + l\boldsymbol{c}^*) \cdot \boldsymbol{a}$$

$$\frac{\boldsymbol{s} - \boldsymbol{s}_0}{\lambda} \cdot \boldsymbol{b} = (h\boldsymbol{a}^* + k\boldsymbol{b}^* + l\boldsymbol{c}^*) \cdot \boldsymbol{b}$$

$$\frac{\boldsymbol{s} - \boldsymbol{s}_0}{\lambda} \cdot \boldsymbol{c} = (h\boldsymbol{a}^* + k\boldsymbol{b}^* + l\boldsymbol{c}^*) \cdot \boldsymbol{c}$$

则有

$$\left. \begin{array}{l} \boldsymbol{a} \cdot (\boldsymbol{s} - \boldsymbol{s}_0) = h\lambda \\ \boldsymbol{b} \cdot (\boldsymbol{s} - \boldsymbol{s}_0) = k\lambda \\ \boldsymbol{c} \cdot (\boldsymbol{s} - \boldsymbol{s}_0) = l\lambda \end{array} \right\} \qquad (4.28)$$

方程（4.28）为著名的 Laue 方程矢量表达式，要产生衍射，必须同时满足这三个方程，其一般表达式见式（4.13）。

5. 旋转晶法

利用图 4.13 的反射球和倒易点阵可以简明地描绘出聚合物多晶样品（常常

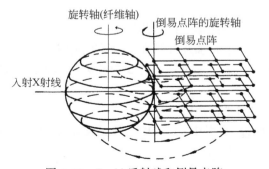

图 4.13　Ewald 反射球和倒易点阵

是纤维状）衍射的几何图像。当聚合物多晶样品绕纤维轴（c 轴）旋转时，由于样品是由许许多多微晶组成，由微晶的倒易格子点组成的薄片或层状的平面，垂直于旋转轴。旋转的结果，倒易格子平面上点与同一水平面上反射球相撞，可见，旋转晶体可增加反射球与倒易点阵的相交概率，增加产生衍射的条件，形成层线衍射图样（详见第五章）。当使用"白色" X 射线时，相当于增加反射球厚度，同样可增加倒易点与反射球相交概率。

习 题

1. 试画图或用 Ewald 反射球导出 Bragg 方程和 Laue 方程，并试从 Laue 方程出发导出 Bragg 公式，简述两者关系。

2. 已知聚合物晶体的晶胞参数如下：

$a = 6.65\text{Å}$，$b = 20.96\text{Å}$，$c = 6.50\text{Å}$，$\beta = 99°20'$

（a）试计算倒易晶胞参数；

（b）求晶胞及倒易晶胞的体积；

（c）求（110）面间距；

（d）如用 Cu K$_\alpha$ 辐射（$\lambda = 1.542\text{Å}$），求（040）面 Bragg 反射的 2θ。

3. 试证明：

（a）$H_{hkl} \perp (hkl)$；

（b）$|H_{hkl}| = \dfrac{1}{d_{hkl}}$。

4. 计算面心（F：A，B，C）点阵的结构因子（F_{hkl}）。

5. 利用 $d_{hkl} = \dfrac{1}{|H_{hkl}|}$ 关系推导出各晶系的晶面间距公式。

附录　Laue 方程与 Bragg 方程的联系

Laue→衍射

1. 从直线点阵出发→晶体三维点阵衍射。

2. Laue 方程中 h，k，l 称为衍射级次（有时用大写 H，K，L 表示，为区别 Bragg 公式中的（h，k，l），要求 h，k，l 为整数，不管是否有公约数。

Bragg→反射

1. 三维点阵简化为平面点阵→反射。

2. h，k，l 在 Bragg 方程中为一次反射，或 n 级反射，故有 $h = nh^*$，$k = nk^*$，$l = nl^*$ 或 $d_{hkl} = \dfrac{d_{h^*k^*l^*}}{n}$；$d_{110} > d_{220} > d_{330}$。但在实际书写中，$2d_{h^*k^*l^*}$

$\sin\theta_{h*k*l*} = n\lambda$，常常把 * 和 n 省略，此时视 $n = 1$，即一级反射，h，k，l 要求互质。

3. 从 Laue 方程导出 Bragg 方程。

设晶体三个矢量 a、b、c，入射 X 射线与衍射线方向单位向量分别为 s_0，s。由式（4.28）可知，满足 h，k，l 衍射的 Laue 方程为

$$\left.\begin{array}{l} a \cdot (s - s_0) = h\lambda \\ b \cdot (s - s_0) = k\lambda \\ c \cdot (s - s_0) = l\lambda \end{array}\right\} \tag{1}$$

式（1）可改写成

$$\left.\begin{array}{l} \dfrac{a}{h} \cdot (s - s_0) = \lambda \\[2mm] \dfrac{b}{k} \cdot (s - s_0) = \lambda \\[2mm] \dfrac{c}{l} \cdot (s - s_0) = \lambda \end{array}\right\} \tag{2}$$

将式（2）中三个方程式两两依次相减，得

$$\left.\begin{array}{l} \left(\dfrac{a}{h} - \dfrac{b}{k}\right) \cdot (s - s_0) = 0 \\[2mm] \left(\dfrac{b}{k} - \dfrac{c}{l}\right) \cdot (s - s_0) = 0 \\[2mm] \left(\dfrac{c}{l} - \dfrac{a}{h}\right) \cdot (s - s_0) = 0 \end{array}\right\} \tag{3}$$

式（3）的几何意义是：向量 $(s - s_0)$ 分别垂直于向量 $\left(\dfrac{a}{h} - \dfrac{b}{k}\right)$、$\left(\dfrac{b}{k} - \dfrac{c}{l}\right)$ 和 $\left(\dfrac{c}{l} - \dfrac{a}{h}\right)$。如图 A 所示，这三个向量分别交于 A、B、C 轴上的 $\dfrac{a}{h}$，$\dfrac{b}{k}$，$\dfrac{c}{l}$ 处，即向量 $(s - s_0)$ 垂直于通过 $\dfrac{a}{h}$，$\dfrac{b}{k}$，$\dfrac{c}{l}$ 三点的 (hkl) 平面，两个单位向量 s，s_0 之差 $(s - s_0)$ 则是由向量 s，s_0 构成的菱形的对角线，并将 s，s_0 形成的交角平分（图 B）。从图 B 可知，$\theta = \theta'$，而 s，s_0 分别是反射和入射 X 射线方向，这说明符合 Laue 方程的 h，k，l 衍射也可以看做是反射。

在图 A 中，作 $OP \perp \left(\dfrac{a}{h}, \dfrac{b}{k}, \dfrac{c}{l}\right)$ 面网，P 点是 OP 与面网的交点，与 $(s - s_0)$ 的方向一致，垂直于 (hkl) 平面，由式（4.19）知，$OP = |OP| = |H_{hkl}| = \dfrac{1}{d_{hkl}}$。图中，$\phi$ 角是矢量 AO 与 OP［即与 $(s - s_0)$］的交角。

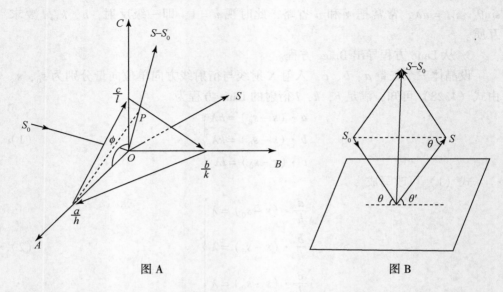

图 A

图 B

由上面关于图 A 的说明，可得出图 C。又因 s，s_0 为单位向量，所以得

$$|s - s_0| = 2\sin\theta$$

由图 C 得

$$\frac{\dfrac{a}{h}}{d_{hkl}} = \frac{1}{\cos\phi} \tag{4}$$

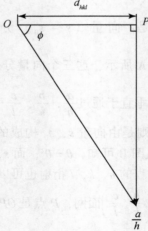

图 C

即

$$d_{hkl} = \frac{\frac{a}{h}\,|s - s_0|\cos\phi}{|s - s_0|} = \frac{\frac{a}{h}\cdot(s - s_0)}{2\sin\theta} = \frac{\lambda}{2\sin\theta} \tag{5}$$

即可得到 Bragg 方程

$$2d\sin\theta = \lambda$$

　　从图 A 看出 $\dfrac{a}{h}$，$\dfrac{b}{k}$，$\dfrac{c}{l}$ 三点构成平面，指数为 $\dfrac{\frac{a}{h}}{\frac{a}{h}}:\dfrac{\frac{b}{k}}{\frac{b}{k}}:\dfrac{\frac{c}{l}}{\frac{c}{l}}=h:k:l$，$h$，$k$，$l$ 不

一定是真正存在面网，因为 h，k，l 不是互质，但我们可以找到真正的面网，设 n 为它们的公因子，则 $h = nh^*$，$k = nk^*$，$l = nl^*$，h^*，k^*，l^* 是三个互质数，它所表示的面网就是 Bragg 方程 $2d_{h^*k^*l^*}\sin\theta_{h^*k^*l^*} = n\lambda$ 构成的反射面网。所示 Laue 的 h，k，l 衍射就是 Bragg $h^*k^*l^*$ 面网的 n 级反射（上面已指出，通常使用 Bragg 方程时，常常略去 h^*，k^*，l^*，并令 $n = 1$）。最后应指出，在 Laue 方程中，n 级 $(nn0)$ 衍射可以是 Bragg 方程条件反射中一级 (110)、二级 (220)、三级 (330) 等反射。上面说明了 Laue 方程与 Bragg 方程的联系。

第五章　实验方法

本章主要介绍广角 X 射线的实验方法，小角 X 射线散射将在第十二章介绍，同步辐射 X 射线散射在第十五章介绍。依据使用样品的不同，可分为单晶法及多晶法；依据对 X 射线记录探测方法的不同，可分为照相法和衍射仪（计数器）法。对聚合物结构的分析在大多数情况下是使用多晶材料。采用粉末状晶体或多晶体为试样的 X 射线衍射（无论照相或计数器法）均称粉末法。

5.1　照　相　法

照相法是用底片摄取样品衍射图像的方法，在聚合物研究中常使用平面底片法、圆筒底片法和德拜－谢乐（Debye-Scherrer）法（粉末法）。各种照相法都有自己的特点。

5.1.1　平面底片法

最常使用的照相机是平面底片照相机，或称平板照相机（常被误称为 Laue 相机）。使用一定波长的 X 射线，如 Cu K_α 辐射，若使用的是无规取向聚合物多晶样品，所得到的结果如图 5.1 及图 5.2 所示，为许多同心圆环，又称为德拜－谢乐环，显然只有入射 X 射线入射到面间距为 d 的原子面网，并满足 Bragg 条件特定的 θ 角，才会引起 n 次反射，此时每个圆环代表一个 hkl 面网，衍射圆轨迹为以入射 X 射线为轴、2θ 为半顶角的圆锥（图 5.1）。

图 5.2 为无规取向聚甲醛的平板图。由图 5.1 得

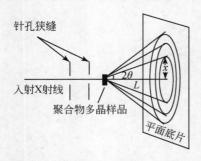

图 5.1　平面底片（平板）照相法

图 5.2　无规则取向 POM（六方）平板图

$$\theta = \frac{1}{2}\arctan(2x/2l)$$

式中，x 为衍射环半径，为测量准确，常测环的直径 $2x$，故有 $2x/2l$；l 为样品至底片间的距离。由 Bragg 公式

$$d = \frac{\lambda}{2\sin\left[\frac{1}{2}\text{arc}\tan(2x/2l)\right]} \tag{5.1}$$

式中，d 为衍射平面的距离；λ 为入射 X 射线波长。因 POM 属六方晶系，若每个环的指数已知，将测得的每个环 $2x$ 值，代入上式求得 d 后，再代入表（4.3）相应晶系的面间距计算公式中：

$$\frac{1}{d_{hkl}^2} = \frac{4}{3}\left(\frac{h^2 + hk + l^2}{a^2}\right) + \frac{l^2}{c^2} \tag{5.2}$$

可粗略算出晶胞参数，结果列于表 5.1 中。

表 5.1　POM 的晶胞参数

hkl	$2x$/mm	d/Å	a/Å	c/Å
100	34	3.86	4.46	
105	55	2.60		17.6
110	68	2.23	4.46	
115	89	1.89		17.8

如使用单轴取向样品，沿 POM 纤维轴拉伸，此时微晶 c 轴（纤维轴）沿拉伸方向择优取向，其他轴是无规取向，使用平面底片照相得到入射 X 射线垂直纤维轴的照片（常简称纤维图），由于样品取向，图 5.2 连续对称的衍射圆环在平面底片上退化为弧，随取向程度增加成为斑点，沿着层线排列的弧（或斑点）常常呈双曲线 [图 5.3（b）]。图 5.3（c）是摄取图 5.3（a）的衍射几何排布。

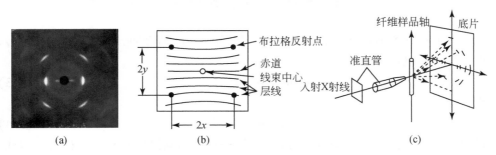

图 5.3　取向聚甲醛平板图（a）、层线示意图（b）及实验几何排布（c）
纤维轴垂直放置（Cu K_α，Ni 滤波）

5.1.2 圆筒底片法（回转晶体法）

底片沿着圆筒相机壁安装 [图 5.4 (a)]，使纤维轴与圆筒形底片轴一致，入射 X 射线垂直于纤维轴，结果得到衍射斑点排列在一些平行直线上（称层线），如图 5.4 (b) 所示。若纤维是高度取向，应该和绕着纤维轴回转一个单晶体具有相同的效果。但实际上，由于聚合物材料取向不完全，衍射斑点沿着德拜 – 谢乐环形成弧状，这样图形常称为纤维图（图 5.5）。

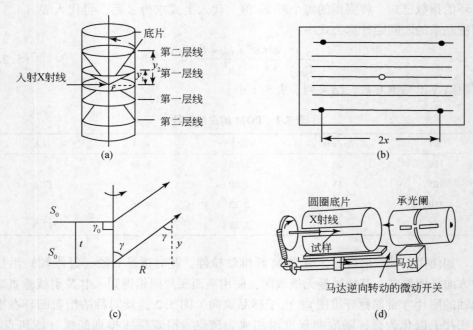

图 5.4　回转晶体形成的衍射圆锥 (a)、形成层线 (b)、纤维周期计算几何 (c)
及魏森贝格 (Weissenberg) 照相机示意图 (d)

由于入射 X 射线是垂直于纤维轴，纤维轴和链轴方向一致（常常是 c 轴），根据式 (4.13) 得

$$c(\cos\gamma - \cos\gamma_0) = l\lambda \tag{5.3}$$

或

$$c \cdot \cos\gamma = l\lambda \tag{5.4}$$

式中，l 为层线数，当 $l = 0$ 时，圆锥成为一平面与圆筒底片相截，称为赤道线，指数为 $hk0$。赤道线上面是第一层线，指数为 $hk1$；第二层为 $hk2$……

由图 5.4 (c) 得

$$\cot\gamma = y/R \tag{5.5}$$

式中，r 为圆筒底片半径；y 为直接在底片上测得的层线高，故纤维等同周期 c 为

$$c = \frac{l\lambda}{\cos[\text{arc}\ \cot(y/R)]} \tag{5.6}$$

由图 5.4（b）和图 5.5 测得 $l = 5$ 时，层线 $2y = 29\text{mm}$，相机直径 $2R = 57.3\text{mm}$，代入式（5.6），计算得 $c = 17.1\text{Å}$。

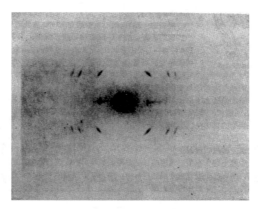

图 5.5　POM 纤维圆筒照片

纤维轴垂直放置

由图 5.4（c）的几何关系，有

$$c = \frac{l\lambda}{\cos\gamma} = \frac{l\lambda\ \sqrt{R^2 + y^2}}{y} \tag{5.7}$$

再由图 5.3（b）及图 5.4（b），底片坐标转化成倒易空间圆筒坐标：

对平板底片，

$$\delta = \frac{y}{(L^2 + x^2 + y^2)^{1/2}} \tag{5.8}$$

$$\varepsilon = \left[2 - \delta^2 - 2(1 - \delta^2)^{1/2}\frac{L}{(L^2 + x^2)^{1/2}}\right]^{1/2} \tag{5.9}$$

对圆筒底片，

$$\cos\gamma = \delta = \frac{y}{\sqrt{R^2 + y^2}},\ c = \frac{l\lambda}{\delta} \tag{5.10}$$

$$\varepsilon = \left[2 - \delta^2 - 2(1 - \delta^2)^{1/2}\cos\left(\frac{360°}{2\pi R}\cdot x\right)\right]^{1/2} \tag{5.11}$$

式（5.8）~式（5.11）中，L 为样品至底片距离；x 为 Bragg 出现在四个象限中的反射点；δ，ε 为倒易格子点的圆筒坐标（图 5.6）。

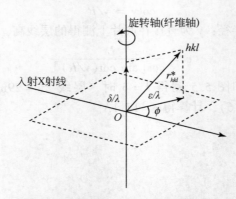

图 5.6　倒易空间 hkl 点的圆筒坐标

δ/λ 为倒易格子点在 0 层以上的高度（距离）的坐标

ε/λ 为倒易格子点垂直纤维轴（旋转轴）的径向距离

表 5.2 给出从纤维图测得的尼龙 1010 的 c 方向周期的计算模式。

表 5.2　从纤维图测得的尼龙 1010 的 c 方向周期的计算模式

l	$2y$/mm	$\bar{y}$	y^2	$\sqrt{R^2+y^2}$	$\delta = \dfrac{y}{\sqrt{R^2+y^2}}$	$\dfrac{\lambda}{\delta}$	$\vec{c} = \dfrac{l\lambda}{\delta}$
7	23.00 23.10	11.52	132.60	30.88	0.373	4.134	28.924
10	36.00 36.40	18.09	327.25	33.88	0.534	2.888	28.88

5.1.3　德拜 – 谢乐法

通常所说的粉末法，如不另加说明，均指此法。此法用单色 X 射线，用本体或模压聚合物试样，当聚合物样品量非常少时，常常用此法。试样若是本体粉末，可填充入一个 $\phi 1.5 \sim 2\text{mm}$ 的薄壁玻璃管内。若是模压板材（无取向）可剪割成 $\phi 1\text{mm}$ 左右的试样条，将上述制备好的样品安装在照相机中心轴上，使试样旋转时其旋转轴正好与照相机中心轴线一致。然后在暗室将一窄的照相机底片沿德拜 – 谢乐相机壁安装［图 5.7（a）］，方法有正装、反装和偏装［图 5.7（b）~（d）］。粉末衍射图的形成可用图 5.8（a）说明：Ⅰ，Ⅱ，Ⅲ为前反射（$0° < 2\theta < 90°$）同轴圆锥；Ⅳ，Ⅴ为背反射（$90° < 2\theta < 180°$）同轴圆锥。

图 5.8（b）窄条底片截下 $0° < 2\theta < 90°$ 圆锥弧的情况，测出各衍射线对的 4θ 角所对应的弧间距［图 5.8（c）］，可按式（5.12a）算出各条线的 θ：

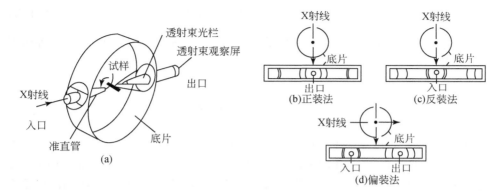

图 5.7 德拜 – 谢乐相机底片安装法

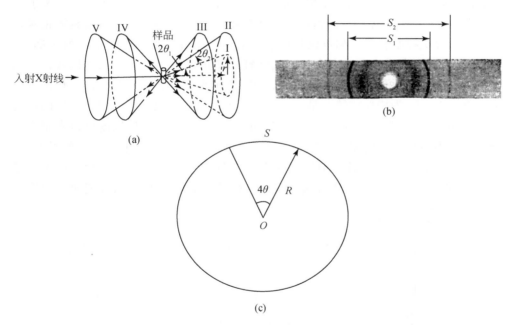

图 5.8 无规则取向聚合物多晶样品粉末图

(a) 衍射圆锥的形成；(b) 无取向 POM 粉末图；(c) 4θ 角对应弧

$$\theta = \frac{S}{4R} \times \frac{360°}{2\pi} = \frac{S}{4R} \times 57.3° = \frac{S}{2}(°) \qquad (5.12a)$$

式中，R 为相机半径，$2R = 57.3\text{mm}$，在底片上测得 S 的单位为 mm。因聚合物微晶尺寸较小，线条宽化，测量时只能读取每条线的中心值，取多次平均值。若相机半径

$$R = 57.3\text{mm}，\text{则 } \theta = \frac{S}{4}\ (°)\tag{5.12b}$$

将由式 (5.12a)、式 (5.12b) 求出的 θ 值代入 Bragg 方程中，则可求出各衍射线的 d 值。

5.2　衍　射　仪　法

近十多年来，由于各种辐射探测器（计数法）广泛应用，除 SC（点探测器）外，出现了 PSPC 或称 PSD（线探测器，1D），CADDS，Hi-star，CCD，IP（面探测器，2D）等记录衍射强度，并已经在许多领域中代替经典照相法记录多晶样品衍射图。衍射仪测量具有快速、方便、准确等优点。图 5.9 为 D/max 2500PC 18kW 大功率 X 射线衍射仪的组成方框图，它共由四部分组成：①X 射线发生器；②SAXS 及 WAXS 测角仪；③计数器及 IP 板 X 射线衍射强度检测记录系统；④计算机控制装置。测角仪是衍射仪的中心部分，是精确测定衍射角部件。图 5.10 分别为水平式、垂直式和卧式配置的测角仪图示。测角仪的狭缝、计数器以及试样的光学布置如图 5.11 所示。由靶面出来线焦点 X 射线，其长轴方向为竖直，S_1，S_4 为梭拉狭缝，是由一组平行的金属片组成，相邻两金属片间距离在 0.5mm 以下，薄片的厚度约为 0.05mm，长约 60mm，梭拉狭缝可以限制入射线的衍射束在垂直方向发散度在 3°～5°间，而 S_2 为发散狭缝，S_3 为散射狭缝，S_5 为接收狭缝，限制入射 X 射线及衍射 X 射线在水平方向的发散度，散射狭缝 S_3 限制非试样散射的 X 射线进入，仅允许样品表面的散射 X 射线通过，使峰与

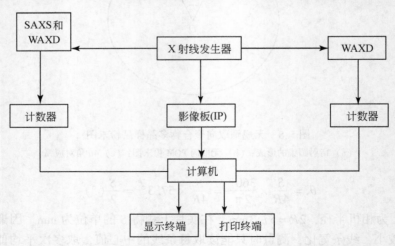

图 5.9　D/max 2500PC 18kW 大功率 X 射线衍射仪的组成方框图

背景比得以改善。衍射 X 射线通过狭缝 S_5，S_6 后进入计数管。在测定时，可根据样品的情况选择各狭缝，接收狭缝的宽度，直接影响衍射峰形及强度。从图5.11 可知，由聚焦光束光学系统可自动转换成平行光束光学系统，无须重新调整光路。一般测量时可选择发散狭缝 1°，接收狭缝 $S_5 = S_6 = 0.15 \sim 0.3\text{mm}$，满足式（5.13）时，可得较满意衍射图形。

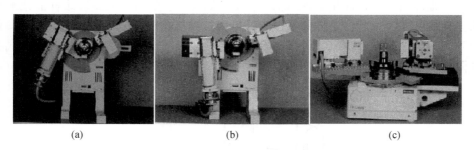

(a) (b) (c)

图 5.10 测角仪图示

（a）水平式（样品水平放置不动，探测器 X 射线管转动）；（b）垂直式（X 射线管不转动，
水平放置样品和探测器转动）；（c）卧式（立式放置样品和探测器转动，X 射线管不动）

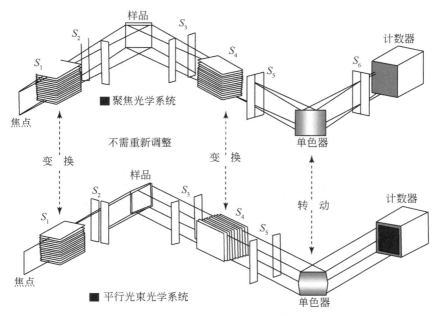

图 5.11 日本理学 D/max 2500PC 测角仪光学系统

S_1，S_4 – 梭拉狭缝；S_2 – 发射狭缝；S_3 – 散射狭缝；S_5，S_6 – 接收狭缝

$$T \leqslant \frac{10 \cdot R}{S} \quad (\text{s}) \tag{5.13}$$

式中，T 为时间常数；R 为接收狭缝；S 为扫描速度。

取向聚合物板材，薄膜以及纤维等取向度的测定可使用衍射仪附件——纤维样品架（图 5.12）。对于板材，薄膜可剪割成小条，直接固定在样品夹上便可；对于纤维样品，先将样品紧密地绕在一个金属架上，然后再放到纤维样品架测角头上〔图 5.13（a）〕，若样品量过少，可用胶黏接在框架上〔图 5.13（b）〕，再放到测角头上测试。一般衍射仪还附有高低温、极图仪、加热拉伸装置等各式各样附件。

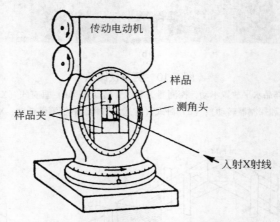

图 5.12　衍射仪测角头纤维样品架

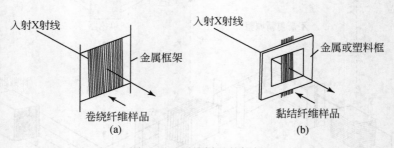

图 5.13　纤维样品的框架

5.3　SAXS 方法

SAXS 方法详见第十二章。小角与大角实验布置的比较见图 5.14。

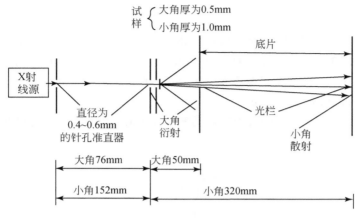

图 5.14 小角与大角实验布置的比较

5.4 同步辐射 X 射线散射实验方法

同步辐射 X 射线散射实验方法详见第十五章，其实验站如图 5.15 所示。

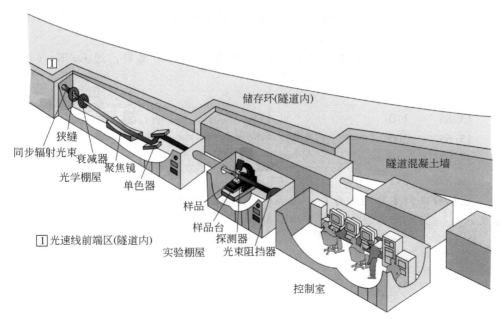

图 5.15 同步辐射 X 射线散射实验站示意图

习　题

1. 测得正交晶系 PE 一维取向纤维图 $(-1, +1)$ 层层线距为 $2Y = 53.6$ mm（相机半径 35.0mm），又用 X 射线（Cu $K_{\alpha 1}$ 辐射源，1.5406Å）衍射仪记录 PE 衍射曲线，见图 A。仪器增宽因子 $b_o = 0.15°$，谢乐常数 $k = 0.9$。

（1）求出 PE 的 a, b, c。

（2）测得其（110）面衍射峰半高宽 $B = 0.78°$，计算垂直（110）面的微晶尺寸 L_{110}。

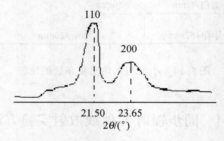

图 A　PE 衍射曲线

2. 由回转照相法测得某结晶聚合物纤维轴方向（c 方向）第 7 层及第 10 层线距（$2Y$）分别为 23.00mm 及 36.00mm，计算 c 值。已知 Cu $K_{\alpha 1}$，辐射 $\lambda = 0.15406$nm，相机半径为 $R = 28.65$mm。

3. 在偏光显微镜观察到某结晶聚合物属 D_{2h}-mmm 点群，用 Cu K_{α}（$\lambda = 1.542$Å）平板照相法测得结晶聚合物

$X/$mm	hkl
13.85	110
15.65	200
25.82	020
29.37	011

已知样品到底片距离为 $L = 35$mm，X 为衍射环至中心的距离。试求出 a, b, c 及 d_{110}, d_{200}, d_{020}, d_{011} 的值。

第六章　聚合物 X 射线衍射图分类

所谓 X 射线衍射图，就是用照相法拍摄成衍射图，或用衍射仪法记录成衍射图（曲线）。前面已从不同实验方法叙述了聚合物的各种衍射图，按聚合物衍射图的特征，可大致分为回转图（纤维图）、粉末衍射图、SAXS 图等几类。

6.1　回转图（纤维图）

对于拉伸过（直径为 0.1~0.5mm）的纤维，使拉伸方向的择优取向轴与回转轴一致，使用圆筒照相机照相，此时不管试样是否转动，均可以得到如图 6.1 和图 6.2 所示的衍射图。因在这样的结晶聚合物中，择优取向轴（纤维轴）周围，圆筒形地分布着无数微晶，所以尽管试样是静止的，但和回转单晶体方法具有相同的效果。聚合物这样的衍射图称为 X 射线纤维图。这种试样称为一轴取向试样，即聚合物试样的一个主轴方向与取向轴（纤维轴）方向平行。从图 6.1 和图 6.2 还可以看出，衍射斑点是排列在一些平行直线（称为层线）上的。通过原射线（直射线）与底片相交点的直线称为赤道线。由赤道线向上（下）依序称为第一层线、第二层线等（见 5.1.2 节及 6.2 节）。

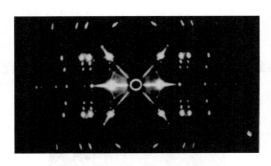

图 6.1　聚氧化四次甲基回转图　　　　图 6.2　等规聚丙烯纤维回转图

6.2　粉末衍射图

实验时，一般使用单色 X 射线照射聚合物多晶试样，衍射的 X 射线用底片或计数法记录（见 5.1 节及 5.2 节）。

6.2.1　照相法

1. 无规取向聚合物

图 6.3 具有一个或两个弥散环，为非晶聚合物衍射图，如无规立构聚苯乙烯、聚氨基甲酸酯橡胶、聚甲基丙烯酸甲酯等属此类型。

图 6.4 具有一个或两个清晰圆环，为结晶性较差的聚合物衍射图，如聚丙烯腈、聚氯乙烯等属此类型。

图 6.5 具有清晰圆环，为结晶性好的聚合物衍射图，如聚甲醛、聚丙烯、聚乙烯等属此类型。

由图 6.4 及图 6.5 可见，无规取向聚合物的 X 射线衍射图的特点为圆环的分布是对称的，一般称为德拜 – 谢乐（Debye-Scherrer）环。

图 6.3　非晶聚合物的 X 射线图　　　　图 6.4　低结晶度聚合物的 X 射线衍射图

2. 取向聚合物

非晶聚合物的弥散环集中在赤道线上，形成两个弥散斑点，如聚苯乙烯属此类型，见图 6.6。

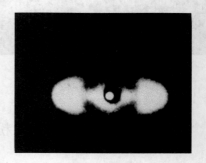

图 6.5　结晶聚合物的 X 射线衍射图　　　图 6.6　取向非晶聚合物的 X 射线衍射图

　　结晶性较差的聚合物，在赤道线上有明显的弥散点，如聚丙烯腈、聚氯乙烯等属此类型，见图6.7。

　　图6.8所示的是结晶较差的聚合物衍射图，显现出的层线，说明沿纤维轴排列着周期性的片层，圆环为非晶物质。

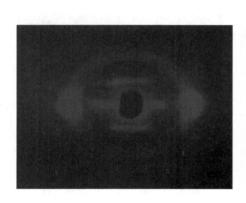

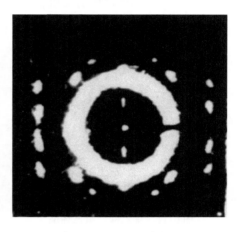

图 6.7　低结晶度取向聚合物
的 X 射线衍射图　　　图 6.8　低结晶度取向聚合物（圆环为
非晶物质）的 X 射线衍射图

　　结晶性较好的聚合物，集中在赤道线上的衍射点很鲜明，如聚乙烯、聚酰胺等属此类型，见图6.9。

　　图6.10所示的为结晶性较好具有螺旋结构的聚合物衍射图，如聚丙烯、聚甲醛、聚氧化乙烯等。

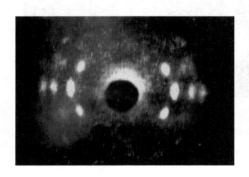

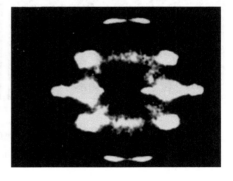

图 6.9　结晶取向聚合物
的 X 射线衍射图　　　图 6.10　结晶取向具有螺旋构象的聚合物
的 X 射线衍射图

　　图 6.11 为聚乙酸三氟乙烯酯的 X 射线衍射图，仅仅在赤道线上呈现出清晰的衍射，即（hk0）反射尖锐，说明聚合物侧向有序，而在子午线方向无衍射，说明聚合物沿纤维轴方向无明确的周期。

　　相反，聚对苯二甲酰庚二胺的 X 射线衍射图（图 6.12），仅仅存在子午线方向的衍射，即（00l）衍射尖锐，说明聚合物具有纵向有序性。

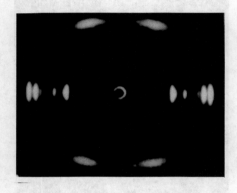

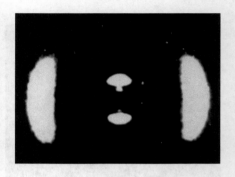

图 6.11　聚乙酸三氟乙烯酯
的 X 射线衍射图

图 6.12　聚对苯二甲酰庚二胺
的 X 射线衍射图

　　应该指出，随着聚合物拉伸倍数的增加（取向度增加），衍射圆弧向赤道线或子午线会集成衍射斑点（图 6.13）：向赤道线集中的只有（hk0）反射，向子午线集中的只有（00l）反射，（hkl）反射在四个象限内。

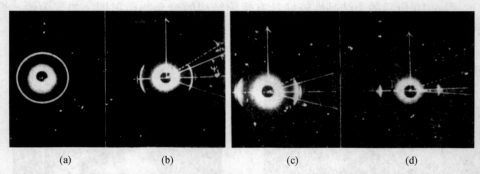

(a)　　　　　　　　(b)　　　　　　　　(c)　　　　　　　　(d)

图 6.13　未拉伸和不同冷拉伸比的低密度聚乙烯试样的 X 射线衍射图
（a）未拉伸；（b）拉伸 94%；（c）拉伸 225%；（d）拉伸 362%

6.2.2　衍射仪法

　　图 6.14（a）~（c）为用衍射仪法所得的几种聚合物的衍射图。图 6.14

（b）~（e）相当于在图 6.3 ~ 图 6.5 照片中央沿赤道线用测微光度计记录的曲线。图 6.14（a）为结晶的低分子物质，每个衍射峰都非常尖锐，说明该物质具有严格的三维周期性结构。图 6.14（b）为结晶较好的聚合物，如聚 α-羟基乙酸，但与结晶的低分子物质比较，各衍射峰均变宽。图 6.14（c）为结晶度低的聚合物，衍射角小时，峰还比较尖锐；随衍射角的增加，衍射峰越来越平缓，聚丙烯腈就属此类型。图 6.14（d）为非晶聚合物的衍射曲线，没有明显的尖锐峰，只有一个或两个"钝峰"的连续强度分布曲线。图 6.14（e）可以认为是典型半结晶聚合物的 X 射线衍射图，具有图 6.14（b）~（d）三者的特征。

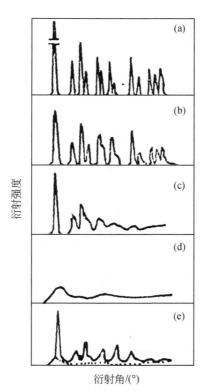

图 6.14 不同结构的聚合物的衍射图（示意）

（a）结晶的低分子物质；（b）结晶较好的聚合物；（c）结晶度低的聚合物；
（d）非晶聚合物；（e）半结晶聚合物

图 6.15 为几种非晶聚合物的 X 射线衍射图。

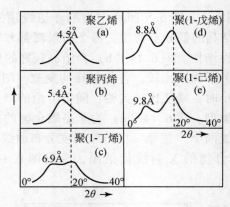

图 6.15　非晶聚合物的 X 射线（Cu K$_{\alpha}$）衍射图

（a）非晶聚乙烯，非晶峰的 d = 4.5Å；（b）聚丙烯，d = 5.4Å；

（c）聚（1-丁烯），d =6.9Å；（d）聚（1-戊烯），d = 8.8Å；（e）聚（1-己烯），d = 9.8Å

图 6.16 为用不同溶剂抽取的等规立构聚丙烯的 X 射线衍射图。

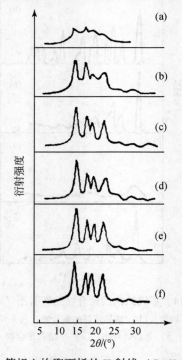

图 6.16　等规立构聚丙烯的 X 射线（Cu K$_{\alpha}$）衍射图

（a）沸腾戊烷抽出物，结晶度 27%，m. p. 115℃；（b）沸腾己烷抽出物，结晶度 36%，m. p. 130℃；

（c）沸腾庚烷抽出物，结晶度 52%，m. p. 160℃；（d）沸腾 2-乙基己烷抽出物，结晶度 62%，m. p. 170℃；

（e）沸腾辛烷抽出物，结晶度 64%，m. p. 174℃；（f）辛烷抽提后的残渣，结晶度 66%，m. p. 175℃

图 6.17 为低压聚乙烯的 X 射线衍射图。

图 6.18 为等规立构聚丙烯的 X 射线衍射图。其中，图 6.18（a）为取向聚丙烯，图 6.18（b）为无规取向及未经退火的聚丙烯。在图中可以看到，取向样品衍射强度有明显增加的趋势（取向可导致某些晶面反射强度增加，也可能促使另一些晶面的反射强度降低，甚至消失）。

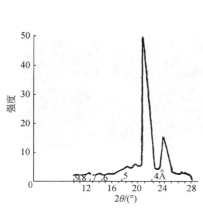

图 6.17 低压聚乙烯的 X 射线（CuK$_\alpha$）衍射图

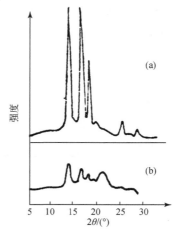

图 6.18 等规立构聚丙烯 X 射线（CuK$_\alpha$）衍射图

（a）取向聚丙烯；（b）无规取向（未经退火）聚丙烯

6.3 SAXS 图

图 6.19 为 i-PP 同步辐射 SAXS 散射图。

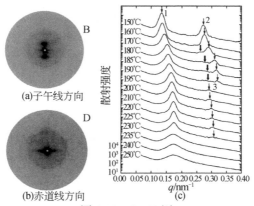

(a)子午线方向

(b)赤道线方向

图 6.19 SAXS 图

（a）及（b）拉伸 i-PP（Ran S, Zong X, Fang D, et al. Macromolecules, 2001, 34: 2569-2578）；

（c）同步辐射（Lee S H, Char K, Kim G. Macromolecules, 2001, 33: 7072-7083）

习　题

1. 简述聚合物 X 射线衍射的实验方法和 X 射线衍射图的分类。
2. 举例说明晶态、非晶态及取向态聚合物 X 射线衍射图的差异。
3. 选择下面正确的英文字母填入 [　] 中：

A. 回旋图（一维取向纤维图）　　B. 无取向平板图　　C. 取向平板图

D. WAXD 曲线　　　　　　　　E. SAXS 曲线

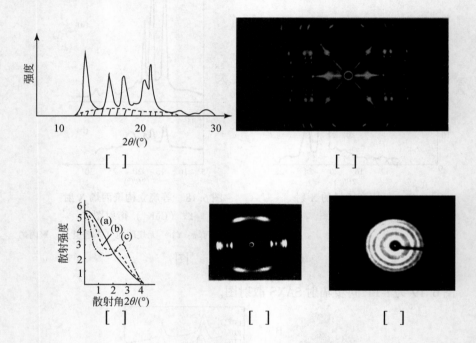

第七章 聚合物材料的结构鉴定

用 X 射线衍射方法鉴定聚合物的材料结构，一般可分为聚合物晶型及有规立构的分析鉴定、聚合物物相的鉴定分析以及聚合物材料中各种添加剂的剖析。

7.1 聚合物晶型及有规立构的分析鉴定

用 X 射线对聚合物各种晶型及不同有规立构的鉴定，有其独到之处。举例说明如下。

图 7.1 为等规立构 α、β、γ 晶型的聚丙烯 X 射线衍射图。α-PP 单斜晶系、γ-PP 三斜晶系及 β-PP 六方晶系的主要衍射峰见表 7.1。若在 i-PP 中是混晶结构，β 晶型和 γ 晶型含量可用式（7.1）及式（7.2）计算：

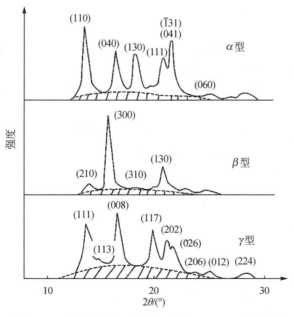

图 7.1 不同晶型聚丙烯的 X 射线（CuK$_\alpha$）衍射图

$$K_{\beta} = \frac{H_{300}}{H_{300} + H_{110} + H_{040} + H_{130}} \tag{7.1}$$

$$K_{\gamma} = \frac{H_{117}}{H_{117} + H_{110} + H_{040} + H_{130}} \tag{7.2}$$

式中，$H_{300}, H_{110}, H_{040}, H_{117} \cdots$ 分别为各强度衍射峰的高度；K_{β} 和 K_{γ} 分别为各单一晶型的质量分数。

表 7.1　间规立构 α-PP，γ-PP 及 β-PP 的主要衍射峰

α-PP				γ-PP				β-PP			
$2\theta/(°)$	d/Å	强度	hkl	d/Å	$2\theta/(°)$	强度	hkl	$2\theta/(°)$	d/Å	强度	hkl
14.16	6.26	最强	110	6.37	13.90	很强	111	14.18	6.24	弱	210
17.08	5.19	很强	040	5.29	16.76	很强	008	16.08	5.51	最强	300
18.60	4.77	很强	130	4.42	20.20	很强	117	19.37	4.582	弱	310
21.20	4.19	强	111	4.19	21.70	强	202	21.15	4.20	中强	301
21.94	4.04	很强	$\bar{1}31$ 041	4.05	21.90	强	026	21.53	4.13	弱	400
25.58	3.48	弱	060					23.10	3.85	弱	221

三种晶型的主要差别：在 α-PP 晶型中有 $2\theta = 18.6°$ 处的强（130）晶面反射，但 γ-PP 和 β-PP 晶型中无此衍射峰；在 γ-PP 晶型中存在着 $2\theta = 20.2°$ 处的强（117）晶面反射，α-PP 晶型中则不存在此衍射峰；β-PP 在 $2\theta = 16.08°$ 处存在最强峰（300）。

图 7.2（a）为六方聚甲醛（$a = 7.74$Å，$c = 17.35$Å，$\alpha = \beta = 90°$，$\gamma = 120°$）的 X 射线衍射图；图 7.2（b）为正交聚甲醛（$a = 4.767$Å，$b = 7.660$Å，$c = 3.563$Å，$\alpha = \beta = \gamma = 90°$）的 X 射线衍射图。

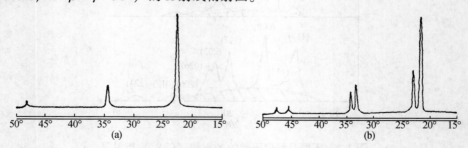

图 7.2　聚甲醛的 X 射线（CuK$_{\alpha}$）衍射图

（a）六方；（b）正交

图 7.3 为不同有规立构顺式 1,4-聚戊二烯的 X 射线（CuK$_\alpha$）衍射图，以及用 X 射线测得的等同周期和链构象。它们的结构及物理性质比较见表 7.2。

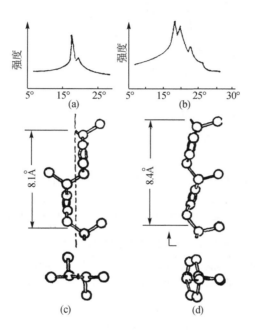

图 7.3　不同有规立构顺式 1,4-聚戊二烯的 X 射线（CuK$_\alpha$）衍射图

（a）等规立构顺式 1,4-聚戊二烯 X 射线（CuK$_\alpha$）衍射图；（b）间规立构顺式
1,4-聚戊二烯 X 射线（CuK$_\alpha$）衍射图；（c）等规立构顺式 1,4-聚戊二烯链的构象；
（d）间规立构顺式 1,4-聚戊二烯链的构象

表 7.2　不同有规立构聚戊二烯等同周期

聚合物构象	熔点/℃	等同周期/Å	密度/（g/cm^3）
等规	43~47	8.1	0.924
间规	50~53	8.4	0.915

图 7.4 为各种有规立构聚丁二烯的低温 X 射线衍射图。顺式 1,4-聚丁二烯在室温时是非晶性的，当拉伸 3~4 倍、冷至 −30℃ 时，X 射线衍射图显现得非常鲜明。各种聚丁二烯的结构分析结果见表 7.3。

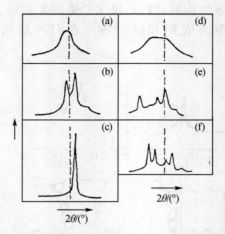

图 7.4　各种有规立构聚丁二烯的低温（<10℃）X 射线（CuKα）衍射图

(a) 无规 1,4-聚丁二烯；(b) 顺式 1,4-聚丁二烯；(c) 反式 1,4-聚丁二烯；
(d) 无规 1,2-聚丁二烯；(e) 等规 1,2-聚丁二烯；(f) 间规 1,2-聚丁二烯

表 7.3　聚丁二烯的结晶结构数据

不同结构	等同周期/Å	等同周期内重复单元数	空间群、晶胞常数及单胞内分子链数目	密度/（g/cm³）（X 射线）	熔点/℃
反式 1,4-	4.83	1	单斜，$P2_1/a\text{-}C_{2h}^6$，$a=8.63\text{Å}$，$b=9.11\text{Å}$，$c=4.83\text{Å}$，$\beta=114°$，$N=4$	1.04	96~100
顺式 1,4-	8.60	2	单斜，$C2/c\text{-}C_{2h}^6$，$a=4.60\text{Å}$，$b=9.50\text{Å}$，$c=8.60\text{Å}$，$\beta=109°$，$N=2$	1.01	<−1
等规 1,2-	6.50	3	三方，$R3c$，$a=b=17.3\text{Å}$，$c=6.5\text{Å}$，$\gamma=120°$，$N=6$	0.96	154
间规 1,2-	5.14	4	斜方，$D_{2h}^{11}\text{-}Pbcm$，$a=10.98\text{Å}$，$b=6.60\text{Å}$，$c=5.14\text{Å}$，$N=2$	0.96	120~125

7.2　聚合物物相的鉴定分析

聚合物物相的鉴定分析与低分子物质的物相分析无原则差别，除了可参阅粉

末衍射卡组（PDF，由 JCPDS 编辑，1992 年以后称为 ICDD）收集的高分子粉末数据外，还可借助标准样品及有关文献所列出的粉末衍射数据。但因聚合物衍射线条较少，且又宽阔，还常常受非晶弥散环重叠的影响，给鉴定工作带来困难，因此往往要求助于红外光谱、核磁共振、裂解气相色谱等测试工具。但对一些通用的结晶聚合物材料，如聚乙烯、聚丙烯、聚四氟乙烯、聚酰胺类、聚甲醛、聚酯等，可用 X 射线方法鉴定，无须破坏原来的试样，且快速方便。对于定性鉴定一个合成聚合物材料是否结晶，是否和已知材料相同，用 X 射线衍射方法测定是一目了然。下面列举了一些典型无规取向聚合物材料的 X 射线（CuK$_\alpha$）衍射图（图 7.5），如用其他靶则在每个衍射图中标明，图中每个峰标的数值，从下至上依次为（ hkl ）、2θ（°）及 d（Å），A 代表非晶峰。

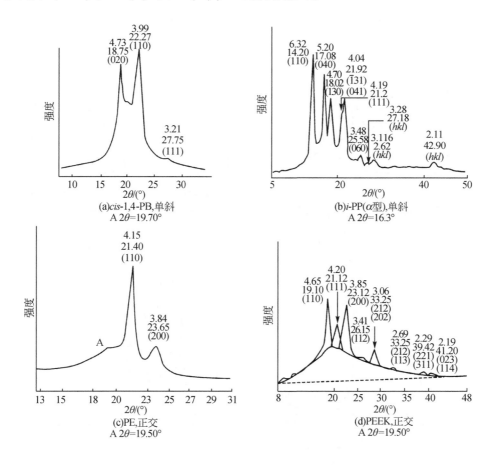

(a)cis-1,4-PB,单斜
A 2θ=19.70°

(b)i-PP(α型),单斜
A 2θ=16.3°

(c)PE,正交
A 2θ=19.50°

(d)PEEK,正交
A 2θ=19.50°

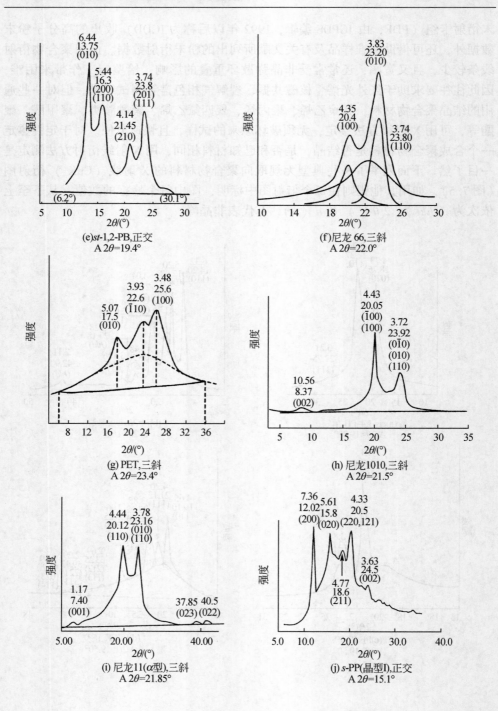

(e)st-1,2-PB,正交
A 2θ=19.4°

(f)尼龙 66,三斜
A 2θ=22.0°

(g) PET,三斜
A 2θ=23.4°

(h) 尼龙1010,三斜
A 2θ=21.5°

(i) 尼龙11(α型),三斜
A 2θ=21.85°

(j) s-PP(晶型I),正交
A 2θ=15.1°

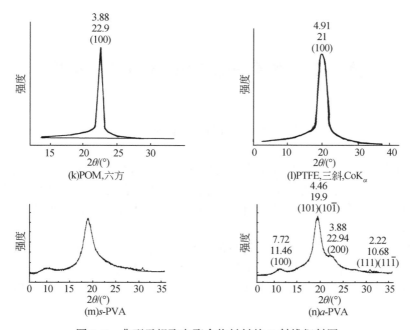

图7.5　典型无规取向聚合物材料的 X 射线衍射图

7.3　聚合物材料中各种添加剂的剖析

对聚合物材料中各种添加剂的剖析，特别是无机填料，X 射线衍射是不可缺少的手段。它不仅能测定每一组分的状态（结构），而且还能给出各组分是否有同分异构。目前国外应用在聚合物材料中的添加剂，组分复杂，作用广泛，种类繁多，如消光剂、颜料、抗静电剂、抗紫外线剂、降低摩擦系数剂、阻燃剂、充填剂、抗氧化剂、防老剂、结晶成核剂等，其中有石墨、二氧化硅、有机膦化合物、钛白粉、聚氧化烯烃、石棉、各种金属粉末、云母、滑石粉、高岭土以及废矿渣等，其添加量多至80%以上，少为万分之几。由此可见，对聚合物材料中的各种添加剂的剖析，除 X 射线衍射外，有机及无机质谱、红外，等离子体质谱、发射光谱、X 射线荧光分析、化学分离分析等的配合也是必不可少的。

习　题

1. 你所知道的鉴定晶态聚合物晶型的方法有哪些？你认为哪种最简便？

2. 为改进某聚合物材料性能，已将若干种添加剂（或填料）混入这种聚合物中，假如其成分都是未知的，如何分析它们的成分和结构？

第八章 多晶法测定聚合物晶体结构

8.1 目的和任务

前面第六、七章内容属于对聚合物材料的"鉴定"（identification），即通过使用不同实验方法，获得衍射图（曲线），与已知聚合物衍射图进行比较，可使用 ICDD 数据卡检索，"鉴定"它们是何种聚合物材料，结晶或非晶、晶型、取向或非取向等。

而"测定"（determination）的目的和任务是：①晶体结构，晶胞大小形状，晶胞内容（原子种类、数目、位置等）；②聚集态结构：结晶，非晶，取向（度），结晶度，微晶尺寸，晶格畸变，片晶厚度，长周期，电子云密度差，过渡层厚度等。

8.2 聚合物晶体衍射的特点

1957 年，Keller 等发现许多聚合物可从溶液中生长出聚合物单晶体（$0.1\mu m$ 至数微米）。直到今天，由合成得到的聚合物获取的单晶体仍在这个数量级范围内。但这个尺寸及其形态、结构只能用电子显微镜和电子衍射法研究，不适用于 X 射线衍射。聚合物晶体 X 射线衍射至少有下列几个特点：

（1）至今尚未能培养出 0.1mm 以上聚合物单晶（蛋白质高分子例外），故大多情况下采用多晶样品，一般采用多晶或无规取向、单轴、双轴取向聚合物材料。

（2）衍射角（2θ）增加，衍射斑点增宽，强度下降。因在聚合物晶体中，共存有晶区及非晶区，微晶尺寸（crystallite size）一般小于 20nm。

（3）取向后衍射点（环）成为分立的弧。

（4）独立反射点少（十至几十个），无低分子解晶体结构的成熟方法可循。一般只能使用尝试法（trial and error method）。

8.3 聚合物晶体结构的测定原理

随着 X 射线衍射、电子衍射以及 FTIR、拉曼光谱以及电子计算机技术方法的发展，人们已经积累了大量有关结晶聚合物的信息，但目前获得的有关聚合物链的堆砌、链排列、分子间相互作用本质以及晶体结构测定等，都是使用聚合物多晶材料（纤维、薄膜、薄板等），基本是使用尝试法，测定步骤如图8.1所示。对于低分子单晶体的结构测定，由于重原子法、直接法以及其他统计方法的应用，这种尝试法已大有不必要的趋势。图8.1中箭头向上、向下的数目，暗示了过程的复杂情况。

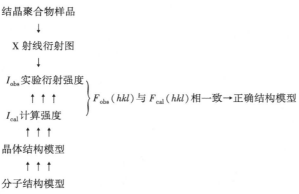

图 8.1　聚合物晶体结构的分析步骤

研究者凭自己的"灵感"假定一个晶体结构模型，并根据实验结果不断修正，直至得到一个与实验结果相一致的结构，俗称为尝试法。必须强调，不可能直接从实验结果给出晶体结构，只有通过研究者丰富的"想象力"（猜测）以及大量艰苦的工作才可能得到。

Natta 和 Corradini 曾经建议过测定聚合晶体结构三个"规则"，试图使聚合物晶体结构测定工作有章可循。

（1）等价规则：假设在聚合物分子链轴上各单体单元，在晶体几何（空间）位置相同，如图8.2所示，下一个单体单元在晶胞中重复着上一个单体单元的几何（空间）位置。

（2）能量最低规则：在晶体中对于一个沿着分子链轴取向的孤立链，分子内或分子间相互作用，假定是采取最低势能构象，见图2.51。基于分子链间氢键相互作用平行排列全部成键形成稳定 α 型，反向排列部分成键势能稍高，形成 β 型，次稳定。

（3）分子堆砌规则：高分子螺旋链在晶体中具有相同扭转方向，则在晶体中形成对映体紧密堆砌，如聚（1-丁烯）在晶胞中形成的对映体结构（图8.3）。

最后应强调指出，所获得晶体结构的密度约大于本体密度10%～15%，若两个数值相差较大，则模型不正确。

目前，聚合物晶体结构分析基本理论及实验方法，虽不能遵循使用低分子单晶

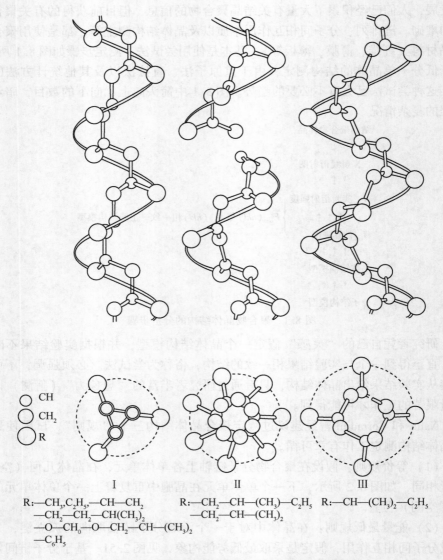

R：—CH₃,C₂H₅,—CH—CH₂　　　R：—CH₂—CH—(CH₃)—C₂H₅　　R：—CH—(CH₃)₂—C₂H₅
　—CH₂—CH₂—CH(CH₃)₂　　　　—CH₂—CH—(CH₃)₂
　—O—CH₀—O—CH₂—CH—(CH₃)₂
　—C₆H₅

图 8.2　具有不同侧基等规立构聚合物可能具有螺旋链类型

体结构分析成熟理论及方法，但其大有可借鉴之处，从下面的简介便可见一斑。

　　X 射线单晶体结构分析的理论是以晶体的衍射结构因子 F_{hkl} 和晶体电子云密度分布的如下函数关系为基础的：

$$F_{hkl} = \phi\rho(x_jy_jz_j) = \sum_j^n f_j\exp2\pi i\left(\frac{hx_j}{a} + \frac{ky_j}{b} + \frac{lz_j}{c}\right) \qquad (8.1)$$

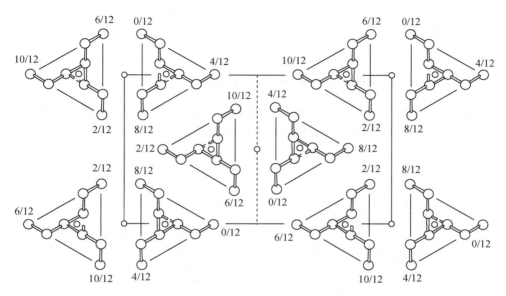

图8.3　聚（1-丁烯）在晶胞中形成的对映结构单元排列方式

$$\rho(xyz) = \phi^{-1}F_{hkl} = \frac{1}{V}\sum_{h=-\infty}^{+\infty}\sum_{k=-\infty}^{+\infty}\sum_{l=-\infty}^{+\infty}F_{hkl}\cdot\exp\left[-2\pi i\left(\frac{hx_j}{a}+\frac{ky_j}{b}+\frac{lz_j}{c}\right)\right]$$

$$(8.2)$$

式中，n 为晶胞中原子数目；F_{hkl} 为衍射指标为 hkl 的结构因子；$\rho(xyz)$ 为衍射晶体电子云密度；x_j,y_j,z_j 为第 j 个原子在晶胞中的坐标；ϕ 及 ϕ^{-1} 分别为傅里叶的正变换和逆变换。从式（8.1）和式（8.2）可知，结构因子是由晶体结构决定的，即由晶胞中原子的种类和原子的位置决定。原子的种类由原子散射因子 f_j 表示。

衍射 hkl 的衍射强度 I_{hkl} 正比于 F_{hkl} 和它的共轭复数 F_{hkl}^* 的乘积：

$$I_{hkl} = K\cdot F_{hkl}\cdot F_{hkl}^*$$

式中，K 为常数，它和所用晶体及具体实验条件有关。

由于从实验求得的衍射强度中一般只能引出结构振幅数据，位相角数据一般不易直接从强度数据中获得，这就是结构测定工作的主要困难。详细过程可参考有关专著。

在实际工作中，尤其是对测定单晶体结构以外的内容而言，在大多数情况下，只测定 X 射线衍射强度即可。衍射强度的测定方法分成照相法和计数器两种。照相法有利于了解衍射图的全貌，计数器有利于定量测定衍射强度。

聚合物晶体结构测定工作一般分为三个步骤：①单胞参数及空间群的确定；

②单胞内原子或分子数的确定；③单胞内原子坐标的确定。这些步骤与测定低分子情况无本质差别，但在②中，所谓分子数，对聚合物而言，就是分子链数目（N）或晶体结构重复单元数（Z）（表1.1）。

8.3.1　单胞参数及空间群的确定——圆筒底片法

先考虑采用由纤维照片确定单胞的方法，根据纤维照片层线间距，可确定沿纤维轴方向的纤维周期 I——沿分子链方向的结晶主轴长，习惯上称为等同周期（identical period）。由图8.4及式（8.3）可以计算 I 值。

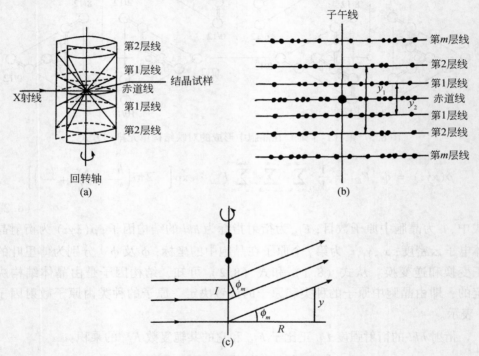

图 8.4　回旋晶体法和等同周期的测定

（a）回转晶体形成衍射圆锥；（b）形成层线；（c）纤维周期计算几何示意图

$$I\sin\phi_m = m\lambda, m = 0,1,2,3, \phi_m = \arctan S_m/R \tag{8.3}$$

式中，ϕ_m 为 m 层线的仰角；S_m 为底片中从赤道线至 m 层线的距离；R 为圆筒照相机的半径。

其余 5 个常数可用尝试法决定。从照片各衍射点的位置可求得 θ 角（布拉格角），$2\sin\theta$ 或 d_{hkl} 可由布拉格方程算得，由这些数值可以确定单胞的大小和形状，例如正交晶系（由表 4.2 知，$a \neq b \neq c, \alpha = \beta = \gamma = 90°$）：

$$\left(\frac{2\sin\theta}{\lambda}\right)^2 = \left(\frac{1}{d_{hkl}}\right)^2 = \left(\frac{h}{a}\right)^2 + \left(\frac{k}{b}\right)^2 + \left(\frac{l}{c}\right)^2 \tag{8.4}$$

由式（8.4）求出所有满足实验测得的 d 值的米勒指数的晶胞常数。若 c 为纤维轴，c 或 I 已知，得到各衍射点的米勒指数时，某种米勒指数表现出系统不出现，这种现象称为消光规律，是由晶胞内原子排列对称性所引起的。由晶体对称性及消光规律可确定空间群。消光规律与空间群的对应关系可查阅文献（Hahn T. International Tables for X-Ray Crystallography. Vol. A，1983）。

8.3.2　单胞内晶体结构重复单元的确定

单胞内晶体结构单元数目 Z 和密度 ρ_c 的关系为

$$\rho_c = \frac{MZ}{N_A V}, Z = \frac{\rho_c \cdot V \cdot N_A}{M} \tag{8.5}$$

式中，M 为化学结构重复单元相对分子质量；N_A 为阿伏伽德罗常量，6.023×10^{23} mol^{-1}；V 为单胞体积；ρ_c 为完全结晶聚合物的密度（由晶胞参数计算得到）。

但由于完全结晶聚合物的 ρ_c 往往比由实验测得的密度 ρ_s 大，故由实验求得的 ρ_s 代入（8.5）式后，所求得的 Z 值非整数，往往略为偏低，应取整数（因为 $\rho_c > \rho_s$）。

8.3.3　单胞内原子位置的确定

为了确定单胞内原子位置，衍射强度数据的收集是非常必要的。衍射强度 I_{hkl} 是由 F_{hkl} 决定的，或者说是正比于 $|F_{hkl}|^2$。由（8.1）式可知

$$F_{hkl} = \sum_j f_j \exp 2\pi i \left(h\frac{x_j}{a} + k\frac{y_j}{b} + l\frac{z_j}{c}\right)$$

而

$$I_{hkl} \propto |F_{hkl}|^2 = K \cdot F_{hkl} \cdot F_{hkl}^*$$

式中，f_j 为单胞内第 j 个原子的散射因子（或称原子结构因子），它与原子内电子数目分布及散射角有关。因此原子越重，f 越大。所谓原子坐标，即电子云的重心位置。电子云密度分布 $\rho(xyz)$ 用傅里叶级数表示为

$$\rho(xyz) = \frac{1}{V} \sum \sum_{-\infty}^{+\infty} \sum F_{hkl} \exp\left[-2\pi i\left(h\frac{x}{a} + k\frac{y}{b} + l\frac{z}{c}\right)\right]$$

$$= \frac{1}{V} \sum \sum_{-\infty}^{+\infty} \sum |F_{hkl}| \cos\left[2\pi\left(\frac{hx}{a} + \frac{ky}{b} + \frac{lz}{c}\right) - \alpha(hkl)\right] \tag{8.6}$$

式中，V 为单胞体积；$\alpha(hkl)$ 为位相角。

前面已经谈过衍射强度的测定有照相法和计数器法。其中，前者是根据底片上衍射点黑度求得的。由式（8.6）可知，如果（hkl）已知，电子云密度分布，

即原子坐标可以求得。实验强度经若干修正后的平方根，则等于 $|F_{hkl}|$。由此可见，从实验求得的仅仅是 F_{hkl} 的绝对值，而相位角的问题还不能得知。故从实验测得的强度不能直接求得 $\rho(xyz)$。解决相角的方法可用重原子法或直接法等多种方法，可以先解决部分强度较大（如 10%）的衍射的相角，通过电子云密度函数的计算，求出其他衍射的相角。由式（8.1）可知，F_{hkl} 与原子坐标有关。假定求得的原子坐标值合理，则由此计算出的 $|F_{cal}(hkl)|$，应与实验值 $|F_{obs}(hkl)|$ 相一致。尝试法所求得的结构正确与否，可用偏离因子（ R 因子）作大致判别的标准：

$$R = \frac{\sum \left| \, |F_{obs}(hkl)| - |F_{cal}(hkl)| \, \right|}{\sum |F_{obs}(hkl)|} \times 100\% \tag{8.7}$$

这是结构分析的最后精度，对复杂的低分子化合物，R 为 10% 左右；对简单组成的化合物，R 为 4% ~6%；对聚合物，R 为 15% 左右。此时一般即可认为求得的结构是正确的。表 8.1 列出了 R 因子的例子。

表 8.1　几个偏离因子 （R 因子）的例子

化合物（前三个为低分子）	所决定因子数 *	衍射点数	R/%
氰化乙烯	3 (0)	365	4.8
环丙烷-1,1-二羧酸	30 (12)	1669	4.9
对乙氧基苯甲酸乙酯	48 (8)	1460	9.3
聚乙二酸乙二醇酯	12 (6)	67	19
聚（α-羟基乙酸）	5 (1)	80	13
聚甲醛 **	4 (2)	95	8.8

* 括号内为氢原子数目；

** 由三聚甲醛固相聚合得到单晶状聚甲醛。

若实测值 $F_{obs}(hkl)$ 与计算值 $F_{cal}(hkl)$ 完全符合，则计算出的位相角 $\alpha(hkl)$ 可看做是正确的。得知位相角后，由式（8.6）可计算出电子云密度，从而亦可求得原子坐标。再根据化学知识，由晶体对称性及一切可利用的线索，可以假设出初步的试探模型。

图 8.5 是用圆筒照相机摄取的取向聚乙烯试样的纤维图。可以看到，上下为第一层线衍射。根据这个层线和赤道线之间的距离，使用公式（8.3），就可求出纤维的周期：

$$c = 0.2534\text{nm}$$

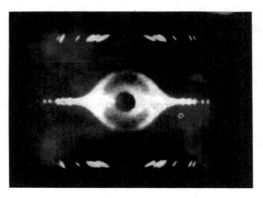

图 8.5　取向聚乙烯试样的纤维图
圆筒照相机，纤维轴上下方向，X 射线垂直纤维轴

　　无取向聚乙烯的 X 射线衍射图和饱和碳氢化合物非常相似，二者的结晶结构也相雷同，Bunn 参考了饱和碳氢化合物后，根据尝试法，对赤道线及各层线进行指标化（结果列在表 8.2 中），由此得到聚乙烯晶胞常数（正交晶系）：

$$a = 0.740\text{nm}, b = 0.493\text{nm}, \alpha = \beta = \gamma = 90°$$

表中面间距的计算值，是由上述晶胞常数以式（8.4）计算求得的。从表 8.2 可以看到，测定值和计算值很一致。至于每个单胞中含有多少个化学结构单元 —CH$_2$—CH$_2$—，可从其与密度的关系式［式（8.5）］求得，若结晶的密度为 ρ_c，则

$$Z = \frac{\rho_c \cdot V \cdot N_A}{M} \tag{8.8}$$

式中，Z 为单胞内所含晶体重复结构单元数目；M 为化学结构单元所含相对原子质量之和；N_A 为 Avogadro 常量；V 为单胞体积。将聚乙烯由实验测得的 ρ_s（0.970g/cm^3），代入式（8.8）得

$$Z = \frac{0.970 \times 7.40 \times 4.93 \times 2.53 \times 10^{-24} \times 6.023 \times 10^{23}}{28.02} = 1.92 \approx 2$$

Z 必须是整数。对聚乙烯，若取 $Z = 2$，则 $\rho_c = 1.01\text{g/cm}^3$，此值之所以大于实验值，因为在实际聚乙烯结晶中，不仅包含着分子链有序折叠晶区，还包含着分子链无序非晶区。根据消光规律，可以确定空间群。此后进一步求算原子坐标；再由原子坐标值，可计算出聚乙烯各峰的衍射强度。实验使用尝试法可使实验值与计算值尽可能一致（表 8.2）。使用图 8.5，可计算出原子坐标值，因 X 射线的衍射，仅仅是原子中的电子作用。从 X 射线衍射强度的测定结果，根据傅里叶级数变换，可求得电子云密度状态分布图（图 8.7）。由图 8.6 聚乙烯结晶结构模型可知，聚乙烯为平面锯齿型分子，分子链分别通过单位格子棱角及格子中央。聚

乙烯平面锯齿型与 bc 面成 41°角倾斜，C—C 键长 0.153nm，C—C—C 键角为 112°，锯齿的等同周期 $I=0.253$nm。图 8.7 为聚乙烯的电子云密度分布图。

表 8.2   PE 的 X 射线晶体结构分析数据

测定值		计算值 $d/Å$	hkl 衍射			其他晶面衍射		
$2\theta/(°)$	$d/Å$		指数	测定强度	计算强度	指数	测定强度	计算强度
21.60	4.106	4.102	110	4400	4400			
24.08	3.696	3.696	200	1160	1165			
30.15	2.964	2.956	210	35	48			
36.42	2.467	2.467	020	100	226			
38.37	2.346	2.340	120	(10)	18			
40.04	2.252	2.254				011	105	73
40.99	2.202	2.203	310	100	248			
41.78	2.162	2.156				111	75	48
43.34	2.088	2.089				201	140	94
43.89	2.063	2.050	220	70	175			
47.22	1.925	2.924				211	70	60
49.37	1.846	1.848	400	(5)	41			
53.26	1.720	1.720	320, 410	(5)	56	121	20	161
55.17	1.665	1.663				311	10	134
57.69	1.598	1.596	130	(2)	28	221	(3)	35
61.91	1.499	1.502	230	(1)	20			
63.05	1.434	1.435	510	(0)	9	321, 411	(3)	(56)
67.87	1.381	1.379	330	(0)	9	031		67
73.14	1.294	1.292				231	(2)	89
74.96	1.267	1.267	520	(0)	28	002	(3)	36
77.11	1.237	1.236	040, 600	(0)	1	511	(2)	103
79.16	1.210	1.210				112	(5)	108
86.71	1.123	1.127				022	(<1)	34
89.20	1.098	1.098	530			312	(1)	61

注：括号内数据为目测强度，其他数据用光度计测定。

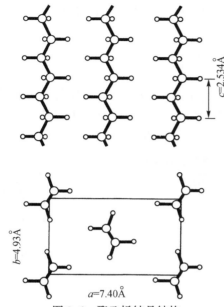

图 8.6　聚乙烯结晶结构　　　　　　图 8.7　聚乙烯的电子云密度分布

综上所述，聚合物晶体结构的解析，与结晶的低分子物质相比，反射点数目较少，测定空间群及计算电子云密度分布的困难较多。但是由于结构单元的重复性，对沿着链方向以共价键结合的链状聚合物来说，当测得纤维等同周期后，再来推测分子晶体结构是完全可能的。

图 8.8 为聚（α-羟基乙酸）的电子云密度分布图，图 8.9 为聚（α-羟基乙酸）的纤维周期，实验测得纤维周期为 0.702nm。如果分子链以平面锯齿型结构伸展，以两个化学结构单元为立体重复单元（图 8.9），那么计算得到的纤维周期为 0.716nm，这与实验结果几乎一致。

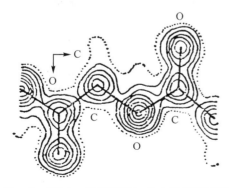

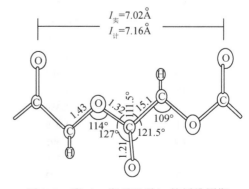

图 8.8　聚（α-羟基乙酸）的电子云密度图　　　图 8.9　聚（α-羟基乙酸）的纤维周期

尼龙 1010 是我国独创的一种工程塑料品种，它的重复单元结构为

$$+ \overset{\overset{O}{\|}}{C} + (CH_2)_8 \overset{\overset{O}{\|}}{C} \overset{\overset{H}{|}}{N} + (CH_2)_{10} \overset{}{N} +_n \\ \overset{}{\underset{H}{|}}$$

它在精密机械零件、仪表制造、家用电器、航空等方面，作为代替金属制品使用已日渐增多，使用 WAXD 方法测定尼龙 1010 的结晶结构及聚集态结构，结果如图 8.10 所示。尼龙 1010 的晶体参数见表 8.3 至表 8.6。

表 8.3　尼龙 1010 的观察和计算的衍射强度与面间距

n	hkl	I/I_o	I/I_c	d_o	d_c
1	100, $\bar{1}$00	50	21	4.437	4.363
2	010, 0$\bar{1}$0	44	50	3.720	3.724
3	002	13	5	10.272	10.385
4	014	11	2	2.386	2.390
5	214	10	1	2.417	
6	115	10	0	2.220	
7	203	9	1	2.013	
8	110	8	24	3.693	3.660
9	220	8	6	1.832	1.830
10	205	6	1	1.846	
11	125	5	1	1.760	1.760
12	115	3	2	1.749	
13	216	3	1	1.303	

表 8.4　尼龙 1010 的原子坐标

原子	X	Y	Z
C1	0.388	0.036	0.036
C2	0.586	−0.032	0.084
C3	0.380	0.035	0.129
C4	0.582	−0.027	0.175
C5	0.362	0.031	0.303
C6	0.586	−0.029	0.345
C7	0.359	0.036	0.389
C8	0.619	−0.036	0.432
C9	0.393	0.037	0.475
C	0.359	0.039	0.219
O	0.102	0.020	0.230
N	0.592	−0.035	0.261

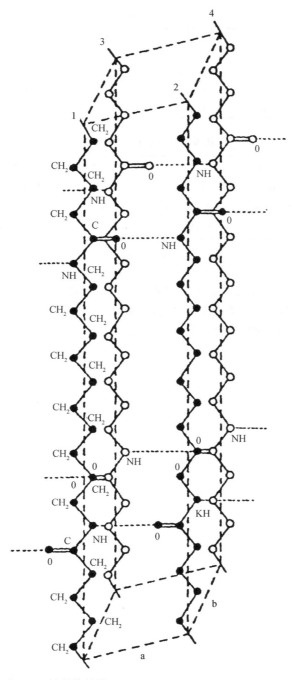

图 8.10　尼龙 1010 的晶体结构（Mo Zhishen, et al. Polym Int, 1993, 30: 53）

表 8.5　尼龙 1010 的键长 　　　　　　　　　（单位：nm）

键	键长	键	键长	键	键长
O—C	0.1260	C3—C4	0.1557	C6—C7	0.1559
N—C	0.1550	C—C4	0.1561	C7—C8	0.1693
C1—C2	0.1567	C5—N	0.1549	C8—C9	0.1553
C2—C3	0.1557	C5—C6	0.1560	C9—C9'	0.1701

表 8.6　尼龙 1010 的键角 　　　　　　　　　（单位：°）

键	键角	键	键角	键	键角
C1—C2—C3	110.7	C4—C—N	98.9	C5—C6—C7	100.2
C2—C3—C4	109.6	C—N—C5	96.5	C6—C7—C8	96.9
C3—C4—C	105.8	N—C5—C6	99.0	C7—C8—C9	97.2

习　　题

1. 简述用粉末法（或多晶法）测定一个聚合物晶体结构的步骤。

2. 核糖核酸酶——S 蛋白质的晶体学数据如下：晶胞体积 167nm³，晶胞分子数 6，晶体密度 1.282g/cm³，蛋白质在晶体中占 68%（质量分数）。计算该蛋白质的相对分子质量。

第九章 聚合物材料的结晶度

聚合物为部分结晶或非晶,前者有 PE、PET、PP 等,后者有无规立构 PS、PMMA 等,部分结晶聚合物习惯上称为结晶聚合物。结晶度是表征聚合物材料的一个重要参数,它与聚合物的许多重要性质有直接关系。随着聚合物材料日益被广泛应用,准确测定聚合物结晶度这个重要参数越来越受到人们的重视。目前,在各种测定结晶度的方法中,X 射线衍射法被公认具有明确意义且应用最广泛。本章文将重点介绍此方法。

9.1 结晶聚合物的结构模型

9.1.1 缨状胶束模型

对结晶聚合物分子链在晶体中的形态,早期用"经典两相模型"——缨状胶束模型(fringed micelle model)(图 9.1)解释。这个模型的特点是结晶的聚合物分子链段主要属于不同晶体,即一个分子链可以同时穿过若干个晶区和非晶区,分子链在晶区中互相平行排列,在非晶区相互缠结卷曲无规排列。这个模型似乎解释了早期的许多实验结果,足足有 30 年时间受到高分子科学工作者的偏爱。

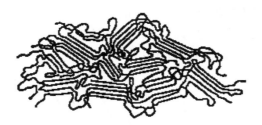

图 9.1 结晶聚合物的缨状胶束模型

9.1.2 插线板模型

20 世纪 60 年代初,Flory 等提出"插线板"模型(switchboard model),与 Keller 等的邻位规则折叠模型[图 9.2(a)]相比,此模型的主要特点是组成片晶的杆(stem)为无规连接,即从一个片晶出来的分子链,并不在其邻位处回折到同一片晶，而是在非邻位以无规方式再折回，也可能进入另一片晶 ［图 9.2 (b)］。

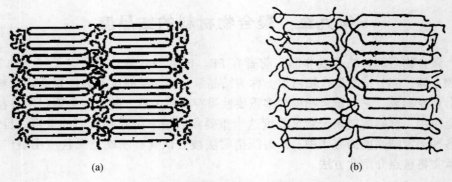

图 9.2　结晶聚合物的分子链折叠模型

（a）邻位规则折叠；（b）非邻位无规折叠

9.1.3　结晶 – 非晶中间层

随着对聚合物结晶结构研究的深入，"两相模型"结构已不能满意解释聚合物的结晶结构，已证明在 PE 的晶区与非晶区间存在一个过渡区（transition zone），或称中间层（中间相，interphase）（图 9.3）。

1984 年，Flory 等从统计力学出发，将晶格理论应用到高分子界面，指出半结晶聚合物片层间存在一个结晶 – 非晶中间相（crystal-amorphous interphase）。中间相的性质既不同于晶相，也不同于非晶相（各向同性），即聚合物结晶形态由三个区域组成：片层状三维有序区、非晶区、中间层（过渡层）。有关结晶聚合物中间层研究的进展，我们已有研究报道及综述 ［喻龙宝，张宏放，莫志深. 功能高分子学报，1997，10（1）：90-101］。

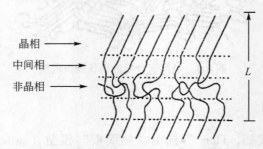

晶相 ——→

中间相 ——→

非晶相 ——→

图 9.3　结晶聚合物结晶 – 非结晶中间层示意图

综上所述，无论经典缨状胶束模型还是折叠链模型，都忽略中间层的存在，把结晶聚合物视为由晶相及非晶相"两相"组成。"两相模型"理论是测定聚合物结晶度的理论基础。

9.2 结晶度的概念

结晶度是表征聚合物材料结晶与非晶的质量分数或体积分数大小的直观数值。1988 年，IUPAC 推荐用 $W_{c,\alpha}$ 表示质量分数结晶度，$\phi_{c,\alpha}$ 表示体积分数结晶度。下脚标 α 根据方法不同有不同表示。

$$W_{c,\alpha} = \frac{M_c}{M} \times 100\% = \frac{\rho_c}{\rho_c + \rho_a} \times 100\% \tag{9.1}$$

$$\phi_{c,\alpha} = \frac{\phi_c}{\phi} \times 100\% = \frac{\phi_c}{\phi_c + \phi_a} \times 100\% \tag{9.2}$$

式中，M_c 和 M 分别为样品结晶部分质量和总的质量；ρ、ρ_c 和 ρ_a 分别为整体样品密度、结晶部分密度和非结晶部分密度；ϕ_c、ϕ_a 和 ϕ 分别为样品结晶部分体积、非晶部分体积和总的体积。

根据"两相模型"假定，计算结晶度应注意下面几方面问题：①样品可以划分为"明显"的结晶及非结晶相（即所谓"两相"模型）；②假定两相与它们理想状态——结晶、非晶相具有相同性质，界面的影响可忽略；③结晶度可以用质量分数 $W_{c,\alpha}$ 或体积分数 $\phi_{c,\alpha}$ 表示，两者关系为

$$W_{c,\alpha} = \phi_{c,\alpha} \cdot \rho_c/\rho \tag{9.3}$$

④聚合物材料结晶度的测定可以有多种方法，其中最常用的有 X 射线衍射法、量热法、密度法和红外光谱法（IR）。上述诸方法不易将晶体缺陷与非晶区分开。不同测量方法反映的晶体缺陷及界面结构不同，因而不同方法获得的定量结果有所不同也常有之。

9.3 几种常用方法

9.3.1 X 射线衍射

用 X 射线衍射方法测得的结晶度，用 $W_{c,x}$ 表示，$W_{c,x}$ 用式（9.4）求得

$$W_{c,x} = \frac{I_c}{I_c + K_x I_a} \tag{9.4}$$

式中，I_c 及 I_a 分别为在适当角度范围内的晶相及非晶相散射积分强度；K_x 为总校正因子。若样品存在各向异性，样品必须被适当消除取向，求取整个倒易空间的平均衍射强度。

9.3.2　量热法

量热法测得的结晶度，用 $W_{c,h}$ 表示，由式（9.5）求得

$$W_{c,h} = \Delta h_{fus}/\Delta h_{fus,c} \tag{9.5}$$

式中，Δh_{fus} 和 $\Delta h_{fus,c}$ 分别为在相同升温速率下测得的样品熔融热及完全结晶样品的熔融热。熔融热是温度的函数，下面以尼龙 1010 为例，说明 $\Delta h_{fus,c}$ 的求法。用密度梯度管法（或比重天平）测得一系列不同退火条件下得到的尼龙 1010 的密度 ρ（换成比容 $\overline{V}_{sp}$），用 DSC 测得相应 Δh_{fus} 值（表9.1），并由红外吸光度－密度外推法求得尼龙 1010 的非晶密度 $\rho_a = 1.003 \text{g/cm}^3$，以 Δh_{fus} 对 $\overline{V}_{sp}$ 作图（图9.4），用 X 射线衍射方法测定及计算尼龙 1010 完全结晶密度 $\rho_c = 1.135 \text{g/cm}^3$，换算 $\overline{V}_{sp,c} = 0.881 \text{cm}^3/\text{g}$，在图 9.4 中外推 $\Delta h_{fus} \sim \overline{V}_{sp}$ 直线到 $\overline{V}_{sp} = \overline{V}_{sp,c} = 1/\rho_c = 0.881 \text{cm}^3/\text{g}$ 处，求得尼龙 1010 的 $\Delta h_{fus,c} = 244.0 \text{J/g}$（58.3cal/g）。

表 9.1　尼龙 1010 样品的熔融热 Δh_{fus} 和相应的比容 $\overline{V}_{sp}$

$\Delta h_{fus}/$（J/g）	66.31	74.89	83.96	90.56	100.28	105.96	114.01
$\overline{V}_{sp}/$（cm³/g）	0.964	0.962	0.957	0.954	0.950	0.947	0.942

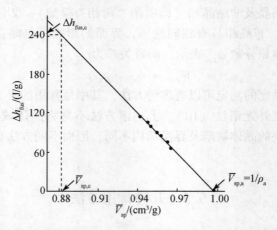

图 9.4　尼龙 1010 的熔融热 Δh_{fus} 与比容 $\overline{V}_{sp}$ 的线性关系图（本实验室，1993）

9.3.3　密度测量

1. 质量分数结晶度（$W_{c,d}$）

质量分数结晶度 $W_{c,d}$ 为

$$W_{c,d} = \frac{M_c}{M} = \frac{\rho_c \phi_c}{\rho \phi} \tag{9.6}$$

注意到,$\frac{\phi_c}{\phi} = 1 - \frac{\phi_a}{\phi}$,$M = M_c + M_a = \rho_c \phi_c + \rho_a \phi_a = \rho \phi$,$M_a$ 为样品非晶部分质量,故

$$W_{c,d} = \frac{\rho_c}{\rho}\left(\frac{\rho - \rho_a}{\rho_c - \rho_a}\right) = \frac{1/\rho_a - 1/\rho}{1/\rho_a - 1/\rho_c} \tag{9.7}$$

2. 体积分数结晶度($\phi_{c,d}$)

体积分数结晶度 $\phi_{c,d}$ 为

$$\phi_{c,d} = \frac{\phi_c}{\phi} = 1 - \frac{\phi_a}{\phi} \tag{9.8}$$

故

$$\phi_{c,d} = \frac{\rho_a - \rho}{\rho_a - \rho_c} \tag{9.9}$$

联系式(9.7)及式(9.9),则有

$$W_{c,d} = \phi_{c,d} \cdot \rho_c/\rho \tag{9.10}$$

由式(9.10)可知,由密度测得的质量分数结晶度 $W_{c,d}$ 常常大于体积分数结晶度 $\phi_{c,d}$。为了计算质量分数结晶度 $W_{c,d}$ 及体积分数结晶度 $\phi_{c,d}$,很有必要由聚合物晶胞参数计算 ρ_c,由比重计或膨胀计分别测定完全非晶样品的密度 ρ_a 及整体样品的密度 ρ。上述方法测得的结晶度大小顺序为 $W_{c,x} \geqslant W_{c,d} > W_{c,h}$,主要因为上述诸法不易将晶体缺陷与非晶区分开,不同测量方法反映的晶体缺陷及界面结构不同。WAXD 法是基于晶区与非晶区的电子密度差(晶区电子密度大于非晶区)相应产生结晶衍射峰及非晶弥散峰的倒易空间积分强度计算的结果。密度测定法是根据分子链在晶区与非晶区有序密堆积的差异,晶区密度大于非晶区,此法测得晶区密度值实际上是晶相及介晶区的加和。故以上两种方法测得的结晶度往往较接近。而 DSC 测得的结晶度是以试样晶区熔融吸收热量与完全结晶试样熔融热相对比的结果,此法仅考虑了晶区的贡献,所以,$W_{c,h}$ 要比 $W_{c,x}$ 和 $W_{c,d}$ 都小些。可见这些方法的差别:DSC 仅考虑热效应,$W_{c,x}$ 和 $W_{c,d}$ 考虑了高分子链在晶区、非晶区以及介晶区(中间相)的有序性。

9.3.4 红外光谱法

由红外光谱法测得结晶度,用 $W_{c,i}$ 表示,通常表达式如下:

$$W_{c,i} = \frac{1}{a_c \rho l} \cdot \lg(I_0/I) \tag{9.11}$$

先选取某一吸收带作为结晶部分的贡献。式中，I_0、I 分别为在聚合物结晶部分吸收带处入射及透射光的强度；a_c 为结晶材料吸光度；ρ 为样品整体密度；l 为样品厚度。

9.4　X 射线衍射方法

用 X 射线衍射方法测定结晶度的理论基础为，在全倒易空间总的相干散射强度只与参加散射的原子种类及其总数目 N 有关，是一恒量，与它们聚集状态无关。设 $I(s)$ 为倒易空间某位置 s 处局部散射强度，则整个空间积分强度为

$$\int_0^\infty I(s)\,\mathrm{d}V = 4\pi \int_0^\infty s^2 I(s)\,\mathrm{d}s \qquad (9.12)$$

式中，散射矢量 $|s| = s = 2\sin\theta/\lambda$，如果将 X 射线衍射图中结晶散射强度 $I_c(s)$ 和非晶散射强度 $I_a(s)$ 分开，则结晶度（$W_{c,x}$）可用式（9.13）表示：

$$W_{c,x} = \frac{\int_0^\infty S^2 I_c(s)\,\mathrm{d}s}{\int_0^\infty S^2 I_t(s)\,\mathrm{d}s} \qquad (9.13)$$

式中，$I_t(s) = I_c(s) + I_a(s)$。式（9.13）是 X 射线衍射方法测定聚合物材料结晶度的基本公式。实际上，用式（9.13）需注意下面一些问题：式中 $I_t(s)$、$I_c(s)$ 为相干散射强度，故应从实验测得的总散射强度中减去非相干散射（Compton 散射）及来自空气的背景散射，还要对原子的吸收及偏振因子校正。同时，实验时不可能测得所有 S 值下的散射强度，仅仅是测得某一有限范围内的 S 值，并假定散射强度发生在这个范围以外是可以忽略的。还应指出，热运动、聚合物微晶的不完善性（畸变、缺陷等），使得来自晶区散射部分表现为非晶散射。准确地将一个结晶聚合物衍射曲线分解为结晶及非晶贡献，对结晶度的测定是一个关键问题。基于上面的讨论，式（9.13）可以简写成式（9.4）。式（9.13）及式（9.4）为 X 射线衍射方法测定聚合物材料结晶度的基本公式，下面仅就常用的几种测定计算方法做一简述。

9.4.1　作图法

根据式（9.4），一个多组分聚合物材料的结晶度计算公式为

$$W = \frac{\displaystyle\sum_{i=1}^{M}\sum_{j=1}^{P(M)} C_{i,j}(\theta) I_{i,j}(\theta)}{\displaystyle\sum_{i=1}^{M}\sum_{j=1}^{P(M)} C_{i,j}(\theta) I_{i,j}(\theta) + \sum_{i=1}^{M}\sum_{l=1}^{N(M)} k_i C_{i,l}(\theta) I_{i,l}(\theta)} \times 100\% \qquad (9.14)$$

式中，M 为聚合物的组分数；P 为某组分所具有的结晶衍射峰数；N 为某组分所含

有的非晶峰个数; $C_{i,j}(\theta)$ 为与衍射角有关的第 i 个组分第 j 个衍射峰的校正因子; $C_{i,l}(\theta)$ 为第 i 个组分第 l 个非晶峰的校正因子; $I_{i,j}(\theta)$ 为第 i 个组分第 j 个衍射峰的强度; $I_{i,l}(\theta)$ 为第 i 个组分第 l 个非晶峰的强度; k_i 为校正系数, $k_i = \sum I_{i,\mathrm{cal}} / \sum I_{i,\mathrm{total}}$ ($k_i \le 1$), 为计算时所采用第 i 个组分衍射强度与该组分可能观察到的全部衍射强度之比, 一些常见聚合物的 k_i 值可从表9.3查得。式 (9.14) 中校正因子 $C(\theta)$ (可分别代表结晶及非晶峰校正因子), 可由式 (9.15) 求得

$$C^{-1}(\theta) = f^2 \times \frac{1 + \cos^2 2\theta}{\sin^2\theta \cdot \cos\theta} \times \mathrm{e}^{-2B(\sin\theta/\lambda)^2}$$

$$= \sum_i N_i f_i^2 \times \frac{1 + \cos^2\theta}{\sin^2\theta \cdot \cos\theta} \times \mathrm{e}^{-2B(\sin\theta/\lambda)^2} \qquad (9.15)$$

式中, f 为每个重复单元中所含有的全部原子散射因子; N_i , f_i 分别为每个重复单元中含有的第 i 种原子数目和原子散射因子; θ 为衍射角; $(1 + \cos^2 2\theta)/(\sin^2\theta \cdot \cos\theta)$ 为角因子 (LP); $\mathrm{e}^{-2B(\sin\theta/\lambda)^2}$ 为温度因子 (T); 定义 $K_x = k_i \cdot C_{i,l}(\theta)$, K_x 称总校正系数; 原子散射因子 f_i 可近似地表示为

$$f_i(\sin\theta/\lambda) = a_j \cdot \mathrm{e}^{-2b_j(\sin\theta/\lambda)^2} + C \qquad (9.16)$$

式中, a_j , b_j , c 值可由文献查得, $j = 1$, 2 , 3 , 4 。

对于单一组分聚合物, 式 (9.14) 可简化为

$$W_{\mathrm{c,x}} = \frac{\sum_i C_{i,hkl}(\theta) I_{i,hkl}(\theta)}{\sum_i C_{i,hkl}(\theta) I_{i,hkl}(\theta) + \sum_j C_j(\theta) I_j(\theta) k_i} \times 100\% \qquad (9.17)$$

式中, i, j 分别为计算结晶衍射峰数目和非晶衍射峰数目; $C_{i,hkl}(\theta)$, $I_{i,hkl}(\theta)$ 分别为 (hkl) 晶面校正因子及衍射峰积分强度; $C_j(\theta)$, $I_j(\theta)$ 分别为晶峰校正因子和散射峰积分强度。 $C_{i,hkl}(\theta)$ 及 $C_j(\theta)$ 的求法见式 (9.15), $K_x = k_i \cdot C_j(\theta)$ 。

我们应用式 (9.17) 计算间规 1,2-聚丁二烯 (st-1,2-PB) 和稀土顺式 1,4-聚丁二烯 (Ln-cis-1,4-PB) 的结晶度。由 st-1,2-PB 的广角 X 射线衍射 (图9.5) 可见, 有明显的 4 个衍射峰, 因为 st-1,2-PB 每个重复单元有 4 个碳原子、6 个氢原子, 故总的散射因子 $f^2 = 4f_C^2 + 6f_H^2$, 它的 4 个主要衍射晶面位于 $2\theta_{010} = 13.75°$, $2\theta_{110}^{200} = 16.3°$, $2\theta_{210} = 21.45°$, $2\theta_{111}^{201} = 23.8°$, 非晶峰 $2\theta_a = 19.4°$ 。

把上述数据分别代入式 (9.15) 和式 (9.16) 中, 取 $2B = 10$, 并按 (010) 晶面积分强度值归一化, 得到各衍射峰的校正因子为 $C_{010}(\theta) = 1$, $C_{110}^{200}(\theta) = 1.57$, $C_{210}(\theta) = 3.50$, $C_{201}^{111}(\theta) = 4.99$, 非晶峰的 $C_j(\theta) = 2.69$ 。据衍射强度正比于结构振幅, 即 $I_{hkl} \propto F_{hkl}^2$, 据表9.3得知, st-1,2-PB 的 $k_i = 0.414$ 。将求得的 $C_j(\theta)$ 和 k_i 值代入式 (9.17), 则得到 st-1,2-PB 的具体结晶度公式 (9.18):

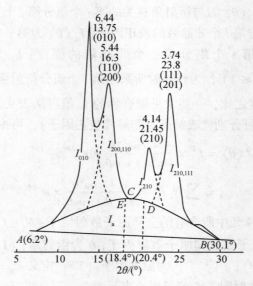

图 9.5　st-1,2-PB 的 WAXD 曲线及其分解

$2\theta = 19.40°$ 为非晶峰顶点，C 为结晶峰非晶峰分离的最低点

$$W_{c,x} = \frac{I_{010} + 1.57I_{110}^{200} + 3.50I_{210} + 4.99I_{111}^{201}}{I_{010} + 1.57I_{110}^{200} + 3.50I_{210} + 4.99I_{111}^{201} + 1.10I_a} \times 100\% \qquad (9.18)$$

低密度聚乙烯（LDPE）的 WAXD 曲线及其分解见图 9.6。表 9.2 给出了按式（9.15）～式（9.17）计算 PE 结晶度的具体步骤。表中取 $2B = 10$，以（110）晶面为标准进行了归一化，由表 9.2 可知，$C_{110}(\theta) : C_{200}(\theta) : C_j(\theta) = 1 : 1.42 : 0.75$，$k_i = 0.89$，故 $K_x = C_j(\theta) \cdot k_i = 0.67$，据此可得 PE 的结晶度公式为

$$W_{c,x} = \frac{I_{110} + 1.42I_{200}}{I_{110} + 1.42I_{200} + 0.67I_a} \times 100\% \qquad (9.19)$$

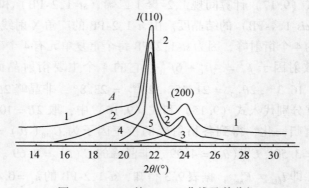

图 9.6　LDPE 的 WAXD 曲线及其分解

表 9.3 列出了按本方法得到的 12 种聚合物的结晶度计算公式及 $C(\theta)$、k_i、K_x 值。表中同时列出了文献 K 值以便比较。表 9.3 中文献栏中有 $*$ 号的 K_x 值是不确切的。如对 PE，文献中给出 $K_x = 1$，实际是 k_i，但如 $k_i = 1$，意味着计算时把所有的结晶衍射峰强度都考虑进去了，事实上并非如此，仅考虑了 I_{200}，I_{110} 两个强衍射峰，即 $k_i < 1$。本书算得 $k_i = 0.9$，因此对聚合物结晶度按式（9.17）进行计算，除了对角因子、吸收因子、温度因子、非相干散射和背景散射扣除外，很重要的一点是对被忽略的结晶衍射强度进行补正。

表 9.2　LDPE 的 $C(\theta)$ 计算

项目	A	110	200
$2\theta/(°)$	19.5	21.36	23.78
$\theta/(°)$	9.75	10.68	11.89
$e^{-2B(\frac{\sin\theta}{\lambda})^2} = T$	0.8864	0.8655	0.8365
f_H^2	0.6063	0.5518	0.49
f_C^2	24.1971	22.5415	20.6455
$f^2 = 2f_C^2 + 4f_H^2$	50.8094	47.2903	43.251
$\dfrac{1 + \cos^2 2\theta}{\sin^2\theta\cos\theta} = LP$	66.8166	55.3287	44.2333
$f^2 LPT$	3009.8432	2324.7301	1600.3386
$C(\theta)$	0.75	1	1.42

在惯常分析中，作图法由于简便易行而常被采用。计算时只要把 X 射线衍射强度曲线分解为结晶与非晶两部分，按本章给出的校正因子定义和计算方法，对各晶面衍射强度进行修正后，可由式（9.17）或表 9.3、表 9.4 中相应聚合物结晶度计算公式就可简便地获得 $W_{c,x}$ 值。

我们应用式（9.14）计算了多组分聚合物（乙丙共聚物及其链转移共混物）的结晶度值。从 X 射线衍射图（图 9.7，图 9.8）中可以清楚地看到，所研究的聚合物样品基本上保持了 i-PP 的单斜晶系结构，也存在表征 PE 乙烯长序列规整的结晶衍射峰，计算中必须考虑这两种聚合物各自对结晶的贡献。按 i-PP 和 PE 非晶峰的位置（分别为 $2\theta = 16.3°$ 和 $2\theta = 19.5°$）将共聚物（或共混物）的非晶散射峰分解为两部分，由表 9.5、表 9.6 及具体测得各衍射峰强度值结果代入式（9.14）~ 式（9.16）中，得到

$$W_{c,x} = \frac{\Delta_1 + \Delta_2}{\Delta_1 + \Delta_2 + \Delta_3} \times 100\%（共聚物）\tag{9.20}$$

式中：

$$\Delta_1 = (I_{110} + 1.64I_{040} + 2.16I_{130} + 2.73I_\gamma + 2.91I_{111}) \ (PP)$$

$$\Delta_2 = (5.37I_{110} + 6.86I_{200}) \ (PE)$$

$$\Delta_3 = 3.4I_a PE + 1.29I_a (PP)$$

$$W_{c,x} = \frac{\diamondsuit_1 + \diamondsuit_2}{\diamondsuit_1 + \diamondsuit_2 + \diamondsuit_3} \times 100\% \ (共混物) \tag{9.21}$$

式中：

$$\diamondsuit_1 = (I_{110} + 1.60I_{040} + 2.16I_{130} + 2.68I\gamma + 3.18I_{111}) \ (PP)$$

$$\diamondsuit_2 = (5.29I_{110} + 6.88I_{200}) \ (PE)$$

$$\diamondsuit_3 = 3.3I_a (PE) + 1.27I_a (PP)$$

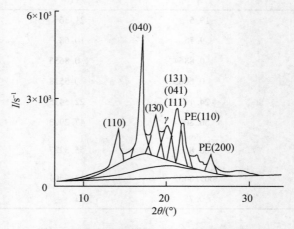

图 9.7 乙丙共聚物的 WAXD 图及其分解

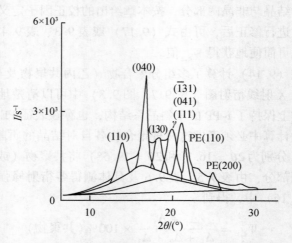

图 9.8 乙丙共混物的 WAXD 图及其分解

表 9.3　聚合物结晶度计算公式及校正因子

聚合物	hkl	2θ /(°)	T	LP	f_i^2	$C(\theta)$	k_i	$K_x = C_j(\theta)k_i$ 本书	K_x 文献	$W_{c,x}$ 本书	$W_{c,x}$ 文献
$-\!\!\left(C_2H_4\right)\!\!_n$ (HDPE)	110	21.60	0.86	54.06	47.68	1	0.89	0.65	1*	$\dfrac{I_{110}+1.42I_{200}}{I_{110}+1.42I_{200}+0.65I_A}\times100\%$	$\dfrac{I_{110}+1.46I_{200}}{I_{110}+1.46I_{200}+0.75I_A}\times100\%$
	200	24.00	0.83	43.39	43.31	1.42					
	A	19.50	0.89	66.82	51.54	0.73					
$-\!\!\left(C_2H_4\right)\!\!_n$ (LDPE)	110	21.36	0.87	55.53	48.12	1	0.90	0.68	1*	$\dfrac{I_{110}+1.42I_{200}}{I_{110}+1.42I_{200}+0.68I_A}\times100\%$	$\dfrac{I_{110}+1.46I_{200}}{I_{110}+1.46I_{200}+0.75I_A}\times100\%$
	200	23.78	0.84	44.23	43.80	1.42					
	A	19.50	0.89	66.81	51.40	0.75					
$-\!\!\left(CH_2O\right)\!\!_n$ (POM)	100	23.06	0.85	47.17	68.83	1	0.74	0.55	0.66	$\dfrac{I_{100}}{I_{100}+0.55I_A}\times100\%$	$\dfrac{I_{100}}{I_{100}+0.66I_A}\times100\%$
	A	20.90	0.87	57.89	73.35	0.74					
$-\!\!\left(C_2F_4\right)\!\!_n$ (PTFE)	100	18.05	0.90	78.35	325.89	1	0.74	0.61	0.66	$\dfrac{I_{100}}{I_{100}+0.61I_A}\times100\%$	$\dfrac{I_{100}}{I_{100}+0.66I_A}\times100\%$
	A	16.68	0.92	92.12	334.78	0.82					
$-\!\!\left(C_3H_6\right)\!\!_n$ (i-PP)	110	14.08	0.94	130.19	92.19	1	0.85	1.25	0.9*	$\dfrac{I_c}{I_c+1.25I_A}\times100\%$ $I_c=I_{110}+1.63I_{040}+2.14I_{130}+3.51I_{\overline{1}31}^{\,111\,041}$	$\dfrac{I_c}{I_c+0.9I_A}\times100\%$ $I_c=3.06I_{110}+5.18I_{040}+6.89I_{130}+10.3I_{\overline{1}31}^{\,111\,041}$ $I_A=6.9I_a$
	040	16.90	0.91	89.68	84.54	1.63					
	130	18.60	0.90	73.66	79.82	2.14					
	$\overline{1}31$ 111 041	21.86	0.86	52.73	70.82	3.51					
	A	16.30	0.92	96.57	86.20	1.47					
$-\!\!\left(C_4H_6\right)\!\!_n$ (trans-1, 4-PB)	hkl	22.24	0.86	50.87	92.00	1	1	0.72	0.70	$\dfrac{I_{hkl}}{I_{hkl}+0.72I_A}\times100\%$	$\dfrac{I_{hkl}}{I_{hkl}+0.71I_A}\times100\%$
	A	20	0.88	63.41	100.05	0.72					
$-\!\!\left(C_4H_6\right)\!\!_n$ (cis-1, 4-PB)	020	18.90	0.89	71.27	104.06	1	0.85	0.98		$\dfrac{I_{020}+1.69I_{110}}{I_{020}+1.69I_{110}+0.98I_A}\times100\%$	
	110	22.40	0.85	50.12	91.43	1.69					
	A	19.80	0.88	64.74	100.78	1.15					

续表

聚合物	hkl	2θ/(°)	T	LP	f_i^2	$C(\theta)$	k_i	$K_x=C_j(\theta)k_i$ 本书	K_x 文献	$W_{c,x}$ 本书	$W_{c,x}$ 文献
$(C_2H_6)_n$ (st-1,2-PB)	010	13.51	0.94	141.6	123.35	1				$\dfrac{I_{010}+1.57I_{\bar110}^{200}+3.5I_{210}^{110}4.99I_{\bar111}^{201}+1.1I_A}{I_{010}+1.57I_{\bar110}^{200}+3.5I_{210}^{110}+4.99I_{\bar111}^{201}}\times100\%$	
	200 / $\bar110$	16.05	0.92	99.68	114.43	1.57					
	210 / 110	21.03	0.87	56.59	95.96	3.50					
	201 / $\bar111$	23.57	0.84	45.06	87.35	4.99					
	A	19.40	0.89	67.53	102.24	2.69	0.41	1.10			
$(C_6H_4)_n$ (PPS)	110	18.70	0.89	72.85	350.35	0.79				$\dfrac{I_c}{I_c+0.92I_A}\times100\%$ $I_c=0.79I_{110}+1.06I_{\bar111}^{200}+2.07I_{112}+2.63I_{211}$	$\dfrac{I_c}{I_c+0.92I_A}\times100\%$ $I_c=I_{110}+I_{\bar111}^{200}+I_{112}+I_{211}$
	200 / $\bar111$	20.68	0.87	59.17	330.15	1.06					
	112	25.60	0.81	37.89	281.97	2.07					
	211	27.43	0.79	32.74	265.34	2.63					
	A	20.30	0.88	61.49	334.01	1	0.92	0.92	0.92*		
$(C_{10}H_8O_4)_n$ (PET)	010	17.5	0.91	83.49	479.35	1				$\dfrac{I_{010}+2.07I_{\bar110}+3.13I_{100}}{I_{010}+2.07I_{\bar110}+3.13I_{100}+1.58I_a}\times100\%$	$\dfrac{I_c}{I_c+KI_A}\times100\%$ $I_c=I_{010}+I_{100}+I_{\bar110}$
	$\bar110$	22.5	0.85	49.66	411.92	2.08					
	100	25.5	0.81	38.20	372.48	3.13					
	A	23.4	0.87	55.65	428.07	1.76	0.9	1.58			
$(C_{20}H_{38}N_2O_2)_n$ (尼龙-1010)	002	8.37	0.98	327.57	915.98	0.064				$100\%\times(0.064I_{002}+0.57I_{100}^{100}+I_{010}^{110}+I_{010}^{010})/$ $(0.064I_{002}+0.57I_{100}^{100}+I_{010}^{110}+0.504I_a)$	
	$\bar100$ / 100	20.05	0.88	63.08	657.60	0.57					
	110 / $0\bar10$ / 010	23.92	0.84	43.69	589.35	1					
	A	21.5	0.86	54.59	642.69	0.71	0.71	0.504			
$(C_{12}H_{22}O_2N_2)_n$ (尼龙-66)	100	20.4	0.88	60.2	221.8	1.0				$\dfrac{I_{100}+1.41I_{110}^{010}}{I_{100}1.41I_{110}^{010}+1.06I_a}\times100\%$	
	010	23.20	0.84	44.9	220.2	1.41					
	110	23.80									
	A	22.0	0.85	52.0	220.9	1.18	0.9	1.06			

* 表示 K_x 值不确切。

表 9.4　聚芳醚酮类聚合物（PAEKs）的结晶度计算公式

PAEKs	hkl	$2\theta/(°)$	T	LP	f_i^2	$C(\theta)$	k_i	$W_{c,x}$
PEEK	110	19.10	0.891	69.74	430.38	1.00		
	111	21.12	0.868	56.64	402.48	1.35		
	200	23.12	0.844	46.92	375.30	1.80	0.80	$\dfrac{I_{110} + 1.35I_{111} + 1.80I_{200} + 4.10I_{211,202}}{I_{110} + 1.35I_{111} + 1.80I_{200} + 4.10I_{211,202} + 0.85I_a} \times 100\%$
	211，202	29.20	0.765	28.66	298.81	4.10		
	A*	19.50	0.886	66.82	424.84	1.06		
PEEKK	110	18.64	0.895	73.33	436.76	1.00		
	111	20.62	0.874	59.53	409.38	1.34		
	200	22.93	0.847	47.73	377.87	1.88	0.76	$\dfrac{I_{110} + 1.34I_{111} + 1.88I_{200} + 4.11I_{211,202}}{I_{110} + 1.34I_{111} + 1.88I_{200} + 4.11I_{211,202} + 0.87I_a} \times 100\%$
	211，202	28.73	0.772	29.67	304.31	4.11		
	A*	19.50	0.886	66.82	424.86	1.14		
PEDEKK	110	18.54	0.896	74.15	1031.06	1.00		
	112	20.00	0.881	63.41	982.86	1.25		
	200	22.84	0.848	48.13	890.27	1.89	0.65	$\dfrac{I_{110} + 1.25I_{112} + 1.89I_{200} + 3.88I_{212}}{I_{110} + 1.4I_{112} + 1.89I_{200} + 3.88I_{212} + 0.75I_a} \times 100\%$
	212	28.12	0.780	31.06	729.82	3.88		
	A*	19.50	0.886	66.82	999.36	1.16		
PEDEK$_m$K	110	18.54	0.896	74.15	2062.12	1.00		
	113	19.26	0.888	67.82	2008.00	1.13		
	200	22.40	0.853	50.12	1808.86	1，77	0.83	$\dfrac{I_{110} + 1.13I_{113} + 1.77I_{200} + 4.04I_{215}}{I_{110} + 1.13I_{113} + 1.77I_{200} + 4.04I_{215} + 0.96I_a} \times 100\%$
	215	28.44	0.776	30.32	1441.56	4.04		
	A*	19.50	0.886	66.82	1998.72	1.16		
PEDK	110	18.74	0.894	72.37	588.71	1.00		
	111	20.38	0.876	60.99	557.67	1.28		
	200	23.24	0.843	46.41	503.80	1.93	0.60	$\dfrac{I_{110} + 1.28I_{111} + 1.93I_{200} + 4.12I_{211}}{I_{110} + 1.28I_{111} + 1.93I_{200} + 4.12I_{211} + 0.67I_a}100\%$
	211	28.82	0.770	29.47	406.92	4.12		
	A*	19.50	0.886	66.82	574.52	1.12		

* A 表示非晶峰。

表 9.5 乙丙共聚物的结晶度计算格式

样品	晶面	$2\theta/(°)$	$\theta/(°)$	T	LP	f^2	$C(\theta)$	I
	110	21.76	10.88	0.861	53.24	47.39	5.37	5.51
PE	200	32.45	11.73	0.841	45.55	44.38	6.86	3.52
	A	19.5	9.75	0.886	66.82	51.54	3.82	35.54
	110	13.89	6.95	0.940	133.84	92.69	1	6.70
	040	16.74	8.37	0.915	91.45	84.99	1.64	20.02
PP	130	18.44	9.22	0.898	74.98	80.26	2.16	6.05
	γ	19.95	9.98	0.881	33.74	76.06	2.73	16.92
	111	21.10	10.55	0.969	56.76	72.89	2.91	28.90
	A	16.30	8.15	0.919	96.57	86.20	1.52	81.40

注：A 为非晶；以 PP 的（110）晶面为标准，对 $C(\theta)$ 进行归一化；γ 峰是 EPR。共聚物中乙丙长序列所形成，且 PE 的 $k_i = 0.89$，PP 的 $k_i = 0.85$。

表 9.6 乙丙共混物的结晶度计算格式

样品	晶面	$2\theta/(°)$	$\theta/(°)$	T	LP	f^2	$C(\theta)$	I
	110	21.84	10.92	0.860	52.83	47.25	5.29	20.1
PE	200	23.64	11.82	0.838	44.79	44.04	6.88	7.6
	A	19.50	9.75	0.886	66.82	51.54	3.72	90.7
	110	14.04	7.02	0.939	130.94	92.30	1	5.5
	040	16.76	8.38	0.916	91.23	84.93	1.60	28.4
PP	130	18.60	9.30	0.896	73.66	79.82	2.16	9.7
	γ	20.00	10.00	0.881	63.41	75.93	2.68	13.9
	111	21.14	10.57	0.868	56.53	72.78	3.18	33.7
	A	16.30	8.15	0.919	96.57	86.20	1.49	66.5

注：A 为非晶；以 PP 的（110）晶面为标准，对 $C(\theta)$ 进行归一化；γ 峰是 EPR。共聚物中乙丙长序列所形成，且 PE 的 $k_i = 0.89$，PP 的 $k_i = 0.85$。

9.4.2 Ruland 方法

使用式（9.13）计算结晶度时，Ruland 考虑了热运动晶格畸变的影响，从而使算得的结晶度值较合理。在不失计算结晶度 $W_{c,x}$ 数值精度的情况下，应用 Ruland 方法进行计算时可以只取具有较大衍射峰强度的 s 范围，就可达到计算结晶度的数值准确性，克服了其他方法必须收集尽可能大范围 s 内的衍射强度数据的限制。Ruland 方法测定结晶度的基本公式：

$$W_{c,x} = \frac{\int_0^\infty s^2 I_c(s)\,\mathrm{d}s}{\int_0^\infty s^2 I_t(s)\,\mathrm{d}s} \cdot \frac{\int_0^\infty s^2 \bar{f}^2\,\mathrm{d}s}{\int_0^\infty s^2 \bar{f}^2 D\,\mathrm{d}s} \tag{9.22}$$

式中，$W_{c,x}$ 为聚合物中结晶物质的质量分数结晶度；$s = 2\sin\theta/\lambda$ 为倒易空间矢量 s 的模量；θ 为衍射角；λ 为 X 射线波长；$I_t(s)$，$I_c(s)$ 分别为聚合物样品在倒易空间 s 处的总散射（结晶加非结晶）强度和结晶部分的散射强度；$\bar{f}^2$ 为均方原子散射因子：

$$\bar{f}^2 = \sum_i N_i f_i^2 / \sum_i N_i \tag{9.23}$$

式中，f_i 为第 i 种物质的原子散射因子；N_i 为第 i 种物质在每个重复单元中的原子数目。D 称为晶格无序度参数，它与晶格不完善性参数 k 有下述关系：

对第一类晶格畸变，

$$D = e^{-ks^2} \tag{9.24}$$

对第二类晶格畸变，

$$D = 2e^{-as^2}/(1 + e^{-as^2}) \tag{9.25}$$

式（9.22）最右端项是考虑了热运动和晶格不完善性引起衍射强度改变对结晶度的修正，此修正称校正因子，常用 K 表示

$$K = \frac{\int_0^\infty s^2 \bar{f}^2 ds}{\int_0^\infty s^2 \bar{f}^2 D ds} \tag{9.26}$$

为计算校正因子 K 值，可仅近似考虑第一类晶格畸变，满足式（9.26）即已足够。$K = k_T + k_1 + k_2$，即 K 来源于分子的热运动（k_T）和第一类（k_1）（短程无序）、第二类（k_2）（长程无序）晶格畸变。由于热运动及晶格畸变的影响往往使来自晶区的衍射强度降低，表现为非晶弥散峰，故若使用式（9.13）不经校正计算结晶度值将偏低，式（9.26）校正因子 K 与 s，D，$\bar{f}^2$ 有关，因此式（9.22）可改写为

$$W_{c,x} = \frac{\int_0^\infty s^2 I_c(s) ds}{\int_0^\infty s^2 I_t(s) ds} \cdot K(s_0, s_\infty, D, \bar{f}^2) \tag{9.27}$$

实际上，在实验中，衍射角不可能（也不必）取得无穷大，只需在稍大于某一有限角范围内即可，s_∞ 相应地取至稍大于较强衍射峰所对应的衍射角值。现以应用 Ruland 方法计算聚噻吩（PTh）和聚环氧乙烷（PEO）为例加以说明。在 PTh 的计算中，取 $2\theta = 7°$（$s_1 = 0.08 \times 10^8 \text{cm}^{-1}$）到最大 $2\theta = 60°$（$s_2 = 0.65 \times 10^8 \text{cm}^{-1}$）（图 9.9）。在此范围内应用式（9.27）进行计算可获得合理的 $W_{c,x}$ 值。计算时当固定 s_1，改变 s_2 时，在某些足够大的 $s_1 \sim s_2$ 范围内，所得 $W_{c,x}$ 基本与 s_2 无关。换句话说，为求 $W_{c,x}$，在某些假定的 k 值下，可以找到 $W_{c,x}$ 与 s_2 基本无关的某个 k 值，即式（9.27）化为

$$W_{c,x} = \frac{\int_{s_1}^{s_2} s^2 I_c(s) ds}{\int_{s_1}^{s_2} s^2 I_t(s) ds} \cdot \frac{\int_{s_1}^{s_2} s^2 \bar{f}^2 ds}{\int_{s_1}^{s_2} s^2 \bar{f}^2 D ds} \tag{9.28}$$

　　将图 9.9 中实验数据经偏振因子校正后，把散射强度分解为非晶散射和结晶散射两部分，以 $s^2 I_c(s)$ 对 s 作图（图 9.10）。表 9.7 列出了由式（9.28）求出的不同热处理条件下 PTh 的 $W_{c,x}$，从表中可以看出，当 $k = 3$ 时，$W_{c,x}$ 趋于与 s^2 无关的常数。

　　未经热处理的 PTh 样品的 $W_{c,x}$ 为 36.5%，在 N_2 中分别经 200℃，250℃ 和 300℃ 热处理后，$W_{c,x}$ 各为 42.5%，46.3% 和 51.6%。可见，热处理对 $W_{c,x}$ 的影响是明显的。这里据式（9.22），取 $s_1 = 0.08 \times 10^8 \text{cm}^{-1}$，仅 s_2 改变，对原子散射因子 f 的计算，取 PTh 的重复单元为 $C_8H_4S_2$。将 K 对 s_2 作图可知，对不同的 k 值，K 与 s_2 是线性关系（图 9.11）。利用此图可以简化用式（9.28）计算聚合物的结晶度。由图 9.11 可以直接查出某一 s_2 下，不同 k 值时的 K 值。

表 9.7　PTh 的 $W_{c,x}$ 与 k 值及积分区间

	室温						250℃				
s_2	$k/\text{Å}^2$					S_2	$k/\text{Å}^2$				
	0	2	3	4	5		0	2	3	4	5
0.65	19.9	32.0	39.8	48.9	59.4	0.65	23.0	37.1	46.1	56.7	68.9
0.54	22.0	30.6	34.9	41.7	48.3	0.54	25.3	35.2	41.2	48.0	55.5
0.49	24.2	32.2	36.9	42.1	47.8	0.49	28.8	38.2	43.8	50.0	56.8
0.45	27.1	34.5	38.7	43.3	48.4	0.45	23.6	42.7	47.9	53.6	59.9
0.41	25.9	31.6	34.8	38.3	42.0	0.41	34.4	42.0	46.3	50.8	55.8
0.37	28.1	33.0	35.7	38.6	41.6	0.37	38.7	45.4	49.2	53.1	57.3
0.30	27.6	29.1	32.5	34.3	38.1	0.30	37.8	42.7	44.5	47.0	49.5
0.28	32.7	36.1	37.8	39.6	41.4	0.28	44.3	48.7	51.0	53.5	56.0
			36.5*						46.3*		

	200℃						300℃				
S_2	$k/\text{Å}^2$					s_2	$k/\text{Å}^2$				
	0	2	3	4	5		0	2	3	4	5
0.65	20.9	33.7	41.9	51.5	62.6	0.65	28.7	46.2	57.5	70.7	85.9
0.54	23.2	32.4	37.9	44.1	51.1	0.54	29.1	40.6	47.5	55.3	64.0
0.49	26.1	34.7	39.7	45.3	51.5	0.49	31.6	42.0	48.1	54.9	62.4
0.45	30.1	38.2	42.9	48.1	53.6	0.45	36.4	46.3	52.0	58.2	60.0
0.41	31.1	37.9	41.8	45.9	50.4	0.41	37.1	45.2	50.0	54.7	60.8
0.37	34.5	40.5	43.8	47.3	51.0	0.37	41.1	48.2	52.2	56.3	54.8
0.30	36.3	40.5	42.7	45.1	47.5	0.30	41.8	46.7	49.3	52.0	61.8
0.28	42.7	47.0	49.2	51.5	54.0	0.28	48.9	53.8	56.4	59.1	67.6
			42.5*						51.6*		

*表示平均值。

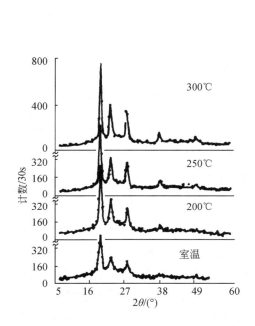

图 9.9　不同热处理条件下 PTh 的
WAXD 图

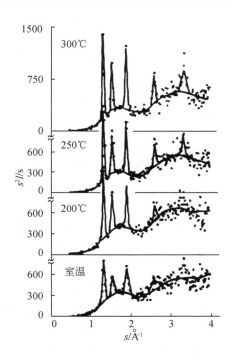

图 9.10　在不同热处理条件下 PTh 的
$s^2 I$（s）-s 曲线

　　应用 Ruland 方法，我们曾对不同相对分子质量的 PEO 的结晶度进行了计算。为 M_n 为 1.2 万的 PEO 大角 X 射线衍射强度如图 9.12 所示。表 9.8 给出了衍射角 $2\theta = 9° \sim 72°$，不同取角范围、不同 k 值下计算结果。应用 Ruland 方法测得的 PEO 的结晶度与相对分子质量的关系列于表 9.9。

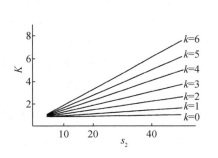

图 9.11　不同 k 值的 K 与 s_2 关系图

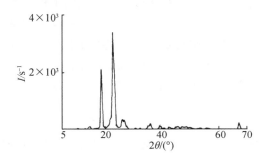

图 9.12　PEO（$M_n = 12000$）的 WAXD 图

表 9.8　PEO（$M_n = 1.2$ 万）的 $W_{c,x}$ 值

2θ	1	2	3	4	5	6	7
72°	0.67	0.77	0.89	1.02	1.16	1.31	1.48
64°	0.62	0.71	0.80	0.90	1.01	1.13	1.26
52°	0.58	0.64	0.72	0.79	0.87	0.96	1.06
44°	0.56	0.62	0.67	0.73	0.80	0.87	0.94
32°	0.62	0.65	0.70	0.75	0.81	0.86	0.92
28°	0.66	0.71	0.75	0.80	0.85	0.90	0.95
24°	0.68	0.72	0.76	0.80	0.84	0.89	0.94
9°	0.74	0.78	0.82	0.86	0.90	0.95	0.99
平均				0.70			

表 9.9　不同相对分子质量的 PEO 的 $W_{c,x}$ 值

M_n	600	1000	2000	12000	20000
$W_{c,x}$	非晶	0.40	0.65	0.70	0.77

　　Ruland 方法是各种测定聚合物结晶度方法中理论基础较完善的。唯此法实验数据采集及计算处理较复杂，特别是在划分原始衍射曲线为结晶及非晶界线时，往往带有任意性。为克服这一缺点，在可能的条件下应作出非晶散射曲线以供参考。另外，本方法仅考虑了温度和晶格畸变的修正，为此，我们对实验衍射强度进行了极化因子和背底的校正，从而进一步提高了结果的准确性。

9.4.3　X 射线衍射曲线拟合分峰计算法

　　在聚合物 X 射线衍射曲线中，某些结晶衍射峰由于弥散往往会部分地重叠在一起，另外，结晶峰与非晶峰一般是完全重合或大部分重叠，如何把结晶聚合物X 射线衍射强度曲线准确地分解为结晶部分与非晶部分是一个很有意义的工作。在过去，分峰对从事结构研究的工作者而言，是个很难处理的问题。随着电子计算机的发展与广泛应用，给这一问题的解决带来了令人鼓舞的生机。Hindeleh 等在前人工作的基础上，根据任意一组晶面的衍射强度在倒易空间的分布是正态函数的特性，提出了用 Gauss-Cauchy 复合函数来表征结晶衍射峰强度曲线的办法。设第 t 个衍射晶面的衍射强度为 Q_t，则结晶部分总衍射强度 $Q(s)$ 为

$$Q(s) = \sum_{t=1}^{B} Q_t = \sum_{i}^{B} [f_t G_t + (1 - f_t) C_t] \tag{9.29}$$

式中，B 为衍射峰数目；f_t 为第 t 个衍射峰的峰形因子；G_t，C_t 分别为 Gaussian 和 Cauchy 函数。

$$G_t = A_t \exp\{ -\ln2[2(X - P_t)/W_t]^2 \} \tag{9.30}$$

$$C_t = A_t / \{ 1 + [2(X - P_t)/W_t]^2 \} \tag{9.31}$$

式中，X 为计算点（衍射角），A_t 为第 t 个衍射峰的峰高；P_t 为第 t 个衍射峰的位置；W_t 为第 t 个衍射峰的半高宽。可见每个衍射峰含有 4 个待定量：P_t，f_t，A_t，W_t。

上述 3 种表征函数的曲线见图 9.13，由图 9.13 可知，式（9.29）～式（9.31）所表征的曲线在 P_t，A_t，W_t 值相同时，是互相近似的，具有极其相似的曲线形状。在半高宽以上的曲线是相同的，只是在峰两端尾巴部分有些不同。Gaussian 函数适合于更窄些的正态分布，Cauchy 函数适合于较宽分布，Gauss-Cauchy 复合函数介于两者之间（图 9.13）。

非晶态散射与晶态不同，在非晶态中，原子排列不呈周期性，杂乱无章。非晶态散射曲线弥散不对称，呈"馒头"状，Hindeleh 提出用三次多项式拟合：

$$R(X) = a + bX + cX^2 + dX^3 \tag{9.32}$$

式中，a,b,c,d 为待定参数；X 的定义同前。由此晶态与非晶态总的衍射强度 Y_{cal}（计算值）为

$$Y_{cal} = \sum_{t=1}^{B} Q_t + R(X) \tag{9.33}$$

式（9.33）共含有 $4B+4$ 个未知量，计算时可采用阻尼最小二乘法，对给定的适当小量 δ，使目标函数 S 满足

$$S = \sum_{i=1}^{n} [Y_{obs,i} - Y_{cal,i}]^2 \leqslant \delta \tag{9.34}$$

则求得了拟合后各衍射峰的 P_t，A_t，f_t，W_t，实现了衍射曲线的结晶叠合峰以及结晶峰非晶峰互相重叠的分解。在此基础上便可以按结晶度定义进行 $W_{c,x}$ 的计算了。

应用上述方法，我们计算了尼龙-66 X 射线衍射峰的分解，在 $2\theta = 10° \sim 30°$ 时，尼龙 66 样品的 WAXD 图仅观察到两个明显相互重叠的衍射晶面（100），（010）。很明显，非晶散射峰亦与结晶峰相重合（图 9.14）。图中曲线 a 是实测值，b_1，b_2 为分解后的结晶衍射峰，c 为非晶散射峰。拟合计算值与原实测值，除在 $2\theta = 13° \sim 15°$ 有稍许偏差外，其他衍射角部分，两者是重合的，拟合中样品的非晶曲线采自文献值。

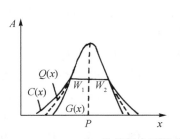

图 9.13　Gauss-Cauchy 及其复合函数曲线

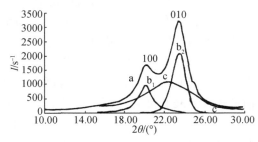

图 9.14　尼龙 66 的衍射曲线分解

近年来，拟合分峰法在理论上和应用上都得到了进一步的发展，吴文斌等提出了既可用于描述多种聚合物的结晶峰，又可用于描述非晶散射峰的统一数学表达式：

$$Y = fA_e\exp[-Q\ln2] + (1-f)A/(1+Q) \tag{9.35}$$

式中，$Q = (X - P)^2[(W_1 - W_2)X + (W_1 - W_2 - P)^2 + (W - P)(W_2 + P)]/(W_1W_2)^2$；$Y$ 为每一个散射峰（晶态或非晶态）的散射强度；A、P、f、X 分别为散射峰（晶态或非晶态）的峰高、峰位、峰形因子、散射角；W_1、W_2 分别为散射峰左半高宽和右半高宽。对于结晶衍射峰，$W_1 = W_2$，且 $f = 1$，为 Gaussian 函数形式［式（9.30）］；若 $W_1 = W_2$，且 $f = 0$，则是 Cauchy 函数形式［式（9.31）］。

某些聚合物可获得纯非晶 X 射线衍射强度实验数据，这样可消除分峰计算时与非晶态划分的任意性。尽管如此，由式（9.34）可知，在求解目标函数时仍存在多解性。不同的初始条件，完全可以求出满足式（9.34）的解。然而，实际问题只能存在唯一解，因此本方法的初始值选取很重要，并且由本方法获得的结果应与其他方法相比较，否则尽管拟合偏差 δ 很小，但与实际物理背景却大相径庭。这里经验也是非常重要的，它既可以使计算量大为缩短，又会获得满意的结果。假如我们不能取得非晶样品的散射强度数据，本方法也可进行分峰计算，只是需要借助经验给定非晶的有关参量进行拟合分峰，将所得结果再与密度法或其他方法结果相比较以确定其合理性。

我们曾采用此法对不同相对分子质量的 PEO 先进行分峰拟合，据此得到各峰的位置、宽度与峰高，然后再用 Ruland 方法计算其结晶度，获得了满意的结果。

9.4.4 回归线法

Hermans 和 Weidinger 首先应用这一方法计算了纤维素的结晶度，以后又用在 PE，i-PP（等规聚丙烯），i-PS（等规聚苯乙烯）等的 $W_{c,x}$ 计算中。此法要求被测定的聚合物样品在所考虑的衍射角范围内，应包括主要结晶衍射峰以及非晶散射强度，且在此范围内，结晶峰与非晶峰可以分开。设结晶部分质量分数正比于结晶衍射强度 I_c，非晶质量分数正比于非晶散射强度 I_a，则

$$W_c = pI_c;\ W_a = gI_a;\ W_c + W_a = 1;\ W_{c,x} = [1/(1 + K_xI_a/I_c)] \tag{9.36}$$

式中，W_c、W_a 分别为结晶和非晶在所研究体系中占有的质量分数；p,g 为常数。稍将式（9.36）变化一下，得到 $I_c = 1/p - g/pI_a$，令 $A = 1/p, K_x = g/p$，则

$$I_c = A - K_xI_a \tag{9.37}$$

由式（9.37）可见，I_c, I_a 呈线性关系，截距为 A，斜率为 K_x。根据式（9.37），

将 I_c 对 I_a 作图，求得 K_x 值，代入式（9.36），则 $W_{c,x}$ 可得。

本书作者曾用此方法计算了稀土顺式 1,4-聚丁二烯（cis-1,4-PB）的结晶度。cis-1,4-PB 的分子链规整度高，在低温下极易结晶（图 9.15）。将在不同相对分子质量下结晶的 cis-1,4-PB 样品，以 I_c 对 I_a 作图（图 9.16），从图中可以求得各样品的 K_x 值（表 9.10）。表 9.10 列出了不同相对分子质量的 cis-1,4-PB 在低温结晶时用作图法及回归法求得的 K_x 值。从表中可以看到，两种方法的 K_x 值非常接近，这说明前面作图法中，我们提出的 $K_x = C_j(\theta) \cdot k_i$ 的定义是合理的。

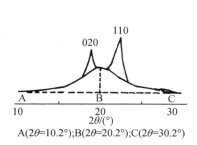

图 9.15 cis-1,4-PB 的 WAXD 图

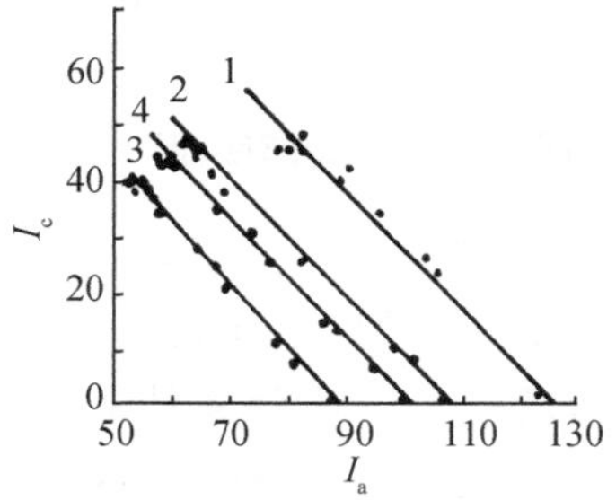

图 9.16 不同相对分子质量的 cis-1,4-PB 的 I_c-I_a 图

表 9.10 不同相对分子质量的 cis-1,4-PB 的 K_x 值

序号	特性黏数 η/（dL/g）	回归线法 K_x	作图法 $K_x = C_j(\theta) \cdot k_i$
1	2.49	1.050	1.08
2	3.94	0.991	1.09
3	8.31	1.084	1.12
4	15.13	1.030	1.10

当某些聚合物样品不能完全获得非晶态时，用本方法测定 $W_{c,x}$ 值是适宜的。但此法要求有一组结晶范围较宽的系列样品，且各衍射图必须规格化，使各样品吸收系数、厚度、大小、表面平滑度及入射光强度等均应相同。

习　题

1. 简述目前你所理解的高分子晶态结构模型。

2. HDPE 的 X 射线衍射曲线及分解如图 A，并已求得其各衍射峰的强度及校正因子如下：

$I_{110}(\theta) = 13$，$C_{110}(\theta) = 1$；$I_{200}(\theta) = 9$，$C_{200}(\theta) = 1.42$；$I_a(\theta) = 10$，$C_j(\theta) = 0.75$；$k_i = 0.89$，计算 HDPE 的结晶度（$W_{c,x}$）。

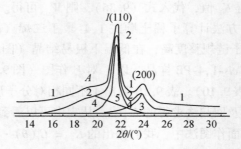

图 A　HDPE 的 WAXD 曲线及其分解

3. 据回归线法，试证明 $W_{c,x} = \dfrac{I_c}{I_c + K_x I_a} \times 100\%$。$I_c$、$I_a$ 分别为结晶和非晶 X 射线衍射强度，$W_c = \rho I_c$，$W_a = g I_a$；W_c、W_a 分别为结晶和非晶所占研究体系的质量分数，K_x 为总校对因子（$K_x = g/P$）。

4. 用密度测定方法计算结晶度：已知某聚合物理想结晶密度 $\rho_c = 1.008$ g/cm³，非晶密度 $\rho_a = 0.852$ g/cm³，该聚合物密度为 $\rho_s = 0.920$ g/cm³，试计算它的质量分数结晶度 $W_{c,d}$，体积分数结晶度 $\phi_{c,d}$，并证明 $W_{c,d} = \phi_{c,d} \cdot \rho_c/\rho_s$。

5. 已知某新合成的结晶聚合物的化学重复单元为 $\left[\!\!\begin{array}{c} S \\ \bigcirc \end{array}\!\!\right]$，用 WAXD 方法测得它的晶胞参数：$a = 0.783$nm，$b = 0.555$nm，$c = 0.820$nm，$\alpha = \gamma = 90°$，$\beta = 96°$；用密度法测得它的密度为 $\rho_s = 1.240$g/cm³，由它的熔体经冰水淬火测得非晶密度 $\rho_a = 1.103$g/cm³。请回答：

（1）该聚合物每个单胞含有几个分子链（N），几个晶体重复单元（Z）？写出它的晶体结构单元。该晶胞含有几个化学重单元（L）？计算晶体结构重复单元的相对分子质量 M（$M_S = 32.06$，$M_C = 12.011$，$M_H = 1.0079$，Avogadro 常量 $N_A = 6.023 \times 10^{23}$ mol⁻¹）。

（2）由密度值计算该聚合物结晶度。

（3）如何获得该聚合物一系列不同密度（结晶度）的样品？文献没有给出该聚合物完全结晶的熔融热焓（$\Delta h_{fus,c}$）值，简述如何由 DSC 方法测定它的 $\Delta h_{fus,c}$ 和结晶度？

参 考 文 献

（第三章至第九章）

[1] Alexander L E. X-Ray Diffraction Methods in Polymer Science. New York：Wiley，1969

[2] Kakudo M，Kasai N. X-Ray Diffraction by Polymers. Tokyo：Kodansha Ltd，1972

［3］Woolfson M M. An Introduction to X-Ray Crystallography. London：Cambridge University Press，1978

［4］Buerger M J. Crystal-Structure Analysis. New York ：Wiley，1960

［5］梁栋材. X 射线晶体学基础. 北京：科学出版社，1991

［6］Tadokoro H. Structure of Crystalline Physics. New York ：Wiley，1979

［7］Fava R A. Methods of Experimental Physics 16B. New York ：Academic Press，1980

［8］周公度. 晶体结构测定. 北京：科学出版社，1981

［9］Klug H P，Alexander L E. X-Ray Diffraction Procedures for Polycrystalline and Amorphous Materials. 2nd Ed. New York：Wiley，1974

［10］吴人洁. 现代分析技术——在聚合物中的应用. 上海：上海科学技术出版社，1987

［11］莫志深，张宏放，孟庆波，等. 高分子学报，1990，6：655-660

［12］Mo Z S，Meng Q B，Feng J H，et al. Polymer International，1993，32（1）：53-60

［13］Mo Z S，Lee K B，Moon Y B，et al. Macromolecules，1985，18：1972-1977

［14］Hindeleh A M，Johnson D J. Polymer，1974，15：697-705；ibid，1978，19：27-32

［15］Hindeleh A M，Johnson D J. J Phys D：Appl Phys，1971，4：259-263

［16］Ray P K，Montegue P E. J Appl Polym Sci，1977，21：1267-1272

［17］Mcallister P H，Carter T J，Hinde R M. J Polym Sci，Polym Phys，1978，16：49-57

［18］莫志深，张宏放. 合成纤维，1981，2：56-65；3：52-5；4：36-43

［19］吴文斌. 科学通报，1984，20：1243-1246

［20］张宏放，莫志深，甘维建. 高分子通讯，1986，3：193-196

［21］Hsieh Y-L，Mo Z S. J Appl Polym Sci，1987，33：1479-1485

［22］Ruland W. Acta Cryst，1961，14：1180-1185

［23］Ruland W. Polymer，1964，5：89-102

［24］李泮通，戚绍祺，吴文斌. 高分子通讯，1980，3：129-133

［25］Zhang H F，Yu L，Zhang L H，et al. Chin J Polym Sci，1995，13（3）：210-217

［26］喻龙宝，张宏放，莫志深. 功能高分子学报，1997，10（1）：90-101

［27］Mo Z S，Zhang H F. J. M. S. -Rev Macromol Chem Phys，1995，C35（4）：555-580

［28］Mo Z S，Wang L X，Zhang H F，et al. J Polym Sci Part B：Polym Phys，1987，25：1829-1837

［29］Flory P J，Yoon Do Y，Dill K A. Macromol，1984，17：862-868；ibid，Macromolecules，1984，17：868-871

［30］莫志深，陈宜宜. 高分子通报，1990，3：178-183

［31］刘天西，张宏放，韩平，等. 高等学校化学学报，1996 17（7）：1142-1146

［32］Wang S G，Wang J Z，Zhang H F，et al. Macromol Chem Phys，1996，197：4079-4097

［33］Jiang H Y，Liu T X，Zhang H F，et al. Polym Commun，1996，37：3427-3429

［34］Liu T X，Zhang H F，Na H，et al. Eur Polym J，1997，33（6）：913-918

［35］Liu T X，Mo Z S，Wang S G，et al. Macromol Rapid Commun，1997，18：23-30

［36］Liu T X，Mo Z S，Zhang H F，et al. J Appl Polym Sci，1998，69：1829-1835

［37］张宏放，高焕，刘思杨，等. 高分子通报，1998，12（4）：41-48

［38］莫志深. 高分子通报，1992，1：26-34；1992，2：98-104

［39］殷敬华，莫志深. 现代高分子物理学. 北京：科学出版社，2001

［40］周贵恩. 聚合物 X 射线衍射. 合肥：中国科技大学出版社，1989

［41］黄胜涛. 固体 X 射线学（二）. 北京：高等教育出版社，1990

［42］ Ran S, Zong X, Fang D, et al. Macromolecules, 2001, 34：2569

［43］ Lee S H, Char K. Macromolecules, 2000, 33：7072

［44］ Angelloz C, Fulchiron R, Douillard A, et al. Macromolecules, 2000, 33：4138-4145

［45］ 株式会社理学. X 射线衍射手册, 2006

［46］ 张宏放, 莫志深. 高分子学报, 1988, 6：401

［47］ Natta G, Corradini. J Polym Sci, 1959, 39：29

［48］ 马礼敦. 近代 X 射线多晶体衍射——实验技术与数据分析. 北京：化学工业出版社, 2004

［49］ 胡家璁. 高分子 X 射线学. 北京：科学出版社, 2003

第十章　聚合物材料的取向度

聚合物材料在挤出、注射、压延、吹塑等加工过程中，以及在应力场、温度场、压力场、电（磁）场等的作用下，大分子链或链段、微晶必然要表现出不同程度的取向。聚合物材料取向后，在以共价键相连的分子链方向上，单位截面化学键数目明显增加，抗拉强度大大加强；在垂直分子链方向上，主要是分子链间较弱的 van der Waals 力作用，强度可能降低，使材料具有各向异性。在与外力作用方向相同的方向上，聚合物材料具有较大的破坏强度和较高的伸长率，对材料的物理机械性能以及使用均有相当大影响，因此研究聚合物取向度及其过程是很有实际意义的。本章着重阐述用 X 射线衍射方法测定结晶聚合物材料的取向。

取向是指样品在纺丝、拉伸、压延、注塑、挤出以及在电（磁）场等作用下分子链产生取向重排的现象。在取向态下，结晶聚合物材料分子链择优取向。取向分为单轴取向（如纤维）和双轴取向（如双向拉伸膜）（图 10.1）以及空间取向，即三维取向（如厚压板）。本章只讨论用 X 射线法测定聚合物分子链的单轴和双轴取向。

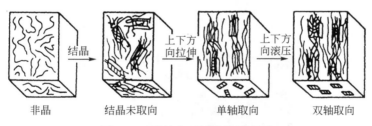

图 10.1　单轴和双轴取向示意图

对于分子链择优取向的表征，一是要确定取向单元，二是要选定参考方向。纤维状单轴取向聚合物，取向单元可取聚合物结晶主轴（分子链轴）或某个晶面法线方向，参考方向取外力作用方向或称纤维轴方向。双轴取向单元可取一个晶面，参考方向也可取晶体的某个晶轴或晶面。按两相模型理论，结晶聚合物包含有晶区与非晶区，所以取向分为晶区取向、非晶区取向和全取向。由于材料取向后，在平行于取向方向和垂直于取向方向上表现出不同的光学的、声学的以及光谱方面的性质，据此产生了不同测定取向方法，有光学双折射法、声学法、红外二色性法、X 射线衍射法和偏光荧光法等。其中，光学双折射法和声学法是基于在平行和垂直取向方向的折光指数（光学双折射法）或声音传播速度（声学法）不同而建立的测定取向的方法。这两种方法均可测定样品总的取向，即包括晶区取向和非晶区取向。然而两者又有不同，光学双折射法可较好测定链段取向，声学法则可较好地反映整个分子链的取向。红外二色性法是根据平行和垂直取向方向具有不同的偏振光吸收原理建立的方法，它亦可测定晶区与非晶区两部分的总取向。偏光荧光法仅反映非晶区的取向，X 射线衍射法则反映出晶区的取向。

目前，单轴取向实验多采用纤维样品架。当由 WAXD 得到某样品（hkl）晶面衍射角度（2θ）位置后，保持此晶面所对应的衍射角度（2θ），然后将样品沿 ϕ 角（纬度角）在 0°～180°范围内进行旋转，记录不同 ϕ 角下的 X 射线散射强度。图 10.2 是单轴取向纤维样品架 ［图 10.2（a）］和安装纤维样品架附件的 X 射线衍射仪 ［图 10.2（b）］。

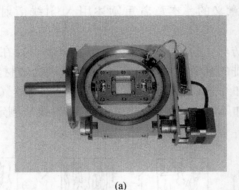

(a)

(b)

图 10.2　单轴取向实验装置

（a）单轴取向纤维样品架；（b）Rikagu 公司生产的带有单轴纤维样品架附件的 X 射线衍射仪

对于双轴取向，则采用可使样品沿其表面法线方向及与此法向垂直的两个方向旋转，即在不同的纬度角 ϕ 和经度角 ψ 下测定样品的衍射强度。图 10.3 是具有三轴驱动的 X 射线衍射仪。如要测量样品在不同温度下拉伸后的结构变化，则需采用带有加热拉伸装置的 X 射线衍射仪（图 10.4）。

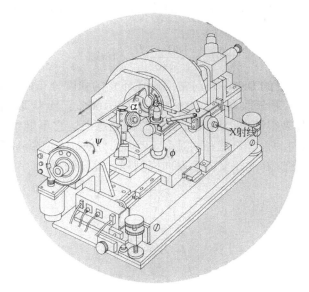

图 10.3　具有三轴驱动的 JEOL 公司生产的 X 射线衍射仪

图 10.4　日本 Rigaku 公司生产的带有加热拉伸装置的 X 射线衍射仪

10.1 经 验 公 式

关于聚合物材料的取向研究，在许多实验室，常采用下面的经验公式计算取向度 Π：

$$\Pi = \frac{180° - H}{180°} \times 100\% \qquad (10.1)$$

式中，H 为赤道线上的 Debye 环（常用最强环）的强度分布曲线的半高宽，用度表示（图 10.5）。完全取向时，$H = 0°$，$\Pi = 100\%$；无规取向时，$H = 180°$，$\Pi = 0$。此法用起来很简单，但没有明确的物理意义。它不能给出晶体各晶轴对于参考方向的取向关系，只能相对比较。为此，Hermans、Stein 和 Wilchinsky 分别提出了单轴、正交和非正交晶系取向模型和计算方法。

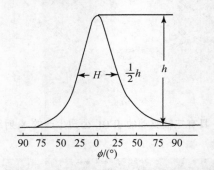

图 10.5　X 射线衍射强度曲线半高宽

10.2 单 轴 取 向

10.2.1　单轴取向模型

1. Hermans 取向因子

研究聚合物取向度的通常方法是 X 射线衍射法和双折射法。前者可测量微晶（或晶区）取向，后者可测量整个分子链或链段的取向，即晶区和非晶区的全取向。非晶区分子链或链段的取向，可由两种方法测定的差值获得。非晶区取向 = 光学双折射法测定的总取向 − X 射线法测定的晶区取向：$\Delta = \phi_c \cdot \Delta_c + (1 - \phi_c)\Delta_a + \Delta_f$。式中，$\Delta$ 为双折射法测定的总取向；ϕ_c 为结晶相所占体积分数；Δ_c 为结晶相的双折射值；Δ_a 为非结晶相的双折射值；Δ_f 为形态固有的双折射值，此值很小，可忽略。结晶相的双折射值 Δ_c 可表为 $\Delta_c = f_c \cdot \bar{\Delta}_c$。式中，$f_c$ 为聚合物结晶相的取向度；$\bar{\Delta}_c$ 为聚合物固有的双折射值。

材料的取向分布函数可以通过 X 射线衍射极图法得到，此法比较复杂，故不常用。一般采用 Hermans 提出的取向因子描述晶区分子链轴方向相对于参考方向的取向情况（图 10.6）。

在单位矢量球中，OZ 为拉伸方向（参考方向），ON 为分子链轴方向，ϕ 为 OZ 与 ON 两方向的夹角，称方位角（也称余纬角），ψ 为 ON 在赤道平面 XOY 上的投影与 OY 轴间的夹角，称经度角（图 10.7）。ON 对于 OZ 是均匀分布的，故 ON 在 OZ 方向的平均值为 $\langle \cos^2 \phi \rangle$，在 OY 方向的平均值为 $\langle \sin^2\phi\cos^2\psi \rangle$。定义取向因子 f 为分子链轴方向在纤维轴方向平均值与垂直纤维轴方向平均值之差，即 $f = \langle \cos^2 \phi \rangle - \langle \sin^2 \phi \cos^2\psi \rangle$。因此，$f$ 值的大小代表了择优取向单元（N）与外力方向（Z）间的平行程度。单轴取向时，ψ 的变化域为 $[0, 2\pi]$，所以 $\langle \cos^2\psi \rangle = 1/2$。由此，Hermans 得出取向因子 f 为

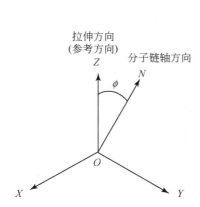

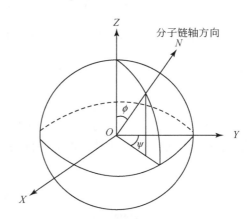

图 10.6　聚合物链轴与拉伸方向　　　图 10.7　单位取向球点阵矢量带

$$f = (3\langle \cos^2\phi \rangle - 1)/2 \tag{10.2}$$

式中，$\langle \cos^2 \phi \rangle$ 称为取向参数，由式（10.2）可知，

（1）当无规（任意）取向时，$f=0$，$\langle \cos^2 \phi \rangle = 1/3$，$\phi = 54°44'$。

（2）当理想取向（拉伸方向与分子链轴方向完全平行）时，$f=1$，$\langle \cos^2\phi \rangle = 1$，$\phi = 0$。

（3）当螺旋取向时，$0 < f < 1$，$\langle \cos^2 \phi \rangle = (2f + 1)/3$，$\phi = \arccos[(2f + 1)/3]^{1/2}$。

（4）当 $ON \perp OZ$（环状取向，即拉伸方向垂直分子链轴方向）时，$f = -1/2$，$\langle \cos^2 \phi \rangle = 0$，$\phi = 90°$。

式（10.2）说明，若想求得 f，必须知道取向参数 $\langle \cos^2 \phi \rangle$。用衍射仪纤维样品架测定取向参数时，$\langle \cos^2 \phi \rangle$ 计算推导如下：

取单位矢量球（图 10.8），ON 为晶面（hkl）的法线，$I_{hkl}(\phi, \psi)$ 为球面上（ϕ, ψ）处单位面积衍射强度，则 dA 面元的衍射强度 $dI_{hkl} = I_{hkl}(\phi, \psi)dA$，$dA = rd\phi d\psi = \sin\phi d\phi d\psi$。

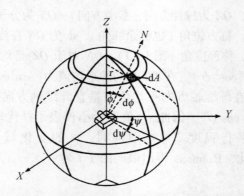

图 10.8　取向晶体在单位矢量球中衍射形成的倒易点阵矢量带

所以全部取向单位矢量球表面的强度为

$$\int_0^\pi \int_0^{2\pi} I_{hkl}(\phi, \psi)\sin\phi d\psi d\phi$$

单轴取向并考虑到样品衍射图对 ϕ 的对称性，则取向参数为

$$\langle \cos^2 \phi_{hkl,z} \rangle = \frac{\int_0^{\frac{\pi}{2}} I_{hkl}(\phi)\sin\phi\cos^2\phi d\phi}{\int_0^{\frac{\pi}{2}} I_{hkl}(\phi)\sin\phi d\phi} \tag{10.3}$$

式中，$I_{hkl}(\phi)$ 为（hkl）晶面随 ϕ 角变化的衍射强度（图10.9）。当采用纤维样品架做实验时，ϕ 角是纤维样品在测角仪上旋转的角度。

在衍射仪上求得（hkl）面方位角的衍射曲线，则可根据式（10.3）求得 $\langle \cos^2 \phi \rangle$ 的平均值，代入式（10.2），可求出 f。

2. Stein 正交晶系取向模型

Hermans 取向模型仅给出了纤维轴与分子链轴间的取向关系。Stein 进一步发展了 Hermans 的理论，给出正交晶系晶体三个晶轴与纤维轴间的取向关系。将正交晶系 $a, b, c (a \perp b \perp c)$ 晶体放入非正交 xyz 坐标轴中，设 a, b, c 是聚合物微

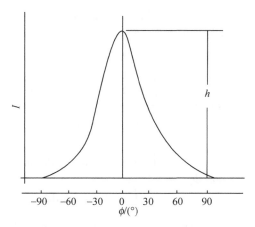

图 10.9　（hkl）晶面不同方位角上的衍射强度曲线

晶的三个晶轴，与 OZ 轴（拉伸方向）的夹角分别为 ϕ_a，ϕ_b，ϕ_c，求出 a，b，c 与参考方向（拉伸方向 OZ）的关系（图 10.10）。

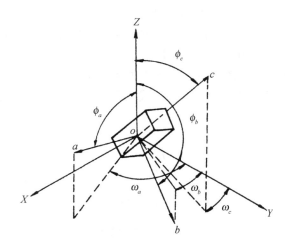

图 10.10　Stein 正交晶系取向模型

则晶轴与拉伸方向的取向关系是

$$f_a = (3\langle\cos^2\phi_a\rangle - 1)/2$$
$$f_b = (3\langle\cos^2\phi_b\rangle - 1)/2 \tag{10.4}$$
$$f_c = (3\langle\cos^2\phi_c\rangle - 1)/2$$

$$\langle \cos^2 \phi_a \rangle = \frac{\int_0^{\frac{\pi}{2}} I(\phi_a) \sin\phi_a \cos^2\phi_a \mathrm{d}\phi_a}{\int_0^{\frac{\pi}{2}} I(\phi_a) \sin\phi_a \mathrm{d}\phi_a}$$

$$\langle \cos^2 \phi_b \rangle = \frac{\int_0^{\frac{\pi}{2}} I(\phi_b) \sin\phi_b \cos^2\phi_b \mathrm{d}\phi_b}{\int_0^{\frac{\pi}{2}} I(\phi_b) \sin\phi_b \mathrm{d}\phi_b}$$

$$\langle \cos^2 \phi_c \rangle = \frac{\int_0^{\frac{\pi}{2}} I(\phi_c) \sin\phi_c \cos^2\phi_c \mathrm{d}\phi_c}{\int_0^{\frac{\pi}{2}} I(\phi_c) \sin\phi_c \mathrm{d}\phi_c}$$

式 (10.4) 中，f_a，f_b，f_c，$\langle \cos^2 \phi_a \rangle$，$\langle \cos^2 \phi_b \rangle$，$\langle \cos^2 \phi_c \rangle$ 分别为晶体 a，b，c 三个晶轴相对于纤维轴 OZ 的取向因子和取向参数。对于正交晶系：

$$\langle \cos^2 \phi_a \rangle + \langle \cos^2 \phi_b \rangle + \langle \cos^2 \phi_c \rangle = 1$$
$$f_a + f_b + f_c = 0 \tag{10.5}$$

式 (10.5) 表示 f 和 $\langle \cos^2 \phi \rangle$ 的相关性。只要各自测定 $f,\langle \cos^2 \phi \rangle$ 中的任意两个量，第三个量便可由式 (10.5) 求出。这种单轴正交取向式 (10.5) 的关系，可由取向三角形描述（图10.11）。在图 10.11 中，顶点 1 处晶轴 c 平行于拉伸方向 Z，顶点 2 处晶轴 a 平行 Z 方向，顶点 3 处为晶轴 b 平行 Z 方向；直角三角形竖直边代表晶轴 a 垂直于 Z 方向，水平边代表晶轴 b 垂直于 Z 方向，斜边代表晶轴 c 垂直于 Z 方向。

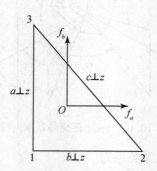

图 10.11　单轴正交取向三角形

3. 平板底片照相法（image plate，IP）

若使用照相法测定取向参数，根据球面三角知识，由单位反射球的几何关系可以导出

$$\cos\phi \ = \ \cos\theta\sin\beta \tag{10.6}$$

式中，θ 为 Bragg 角；β 为照相底片上以赤道线为起点，沿 Debye 环的方位角（图10.12）。由式（10.6）可以求得平均值：

$$\langle\cos^2\phi\rangle \ = \ \cos^2\theta\langle\sin^2\beta\rangle \tag{10.7}$$

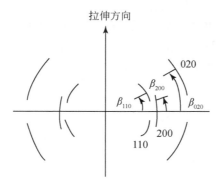

图 10.12　照相法拉伸 PE 的 X 射线衍射强度图

这里，

$$\langle\sin^2\beta\rangle \ = \ \frac{\displaystyle\int_0^{\frac{\pi}{2}} I(\beta)\sin^2\beta\cos\beta\mathrm{d}\beta}{\displaystyle\int_0^{\frac{\pi}{2}} I(\beta)\cos\beta\mathrm{d}\beta}$$

因此，相对于三个晶轴 a，b，c 的取向参数为

$$\langle\cos^2\phi_a\rangle \ = \ \frac{\displaystyle\int_0^{\frac{\pi}{2}} I(\beta)_{h00}\sin^2\beta_{h00}\cos^2\theta_{h00}\cos\beta_{h00}\mathrm{d}\beta_{h00}}{\displaystyle\int_0^{\frac{\pi}{2}} I(\beta)_{h00}\cos\beta_{h00}\mathrm{d}\beta_{h00}}$$

$$\langle\cos^2\phi_b\rangle \ = \ \frac{\displaystyle\int_0^{\frac{\pi}{2}} I(\beta)_{0k0}\sin^2\beta_{0k0}\cos^2\theta_{0k0}\cos\beta_{0k0}\mathrm{d}\beta_{0k0}}{\displaystyle\int_0^{\frac{\pi}{2}} I(\beta)_{0k0}\cos\beta_{0k0}\mathrm{d}\beta_{0k0}} \tag{10.8}$$

$$\langle\cos^2\phi_c\rangle \ = \ \frac{\displaystyle\int_0^{\frac{\pi}{2}} I(\beta)_{00l}\sin^2\beta_{00l}\cos^2\theta_{00l}\cos\beta_{00l}\mathrm{d}\beta_{00l}}{\displaystyle\int_0^{\frac{\pi}{2}} I(\beta)_{00l}\cos\beta_{00l}\mathrm{d}\beta_{00l}}$$

式中，$I(\beta)_{hkl}$ 为（hkl）晶面在 Debye 环上的衍射强度分布。由式（10.2）和式（10.7）可知，由 X 射线照相法可以求得取向因子 f：

$$f \ = \ (3\cos^2\theta\langle\sin^2\beta\rangle \ - \ 1)/2 \tag{10.9}$$

照相法过程复杂，手续烦琐。采用照相法一般是为了获得一个取向聚合物的直观图貌，实际计算聚合物取向关系时已逐渐被衍射仪方法所替代。

单轴正交晶系取向关系可用取向等边三角形形象地表达（图 10.13）。在图 10.13 中，原点 O 代表无规取向，三角形三个顶点 a，b，c 分别代表各晶轴沿拉伸方向（平行于 Z 轴）的择优取向态；三角形的各边代表某晶轴与拉伸方向垂直，将原点 O 与各顶点相连，则表示趋向该晶轴的取向状态。图 10.13 中给出了高密度聚乙烯及低密度聚乙烯沿其分子链轴（c 轴）的取向变化情况。这里沿晶轴 c 的取向加大，其他两晶轴 a，b 的取向降低。

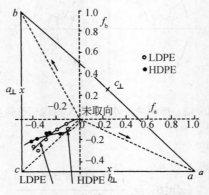

图 10.13　拉伸 PE 取向三角形

10.2.2　Wilchinsky 非正交晶系取向模型

要点：把非正交晶体（a，b，c）放入非正交 uvz 坐标系中，但 uv 正交，并令 uvc 正交（图 10.14），OZ 为拉伸方向，然后围绕 uvc 与拉伸方向 OZ 的关系进行讨论。

Wilchinsky 把 Stein 正交晶系的取向模型加以扩展，应用于非正交晶系。Wilchinsky 非正交晶系取向模型如图 10.14 所示。

图 10.14 中，uvz 为非正交坐标系，OZ 表示拉伸方向，Oa，Ob，Oc 为非正交晶轴，其中 Oc 为分子链轴方向。uvc 构成直角坐标系，ON 是 (hkl) 晶面法线，(hkl) 晶面在 Oa，Ob，Oc 轴上的截点分别为 m，n，p。令向量 i，j，k 为 u，v，c 方向的单位向量；e，f，g 为 (hkl) 晶面法线 ON 在 u，v，c 方向的方向余弦。如向量 Z，N 分别是 OZ，ON 方向的单位向量，则向量 Z，N 在 uvc 坐标系中可表示为

$$Z = (\cos\phi_{u,Z})i + (\cos\phi_{v,Z})j + (\cos\phi_{c,Z})k \tag{10.10}$$

$$N = ei + fj + gk \tag{10.11}$$

其点积为

$$N \cdot Z = |N \cdot Z|\cos(N \times Z) = |N \cdot Z|\cos\phi_{hkl,z} = \cos\phi_{hkl,z} \quad (10.12)$$

再由式（10.10）和式（10.11），有

$$N \cdot Z = e\cos\phi_{u,z} + f\cos\phi_{v,z} + g\cos\phi_{c,z} \quad (10.13)$$

联合式（10.12）和式（10.13），有

$$\langle \cos\phi_{hkl,z} \rangle = e\cos\phi_{u,z} + f\cos\phi_{v,z} + g\cos\phi_{c,z} \quad (10.14)$$

将式（10.14）平方，得到（hkl）晶面的取向函数

$$\langle \cos^2\phi_{hkl,Z} \rangle = e^2\langle \cos^2\phi_{u,Z} \rangle + f^2\langle \cos^2\phi_{v,Z} \rangle + g^2\langle \cos^2\phi_{c,Z} \rangle +$$

$$2ef\langle \cos\phi_{u,z}\cos\phi_{v,z} \rangle + 2eg\langle \cos\phi_{u,z}\cos\phi_{c,z} \rangle + 2fg\langle \cos\phi_{v,Z}\cos\phi_{c,Z} \rangle (10.15)$$

式（10.15）是 Wilchinsky 非正交晶系单轴取向模型的基本公式。式中，$\cos\phi_{c,Z}$ 为晶轴 c（分子链轴）与拉伸方向 Z 之间夹角的余弦，是所要求出的值。式（10.15）中含有 6 个未知数，需要具备 6 个（hkl）晶面的数据方可求出所需结果。由于 uvc 构成直角坐标系，故有

$$\langle \cos^2\phi_{u,Z} \rangle + \langle \cos^2\phi_{v,Z} \rangle + \langle \cos^2\phi_{c,Z} \rangle = 1 \quad (10.16)$$

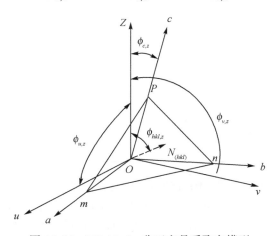

图 10.14　Wilchinsky 非正交晶系取向模型

　　如此，可将 6 个未知数简化成 5 个，又因晶体存在对称轴和对称面，可大大简化运算过程[2]。式（10.15）中最令人感兴趣的是 $\langle \cos^2\phi_{c,Z} \rangle$，即晶体分子链轴方向 c 相对于拉伸方向 OZ（纤维轴方向）的取向程度。由式（10.15）可知含有 6 个未知参数，一般应测定 6 个不同晶面的 $\langle \cos^2\phi_{hkl,Z} \rangle$ 值，方可求算出 $\langle \cos^2\phi_{c,Z} \rangle$，工作量是比较大的。然而由于 uvc 正交，存在式（10.16）关系和晶体存在对称轴与对称面，从而在用式（10.15）进行计算时，可以大大简化。表 10.1 与表 10.2 给出了不同晶系的简化条件。式（10.15）中的 e，f，g 可由晶胞几何关系计算得出。

表 10.1　不同晶系式（10.15）的简化项

对称条件	简化结果
单斜晶系	
$b \perp ac$ 平面	$\langle \cos\phi_{u,Z}\cos\phi_{v,Z} \rangle = \langle \cos\phi_{v,Z}\cos\phi_{c,Z} \rangle = 0$
$c \perp ab$ 平面	$\langle \cos\phi_{v,Z}\cos\phi_{c,Z} \rangle = \langle \cos\phi_{c,Z}\cos\phi_{u,Z} \rangle = 0$
正交晶系	全部交叉点乘平均值为 0
四方和六方晶系	全部交叉点乘平均值为 0，且 $\langle \cos^2\phi_{u,Z} \rangle = \langle \cos^2\phi_{v,Z} \rangle$
对 $(hk0)$ 晶面	$g = 0$
对 $(00l)$ 晶面及 $c \perp a$, $c \perp b$	$e = f = 0$, $g = 1$
对 c 轴任意	全部交叉点乘平均值为 0，且 $\langle \cos^2\phi_{u,Z} \rangle = \langle \cos^2\phi_{v,Z} \rangle$

表 10.2　确定 $\langle \cos^2\phi_{c,Z} \rangle$ 所必需的独立晶面数

晶系	hkl	$hk0$	$h0k$	$00l$	对 c 轴任意
三斜	5	3	5		1
单斜					
$b \perp ac$	3	2	3		1
$c \perp ab$	3	3	2	1	1
正交	2	2	2	1	1
六方	1	1	1	1	1
四方	1	1	1	1	1

显然，对多晶材料，式（10.15）既表达了 (hkl) 晶面的取向，也适合于描述 $(\bar{h}k\bar{l})$ 晶面的取向，只不过对 $(\bar{h}k\bar{l})$ 晶面，此时方向余弦为 $-e$, $-f$, $-g$ 和 $-\cos(\phi_{\bar{h}k\bar{l},z})$。对于具有二重轴或镜面对称的晶体，假定分子链轴 c 方向是二重轴（或有一个镜面垂直于 c 轴），那么对于 (hkl) 晶面，也存在与其等量的 $(\bar{h}k\bar{l})$, $(\bar{h}k\bar{l})$ 和 $(hk\bar{l})$ 晶面，这四种晶面情况都存在

$$fg\langle \cos\phi_{v,Z}\cos\phi_{c,Z} \rangle = ge\langle \cos\phi_{c,Z}\cos\phi_{u,Z} \rangle = 0 \qquad (10.17)$$

式（10.17）等价于把 a, b 轴旋转 $0°$ 和 $180°$，而 e, f, g 不变；但此时坐标的参考方向改变了，且

$$N_1 = \cos\phi_{u,Z}\boldsymbol{i} + \cos\phi_{v,Z}\boldsymbol{j} + \cos\phi_{c,Z}\boldsymbol{k}$$

$$N_2 = -\cos\phi_{u,Z}\boldsymbol{i} - \cos\phi_{v,Z}\boldsymbol{j} + \cos\phi_{c,Z}\boldsymbol{k} \qquad (10.18)$$

由式（10.18）求得 $\langle \cos^2\phi_{hkl,Z} \rangle$，也可得到式（10.17）。

如果晶体具有关于 c 轴的三重轴对称条件，对这种情况，它的全部等价反射

均可通过将 a，b 轴转动 $0°$，$120°$ 和 $240°$ 来完成，而 e，f，g 不变。正如对二重轴计算一样，对具有三重轴对称晶体，可以导出

$$\langle \cos\phi_{u,Z}\cos\phi_{v,Z} \rangle = \langle \cos\phi_{v,Z}\cos\phi_{c,Z} \rangle = \langle \cos\phi_{c,Z}\cos\phi_{u,Z} \rangle = 0 \quad (10.19)$$

$$\langle \cos^2\phi_{u,Z} \rangle = \langle \cos^2\phi_{v,Z} \rangle \quad (10.20)$$

式（10.19）和式（10.20）对晶体具有四重轴和六重轴情况亦适用。

10.3 算　　例

10.3.1 聚乙烯（PE）

PE 是正交晶系：$a = 7.42Å$，$b = 4.95Å$，$c = 2.53Å$。对于（200），

$$\langle \cos^2\phi_{200} \rangle = \frac{\int_0^{\frac{\pi}{2}} I(\phi)_{200}\sin\phi_{200}\cos^2\phi_{200}\,\mathrm{d}\phi}{\int_0^{\frac{\pi}{2}} I(\phi)_{200}\sin\phi_{200}\,\mathrm{d}\phi} \quad (10.21)$$

同理可得，$\langle \cos^2\phi_{0k0} \rangle$，$\langle \cos^2\phi_{00l} \rangle$。若上面 $\langle \cos^2\phi_{h00} \rangle$ 及 $\langle \cos^2\phi_{0k0} \rangle$ 求得，则可以从 $\cos^2\phi_a + \cos^2\phi_b + \cos^2\phi_c = 1$ 求得 $\cos^2\phi_c$ 值。

再从

$$\begin{cases} f_a = \dfrac{1}{2}(\langle 3\cos^2\phi_a \rangle - 1) \\[2mm] f_b = \dfrac{1}{2}(\langle 3\cos^2\phi_b \rangle - 1) \\[2mm] f_c = \dfrac{1}{2}(\langle 3\cos^2\phi_c \rangle - 1) \end{cases}$$

求出 f_a，f_b，f_c 值。

$\sum f_i = 0$，即 $f_a + f_b + f_c = 0$，$\sum \langle \cos^2\phi_{hkl} \rangle = 1$。

聚乙烯的取向参数见表 10.3。

表 10.3　PE 的取向参数

晶面	$\langle \cos^2\phi_a \rangle$	$\langle \cos^2\phi_b \rangle$	$\langle \cos^2\phi_c \rangle$	f_a	f_b	f_c	$\Pi/\%$
200	0.0184	—	—	-0.4724	—	—	90.7
020	—	0.0137	—	—	-0.4795	—	90.0
	—	—	0.9679	—	—	0.9519	92.0

10.3.2　聚丙烯腈（PAN）

PAN 属六方晶系，晶胞参数见表 10.4。由表 10.1 可知，对 PAN，式 (10.15) 中全部交叉点积项为 0，且 $\langle\cos^2\phi_{u,z}\rangle = \langle\cos^2\phi_{v,z}\rangle$。因此，式 (10.15) 可化为

$$\langle\cos^2\phi_{hkl,Z}\rangle = e^2\langle\cos^2\phi_{u,z}\rangle + f^2\langle\cos^2\phi_{v,z}\rangle + g^2\langle\cos^2\phi_{c,Z}\rangle$$
$$= (e^2 + f^2)\langle\cos^2\phi_{u,z}\rangle + g^2\langle\cos^2\phi_{c,Z}\rangle$$

表 10.4　PAN 晶胞参数

实测值/nm	文献值（Natta, et al, 1958）
$a = b = 0.585$	$a = b = 0.599$
$c = 0.507$	$c = 0.510$

对 (100) 晶面，$g = f = 0$，$e = 1$，所以 $\langle\cos^2\phi_{100,z}\rangle = \langle\cos^2\phi_{u,z}\rangle$。根据实验测知的 $I(\phi)100$，由式 (10.3) 算出 $\langle\cos^2\phi_{100,z}\rangle$，再由式 (10.16) 求出 $\langle\cos^2\phi_{c,z}\rangle$ 的值。表 10.5 还列出了不同拉伸倍数下 PAN 的 $\langle\cos^2\phi_{c,z}\rangle$，$f_c$ 及 Π 的值。由表 10.5 可见，PAN 的择优取向为 c 轴，f_c 很大。表 10.5 还列出了由经验公式计算的 Π 值，以做比较。

表 10.5　不同拉伸倍数下 PAN 的取向值

拉伸倍数	$\langle\cos^2\phi_{c,z}\rangle$	f_c	Π
6	0.8340	0.7510	81.3
8	0.8568	0.7652	83.1
10	0.8685	0.8028	84.4
11	0.8664	0.7996	85.3

10.3.3　等规立构聚丙烯（i-PP）

（i-PP）是单斜晶系，$a = 6.65\text{Å}$，$b = 20.96\text{Å}$，$c = 6.50\text{Å}$，$\beta = 99.3°$。选 (110)，(040)，求 $\langle\cos^2\phi_{c,z}\rangle$。

$$\langle\cos^2\phi_{110,z}\rangle = \frac{\int_0^{\frac{\pi}{2}}I(\phi)_{110}\sin\phi_{110}\cos^2\phi_{110}\mathrm{d}\phi_{110}}{\int_0^{\frac{\pi}{2}}I(\phi)_{110}\sin\phi_{110}\mathrm{d}\phi} = 0.021 \qquad (10.22)$$

同理，$\langle \cos^2 \phi_{040,z} \rangle = 0.9758$ 。

下面将对式（10.15）进行简化，以便求出 $\cos^2 \phi_{c,z}$ 值。

对于（040），$e = g = 0$，$f = 1$，式（10.15）可简化为

$$\langle \cos^2 \phi_{040,z} \rangle = \langle \cos^2 \phi_{v,z} \rangle \tag{10.23}$$

对于（110），$g = 0$，$b \perp ac$，由 $ef \langle \cos \phi_{u,z} \cdot \cos \phi_{v,z} \rangle = 0$，得 $eg \langle \cos \phi_{u,z} \cdot \cos \phi_{v,z} \rangle = 0$，$fg \langle \cos \phi_{v,z} \cdot \cos \phi_{c,z} \rangle = 0$

由式（10.15）简化得

$$\langle \cos^2 \phi_{110,z} \rangle = e^2 \langle \cos^2 \phi_{u,z} \rangle + f^2 \langle \cos^2 \phi_{v,z} \rangle \tag{10.24}$$

i-PP 的 e，f 值可由平面几何关系求得，$e = 0.9410$，$f = 0.2986$，因 $e^2 + f^2 = 1$，故由式（10.24），

$$\langle \cos^2 \phi_{u,z} \rangle = \frac{\langle \cos^2 \phi_{110,z} \rangle - (1 - e^2) \langle \cos^2 \phi_{040,z} \rangle}{e^2} \tag{10.25}$$

由式（10.16）及式（10.25），有

$$\langle \cos^2 \phi_{c,z} \rangle = 1 - \langle \cos^2 \phi_{v,z} \rangle - \langle \cos^2 \phi_{u,z} \rangle \tag{10.26}$$

$$\langle \cos^2 \phi_{c,z} \rangle = 1 - \langle \cos^2 \phi_{040,z} \rangle - \frac{\langle \cos \phi_{110,z} \rangle - (1 - e^2)(\cos^2 \phi_{040,z})}{e^2} \tag{10.27}$$

在式（10.27）中，$\langle \cos^2 \phi_{040,z} \rangle$，$\langle \cos \phi_{110,z} \rangle$ 已知，从式（10.27）求得 $\langle \cos^2 \phi_{c,z} \rangle = 0.8889$，$f_c = 0.8335$，用经验公式求得 $\Pi = 92\%$。

10.3.4　聚（4-甲基-1-戊烯）

具有四方晶系的聚（4-甲基-1-戊烯）纤维，晶胞参数 $a = b = 1.85\text{nm}$，$c = 1.376\text{nm}$，c 轴是分子链轴。由表 10.1 可知，对于四方晶系，式（10.15）可简化为

$$\langle \cos^2 \phi_{hkl,z} \rangle = (1 - g^2) \langle \cos^2 \phi_{u,z} \rangle + g^2 \langle \cos^2 \phi_{c,z} \rangle$$

再计及正交关系，最后可得到

$$\langle \cos^2 \phi_{c,z} \rangle = [1 - g^2 - 2 \langle \cos^2 \phi_{hkl,z} \rangle] / (1 - 3g^2)$$

这样，只要测定一个晶面的 $I(\phi)$，便可求得 $\langle \cos^2 \phi_{hkl,z} \rangle$，从而得到拉伸方向 Z 与分子链轴 c 间的取向参数 $\langle \cos^2 \phi_{c,z} \rangle$。如测定 $I(\phi)_{200}$，因为 $g = 0$，则

$$\langle \cos^2 \phi_{c,z} \rangle = 1 - 2 \langle \cos^2 \phi_{200,z} \rangle$$

实际测得 $\langle \cos^2 \phi_{200,z} \rangle = 0.232$，所以 $\langle \cos^2 \phi_{c,z} \rangle = 0.536$。图 10.15 给出了聚（4-甲基-1-戊烯）（200）晶面的 $I(\phi)$，$I(\phi) \sin\phi$，$I(\phi) \sin\phi \cos^2\phi$ 与 ϕ 的归一化强度关系曲线。

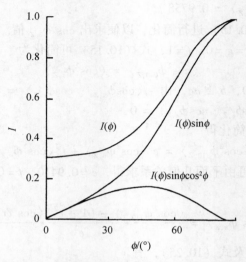

图 10.15　聚（4-甲基-1-戊烯）取向曲线

10.4　双轴取向

薄板材、薄膜等聚合物材料，在其加工成型过程中必然要受到平面双向拉伸，从而使材料发生形变，研究材料在平面方向上的取向情况，对于掌握调节材料的物理及机械性能是极其必要的。

在图 10.10 中，ω_a，ω_b，ω_c 分别是晶轴 a，b，c 在 XY 平面上的投影与 Y 轴间的夹角。对于正交晶系，ϕ_a，ϕ_b，ϕ_c 与 ω_a，ω_b，ω_c 并不是独立的，服从下述关系：

$$\cos^2\phi_a + \cos^2\phi_b + \cos^2\phi_c = 1 \qquad (10.28)$$

$$\sin\phi_a\sin\phi_b\cos\omega_a = \cos\phi_a\cos\phi_b\cos\omega_b + \cos\phi_c\sin\omega_b \qquad (10.29)$$

$$\sin\phi_a\sin\phi_b\sin\omega_a = \cos\phi_a\cos\phi_b\sin\omega_b + \cos\phi_c\cos\omega_b \qquad (10.30)$$

这样，只要已知 ϕ_a，ϕ_b，ϕ_c 中的任意两个和 ω_a，ω_b，ω_c 中的任意一个，则薄膜结晶样品的取向便可完全确定。单轴取向时，ω_a，ω_b，ω_c 是任意的。

除以前已定义的三个取向因子 f_a,f_b,f_c 外，对于双轴取向，相对于 $\omega_a,\omega_b,\omega_c$ 角的取向因子定义为

$$f_{\omega_a} = 2\langle\cos^2\omega_a\rangle - 1$$

$$f_{\omega_b} = 2\langle\cos^2\omega_b\rangle - 1 \qquad (10.31)$$

$$f_{\omega_c} = 2\langle\cos^2\omega_c\rangle - 1$$

对于某一任意单轴取向，f_{ω_a}，f_{ω_b}，f_{ω_c} 为 0，如果取向方向位于薄膜面内，则 $\omega =$

0，$f=1$；若取向方向垂直于薄膜，则 $\omega=90°$，$f=-1$，因此式（10.31）中所定义的取向因子 f 的取值范围在 1 和 -1 之间。表10.6列出了几种特定情况下的 ω，$\langle\cos^2\omega\rangle$ 和 f_ω 值。

表10.6　双轴取向函数 f_{ω_a}，f_{ω_b} 和 f_{ω_c} 的取值范围

取向态	$\omega/(°)$	$\langle\cos^2\omega\rangle$	f_ω
晶轴位于样品平面 YZ 中	0	1	1
晶轴相对样品平面 YZ 随意（单轴取向）	45	1/2	0
晶轴垂直于样品平面 YZ	90	0	-1

双轴取向，除式（10.28）～式（10.30）各取向角关系外，其间尚有下述关系相联系：

$$\sin^2\phi_a\cos^2\omega_a + \sin^2\phi_b\cos^2\omega_b + \sin^2\phi_c\cos^2\omega_c = 1$$
$$\sin^2\phi_a\sin^2\omega_a + \sin^2\phi_b\sin^2\omega_b + \sin^2\phi_c\sin^2\omega_c = 1$$
$$\cos\phi_a\cos\phi_b = \sin\phi_a\sin\phi_b\cos(\omega_a-\omega_b)$$
$$\cos\phi_a\cos\phi_c = \sin\phi_a\sin\phi_c\cos(\omega_a-\omega_c) \qquad (10.32)$$
$$\cos\phi_b\cos\phi_c = \sin\phi_b\sin\phi_c\cos(\omega_b-\omega_c)$$
$$\sin\phi_a\sin\phi_b\cos\phi_a = \cos\phi_a\cos\phi_b\cos\omega_b + \cos\phi_c\sin\omega_b$$
$$\sin\phi_a\sin\phi_b\sin\omega_a = \cos\phi_a\cos\phi_b\sin\omega_b + \cos\phi_c\cos\omega_b$$

由此并可导出

$$\cos\phi_a\cos\phi_b\sin(\omega_a-\omega_b) = \cos\phi_c\cos(\omega_a+\omega_b) \qquad (10.33)$$

如果 f_a 与 f_{ω_a}，f_b 与 f_{ω_b}，f_c 与 f_{ω_c} 无关，亦即单轴取向与双轴取向无关，则可以由式（10.32）推得

$$f_{\omega_a}(1-f_a) + f_{\omega_b}(1-f_b) + f_{\omega_c}(1-f_c) = 0 \qquad (10.34)$$

在正交晶系中，且有

$$f_a + f_b + f_c = 0 \qquad (10.35)$$

这样，六个取向因子中有四个是独立的。只要求得 f_a，f_b，f_c 和 f_{ω_a}，f_{ω_b}，f_{ω_c} 中的任意四个，则晶体的取向分布可得到。在特殊情况下，独立变量的个数可以大大减少。例如，分子链轴 c 方向平行于外力拉伸方向 Z，则 $f_c=1$，$f_a=f_b=-1/2$。$f_{\omega_a}=-f_{\omega_b}$，则独立变量数仅为 1 个。

如图10.16所示，给出双轴取向函数 f_{ω_a}，f_{ω_b} 和 f_c 的直角坐标方向。长方体 f_c 方向长为 1.5 个单位；f_{ω_a}，f_{ω_b} 方向各为 2 个单位。点 1 代表 $f_{\omega_a}=f_{\omega_b}=f_c=1$；点 2 代表 $f_{\omega_a}=f_c=1$，$f_{\omega_b}=-1$；点 3 为 $f_{\omega_a}=f_{\omega_b}=-1$，$f_c=1$；点 4 为 $f_{\omega_b}=f_c=1$，$f_{\omega_a}=-1$；点 5 为 $f_{\omega_a}=f_{\omega_b}=1$，$f_c=-1/2$；点 6 为 $f_{\omega_b}=-1$，$f_c=1$，$f_{\omega_a}=1$，$f_c=-1/2$；点 7 为 $f_{\omega_a}=f_{\omega_b}=-1$，$f_c=-1/2$；点 8 为 $f_{\omega_a}=-1$，$f_{\omega_b}=1$，$f_c=-1/2$。

长方体心（点 O）为 $f_{\omega_a} = f_{\omega_b} = f_c = 0$。

如果考察垂直于 f_c 轴的截面（图 10.16 中右侧面），此时 $f_c = 1$。由式（10.35）知，$f_a = f_b = -1/2$，再由式（10.34）有 $f_{\omega_a} = -f_{\omega_b}$，故从式（10.30）得到，$\omega_a = \dfrac{\pi}{2} - \omega_b$。如果我们仅关心此平面的点 2 和点 4 对角线上的取向，$f_c = 1$ 平面，即晶轴 c 平行于拉伸方向 Z，且晶轴 a 和晶轴 b 垂直于 Z 方向。沿此对角线移动，即相当于绕 c 轴旋转，由 $f_{\omega_a} = 1$，$f_{\omega_b} = -1$（即晶轴 b 垂直于样品平面 YZ）；转到 $f_{\omega_a} = -1$，$f_{\omega_b} = 1$（即晶轴 a 垂直于样品平面 YZ）；而对角线中点 O_1，即 $f_{\omega_a} = f_{\omega_b} = 0$，相当于单轴取向，晶轴 a 和 b 对晶轴 c 是任意的，或者说晶轴 a 和 b 与样品平面成 45°。

如观察图 10.16 最左侧面（$f_c = -1/2$ 平面），相当于晶轴 c 垂直样品平面 YZ。在此情况下，晶轴 a 和 b 所构成的平面平行于由拉伸方向 Z 所组成的平面。现研究点 5 和点 7 构成的对角线上的取向变化，即 $\omega_a = \pi + \omega_b$，$f_{\omega_a} = f_{\omega_b}$ 的取向问题。由式（10.34）和（10.35）可知，$f_{\omega_a} = -f_{\omega_c}$。假如考察这样的取向点，在此点 f_c 稍大于 $-1/2$，而 f_b 稍小于 $+1$，f_{ω_b} 取值为 $[-1, 1]$ 中的任何值，这取决于晶轴 b 偏离 Z 方向的变化是在样品平面内，还是垂直于样品平面；同样，f_{ω_a} 也可取 $[-1, 1]$ 中的任何值，它决定于晶轴 a 是在样品的平面内，还是垂直于样品平面。这表明在 $f_c \approx -\dfrac{1}{2}$ 平面上，f_{ω_a} 和 f_{ω_b} 可取 $[-1, 1]$ 中的任何值，然而，当 $f_c = -\dfrac{1}{2}$ 时，这个平面将降低为一条线。式（10.35）化为

$$f_{\omega_a} = -f_{\omega_b}\left[\left(\frac{1}{2} + f_a\right) \big/ (1 - f_a)\right] - \frac{3}{2} f_{\omega_c} \big/ (1 - f_a)$$

当 $f_a = -\dfrac{1}{2}$ 时，$f_{\omega_a} = -f_{\omega_c}$。

类似于上面的讨论，由图 10.16 和式（10.34），式（10.35）可以分析在 $f_c = 0$，$f_c = 1/2$ 时的取向。

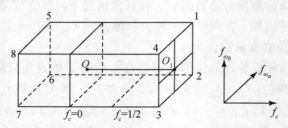

图 10.16　双轴取向函数 f_{ω_a}，f_{ω_b} 和 f_c 的空间关系

实际上，对于取向因子 f_ω 的计算是很繁杂的。如果已经测定了 (hkl) 晶面的 $I(\phi,\psi)$ 的强度分布，ϕ，ψ 的定义见图 10.8。我们则可以确定相对于 Z 方向的取向分布。特别是在正交坐标系中，当样品处于 XY 平面中，即 $\phi = 90°$ 时，Z 方向代表样品表面法向 N；Y 方向代表滚压方向 M；X 方向代表样品横向 T。由表征取向的定义：

$$\langle \cos^2\phi \rangle = \frac{\int_0^{\frac{\pi}{2}} \int_0^{2\pi} I(\phi,\psi)\sin\phi\cos^2\phi \mathrm{d}\psi\mathrm{d}\phi}{\int_0^{\frac{\pi}{2}} \int_0^{2\pi} I(\phi,\psi)\sin\phi\mathrm{d}\psi\mathrm{d}\phi} \tag{10.36}$$

可以求出相对于 (hkl) 晶面组的 $\langle \cos^2\phi_{hkl,X} \rangle$，$\langle \cos^2\phi_{hkl,Y} \rangle$，$\langle \cos^2\phi_{hkl,Z} \rangle$。注意到正交关系，上述三个平均值只需要算出两个已足够。如果所研究的问题是非正交晶系，则按式（10.15）求出有关晶面的 $\langle \cos^2\phi \rangle$ 值，借助前面已讲过的 Wilchinsky 关系便可求出 C 轴与拉伸方向间的 $\langle \cos^2\phi \rangle$ 值。

在正交情况下，由于

$$\langle \cos^2\phi_{hkl,X} \rangle + \langle \cos^2\phi_{hkl,Y} \rangle + \langle \cos^2\phi_{hkl,Z} \rangle = 1$$

所以也可以用等边取向三角形直观地描写取向关系（图 10.17）。取向三角形中某点 hkl 的位置决定于晶面指标 h，k，l 和取向状态。我们注意到在图 10.17 中，顶点 1 表示 (hkl) 晶面法线平行于 X 轴的完全取向状态，即 $\langle \cos^2\phi_{hkl,X} \rangle = 1$，$\langle \cos^2\phi_{hkl,Y} \rangle = \langle \cos^2\phi_{hkl,Z} \rangle = 0$。点 2 表示 (hkl) 晶面法线垂直于 X 轴，位于 YZ 平面内，所以，

$$\langle \cos^2\phi_{hkl,X} \rangle = 0, \langle \cos^2\phi_{hkl,Y} \rangle + \langle \cos^2\phi_{hkl,Z} \rangle = 1$$

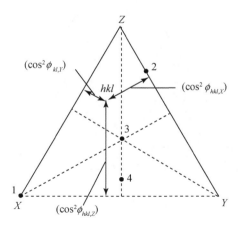

图 10.17 双轴取向三角形

等边三角形面心点 3 则代表无规取向，即

$$\langle \cos^2 \phi_{hkl,X} \rangle = \langle \cos^2 \phi_{hkl,Y} \rangle = \langle \cos^2 \phi_{hkl,Z} \rangle = 1/3$$

位于等边三角形中线上的点 4 则代表相对于 Z 轴的单轴取向态，即

$$\langle \cos^2 \phi_{hkl,X} \rangle = \langle \cos^2 \phi_{hkl,Y} \rangle = (1 - \langle \cos^2 \phi_{hkl,Z} \rangle)/2$$

同样，相对于 X 轴和 Y 轴的单轴取向，分别为在等边三角形 X 轴和 Y 轴的中线上，且有

$$\langle \cos^2 \phi_{hkl,Y} \rangle = \langle \cos^2 \phi_{hkl,Z} \rangle = (1 - \langle \cos^2 \phi_{hkl,X} \rangle)/2$$

$$\langle \cos^2 \phi_{hkl,Z} \rangle = \langle \cos^2 \phi_{hkl,X} \rangle = (1 - \langle \cos^2 \phi_{hkl,Y} \rangle)/2$$

如果外力方向为 Z，则由 X 射线实验可以测定 (hkl) 晶面法线的 $\langle \cos^2 \phi_{hkl,Z} \rangle$ 值；如果外力拉伸方向平行于样品表面，即在 Y 方向。那么为了求得 $\langle \cos^2 \phi_{hkl,Y} \rangle$，则需要进行角坐标的转换，即 $\phi_Z, \psi_Z \rightarrow \phi_Y, \psi_Y; I(\phi_Z, \psi_Z) \rightarrow I(\phi_Y, \psi_Y)$。这里 ϕ_Z，ψ_Z，ϕ_Y，ψ_Y 分别是对 Z 方向，Y 方向的余纬角和经度角（图 10.7）。同理可求 $\langle \cos^2 \phi_{hkl,X} \rangle$，或者由正交关系，已知两个均方余弦，第三个即可很容易得出。

对于正交晶系可用 Stein 模型，对非正交晶系则用 Wilchinsky 模型求得其晶轴（比如 c）相对于 X，Y，Z 三方向的均方余弦。作为例子，我们考虑等规聚丙烯 i-PP 的取向。由 (040)，(110) 两晶面可以求出 $\langle \cos^2 \phi_{c,Z} \rangle = 0.09$，再由坐标转换方法得到 $\langle \cos^2 \phi_{c,X} \rangle = 0.09$，$\langle \cos^2 \phi_{c,Y} \rangle = 0.82$。图 10.18 是用三角形法直观地给出了晶体 c 轴沿拉伸方向 Y 的择优取向。

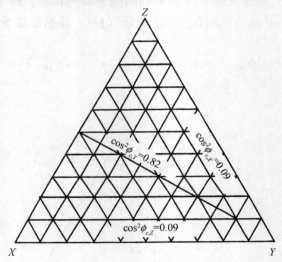

图 10.18　i-PP 双轴取向三角形

对于双轴取向的测定，用 X 射线方法是采取极图仪进行实验测量。极图可以比较清楚地表现出材料的取向分布。所测定的 (hkl) 晶面的极图，就是 (hkl) 晶面法向的空间分布，即 (hkl) 晶面的极密度在样品表面所在平面的极射赤道

面投影值。

其实验方法简单说来就是选取某（hkl）晶面，固定此晶面对应的衍射角 2θ 不变，使样品绕其平面法向及与此法向垂直的两个方向进行旋转，即在不同的经纬角 ϕ，ψ 下测定各点的衍射强度 $I(\phi,\psi)$ 值。实测时是把透射法和反射法相结合。在 $0 \leqslant \psi \leqslant 2\pi$ 下，如果在 $0 \leqslant \alpha \leqslant 60°$ 范围内采用透射法（α 为纬度角），而在 $60° \leqslant \alpha \leqslant 90°$ 范围内采用反射法。图 10.20 给出了透射法与图 10.19 反射法的原理图。由于聚合物样品的晶体对称性和 X 射线吸收系数与金属样品相比要低得多，因此对聚合物样品而言，更适宜于采用透射法。

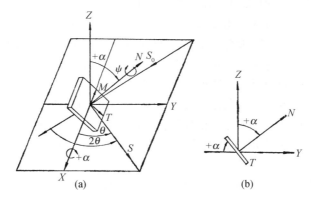

图 10.19　X 射线极图测量方法的几何配置——反射法

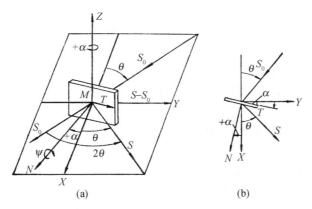

图 10.20　X 射线极图测量方法的几何配置——透射法

图 10.20 是右手直角坐标系表示的透射法样品置于 YZ 平面实验几何配置。XY 面位于 X 射线入射方向（S_0）和反射方向（S）的平面中。样品绕 Z 轴（拉伸方向 M）转动。当纬度角 $\alpha = 0°$，即 $\phi = 90°$（余纬角 $\phi = 90° - \alpha$）时，样

品位于 *YZ* 平面中，此时为对称透射配置。当 $\alpha = 0°$ 时，与 *Y* 轴重合的散射平面的极图落于样品平面内，此时如将样品绕与 *X* 轴重合的垂直样品表面法线方向 *N* 旋转（ψ 转动），可测得 $\alpha = 0°$ 的 X 射线散射极图。绕 *Z* 轴旋转（$\alpha \neq 0°$），同时再进行绕样品法向 *N* 轴旋转（ψ 转动），可得 $\alpha \neq 0°$ 时不同纬度角下，在某一确定 θ 下，ψ 由 $0 \rightarrow 2\pi$，α 由 $0 \rightarrow \dfrac{\pi}{2}$ 的极图。应注意到，当 $\alpha \neq 0°$ 时，透射法实验几何配置是非对称的。由图 10.20 可知，当 $\alpha \rightarrow 90° - \theta$ 时，由于 X 射线衍射线束平行于样品表面，透射法在此角度下不适用；透射法一般使用于 $0 \leqslant \alpha \leqslant 60°$。图 10.19 是 X 射线反射法测定片状样品极图的实验几何配置。在反射法中，绕 X 轴进行纬度角 α 的改变。当 $\alpha = 0°$ 时，样品置于赤道面 *XY* 内（样品置于 *XY* 平面），样品法线 *N* 与 *Z* 轴重合。通常拉伸方向平行于 *X* 轴，由图中可见，对于反射法的最合宜几何布置是 $\alpha = 90°$，即法线 *N* 与 *Y* 轴重合。由前可知，由透射法已测定了 $0 \leqslant \alpha \leqslant 60°$ 时极图靠外侧部分的结果，其余部分，即 $60° \leqslant \alpha \leqslant 90°$，极图中心部分的结果则由反射法测定。为此，最常用的实验方法是先选一些经度角 ψ，对每一个确定的 ψ 下，使纬度角 α 在 $30° \sim 90°$ 范围进行扫描，对于 $30° \leqslant \alpha \leqslant 60°$ 这部分与透射法相重叠的测定值，可用作为这两种方法散射强度的比例归一。

将由实验所测定的 $I_0(\phi, \psi)$ 经背底校正，角因子校正，吸收校正和非相干散射校正后，再经透射、反射强度的转换，将透射强度转换为反射强度 $I(\phi, \psi)$，并算出所测（*hkl*）晶面的平均衍射强度 $\langle I \rangle$。

$$\langle I \rangle = \frac{\displaystyle\int_0^{\frac{\pi}{2}} \int_0^{2\pi} I(\phi, \psi) \sin\phi \, \mathrm{d}\psi \mathrm{d}\phi}{\displaystyle\int_0^{\frac{\pi}{2}} \int_0^{2\pi} I(\phi, \psi) \, \mathrm{d}\psi \mathrm{d}\phi} \tag{10.37}$$

这样即可求得各 ϕ，ψ 角下对应的规一化相对极密度：

$$I' = I(\phi, \psi)/\langle I \rangle \tag{10.38}$$

式中，$I(\phi, \psi)$ 是经各种校正和转换后所具有的衍射强度值。图 10.21 是 *i*-PP（040）晶面的极图。

图 10.21 中的各同心圆代表不同的 α（或 ϕ）值，由外向里（箭头方向）α 值增大；ψ 角变化方向如图中箭头所示。由图中可以看到，*i*-PP 的（040）晶面极密度 $I'(\phi, \psi)$ 大部分小于 1，特别是在 *X* 方向，而在拉伸方向 *Y*，极密度 I' 值则大些，垂直于样品平面 *XY* 样品表面法线 的中心部位附近，极密度要大得多，说明取向是沿着样品拉伸方向产生的。

聚偏氟乙烯（PVDF）具有 α, β, γ 三种晶型，采用 Wilchinsky 非正交晶系取向模型，对 α 型聚偏氟乙烯，测定（020），（110）两晶面的衍射强度，根据下式求得单轴拉伸下晶面法线与 c 轴之间的均方余弦：

$$\langle \cos^2\phi_{c,z} \rangle = 1 - 1.2647\langle \cos^2\phi_{110,z} \rangle - 0.7353\langle \cos^2\phi_{020,z} \rangle$$

图 10.22 是单轴拉伸聚偏氟乙烯（110）晶面在不同温度不同拉伸比时的极图。图 10.22 清楚地表明，聚偏氟乙烯（110）晶面法线均匀分布在垂直于拉伸方向平面的上下。在拉伸方向具有较高的极密度。图 10.22（a）表明靠近拉伸

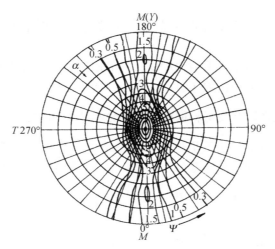

图 10.21　i-PP（040）晶面极图

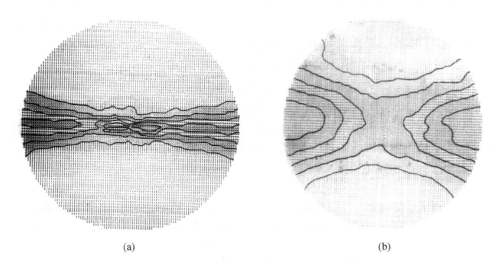

(a)　　　　　　　　　　　　　　(b)

图 10.22　聚偏氟乙烯（110）晶面极图

(a)（110）晶面在 100°C 拉伸比为 4.2；(b)（110）晶面在 160°C 拉伸比为 2.5

方向 X 轴极密度是远离 X 轴极密度的 5 ~ 6 倍；图 10.22（b）表明靠近 X 轴极密度是远离 X 轴极密度的 3 ~ 6 倍。有趣的是在 X 方向，远离 X 轴时，此时极密度要比极图中心处极密度大。这可能表明在小拉伸比下，材料被拉伸时，分子链的取向排列优先表现在施力点附近；同时，高温条件下拉伸与低温条件下拉伸相比，极密度的变化范围更广阔些。

10.5 取向非晶态聚合物材料的结构分析

取向非晶聚合物由于其散射强度弱，它的取向态结构分析具有其特殊性。目前主要采用三维取向分布函数（ODF）方法和圆柱分布函数（CDF）方法。

10.5.1 取向非晶态聚合物材料取向态结构分析的 ODF 方法

非晶聚合物在外场作用下呈现的取向态结构，可采用 ODF 方法去描述它的取向态结构，给出取向后分子链分布状态。对于单轴取向，其取向分布函数为

$$D(\phi) = \sum_{n=0}^{\infty} (4n+1)\langle P_{2n}(\cos\phi)\rangle_D P_{2n}(\cos\phi)$$

$$= \sum_{n=0}^{\infty} (4n+1)\langle P_{2n}(\cos\phi)\rangle_I P_{2n}(\cos\phi)/\langle P_{2n}(\cos\phi)\rangle_m \quad (10.39)$$

式中，ϕ 为拉伸方向与取向单元间的夹角。

由于单轴拉伸取向具有圆柱对称性和反演中心，因此 Legendre 多项式 $P_{2n}(\cos\phi)$ 仅含有偶次项。而 $\langle P_{2n}(\cos\phi)\rangle_D$ 代表一个球谐函数分量 $P_{2n}(\cos\phi)$ 振幅的平均值。Legendre 多项式 $P_{2n}(\cos\phi)$ 的前几项为

$$P_0(\cos\phi) = 1$$
$$P_2(\cos\phi) = (3\cos^2\phi - 1)/2$$
$$P_4(\cos\phi) = (35\cos^4\phi - 30\cos^2\phi + 3)/8$$

$\langle P_{2n}(\cos\phi)\rangle$ 它在所考虑的 ϕ 角范围 $[0, \pi/2]$ 内，是一个取向分布函数 $D(\phi)$ 和一个球谐函数分量 $P_{2n}(\cos\phi)$ 之积，所以第 $2n$ 个球谐函数的振幅为

$$\langle P_{2n}(\cos\phi)\rangle_D = \int_0^{\frac{\pi}{2}} D(\phi) P_{2n}(\cos\phi)\sin\phi d\phi \quad (10.40)$$

引进 X 射线散射强度，可以把取向分布函数 $D(\phi)$ 清晰地表达出来。在取向态下，式（10.39）中的 $\langle P_{2n}(\cos\phi)\rangle_I$ 为与非晶聚合物各晶面总的散射强度 $I(h,\phi)$ 有关：

$$\langle P_{2n}(\cos\phi)\rangle_I = \int_0^{\frac{\pi}{2}} I(s,\phi) P_{2n}(\cos\phi)\sin\phi d\phi / \int_0^{\frac{\pi}{2}} I(s,\phi)\sin\phi d\phi$$

$$(10.41)$$

式中, $s = \dfrac{4\pi\sin\theta}{\lambda}$; θ 为 Bragg 角; λ 为 X 射线波长。

而式（10.39）中的 $\langle P_{2n}(\cos\phi)\rangle_m$ 为与非晶聚合物在 $2\theta_B$ 处某晶面取向单元的散射强度 $I_m(s_B,\phi)$ 有关：

$$[P_{2n}(\cos\phi)]_m = \int_0^{\frac{\pi}{2}} I_m(s_B,\phi) P_{2n}(\cos\phi)\sin\phi\mathrm{d}\phi \Big/ \int_0^{\frac{\pi}{2}} I_m(s_B,\phi)\sin\phi\mathrm{d}\phi$$

（10.42）

这样，当测出了 $I(s,\phi)$ 和 $I_m(s_B,\phi)$ 后，即可借助式（10.41）和式（10.42），由式（10.39）得到三维全取向分布函数 $D(\phi)$。

10.5.2　取向非晶态聚合物材料取向态结构分析的 CDF 方法

取向非晶聚合物结构研究的另一种方法是圆柱分布函数（CDF）方法。20 世纪 50 年代由 Norman 首先采用该方法解决纤维素的取向结构，进入 80 年代，该方法得到了飞速的发展。

设取向后样品中位于距原点为 r, 分子链轴与拉伸方向间夹角为 ϕ 处的具有圆柱对称性原子数密度分布为 $\rho(r,\phi)$, 对于这种原子数密度呈圆柱对称分布的取向非晶聚合物结构分析，主要采用 CDF 方法。

把以球面坐标表征的 CDF（r,ϕ）, 按 Legendre 多项式 $P_{2n}(\cos\phi)$ 展开：

$$\mathrm{CDF}(r,\phi) = 4\pi r[\rho(r,\phi) - \rho_0] = \sum_{n=0}^{\infty} W_{2n}(r) P_{2n}(\cos\phi) \qquad (10.43)$$

式中, ρ_0 为体系的平均原子数密度; $\rho(r,\phi)$ 为二维原子数密度分布。

$$W_{2n}(r) = (-1)^n \frac{2r}{\pi} \int_0^\infty s^2 I_{2n}(s) j_{2n}(sr)\mathrm{d}s \qquad (10.44)$$

式中, θ 为 Bragg 角; λ 为 X 射线波长; j_{2n} 为球面 Bessel 函数; $I_{2n}(s)$ 为散射强度：

$$I_{2n}(s) = (4n+1) \int_0^{\frac{\pi}{2}} I(s,\phi) P_{2n}(\cos\phi)\sin\phi\mathrm{d}\phi \qquad (10.45)$$

式中, $I(s,\phi)$ 为采用透射法测得的 X 射线散射强度。得到 $I(s,\phi)$ 后，由式（10.43）~式（10.44）可求出 CDF（r,ϕ）分布。

CDF 方法是用来描述单轴取向非晶聚合物原子密度二维分布的结构特性。径向分布函数（RDF）方法（见第十四章）则是表征各相同性非晶聚合物原子密度的一维分布，可以描述无取向非晶聚合物的结构特性。将 CDF 方法与 RDF 方法相结合，可以获得取向非晶态聚合物样品分子链内和分子链间的相关结构参数。CDF 方法克服了 RDF 方法难以将分子链内和分子链间引起的 RDF 峰分离的困难，可较好地表达非晶聚合物分子链构象及其链堆砌结构。

最近，有文献报道，采用全倒易空间 X 射线衍射法，结合衍射曲线拟合分峰，并以 PET 样品为例，研究了具有择优取向聚合物的结晶度和取向问题。该方法通过一次全倒易空间 X 射线散射强度的测量，可得到主要晶面和晶轴取向的分布情况；由于采用分峰解析，排除了极图中峰重叠现象，具有普遍性，它克服了经典极图仪方法中制备取向样品的困难和实验量大的不足。

近年来，随着科学技术的飞速发展，尤其是电算技术的广泛应用以及对材料的更高要求，在 20 世纪 60 年代中期，Bunge 和 Roe 分别发展了计算材料结构的三维取向分布函数（ODF）。利用该方法可以定量地求出材料的织构并进一步求得材料的宏观各向异性，对改进材料性能，开拓新材料和合理利用材料均具有重要意义。进入 90 年代，我国学者将最大熵方法（MEM）用于处理材料的取向分布函数的计算获得成功；对单轴取向非晶态聚合物 PET，采用圆柱分布函数（CDF）方法进行处理，也取得了满意的结果。有兴趣的读者可进一步参阅有关文献。

习　题

1. 求 i-PP 的（110）晶面法线分别在向量 a,b,c 上的方向余弦 e,f,g 值（已知 i-PP $a=0.665nm$，$b=2.096nm$，$c=0.656nm$，$\beta=99°20'$）。

2. 求 PE 的（110）晶面法线分别在向量 a,b,c 上的方向余弦 e,f,g 值（已知 PE $a=0.742nm$，$b=0.495nm$，$c=0.253nm$）。

3. 如何进行单轴和双轴取向实验的安排？极图中 α，β，ψ，ϕ，各角代表什么意义？θ 角如何反映在实验中？

4. Stein 取向模型和 Wilchinsky 取向模型使用条件有什么不同？

5. 对不同晶系，如何应用表 10.1 和 表 10.2 进行取向因子的计算？

6. 应用 Wilchinsky 模型，推导 i-PP 取向度计算公式。

参 考 文 献

[1] 许顺生. 金属 X 射线学. 上海：上海科学出版社，1962

[2] Alexander L E. X-Ray Diffraction Methods in Polymer Science. New York：Wiley，1969

[3] Kakudo M. Kasai N. X-Ray Diffraction by Polymers. Tokyo：Kodansha Ltd，1972

[4] Woolfson M M. An Introduction to X-Ray Crystallography. London：Cambridge University Press，1978

[5] Tadokoro H. Structure of Crystalline Physics. New York：John Wiley and Sons，1979

[6] Klug H P. Alexander L E. X-Ray Diffraction Procedures for Polycrystalline and Amorphous Materials. 2nd Ed，New York：Wiley，1974

[7] Wilson A J C. Elements of X-Ray Crystallography. London：Addison-Wesley，1970

[8] 殷敬华，莫志深. 现代高分子物理学. 北京：科学出版社，2001

[9] 梁志德，徐家桢，王福. 织构材料的三维取向分析技术-ODF 分析. 沈阳：东北工学院出版社，1986

［10］ 张宏放，莫志深. 高分子材料科学与工程，1991，7（6）：1-8
［11］ Wilchinsky Z W. Advance in X-Ray Analysis，1963，6：213-241；Wilchinsky Z W. J Appl Phys，1959，30：782-792
［12］ Hosemann R，Bagchi S N. Direct Analysis of Diffraction by Matter. Amsterdam：North-Holland Publ，1962
［13］ 马德柱，钱恒泽，胡克良，等. 高分子通讯，1982，6：408-414
［14］ Wilchinsky Z W. J Appl Polym Sci，1963，7：923-933
［15］ Roe R J，Krigbaum W R. J Chem Phys，1964，40：2608-2615
［16］ Roe R J. J Appl Phys，1965，36：2024-2031；ibid，1966，37：2069-2071
［17］ Stein R S. J Polym Sci，1958，31：327-343
［18］ 韩甫田，宾仁茂. 高分子材料科学与工程，1995，11：116-120
［19］ Stein R S. J Polym Sci，1961，34：339-348
［20］ Krigbaum W R，Roe R J. J Chem Phys，1964，41：737-748
［21］ 莫志深，张宏放，等. 中国科学院长春应用化学研究所集刊，1983，20：67-72

第十一章 聚合物材料微晶尺寸和点阵畸变

11.1 引 言

聚合物材料的物性除与其结晶度、取向度等有关外，还常常与其微晶尺寸和点阵畸变有关。

前面已经研究了理想晶体的 X 射线衍射，在理想晶体中原子都是周期性的规则排列于点阵中。实际聚合物在不同加工成型条件和不同外场作用下常影响晶体形成的完整性。晶体的完整性可通过对微晶尺寸和点阵畸变的测定及计算来表征，因此考察晶体的微晶尺寸和点阵畸变对聚合物性能的影响具有重要意义。

点阵畸变分为第一类晶格畸变和第二类晶格畸变。第一类晶格畸变表现为微晶的点阵排列是长程有序，短程无序，如图 11.1（b）所示，点阵中各格点仅在每个格点的小园内移动，整个点阵大范围仍是有序排列；第二类畸变表现为微晶的点阵排列是长程无序，短程有序［图 11.1（c）］。Hosemann 提出的次晶结构模型就属这种结构。

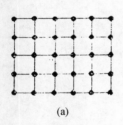 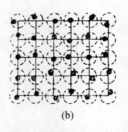 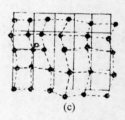

(a)   (b)   (c)

图 11.1 聚合物点阵结构图

（a）理想点阵；（b）第一类晶格畸变；（c）第二类晶格畸变

聚合物微晶尺寸是表征聚合物聚集态结构的一个重要参数。用 X 射线衍射方法测得的晶体 X 射线衍射线型，理论上应是一个很尖锐的衍射峰，但实际上的衍射峰总是宽化的。这除了微晶尺寸很小（10～100nm），形成相干衍射，产生衍射线增宽外，实际上还有其他衍射线增宽来源，包括热运动、内应力、X 射线被样品吸收等，所有这些因素都会造成点阵畸变，从而使衍射线宽化。同时，仪器因素（如衍射仪的非准直、垂直发散、非单色性等）亦可使衍射线宽化。下面将讨论由微晶大小和点阵畸变引起的衍射线型宽化以及相应求微晶尺寸和点阵畸变的方法。

为了获得真实的具有一定结构不完整晶体的纯衍射（物理）线型 $f(x)$，必须对 X 射线衍射强度分布线型进行分析。实验测得样品的衍射线型 $h(x)$，它是由含有物理因素和几何因素叠加所构成的衍射线型。$g(x)$ 为测得的无形变缺陷的标准完整试样的（仪器）衍射线型（它的衍射线型非常尖锐，近似为 δ 函数）。$h(x)$ 和 $g(x)$ 与纯衍射线型 $f(x)$ 有如下关系：

$$h(x) = f(x) * g(x) = \int_{-\infty}^{\infty} g(x)f(x-y)\mathrm{d}y \tag{11.1}$$

式中，y 为与 x 有相同量纲的辅助变量。

实验线型 $h(x)$ 包含有材料的点阵畸变及晶粒尺寸大小引起的线型宽化和仪器（标样）线型宽化，因此为求出真实的纯衍射线型 $f(x)$，必须考虑这些因素。式（11.1）表明 $h(x)$ 是 $g(x)$ 和 $f(x)$ 的卷积。求纯线型 $f(x)$ 的过程，实际上就是将式（11.1）应用不同方法展卷。

目前有多种测定晶体的微晶尺寸和点阵畸变的方法，主要的方法有：① 近似函数法；② Warren-Averbach Fourier 分析法；③ Fourier 单线分析法；④ Hosemann 次晶模型法；⑤ 方差函数法；⑥ 四次矩法。

11.2　近似函数法

为了求得式（11.1）中物理线型 $f(x)$，可用近似函数法，其实质就是将 $g(x)$ 和 $h(x)$ 用某种具体的带有待定常数的近似函数代替，通过对 $h(x)$ 和 $g(x)$ 与已测定的实验衍射强度曲线拟合，确定近似函数中的待定常数，从而求得在此近似函数 $h(x)$，$g(x)$ 下获得的 $f(x)$。

11.2.1　Scherrer 法

对于理想各向均质的无限大的晶体，衍射峰将在满足 Bragg 方程 $2d\sin\theta = n\lambda$ 时的 θ 角度下产生，这说明该晶体某一晶面的衍射强度峰值必须在严格满足 Bragg 方程对应的 θ 角度处出现。理想晶体衍射峰随着衍射角的改变，在强度 – 衍射角坐标平面中是一组非连续的 δ 函数序列［图 11.2（a）］。由于有限尺寸实际晶体的不完整性，如晶粒结构缺陷、晶粒尺寸的非均一性和晶粒中内应力产生的畸变等，都会发生稍偏离 Bragg 角 θ 衍射峰的宽化；这种衍射峰的宽化对金属和小分子晶体表现得不甚明显，即峰仍比较窄长，然而对高分子结晶体，由于高分子链分布差异较大，链排布的规整程度远较金属和小分子晶体为差，继而造成衍射峰被明显宽化和峰的叠合［图 11.2（b）］。

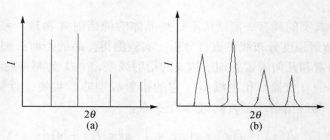

图 11.2　理想无限大晶体 X 射线衍射峰形（a）和
大分子晶体 X 射线衍射峰形（b）示意图

　　Scherrer 方法实质上是假定衍射线型 $h(x)$，$g(x)$ 均为 Cauchy 函数，当然由此得到的物理线型 $f(x)$ 亦为 Cauchy 函数。令 $h(x)$，$g(x)$，$f(x)$ 各线型的积分宽度分别为 B_c，b_c 和 β_c。由实验获得的线型 $h(x)$，$g(x)$ 可求出各自线型的积分宽度 B_c，b_c［或线型半高宽 $2W(B_c)$，$2W(b_c)$］后，由 $B_c = b_c + \beta_c$ 关系得到线型 $f(x)$ 的积分宽度 β_c［或半高宽 $2W(\beta_c)$］。对于这种 Cauchy 衍射线型且仅由微晶大小造成的谱线增宽，Scherrer 导出了衍射峰宽度（β）和微晶尺寸（L）之间的关系式。下面给出 Scherrer 方程的简单推导（图 11.3）。设晶粒在垂直于（hkl）晶面方向的 m 个晶面具有相同的面间距 d，晶面与 X 射线衍射形成的衍射角为 θ。由图 11.3 可见，按 Bragg 方程，晶面 1 与晶面 2（或言相邻两个晶面）的光程差为 $AO + BO = n\lambda$，晶面 1 与晶面 m 间的光程差则为 $(m-1)n\lambda$。当入射 X 射线偏离原入射角 θ 一个很小角度 δ 后，则相邻两晶面的光程差为 $2d\sin(\theta + \delta)$ $= 2d(\sin\theta\cos\delta + \cos\theta\sin\delta) = n\lambda\cos\delta + 2d\cos\theta\sin\delta$。在 $\delta \to 0$ 条件下，相邻两晶面的光程差是 $2d\sin(\theta + \delta) = n\lambda + 2d\delta\cos\theta$。对应的相差为 $\phi = 2\pi(n\lambda + 2\delta d\cos\theta)/\lambda = 4\pi\delta d\cos\theta/\lambda$。由于已假设组成各晶面的面间距相同，故 X 射线通过每个晶面形成相同的衍射振幅 a。根据光学原理，对具有相同振幅和相等相角的衍射系列，第一个晶面的衍射线与第 m 个晶面的衍射线合成振幅间的夹角为 $\Phi = m\phi/2$，则由 m 个晶面形成的总衍射振幅是 $A = am\sin\Phi/\Phi$，m 个晶面的总衍射强度则为 $I = A^2\sin^2\Phi/\Phi^2 = I_0\sin^2\Phi/\Phi^2$。$I_0$ 为衍射角为 θ，$\delta = 0$ 衍射峰最高处的强度，$I_0 = a^2m^2$。当 $I = I_0/2$ 时，将其代入到上面的散射强度方程：$I_0/2 = I_0\sin^2\Phi/\Phi^2$，将 $\sin\Phi$ 展为级数，解此方程，得出 $\Phi \approx 0.444\pi$，再把这一结果代入到上述相差表达式中，得出 $\Phi = 2\pi m\delta_{1/2}d\cos\theta/\lambda = 0.444\pi$，$\delta_{1/2} = 0.222\lambda/(md\cos\theta)$。但在峰半高宽处强度为 $I_0/2$ 时，对应的衍射角为 $2\theta \pm 2\delta_{1/2}$，从而可得 $\beta = 4\delta_{1/2} = 0.89\lambda/(md\cos\theta)$，通常将 Scherrer 方程写成

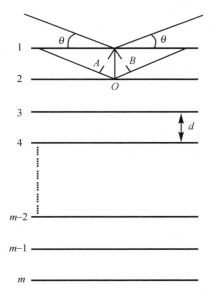

图 11.3　用于推导 Scherrer 方程含有 m 个晶面的 X 射线衍射示意图

$$L_{hkl} = k\lambda/\beta_{hkl}\cos\theta \tag{11.2}$$

式中，L_{hkl} 为垂直于（hkl）晶面的平均微晶尺寸（nm）；λ 为入射 X 射线的波长（nm）；θ 为 Bragg 角；β_{hkl} 为 hkl 晶面衍射线宽（用弧度表示）；$k=0.89$ 为 Scherrer 形状因子。Scherrer 方程（方程 11.2）是在假定 X 射线完全单色化且射线束是平行无发散的，同时忽略样品对射线的吸收条件下得到的。通常采用方程（11.2）计算微晶尺寸时，将衍射线宽 β 表示为 $\beta = \sqrt{B^2 - b^2}$，其中，B 为计算时所取衍射晶面经数值分峰处理（如做同类系列样品在不同条件下性质对比，可只进行背底扣除）后衍射峰的半高宽（如散射角是 2θ，应除以 2，单位为度），$b\approx0.15°$ 是标准硅片在 $2\theta \approx 28.42°$ 处衍射峰的半高宽值，称为仪器增宽因子。为了方便使用角度单位，方程（11.2）化为

$$L_{hkl} = \frac{57.3k\lambda}{\sqrt{B_{hkl}^2 - b^2}\,\cos\theta} \tag{11.3}$$

式中，θ 为衍射峰顶处的 Bragg 角。在 Scherrer 方程中，衍射线宽 β 如取衍射峰的半高宽（$\beta_{1/2}$）时，$k=0.89$；若取积分线宽（β_I）时，即

$$\beta_1 = \int_{2\theta_1}^{2\theta_2} I(2\theta)\,\mathrm{d}(2\theta)/I(2\theta) \tag{11.4}$$

式中，$2\theta_2$，$2\theta_1$ 为晶面的终止、起始衍射角。则 $k=1.05$；对层状结构但在 c 轴方向无序排列的聚合物（如碳纤维），$k=1.84$。

　　Scherrer 形状因子 k 取决于：①衍射线宽的计算方法；②微晶大小的定义；

③微晶的几何形状；④衍射面指标。

应用 Scherrer 方程时还应注意：①峰宽化仅由微晶大小引起（即 $B_G = b_G = \beta_G = 0$，意义见下）；②适用于衍射线型宽度满足 $2W(B_c)/B_c = 2W(b_c)/b_c = 2W(\beta_c)/\beta_c = 0.63662$；③X 射线光束是单色且平行的。由 Scherrer 方程求得的微晶尺寸是"重均"结果。

图 11.4 是本实验室得到的间规聚苯乙烯（s-PS）的 X 射线衍射图，并按方程（11.3）计算（211）晶面微晶尺寸的示例。其中，图 11.4（a）为分峰后的 X 射线衍射图；图 11.4（b）为只做背底扣除的 X 射线衍射图。在图 11.4（a）中，分峰并扣除非晶峰 a（箭头所指峰）后（211）晶面位于 $2\theta \approx 20.2°$，峰半高宽 cd 对应的散射角 $2\theta \approx 1.5°$，并取 $k = 1$ 和 $b \approx 0.15°$，代入到式（11.3）中，求出数值分峰处理后，（211）晶面的微晶尺寸 $L_{211} \approx 11.67$Å。类似地可求得图 11.4（b）中仅经背底扣除的 X 射线衍射曲线微晶尺寸 $L_{211} = 8.46$Å［此时（211）晶面仍位于 $2\theta \approx 20.2°$，峰半高宽 cd 对应的散射角 $2\theta \approx 1.84°$，$k = 0.89$，$b \approx 0.15°$］。图 11.4（b）的微晶尺寸 L_{211} 小于图 11.4（a）。由图 11.4（a）可以清楚看出，点曲线是经数值分峰后，每个晶面的各点散射强度值均扣除对应散射角 2θ 处非晶峰的散射强度值后形成的，与仅经背底扣除的散射强度曲线，在（211）晶面的峰半高宽 QQ 相比，显然，QQ 长度大于 cd，从而 L_{211}（cd）值大于 L_{211}（QQ）值。事实上，图 11.4（b）背底扣除后的（211）晶面的峰半高宽 cd 值与 QQ 完全相同。

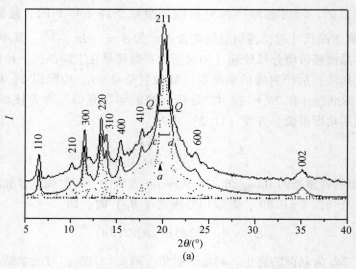

图 11.4　间规聚苯乙烯（s-PS）X 射线衍射图（后续）

（a）分峰后的 X 射线衍射图；（b）只做背底扣除的 X 射线衍射图

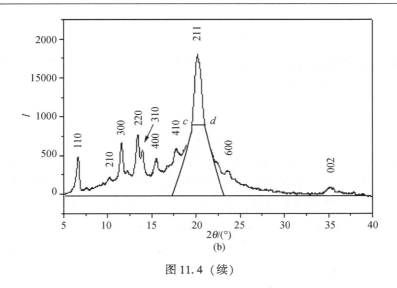

图11.4（续）

11.2.2　Wilson 法

对于谱线增宽仅由微晶尺寸造成，Wilson 提出以下方程计算微晶尺寸：

$$W_{2\theta} = \frac{K^W \lambda (2\theta_2 - 2\theta_1)}{2\pi^2 L_{hkl} \cos\theta_0} - \frac{L_a^W \lambda^2}{4\pi^2 L_{hkl}^2 \cos^2\theta_0} \tag{11.5}$$

式中，$(2\theta_2 - 2\theta_1)$ 为 (hkl) 晶面的终止、起始衍射角之差；θ_0 为 (hkl) 晶面的峰位角；某些特殊晶体形状的低衍射指标的 Scherrer 形状因子 K^W、L_a^W 已被求出（表11.1）；二次方差（矩）$W_{2\theta}$ 由式（11.6）给出：

$$W_{2\theta} = \frac{\int (2\theta - \langle 2\theta \rangle)^2 I(2\theta) \mathrm{d}(2\theta)}{\int I(2\theta) \mathrm{d}(2\theta)} \tag{11.6}$$

式中，$\langle 2\theta \rangle$ 为衍射曲线重心，定义为

$$\langle 2\theta \rangle = \frac{\int 2\theta I(2\theta) \mathrm{d}(2\theta)}{\int I(2\theta) \mathrm{d}(2\theta)} \tag{11.7}$$

式中，$I(2\theta)$ 为以 (2θ) 衍射角为变量的 X 射线衍射强度。

实际上，式（11.5）的第二项通常可不考虑，所以式（11.5）可化为

$$L_{hkl} = \frac{K^W \lambda}{\beta_w \cos\theta_0} \tag{11.8}$$

式中：

$$\beta_w = \frac{2\pi^2 W_{2\theta}}{2\theta_2 - 2\theta_1}$$

由方差法求得的衍射线增宽 β_w，它具有加和性，且与衍射线形状无关。如果式（11.8）中的方差线宽以积分线宽 β_I［式（11.4）］代替，则式（11.8）可化为

$$L_{hkl} = \frac{K^W \lambda}{\beta_I \cos\theta_0} \tag{11.9}$$

对于具有立方体、四面体、八面体和球形的晶粒，其 K^W 已由 Wilson 给出（表11.2）。方差 $W_{2\theta}$ 的误差与衍射线型背底的选择有关。当衍射峰尾部缓慢靠近背底时，计算 $W_{2\theta}$ 所取衍射角范围必须大，否则截断误差将引起 $W_{2\theta}$ 的较大偏差。

表 11.1 不同形状粒子的 Scherrer 形状因子 K^W 和 L_a^W

hkl	立方体		四面体		八面体	
	K_c^W	$L_{a,c}^W$	K_t^W	$L_{a,t}^W$	K_o^W	$L_{a,o}^W$
100	1	0	2.0801	2.8845	1.6510	1.8171
110	1.4142	1	1.4708	1.4423	1.1647	0
111	1.7321	2	1.8014	2.1634	1.4298	0.9086
210	1.3416	0.8	1.8605	2.3076	1.4767	1.0903
211	1.6330	1.6667	1.6984	1.9230	1.3480	0.6057
221	1.6667	1.7778	1.7334	2.0031	1.3758	0.7067
310	1.2649	0.6	1.9733	2.5961	1.5662	1.4537
311	1.4076	1.2727	1.8815	2.3601	1.4933	1.1564
320	1.3868	0.9231	1.7307	1.9970	1.3737	0.6989
321	1.6036	1.5714	1.6678	1.8543	1.3237	0.5192
410	1.2127	0.4706	2.0180	2.7148	1.6017	1.6033
322	1.6977	1.8824	1.7657	2.0785	1.4015	0.8017
411	1.4142	1	1.9611	2.5640	1.5565	1.4133
331	1.6059	1.5790	1.6702	1.8597	1.3256	0.5260
421	1.5275	1.3333	1.8156	2.1977	1.4411	0.9518
332	1.7056	1.9091	1.7739	2.0978	1.4079	0.8260
430	1.4000	0.9600	1.6641	1.8461	1.3208	0.5088
431	1.5689	1.4615	1.6318	1.7751	1.2951	0.4193
510	1.1767	0.3846	2.0397	2.7736	1.6189	1.6773
511	1.3472	0.8148	2.0016	2.6708	1.5886	1.5479

注：对球形粒子，$K_s^W = 1.2090$，$L_{a,s}^W = 0$。

表 11.2　不同形状粒子的 Scherrer 形状因子 K^W

晶　面	立方体	四面体	八面体
100	1.3867	1.0000	1.1006
110	0.9806	1.0607	1.0376
111	1.2009	1.1547	1.1438
210	1.2403	1.0733	1.1075
211	1.1323	1.1527	1.1061
221	1.1556	1.1429	1.1185
310	1.3156	1.0672	1.1138
311	1.2543	1.1359	1.1211
320	1.1538	1.0698	1.0902
321	1.1190	1.1394	1.0955
410	1.3453	1.0583	1.1123
322	1.1772	1.1556	1.1304
411	1.3074	1.1174	1.1207
331	1.1135	1.1262	1.0963
421	1.2104	1.1324	1.1133
332	1.1826	1.1513	1.1334
430	1.1094	1.0667	1.0786
431	1.0878	1.1240	1.0835
510	1.3597	1.0506	1.1101

注：对球形粒子，$K_s^W = 1.0747$。

　　如前所述，Scherrer 方程和 Wilson 方程只能用来对微晶尺寸做近似估算，而不能作为严格的精确结果。即使这样，有时在概念上和实验上也会遇到困难，因为在聚合物中点阵畸变普遍存在，通常又相当严重，远远超过微晶尺寸效应，由于微晶尺寸和点阵畸变引起的衍射线宽化是不同概念，只有在把点阵畸变所造成的衍射线宽化影响去掉的情况下，使用 Scherrer 方程和 Wilson 方程才能获得满意的结果。

11.2.3　Stokes 法

　　当仅考虑由平均点阵（微应力）畸变 ε 引起的线型宽化时（此时由微晶尺寸引起的线型宽化 $B_c = b_c = \beta_c = 0$），若衍射线型 $h(x)$，$g(x)$ 和 $f(x)$ 均为 Gaussian 线型，则积分宽度和半高宽分别为 B_G，$2W(B_G)$；b_G，$2W(b_G)$ 和 β_G，$2W(\beta_G)$

时，有 $B_G{}^2 = b_G{}^2 + \beta_G{}^2$。实验得到 $h(x), g(x)$，即得到 B_G, b_G。Stokes 提出点阵畸变 ε 与衍射线积分宽度 β_G 有下述关系：

$$\varepsilon = \beta_G \cot\theta / k' \tag{11.10}$$

式中，$k' = 2\sqrt{2\pi}$。此法适用于衍射线型宽度满足 $2W(B_G)/B_G = 2W(b_G)/b_G = 2W(\beta_G)/\beta_G = 0.93949$ 的情况。

Scherrer 法和 Stokes 法中衍射线积分宽度 β 的计算是由衍射线宽产生的原因决定的。对由微晶尺寸效应引起的线型宽化，$B_c = b_c + \beta_c$（适用于 Scherrer 和 Wilson 法）。对由点阵（微应力）畸变引起的线型宽化，$B_G^2 = b_G^2 + \beta_G^2$（适用于 Stokes 法）。这里 B_c，B_G 和 b_c，b_G 分别是由实验样品和标准样品测得的衍射强度线型 $h(x)$ 和 $g(x)$，经 $K_{\alpha 1}$，$K_{\alpha 2}$ 双线分离后计算出的积分宽度。

上述两种方法，如果只存在一种线型宽化来源，则可试探其衍射峰积分宽度究竟随 $\cot\theta$ 的增加而增加，还是随 $1/\cos\theta$ 的增加而增加，以便确定是点阵畸变效应还是微晶尺寸效应所引起的线型宽化。从而决定用 Stokes 法还是 Scherrer 或 Wilson 法进行分析计算。实际上，上述两种极端衍射线型形变效应都是不可能独立存在的，而是介于两者之间，当微晶尺寸改变时，微应力造成的点阵畸变也要改变，故单用上述每一种方法描述衍射线型形变结构都会造成误差。

11.2.4 Voigt 积分宽度法

当微晶尺寸和点阵畸变同时存在时，1978 年，Langford 提出了 Voigt 函数法，这种方法巧妙地选用了中间变量 K，使得近似函数法变成了单峰测试微晶尺寸和点阵畸变的简易快速方法。理论上，Voigt 函数 $I_V(x)$ 是 Cauchy 函数 $I_C(x)$ 与 Gaussian 函数 $I_G(x)$ 的卷积，即 $I_V(x) = I_C(x) * I_G(x) = \int_{-\infty}^{\infty} I_C(y) I_G(x-y) \mathrm{d}y$。当它们的积分宽度分别为 β_V(Voigt)，β_C(Cauchy)，β_G(Gaussian) 时，则可有满意的近似公式：

$$\beta_C/\beta_V = 1 - (\beta_G/\beta_V)^2$$

此法适用于 $0.63662 < 2\widetilde{W}/\beta_V < 0.93949$ 的情况，因为对任何一个衍射线型，分布曲线确定以后，它的如下三个量，即

$$K = \beta_C / \sqrt{\pi}\beta_G, \quad 2\widetilde{W}/\beta_V, \quad \beta_G/\beta_V \tag{11.11}$$

都是唯一确定的，其中 $2\widetilde{W}$ 及 β_V 是 $I_V(x)$ 线型的半高宽度和积分宽度，β_C 和 β_G 是 Cauchy 线型 $I_C(x)$ 和 Gaussian 线型 $I_G(x)$ 积分宽度分量，故式（11.11）中只要能确定一个量，如形状因子 $2\widetilde{W}/\beta_V$，则通过查表就可确定 K 和 β_G/β_V，从而可进一步确定 β_C 和 β_G 分量（可查表 11.3）。理论和实验结果都表明微应力造成

的畸变效应引起衍射线型宽化可以近似用 Gaussian 函数线型描述，而微晶尺寸效应更接近采用 Cauchy 线型函数逼近。实验上测出样品 X 射线衍射线型 $h(x)$ 和标样 X 射线衍射线型 $g(x)$，经 K_{α_1} 和 K_{α_2} 双线分离后，算出它们的半高宽 $2W(h)$ 和 $2W(g)$ 与积分宽度 $\beta(h)$ 和 $\beta(g)$。由式（11.11）中的形状因子 $2W(h)/\beta(h)$ 及 $2W(g)/\beta(g)$，可以通过查表分别求得它们的 Cauchy 和 Gaussian 分量 B_C,b_C,B_G,b_G，代入式 $B_C = b_C + \beta_C$ 和 $B_G^2 = b_G^2 + \beta_G^2$ 中得到物理线型 $f(x)$ 的 Cauchy 与 Gaussian 积分宽度分量 β_C 和 β_G。再分别代入式（11.2）、式（11.3）、式（11.8）、式（11.9）和式（11.10）中，得到微晶尺寸 L 和由微应力引起的点阵畸变大小 ε。

表 11.3　Voigt 函数的 $2\widetilde{W}/\beta_V$、$k = [\beta_C/(\sqrt{\pi}\beta_G)]$ 和 $\dfrac{\beta_G}{\beta_V}$ 值

$2\widetilde{W}/\beta_V$	k	β_G/β_V	$2\widetilde{W}/\beta_V$	k	β_G/β_V	$2\widetilde{W}/\beta_V$	k	β_G/β_V
0.9395	0.00	1.0000	0.7994	0.44	0.6488	0.7305	0.88	0.4630
0.9311	0.02	0.9793	0.7951	0.46	0.6377	0.7282	0.90	0.4565
0.9228	0.04	0.9586	0.7909	0.48	0.6267	0.7262	0.92	0.4507
0.9144	0.06	0.9379	0.7866	0.50	0.6157	0.7243	0.94	0.4449
0.9061	0.08	0.9172	0.7829	0.52	0.6061	0.7223	0.96	0.4392
0.8977	0.10	0.8965	0.7792	0.54	0.5965	0.7204	0.98	0.4334
0.8907	0.12	0.8790	0.7755	0.56	0.5870	0.7184	1.00	0.4276
0.8837	0.14	0.8615	0.7718	0.58	0.5774	0.7167	1.02	0.4224
0.8768	0.16	0.8440	0.7681	0.60	0.5678	0.7150	1.04	0.4172
0.8698	0.18	0.8265	0.7651	0.62	0.5594	0.7133	1.06	0.4121
0.8628	0.20	0.8090	0.7621	0.64	0.5510	0.7116	1.08	0.4069
0.8568	0.22	0.7941	0.7590	0.66	0.5427	0.7099	1.10	0.4017
0.8507	0.24	0.7792	0.7560	0.68	0.5343	0.7084	1.12	0.3971
0.8447	0.26	0.7644	0.7530	0.70	0.5259	0.7070	1.14	0.3924
0.8386	0.28	0.7495	0.7503	0.72	0.5185	0.7052	1.16	0.3878
0.8326	0.30	0.7346	0.7477	0.74	0.5112	0.7041	1.18	0.3831
0.8277	0.32	0.7218	0.7450	0.76	0.5038	0.7026	1.20	0.3785
0.8227	0.34	0.7091	0.7424	0.78	0.4965	0.7013	1.22	0.3743
0.8178	0.36	0.6963	0.7397	0.80	0.4891	0.7000	1.24	0.3701
0.8128	0.38	0.6836	0.7374	0.82	0.4826	0.6987	1.26	0.3660
0.8079	0.40	0.6708	0.7351	0.84	0.4761	0.6974	1.28	0.3618
0.8017	0.42	0.6598	0.7328	0.86	0.4695	0.6961	1.30	0.3576

续表

$2\widetilde{W}/\beta_V$	k	β_G/β_V	$2\widetilde{W}/\beta_V$	k	β_G/β_V	$2\widetilde{W}/\beta_V$	k	β_G/β_V
0.6949	1.32	0.3538	0.6704	1.92	0.2643	0.6576	2.56	0.2065
0.6938	1.34	0.3500	0.6698	1.94	0.2621	0.6573	2.58	0.2050
0.6927	2.98	0.1801	0.6693	1.96	0.2598	0.6570	2.60	0.2036
0.6926	1.36	0.3463	0.6687	1.98	0.2576	0.6567	2.62	0.2023
0.6915	1.38	0.3425	0.6682	2.00	0.2554	0.6565	2.64	0.2009
0.6903	1.40	0.3387	0.6677	2.02	0.2533	0.6562	2.66	0.1996
0.6893	1.42	0.3353	0.6672	2.04	0.2513	0.6560	2.68	0.1982
0.6883	1.44	0.3319	0.6667	2.06	0.2492	0.6557	2.70	0.1969
0.6874	1.46	0.3284	0.6662	2.08	0.2472	0.6555	2.72	0.1950
0.6864	1.48	0.3250	0.6658	2.10	0.2451	0.6553	2.74	0.1943
0.6854	1.50	0.3216	0.6654	2.12	0.2432	0.6551	2.76	0.1930
0.6847	1.52	0.3185	0.6649	2.14	0.2413	0.6548	2.78	0.1917
0.6837	1.54	0.3154	0.6645	2.16	0.2394	0.6546	2.80	0.1905
0.6829	1.56	0.3122	0.6641	2.18	0.2375	0.6544	2.82	0.1893
0.6820	1.58	0.3091	0.6636	2.20	0.2356	0.6542	2.84	0.1881
0.6812	1.60	0.3060	0.6632	2.22	0.2338	0.6539	2.86	0.1870
0.6804	1.62	0.3031	0.6628	2.24	0.2320	0.6537	2.88	0.1858
0.6797	1.64	0.3003	0.6624	2.26	0.2303	0.6535	2.90	0.1846
0.6789	1.66	0.2974	0.6621	2.28	0.2285	0.6533	2.92	0.1835
0.6782	1.68	0.2946	0.6617	2.30	0.2267	0.6531	2.94	0.1824
0.6774	1.70	0.2917	0.6614	2.32	0.2251	0.6529	2.96	0.1812
0.6767	1.72	0.2891	0.6610	2.34	0.2234	0.6525	3.00	0.1790
0.6760	1.74	0.2865	0.6607	2.36	0.2218	0.6523	3.02	0.1779
0.6754	1.76	0.2838	0.6603	2.38	0.2201	0.6521	3.04	0.1969
0.6747	1.78	0.2812	0.6600	2.40	0.2185	0.6520	3.06	0.1758
0.6740	1.80	0.2786	0.6597	2.42	0.2170	0.6518	3.08	0.1748
0.6736	4.46	0.1226	0.6594	2.44	0.2154	0.6516	3.10	0.1737
0.6734	1.82	0.2762	0.6591	2.46	0.2139	0.6514	3.12	0.1727
0.6728	1.84	0.2738	0.6588	2.48	0.2123	0.6512	3.14	0.1717
0.6721	1.86	0.2713	0.6585	2.50	0.2108	0.6511	3.16	0.1707
0.6715	1.88	0.2689	0.6582	2.52	0.2094	0.6509	3.18	0.1697
0.6709	1.90	0.2665	0.6579	2.54	0.2079	0.6507	3.20	0.1687

续表

$2\widetilde{W}/\beta_\mathrm{V}$	k	$\beta_\mathrm{G}/\beta_\mathrm{V}$	$2\widetilde{W}/\beta_\mathrm{V}$	k	$\beta_\mathrm{G}/\beta_\mathrm{V}$	$2\widetilde{W}/\beta_\mathrm{V}$	k	$\beta_\mathrm{G}/\beta_\mathrm{V}$
0.6505	3.22	0.1678	0.6466	3.86	0.1417	0.6433	4.52	0.1208
0.6504	3.24	0.1668	0.6465	3.88	0.1410	0.6432	4.54	0.1203
0.6502	3.26	0.1659	0.6464	3.90	0.1403	0.6431	4.56	0.1197
0.6501	3.28	0.1649	0.6463	3.92	0.1396	0.6430	4.58	0.1192
0.6499	3.30	0.1640	0.6462	3.94	0.1389	0.6429	4.60	0.1186
0.6498	3.32	0.1631	0.6461	3.96	0.1383	0.6428	4.62	0.1181
0.6496	3.34	0.1622	0.6460	3.98	0.1375	0.6427	4.64	0.1175
0.6495	3.36	0.1613	0.6459	4.00	0.1369	0.6426	4.66	0.1170
0.6493	3.38	0.1604	0.6458	4.02	0.1362	0.6425	4.68	0.1164
0.6492	3.40	0.1595	0.6457	4.04	0.1356	0.6424	4.70	0.1159
0.6491	3.42	0.1587	0.6456	4.06	0.1349	0.6423	4.72	0.1154
0.6490	3.44	0.1578	0.6455	4.08	0.1343	0.6422	4.74	0.1149
0.6488	3.46	0.1570	0.6454	4.10	0.1336	0.6421	4.76	0.1143
0.6487	3.48	0.1561	0.6453	4.12	0.1330	0.6420	4.78	0.1138
0.6486	3.50	0.1553	0.6452	4.14	0.1323	0.6419	4.80	0.1133
0.6485	3.52	0.1545	0.6451	4.16	0.1317	0.6418	4.82	0.1128
0.6484	3.54	0.1537	0.6450	4.18	0.1310	0.6417	4.84	0.1123
0.6482	3.56	0.1529	0.6449	4.20	0.1304	0.6416	4.86	0.1118
0.6481	3.58	0.1521	0.6448	4.22	0.1298	0.6415	4.88	0.1113
0.6480	3.60	0.1513	0.6447	4.24	0.1292	0.6414	4.90	0.1108
0.6479	3.62	0.1505	0.6446	4.26	0.1285	0.6413	4.92	0.1103
0.6478	3.64	0.1497	0.6445	4.28	0.1279	0.6412	4.94	0.1098
0.6476	3.66	0.1490	0.6444	4.30	0.1273	0.6411	4.96	0.1094
0.6475	3.68	0.1482	0.6443	4.32	0.1267	0.6410	4.98	0.1089
0.6474	3.70	0.1474	0.6442	4.34	0.1261	0.6409	5.00	0.1084
0.6473	3.72	0.1467	0.6441	4.36	0.1255	0.6408	5.02	0.1079
0.6472	3.74	0.1460	0.6440	4.38	0.1249	0.6407	5.04	0.1075
0.6471	3.76	0.1452	0.6439	4.40	0.1243	0.6406	5.06	0.1070
0.6470	3.78	0.1445	0.6438	4.42	0.1237	0.6405	5.08	0.1066
0.6469	3.80	0.1438	0.6437	4.44	0.1231	0.6404	5.10	0.1061
0.6468	3.82	0.1431	0.6435	4.48	0.1220	0.6403	5.12	0.1057
0.6467	3.84	0.1424	0.6434	4.50	0.1214	0.6402	5.14	0.1052

$2\widetilde{W}/\beta_V$	k	β_G/β_V	$2\widetilde{W}/\beta_V$	k	β_G/β_V	$2\widetilde{W}/\beta_V$	k	β_G/β_V
0.6401	5.16	0.1048	0.6389	5.40	0.0998	0.6377	5.64	0.0954
0.6400	5.18	0.1043	0.6388	5.42	0.0994	0.6376	5.66	0.0951
0.6399	5.20	0.1039	0.6387	5.44	0.0990	0.6375	5.68	0.0947
0.6398	5.22	0.1035	0.6386	5.46	0.0987	0.6374	5.70	0.0944
0.6397	5.24	0.1031	0.6385	5.48	0.0983	0.6373	5.72	0.0941
0.6396	5.26	0.1026	0.6384	5.50	0.0979	0.6372	5.74	0.0938
0.6395	5.28	0.1022	0.6383	5.52	0.0975	0.6371	5.76	0.0934
0.6394	5.30	0.1018	0.6382	5.54	0.0972	0.6370	5.78	0.0931
0.6393	5.32	0.1014	0.6381	5.56	0.0968	0.6369	5.80	0.0928
0.6392	5.34	0.1010	0.6380	5.58	0.0965	0.6368	5.82	0.0925
0.6391	5.36	0.1006	0.6379	5.60	0.0961	0.6367	5.84	0.0922
0.6390	5.38	0.1002	0.6378	5.62	0.0958	0.6366	5.86	0.0920

也可以应用经验公式，求得 β_C 和 β_G：

$$\frac{\beta_C}{\beta_V} = 2.0207 - 0.4803\left(\frac{2\widetilde{W}}{\beta_V}\right) - 1.7756\left(\frac{2\widetilde{W}}{\beta_V}\right)^2 \tag{11.12}$$

$$\frac{\beta_G}{\beta_V} = 0.6420 + 1.4187\left(\frac{2\widetilde{W}}{\beta_V} - \frac{2}{\pi}\right)^{\frac{1}{2}} - 2.2043\left(\frac{2\widetilde{W}}{\beta_V}\right) + 1.8706\left(\frac{2\widetilde{W}}{\beta_V}\right)^2 \tag{11.13}$$

或者采用

$$\frac{\beta_G}{\beta_V} = \frac{1}{2}k\sqrt{\pi} + \frac{1}{2}\sqrt{\pi k^2 + 4} - 0.234k e^{-2.176k} \tag{11.14}$$

$$\frac{2\widetilde{W}}{\beta_V} = \sqrt{\frac{1+k^2}{\pi}}(\sqrt{4+\pi k^2} - k\sqrt{\pi}) - 0.1889 e^{-3.5k} \tag{11.15}$$

式中：

$$k = \frac{\beta_C}{\sqrt{\pi}\beta_G}$$

按式（11.12）～式（11.15）求得的 β_C 和 β_G 的最大误差为 1%。

11.3　Warren-Averbach Fourier 分析法

这里仅简单介绍 Warren-Averbach Fourier 分析法，在数学推理上，它是极为严密的一种处理线型分析的方法。该方法直接把衍射实验曲线展成 Fourier 级数，不同于其他近似方法需用某种假定函数去逼近实验曲线。该方法可以把晶粒尺寸和点阵畸变对衍射线型的影响分开考虑。但应用此法要求样品必须具备两个以上同族衍射晶面方可。

首先介绍 Stokes 提出的 Fourier 变换法求解纯衍射线型 $f(x)$。

当将采点间隔取得适当小后，可将式 (11.1) 的求积化为小区间求和过程：

$$h(x) = \sum_{-\infty}^{\infty} g(x)f(x-y)\Delta y \tag{11.16}$$

令线型函数 $f(x)$，$g(x)$，$h(x)$ 的 Fourier 变换分别为 $F(n)$，$G(n)$，$H(n)$。式 (11.16) 的求和实际上是在有限衍射角范围 $[-a/2, +a/2]$（即衍射强度线型两端接近 0 时）内进行。令其范围为 $\pm a/2$，则 $f(x)$，$g(x)$ 和 $h(x)$ 的 Fourier 级数为

$$\left. \begin{aligned} f(x) &= \sum_{\pm\frac{a}{2}} F(n)\exp(-2\pi\mathrm{i}x\,n/a) \\ g(x) &= \sum G(n)\exp(-2\pi\mathrm{i}x\,n/a) \\ h(x) &= \sum H(n)\exp(-2\pi\mathrm{i}x\,n/a) \end{aligned} \right\} \tag{11.17}$$

式 (11.17) 中，$n=0$，±1，$\pm2\cdots$，且复系数 $F(n)$，$G(n)$ 和 $H(n)$ 分别为

$$\left. \begin{aligned} F(n) &= \frac{1}{a}\int_{-a/2}^{a/2} f(x)\exp(2\pi\mathrm{i}x\,n/a)\,\mathrm{d}x \\ G(n) &= \frac{1}{a}\int_{-a/2}^{a/2} g(x)\exp(2\pi\mathrm{i}x\,n/a)\,\mathrm{d}x \\ H(n) &= \frac{1}{a}\int_{-a/2}^{a/2} h(x)\exp(2\pi\mathrm{i}x\,n/a)\,\mathrm{d}x \end{aligned} \right\} \tag{11.18}$$

由此，式 (11.1) 有

$$\begin{aligned} h(x) &= \int_{-a/2}^{a/2} g(x)f(x-y)\,\mathrm{d}y \\ &= \sum_n \sum_{n'} G(n)F(n')\int_{-a/2}^{a/2}\exp[-2\pi\mathrm{i}y(n-n')/a]\exp(-2\pi\mathrm{i}xn'/a)\,\mathrm{d}y \end{aligned}$$

$$\tag{11.19}$$

注意式 (11.19) 中，

$$\exp[-2\pi iy(n-n')/a] = \begin{cases} 0 & (n \neq n') \\ a & (n \neq n') \end{cases}$$

故式 (11.19) 最后化为

$$h(x) = a\sum_n F(n)G(n)\exp(-2\pi ixn/a)$$

将此式与式 (11.17) 比较可知,

$$H(n) = aF(n)G(n)$$

$$F(n) = \frac{H(n)}{aG(n)} \tag{11.20}$$

式 (11.18) 采用求和代替积分, 则 $G(n)$, $H(n)$ 化为

$$G(n) = \frac{1}{a}\sum_{\pm a/2} g(x)\exp(2\pi ix\, n/a)\Delta x$$

$$H(n) = \frac{1}{a}\sum h(x)\exp(2\pi ix\, n/a)\Delta x$$

由于 a, Δx 仅影响线型高度而不影响线型形状, 归一化后

$$G(n) = \frac{1}{a}\sum g(x)\exp(2\pi ixn/a)$$

$$H(n) = \frac{1}{a}\sum h(x)\exp(2\pi ixn/a) \tag{11.21}$$

$$f(x) = \sum \frac{H(n)}{G(n)}\exp(-2\pi ixn/a)$$

上述级数的每一项均由实部与虚部构成, 故

$$G(n) = \sum g(x)[\cos(2\pi x\, n/a) + i\sin(2\pi xn/a)] = G_r(n) + iG_i(n)$$

$$H(n) = \sum h(x)[\cos(2\pi x\, n/a) + i\sin(2\pi xn/a)] = H_r(n) + iH_i(n)$$

所以

$$F(n) = \frac{H(n)}{G(n)} = \frac{[H_r(n) + iH_i(n)][G_r(n) - iG_i(n)]}{G_r^2 + G_i^2} = F_r(n) + iF_i(n)$$

这里

$$F_r = (H_r G_r + H_i G_i)/(G_r^2 + G_i^2)$$

$$F_i = (G_r H_i - G_i H_r)/(G_r^2 + G_i^2) \tag{11.22}$$

则式 (11.17) 化为

$$f(x) = \sum_n F(n)\exp(-2\pi ixn/a)$$

$$= \sum_n [F_r(n) + iF_i(n)][\cos(2\pi xn/a) - i\sin(2\pi xn/a)]$$

$$= \sum_n F_r(n)\cos(2\pi xn/a) + \sum_n F_i(n)\sin(2\pi xn/a)$$

$$- \mathrm{i} \sum_n F_r(n) \sin(2\pi xn/a) + \mathrm{i} \sum_n F_i(n) \cos(2\pi xn/a) \qquad (11.23)$$

注意到 $F(-n)$ 和 $F(n)$ 是共轭的，则 $F_r(-n) = -F_r(n)$，$F_i(-n) = -F_i(n)$，则式（11.23）中的虚部项在全部 n 值的求和中为零。最后线型函数 $f(x)$ 为

$$f(x) = \sum_n F_r(n) \cos(2\pi xn/a) + \sum_n F_i(n) \sin(2\pi xn/a) \qquad (11.24)$$

式（11.24）表明，当知道由于点阵畸变和晶粒尺寸引起的谱线增宽，其实验所测衍射强度线型函数 $h(x)$ 和标准试样（它无畸变和尺寸增宽效应）测得的衍射强度线型函数 $g(x)$ 后，分别求出

$$\left.\begin{array}{l} H_r(n) = \dfrac{1}{a} \sum\limits_{-a/2}^{a/2} h(x) \cos \dfrac{2\pi xn}{a} \\[3mm] H_i(n) = \dfrac{1}{a} \sum\limits_{-a/2}^{a/2} h(x) \sin \dfrac{2\pi xn}{a} \\[3mm] G_r(n) = \dfrac{1}{a} \sum\limits_{-a/2}^{a/2} g(x) \cos \dfrac{2\pi xn}{a} \\[3mm] G_i(n) = \dfrac{1}{a} \sum\limits_{-a/2}^{a/2} g(x) \sin \dfrac{2\pi xn}{a} \end{array}\right\} \qquad (11.25)$$

并据式（11.22）求得 $F_r(n)$，$F_i(n)$。然后由这些线型的 Fourier 系数代入式（11.24），可得到纯衍射线型 $f(x)$。具体做法是由经过背底扣除、光滑、双线分离等处理后的实验衍射强度线型 $h(x)$ 和 $g(x)$，可以求出 Fourier 系数 $H(n)$ 和 $G(n)$，从而得到 $F(n)$，据此可以求出纯衍射线型函数 $f(x)$。应注意，由 Fourier 级数法得到的纯衍射线型函数 $f(x)$ 的谱线增宽包含晶粒尺寸和点阵畸变两个因素。式（11.25）中在实际计算时，衍射范围 a 应分成若干等分，如何选择这种最佳的等分数呢？那就是当 n 值接近 $\pm \dfrac{a}{2}$ 时，$H(n)$，$G(n)$ 应都趋近零，此时就可以认为 n 值已选好，一般可分整个衍射范围为 60 等分，即 $a = 60$。

由 Fourier 变换系数得到纯物理衍射线型 $f(x)$ 后，如果假设 $f(x) = f^D(x) * f^S(x)$，即线型 $f(x)$ 是由微晶尺寸宽化线型 $f^S(x)$ 和由点阵畸变宽化线型 $f^D(x)$ 的卷积所构成。

Warren 证明，对于正交柱体形状晶体，如果此正交柱体沿 $\boldsymbol{a}_1$，$\boldsymbol{a}_2$ 和 $\boldsymbol{a}_3$ 三个方向上各由 N_1，N_2 和 N_3 个晶胞组成，则沿 $\boldsymbol{a}_3$ 方向正交晶系（00l）晶面多晶衍射总的衍射强度是所讨论区间内对衍射强度分布 ρ（2θ）的求和：

$$\int p(2\theta)\mathrm{d}(2\theta) = \frac{I_e MR^2 \lambda^2 p(hkl)}{4u_a} \iiint \frac{I_{eu}(h_1 h_2 h_3)}{\sin\theta} \mathrm{d}h_1 \mathrm{d}h_2 \mathrm{d}h_3 \qquad (11.26)$$

式中，$p(hkl)$ 为多重性因子；$I_e = 7.94 \times 10^{-26} \dfrac{I_0}{R} \left(\dfrac{1 + \cos^2 2\theta}{2} \right)$ 为入射 X 射线强度；

M 为晶粒数目；R 为探测器与样品间距离；λ 为 X 射线波长；$u_a = \boldsymbol{a}_1 \cdot \boldsymbol{a}_2 \times \boldsymbol{a}_3$ 为单胞体积；θ 为 Bragg 角；I_{eu} 为相干散射强度；$h_i(i = 1,2,3)$ 分别为沿 $\boldsymbol{a}_i$（$i = 1,2,3$）方向的连续可变标量。

设单胞位置为 m_1, m_2, m_3；样品的全部单胞数为 N，样品形成正交柱状微晶数为 $N_\text{柱}$；每个正交柱状微晶中所含平均单胞数为 $N/N_\text{柱} = N_3$；每个正交柱状微晶中具有 n 对单胞的平均数为 N_n。通过一定的数学推演，可求得样品表面每单位长散射能力为

$$p'(2\theta) = \frac{KNF^2}{\sin^2\theta} \sum_{n=-\infty}^{+\infty} \frac{N_n}{N_3} \langle \exp(2\pi i l Z_n) \rangle \exp(2\pi i n h_3)$$

即

$$p'(2\theta) = \frac{KNF^2}{\sin^2\theta} \sum_{n=-\infty}^{+\infty} \frac{N_n}{N_3} \left\{ \langle \cos(2\pi l Z_n) \rangle \cos(2\pi n h_3) - \langle \sin(2\pi l Z_3) \rangle \sin(2\pi n h_3) \right.$$
$$\left. + i \left[\langle \cos(2\pi l Z_n) \rangle \sin(2\pi n h_3) + \langle \sin(2\pi l Z_n) \rangle \cos(2\pi n h_3) \right] \right\}$$

$$(11.27)$$

式中，$N = N_1 N_2 N_3$；F^2 为散射振幅；$K = C(1 + \cos^2 2\theta)$ 为与射线物理性质和 $\boldsymbol{a}_3$ 方向物理量有关的系数。注意到式（11.27）求和中，每对晶胞 m_3 和 m'_3 出现两次，即 $n = m'_3 - m_3$ 和 $-n = m_3 - m'_3$，由于 $Z_n = Z(m'_3) - Z(m_3)$，$Z_{-n} = Z(m_3) - Z(m'_3)$，且 $Z_{-n} = -Z_n$，故式（11.27）的虚部项均可消去。引入下面两个 Fourier 系数关系：

$$A_n(n,l) = \frac{N_n}{N_3} \langle \cos 2\pi l z_n \rangle, \quad B_n(n,l) = -\frac{N_n}{N_3} \langle \sin 2\pi l z_n \rangle \qquad (11.28)$$

则式（11.27）化为 Fourier 系数：

$$p'(2\theta) = \frac{KNF^2}{\sin^2\theta} \sum \left[A_n \cos(2\pi n h_3) + B_n \sin(2\pi n h_3) \right] \qquad (11.29)$$

式（11.29）中对线型分析最感兴趣的是 Fourier 余弦系数 $A_n(n,l)$，它是 N_n/N_3 和 $\langle \cos(2\pi l z_n) \rangle$ 的乘积。其中，N_n/N_3 只决定正交柱状微晶的长度，即微晶尺寸，可用 $A_n^s(n) = N_n/N_3$ 表示。另一个量是 $\langle \cos(2\pi l z_n) \rangle$ 则决定于点阵畸变，用 $A_n^D(n,l) = \langle \cos(2\pi l z_n) \rangle$ 表示。因此由实验所确定的 Fourier 系数为

$$A_n(n,l) = A_n^s(n) A_n^D(n,l) \qquad (11.30)$$

Warren 和 Averbach 提出如测出 $00l$ 的多级反射，可推知 Fourier 余弦系数 $A_n(n,l)$，由于微晶大小与 $A_n^s(n)$ 有关，而 $A_n^s(n)$ 与反射级次 l 无关，但点阵畸变系数 $A_n^D(n,l)$ 是 l 的函数，且因 $\langle \cos(2\pi l z_n) \rangle_{l \to 0} \to 1$，如果 n 也很小，那么 $l z_n$ 很小，于是 $\langle \cos(2\pi l z_n) \rangle \to 1 - 2\pi^2 l^2 \langle z_n^2 \rangle$，故

$$\ln A_n^D(n,l) = \ln \langle \cos(2\pi l z_n) \rangle = \ln(1 - 2\pi^2 l^2 \langle z_n^2 \rangle) = -2\pi^2 l^2 \langle z_n^2 \rangle$$

于是

$$\ln A_n(n,l) = \ln A_n^s(n) - 2\pi^2 l^2 \langle z_n^2 \rangle \tag{11.31}$$

这样就可以将微晶尺寸和点阵畸变影响造成线型宽化分开考虑。由式（11.29），据实测（00l）面衍射强度 $p'(2\theta)$，以 $p'(2\theta)\sin^2\theta/F^2$［它相当于样品衍射线型 $h(x)$］对 $h_3 = 2a_3\sin\theta/\lambda$（$a_3$ 为单位向量 $\boldsymbol{a}_3$ 的长度）在 $h_3 = l - 1/2$ 和 $h_3 = l + 1/2$ 范围内作图，可以求出样品实测线型的一组非经修正的 $h(x)$ 的 Fourier 系数 $A_n(n,l)$ 和 $B_n(n,l)$；再由标准样品的实测线型 $g(x)$ 做同样的图，又可得一组未经修正的 $g(x)$ 的 Fourier 系数 $A_n(n,l)$ 和 $B_n(n,l)$，再借助前述的 Stocks 方法［式（11.22）］，可以求出 Fourier 系数 $A_n(n,l)$。将式（11.24）与式（11.29）比较可知，$A_n(n,l)$ 相当于 F_r。由不同（00l）晶面的 $A_n(n,l)$ 结果，按式（11.31）作 $\ln A_n(n,l)$ 对 l^2 的曲线，其截距（$l = 0$ 处）为微晶尺寸系数 $A_n^s(n)$（图11.5）。同时，斜率则给出了与点阵畸变有关的系数 $A_n^D(n,l)$，于是由 Warren 提出的假设条件，可以推出 $z_n^2 = n^2\langle \varepsilon_l^2 \rangle$，从而可由曲线斜率 $A_n^D(n,l)$，解得点阵畸变值 $\langle \varepsilon_l^2 \rangle$。

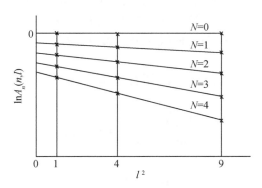

图 11.5　$\ln A_n(n,l) \sim l^2$

根据 $\ln A_n(n,l)$ 与 l^2 变化曲线得到 $A_n^s(n)$，可以证明当 $n \to 0$ 时，$\left.\dfrac{\mathrm{d}A_n^s(n)}{\mathrm{d}n}\right|_{n\to 0} = -\dfrac{1}{N_3}$，由此作 $A_n^s(n)$ 随 n 的变化曲线，可见，$A_n^s(n) \sim n(n\to 0)$ 曲线的斜率即为 $-\dfrac{1}{N_3}$（图11.6）。N_3 则是 $A_n^s(n) \sim n$ 当 $n\to 0$ 时曲线的切线在 n 轴上的交点值。从而给出由平行于 $\boldsymbol{a}_3$ 方向的正交柱状微晶构成的，垂直于 00l 方向的平均微晶尺寸 $N_3 a_3$。$A_n^s(n)$ 的二次微分正比于表面权重柱长分布函数 $p(n)$：

$$\frac{\mathrm{d}^2 A_n^s(n)}{\mathrm{d}n^2} \propto p(n) \tag{11.32}$$

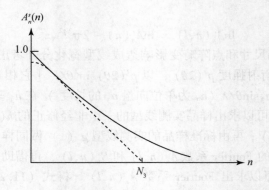

图 11.6　$A_n^s(n) \sim n$ 曲线

且

$$\left.\frac{\mathrm{d}^2 A_n^s(n)}{\mathrm{d}n^2}\right|_{n \to 0} = \frac{p(0)}{N_3} \tag{11.33}$$

式中，$p(n)$ 与晶体尺寸分布有关，且取决于晶体的形状和衍射面的级次。由于 $p(0)$ 不可为负值，故式（12.33）亦不能为负值，表明图 11.6 的 $A_n^s(n) \sim n$ 曲线应是凹面向上的。在 $n \to 0$ 时，曲线应是凹面向下的，出现所谓"弯勾效应"。

因为

$$A_n^D(n,l) = -2\pi^2 l^2 \langle z_n^2 \rangle = -2\pi^2 l^2 n^2 \langle \varepsilon_l^2 \rangle \tag{11.34}$$

所以

$$\frac{\mathrm{d}^2 A_n^D(n,l)}{\mathrm{d}n^2} = -4\pi^2 l^2 \langle \varepsilon_l^2 \rangle \tag{11.35}$$

当 $n \to 0$ 时，

$$\frac{\mathrm{d}A_n^D(n,l)}{\mathrm{d}n} \to 0$$

所以

$$\left.\frac{\mathrm{d}^2 A_n(n,l)}{\mathrm{d}n^2}\right|_{n \to 0} = \left[\frac{\mathrm{d}^2 A_n^s(n)}{\mathrm{d}n^2} + \frac{\mathrm{d}^2 A_n^D(n,l)}{\mathrm{d}n^2}\right]_{n \to 0}$$

$$= \frac{P(0)}{N_3} - 4\pi^2 l^2 \langle \varepsilon_l^2 \rangle \tag{11.36}$$

由式（11.33）可知，由于 $P(0)$ 不会成为负数，故 $A_n^s(n) \sim n$ 曲线不会出现弯勾效应。同时，由式（11.35）可知，理论上，$A_n^D(n,l) \sim n$ 曲线，当 $n \to 0$ 时会有弯勾效应出现；亦即样品中存在微应力变时，当 $n \to 0$ 时会产生弯勾效应。当然，背底扣除以及衍射线型的断尾处理都会对弯勾效应的产生具有明显的影响。对弯勾效应的消除，目前尚未建立一种有效的方法。通常是采用 Rothman 和 Cohen 提

出的对 $A_n(n, l) \sim n$ 曲线，在 n 很小处，将其直线段延长到 $n=0$ 处，以消除弯勾效应。这一方法在允许的误差范围内不失为一个可行的方法。Rothman 和 Cohen 同时也证明了采用这种以 Fourier 系数曲线在 n 很小时的直线部分外延方法以消除弯勾效应是可商榷的。原因是，当 $n \to 0$ 时，微晶尺寸作用相对变得较大。

11.4　Fourier 单线分析法

由于多数聚合物材料很难具有两个或两个以上的同族晶面反射出现，常常是具有一个完整的晶面可供线型宽化分析用。对这种单一线型由微晶尺寸和点阵畸变造成的线型宽化，一些科学工作者给出了不同的解决方法。表 11.4 综合了某些 Fourier 单线分析法处理微晶尺寸和点阵畸变的方法。

表 11.4　Fourier 单线分析法的不同处理方法

方法来源	方法假定	处理过程
①Eastabrook 和 Wilson	$\left.\dfrac{d^2A_n^s}{dn^2}\right|_{n \to 0} = 0$	$\left.\dfrac{dA_n}{dn}\right|_{n \to 0} = -\dfrac{1}{N_3}$, $\left.\dfrac{d^2A_n}{dn^2}\right|_{n \to 0} = -4\pi^2 l^2 \langle \varepsilon_l^2 \rangle$
②Eastabrook 和 Wilson	$A_n^s = 1 - \dfrac{n}{N_3}$, $\left.\dfrac{d^2A_n^s}{dn^2}\right|_{n \to 0} = 0$	$\dfrac{1-A_n}{n} \sim n$，截距 $(n \to 0) = \dfrac{1}{N_3}$，斜率 $(n \to 0) = -2\pi^2 l^2 \langle \varepsilon_l^2 \rangle$，由曲线拟合定 N_3 和 $\langle \varepsilon \rangle$
③Smith	$A_n^s = 1 - \dfrac{n}{N_3}$, $A_n^D = \cos(2\pi l n \langle \varepsilon \rangle)$	
④Pines 和 Sirenko	$A_n^s = \exp\left(-\dfrac{n}{N_3}\right)$; $A_n^D = \exp(-2\pi^2 l^2 n^2 \langle \varepsilon_l^2 \rangle)$	由曲线拟合定 N_3 和 $\langle \varepsilon^2 \rangle$
⑤Mittra 和 Misra	$A_n^D = \exp(-2\pi^2 l^2 n^2 \langle \varepsilon_l^2 \rangle)$	$\left.\dfrac{dA_n}{dn}\right|_{n \to 0} = -\dfrac{1}{N_3}$, $\ln\left(\dfrac{A_n}{1-n/N_3}\right)$ 对 n^2 , 斜率 $(n \to 0) = -2\pi^2 l^2 \langle \varepsilon_l^2 \rangle$
⑥Gangulee	$A_n^s = 1 - \dfrac{n}{N_3}$; $A_n^D = 1 - 2\pi^2 l^2 n c_1$	由 (n_i, n_j) 定 N_3 和 c_1
Mignot 和 Rondot	$A_n^s = 1 - \dfrac{n}{N_3}$; $A_n^D = 1 - 2\pi^2 l^2 n c_1$	由曲线拟合定 N_3 和 c_1
Mignot 和 Rondot	$A_n^s = 1 - \dfrac{n}{N_3}$; $A_n^D = \exp(-2\pi^2 l^2 n c_1)$	由曲线拟合定 N_3 和 c_1

方法来源	方法假定	处理过程
⑦Ramarao 等	f^s Cauchy 函数；f^D Gauss 函数	由 Stokes 解 $+f$ 线型，通过 van de Hulst 方法定 β^f_C, β^f_G，即 $\langle D_3 \rangle_V = \dfrac{\lambda}{\beta^f_C \cos\theta}$；$\tilde{e} = \dfrac{\beta^f_G}{4\tan\theta}$
⑧Nandi 等	f^s Cauchy 函数；f^D Gauss 函数	线型拟合
⑨de Keijser 等	f^s Cauchy 函数；f^D Gauss 函数	由 h 和 g 线型的 $2w$ 和 β 确定；β^f_C, β^f_G，即 $\langle D_3 \rangle_V = \dfrac{\lambda}{\beta^f_C \cos\theta}$；$\tilde{e} = \dfrac{\beta^f_G}{4\tan\theta}$

应用 Fourier 单线分析方法（表 11.4）应注意的几个问题：

（1）方法①、②和⑤存在弯勾效应；

（2）方法②、③和⑥中，因为 $A^s_n(n) = 1 - \dfrac{n}{N_3}$，表明在全部 n 值范围内，正交柱体长度均相同；

（3）除方法⑥外，假定 $\langle \varepsilon^2_l(n) \rangle = c_1/n$ 和 $A^s_n(n) = \exp(-n/N_3)$；

（4）方法⑥中，应用 $\langle \varepsilon^2_l(n) \rangle = c_1/n$，当 $n \to 0$ 时，应用 $\langle \varepsilon^2_l(n) \rangle = \exp(c_2 n + c_3)$；

（5）Fourier 单线分析方法，通过 Stokes 解法，得到的纯衍射线型 $f(x)$ 的 Fourier 系数，一般与由 Cauchy 函数或 Gaussian 函数近似法中得到的 $f^s_{c(G)}$，$f^D_{c(G)}$ 是不同的；

（6）Fourier 单线分析方法中，在实空间中均用相同的假定：对微晶尺寸引起的线型宽化采用 Cauchy 函数描述；对点阵畸变引起的线型宽化采用 Gaussian 函数描述；

（7）方法⑨被认为是 Fourier 单线分析方法中较好的方法。

11.5 Hosemann 次晶模型法

由前面的讨论可知，如果结晶点阵完整，微晶尺寸可使用 Scherrer 方程，由衍射峰半高宽度求出。对第二类点阵畸变，即次晶结构，它是由近邻分子链的不完整堆砌引起的，它不同于原子或原子基团偏离理想位置或被其他元素取代而产生的第一类晶格畸变。聚合物在加工成型过程中，在外场作用下，大多具有次晶结构。根据 Hosemann 提出的微晶具有短程有序、长程无序的次晶模型概念可知，第一类晶格畸变，其微晶大小引起的衍射曲线增宽不取决于衍射面级次，而第二类晶格畸变，这种由次晶结构畸变和微应力引起的衍射曲线增宽则取决于衍射面的级次，由此 Hosemann 导出了由次晶结构畸变和微应力引起的衍射曲线增宽的计算公式。

当假设衍射线形符合 Cauchy 函数时，由微应力引起的线型宽化为

$$\beta_C = 1/L_{hkl} + (2\pi)^{\frac{1}{2}}\langle g_t^2\rangle^{\frac{1}{2}} m/d_0 \qquad (11.37)$$

由次晶结构畸变引起的线型宽化为

$$\beta_C = 1/L_{hkl} + \pi^2 g_{p,C}^2 m^2/d_0 \qquad (11.38)$$

当假设衍射线型符合 Gaussian 函数时，由微应力引起的线形宽化为

$$\beta_G^2 = 1/L_{hkl}^2 + 2\pi\langle g_t^2\rangle m^2/d_0^2 \qquad (11.39)$$

由次晶结构畸变引起的线型宽化为

$$\beta_G^2 = 1/L_{hkl}^2 + \pi^4 g_{p,G}^4 m^4/d_0^2 \qquad (11.40)$$

式中，β_C，β_G 为衍射线型除去仪器宽化后，以弧度为单位分别符合 Cauchy，Gaussian 函数时的衍射线型积分宽度；m 为衍射面的级次；d_0 为第一级衍射面间距。以 β_C 对 m、m^2 作图或 β_G^2 对 m^2、m^4 作图，可从直线截距和斜率分别求得微晶尺寸 L_{hkl} 和微应力畸变参数 $\langle g_t^2\rangle$、次晶结构畸变参数 g_p。

应用 Hosemann 次晶模型，作者曾计算了聚乙烯醇/聚（N-乙烯基吡咯烷酮）（PVA/PVP）共混物在不同组分比下的微晶尺寸和点阵畸变 [应用化学，1990，7（3）：47-50]。在这一例子中采用（100），（200）两晶面，计算中分别用 Cauchy 函数和 Gaussian 函数逼近样品实测线宽和仪器线宽。应用式（11.38）和式（11.40），分别以 β_C 对 m^2 和 β_G^2 对 m^4 作图（图11.7），则由直线的截距和斜率可求出 L_{100}，g_p（表11.5）。

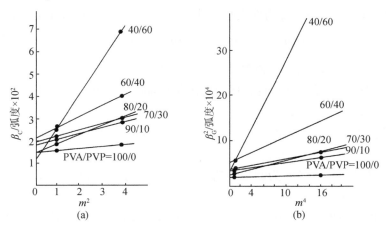

图 11.7　PVA/PVP 样品的 β_C-m^2（a）和 β_G^2-m^4（b）曲线

表 11. 5　PVA/PVP 不同组分比下的 L_{100}，g_p 和 $\langle g_t^2 \rangle$ 值

PVA/PVP	100/0	90/10	80/20	70/30	50/40	40/60
$L_{C,100}$/nm	6. 53	6. 32	6. 29	16. 10	4. 61	8. 89
$g_{p,C}$/%	2. 6	4. 5	16. 4	4. 7	6. 2	10. 6
$L_{G,100}$/nm	6. 18	4. 76	16. 29	4. 57	3. 91	16. 01
$g_{p,G}$/%	4. 4	6. 3	6. 9	6. 5	8. 0	11. 3
$\langle g_t^2 \rangle$ /%	0. 02	0. 12	0. 18	0. 14	0. 31	1. 28

由 Hosemann 提出的对具有次晶结构的聚合物求微晶尺寸和点阵畸变的方法，对所研究的系统需存在两个以上同族晶面，且微晶尺寸和点阵畸变产生的衍射线加宽应分开独立考虑。该方法得到的微晶尺寸是"重均"结果。

11. 6　方差函数法

11. 6. 1　Wilson 方差法

衍射曲线相对其重心偏离的均方值称为方差，用符号 W 表示，即

$$W_{2\theta} = \int (2\theta - \langle 2\theta \rangle)^2 I(2\theta) \, \mathrm{d}(2\theta) / \int I(2\theta) \, \mathrm{d}(2\theta) \tag{11. 6}$$

式 (11. 6) 又称为 $W_{2\theta}$ 的二次矩，一般 W 的 n 次矩为

$$W_{n\theta} = \int (2\theta - \langle 2\theta \rangle)^n I(2\theta) \, \mathrm{d}(2\theta) / \int I(2\theta) \, \mathrm{d}(2\theta) \tag{11. 41}$$

特别是当 $n=4$ 时，称 $W_{4\theta}$ 为四次矩。式中，$\langle 2\theta \rangle$ 为衍射曲线重心，定义为

$$\langle 2\theta \rangle = \int 2\theta I(2\theta) \, \mathrm{d}(2\theta) / \int I(2\theta) \, \mathrm{d}(2\theta) \tag{11. 7}$$

式中，$I(2\theta)$ 是任意以 (2θ) 衍射角为变量的 X 射线衍射强度。

Wilson 根据方差的加和性，同时考虑了微晶尺寸和点阵畸变对衍射曲线宽化的影响，得到式 (11. 42)：

$$(W_{2\theta} \cos\theta) / [\Delta(2\theta)\lambda] = 1/(2\pi^2 L_{hkl}) + 4\sin\theta\tan\theta / \{[\lambda\Delta(2\theta)] \langle e^2 \rangle\} \tag{11. 42}$$

式中，$W_{2\theta}$ 为方差；$\Delta(2\theta)$ 为测量的角度范围；L_{hkl} 为 (hkl) 晶面的微晶尺寸；$\langle e^2 \rangle$ 为微晶畸变参数。

作出 $W_{2\theta} \cos\theta / [\lambda\Delta(2\theta)]$ 随 $4 \sin\theta\tan\theta / [\lambda\Delta(2\theta)]$ 的变化图，由纵坐标的截距可求得 L_{hkl} 值，由斜率可求得 $\langle e^2 \rangle$ 值。

目前，此种方法大部分用于金属及合金样品的衍射图形分析。Aqua 用此法

处理了冷加工和退火的 SAP-AL 锉屑，得到的每个截面的方差数据列在表 11.6 中。同时给出了 $W_{2\theta}(\cos\theta)/[\lambda\Delta(2\theta)]$ 随 $4\sin\theta\tan\theta/[\lambda\Delta(2\theta)]$ 的变化图（图 11.8）。

表 11.6 SAP-AL 的方差分析结果

hkl	方差 $(2\theta)^2/(°)$	退火	冷加工	范围 $\Delta(2\theta)$ /(°)
111	38.36	0.0046	0.0018	1.28
200	44.03	0.00537	0.0250	1.44
220	616.03	0.00513	0.0355	1.76
311	78.16	0.00575	0.0429	1.76
222	82.38	0.01295	0.0466	2.00
400	99.00	0.00920	0.1409	3.00
331	111.95	0.00992	0.1193	3.00
420	116.51	0.01322	0.1385	3.24

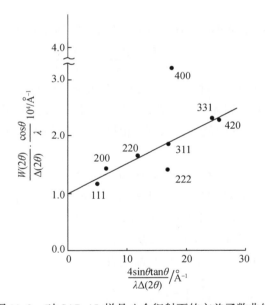

图 11.8 对 SAP-AL 样品八个衍射面的方差函数曲线

由于线性方差敏感地依赖于背底水平的选择和积分范围的变化，因此必须对所得衍射图进行精确的背底扣除和断尾校正。

11.6.2 方差范围函数（二次矩）法

从描述次晶结构的 Vainshtein 模型出发，并假设衍射线型分布可由 Gaussian

函数描述，则在 s 方向的衍射强度公式为

$$I(s) = C\int_0^L V(t)Y(t)\cos(2\pi st)\,\mathrm{d}t \tag{11.43}$$

令

$$A(t) = V(t)Y(t)$$

则

$$I(s) = C\int_0^L A(t)\cos(2\pi st)\,\mathrm{d}t \tag{11.44}$$

式 (11.43) 中

$$V(t) = L - |t|, Y(t) = \exp(-Dt)$$

式中，L 为平均微晶尺寸。

$$D = 2n^2\pi^2 g_t^2/d$$

式中，D 为点阵畸变参数；n 为衍射级次；g_t 为微应力畸变参数；d 为衍射面间距。

根据式 (11.44)，Wilson 给出了以弧度为单位的方差 W_s 表达式：

$$W_s = -\frac{1}{4\pi^2}\Big[\frac{2\sigma A'(0)}{A(0)} + \frac{A''(0)}{A(0)}\Big] \tag{11.45}$$

式中，$A'(t), A''(t)$ 为 $A(t)$ 对 t 的一次和二次求导；$A(0)$，$A'(0)$ 和 $A''(0)$ 为当 $t\to 0$ 时的 $A(t)$，$A'(t)$ 和 $A''(t)$ 的值。$\sigma(2\theta)$ 是总的衍射范围，即所取某晶面衍射峰的 X 射线衍射角 2θ 的范围，在方差范围函数方法中，2θ 以 σ 表示。

因为

$$\left.\begin{array}{l} A(t) = (L - |t|)\exp(-Dt) \\ A(t)/A(0) = (1 - |t|/L)\exp(-Dt) \\ A'(0)/A(0) = -[(1/L) + D] \\ A''(0)/A(0) = 2D/L + D^2 \end{array}\right\} \tag{11.46}$$

将它们代入式 (11.45)，对 (hkl) 晶面则有

$$\begin{aligned} W_{s(hkl)} &= -\frac{1}{4\pi^2}\Big[-2\Big(\frac{1}{L_{hkl}} + D_{hkl}\Big)\sigma + \frac{2D_{hkl}}{L_{hkl}} + D_{hkl}^2\Big] \\ &= \frac{\sigma}{2\pi^2}\Big(\frac{1}{L_{hkl}} + D_{hkl}\Big) - \frac{D_{hkl}}{2\pi^2}\Big(\frac{1}{L_{hkl}} + D_{hkl}\Big) \\ &= k_0\sigma - W_0 \end{aligned} \tag{11.47}$$

式中：

$$k_0 = \frac{1}{2\pi^2}\Big(D_{hkl} + \frac{1}{L_{hkl}}\Big) \tag{11.48}$$

$$W_0 = \frac{1}{4\pi^2}\left(\frac{2D_{hkl}}{L_{hkl}} + D_{hkl}^2\right) \tag{11.49}$$

$W_{s(hkl)}$ 可由式（11.6）求出，由 $W_{s(hkl)} \sim \sigma(2\theta)$ 线性关系的截距求得 W_0，由其斜率得出 k_0；再将式（11.48）和式（11.49）联立，可得到（hkl）晶面的微晶尺寸 L_{hkl} 和点阵畸变参数 D_{hkl}。继之，由 $D = 2n^2\pi^2 g_t^2/d$ 关系，可计算出微应力畸变参数 $g_{t(hkl)}$。上述得出的参数均是以角度为单位，如以弧度为单位，尚需进行角度→弧度转换（见后）。

　　方差 W_s 是衍射范围 σ 的线性函数。理论上，W_0 可正可负，取决于仪器偏差和在 $\sigma \to 0$ 处的衍射线型；斜率 k_0 则与线形形状，粒子尺寸有关。由 W_s-σ 图中的斜率和截距即可得到两个结构参数 L 和 D 或 g_t。作为例子，图 11.9 给出了 LDPE/EPO 的 W-σ 曲线。表 11.7 是不同组分比 LDPE/EPO 的 W_0 和 k_0 值，表 11.8 是利用方差范围函数法求得的不同组分比 LDPE/EPO 的 $L_{110(200)}$ 和 $g_{t110(200)}$（%）值。这样我们使用一个衍射面就可求得微晶尺寸和微应力畸变参数值。Mitra 和 Chordhuri 指出，使用一个衍射面求得的结构参数值比用多个衍射面求得的数值更为精确。

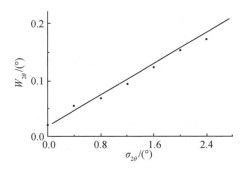

图 11.9　LDPE/EPO = 100/0 时的 W-σ 曲线

表 11.7　LDPE/EPO 共混体系 W-σ 回归分析结果

LDPE/EPO	hkl	W_0	K_0	相关系数 R
100/0	110	0.013	0.0714	0.999
	200	0.026	0.117	0.999
80/20	110	0.014	0.0725	0.999
	200	0.026	0.120	0.999
60/40	110	0.010	0.0700	0.999
	200	0.031	0.140	0.999
40/60	110	0.008	0.068	0.999
	200	0.040	0.176	0.995

续表

LDPE/EPO	hkl	W_0	K_0	相关系数 R
20/80	110	0.003	0.065	0.939
	200	0.056	0.260	0.990
0/100	110	0.0015	0.071	0.985
标准样品	110	0.001	0.0242	0.992
	200	0.001	0.0373	0.997

表 11.8　LDPE/EPO 共混物的微晶尺寸和晶格畸变参数

LDPE/EPO	100/0	80/20	60/40	40/60	20/80	0/100
L_{110}/nm	14.34	14.32	13.25	13.12	11.93	9.86
g_{110}/%	2.68	2.77	2.30	2.05	1.09	0.50
L_{200}/nm	7.40	6.96	16.27	3.70	2.18	—
g_{200}/%	2.74	2.67	2.59	2.51	2.33	—

11.7　四次矩法

对次晶结构系统，由式（11.43），Mitra 给出了用四次矩法计算微晶尺寸和微应力畸变参数表达式：

$$\mu = -\frac{\sigma_1^3 + \sigma_2^3}{6\pi^2} \cdot \frac{A'(0)}{A(0)} + \frac{\sigma_1 + \sigma_2}{8\pi^4} \cdot \frac{A'''(0)}{A(0)} + \frac{1}{16\pi^4} \cdot \frac{A^{(4)}(0)}{A(0)} \quad (11.50)$$

这里，$\dfrac{A'(0)}{A(0)} = -\left(\dfrac{1}{L} + D\right)$，$\dfrac{A''(0)}{A(0)} = -\left[\dfrac{3D^2}{L} + D^3\right]$，$\dfrac{A^{(4)}(0)}{A(0)} = \left(\dfrac{4D^3}{L} + D^4\right)$

令 $\sigma_1 = \sigma_2 = \sigma/2$，则

$$\mu(\sigma) = \frac{\sigma^3}{24\pi^2}\left[\frac{1}{L} + D\right] - \frac{\sigma}{8\pi^4}\left[D^3 + \frac{3D^2}{L}\right] + \frac{1}{16\pi^4}\left[D^4 + \frac{4D^3}{L}\right] \quad (11.51)$$

$$\frac{d\mu(\sigma)}{d\sigma} = \frac{1}{8\pi^2}\left(\frac{1}{L} + D\right)\sigma^2 - \frac{1}{8\pi^4}\left(D^3 + \frac{3D^2}{L}\right) = A_1\sigma^2 + A_2 \quad (11.52)$$

式中：

$$A_1 = \frac{1}{8\pi^2}\left(\frac{1}{L} + D\right) \quad (11.53)$$

$$A_2 = \frac{1}{8\pi^4}\left(D^3 + \frac{3D^2}{L}\right) \quad (11.54)$$

根据式（11.52），作 $\dfrac{d\mu}{d\sigma}$-σ^2，将得到斜率为 A_1，截距为 A_2 的直线。再由式

（11.53）和式（11.54）联解求得 L 和 D（或 g）。

用式（11.47）和式（11.52）得到的 k_0，W_0，A_1 和 A_2 都是角度单位，这些值都必须乘以相应的转换因子 $C = \dfrac{\pi\cos\theta}{180\lambda}$（$\theta$ 是衍射峰的 Bragg 角，λ 是 X 射线波长）化为弧度。由上两式可知，为了由角度转为弧度，应有 k_0（角度）$\rightarrow C\,k_0$（弧度）；W_0（角度）$\rightarrow C^2\,W_0$（弧度）；A_1（角度）$\rightarrow C\,A_1$（弧度）；A_2（角度）$\rightarrow C^3\,A_2$（弧度）。

由方差范围函数法（即二次矩）和四次矩法得到的微晶尺寸是"数均"结果，而 Scherrer 法得到的为"重均"结果。因此，Scherrer 法算得的微晶尺寸 > 矩法算得的微晶尺寸。

作者曾对 PA1010/BMI 体系利用四次矩法求得了在不同 BMI 含量下对 PA1010 的（100）和（010）两衍射面的 L 和 g 值（图11.10，表11.9）。

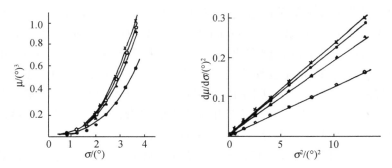

图 11.10　PA1010/BMI 样品的 $\mu\text{-}\sigma$ 和 $\mathrm{d}\mu/\mathrm{d}\sigma\text{-}\sigma^2$ 曲线

表 11.9　由四次矩法求得的 PA1010/BMI 的 A_1，A_2，L，g 值

样　品	A_1		A_2		L/nm		$g/\%$	
	100	010	100	010	100	010	100	010
PA1010	0.0126	0.0684	0.0004	0.1217	14.36	3.87	2.9	0.8
PA1010/1% BMI	0.0193	0.0690	0.0028	0.1333	14.03	4.11	4.6	8.2
PA1010/2.5% BMI	0.0227	0.0803	0.0050	0.2042	13.42	3.42	16.1	8.7
PA1010/5% BMI	0.0219	0.0741	0.0040	0.1672	12.09	3.86	4.8	8.5

11.8　几点说明

（1）近似函数法和 Hosemann 方法都只能是将点阵畸变效应和微晶尺寸效应可分开时使用，即采用 Cauchy 线宽近似法时，只考虑微晶尺寸效应。当只注意

点阵畸变效应时，则用 Gaussian 线宽近似法。事实上，对于多数聚合物，一般这两种效应均存在，仅考虑其中一种，必然造成计算结果的偏差。当然，近似函数法处理简单，仅用一个衍射面即可得到此晶面由微晶尺寸效应引起的线型宽化（Scherrer 法或 Wilson 法）和由点阵畸变引起的线形宽化（Stokes 法）。Hosemann 方法则必须有两个以上同族晶面方可，这限制了它的应用。

（2）Vogit 方法采用一个晶面，可以同时考虑微晶尺寸效应和点阵畸变效应，方法也比较简便。但此法对背底截断误差敏感，为此在实际处理时，背底的扣除应仔细；误差分析表明，当线型宽化主要是由点阵畸变（或微晶大小）引起时，使用此法得到的结果误差较大，因此使用 Voigt 函数法时，一定注意相应的误差分析。深入研究表明，Vogit 方法是 Warren-Averbach Fourier 分析法的一种简化。由于此方法与 Fourier 分析法相比较计算量大为简化，故被广泛采用。

（3）Warren-Averbach Fourier 分析法在逻辑构思与数学推理方面严谨。所有近似函数法都是假设以某种函数代替衍射强度曲线，而 Fourier 分析法是直接将实验曲线展成 Fourier 级数，由 Fourier 变换求出相应的 Fourier 系数而得到由微晶尺寸和点阵畸变造成的线型宽化。近似函数法只能得到纯线型 $f(x)$ 中的积分线宽，不是 $f(x)$，Fourier 变换法则可直接求得纯线型 $f(x)$，但此法最大的不足是要求多峰法，需具备二个以上的同族晶面，对高聚物材料而言一般是很难达到的。其次是有"弯勾现象"，尽管近年来为克服"弯勾现象"采用一些新的处理方法，但仍不尽如人意。再者，这一方法计算量大。

（4）无论采用哪种方法对聚合物样品进行微晶尺寸和点阵畸变计算时，都需要对原始衍射强度曲线进行平滑处理、背底扣除、有效衍射范围的确定、叠合峰的分离、峰位的精确定位和 X 射线的双线分离。

（5）由 Scherrer 方法和 Hosemann 方法求得的微晶尺寸是"重均"结果；应用方差范围函数（二次矩或四次矩）方法求得的微晶尺寸是"数均"结果。前者所得到的结果大于后者。

习　题

1. 哪些因素使衍射峰增宽？简述测定聚合物微晶尺寸及晶格畸变的方法。

2. 聚合物微晶尺寸与其对应衍射峰半高宽 [　]。

A. 成正比　　　　　　B. 成反反　　　　　　C. 等价

3. 测得聚合物（110）半宽度 $B_{110} = 0.78°$，$2\theta = 19.6°$，仪器增宽因子 $b_0 = 0.15°$，$k = 0.89$，$\lambda = 0.1542\text{nm}$，请采用 Scherrer 方法计算 L_{110}。

4. 测得聚合物 i-PP，$B_{110} = 0.79°$，$2\theta_{110} = 14.06°$，$d_{110} = 0.643\text{nm}$；$B_{040} = 0.65°$，$2\theta_{040} = 17.08°$，$d_{040} = 0.513\text{nm}$，仪器增宽因子 $b_0 = 0.15°$，试用 Hosemann

方法求出 L_{hkl} 及晶格畸变 g_p 值，并与 Scherrer 方法求得的 L_{hkl} 比较。

　　5. 比较方差方法及 Scherrer 方法得出的微晶尺寸大小及意义的异同。

　　6. 试用二次矩法和四次矩法计算 i-PP（110）晶面的微晶尺寸和晶格畸变。

参 考 文 献

［1］ Alexander L E. X-Ray Diffraction Methods in Polymer Science. New York：Wiley，1969

［2］ Kakudo M，Kasai N. X-Ray Diffraction by Polymers. Tokyo：Kodansha Ltd，1972

［3］ Warren B E. X-Ray Diffraction. Reading Mass：Addison-Wesley，1969

［4］ Cheary R W，Grimes N W. J Appl Cryst，1972，5：57-63

［5］ Lanford J I，Wilson A J C. Crystallography and Crystal perfection. New York：Academic Press，1963

［6］ Klug H P，Alexander L E. X-Ray Diffraction Procedures for Polycrystalline and Amorphous Materials. 2 nd Ed. New York：Wiley，1974

［7］ Wilson A J C. Elements of X-Ray Crystallography. Reading Mass：Addison-Wesley，1970

［8］ 殷敬华，莫志深. 现代高分子物理学. 下册. 北京：科学出版社，2001

［9］ Gao H，Yang B Q，Mo Z S，et al. Chin Chem Lett，1991，2：321-322

［10］ 高焕，杨宝泉，莫志深，等. 高分子学报，1993，2：184-186

［11］ Zhang H F，Yang B Q，Mo Z S. CCL，1994，5：351-352

［12］ Zhang H F，Yu L，Zhang L H，et al. Chin J Polym，1995. 13：210-217

［13］ 张宏放，高焕，刘思杨，等. 高分子通报，1998，4：41-48

［14］ 许守廉，常明. 理学 X 射线衍射仪用户协会论文选集，1995，8：22-33

［15］ Balzal D，Ledbetter H. J Appl Cryst，1993，26：97-103

［16］ Mitra G B. Brit J Appl Phys，1964，15：917-921

［17］ Mitra G B，Mukherjee P S. J Appl Cryst，1981，14：421-431

［18］ Mitra G B，Chaudhuri A K. J Appl Cryst，1974，7：350-355

［19］ Langford J I. J Appl Cryst，1978，11：10-14

［20］ Balzar D，Popovic S. J Appl Cryst，1996，29：16-23

［21］ Balzar D，Ledbetter H. J Appl Cryst，1993，26：97-103

［22］ Mitra G B，Misra N K. Brit J Appl Phys，1966，17：1319-1328

［23］ Balzar D. J Appl Cryst，1992，25：559-570

［24］ Delhez R，de Keijser T H，Mittemeijer E J，et al. Anal Chem，1982，312：1-16

［25］ de Keijser T H，Mittemeijer E J，Rozendal C F. J Appl Cryst，1983，16：309-316

［26］ 张宏放，莫志深，等. 应用化学，1990，7（3）：47-50

［27］ 高焕，莫志深，张宏放，等. 应用化学，1990，7（2）：35-39

［28］ Zhang H F，Mo Z S，et al. Macromol Chem Phys，1996，197：553-562

第十二章 聚合物材料的小角 X 射线散射

12.1 引　言

对于聚合物亚微观结构，即研究尺寸在十几埃至几千埃物质的结构时，需采用小角 X 射线散射（SAXS）方法。原因是由于电磁波的所有散射现象都遵循反比定律，相对一定的 X 射线波长来说，被辐照物体的结构特征尺寸越大，散射角越小。因此，当 X 射线穿过与本身的波长相比具有较大结构特征尺寸的聚合物和生物大分子体系时，散射效应皆局限于小角度处。图 12.1 是 SAXS 射仪和其他测

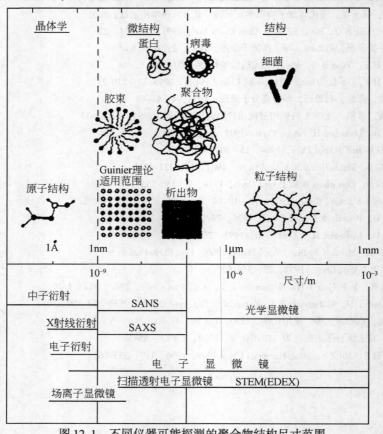

图 12.1　不同仪器可能探测的聚合物结构尺寸范围

试仪器可能探测到的聚合物结构的尺寸范围。

X 射线小角散射是在靠近原光束附近很小角度内电子对 X 射线的漫散射现象，也就是在倒易点阵原点附近处，电子对 X 射线的相干散射现象。在 20 世纪 30 年代，Mark、Hendricks 和 Warren 观察纤维素和胶体粉末时发现了 SAXS 现象并提出了 SAXS 的原理。此后，Kratky、Guinier、Hosemann、Debye 和 Porod 等相继建立和发展了 SAXS 理论并确立了 SAXS 的应用。至今他们的理论仍然是 SAXS 方法研究高分子结构的基础。理论证明，小角散射花样、强度分布与散射体的原子组成以及是否结晶无关，仅与散射体的形状、大小分布及与周围介质电子云密度差有关。可见，小角散射的实质是由于体系内电子云密度起伏所引起的。

高分子材料，包括单一体系的均聚物、聚合物共混物的混合体系、嵌段与支化共聚物体系、高分子液晶、纤维增强塑料复合体系及高分子磁性材料等，都具有各自的不同结构。这些聚合物的结构参数有：①粒子（微晶、片晶、球晶、填充剂、离子聚集簇、催化剂和硬段微区等）的尺寸、形状及其分布；②粒子的分散状态（粒子分布、取向度及其取向的相关性、分形）；③高分子的链结构和分子运动；④多相聚合物的界面结构和相分离（特别是近年来对嵌段聚合物微相分离研究）；⑤非晶态聚合物的近程有序结构；⑥超薄样品的受限结构、表面粗糙度、表面去湿（dewet）现象以及叠层数；⑦溶胶－凝胶过程；⑧体系的动态结晶过程；⑨系统的临界散射现象；⑩聚合物熔体剪切流动过程流变学的研究等。用 SAXS 研究这些参数，较之其他方法，如示差扫描量热法（DSC）、电镜法（EM）、光学显微镜法（POM）等，能给出更为明确的信息和结果。

近 20 年来，随着科学技术的进步，大功率旋转阳极 X 射线发生器，特别是同步辐射 X 射线散射的开发和推广应用，位敏探测器和面探的应用以及计算机的普及，使 SAXS 测试从过去数十小时缩短到几秒，并能在线跟踪十几埃到几千埃大小结构随时间或温度的动态变化。例如，结晶聚合物的熔融过程、嵌段和支化共聚物微相分离的互逆过程、试样溶胀和低分子向高分子的渗透或扩散、伴随化学反应的结构变化以及对试样进行热、电、力、光、磁等诱导作用下的结构改变。因而 SAXS 在高分子结构和性能关系的研究中已得到了广泛的应用。

12.2　SAXS 仪及散射原理

12.2.1　SAXS 仪

图 12.2 比较了一种典型的大角与小角聚合物样品及底片实验装置的不同情况。

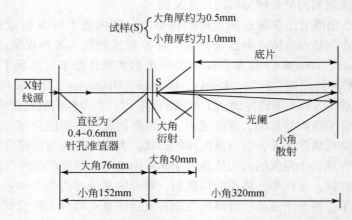

图 12.2 大角与小角聚合物样品及底片的一种典型实验装置

图 12.3 给出了早年日本 Rigaku 公司制造的 4 狭缝 SAXS 装置。图 12.4（a）和（b）是 Bruker 公司近年生产的系列 Nanostar SAXS 仪。

图 12.5（a）和（b）为日本 Rigaku 公司近年生产的 SAXS 仪，（c）和（d）分别是日本 Rigaku 公司生产的带有动态量程和高灵敏度的 IP 影像板（二维探测器）和可将曝光数据和读出同时完成的记录输出装置。通过 Rigaku 公司提供的处理软件，可将记录到的平面衍射数据转化为三维衍射强度图，使之更清晰明了，代替了以前的平板照相法（只能给出平面的衍射弧或斑点）。

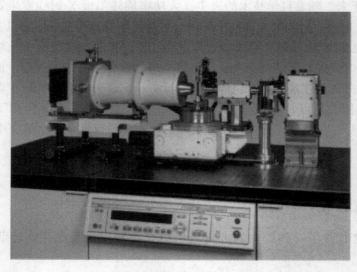

图 12.3 日本 Rigaku 公司早年生产的 SAXS 仪

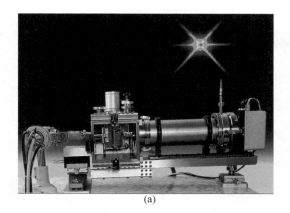

(a)

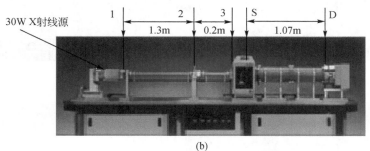

(b)

图 12.4　Bruker 公司的系列 Nanostar SAXS 仪

（a）C 系列；（b）U 系列

图中 1、2、3 为针孔狭缝位置；S 为样品位置；D 为探测器位置

(a)

图 12.5　日本 Rigaku 公司近年生产的 SAXS 仪（a）（b）

和 IP 影像板（c）、记录输出装置（d）（待续）

(b)

(c)　　　　　　　　　　　　　　(d)

图 12.5（续）

12.2.2　单粒子散射

本章仅讨论很小角度范围的电子相干散射现象，忽略非相干散射。

当 X 射线在前进途中受到两个互相靠近的电子 A_1（r_1）、A_2（r_2）的散射时，由图 12.6 可知，单电子 A_1（r_1）、A_2（r_2）产生的散射波之间光程差 δ 为

$$\delta = A_1 n - A_2 m = r \cdot \sigma - r \cdot \sigma_0 = r \cdot (\sigma - \sigma_0)$$

式中，σ_0 和 σ 分别为入射方向与散射方向的单位矢量。当散射波之间光程差为波长的整数倍时，散射波将被增强，产生增强干涉；反之，散射波将被减弱，产生弱化干涉。

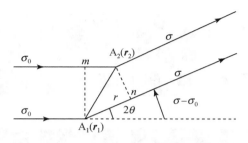

图 12.6　X 射线受到两个电子散射

相应的位相差 ϕ 为

$$\phi = \frac{2\pi\delta}{\lambda} = \frac{2\pi}{\lambda}[r \cdot (\sigma - \sigma_0)] = s \cdot r$$

$$s = \frac{2\pi}{\lambda}(\sigma - \sigma_0)$$

即矢量 s 的值为

$$|s| = s = \frac{2\pi}{\lambda}|\sigma - \sigma_0| = \frac{2\pi}{\lambda} \times 2\sin\theta = \frac{2\pi\varepsilon}{\lambda} \tag{12.1}$$

式中，s 为散射矢量；λ 为介质的电磁波长。当 $\theta \to 0$，即在倒易原点附近时，散射矢量值是 $\frac{2\pi\varepsilon}{\lambda}$；$\varepsilon = 2\theta$ 是散射角。

位于 r_1，r_2 处的两个电子 A_1（r_1）、A_2（r_2）的合成振幅为

$$A(s) = A_e(s)\left[f_1 e^{-ir_1 \cdot s} + f_2 e^{-ir_2 \cdot s}\right]$$

式中，f 为散射因子；$A_e(s)$ 为位于 s 处的单电子散射振幅。类似地，可以导出具有 k 个电子的多电子体系的合成振幅为

$$A(s) = \sum_k A_k(s)f_k e^{-ir_k \cdot s}$$

12.3　产生小角散射的体系

图 12.7 是产生小角散射典型胶体粒子体系。这是人们常作为考虑散射理论的基础模型，即分为稀薄体系和稠密体系。稀薄体系粒子之间具有不规则距离，并且这个距离远大于粒子本身的尺寸，此时可忽略粒子间的干涉效应，散射强度可看成单个粒子散射的简单加和。稠密体系是根据纤维等聚合物存在强烈的小角 X 射线漫散射提出的。在该体系中，粒子间的距离与粒子本身的尺度相当，粒子间的相互干涉是不能忽略的。图 12.7（a）是粒子形状相同、大小均一、稀疏分散、随机取向的稀薄体系。在该体系中，每个粒子均具有均匀的电子密度，且各

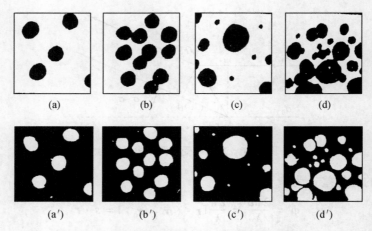

图 12.7　产生小角散射典型胶体粒子体系

粒子的电子密度均相同；同时，粒子本身尺寸与粒子间距离相比要小得多，故可以忽略粒子间的相互作用，整个体系的散射强度为每个粒子散射强度的简单加和图 12.7（b）是粒子形状相同、大小均一、各粒子均具有相同的电子密度且随机取向的稠密体系。粒子本身尺寸与粒子间距离可比，故不能忽略粒子间的相互作用。整个体系的散射强度为各粒子本身的散射强度与粒间散射干涉作用的加和。图 12.7（c）是粒子形状相同、大小不均一的稀薄体系。在该体系中，各粒子随机取向且具有相同的电子密度，粒子尺寸与粒间距离相比要小得多，故粒间的干涉作用可忽略。图 12.7（d）是粒子形状相同、大小不均一的稠密体系。在这一体系中，与图 12.7（c）的不同之处在于粒间的干涉作用不能忽略。图 12.7（a′）~（d′）是它们的互补体系。由于图 12.7（a）~（a′）至图 12.7（d）~（d′）是互补关系，故它们的 X 射线小角散射效果是相同的，即在聚合物体系中，孔洞（微孔）与其大小、形状和分布相同的实粒子，具有同样的散射花样。此外，还有粒子中电子密度不均匀体系和具有长周期结构的体系，后者是结晶聚合物常见到的结构。

　　图 12.8（a）是球形粒子大小均一稀薄体系理想散射强度曲线（在较大散射角处仍呈直线关系）；图 12.8（b）是具有多层次（多尺度）结构的散射强度曲线。图 12.9 是聚合物典型的 SAXS 曲线。由图可知，不均一（多分散性）体系的 SAXS 散射强度曲线是凹面曲线［图 12.9（a）］。对于稠密体系，除了考虑每个粒子（或微孔）的散射外，还必须考虑粒子间相互干涉的影响，因而散射强度曲线产生极大部分［图 12.9（b）、（c）］，有长周期存在的纤维小角散射强度曲线常属此类型。

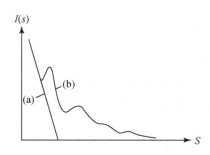

图 12.8　稀薄体系理想散射（a）和
多级散射（b）强度曲线

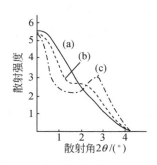

图 12.9　聚合物典型的 SAXS 曲线

12.4　小角散射强度公式

12.4.1　粒子形状相同、大小均一的稀薄体系

由经典散射理论得出，当 X 射线在前进途中，一个粒子受到距原点为 r_k 处的第 k 个电子的散射时，散射波振幅为

$$A_{Ok}(s) = f_k A_e(s) \exp(-is \cdot r_k) \tag{12.2}$$

式中，f_k 为第 k 个电子的散射因子；$A_e(s)$ 为 X 射线受到一个位于 s 处电子散射时的散射波振幅。

由此，当 X 射线受到该粒子中 n 个电子同时散射时，略去其间的相互作用，由前述多个电子散射，总的散射波振幅为

$$A(s) = \sum_{k=1}^{n} f_k A_e(s) \exp(-is \cdot r_k) \tag{12.3}$$

散射强度 $I(s)$ 与散射波振幅的平方成正比。因此对于具有对称中心的粒子，有

$$
\begin{aligned}
I(s) = A(s) \cdot A^*(s) &= |A(s)|^2 \\
&= A_e^2(s) \left| \sum_{k=1}^{n} f_k \exp(-is \cdot r_k) \right|^2 \\
&= I_e(s) \sum_k \sum_j f_k f_j \cos[s \cdot (r_k - r_j)] \\
&= I_e(s) \sum_k \sum_j f_k f_j \cos(s \cdot r_{kj}) \\
&= I_e(s) \left[\sum_k f_k \cos(s \cdot r_k) \right]^2 \\
&= I_e(s) F^2(s) \tag{12.4}
\end{aligned}
$$

式中，$A^*(s)$ 为 $A(s)$ 的共轭量；$I_e(s) = A_e^2(s)$ 为 X 射线受到一个电子散射时，在

倒易空间矢量 s 处的散射强度；$r_{kj} = r_k - r_j$。

$$F^2(s) = \sum_k \sum_j f_k f_j \cos(s \cdot r_{kj}) = \left[\sum_k f_k \cos(s \cdot r_k) \right]^2 \tag{12.5}$$

$$F(s) = \sum_k f_k \cos(s \cdot r_k) \tag{12.6}$$

式中，$F^2(s)$ 为以电子为单位的一个粒子的散射强度；$F(s)$ 为粒子的结构因子。

根据经典电磁散射理论，波长为 λ 的 X 射线，被单电子散射后，其散射强度可用 Thomson 公式表示：

$$\begin{aligned} I_e &= \frac{I_0}{R^2} \left(\frac{e^2}{mc^2} \right)^2 \frac{1 + \cos^2 \varepsilon}{2} \\ &= I_0 \left(\frac{r_e}{R} \right)^2 \frac{1 + \cos^2 \varepsilon}{2} \\ &= \frac{7.90 \times 10^{-26} I_0}{R^2} \cdot \frac{1 + \cos^2 \varepsilon}{2} \end{aligned} \tag{12.7}$$

式中，m 为电子质量（9.1086×10^{-28} g）；e 为电子电荷（1.602×10^{-19} C）；c 为光速（3×10^{10} cm/s）；Thomson 经典电子半径 $r_e = \frac{e}{mc^2} = 2.818 \times 10^{-13}$ cm；I_0 为入射 X 射线强度；R 为样品到探测器间的距离；$\varepsilon = 2\theta$ 为散射角。当 ε 很小时，偏振因子 $\frac{(1 + \cos^2 \varepsilon)}{2} \approx 1$，所以，$I_e = \frac{7.90 \times 10^{-26} I_0}{R^2}$，表明在很小散射角下，一个电子的散射强度与散射角无关。

若一个粒子中的总电子数为 n，第 k 个原子的原子序数为 Z_k，在散射角 ε 很小时，$f_k \approx Z_k$，即此时 f_k 等于该散射体的电子数。假如该粒子的平均电子密度为 ρ_0，体积为 V，则

$$n = \sum_k Z_k = \sum_k f_k = \rho_0 V, \quad \sum_k \sum_j f_k f_j = n^2 \tag{12.8}$$

这样，式（12.4）通常改写为

$$I(s) = I_e n^2 |\phi(s)|^2 \tag{12.9}$$

式中，$|\phi(s)|^2$ 称为粒子的散射函数，它与粒子的形状、大小及散射方向有关；$\phi(s)$ 称为形象函数，不同形状的粒子，它的形象函数表达式也不同。与式（12.4）比较可知：

$$\begin{aligned} |\phi(s)|^2 &= \frac{1}{n^2} \sum_k \sum_j f_k f_j \cos[s \cdot (r_k - r_j)] \\ &= \frac{1}{n^2} \sum_k \sum_j f_k f_j \cos[s(W_k - W_j)] \\ &= \frac{1}{n^2} F^2(s) \end{aligned} \tag{12.10}$$

式中，W_k，W_j 分别为 r_k，r_j 在 s 方向的投影。

由于粒子的重心位于原点，所以

$$\sum_k f_k r_k = 0$$

即

$$\sum_k f_k W_k = 0 \tag{12.11}$$

将式（12.10）中的 $\cos[s(W_k - W_j)]$ 展开并略去高阶小量，则

$$|\phi(s)|^2 = \frac{1}{n^2} \sum_k \sum_j f_k f_j \left[1 - \frac{s^2}{2}(W_k^2 + W_j^2) + \cdots \right]$$

$$= \frac{1}{n^2} \left[(\sum_k f_k)^2 - \frac{s^2}{2}(\sum_k f_k \sum_j f_j W_j^2 + \sum_j f_j \sum_k f_k W_k^2) + \cdots \right]$$

注意到，$\sum_k f_k = \sum_k Z_k = n$，$\sum_k f_k W_k^2 = nr_k^2$，故对于形状相同、大小均一的稀薄体系，有

$$|\phi(s)|^2 = 1 - s^2 r_k^2 + \cdots \approx \exp(-s^2 r_k^2) \tag{12.12}$$

将式（12.12）代入式（12.9），则一个粒子的散射强度为

$$I(s) = I_e n^2 \exp(-s^2 r_k^2) \tag{12.13}$$

或写为

$$I(s) = I_e \sum_k \sum_j f_k f_j \cos[s \cdot (r_k - r_j)] \tag{12.14}$$

令 $\rho(r)$ 是位于 r 处单位体积内的电子密度，则在体积元（$\mathrm{d}V$）内的粒子质量为 $\rho(r)\mathrm{d}V$，故散射形象函数 $\phi(s)$ 为

$$\phi(s) = \frac{1}{n} \sum_k f_k \exp(-is \cdot r_k) = \frac{1}{n} \int_V \rho(r) \exp(-is \cdot r) \mathrm{d}V \tag{12.15}$$

所以

$$I(s) = I_e \int_V \rho(r_1) \cdot \rho(r_2) \exp[-is \cdot (r_1 - r_2)] \mathrm{d}V_1 \mathrm{d}V_2$$

$$= I_e \left[\int_V \rho(r) \exp(-is \cdot r) \mathrm{d}V \right]^2 \tag{12.16}$$

式中，$r = r_1 - r_2$。

根据 Debye 公式

$$\langle e^{-is \cdot r} \rangle = \frac{\sin(sr)}{sr} \tag{12.17}$$

则式（12.15）和式（12.16）化为

$$\phi(s) = \frac{1}{n} \int_V \rho(r) \frac{\sin sr}{sr} \mathrm{d}V$$

$$\phi^2(s) = \frac{1}{n^2} \sum_k \sum_j f_k f_j \frac{\sin(sr_{kj})}{sr_{kj}} = \frac{1}{n^2} \left[\iint_V \rho(r_{kj}) \frac{\sin(sr_{kj})}{sr_{kj}} dV \right]^2$$

所以

$$I(s) = I_e \sum_k \sum_j f_k f_j \frac{\sin(sr_{kj})}{sr_{kj}} = I_e \left[\iint_V \rho(r_{kj}) \frac{\sin(sr_{kj})}{sr_{kj}} dV \right]^2 \quad (12.18)$$

式中，r_{kj} 为粒子中第 k 个原子与第 j 个原子间的距离。

对于 N 个具有形状相同、大小均一非相干的稀薄体系的粒子，如果体系中的粒子全部任意排列，则散射函数取其平均值，即 $\langle |\phi(s)|^2 \rangle = |\phi(s)|^2 = \phi^2(s)$。由于各粒子间相距甚远，略去其间的相干散射作用，则总的散射强度为

$$I(V) = \langle I(s) \rangle = I_e n^2 N \exp(-s^2 \bar{r}_k^2) = I_e n^2 N \phi^2(s \cdot \bar{r}_k) \quad (12.19)$$

式中，$\bar{r}_k$ 为球形粒子平均半径，$\bar{r}_k^2 = \dfrac{\sum\limits_{k=1}^N r_k^2}{N}$。

对 N 个粒子将式（12.18）展开并略去高阶小量：

$$\langle I(s) \rangle = I(s) = I_e N \sum_k \sum_j f_k f_j \left[\left(1 - \frac{s^2 r_{kj}^2}{6} \right) + \cdots \right]$$

$$= I_e N \left[\sum_k \sum_j f_k f_j - \frac{s^2}{6} \sum_k \sum_j f_k f_j r_{kj}^2 + \cdots \right]$$

注意到式（12.11），且因为 $r_{kj}^2 = |r_{kj}|^2 = |r_k|^2 + |r_j|^2 - 2|r_k| \cdot |r_j| \cos\phi_{kj}$，$\phi_{kj}$ 是 r_k, r_j 间的夹角，上式为

$$\langle I(s) \rangle = I_e N \left[n^2 - \frac{s^2}{6} \left(\sum_k \sum_j f_k f_j |r_k|^2 + \sum_k \sum_j f_k f_j |r_j|^2 \right) + \frac{s^2}{3} \sum_k \sum_j f_k f_j |r_k| |r_j| \cos\phi_{kj} \right]$$

$$= I_e N \left(n^2 - \frac{n}{3} s^2 \sum_j f_j |r_j|^2 + \cdots \right) = I_e N n^2 \left(1 - \frac{s^2}{3n} \sum_j f_j |r_j|^2 + \cdots \right)$$

令

$$R_g^2 = \frac{\sum\limits_j f_j |r_j|^2}{n} = \frac{\sum\limits_j f_j r_j^2}{n},$$

则

$$I(s) = I_e N n^2 \left(1 - \frac{s^2}{3} R_g^2 + \cdots \right) \approx I_e N n^2 \left(1 - \frac{s^2}{3} R_g^2 \right)$$

当散射角很小时，上式亦可表示为

$$I(s) = I_e n^2 N \exp\left(-\frac{4\pi^2 \varepsilon^2 R_g^2}{3\lambda^2} \right) = I_e n^2 N \phi^2(s R_g) \quad (12.20)$$

式中，R_g 为体系的回转半径。

式（12.20）为 Guinier 近似式，它是小角散射的基本公式，该式给出了小角

散射强度 I 与散射角 ε 的关系。

如用以 10 为底的对数形式表示，则有

$$\lg I(s) = \lg I_0 - \frac{1}{3}R_g^2 s^2 \lg e \tag{12.21}$$

式中，$I_0 = I_e n^2 N$。

对实际的体系，当严格服从 Guinier 定律时，式（12.20）表明 $I(s)$ 对 s 的强度曲线图是 Gaussian 型的，而式（12.21）表明 $\lg I(s)$ 对 s^2 的图在一个广泛的角度范围内是一条纵轴截距为 $\lg I_0$，斜率为 $-\frac{1}{3}R_g^2 \lg e$ 的直线。由直线的斜率可获得回转半径 R_g。粒子的回转半径 R_g 是所有原子与其重心的均方根距离，其定义同力学中的惯性半径。对简单的几何物体，R_g 很容易计算（表 12.1）。

表 12.1 简单几何物体的回转半径（R_g）

物体形状	回转半径（R_g）
长为 $2h$ 的纤维	$h/\sqrt{3}$
边长为 $2a$，$2b$，$2c$ 的长方体	$[(a^2 + b^2 + c^2)/3]^{\frac{1}{2}}$
边长为 $2a$ 的立方体	a
半径为 r 的薄圆盘	$r/\sqrt{2}$
高为 $2h$ 半径为 r 的圆柱	$(\frac{r^2}{2} + \frac{h^2}{2})^{\frac{1}{2}}$
半径为 r 的球体	$\sqrt{\frac{3}{5}}r$
半轴为 a 和 b 的椭圆	$\frac{1}{2}(a^2 + b^2)^{\frac{1}{2}}$
半轴为 a，a，ωa 的回转椭球（$\omega = a/b$）	$a[(2 + \omega^2)/5]^{\frac{1}{2}}$
半径为 r_1 和 r_2 的空心球	$[\frac{3}{5}(r_1^5 - r_2^5)/(r_1^3 - r_2^3)]^{\frac{1}{2}}$
半轴为 a，b，c 的椭球体	$[(a^2 + b^2 + c^2)/5]^{\frac{1}{2}}$
边长为 A，B，C 的棱柱	$[(A^2 + B^2 + C^2)/12]^{\frac{1}{2}}$
高为 h 及横截面半轴为 a 和 b 的椭圆柱	$[(a^2 + b^2 + h^2/3)/4]^{\frac{1}{2}}$
高为 h 及底面的回转半径为 R_c 的椭圆柱及柱	$[R_c^2 + h^2/12]^{\frac{1}{2}}$
高为 h 及半径为 r_1 和 r_2 的空心圆柱	$[(r_1^2 + r_2^2)/2 + h^2/12]^{\frac{1}{2}}$

R_g 是重要的参数，常被用做衡量物质不同结构变化的指针，而且可直接给出粒子空间大小的信息。对于溶液中的大分子，由回转半径的测定还可研究缔合效应，温度效应以及许多其他效应而导致的结构变化。

Guinier 近似表达式中的形象函数 $\phi(sR)$，对不同形状的粒子其函数形式也不同，并已由许多学者导出（表 12.2）。

表 12.2 形象函数

粒子形式	形象函数 $\phi^2(sR)$	说明
一般形式	$\exp\left(-\dfrac{s^2 R_g^2}{3}\right)$	R_g 为相对重心的回转半径
球	$\left[\dfrac{3(\sin sR - sR\cos sR)}{(sR)^3}\right]^2$ $= \dfrac{9\pi}{2}\left[\dfrac{J_{\frac{3}{2}}(sR)}{(sR)^{\frac{3}{2}}}\right]^2$ $\approx \exp(-0.221 s^2 R^2)$ $\exp(-s^2 R^2/5)$	R 是球的半径，$R_0 = \sqrt{\dfrac{3}{2}}R$，$J_{\frac{3}{2}}$ 是 Bessel 函数 $J_{\frac{3}{2}}(z) = \dfrac{\sqrt{2}}{\pi z}\left(\dfrac{\sin z}{z} - \cos z\right)$ 由 Warren 求得的 ϕ^2 近似值 由 Guinier 表达式得到的近似值，此式精确度比上式稍差
旋转椭圆体（静止情况）	$\int_0^{\frac{\pi}{2}} \phi^2\left(sa\sqrt{\cos^2\theta + \omega^2\sin^2\theta}\right) \times \cos\theta d\theta$ $\exp\left[-s^2\left(\dfrac{a^2}{4}\right)\right]$（赤道线方向） $\exp\left[-s^2\left(\dfrac{b^2}{5}\right)\right]$（子午线方向）	a 与 b 是椭圆半轴长，$\omega = \dfrac{a}{b}$，b 为椭圆旋转轴 射线垂直于 b 轴，上两式均为近似值
圆柱体	$(\pi R^2 L^2)^2 \left[1 - \dfrac{1}{6}sR\left(1 + \dfrac{2}{3}a^2\right) + \cdots\right]$	R 为圆柱体半径，L 为圆体长，$a = \dfrac{2R}{L}$
无限长圆柱	$\dfrac{Si(2sL)}{sL} - \dfrac{\sin^2(sL)}{(sL)^2}$	$Si(x) = \int_0^x \dfrac{\sin Z}{Z}dZ$ 为正弦积分
长度可忽略扁平圆柱体	$\dfrac{2}{(sR)^2}\left[1 - \dfrac{J_1(2sR)}{(sR)}\right]$	J_1 为一阶 Bessel 函数
无限宽薄层	$\dfrac{1}{sT}\left[\dfrac{\sin\left(\dfrac{sT}{2}\right)}{\dfrac{sT}{2}}\right]^2$	与薄片形状无关，T 为厚度

12.4.2　粒子形状相同、大小不均一的稀薄体系

若所考虑的稀薄体系的粒子形状相同、大小不均一时，散射强度和散射角之间的关系就不能用式（12.20）处理。由于粒子大小不同，就形成了一定的粒度分布。Shull-Roess 采用质量分布函数方法来描述散射强度符合 Guinier 近似的上述粒子体系。设所考虑的体系中粒子的特征尺寸为 r，体积为 $V(r)$，粒子数目为 $N(r)$，该粒子总质量为 $M(r)$，则

$$V(r) = K_1 r^3$$

$$M(r) = DN(r)V(r)$$

式中，D 为粒子密度，K_1 为常数。

粒子形状相同，大小不同，这样粒子的各参量仅为 r 的函数。

位于 r 到 $r + \mathrm{d}r$ 间粒子的散射强度，由前可知为

$$\begin{aligned} \mathrm{d}I(s) &= I_e N(r) n^2 \phi^2(sr) \mathrm{d}r \\ &= I_e N(r) [\rho_e V(r)]^2 \phi^2(sr) \mathrm{d}r \end{aligned} \tag{12.22}$$

整个体系的散射强度为

$$\begin{aligned} I(s) &= \int_0^\infty \mathrm{d}I(s) \\ &= I_e \rho_e^2 \int_0^\infty N(r) V^2(r) \phi^2(sr) \mathrm{d}r \\ &= I_e \rho_e^2 K_1 \int_0^\infty N(r) V(r) r^3 \phi^2(sr) \mathrm{d}r \\ &= I_e K_2 \int_0^\infty M(r) r^3 \phi^2(sr) \mathrm{d}r \end{aligned} \tag{12.23}$$

式中，$K_2 = \dfrac{\rho_e^2 K_1}{D}$；$\rho_e = \rho_0 - \rho$ 为粒子与周围介质平均电子云密度差。

式（12.22）表明了粒子散射强度 $I(s)$ 与粒子数目 $N(r)$ 的关系，而式（12.23）则表达了粒子散射强度 $I(s)$ 与粒子质量 $M(r)$ 的关系。将式（12.22）或式（12.23）中的形象函数 $\phi(sR)$ 取 Guinier 的表达式

$$\phi^2(sR) = \exp\left(-\frac{1}{3}s^2 r^2\right) = \exp\left(-\frac{4\pi^2 \varepsilon^2 r^2}{3\lambda^2}\right)$$

且质量分布 $M(r)$ 用 Maxwell 分布函数表达：

$$M(r) = \frac{2M_0}{r_0^{m+1} \Gamma\left(\dfrac{m+1}{2}\right)} r^m \exp\left(-\frac{r^2}{r_0^2}\right) \tag{12.24}$$

式中，r_0，m 为 Maxwell 分布函数的参数；M_0 为体系全质量；$\Gamma\left(\dfrac{m+1}{2}\right)$ 为 Γ-函

数。把上两式代入式 (12.23)，得

$$I(s) = I_e K_2 \frac{2M_0}{r_0^{m+1} \Gamma(\frac{m+1}{2})} \int_0^\infty r^{m+3} \exp\left[-\left(\frac{s^2}{3} + \frac{1}{r_0^2}\right)r^2\right]dr$$

令

$$x = \left(\frac{r}{r_0}\right)^2$$

则

$$I(s) = \frac{I_e K_2 M_0 r_0^3}{\Gamma(\frac{m+1}{2})} \int_0^\infty x^{\frac{m+2}{2}} \exp\left[-\left(\frac{r_0^2 s^2}{3} + 1\right)x\right]dx$$

令

$$Z = \left(1 + \frac{s^2 r_0^2}{3}\right)$$

则

$$I(s) = \frac{I_e K_2 M_0 r_0^3}{\Gamma(\frac{m+1}{2})} \cdot \frac{1}{(\frac{r_0^2 s^2}{3} + 1)^{\frac{m+4}{2}}} \int_0^\infty Z^{\frac{m+4}{2}-1} \exp(-Z)dZ$$

$$= \frac{I_e K_2 M_0 r_0^3 \Gamma(\frac{m+4}{2})(\frac{r_0^2 s^2}{3} + 1)^{-\frac{m+4}{2}}}{\Gamma(\frac{m+1}{2})} \tag{12.25}$$

将式 (12.25) 取对数，得

$$\lg I_0(s) = \lg \frac{I(s)}{K} = -\frac{m+4}{2} \lg\left(\frac{r_0^2 s^2}{3} + 1\right) \tag{12.26}$$

式中：

$$K = \frac{I_e K_2 M_0 r_0^3 \Gamma(\frac{m+4}{2})}{\Gamma(\frac{m+4}{2})}$$

把式 (12.26) 再改写一下，成为

$$\lg I_0 = -\frac{m+4}{2} \lg \frac{r_0^2}{3} - \frac{m+4}{2} \lg\left(s^2 + \frac{3}{r_0^2}\right) \tag{12.27}$$

式中，$\lg I_0$ 与 $\lg\left(S^2 + \frac{3}{r_0^2}\right)$ 的关系应为一直线，其斜率为 $-\frac{m+4}{2}$，若把实验测得的 $\lg I_0$ 与 $\lg\left(S^2 + \frac{3}{r_0^2}\right)$ 中的 $\frac{3}{r_0^2}$ 用 x 代替，代入任意的 x 值，画出曲线。当满足式

（12.27）时，则得一直线，这时的 x 就等于 $\dfrac{3}{r_0^2}$，从而得出 r_0；m 值则由此直线的

斜率 $-\dfrac{m+4}{2}$ 求得。再把不同的 r 值代入式（12.24）中，可得到具体的质量分

布函数 $M(r)$（图 12.10）。图 12.10 中绘出了在同样条件下体系的粒度分布曲线

的矩形分布（a）、Gaussian 分布（b）与 Maxwell 分布（c）的比较。

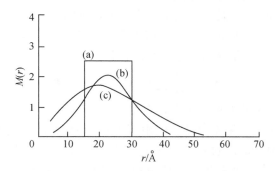

图 12.10　不同分布函数求得的粒度分布

如果粒子尺寸分布是不连续的，则可分成 N 个不同等级。设第 i 种尺寸粒子

的质量分数为 $W(r_{0i})$，据式（12.23），对于粒子尺寸分布为连续体系的情

况，有

$$I(s) = I_e K_2 \sum_{i=1}^{N} W(r_{0i}) r_{0i}^3 \exp(-s^2 r_{0i}^2) \tag{12.28}$$

这时粒子的 $W(r_{0i})$ 分布可以用作图法求出。对于粒子大小均一的稀疏体系，

Guinier 使用 Gaussian 函数作为一级近似求回转半径：

$$I(2\theta) = I_e N n^2 \exp\left[-\frac{4\pi^2}{3\lambda^2} R_g^2 (2\theta)^2\right]$$

$$= I_0 \exp\left[-\frac{4\pi^2}{3\lambda^2} R_g^2 (2\theta)^2\right]$$

式中，$I_0 = I_e N n^2$，将上式取对数，得

$$\lg I(2\theta) = \lg I_0 - \left(\frac{4\pi^2}{3\lambda^2} R_g^2 \lg e\right)(2\theta)^2$$

可见，若实验测得各散射角 $(2\theta)_i$ 处的散射强度 $I(2\theta)_i$，作 $\lg I(2\theta)_i$-$(2\theta)_i^2$ 图，

得一直线，由此直线的斜率 $\alpha = -\left(\dfrac{4\pi^2}{3\lambda^2} R_{gi}^2 \lg e\right)$ 可求得回转半径

$$R_g = 0.4183\lambda \sqrt{-\alpha}$$

对 Cu K_α 辐射，$\lambda = 0.15418$nm，$R_g = 0.6449 \sqrt{-\alpha}$。若粒子为球形，第 i 个球形

粒子半径为 R_i，则有（表12.1）。

$$R_i = R_{gi}/0.7746$$

12.4.3 粒子形状相同、大小均一的稠密体系

在这种情况下，与前面研究的形状相同、大小均一的稀薄粒子体系不同，必须考虑粒子（微孔）间的散射相互干涉作用。考虑大小均一、形状相同的稠密粒子体系散射强度时，不能简单地先计算一个粒子的散射强度，然后乘以该体系的总粒子数 N 即可。此时必须把该稠密体系作为整体一起考虑。

仿照式（12.3）对于稠密粒子体系的振幅为

$$A(s) = A_e(s) \sum_k \left[\sum_j f_{kj} \exp\left[-is \cdot (R_k + r_{kj}) \right] \right] \tag{12.29}$$

式中，$A_e(s)$ 为位于 s 处的单电子散射振幅；第 k 个粒子与原点的距离为 R_k，第 k 个粒子中第 j 个原子与第 k 个粒子的距离为 r_{kj}，此原子距原点 $R_k + r_{kj}$；f_{kj} 为第 k 个粒子中第 j 个原子的散射因子。式（12.29）中第一个求和是对第 k 个粒子中所有原子的求和；第二个求和是对所有粒子的求和。对于具有中心对称的粒子，式（12.29）化为

$$A(s) = A_e(s) \sum_k \exp(-is \cdot R_k) \sum_j f_{kj} \exp(-is \cdot r_{kj})$$

$$= A_e(s) \sum_k \exp(-is \cdot R_k) \sum_j f_{kj} \cos(s \cdot r_{kj})$$

散射强度为

$$I(s) = A(s) \cdot A^*(s)$$

$$= I_e(s) \sum_k \sum_i \left\{ \sum_j f_{kj} \cos(s \cdot r_{kj}) \cdot \sum_l f_{il} \cos(s \cdot r_{il}) \cdot \cos\left[s \cdot (R_k - R_i) \right] \right\}$$

$$\tag{12.30}$$

f_{kj}（或 f_{il}）为第 k（或 i）个粒子中第 j（或 l）个原子的散射因子；k，i 为体系中的不同粒子；R_k（或 R_i）为第 k（或 i）个粒子的中心位置；r_{kj}（或 r_{il}）为第 k（或 i）个粒子中第 j（或 l）个原子相对于第 k（或 l）个粒子的距离。由于体系中各粒子分布是随意的，对式（12.30）取散射强度的平均值：

$$\langle I(s) \rangle = I_e(s) \left\{ N \langle F^2(s) \rangle + \langle F(s) \rangle^2 \langle \sum_k \sum_{i \neq k} \cos\left[s \cdot (R_k - R_i) \right] \rangle \right\}$$

$$\tag{12.31}$$

式中，$N = k + i$ 为全部粒子数。

当 $i = k$ 时，式（12.31）中的 $\langle F^2(s) \rangle$ 和 $\langle F(s) \rangle$ 见式（12.5）和式（12.6）。

为对所研究样品体积内每个粒子的散射进行双重求和，在应用式（12.31）时，引入粒子对出现概率函数 $P(r_{ki})$ 的概念。$P(r_{ki})$ 表征了在体积元 $\mathrm{d}V_k$ 和 $\mathrm{d}V_i$ 内相距为 r_{ki} 的两粒子出现的概率。粒子对概率函数 $P(r_{ki})$ 是 r 的函数，由其定义可知，当 r_{ki} 小于粒子的平均特征长（如果粒子为球形，特征长为 $2R$）时，$P(r_{ki}) = 0$；反之，当 r_{ki} 很大，即两粒子相距很远时，$P(r_{ki}) = 1$。故可将式（12.31）中的双重求和化为

$$
\begin{aligned}
\left\langle \sum_k \sum_{i \neq k} \cos[\boldsymbol{s} \cdot (\boldsymbol{R}_k - \boldsymbol{R}_i)] \right\rangle &= \left\langle \iint_V \int_V \cos[\boldsymbol{s} \cdot (\boldsymbol{R}_k - \boldsymbol{R}_i)] P(r_{ki}) \frac{\mathrm{d}V_k}{V_1} \frac{\mathrm{d}V_i}{V_1} \right\rangle \\
&= \iint_V \int_V \frac{\sin[s|(\boldsymbol{R}_k - \boldsymbol{R}_i)|]}{s|\boldsymbol{R}_k - \boldsymbol{R}_i|} P(r_{ki}) \frac{\mathrm{d}V_k}{V_1} \frac{\mathrm{d}V_i}{V_1} \\
&= \iint_V \int_V \frac{\sin(\boldsymbol{s} \cdot \boldsymbol{r}_{ki})}{\boldsymbol{s} \cdot \boldsymbol{r}_{ki}} P(r_{ki}) \frac{\mathrm{d}V_k}{V_1} \frac{\mathrm{d}V_i}{V_1} \qquad (12.32)
\end{aligned}
$$

这里应用了 $\left\langle \cos[\boldsymbol{s} \cdot (\boldsymbol{R}_k - \boldsymbol{R}_i)] \right\rangle = \dfrac{\sin[s|\boldsymbol{R}_k - \boldsymbol{R}_i|]}{s|\boldsymbol{R}_k - \boldsymbol{R}_i|} = \dfrac{\sin(\boldsymbol{s} \cdot \boldsymbol{r}_{ki})}{\boldsymbol{s} \cdot \boldsymbol{r}_{ki}}$，$r_{ki} = \boldsymbol{R}_k - \boldsymbol{R}_i$，$V_1$ 为一个粒子占有的体积。将式（12.32）稍加变化，令 $P(r_{ki}) = 1 - [1 - P(r_{ki})]$，则

$$
\begin{aligned}
\left\langle \sum_k \sum_i \cos(\boldsymbol{s} \cdot \boldsymbol{r}_{ki}) \right\rangle &= \iint_V \int_V \frac{\sin(\boldsymbol{s} \cdot \boldsymbol{r}_{ki})}{\boldsymbol{s} \cdot \boldsymbol{r}_{ki}} \frac{\mathrm{d}V_k}{V_1} \frac{\mathrm{d}V_i}{V_1} \\
&\quad - \iint_V \int_V [1 - P(r_{ki})] \frac{\sin(\boldsymbol{s} \cdot \boldsymbol{r}_{ki})}{\boldsymbol{s} \cdot \boldsymbol{r}_{ki}} \frac{\mathrm{d}V_k}{V_1} \frac{\mathrm{d}V_i}{V_1} \qquad (12.33)
\end{aligned}
$$

则散射强度式（12.31）化为

$$
\begin{aligned}
\langle I(\boldsymbol{s}) \rangle &= I_e \Bigg\{ N \langle F^2(\boldsymbol{s}) \rangle + \langle F(\boldsymbol{s}) \rangle^2 \Bigg[\iint_V \int_V \frac{\sin(\boldsymbol{s} \cdot \boldsymbol{r}_{ki})}{\boldsymbol{s} \cdot \boldsymbol{r}_{ki}} \frac{\mathrm{d}V_k}{V_1} \frac{\mathrm{d}V_i}{V_1} \\
&\quad - \iint_V \int_V [1 - P(r_{ki})] \frac{\sin(\boldsymbol{s} \cdot \boldsymbol{r}_{ki})}{\boldsymbol{s} \cdot \boldsymbol{r}_{ki}} \frac{\mathrm{d}V_k}{V_1} \frac{\mathrm{d}V_i}{V_1} \Bigg] \Bigg\} \\
&= I_e N \langle F^2(\boldsymbol{s}) \rangle + I_e \langle F(\boldsymbol{s}) \rangle^2 \iint_V \int_V \frac{\sin(\boldsymbol{s} \cdot \boldsymbol{r}_{ki})}{\boldsymbol{s} \cdot \boldsymbol{r}_{ki}} \frac{\mathrm{d}V_k}{V_1} \frac{\mathrm{d}V_i}{V_1} \\
&\quad - I_e \langle F(\boldsymbol{s}) \rangle^2 \iint_V \int_V [1 - P(r_{ki})] \frac{\sin(\boldsymbol{s} \cdot \boldsymbol{r}_{ki})}{\boldsymbol{s} \cdot \boldsymbol{r}_{ki}} \frac{\mathrm{d}V_k}{V_1} \frac{\mathrm{d}V_i}{V_1} \qquad (12.34)
\end{aligned}
$$

式（12.34）中，第二项可视为体积为 V，且具有均匀电子密度 $\langle F(\boldsymbol{s}) \rangle / V_1$ 大粒子的散射，在散射角稍大时，数值很小；只有当散射角与原光束几近重合时方可考虑其影响，故在通常情况下可不考虑。注意到

$$
\int_V \frac{\sin(\boldsymbol{s} \cdot \boldsymbol{r}_{ki})}{\boldsymbol{s} \cdot \boldsymbol{r}_{ki}} [1 - P(r_{ki})] \frac{\mathrm{d}V_k}{V_1} = \int_V \frac{\sin(\boldsymbol{s} \cdot \boldsymbol{r}_{ki})}{\boldsymbol{s} \cdot \boldsymbol{r}_{ki}} [1 - P(r_{ki})] \frac{4\pi r^2 \mathrm{d}r}{V_1}
$$

且

$$\int_V \frac{\mathrm{d}V_i}{V_1} = \frac{V}{V_1} = N$$

式中，V 和 N 分别为被 X 射线照射到的样品体积和粒子数目。故式（12.34）化为

$$\langle I(s) \rangle = I_e N \left\{ \langle F^2(s) \rangle - \frac{\langle F(s) \rangle^2}{V_1} \int_0^\infty \frac{\sin(s \cdot r_{ki})}{s \cdot r_{ki}} [1 - P(r_{ki})] 4\pi r^2 \mathrm{d}r \right\}$$

（12.35）

对于球形粒子，

$$\langle F^2(s) \rangle = \langle F(s) \rangle^2 = F^2(s)$$

故式（12.35）化为

$$I(s) = \langle I(s) \rangle = I_e(s) N F^2(s) \left\{ 1 - \frac{1}{V_1} \int_0^\infty \frac{\sin(sr_{ki})}{sr_{ki}} [1 - P(r_{ki})] 4\pi r^2 \mathrm{d}r \right\}$$

（12.36）

式（12.36）中的第一项为 N 个球形粒子产生的散射强度；第二项则为粒子间相互干扰形成的散射。令概率函数 $P(r) = \exp[-\phi(r)/kT]$，则式（12.36）化为

$$I(s) = I_e(s) N F^2(s) \left[1 + \frac{(2\pi)^{\frac{3}{2}}}{V_1} \beta(s) \right]$$

（12.37）

式中：

$$s\beta(s) = \frac{2}{\sqrt{2\pi}} \int_0^\infty r [e^{-\phi(r)/kT} - 1] \sin(sr) \mathrm{d}r$$

（12.38）

对于半径为 R，体积为 V_1 的硬球，当 $0 < r < 2R$ 时，$P(r) = 0$；当 $r > 2R$ 时，$P(r) = 1$。式（12.36）化为

$$I(s) = I_e(s) N n^2 \phi^2(s \cdot R) \left[1 - \frac{8V_0}{V_1} \phi(2s \cdot R) \right]$$

（12.39）

式中：

$$\phi^2(s \cdot R) = \phi^2(sR) = \left[\frac{3(\sin sR - sR \cos sR)}{(sR)^3} \right]^2, V_0 = \frac{4}{3}\pi R^3$$

（12.40）

如果除考虑两相邻粒子间干涉外，尚计及其他粒子的干涉影响，则 Born-Green 对概率函数 $P(r)$ 提出如下修正关系：

$$P(r) = e^{-\phi(r)/kT + f(r)}$$

（12.41）

将式（12.41）代入式（12.36），则有

$$I(s) = I_e(s) N \left[\langle F^2(s) \rangle + \langle F(s) \rangle^2 \frac{\omega\beta(s)}{V_1(2\pi)^{-\frac{3}{2}} - \omega\beta(s)} \right]$$

（12.42）

对于球形粒子，式（12.42）为

$$I(s) = I_e NF^2(s) \left[1 + \frac{\omega\beta(s)}{V_1(2\pi)^{-\frac{3}{2}} - \omega\beta(s)} \right] = I_e NF^2(s) \frac{V_1}{V_1 - (2\pi)^{-\frac{3}{2}}\omega\beta(s)}$$

$$(12.43)$$

式中，$\omega \approx 1$。

如粒子为硬球，$\beta(s)$ 可以计算，则式（12.43）为

$$I(s) = I_e Nn^2\phi^2(sR) \frac{1}{1 + \frac{8V_0}{V_1}\omega\phi(2sR)} \qquad (12.44)$$

式中，V_0 和 R 分别为硬球粒子体积和半径。

图 12.11 是根据式（12.36）由 Fournet 得到的球形粒子理论散射强度曲线。图中考虑粒间的干涉效应：

$$a(s) = 1 - \frac{1}{V_1}\int_0^\infty \left[1 - P(r_{ki}) \right] \frac{\sin(sr_{ki})}{sr_{ki}} 4\pi r^2 \mathrm{d}r = \frac{V_1}{V_1 - (2\pi)^{-\frac{3}{2}}\omega\beta(s)}$$

实线代表大小均一、球形稀薄粒子体系（V_1 很大）；点线代表大小均一、稠密球形粒子体系（V_1 很小）；破线代表中等稠密（V_1 中等）、大小均一球形粒子体系的散射强度曲线。$F^2(s) = n^2\phi^2(s)$ 为大小均一球形稀薄粒子体系的结构因子；$I(s)$ 为大小均一球形稠密粒子体系的理论散射强度曲线；s_m 为 $a(s)$ 的极大值位置。图 12.11 表明，对不同浓度的体系，$a(s)$ 的极大值总是出现在同一 s_m 处；另一方面，当体系的浓度增加时，$I(s)$ 出现极大值；由于 $I(s) \propto a(s)F^2(s)$，且 $F^2(s)$ 随 s 的增加而下降，所以 $I(s)$ 的极大值出现在较小 s 位置。当浓度增加时，$a(s)$ 曲线变得更尖锐，$a(s)$ 在 $I(s)$ 中的作用亦增大，故此时 $I(s)$ 的极大值更靠近 $a(s)$ 出现的极大值 s 位置；亦即浓度增加 $I(s)$ 向大散射角方向移动。

图 12.12 是氩气在 149K 由气体转变为液体临界压强附近的实验散射强度曲线。

Fournet 根据式（12.43）计算了上述体

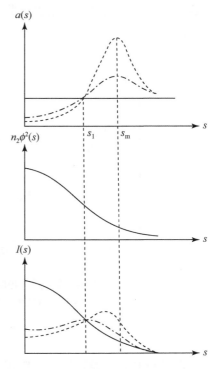

图 12.11　球形粒子理论散射强度曲线

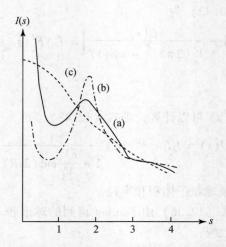

图 12.12　氩气在 149K 临界压强附近的实验散射强度曲线

（a）氩气在 149K 呈气态；（b）氩气在 149K 呈液态；（c）常压下氩气的 $F^2(s) = n^2\phi^2(s)$

系在相同条件下的理论散射强度曲线，结果表明，理论计算与实验符合得相当好（图 12.13）。

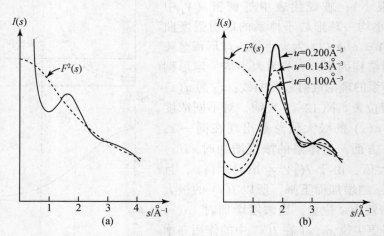

图 12.13　氩气在 149K 临界压强附近的理论散射强度曲线

（a）气态氩在 149K 的散射强度曲线；（b）不同密度液态氩在 149K 的散射强度曲线

图中，$u = (2\pi)^{\frac{3}{2}} \omega / V_1$

对硬球状粒子稠密体系，按式（12.44）得到不同 $\dfrac{8V_0\omega}{V_1}$ 值时的理论散射强度曲线，如图 12.14 所示。

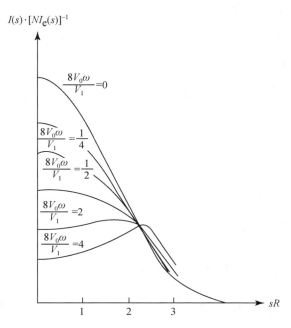

图 12.14　硬球状粒子稠密体系理论散射强度曲线

对于这种粒子大小均一的稠密体系，如假定粒子为球形，Youdowitch 建议用下述校正公式：

$$I(s) = I_e N n^2 \phi^2 (sR) \left\{ 1 + P \left[\frac{5\sin(2sR)}{2sR} - 6\phi(2sR) \right] \right\} \qquad (12.45)$$

式中，R 为球形粒子半径；P 是粒子在样品中密集程度参数，且 $0 < P < 1$。$P = 0$ 表示粒子（或微孔）分布极稀薄，间距很大，此时式（12.45）即归结为式（12.19），即为稀薄体系的情况。反之，当粒子分布为密堆积时，$P = 1$。大括号中的第二项是考虑粒间干涉效应对散射强度的影响。

12.4.4　稠密不均匀粒子体系

对于大小不均一的稠密粒子体系散射强度的计算，主要有 Porod 理论和 Hosemann 理论。Porod 理论采用统计力学方法处理这种体系的散射问题。这里我们仅简单介绍用 Hosemann 理论处理大小不均一的稠密粒子体系的散射问题。

设体系中含有 N 个粒子，第 i 个粒子的电子密度分布为 $\rho_i(r)$，它的散射振幅为 $A_i(s)$：

$$A_i(s) = \int_{V_i} \rho_i(r) \exp(-is \cdot r) \mathrm{d}V \qquad (12.46)$$

则全部 N 个粒子的振幅为

$$A(s) = \sum_{i=1}^{N} A_i(s) = \sum_N \int_{V_i} \rho_i(r) \exp(-is \cdot r) dV \tag{12.47}$$

体系的散射强度为

$$I(s) = A(s) \cdot A^*(s) = \Big| \sum_N A_i(s) \Big|^2 = \sum_N |A_i(s)|^2 + \sum_i \sum_{i \neq j} A_i(s) \cdot A_j^*(s) \tag{12.48}$$

令

$$Q(r) = \int_{V_s} I(s) \exp(-is \cdot r) dV_s = \int_0^\infty 4\pi r^2 I(s) \frac{\sin(sr)}{sr} dr \tag{12.49}$$

将式 (12.48) 代入式 (12.49), 得

$$Q(r) = \sum_i \int A_i(s) \cdot A_i^*(s) \exp(-is \cdot r) dV_s$$

$$+ \sum_i \sum_{i \neq j} \int A_i(s) \cdot A_j^*(s) \exp(-is \cdot r) dV_s$$

$$= \sum_i \iiint \rho_i(r_1) \rho_i(r_2) \exp[is \cdot (r_1 - r_2 - r)] dV_1 dV_2 dV_s$$

$$+ \sum_i \sum_{i \neq j} \iiint \rho_i(r_1) \rho_j(r_2) \exp[is \cdot (r_1 - r_2 - r)] dV_1 dV_2 dV_s$$

注意到

$$\int_{V_s} \exp(is \cdot r) dV_s = \int_0^\infty \int_0^\infty \int_0^\infty \exp[i(s_1 x + s_2 y + s_3 z)] ds_1 ds_2 ds_3$$

$$= (2\pi)^3 \delta(x) \delta(y) \delta(z) = (2\pi)^3 \delta(r)$$

故有

$$Q(r) = (2\pi)^3 \Big[\sum_i \iint \rho_i(r_1) \rho_i(r_2) \delta(r_1 - r_2 - r) dV_1 dV_2$$

$$+ \sum_i \sum_{i \neq j} \iint \rho_i(r_1) \rho_j(r_2) \delta(r_1 - r_2 - r) dV_1 dV_2 \Big]$$

$$= (2\pi)^3 \Big[\sum_i \int \rho_i(r_1) \rho_i(r_1 - r) dV_1 + \sum_i \sum_{i \neq j} \int \rho_i(r_1) \rho_j(r_1 - r) dV_1 \Big]$$

$$= (2\pi)^3 \Big[\sum_i \int \rho_i(r + r') \rho_i(r') dV' + \sum_i \sum_{i \neq j} \int \rho_i(r + r') \rho_j r') dV' \Big]$$

这里 $r_1 - r = r'$。令体系中粒子的电子密度是常量 ρ, 则由图 12.15 可见, 上式中第一个积分是在第 j 个粒子移动 r 后, 其粒子完全落入第 i 个粒子范围, 迭合体积为 $V_i^*(r)$ 内进行的; 第二个积分是在 j 个粒子移动 r 后的虚像与第 i 个粒子相交体积 $V_{ij}^*(r)$ 内进行的, 故上式为

$$Q(r) = Q_1(r) + Q_2(r) = (2\pi)^3\rho^2\left[\sum_i V_i^*(r) + \sum_i \sum_{i\neq j} V_{ij}^*(r)\right] \quad (12.50)$$

所以

$$I(s) = I_1(s) + I_2(s) = \frac{1}{(2\pi)^3}\left[\int Q_1(r)\exp(is\cdot r)\mathrm{d}V + \int Q_2(r)\exp(is\cdot r)\mathrm{d}V\right]$$

$$(12.51)$$

式中，$Q_1(r)$ 为体系中每个粒子的散射强度 $I_1(s)$ 的 Fourier 变换；$Q_2(r)$ 为体系中粒子间干涉引起的散射强度 $I_2(s)$ 的 Fourier 变换。

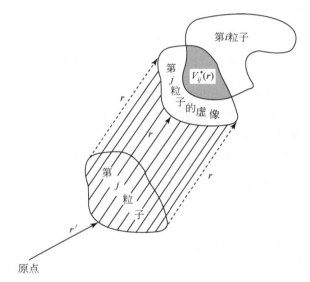

图 12.15　第 j 个粒子移动 r 后的虚像与第 i 个粒子的公用体积 $V_{ij}^*(r)$

12.4.5　取向粒子体系的散射

对于一个粒子，由式（12.14）知

$$I(s) = I_e \sum_k \sum_j f_k f_j \cos[s\cdot(r_k - r_j)]$$

当将粒子对称中心作为原点时，$\sum_k f_k r_k = 0$，故

$$\sum_k f_k s\cdot r_k = \sum_j f_j s\cdot r_j = 0$$

将上式展开后，有

$$I(s) = I_e \sum_k \sum_j f_k f_j\left\{1 - \frac{1}{2}[s\cdot(r_k - r_j)]^2 + \cdots\right\}$$

$$= I_e \sum_k \sum_j f_k f_j \left\{ 1 - \frac{1}{2} \left[(s \cdot r_k)^2 + (s \cdot r_j)^2 - 2(s \cdot r_k)(s \cdot r_j) \right] + \cdots \right\}$$

$$= I_e \left[\sum_k \sum_j f_k f_j - \frac{1}{2} \sum_k f_k \sum_j f_j (s \cdot r_j)^2 \right]$$

$$- I_e \left[\frac{1}{2} \sum_j f_j \sum_k f_k (s \cdot r_k)^2 - \sum_k f_k (s \cdot r_k) \sum_j f_j (s \cdot r_j) - \cdots \right]$$

由于

$$\sum_k f_k \sum_j f_j (s \cdot r_j)^2 = \sum_j f_j \sum_k f_k (s \cdot r_k)^2, \sum_k f_k = n, \sum_k \sum_j f_k f_j = n^2$$

所以

$$I(s) = I_e n^2 \left[1 - \frac{\sum_j f_j (s \cdot r_j)^2}{n} + \cdots \right] \tag{12.52}$$

　　在实空间中，散射体的结构可由电子密度分布函数 $\rho(r)$［或后面将要提到的涨落相关函数 $\gamma(r)$］阐明，倒易空间（reciprocal space）则是反映实空间中真实散射体通过 X 射线散射后形成的散射图像；倒易空间也称 Fourier 空间。实空间和倒易空间具有倒易关系，该关系在数学上可由 Fourier 变换进行描述。从式（12.46）知，由 X 射线散射仪测得的散射（结构）振幅 $A(s) = \int_r \rho(r) \exp(-is \cdot r) dr$，再通过 Fourier 变换得出实空间中散射体的电子密度分布函数 $\rho(r) = \int_r A(s) \exp(is \cdot r) ds$。图 12.16 给出了各相异性散射体形成的取向粒子散射与其散射图像的倒易关系。图中粒子长轴（赤道线）P 方向平行于底片 CD 且与通过粒子中心 O 的平面 M 相垂直。散射矢量 s 与 P 间夹角为 θ，P 垂直入射矢量 s_0。当 $\theta \to 0$ 时，s 垂直于 s_0 与 P 平行。图 12.16 中，散射体的赤道线方向长度大于与其垂直的子午线方向长度，故由 Fourier 变换性质可知，在底片上随着散射角 2θ 的增加，赤道线方向的散射强度比子午线方向的小。

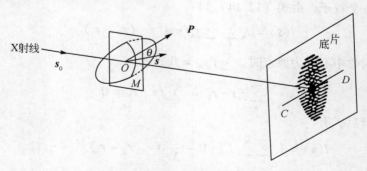

图 12.16　取向粒子的散射图像

当 θ 很小时，可使 $s \cdot r_j = sP_1 \cdot r_j$，$P_1$ 为 P 方向单位矢量。令 $d_j(P_1) = P_1 \cdot r_j$，则 $d_j(P_1)$ 为 r_j 到平面 M 的距离。由此式（12.52）化为

$$I(s) = I_e n^2 \left[1 - \frac{s^2 \sum_j f_j d_j^2(P_1)}{n} + \cdots \right] \tag{12.53}$$

令

$$\sum_j f_j d_j^2(P_1) / n = D^2(P_1) \tag{12.54}$$

则式（12.53）为

$$I(s) = I_e n^2 [1 - s^2 D^2(P_1)] \approx I_e n^2 \exp[-s^2 D^2(P_1)]$$

对于具有 N 个相同取向粒子体系，其散射强度为

$$I(s) = I_e N n^2 \exp[-s^2 D^2(P_1)] \tag{12.55}$$

式中，$D^2(P_1)$ 称为垂直于 P 方向平面的惯性矩的平方。

由式（12.55）可知，如果图 12.16 中的 P 是粒子尺寸最大方向，由式（12.54）可见，$D^2(P_1)$ 值亦最大，故与 P 方向平行的底片上的散射强度随散射角 θ 增加而迅速降低，且在 CD 轴方向散射花样最窄；反之，如果 P 方向是粒子尺寸最小方向，则 $D^2(P_1)$ 亦最小。平行于 P 方向上的散射强度随 θ 增加而缓慢下降；散射花样在此方向较宽。总之，按式（12.55）计算，给出长椭球或棒状粒子在最小尺寸方向上的散射花样被拉长，在粒子最大尺寸方向上的散射花样被压窄。

位于直角坐标系中非球形对称的长为 L 宽为 B 的片状取向粒子，如 X 射线方向 s_0 与 X 轴方向相同，Y 轴、Z 轴均在片状粒子平面内，并以 i, j, k 代表 X, Y, Z 轴方向上的单位矢量。片状粒子表面垂直于 s_0；X 射线散射方向 s 与 s_0 成 θ 角，某粒子距原点为 r，方向角为 ϕ，则位于体积 V 中的片状粒子散射强度 $I(s)$ 为

$$s - s_0 = (\cos\theta - 1)i + \sin\theta\sin\phi j + \sin\theta\cos\phi k$$

$$r = Yj + Zk$$

$$s \cdot r = \frac{2\pi}{\lambda}(s - s_0) \cdot r = \frac{2\pi}{\lambda}(\sin\theta\sin\phi Y + \sin\theta\cos\phi Z)$$

所以

$$I(s) = I_e \left| \int_V \rho(r) e^{-is \cdot r} dV \right|^2 = I_e \left| \int_V \rho(r) e^{-\frac{2\pi}{\lambda}(\sin\theta\sin\phi Y + \sin\theta\cos\phi Z)} dV \right|^2$$

设均匀体系密度为 $\rho(r) = \rho$，则

$$I(s) = I_e n^2 \left[\frac{\sin\left(\frac{aB}{2}\right)}{\frac{aB}{2}} \right]^2 \left[\frac{\sin\left(\frac{bL}{2}\right)}{\frac{bL}{2}} \right]^2 \tag{12.56}$$

式中，$a = \dfrac{2\pi}{\lambda}\sin\theta\sin\phi$，$b = \dfrac{2\pi}{\lambda}\sin\theta\cos\phi$。当 $\phi = 0, a = 0, b = s$ 时，式（12.56）为

$$I(s) = I_e n^2 \left[\frac{\sin\left(\dfrac{sL}{2}\right)}{sL/2} \right]^2 \tag{12.57}$$

当 $\phi = 90^0, a = s, b = 0$ 时，式（12.56）为

$$I(s) = I_e n^2 \left[\frac{\sin\left(\dfrac{sB}{2}\right)}{sB/2} \right]^2 \tag{12.58}$$

式（12.57）和式（12.58）分别表明沿子午线方向和赤道方向的散射强度。式（12.57）可确定片状粒子长度，式（12.58）则可定出片状粒子的宽度。

上述体系中，对于具有 N 个不同长度不同宽度的粒子，其总的散射强度为

$$I(s) = I_e \sum_i^N n_i^2 \left[\frac{\sin\left(\dfrac{a_i B_i}{2}\right)}{a_i B_i/2} \right]^2 \left[\frac{\sin\left(\dfrac{b_i L_i}{2}\right)}{\dfrac{b_i L_i}{2}} \right]^2 \tag{12.59}$$

12.4.6　任意体系的散射

在这一体系中，电子密度是任意变化的，到处都存在电子密度涨落，不均匀性。Debye 从电子密度不均匀性观点，首先解决了这一任意体系的散射。

设在 x 处电子密度 $\rho(x)$ 与平均电子密度 $\bar\rho$ 之差为 $D(x) = \rho(x) - \bar\rho$，显然对这种到处均有 $D(x)$ 存在的体系，在被 X 射线照射到的样品体积 V 中，有

$$\int_V D(x)\mathrm{d}x = 0 \tag{12.60}$$

在此情况下，式（12.16）为

$$
\begin{aligned}
I(s) &= I_e \left[\int_V \rho(x)\mathrm{e}^{-is\cdot x}\mathrm{d}x \right]^2 \\
&= I_e \int_V\int_V \left[\bar\rho + D(x_k) \right] \cdot \left[\bar\rho + D(x_j) \right] \mathrm{e}^{-is\cdot(x_k-x_j)}\mathrm{d}x_k\mathrm{d}x_j \\
&= I_e \int_V\int_V \bar\rho^2 \mathrm{e}^{-is\cdot(x_k-x_j)}\mathrm{d}x_k\mathrm{d}x_j + I_e \int_V\int_V \bar\rho D(x_j)\mathrm{e}^{-is\cdot(x_k-x_j)}\mathrm{d}x_k\mathrm{d}x_j \\
&\quad + I_e \int_V\int_V \bar\rho D(x_k)\mathrm{e}^{-is\cdot(x_k-x_j)}\mathrm{d}x_k\mathrm{d}x_j + \\
&\quad + I_e \int_V\int_V D(x_k)D(x_j)\mathrm{e}^{-is\cdot(x_k-x_j)}\mathrm{d}x_k\mathrm{d}x_j
\end{aligned}
\tag{12.61}
$$

式（12.61）中第一项是表征 X 射线照射体积为 V 的大粒子，其密度为 $\bar\rho$ 的散射强度，在很小的散射角下，可不考虑。第二、第三项是相同的，即

$$I_2(s) + I_3(s) = 2I_e \int_V \bar{\rho} D(\boldsymbol{x}_k) e^{-is \cdot (\boldsymbol{x}_k - \boldsymbol{x}_j)} d\boldsymbol{x}_k d\boldsymbol{x}_j$$

$$= 2I_e \int_V \bar{\rho} e^{-is \cdot \boldsymbol{x}_j} d\boldsymbol{x}_j \int_V D(\boldsymbol{x}_k) e^{-is \cdot \boldsymbol{x}_k} d\boldsymbol{x}_k \qquad (12.62)$$

式（12.62）中的第一个积分是式（12.61）中的一部分；第二个积分是式（12.61）中第四项的一部分。所以

$$I_2(s) + I_3(s) < 2I_e \left| \int_V \bar{\rho} e^{-is \cdot \boldsymbol{x}_j} d\boldsymbol{x}_j \right| \cdot \left| \int_V D(\boldsymbol{x}_k) e^{-is \cdot \boldsymbol{x}_k} d\boldsymbol{x}_k \right| \ll I_4(s)$$

式（12.61）的第四项为

$$I_4(s) = I_e \int_V \int_V D(\boldsymbol{x}_k) D(\boldsymbol{x}_j) e^{-is \cdot (\boldsymbol{x}_k - \boldsymbol{x}_j)} d\boldsymbol{x}_k d\boldsymbol{x}_j$$

令 $\boldsymbol{x}_j - \boldsymbol{x}_k = \boldsymbol{r}$，则上式化为

$$I_4(s) = I_e \int_V \int_V D(\boldsymbol{x}_k) D(\boldsymbol{x}_k + \boldsymbol{r}) e^{is \cdot \boldsymbol{r}} d\boldsymbol{x}_k d\boldsymbol{r}$$

式中，$\int_V D(\boldsymbol{x}_k) D(\boldsymbol{x}_k + \boldsymbol{r}) d\boldsymbol{x}_k \overset{r \to 0}{=\!=\!=} \int_V D(\boldsymbol{x}_k) D(\boldsymbol{x}_k) d\boldsymbol{x}_k = \int_V D^2(\boldsymbol{x}_k) d\boldsymbol{x}_k = V \langle D^2(\boldsymbol{x}_k) \rangle$。

引入相关函数 $\gamma(\boldsymbol{r})$。当 $\boldsymbol{r}$ 很大时，即相距很远的两点，其 $\gamma(\boldsymbol{r}) \to 0$，则有

$$\int_V D(\boldsymbol{x}_k) D(\boldsymbol{x}_k + \boldsymbol{r}) d\boldsymbol{x}_k = \langle D^2(\boldsymbol{x}_k) \rangle V \gamma(\boldsymbol{r})$$

故

$$I_4(s) = I_e \langle D^2(\boldsymbol{x}_k) \rangle V \int_V \gamma(\boldsymbol{r}) e^{is \cdot \boldsymbol{r}} d\boldsymbol{r}$$

设体系为各相同性，则 $\gamma(\boldsymbol{r}) = \gamma(r)$，$d\boldsymbol{r} \to dr$，最后，式（12.61）为

$$I(s) \approx I_4(s) = I_e \langle D^2(x) \rangle V \int_0^\infty \gamma(r) e^{is \cdot r} dr$$

$$= I_e \langle D^2(x) \rangle V \int_0^\infty \gamma(r) \frac{\sin(sr)}{sr} 4\pi r^2 dr \qquad (12.63)$$

式（12.63）即为任意体系的散射强度表达式。由 $I(s)$ 的 Fourier 变换可得 $\gamma(\boldsymbol{r})$。

12.4.7　互补体系散射的互易性

图 12.7（a）~ 图 12.7（d）与其相对应的图 12.7（a′）~ 图 12.7（d′）是互补关系，即粒子体系及与其形状大小分布一样的孔洞，具有相同的 X 射线小角散射效果。

现仅以图 12.7（a）和图 12.7（a′）为例，证明这种互补体系的互易性。

在互补体系图 12.7（a）和图 12.7（a′）中，设图 12.7（a）中粒子的电子密度为 ρ_0，周围介质的电子密度为 0，电子密度差为 $\Delta\rho_{(a)} = \rho_0 - 0 = \rho_0$，图 12.7（a′）中孔洞的电子密度为 0，周围介质的电子密度为 ρ_0，其电子密度差为 $\Delta\rho_{(a')} = \rho_0 - 0 = \rho_0$，故对互补体系而言，它们在各自体系中的电子密度差是

相等的。广而言之，对互补体系，一定存在

$$\rho_1(\boldsymbol{r}) + \rho_2(\boldsymbol{r}) = k \tag{12.64}$$

即在互补体系中，位于 $\boldsymbol{r}$ 处的两个体系的电子密度之和为常数。对上面定义的图 12.7 （a），图 12.7 （a′）两个体系，则是 $k = \rho_0$。

设有两个互补体系 1 和 2，对体系 1 中位于 $\boldsymbol{r}$ 处一个粒子的散射振幅为

$$A_1(\boldsymbol{s}) = A_e \int_V \rho_1(\boldsymbol{r}) e^{-i\boldsymbol{s}\cdot\boldsymbol{r}} \mathrm{d}\boldsymbol{r}$$

散射强度为

$$I_1(\boldsymbol{s}) = A_1(\boldsymbol{s}) \cdot A_1^*(\boldsymbol{s})$$

由式（12.64）可知，其互补体系 2 的电子密度为

$$\rho_2(\boldsymbol{r}) = k - \rho_1(\boldsymbol{r})$$

散射振幅为

$$A_2(\boldsymbol{s}) = A_e \int_V [k - \rho_1(\boldsymbol{r})] e^{-i\boldsymbol{s}\cdot\boldsymbol{r}} \mathrm{d}\boldsymbol{r}$$

$$I_2(\boldsymbol{s}) = A_2(\boldsymbol{s}) \cdot A_2^*(\boldsymbol{s})$$

令

$$A_k(\boldsymbol{s}) = A_1(\boldsymbol{s}) + A_2(\boldsymbol{s}) = A_e \int_V k e^{-i\boldsymbol{s}\cdot\boldsymbol{r}} \mathrm{d}\boldsymbol{r}$$

$$I_k(\boldsymbol{s}) = A_k(\boldsymbol{s}) \cdot A_k^*(\boldsymbol{s})$$

式中，$I_k(\boldsymbol{s})$ 为具有均匀电子密度为 k 的处于体积为 V 中全部粒子的散射强度，$I_k(\boldsymbol{s})$ 仅在非常小的散射角，即接近入射光束附近的强度方向不为 0。故

$$I_2(\boldsymbol{s}) = [A_k(\boldsymbol{s}) - A_1(\boldsymbol{s})] \cdot [A_k^*(\boldsymbol{s}) - A_1^*(\boldsymbol{s})]$$

$$= I_1(\boldsymbol{s}) + I_k(\boldsymbol{s}) - A_1(\boldsymbol{s}) \cdot A_k^*(\boldsymbol{s}) - A_k(\boldsymbol{s}) \cdot A_1^*(\boldsymbol{s})$$

式中，在一般观测到的散射角下，后三项几为 0，故 $I_1(\boldsymbol{s}) = I_2(\boldsymbol{s})$，表明互补体系具有相同的散射强度。应注意，在极小的散射角下，上述互补体系得到强度相同的关系不成立。即当 $s < s_0 = \dfrac{2\pi}{a}$（$a$ 为样品尺寸）条件下 $I_1(\boldsymbol{s}) \neq I_2(\boldsymbol{s})$。可见，在极小散射角下，应用 X 射线测量方法不能定出所研究体系是由粒子造成的散射还是由孔洞造成的散射。

12.5　SAXS 的数据处理

12.5.1　试样要求

在进行样品测试时，一般是测试试样的中心部分。固体试样有块状、片状和纤维状等。薄膜试样如果厚度不够，可以用几片相同的试样重叠在一起测试；纤

维状试样可夹在试样夹中。对取向样品（如纤维），如果测其取向的影响，应把纤维梳理整齐，以伸直状态夹在试样夹中。研究试样在取向状态的结构变化一般要用针孔狭缝。此外尚可利用高低温装置进行样品在不同温度下的散射实验；对于液体试样，可装在毛细管中进行测量 SAXS 强度。

试样的大小一般只要大于入射光束的截面积即可。散射强度是随试样的厚度增加而增强，但厚度增大，入射光强的吸收也随之增大，从而导致散射强度降低。图 12.17 给出了散射强度与试样厚度的关系曲线。可见，散射强度随厚度的增大，在通过厚度 $\frac{1}{\mu}$ 后急速下降。为了达到最大的散射强度，可以证明试样的最佳厚度 d_{opt} 应是

$$d_{\mathrm{opt}} = 1/\mu$$

式中，μ 为线吸收系数。

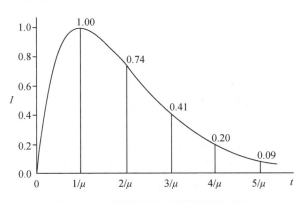

图 12.17　散射强度与试样厚度的关系

12.5.2　SAXS 强度数据的前处理

在试样的 SAXS 强度测试完成后，为了对所获数据进行分析计算，对 SAXS 强度实验数据进行下述处理，以便准确获得所研究试样的结构参数：①背底散射；②试样的吸收系数；③入射光束在水平方向和垂直方向的强度分布；④标准试样的散射强度。

1. 背底散射的测定和扣除

散射强度的背底扣除，对获得大散射角（散射强度曲线尾部）下的信息是很重要的。由于散射强度曲线的尾部，散射强度小，背底误差对散射强度的影响尤为突出，因此如何正确的扣除背底误差，对揭示 Porod 定律，解决某些结构问题是十分必要的，必须给予足够的重视。

由于散射强度与球粒体积的平方成正比，即与球粒半径的六次方成正比，这充分表明小角散射数据中扣除空气中微尘产生散射的重要性。

背底散射强度 I_{asn} 一般由三部分组成：①空气中微尘产生的散射强度 I_{air}；②计数器产生的噪声强度 I_{noise}；③狭缝体系产生的寄生散射强度 I_{slit}。可用下式表示：

$$I_{asn} = I_{air} + I_{noise} + I_{slit}$$

测试背底散射强度一般是把试样放在入射狭缝前，或把试样放在计数器的狭缝前。

因此在扣除背底散射强度后，试样的实际散射强度 $I(2\theta)$ 为

$$I(2\theta) = I_{obs}(2\theta) - I_{asn}(2\theta)$$

2. 吸收系数的测定与修正

考虑到小角散射强度，对测试样品的厚度有一定的要求。试样太厚，吸收衰减严重，并会产生多重散射；样品过薄，散射强度弱。由于研究试样的厚度不可能完全一致，在定量计算与质量有关的结构参数时，为了消除试样厚度不同对散射强度的影响，必须进行吸收修正。

已知 X 射线通过物质时，衰减的规则见下式：

$$I/I_0 = e^{-\mu t} = \mu^*$$

式中，I_0 为入射 X 射线原光束强度；t 为样品厚度；μ 为线吸收系数。把 I/I_0 定义为衰减因子 μ^*；因此，当测定原光束经样品后的散射强度 I 与无试样时同位置原光束的散射强度 I_0 后，即可得到吸收系数。再根据透射法，按 $\alpha = \sec\theta e^{-2\mu t \sec\theta} \approx e^{-2\mu t}$，求得吸收因子 α，将经过背底散射校正后的散射强度 $I(2\theta)$ 乘以 α，得到经过吸收校正的散射强度。

3. 准直系统

小角 X 射线散射光路中的准直系统是用来获得平行光束。准直分为针孔（点）准直和狭缝（线）准直。理论上，要求准直系统的狭缝越窄越好，或针孔越细越好且准直系统长度要长，以获得小发散度的平行光束；然而过长的光路和过窄过细的准直将极大减低 X 射线散射强度，不能满足实际实验的要求。目前，常用的准直系统主要有以下几种。

1）四狭缝准直系统

日本 Rigaku 早期小角 X 射线散射仪多采用四狭缝准直系统（图 12.18）。它的分辨率可达 $2\theta_{min} = 4'$。图 12.18 中，W_1 为第一、第二狭缝间的距离；W_2 为第二、第三狭缝间的距离；W_3 为第三狭缝与样品间的距离；L 为样品与记数管接

收狭缝间的距离。一般，第一狭缝宽为 0.03 ~ 0.05mm；第二狭缝宽为 0.06 ~ 0.1mm；第三狭缝宽为连续可变狭缝；第三狭缝的作用是阻止第一、第二狭缝产生的寄生散射进到接收狭缝。为提高 X 射线散射强度和提高分辨率，第三狭缝的调节至关重要。实验时，一定使第三狭缝的刃边靠近由第一、第二狭缝的作用形成的平行 X 射线光束，但切不可使第三狭缝刃边与入射 X 射线光束相触，调节时要逐渐降低第三狭缝宽度，直到计数管计数突然增加为止。计数管计数突然的增加是源于第三狭缝的刃边与入射 X 射线光束相触，引起寄生散射所致。此时应将第三狭缝宽度慢慢增加，使其刃边不再与入射 X 射线光束相触，这样既挡住第一、第二狭缝产生的寄生散射，也不会同第三狭缝引起新的寄生散射。样品位置应尽可能靠近第三狭缝。对这种准直系统其分辨率由下式计算：

$$2\theta_{\min} = \arctan\left\{\frac{t_4 + t_3 + \left[\dfrac{t_2 + t_3 + (L + W_3)}{W_2}\right]}{L}\right\} \qquad (12.65)$$

令 $2t_1$，$2t_2$，$2t_3$ 和 $2t_4$ 分别代表第一、第二、第三和记管接收狭缝的宽度，由式（12.65）可知，为了提高分辨率，应降低各狭缝宽度，但这将降低 X 射线散射强度。一般来讲，对于均匀的极微小的粒子，宜采用宽些狭缝，这样虽然降低了分辨率，但由于这种极微小粒子系统散射强度变化不大，分辨率尽管有所降低，由于狭缝宽度增加，X 射线散射强度也增加，提高了测量结果的可靠性。对于较大粒子尺度样品，应尽量选取窄狭缝系统，以提高分辨率；特别是对计算粒度分布实验，采取窄狭缝系统，不至于丢失样品具有较大尺寸粒子的信息。如果想获得积分不变量 $\tilde{Q}$ 和采用外延法计算零角散射强度 $I(0)$，必须使用窄狭缝系统。

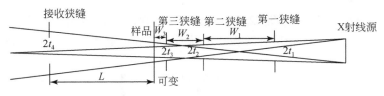

图 12.18　Rigaku 小角 X 射线散射仪四狭缝准直系统

2）Kratky U 形狭缝准直系统

Kratky U 形狭缝准直系统（图 12.19）多为 Phillip 公司生产的小角 X 射线散射仪采用。这种狭缝准直系统具有较高的分辨率，$2\theta_{\min} = 0.5' ~ 0.6'$，可测定 200nm 尺度的粒子结构，扩大了粒子尺寸研究范围。使用 Kratky 狭缝可获得极小散射角的散射强度数据，对零角散射强度 $I(0)$ 和积分不变量 $Q(s)$ 可获得较好结果。该狭缝准直系统的入射狭缝由 U 形块、刃边块构成，在试样前放有桥。刃边块可以更换。

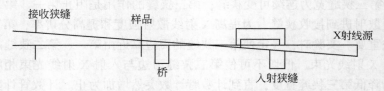

图 12.19　Kratky U 形狭缝准直系统

3）针孔准直系统

从通过狭缝的 X 射线光束强度考虑，宜采用狭缝准直，然而，如需要更接近入射 X 射线原光束，更小散射角下的散射则需用针孔准直系统（图 12.20）。采用针孔准直系统时，一般与照相法配合使用。从而可以获得样品的整体散射花样，这对于得到各相异性取向样品的研究尤为适用，与 IP 技术结合可获得样品三维的散射花样，清晰明了。图 12.21 是尼龙 11 在 160℃ 拉伸条件下的 WAXD 散射花样和经数据处理后的三维散射强度图。SAXS 也可连同 IP 技术，得到小角散射花样及其三维散射强度图。图 12.20 是针孔准直系统的光路图。针孔准直一般采用点光源和两个针孔狭缝。样品置于可变动的第二针孔狭缝后，通过调节第二针孔孔径或位置，在底片上可获得所要求的最小散射角。根据需要可选择 U，V，D 的尺寸。调节第二个针孔状态时，应注意消除第一个针孔狭缝产生的寄生散射。光路调节过程中，一般将第二个针孔狭缝置于第一个针孔狭缝和底片盒中间位置。针孔准直系统也不需要进行长狭缝引起的光路散射去模糊校正，但应用针孔准直系统，由于针孔狭缝孔径小，强度低适合于照相法，实验时间较长。

4）锥形狭缝准直系统

锥形狭缝准直系统（图 12.22）可以较精确地获得散射强度曲线尾部的信息，而这些信息正是为精确计算粒子形状及其分布所必需的。一般长狭缝系统由

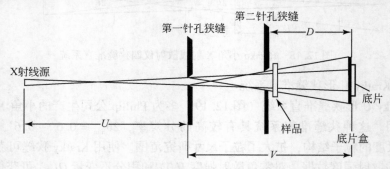

图 12.20　针孔准直系统光路图

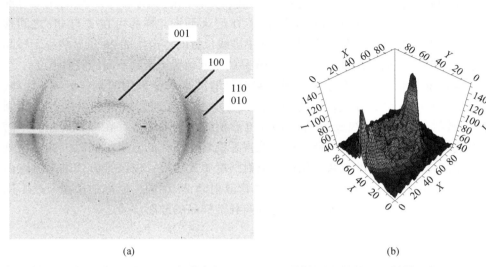

(a)   (b)

图 12.21 尼龙 11 在 160℃拉伸条件下的 WAXD 散射花样（a）和经数轴处理后的
三维散射强度图（b）（本实验室，2002 年）

于存在狭缝模糊效应，使得散射强度曲线在大散射角处的数据不能给出满意的修正。锥形狭缝准直系统既防止了长狭缝准直系统引起的准直误差，又可以收取比针孔狭缝准直系统大得多的散射强度。锥形狭缝准直系统，是一种可旋转的对称狭缝准直系统（图 12.22）。经过准直的光束呈现锥壳形。该准直系统由空腔、截锥体 HC、锥体 N 组成，N 的轴应与旋转轴 R 重合，N 置于 HC 内，且其间应有很小的缝隙，N 与 HC 两者不相接触；N 插入到其后的柱形体刃边 Z 中，此刃边用于防止 N 与 HC 间缝隙产生的寄生散射。实验时应使样品 S 与锥轴垂直。通

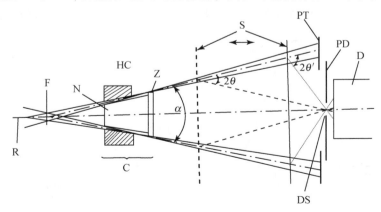

图 12.22 锥形狭缝准直系统光路图

过样品的原入射光束由圆盘形板 PT 所阻止；由样品散射的带有 2θ 角的光束全部通过针孔光阑 PD，并将其强度由计数器 D 记录下来。样品可在 Z 与 PD 之间移动，从而改变 2θ 角。当样品在图 12.22 中虚线位置时，产生的 2θ 角显然小于样品处于图中实线位置的 $2\theta'$ 角，从而根据样品的不同位置记录到不同的散射强度。

与传统采集散射强度方法不同，锥形狭缝准直系统采用的是样品（S）动、计数器（D）不动的方式。因为当样品处于某一位置时，所有进入到针孔光阑 PD 的散射，均与入射线成 2θ 角，因此锥形狭缝准直系统不存在准直误差，不需要对光路准直进行校正，与针孔狭缝准直系统具有同样的效果。同时，这一狭缝准直系统同针孔狭缝准直系统相比，散射强度要大很多；以圆锥方式进来的入射光束，以不同方向照射到样品上，故尽管散射角 2θ 相同，但散射矢量 s 是不同的，所以锥形狭缝准直系统不能测定各向异性样品的散射。

4. 狭缝修正

小角 X 射线散射的理论公式，最初都是对点状截面入射线束推导的，只有用针孔准直的线束才具有这种截面。但实际上，出于对提高强度的要求，广泛使用线狭缝（即窄长细狭缝）准直，由于线狭缝具有一定的尺寸，因而入射到样品的 X 射线光束并不是平行的，这就产生与针孔准直在角度与强度上的偏差——准直误差。由于一般狭缝是矩形的，因此准直误差校正，包括对狭缝宽度校正和狭缝高度校正两部分。狭缝宽度权重函数 $W_w(t)$ 可以在理论上计算或是以实验方法确定（即在光路中不放样品），对典型 Kratky 狭缝准直系统归一化后的 $W_w(t)$ 如图 12.23（a）所示。典型的 Kratky 狭缝准直系统归一化后的狭缝高度权重函数 $W_H(y)$ 如图 12.23（b）所示。狭缝高度权重函数 $W_H(y)$ 也可以在理论上计算或由实验确定。由图 12.23 可知，由于狭缝宽度通常是很窄的细长狭缝，因此它在

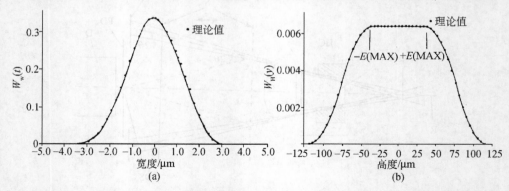

图 12.23　Kratky 狭缝准直系统入射光束在宽度（a）和高度（b）方向的强度分布

接收器上记录的散射强度分布仅限于很小的角度范围，且散射强度曲线呈尖锐的峰形；然而，狭缝高度由于比狭缝宽度在尺寸上要大得多，它的散射强度分布范围远比狭缝宽度散射强度分布大得多，且峰形呈平钝状，强度也降低。

狭缝修正是消除 X 射线入射光束的强度分布对试样散射强度的影响。因狭缝宽度与高度尺寸相比要小得多，因此狭缝宽度引起散射的误差较小，而狭缝高度引起的散射误差较大。由于狭缝高度的影响，入射到样品上的 X 射线光束将会产生倾斜，尤其是在散射角较大时，主要是狭缝高度引起的模糊效应，发散度可达 ±6° 左右，使散射强度图产生畸变（图 12.24）。

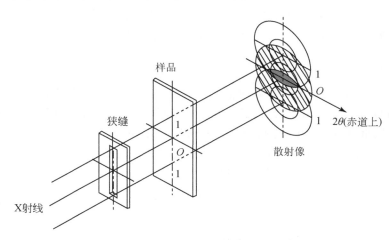

图 12.24　狭缝高度引起的散射模糊效应

图 12.24 中，点准直系统通过样品点 O 处产生的散射强度，在接收器上得到的是真实散射强度（图 12.24 中阴影部分）。当采用矩形长狭缝时，通过样品处的光束为点 O 和上下方点 1 这个范围内产生的散射强度，在接收器上得到的是位于赤道面 2θ 方向点 O 和点 1 散射强度的叠合部分（图 12.24 中的黑色部分）。显然，采用狭缝系统散射强度有了改变，产生了模糊（smeared）效应。

对被狭缝"失真"或"模糊"的数据进行校正通常有两种方法：① 推导出对准直误差进行校正的散射强度公式；② 按事先提出的特定理论框架，直接由被狭缝模糊的强度曲线，获得以前仅由点光源强度才能获得的几何参数和质量参数。

当入射 X 射线经过一定高度和宽度的狭缝系统后，具有一定强度分布的入射光束照射到试样时，位于 s 处的计数器测得的散射强度为

$$\widetilde{I}(s) = \int_{-\infty}^{\infty} \int_{-\infty}^{\infty} W_H(y) W_w(t) I\left(\sqrt{(s-t)^2 + y^2}\right) \mathrm{d}t\mathrm{d}y \qquad (12.66)$$

式中，$W_H(y)$ 和 $W_w(t)$ 分别为入射光束在高度和宽度方向的权重函数，可由实验

或经理论计算确定，y, t 为接收平面内某点的坐标。$I(\sqrt{(s-t)^2+y^2})$ 是光束内坐标为 (y, t) 点，在位于 s 处计算得到的试样真正的散射强度。该式就是狭缝修正的原理及表达式。由于采用矩形狭缝，入射光束存在的强度分布使试样散射强度分布发生变化。一般来说，狭缝宽度与狭缝高度相比要小得多，狭缝宽度仅为微米级，它对散射强度影响很小，因此一般仅对狭缝高度进行修正，式 (12.66) 化为

$$\tilde{I}(s) = \int_{-\infty}^{\infty} W_{\mathrm{H}}(y) I(\sqrt{s^2+y^2}) \mathrm{d}y \tag{12.67}$$

$W_{\mathrm{H}}(y)$ 与狭缝准直系统的尺寸有关，它既可通过理论计算求得，也可通过实验得到。在求解式 (12.67) 时，先将狭缝高度权重函数 $W_{\mathrm{H}}(y)$ 进行归一化，即使 $\int_{-\infty}^{\infty} W_{\mathrm{H}}(y) \mathrm{d}y = 1$。

当假定狭缝高度权重函数 $W_{\mathrm{H}}(y)$ 为 Gaussian 型和具有无限高度狭缝时，Deutch 和 Guinier 分别给出了上述积分方程的解析解。采用数值解时，可以对任意形式的权重函数 $W_{\mathrm{H}}(y)$ 进行求解。Schmidt，Lake，Vonk 和 Glatter 等均提出了具体的求解方法。下面仅就 Lake 给出的迭代法做一简要的说明。

假如经过 N 次迭代后的散射强度为

$$I_{N+1}(s) = \frac{I_N(s)}{\tilde{I}_N(s)} \tilde{I}(s) \tag{12.68}$$

根据迭代方程式 (12.68)，在进行第一次迭代时，令 $I_1(s) = \tilde{I}(s)$，$\tilde{I}(s)$ 是样品未经过修正的模糊强度，将实验值 $\tilde{I}(s)$ 代入式 (12.67)，求得 $\tilde{I}_1(s)$ 代入式 (12.68) 得 $I_2(s)$，再将此 $I_2(s)$ 代入式 (12.67) 得 $\tilde{I}_2(s)$，再由式 (12.68) 得 $I_3(s)$，如此下去，直到 $\tilde{I}_{N+1}(s) = \tilde{I}(s)$，此时的 $I_{N+1}(s)$ 就认为是已经过狭缝高度修正的去模糊散射强度。对于其他作者提出的求解办法，有兴趣的读者可参照有关文献进行深入研究。

5. 狭缝高度对 SAXS 强度的影响

图 12.25 清楚地表明，经狭缝修正后狭缝高度对 SAXS 强度的影响是峰变锐，强度增大且峰位向大角方向移动。

综上所述，小角散射实验数据的狭缝修正是一个极其重要的步骤。

12.5.3 SAXS 绝对强度的计算

试样的实测散射强度仅仅是相对强度，为测量质量与电子密度均方涨落有关的参数，就必须测量绝对强度。绝对强度的定义是试样的散射强度与入射光强

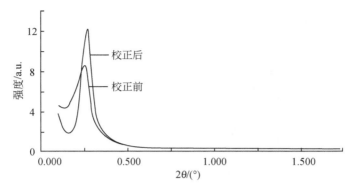

图 12.25　校正前后狭缝对散射强度曲线产生的影响

之比。

由于入射光强度太大，直接测试入射光束会损坏探测器。为此，人们采用间接的方法测试入射光强，使入射光强按比例减弱到可测量的程度，然后推算出入射强度。常用的方法有三种：①用标准吸收滤波片衰减，再据滤波片（Cu 靶用 Ni 滤波）的吸收系数和厚度，求出实际的入射光强度。应用这一方法时必须使入射光经过严格的单色化。②用一带孔的旋转装置衰减，即在入射光与计数器之间放置有带孔圆盘，当圆盘旋转时，入射光时而透过时而被阻挡，以降低入射光强度。事先标定好光强减弱因子，则实测光强乘以光强减弱因子，得到真正入射光强度。③利用一参考标准样品（如聚乙烯 Lupolen®），把欲测量的未知物的散射强度和此标准样品的绝对强度相比较而得到。Kratky 采用聚乙烯作为标准试样测定绝对强度的方法较为简便。Kratky 所用的标准聚乙烯为均质各向同性样品，由德国 BASF 提供，厚约 3mm，它具有高度的耐辐射性和化学稳定性，在长期使用后仍能保持其散射能力不变，且随散射角增加，散射强度线性下降的角度范围较大，同时在不太大的散射角下，其散射强度即可达到 0。

图 12.26 是 Lupolen® 样品的未经狭缝准直修正的散射强度曲线。由图中可以看出，它具有较宽大的散射强度随散射角下降的范围；同时，在 15nm 左右，散射强度有一个范围较宽的线性下降区间，在此范围内，由准直误差造成的散射能力不予考虑。图 12.26 散射强度曲线是在 CuK_α 辐射源，探测器狭缝面积为 $F = 0.995 \times 0.0284 cm^2$，样品到接收狭缝之间的长度为 18.3cm 条件下获得的。采用标准样品 Lupolen® 进行 SAXS 的绝对强度测量步骤如下：

（1）测量样品至探测器间的距离 $L(cm)$ 和探测器前狭缝面积 $F(cm^2)$。

（2）记录标样的散射强度－散射角曲线，检查此曲线是否与图 12.26 相吻合（注意按 Bragg 方程，将散射角换算成 nm 单位）。如符合则记录对应于横坐标为 15nm 处（大约为 $2\theta = 35.3'$）的未经修正的相当于 $1cm^2$ 面积计数器狭缝的散射

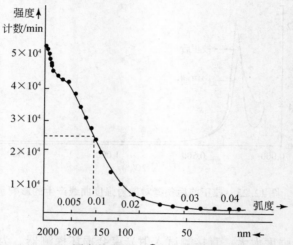

图 12.26 0.33cm 厚度的 Lupolen® 样品的散射强度曲线（CuK$_\alpha$）

强度 $\widetilde{I}_{c,15\text{nm}}$

$$\widetilde{I}_{c,15\text{nm}} = \frac{（\text{计数}/\text{min}）_{c,15\text{nm}}}{F}$$

由图 12.26 可知，此点大约为散射强度曲线线性部分的中点，否则应仔细检查调整标样。

（3）确保当探测器前狭缝长为 ≤0.05L 时，探测器表面内的入射光束均匀部分长度在 0.1L 到 0.25L 之间。

（4）测定标样 Lupolen® 和实验样品的吸收系数 A_c，A_s。

（5）测定实验样品在零角度处探测器前狭缝每平方厘米的散射强度 $I_{s,o}$ 与透过实验样品后入射光束的强度 P_s 比，即 $I_{s,o}/P_s$，$I_{s,o}$ 的确定方法是先测出实验样品的散射强度随散射角改变的曲线。为消除由于入射线长度引起的散射强度曲线的准直误差，应将这一实验强度曲线模拟归一化到点状截面的入射线强度，这个能量即为 1cm 实际入射线的能量。再将该模拟归一曲线外推到零角度得到强度/[（计数/min）]$_{s,o}$，此值被 F 除，即为 $I_{s,o}$。

$$I_{s,o} = \frac{\left(\dfrac{\text{计数}}{\text{min}}\right)_{s,o}}{F}$$

若实验样品的吸收系数为 A_s，标准样品的吸收系数为 A_c，透过实验样品后的入射线强度为 P_s，透过标准样品的入射光强度为 P_c，则有 $P_s/P_c = A_s/A_c$。因此，

$$\frac{I_{s,o}}{P_s} = \frac{I_{s,o}A_c}{P_cA_s} = \frac{\left(\dfrac{\text{计数}}{\text{min}}\right)_{s,o} \cdot A_c}{FP_cA_s} \tag{12.69}$$

由图 12.26 可知，在曲线的线性部分，散射强度与 $1/L$ 成正比。所以

$$\tilde{I}_{c,15nm}L/P_c = \frac{\left(\frac{\text{计数}}{\text{min}}\right)_{c,15nm}L}{FP_c} = K \text{ 或 } P_c = \frac{\left(\frac{\text{计数}}{\text{min}}\right)_{c,15nm}L}{KF} = \tilde{I}_{c,15nm}L/K$$

用旋转法可测出标样的 P_c。最后式（12.69）化为

$$\frac{I_{s,o}}{P_c} = \frac{\left(\frac{\text{计数}}{\text{min}}\right)_{s,o}}{\left(\frac{\text{计数}}{\text{min}}\right)_{c,15nm}} \cdot \frac{K}{L} \cdot \frac{A_c}{A_s} \qquad (12.70)$$

由绝对强度的定义和所求得的 P_s，可以求得与所研究体系的均方电子密度起伏有关的积分不变量 Q（绝对强度）：

$$Q = \int_0^\infty s^2 I(s)\,\mathrm{d}s / P_s$$

$$= \frac{\int_0^\infty (\text{计数}/\text{min})_{s,o} s^2 \mathrm{d}s}{(\text{计数}/\text{min})_{c,15nm}} \frac{KA_c}{LA_s}$$

使用标准样品 Lupolen® 进行小角 X 射线散射绝对强度测定时，应注意实验是在 21℃ 做的，如在 4～30℃ 的范围进行时，其散射强度满足下列关系：

$$I_{21℃,15nm} = \frac{I_{T,15nm}}{(1 + 0.0077\Delta T)} \qquad (12.71)$$

ΔT 是实验所用温度 T 与 21℃ 之差 $\Delta T = |21 - T|$。

12.6　Guinier 作图法

若散射体系粒子（或微孔）大小均一，它们的间距远远大于粒子本身尺寸，也就是说体系是稀薄的，因此可以忽略粒子间的相互干涉作用。表 12.2 列出了不同形状粒子的散射函数，但在大多数情况下，粒子形状是不清楚的。可使用 Gaussian 型散射函数作为一级近似求出粒子回转半径，见式（12.20）。

$$I = I_e N n^2 \exp\left(-\frac{4\pi^2 \varepsilon^2 R_g^2}{3\lambda^2}\right)$$

$$= K_0 \exp\left(-\frac{4\pi^2 \varepsilon^2 R_g^2}{3\lambda^2}\right) \qquad (12.72)$$

式中，$K_0 = I_e N n^2$。

把式（12.72）两边取对数，得

$$\lg I = \lg K_0 - \left(\frac{4\pi^2 R_g^2}{3\lambda^2}\lg e\right)\varepsilon^2 \qquad (12.73)$$

若在实验中求得不同散射角 ε 的散射强度 $I(\varepsilon)$，在半对数坐标纸上把 $\lg I$ 对 ε^2（或 s^2）作图，若是直线关系（图 12.27），则可由直线斜率求得平均 R_g，截距为 $\lg K_0$。

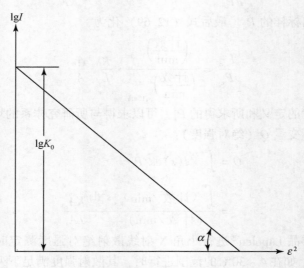

图 12.27　Guinier 作图法

直线斜率

$$\alpha = -\frac{4\pi^2 R_g^2}{3\lambda^2}\lg e$$

$$R_g = \sqrt{\frac{3\lambda^2}{4\pi^2\lg e}}\ \sqrt{-\alpha} = 0.418\lambda\ \sqrt{-\alpha}$$

对于 Cu K_α 辐射源，$\lambda = 1.542$ Å，$R_g = 0.664\ \sqrt{-\alpha}$。若是球形粒子，$R_g = \sqrt{\frac{3}{5}}r$（$r$ 为球半径）。实际上粒子体系往往是多分散，形状相同，大小不均一的，散射强度的实验曲线凹面向上。Fankuchen 等将体系中不连续分布的粒子尺寸分成若干个不同的级别，对每个级别粒子产生散射均采用球形粒子 Guinier 近似式（12.20）去计算，总的散射强度为

$$I(s) = \sum_i^M I_e n_i^2 N_i \exp(-s^2 R_{gi}^2/3) \tag{12.74}$$

式中，M 为体系中所分的不同粒子尺寸的级别数；N_i 为第 i 个级别中的粒子数目。

根据上述观点，Fankuchen 把实验曲线进行逐级切线分解，求出各级的斜率及截距，从而由 K_0 及式（12.73）可求得每一个级别粒子（或微孔）的大小和

分布。此法一般称为切线法（见 12.7.1 节）。

12.7　微孔大小的测定

12.7.1　Fankuchen 逐次切线法

切线法已应用到纤维微孔的测定。现以低压聚乙烯为例（图 12.28，图中纵、横坐标值均已放大），说明切线法的要点。

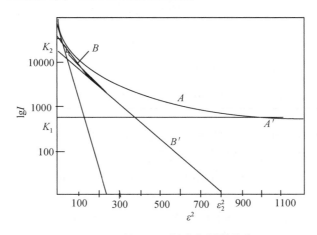

图 12.28　低压聚乙烯小角散射曲线

（1）在半对数坐标纸上作 $\lg I\text{-}\varepsilon^2$（弧度）曲线 A。

（2）首先在曲线 A 的最大散射角处作一切线 A'，交纵轴于 K_1（即截距 K_1），然后在原曲线 A 的各点表示的强度值减去对应点切线 A' 的值，得一新曲线 B，再在曲线 B 的最大散射角处作一切线 B'，交纵轴于 K_2，横轴于 ε_2^2。如此类推，即可求得 K_1，$K_2\cdots$

（3）由 $\alpha_i = \lg \dfrac{K_i}{\varepsilon_i^2}$ 求得各切线斜率 α_1，α_2，$\cdots$

（4）利用 $R_{gi} = 0.664\sqrt{-\alpha_i}$ 求得各尺寸等级相应的回转半径 R_{g1}，R_{g2}，$\cdots$

（5）若微孔的形状是圆形，则有 $R_{gi} = \sqrt{\dfrac{3}{5}}r_i$。由此求得微孔半径 r_1，r_2，$\cdots$

（6）设 $W(r)$ 是半径为 r 的圆形微孔体积分数。据公式（12.28），$I \propto W(r)r^3$，则

$$W(r_i) = \frac{K_i/r_i^3}{\sum\limits_i K_i/r_i^3},\text{求出 } W_1 、 W_2 、 W_3 \cdots$$

（7）散射体系平均微孔大小可由 $\bar{r} = \sum\limits_i r_i W_i$ 求得。

根据图 12.28 的示例，计算结果见表 12.3。

表 12.3　低压聚乙烯的微孔尺寸计算

K	$\varepsilon^2 \times 10^6$	$\lg K$	$\sqrt{-\alpha} = \sqrt{-\dfrac{\lg K}{\varepsilon^2}}$	$r = \dfrac{R_g}{0.7746}$	$W_i = \dfrac{K_i/r_i^3}{\sum\limits_i K_i/r_i^3}/\%$	$\bar{r} = \sum W_i r_i$
580	1200	2.7634	47.99	39.77	9.19	
15700	811	4.1959	71.93	59.61	73.95	
24800	234	4.3945	137.04	113.6	16.87	6.7nm

若微孔形状非球形，可参阅表 12.1 有关形状的计算公式。

以上是对稀疏体系，当粒子（或微孔）形状相同但大小不均一时粒度（或孔洞）的测定步骤。对该体系，测定以及数据处理和解释的方法还有很多，读者可参阅有关文献。

图 12.29、图 12.30 为 PET 纤维 X 射线小角散射曲线。从图中可以看出，沿子午线测得的微孔宽度比赤道线大。Hosemann 认为赤道线的散射反映了原纤维宽度，而不是微孔的宽度。

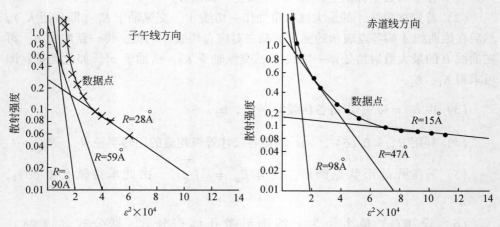

图 12.29　PET 纤维子午线方向 X 射线
　　　　　小角散射曲线

图 12.30　PET 纤维赤道线方向 X 射线
　　　　　小角散射曲线

纤维散射是由微孔引起的，这方面已经有许多报导和理论证明。但是应该指出，切线法有一定的人为性，同一组数据，经不同人处理往往结果不同。另外，纤维微孔也比较复杂，有开孔闭孔，形状大小又常不相同，这就给数据解释带来困难。上述例子只是近似的处理和解释。

12.7.2　结晶粒子形状和尺寸测定

1. 椭球状粒子

在很多情况下，聚合物结晶粒子并非球形，可能是柱形、片状结构，也有可能具有近似回转椭球形状；球状粒子则是回转椭球体的特例，此时长短轴比为 $\omega = 1$。对棒状粒子，其 $\omega > 1$，是长椭球体；对圆盘形片状粒子，其 $\omega < 1$，是扁椭球体。对于稀薄均一体系的结晶相回转椭球形状粒子的计算，由于计算烦琐，只是近些年由于计算技术的发展才有所报道。对于球形粒子体系，理论散射强度服从式（12.19）：

$$I(s) = I_e N n^2 \phi^2(sR)$$

散射函数（表 12.2）为

$$\phi^2(sR) = \left\{ \frac{3[\sin(sR) - sR\cos(sR)]}{(sR)^3} \right\}^2 \tag{12.75}$$

式中，R 为球形粒子的半径，其回转半径为 $R_g = 0.7746R$。

对于半轴为 a，a，ωa，粒子在空间呈随机取向的回转椭球形松散体系，其散射强度表达式为

$$I(s) = I_e n^2 N \int_0^{\frac{\pi}{2}} \phi^2(sa\sqrt{\cos^2\theta + \omega^2\sin^2\theta})\cos\theta d\theta \tag{12.76}$$

半轴为 a，a，ωa 的回转椭球粒子回转半径

$$R_g = a[(2 + \omega^2)/5]^{\frac{1}{2}} \tag{12.77}$$

现举例说明求回转椭球形粒子的形状和大小，具体做法是：对粒子形状相同、大小均一的稀薄体系，由 Guinier 导出的在很小散射角下适用于各种形状粒子的散射强度为

$$I(s) = I_e n^2 \exp\left(-\frac{1}{3}s^2 R_g^2\right)$$

据此由 $\ln (s)$-s^2 曲线，求出在低角部分直线的斜率 α，由 $R_g = \sqrt{-3\alpha}$ 得出 R_g；再应用式（12.77），给出不同轴比 ω 的条件下求得 a 值，当 $\omega = 1$ 时，式（12.76）积分内的 $\phi^2(sR)$ 简化为方程（12.75）。用这些不同 ω，a 构成的数据组，代入到理论散射强度公式（12.76），由表 12.4 或 12.5 求得长椭球体和扁椭球体的理论散射强度曲线 $I(s)_c$，将它与归一化后的实测散射强度曲线 $I(s)_0$ 进

行比较，当两者的强度基本一致时，则粒子的形状就已确定。图 12.31 是 $s=0$ 处散射强度，经 1000 归一化在不同 ω 时的由理论计算得到的 $\ln I(s)$-s 曲线。由图可见，当 $\omega=0.3$ 时，$I(s)_o \approx I(s)_0$ [图 12.31 （b）]。

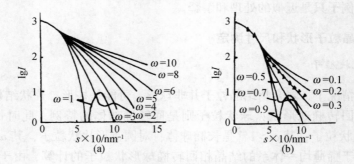

图 12.31　椭球形粒子散射强度曲线

（a）$R_g = 5.78$nm 在不同 ω 值的长椭球理论散射强度曲线；

（b）$R_g = 5.78$nm 在不同 ω 值的扁椭球理论散射强度曲线与实测值（▲）比较

对于 $\omega > 1$ 的情况 [图 12.31 （a）]，理论值与实验结果不一致，因此可以确定该体系结晶粒子形状为扁椭球体 $\omega = 0.3$，由式（12.77）可以求出 a 值，这样粒子的三个半轴尺寸即已确定。表 12.4 和表 12.5 分别为长回转椭球体和扁回转椭球体粒子的散射强度理论计算值。由于椭球形粒子的理论散射强度是按理想点准直条件下得到的表达式，因此，如果 $I(s)$ 是长狭缝准直系统测定的散射强度，必须对狭缝产生的误差进行校正。

表 12.4　长回转椭球体散射强度的理论值（相对单位，$sR = 0$，$I = 1000$）

	sR	0.2	0.6	1.0	1.4	1.8	2.2	2.6	3.0	3.4	3.8	4.2	4.6	5.0
$\omega = 1$	I	993	937	823	673	510	354	221	120	54.0	17.3	2.33	2.19	3.28
	sR	5.4	5.8	6.2	6.6	7.0	7.4	7.8	8.2	8.6	9.0	9.4	9.8	10
	I	6.45	7.47	6.26	3.90	1.65	0.304	0.0134	0.413	0.968	1.26	1.17	0.784	0.558
$\omega = 2$	sR	0.2	0.6	1.0	1.4	1.8	2.2	2.6	3.0	3.4	3.8	4.2	4.6	5.0
	I	992	873	678	467	287	160	81.3	37.5	15.3	5.56	2.70	2.75	3.27
	sR	5.4	5.8	6.2	6.6	7.0	7.4	7.8	8.2	8.6	9.0	9.4	9.8	10
	I	3.23	2.64	1.81	1.06	0.561	0.363	0.372	0.445	0.471	0.422	0.320	0.210	0.165

续表

$\omega=3$	sR	0.2	0.6	1.0	1.4	1.8	2.2	2.6	3.0	3.4	3.8	4.2	4.6	5.0
	I	978	781	519	310	180	100	52.0	24.1	9.82	3.66	1.86	1.81	2.07
	sR	5.4	5.8	6.2	6.6	7.0	7.4	7.8	8.2	8.6	9.0	9.4	9.8	10
	I	2.06	1.69	1.16	0.682	0.369	0.244	0.243	0.283	0.301	0.271	0.206	0.136	0.103
$\omega=4$	sR	0.2	0.6	1.0	1.4	1.8	2.2	2.6	3.0	3.4	3.8	4.2	4.6	5.0
	I	961	678	394	229	134	74.6	38.7	18.0	7.34	2.76	1.39	1.34	1.54
	sR	5.4	5.8	6.2	6.6	7.0	7.4	7.8	8.2	8.6	9.0	9.4	9.8	10
	I	1.53	1.26	0.870	0.511	0.277	0.181	0.180	0.210	0.223	0.202	0.154	0.102	0.0804
$\omega=5$	sR	0.2	0.6	1.0	1.4	1.8	2.2	2.6	3.0	3.4	3.8	4.2	4.6	5.0
	I	939	578	313	183	107	59.7	31.0	14.4	5.91	2.22	1.11	1.07	1.22
	sR	5.4	5.8	6.2	6.6	7.0	7.4	7.8	8.2	8.6	9.0	9.4	9.8	10
	I	1.22	1.01	0.700	0.411	0.222	0.145	0.143	0.167	0.179	0.162	0.124	0.0822	0.0648
$\omega=6$	sR	0.2	0.6	1.0	1.4	1.8	2.2	2.6	3.0	3.4	3.8	4.2	4.6	5.0
	I	913	492	261	153	89.2	49.9	25.9	12.1	4.97	1.87	0.928	0.887	1.02
	sR	5.4	5.8	6.2	6.6	7.0	7.4	7.8	8.2	8.6	9.0	9.4	9.8	10
	I	1.021	0.848	0.588	0.346	0.187	0.121	0.119	0.139	0.149	0.136	0.105	0.0692	0.0549
$\omega=7$	sR	0.2	0.6	1.0	1.4	1.8	2.2	2.6	3.0	3.4	3.8	4.2	4.6	5.0
	I	884	423	225	131	76.8	43.1	22.4	10.5	4.31	1.62	0.796	0.758	0.875
	sR	5.4	5.8	6.2	6.6	7.0	7.4	7.8	8.2	8.6	9.0	9.4	9.8	10
	I	0.879	0.733	0.510	0.300	0.162	0.103	0.101	0.119	0.129	0.118	0.0907	0.0601	0.0472
$\omega=8$	sR	0.2	0.6	1.0	1.4	1.8	2.2	2.6	3.0	3.4	3.8	4.2	4.6	5.0
	I	853	370	197	115	67.5	37.9	19.8	9.29	3.81	1.43	0.698	0.663	0.768
	sR	5.4	5.8	6.2	6.6	7.0	7.4	7.8	8.2	8.6	9.0	9.4	9.8	10
	I	0.774	0.647	0.451	0.266	0.143	0.0906	0.0886	0.105	0.113	0.104	0.0803	0.0532	0.0418
$\omega=9$	sR	0.2	0.6	1.0	1.4	1.8	2.2	2.6	3.0	3.4	3.8	4.2	4.6	5.0
	I	819	330	176	102	45.6	34.0	17.6	8.35	3.43	1.28	0.622	0.588	0.684
	sR	5.4	5.8	6.2	6.6	7.0	7.4	7.8	8.2	8.6	9.0	9.4	9.8	10
	I	0.693	0.581	0.406	0.240	0.128	0.0807	0.0787	0.0933	0.101	0.0934	0.0723	0.0479	0.0376
$\omega=10$	sR	0.2	0.6	1.0	1.4	1.8	2.2	2.6	3.0	3.4	3.8	4.2	4.6	5.0
	I	784	298	157	93.0	54.7	30.8	16.1	7.60	3.13	1.17	0.561	0.529	0.618
	sR	5.4	5.8	6.2	6.6	7.0	7.4	7.8	8.2	8.6	9.0	9.4	9.8	10
	I	0.628	0.528	0.370	0.219	0.116	0.0728	0.0708	0.0842	0.0919	0.0849	0.0659	0.0437	0.0342

表 12.5　扁回转椭球体散射强度的理论值（相对单位，$sR=0$，$I=1000$）

	sR	0.4	0.8	1.2	1.6	2.0	2.4	2.8	3.2	3.6	4.0	4.4	4.8	5.2
$\omega=0.1$	I	986	924	830	716	592	472	364	275	206	156	122	98.8	83.2
	sR	5.6	6.0	6.4	6.8	7.2	7.6	8.0	8.4	8.8	9.2	9.6	10	
	I	71.8	62.5	54.5	47.3	41.1	35.9	31.7	28.3	25.5	23.0	20.8	18.8	
$\omega=0.2$	sR	0.4	0.8	1.2	1.6	2.0	2.4	2.8	3.2	3.6	4.0	4.4	4.8	5.2
	I	986	923	826	711	586	464	355	265	195	144	110	86.5	70.9
	sR	5.6	6.0	6.4	6.8	7.2	7.6	8.0	8.4	8.8	9.2	9.6	10	
	I	59.6	50.5	42.7	35.8	29.8	24.8	20.9	17.9	15.4	13.3	11.4	9.73	
$\omega=0.3$	sR	0.4	0.8	1.2	1.6	2.0	2.4	2.8	3.2	3.6	4.0	4.4	4.8	5.2
	I	985	922	824	704	576	451	340	248	177	126	91.6	68.9	53.9
	sR	5.6	6.0	6.4	6.8	7.2	7.6	8.0	8.4	8.8	9.2	9.6	10	
	I	43.4	35.2	28.2	22.2	17.1	13.2	10.2	8.03	6.45	5.23	4.20	3.32	
$\omega=0.4$	sR	0.4	0.8	1.2	1.6	2.0	2.4	2.8	3.2	3.6	4.0	4.4	4.8	5.2
	I	984	917	818	694	563	435	321	227	155	104	70.6	49.3	36.0
	sR	5.6	6.0	6.4	6.8	7.2	7.6	8.0	8.4	8.8	9.2	9.6	10	
	I	27.3	20.9	15.7	11.4	7.99	5.48	3.85	2.91	2.40	2.09	1.83	1.57	
$\omega=0.5$	sR	0.4	0.8	1.2	1.6	2.0	2.4	2.8	3.2	3.6	4.0	4.4	4.8	5.2
	I	984	915	810	682	546	414	297	202	131	81.1	49.6	31.0	20.7
	sR	5.6	6.0	6.4	6.8	7.2	7.6	8.0	8.4	8.8	9.2	9.6	10	
	I	14.8	11.0	8.15	5.77	3.93	2.69	2.05	1.84	1.84	1.85	1.76	1.56	
$\omega=0.6$	sR	0.4	0.8	1.2	1.6	2.0	2.4	2.8	3.2	3.6	4.0	4.4	4.8	5.2
	I	983	911	801	668	526	390	271	176	138	59.0	31.1	16.4	9.95
	sR	5.6	6.0	6.4	6.8	7.2	7.6	8.0	8.4	8.8	9.2	9.6	10	
	I	7.42	6.32	5.40	4.37	3.35	2.56	2.10	1.90	1.81	1.69	1.47	1.16	
$\omega=0.7$	sR	0.4	0.8	1.2	1.6	2.0	2.4	2.8	3.2	3.6	4.0	4.4	4.8	5.2
	I	981	906	791	651	504	365	244	150	82.4	39.9	16.8	6.90	4.33
	sR	5.6	6.0	6.4	6.8	7.2	7.6	8.0	8.4	8.8	9.2	9.6	10	
	I	4.75	5.52	5.55	4.77	3.61	2.52	1.75	1.36	1.19	1.09	9.62	0.784	
$\omega=0.8$	sR	0.4	0.8	1.2	1.6	2.0	2.4	2.8	3.2	3.6	4.0	4.4	4.8	5.2
	I	980	900	779	633	481	338	217	124	61.9	24.8	7.28	2.96	2.78
	sR	5.6	6.0	6.4	6.8	7.2	7.6	8.0	8.4	8.8	9.2	9.6	10	
	I	5.05	6.44	6.25	4.88	3.12	1.66	0.822	0.583	0.696	0.881	0.953	0.864	
$\omega=0.9$	sR	0.4	0.8	1.2	1.6	2.0	2.4	2.8	3.2	3.6	4.0	4.4	4.8	5.2
	I	978	693	765	613	456	311	191	102	45.1	14.2	2.08	0.724	3.57
	sR	5.6	6.0	6.4	6.8	7.2	7.6	8.0	8.4	8.8	9.2	9.6	10	
	I	6.36	7.24	6.15	4.02	1.92	0.575	0.146	0.377	0.832	1.14	1.14	0.874	

2. 粒子体积、截面积和厚度

对于粒子形状相同、大小均一的稀薄体系，如果采用针孔准直系统，其粒子体积为

$$V_p = 2\pi^2 I(0) \Big/ \int_0^\infty I(s) s^2 \mathrm{d}s \tag{12.78}$$

式中，$s = 4\pi\sin\theta/\lambda$；$I(0)$ 为 $s \to 0$ 处的散射强度，可由 Guinier 作图 $\ln I(s)\text{-}s^2$ 曲线的低角处直线部分外推求得。如果采用长狭缝准直系统，Brumberger 给出了结晶相粒子的体积计算方法：

$$V_p = R_g \tilde{I}(0) \Big/ \left[\sqrt{3\pi} \int_0^\infty s \tilde{I}(s) \mathrm{d}s \right] \tag{12.79}$$

式中，$\tilde{I}(s)$ 为不需对狭缝准直进行校正的实验散射强度；$\tilde{I}(0)$ 为散射强度 $\tilde{I}(s)_{s\to 0}$ 处外推求得的散射强度；$\tilde{I}(s)_{s\to\infty}$ 处散射强度亦应用外推求得。V_p 求出后，按式（12.80）可得到粒子形状因子 W_p：

$$W_p = V_p / V_s = V_p \Big/ \left[\frac{4}{3}\pi (\sqrt{5/3} R_g)^3 \right] \tag{12.80}$$

式中，V_s 为球形粒子体积。粒子形状因子 W_p 为某形状粒子体积与具有相同回转半径 R_g 的球形粒子体积之比，故球形粒子 $W_p = 1$。粒子形状偏离球形越明显，则 W_p 越小。

棒状粒子截面积

$$A = \frac{2\pi \left[I(s) s \right]_{s\to 0}}{Q} \tag{12.81}$$

扁平粒子厚度

$$T = \frac{\pi \left[I(s) s^2 \right]_{s\to 0}}{Q} \tag{12.82}$$

式中，$Q = \int_0^\infty I(s) s^2 \mathrm{d}s$，如采用模糊散射强度 $\tilde{I}(s)$，则 $\tilde{Q} = \int_0^\infty \tilde{I}(s) s \mathrm{d}s$，且 $\tilde{Q} = 2Q$。

12.8 SAXS 图——长周期及散射花样

图 12.32（a）~（e）为聚合物典型 SAXS 散射花样。

SAXS 花样通常有连续和不连续两种类型。在连续散射场合，散射强度随散射角连续变化，不出现极大值。当试样无取向时，图形是圆形对称的，取向试样的图形是非圆形对称的。结晶聚合物的散射图形是不连续的，即在某一散射角处

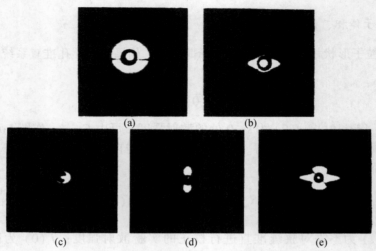

图 12.32 聚合物典型 SAXS 散射花样

(a) 无取向聚合物；(b) 取向纤维；(c) 经退火的无取向尼龙 610；(d) 取向无支化聚乙烯，
在子午线方向存在二级散射；(e) 取向聚乙烯，具有弥散散射及分立散射

出现强度最大值。当试样没有取向时，图形变为圆环，有取向时变为圆弧、平行线或斑点等。

不同类型小角散射花样及其相应的微细结构列于表 12.6 中。

聚合物长周期（L）的大小可由 Bragg 方程进行估算：

$$2L\sin\theta = n\lambda \tag{12.83}$$

式中，n 为反射级次。当 $\theta \to 0$ 时，$2\sin\theta \approx \varepsilon$，式（12.83）可写成

$$L\varepsilon = n\lambda \tag{12.84}$$

对于两相模型，聚合物长周期的定义可用图 12.33 表示，即由结晶区及非晶区交替组成，那么

$$L = \bar{C} + \bar{A} \tag{12.85}$$

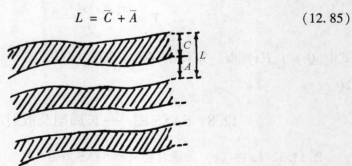

图 12.33 聚合物长周期示意图

根据上面定义的长周期，当测得 L 并用大角测得微晶尺寸大小 t 后，代入式（12.86）估算聚合物结晶度：

$$x_{cr} \approx t/L \tag{12.86}$$

显然使用式（12.86）计算聚合物结晶度可避免把衍射曲线进行分峰的困难。但其物理意义与大角法有所不同，只有当样品全部是层状结构时，二者一样。

表 12.6　长周期小角散射花样

类型	微细结构	类型	微细结构
①圆环状散射	（a）　　　　（b） 微晶的统计分布呈球形对称；（a）球晶、（b）未取向片晶聚集。可在较宽范围内获得径向分布函数	⑤层线状四点散射 （a）四点位于水平直线上或凸面朝向赤道线的曲线上	相对于④镜面对称层线状两点散射结构，其相应结构是两种向左右倾斜结构的组合
②椭圆环状散射	微晶的统计分布呈圆筒形对称，如变形球晶或具有圆筒对称取向的片晶。在样品拉伸及压缩过程中常观察到这种现象。可在较宽范围内获得圆筒形分布函数	（b）四点位于凹面朝向赤道线的曲线上	相对于②，具有四个极大值对称球的轻微畸变形成的结构
③层线状散射	片晶堆积 层线状片晶散射	（c）四点位于两斜交直线上	双向取向结构，相对于③层线状散射的重叠
④层线状两点散射	片晶沿纤维方向堆积 拉伸纤维颈部结构或薄膜双向拉伸结构		

　　半结晶聚合物，按上述两相模型理论，长周期 L 由结晶相和非晶相构成。在拉伸条件下，通常可使聚合物分子链有序堆砌加强，晶区加大，故在拉伸条件下一般可使聚合物 L 随拉伸倍数增加而增加。表 12.7 中列出了（共）聚甲醛纤维拉伸倍数与长周期的关系。

表 12.7　（共）聚甲醛纤维长周期与拉伸倍数关系

拉伸倍数	长周期/Å
0	133
2.7	140
8.5	157
11.0	175

　　注：本实验室于 1966 年测得的数据，样品在 150℃拉伸。

　　结晶温度的变化亦可造成聚合物长周期的改变，图 12.34 给出了聚乙烯在辛烷、二甲苯中生成结晶的长周期与温度的关系。

　　不仅聚合物具有长周期结构，长链饱和有机化合物也具有长周期。由图 12.35 可以看到，饱和脂肪酸长周期与脂肪酸所含碳原子数目成正比。

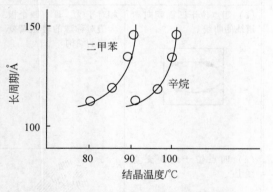

图 12.34　长周期与温度的关系

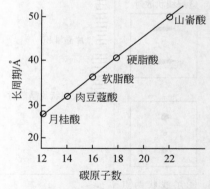

图 12.35　饱和脂肪酸的长周期

12.9　一维电子密度相关函数（EDCF）法

12.9.1　Strobl 方法

　　近年来，Flory 等在理论上证实了聚合物结晶－非晶之间存在着一个中间相（interphase）。以 PE 为例，其片层厚度约为 10～20nm，它的中间相厚度约为 10～

12nm，这是一个不可忽视的部分。中间相对聚合物的物理性质，会产生一定影响，可见结晶聚合物是"三相"结构，而不是传统的"两相模型"（图 12.36）。随后，许多学者都力图用新的实验技术和方法证明 Flory 理论。这方面的研究虽然已取得了一定进展，但由于实验和数据处理的困难，许多问题尚待解决。

　　Strobl 等在总结前人工作的基础上，提出用一维电子密度相关函数分析结晶聚合物的 SAXS 数据，从而通过实验确定了中间相的存在。假定非取向结晶聚合物由各向同性、均匀分布的稠密堆砌相互平行片层构成，平行和垂直片层表面堆砌层尺寸远大于片层间距离，片层堆砌遵守相同内部统计规律（图 12.37）。在此假定下，体系的散射强度仅与垂直片层表面方向上的电子密度分布有关。按两相模型假定，沿垂直于片层表面方向的结晶相和非晶相交替出现。

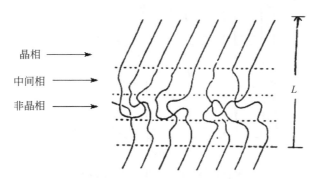

晶相　————→

中间相　————→

非晶相　————→

图 12.36　聚合物"三相"结构模型

长周期 (L) = 晶相厚度 (d_C) + 非晶相厚度 (d_A) + 2 × 中间层厚度 (d_{tr})

　　假定电子密度的变化服从"线型模型"，则一维电子密度相关函数为

$$K(Z) = \langle [\eta(Z') - \langle \eta \rangle][\eta(Z + Z') - \langle \eta \rangle] \rangle \qquad (12.87)$$

式中，Z 为沿片层法向的长度；η 为电子密度。$\eta(Z')$ 与 $\eta(Z + Z')$ 为处于 Z' 点和 $Z' + Z$ 点的电子密度，$\langle \eta \rangle$ 为体系的平均电子密度；$K(Z)$ 为距离 $Z = |Z' + Z - Z'|$ 的两点平均电子密度起伏之积。

　　根据散射强度理论，电子密度相关函数 $K(Z)$ 与散射强度分布有关：

$$K(Z) = \frac{1}{2\pi} \int_0^\infty I(s) s^2 \cos(sZ) \mathrm{d}s \qquad (12.88)$$

式中，θ 为 Bragg 角；λ 是 X 射线波长；$I(s)$ 为去模糊散射强度。根据图 12.37 的自相关三角形，可以求得积分不变量 Q、过渡层厚 d_{tr}、平均片层厚 $\bar{d}$ 以及长周期 L、比内表面积 O_s、电子密度差 $\eta_c - \eta_a$ 等。具体计算方法可按下述步骤进行。

　　对图 12.37 的 $K(Z)$-Z 曲线的线性部分做切线，得到自相关三角形，将此直线延长交纵坐标 $K(Z)$ 于 Q 点，Q 的数值即为所研究体系的积分不变量，此切线

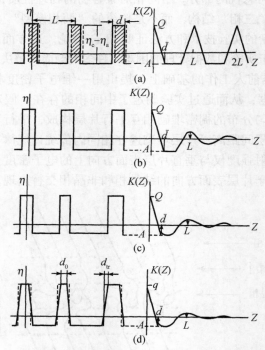

图 12.37　聚合物结构模型的电子密度相关函数 $K(Z)$
（a）严格周期性两相体系；（b）非晶层不等；
（c）结晶与非晶层均不等；（d）（b）+（c）+过渡层（中间相）

与 Z 轴交点即为体系的纯结晶片层厚 $d_0(d_0 = Z_0)$，自相关三角形直线与 $K(Z)$-Z 曲线的切点所对应的横坐标 Z 值，即 d_{tr} 就是过渡层厚，同时由 $K(Z)$-Z 曲线也可得到长周期 L（图 12.37）。并据自相关三角形，有

$$Q = W_c(1 - W_c)(\eta_c - \eta_a)^2 \tag{12.89}$$

$$\frac{\mathrm{d}K(Z)}{\mathrm{d}Z} = -\frac{O_s}{2}(\eta_c - \eta_a)^2 \tag{12.90}$$

$$\rho_c - \rho_a = \left(\frac{M}{Ze}\right)(\eta_c - \eta_a) \tag{12.91}$$

式中，W_c 为结晶度，由 WAXD 曲线利用图解分峰法求得；ρ_c，ρ_a 分别为试样的结晶密度及非晶密度；M 和 Ze 为试样化学重复单元质量和核外电子数。利用式（12.88）~式（12.90）可以求出 $\eta_c - \eta_a$，O_s 和 $\rho_c - \rho_a$。如果已测知试样的非晶密度 ρ_a，则试样在某一特定条件下的密度 ρ_c 亦可算出。

　　作为例子，图 12.38 是聚醚醚酮（PEEKK）和含联苯聚醚醚酮（PEDEKK）共聚物，当 $n_b = 1.0$ 时，SAXS 散射强度经消模糊后，散射强度数据按一维电子

密度相关函数法处理后得到的电子密度相关函数 $K(Z)$-Z 曲线，表 12.8 是 PEEK-PEDEKK 共聚物样品的聚集态结构参数。

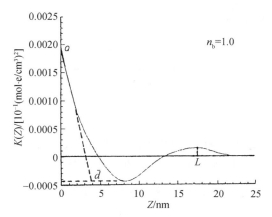

图 12.38　SAXS 实验测得的 PEEKK-PEDEKK 相关函数（Zhang H F, Yan B Q, Mo Z S. Macromol Rapid Commun, 1996, 17: 117-122）

表 12.8　PEEKK-PEDEKK 共聚物样品的聚集态结构参数

n_b	0	0.3	0.35	0.4	0.8	1.0
$[\eta]$ /(dL/g)	0.81	1.50	1.20	1.40	1.50	1.19
$Q/10^4$ (mol·e/cm³)²	2.58	1.46	1.28	1.72	1.92	2.01
$(\eta_c - \eta_a)$ /(mol·e/cm³) $\times 10^2$	3.36	2.74	2.66	3.02	3.08	3.10
$W_{c,x}$/%	35.3	26.3	23.8	25.3	28.2	29.8
L/nm	13.54	12.92	12.84	13.22	16.13	17.41
$\bar{d}$ /nm	3.38	2.54	2.44	2.51	3.07	3.86

注：$[\eta]$ 为特性黏度；$n_b = N_B/(N_A + N_B)$，其中，N_A 为 PEEKK 含量，N_B 为 PEDEKK 含量；$W_{c,x}$ 为结晶度，由 WAXD 测定。

图 12.39 是尼龙 11 在 90℃ 热处理条件下的 SAXS 强度曲线。图中清楚地表明了由自相关三角形求得的 d_{tr}，$\bar{d}$，Q 以及长周期 L 等。

12.9.2　Vonk 方法

假如结晶粒子具有各向同性和密度均匀性，散射强度可用 Guinier 方程表达：

$$I(s) = \frac{I_0 i_e}{D^2} \langle \eta^2 \rangle V_0 \int_0^\infty \gamma(r) \exp(isr) \mathrm{d}r \qquad (12.92)$$

式中，D 为样品到探测器间的距离；V_0 为样品体积；i_e 为 Thomson 散射因子；I_0

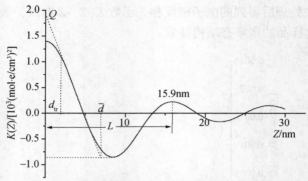

图 12. 39　尼龙 11 在 90℃ 热处理的 SAXS 强度曲线 （Zhang Q X，Mo Z S，
et al. Macromolecules，2000，33：5999-6005）

为入射 X 射线强度；$\langle \eta^2 \rangle$ 为在 $r = 0$ 处的均方电子密度。

$$\gamma(r) = \frac{\langle \eta_i \eta_j \rangle_r}{\langle \eta^2 \rangle} \tag{12.93}$$

式中，η_i，η_j 分别为位于第 i 个，第 j 个体积元的电子密度；$\gamma(r)$ 为表征位于 i，j 两体系元存在于同一相的概率。式（12.92）由 Fourier 变换，则有

$$\gamma(r) = \frac{\int_0^\infty I(s) \cos(rs) \, \mathrm{d}s}{\int_0^\infty I(s) \, \mathrm{d}s} \tag{12.94}$$

根据前述，结构参数的变化服从"线型模型"假设并将散射强度 $I(s)$ 通过 Lorentz 修正，即把 $I(s)$ 乘以 s^2，则式（12.94）中的相关函数 $\gamma(r)$ 化为

$$\gamma(r) = \frac{\int_0^\infty s^2 I(s) \cos(rs) \, \mathrm{d}s}{\int_0^\infty s^2 I(s) \, \mathrm{d}s} \tag{12.95}$$

Vonk 法确定的相关函数 $\gamma(x)$-x 曲线如图 12.40 所示。

图中，由纵坐标轴 $\gamma(x)$ 到 R 距离为 $E/3$ [点 R 是 $\gamma(x)$-x 曲线在 $x = 0$ 处切线的最高点]；E 为结晶 - 非晶过渡层厚度，$\gamma(x)$-x 曲线的第一个最大峰值对应的相关距离 x，即为样品的长周期；P 和 P' 分别为由点 R 作平行于 $\gamma(x)$ 轴的直线与 $\gamma_{\min}(x)$ 和 $1/\gamma_{\min}(x)$ 水平直线的交点；Q 和 Q' 分别为由过点 R 的 $\gamma(x)$-x 曲线切线延长线与 $\gamma_{\min}(x)$ 和 $1/\gamma_{\min}(x)$ 水平直线的交点。

按照 Vonk 的方法 $\gamma_{\min}(x)$ 与样品的结晶度 $W_{c,x}$ 有下述关系：

当 $W_{c,x} > 0.5$ 时，

$$\gamma_{\min}(x) = -\frac{1 - W_{c,x}}{W_{c,x}} \tag{12.96}$$

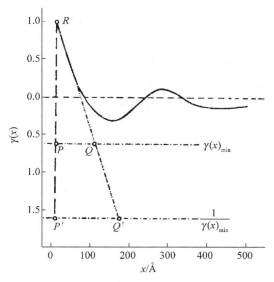

图 12.40　Vonk 法确定的一维电子密度相关函数 $\gamma(x)\text{-}x$ 曲线

当 $W_{c,x} < 0.5$ 时，

$$\gamma_{\min}(x) = -\frac{W_{c,x}}{1 - W_{c,x}} \tag{12.97}$$

对于具有交替出现结晶非晶层且相互平行的 n 层样品，全部 n 层的平均非晶层厚度（$\bar{A}$）和平均结晶层厚度（$\bar{C}$）为

$$\bar{A} = \bar{t}_a - \langle E \rangle \tag{12.98}$$

$$\bar{C} = \bar{t}_c - \langle E \rangle \tag{12.99}$$

式中：

$$\bar{t}_a = PQ + \frac{\langle E \rangle}{3(1 - W_{c,x})}, \bar{t}_c = P'Q' + \frac{\langle E \rangle}{3W_{c,x}}\,(\text{图 12.41})$$

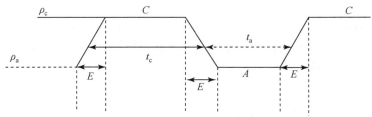

图 12.41　含有过渡层片层结构的一维电子密度剖面

ρ_c 和 ρ_a 分别为结晶 – 非晶电子密度

12.10　距离分布函数

若系统是非均匀的, 即存在电子密度起伏, 那么该系统就应有 X 射线散射发生。假定该系统具有无规非均匀分布且其粒子形状相同, 大小不一, 略去粒间干扰效应和多重散射效应, 根据 X 射线散射强度理论, Debye-Bueche 给出了该体系的散射强度表达式:

$$I(s) = 4\pi \int_0^\infty K(r) r^2 \frac{\sin(sr)}{sr} dr$$

$$= 4\pi \int_0^\infty P(r) \frac{\sin(sr)}{sr} dr \tag{12.100}$$

式中, $K(r)$ 为相关函数; $P(r) = K(r) r^2$ 为距离分布函数。简约散射角 $s = 4\pi \sin\theta/\lambda$, r 为某点到散射中心间的距离。

为了计算 $P(r)$, 将式 (12.100) 做 Fourier 变换, 得到

$$P(r) = \frac{1}{2\pi^2} \int_0^\infty I(s) sr \sin(sr) ds \tag{12.101}$$

式中, $I(s)$ 为经狭缝准直修正后的散射强度。当 $P(r) = 0$ 时, r 为粒子的最大尺寸, 记为 D_{max}。从 $P(r)$-r 曲线可以得出粒间是否存在相互作用。如果 $P(r)$-r 曲线出现负的极大值, 表明粒间有干涉效应; 如果无负值出现, 则表明粒间无相互作用。$P(r)$ 的负极大值, 对应于散射强度曲线的低角部分干涉的存在。$P(r)$ 获得后, 则系统的零角散射强度 $I(0)$, 粒子回转半径 R_g^2 以及相关长度 l_c (它是体系不均匀性的度量) 均可求得

$$I(0) = 4\pi \int_0^{D_{max}} P(r) dr \tag{12.102}$$

$$R_g^2 = \int_0^{D_{max}} P(r) r^2 dr / 2 \int_0^{D_{max}} P(r) dr \tag{12.103}$$

$$l_c = \pi \int_0^\infty I(s) s ds / \int_0^\infty I(s) s^2 ds \tag{12.104}$$

式中, D_{max} 为系统的最大粒子尺寸, 它可由 $P(r)$-r 曲线得到 (图 12.42)。

对于大小均一、形状相同的球状粒子体系, 其散射强度 $I(s)$-s 曲线可有多级散射峰出现。根据这些峰位可以求得均匀球状粒子的半径。据式 (12.19) 和式 (12.75) 可知

$$I(s) = I_e N n^2 \left[3 \frac{\sin(sr) - sr\cos(sr)}{(sr)^3} \right]^2$$

其峰位 (极大值) 分别出现在 $sr = 0$, 5.77, 9.10, 12.33, 15.52, 18.69 等处, 由此可得到相应的球形粒子半径 r_i。在这种特定的散射体系下求粒子半径的方法

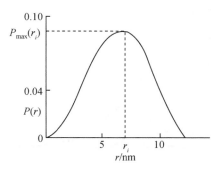

图 12.42　$P(r)$-r 曲线

称为顶峰分析法。

如果假定所研究体系中粒子分布服从对数正态分布，即

$$P(r) = \frac{1}{\sqrt{2\pi}r\ln\sigma}\exp\left[-\left(\frac{\ln r - \ln\mu}{\sqrt{2}\ln\sigma}\right)^2\right] \qquad (12.105)$$

式中，r 为粒子半径；σ 为正态分布的标准偏差；μ 为正态分布的几何平均值。σ，μ 由下式确定：

$$R_g = \exp(\ln\mu + 6\ln^2\sigma) \qquad (12.106)$$

$$R_p = \exp(\ln\mu + 2.5\ln^2\sigma) \qquad (12.107)$$

$$R_p = \frac{3\int_0^\infty s\,\tilde{I}(s)\,\mathrm{d}s}{8\pi[s^3\,\tilde{I}(s)]_{s\to\infty}} = \frac{3\int_0^\infty s\,\tilde{I}(s)\,\mathrm{d}s}{8\pi K'} = \frac{3\tilde{Q}(s)}{8\pi K'} \qquad (12.108)$$

式（12.106）~ 式（12.108）中，R_g 为粒子回转半径；$\tilde{I}(s)$ 为模糊强度；K' 为 Porod常数，$s = 2\sin\theta/\lambda$。

据式（12.106）和式（12.107）解出

$$\ln\mu = \ln R_g - 1.714\ln(R_g/R_p) \qquad (12.109)$$

$$\ln^2\sigma = 0.286\ln(R_g/R_p) \qquad (12.110)$$

当求得 R_g，R_p 后，σ，μ 可知。将式（12.109）和式（12.110）代入式（12.105），可得 $P(r)$ 与 r 的关系曲线。

图 12.43 是尼龙 11 在不同热处理条件下粒子的距离分布函数 $P(r)$ 与 r 的关系曲线。由图可见，经热处理后的尼龙 11 与淬火样品相比，其粒子分布较宽，且粒径较大。

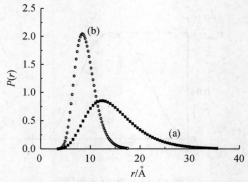

图 12.43 尼龙 11 粒子距离分布函数 $P(r)$-r 曲线
(a) 热处理样品；(b) 淬火样品

12.11 两相体系边界层厚度——Porod 关系

12.11.1 引言

Porod 指出，对于两相边界分明的理想体系，在散射角较大的散射曲线尾部，其强度服从图 12.44 (a)：

$$\lim_{s \to \infty} s^4 I(s) = k_{\mathrm{p}} \tag{12.111}$$

式中，k_{p} 为 Porod 常数，是与结构有关的重要参数；$I(s)$ 为经狭缝准直修正的散射强度。由方程 (12.111) 可见，$\lim_{s \to \infty} I(s) \propto s^{-4}$。在本书的分形部分将涉及，作为分形，可将 Porod 定律写为 $\lim_{s \to \infty} I(s) \propto s^{-D}$，其中，$D$ 称为分形维数或称 Porod 斜率。分形维数 D 可从 SAXS 的 I-S 曲线的斜率求出。

如采用狭缝非准直修正的散射强度 $\widetilde{I}(s)$，Porod 定律是

$$\lim_{s \to \infty} s^3 \widetilde{I}(s) = k'_{\mathrm{p}} \tag{12.112}$$

Porod 指出，k_{p} 与积分不变量 Q 的关系为

$$k_{\mathrm{p}} = \frac{s}{V} \frac{Q}{8\pi^3 \phi_{\mathrm{A}} \phi_{\mathrm{B}}} = \frac{Q}{2\pi^3 l_{\mathrm{c}}} \tag{12.113}$$

式中，s/V 为单位体积过渡层面积；ϕ_{A}，ϕ_{B} 分别为两相的体积分数；l_{c} 为表示两相不均匀性的特征长度，也称 Porod 非均匀性长度，是重要的结构参数。其中，积分不变量 Q 为

$$Q = 4\pi \int_0^\infty s^2 I(s)\,\mathrm{d}s = 8\pi^3 I_{\mathrm{e}} V_0 \phi_{\mathrm{A}} \phi_{\mathrm{B}} (\rho_{\mathrm{A}} - \rho_{\mathrm{B}})^2 \tag{12.114}$$

式中，ρ_A 和 ρ_B 分别为两相电子密度；V_0 为辐照样品体积。

如果采用长狭缝准直系统的散射强度 $\tilde{I}(s)$，其积分不变量为

$$\tilde{Q}(s) = 4\pi \int_0^\infty s\,\tilde{I}(s)\,\mathrm{d}s$$

且有

$$\tilde{Q}(s) = 2Q(s) \tag{12.115}$$

Porod 定律是在两相间界面分明时成立，当两相界面模糊弥散时，Porod 定律不成立，即当 s 很大时，$s^4I(s)$ - s^2 曲线不再趋于常量 k_p，而是随着 s 增加，$s^4I(s)$ - s^2 曲线呈下降趋势，出现负偏离［图 12.44（b）］。如果体系中存在热密度起伏或畸变，体系也将产生附加散射，尤其是当 s 很大时，影响更为明显，Porod 定律也不成立，此时 $s^4I(s)$ - s^2 曲线将出现正偏离［图 12.44（c）］。

Porod 定律是在 s 很大条件下的散射强度与散射角间的定量关系。由于尾部散射强度（即 s 很大）低，背底的干扰相对比较大，因此对尾部散射强度的背底校正尤为重要，否则将不能正确地表现 Porod 规律。

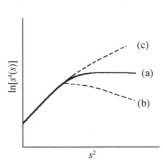

图 12.44　$s^4I(s)$ - s^2 曲线
（a）无偏离；（b）负偏离；
（c）正偏离

12.11.2　Porod 规律的负偏离修正

当体系中两相界面不明锐时，即界面模糊，此时在图 12.44 中，$s^4I(s)$ - s^2 曲线出现不符合 Porod 规律的负偏离。对这种负偏离现象，Ruland 进行了修正。并给出

$$\lim_{s\to\infty} s^4I(s) = k_p \exp(-4\pi^2\sigma^2 s^2) \tag{12.116}$$

当 σs 远小于 1，且 $s \to \infty$ 时，

$$s^4I(s) \approx k_p(1 - 4\pi^2\sigma^2 s^2) \tag{12.117}$$

式中，σ 为两相间过渡层厚度。以 $\ln s^4 I(s)$ 对 s^2 作图，在 s 较大处，应获得具有一定斜率的直线，由直线斜率可求得 σ，而由直线的截距可得到 k_p。

Hashimoto 导出了利用模糊散射强度 $\tilde{I}(s)$ 计算两相间过渡层的公式：

$$\lim_{s\to\infty} s^3\,\tilde{I}(s) = k'_p \exp(-4\pi^2\sigma^2 s^2) \tag{12.118}$$

当 σs 远小于 1，且 $s \to \infty$ 时，

$$s^3\,\tilde{I}(s) \approx k'_p(1 - 4\pi^2\sigma^2 s^2) \tag{12.119}$$

σ 大则表明两相界面间的互渗性好，电子密度差 $\Delta\rho$ 下降。同时从 $s^4 I(s)$-s^2 曲线可知，直线越接近水平，表明两相越接近理想体系，斜率越大，两相的过渡层越大，相间互渗性越好，$\Delta\rho$ 越小，l_c 也越小（图 12.45）。

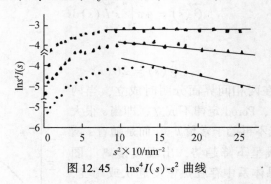

图 12.45　$\ln s^4 I(s)$-s^2 曲线

12.11.3　Porod 规律的正偏离修正

对图 12.44 中 $s^4 I(s)$-s^2 曲线不符合 Porod 规律的正偏离现象，按照 Ruland 和 Vonk 等的观点，是两相中存在畸变，热密度起伏所致。相间的这种电子密度起伏，在 s 很大时，由于 $I(s)$ 较小，易于产生扩散的背底效果，造成 Porod 规律的正偏离。Ruland 提出，散射强度应作以下修正：

$$\lim_{s\to\infty} I_{obs}(s) = I_p(s) H^2(s) + I_B(s) \tag{12.120}$$

式中，$I_p(s)$ 为符合 Porod 规律的散射强度；$H^2(s)$ 为由模糊界面造成的 Porod 规律的负偏离项；$I_B(s)$ 为相间电子密度起伏产生的背底散射强度。

Vonk 将 $I_B(s)$ 以级数表达：

$$I_B(s) = Fl + b_1 s^{n_1} \tag{12.121}$$

式中，Fl 为曲线延长到零角度时的散射强度；b_1 为常数；n_1 取奇整数（这里仅取 $n_1 = 1, 3$）。

Ruland 则将背底散射强度 $I_B(s)$ 按下述指数函数近似表达：

$$I_B(s) = Fl \exp(b_2 s^2) \tag{12.122}$$

式中，b_2 为常数。

使用式（12.121）和式（12.122）时，事先应对 $I_{obs}(s)$ 进行拟合，拟合时必须保证足够大的 s 值，在此 s 值下仅存在背底散射强度 $I_B(s)$。得到 $I_B(s)$ 后，由式（12.120）可得经 $I_B(s)$ 扣除后的 $I_p(s)$。然而用上述办法必须使测量角度 2θ（即 s）很大，这样在决定 Fl 值和对 $I_{obs}(s)$ 进行拟合时，方可得到满意的结果。实际操作时，由于当 s 很大时，散射强度很低，选取截断的角度（即 s）时，人为性较大，易造成误差。最近有文献报道，对这种偏离 Porod 规律的正偏离现象的修正，采取类似对 Porod 规律的负偏离修正办法，提出对 Porod 规律正偏离现象的修正如下：

$$\ln\left[s^4 I(s)\right]_{s\to\infty} = \ln k_{\mathrm{p}} + 4\pi^2 \sigma^2 s^2 \qquad (12.123)$$

或采用模糊散射强度有

$$\ln\left[s^3 \tilde{I}(s)\right]_{s\to\infty} = \ln k'_{\mathrm{p}} + 4\pi^2 \sigma^2 s^2 \qquad (12.124)$$

12.12　两相体系平均切割长度和比表面积的计算

12.12.1　Porod 方法计算两相体系平均切割长度

对于通常所研究的聚合物体系，一般均可视为无规分布的两相体系，即电子密度为 ρ_A 的一相分散在电子密度为 ρ_B 的另一相中间。假如两相的体积分数分别为 ϕ_A 和 ϕ_B。则 $\phi_A + \phi_B = 1$，其均方电子密度差为

$$\langle (\Delta\rho)^2 \rangle = \langle (\rho_A - \rho_B)^2 \rangle \qquad (12.125a)$$

而积分不变量 Q 与均方电子密度差 $\langle (\Delta\rho)^2 \rangle$ 有下述关系：

$$Q = 4\pi\int s^2 I(s)\,\mathrm{d}s = 8\pi^3 I_e(s) V_0 \phi_A \phi_B \langle (\Delta\rho)^2 \rangle \qquad (12.125b)$$

式中，$I(s)$ 为去模糊散射强度；V_0 为被辐照样品的体积。从式（12.125b）可知，如果求得样品的积分不变量 Q，当已知两相的体积分数 ϕ_A，ϕ_B 时，两相电子密度差 $\Delta\rho = \rho_A - \rho_B$ 便可得到。

Porod 指出，对无规分布的两相体系，穿过两相区的平均切割长度 l_c 为（图 12.46）

$$l_c = 2\int_0^\infty s^2 I(s)\,\mathrm{d}s / \pi^2 k_{\mathrm{p}} \qquad (12.126)$$

式中，k_{p} 为 Porod 常数。

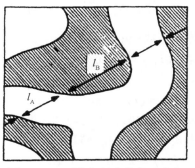

图 12.46　不均匀长度的物理意义

因此求平均切割长度的问题就化为如何去获得 Porod 常数 k_p。k_p 值的计算方法前面已有叙述。如果采用模糊散射强度 $\widetilde{I}(s)$，则 Guinier 给出 l_c 为

$$l_c = \frac{\int_0^\infty sI(s)\,\mathrm{d}s}{2\pi V_0 \langle (\Delta\rho)^2 \rangle \phi_A \phi_B I_e(s)} = \frac{2\int_0^\infty \widetilde{I}(s)\,\mathrm{d}s}{\int_0^\infty s\widetilde{I}(s)\,\mathrm{d}s} \tag{12.127}$$

因为

$$\int_0^\infty sI(s)\,\mathrm{d}s = \frac{1}{\pi}\int_0^\infty \widetilde{I}(s)\,\mathrm{d}s \tag{12.128}$$

$$\int_0^\infty s^2 I(s)\,\mathrm{d}s = \frac{1}{2}\int_0^\infty s\widetilde{I}(s)\,\mathrm{d}s \tag{12.129}$$

所以式（12.127）用去模糊校正后的散射强度 $I(s)$ 表示为

$$l_c = \frac{\pi\int_0^\infty sI(s)\,\mathrm{d}s}{\int_0^\infty s^2 I(s)\,\mathrm{d}s}$$

知道 l_c 后，各相的平均切割尺寸分别为

$$l_A = l_c/\phi_A, \quad l_B = l_c/\phi_B \tag{12.130}$$

12.12.2　Stein 方法计算两相体系平均切割长度

Stein 提出计算两相体系中结晶非晶两相非均匀性分布平均切割长度的另一种计算方法。对于无规非均匀介质体系，散射强度

$$I(s) = k\langle \eta^2 \rangle \int_0^\infty \gamma(r) \frac{\sin(sr)}{sr} r^2 \,\mathrm{d}r \tag{12.131}$$

式中，k 为常数；$\langle \eta^2 \rangle$ 为散射能力（电子密度）的均方涨落。

对于具有不明晰过渡层的体积分数为 ϕ_A, ϕ_B 的两相系统：

$$\langle \eta^2 \rangle = (\rho_A - \rho_B)^2 \left(\phi_A \phi_B - \frac{\phi_E}{6} \right) = \langle (\Delta\rho)^2 \rangle \left(\phi_A \phi_B - \frac{\phi_E}{6} \right)$$

式中，ϕ_E 为界面过渡相体积分数；$\gamma(r)$ 为相关函数，其定义见式（12.93）。

$\gamma(r)$ 的物理本质是表示 i, j 两点处在同一相中的概率。可用下述经验方程表示：

$$\gamma(r) = \exp(-r/l_c) \tag{12.132}$$

式中，l_c 为相关距离，表示体系中两相不均匀性尺度的度量。

将式（12.132）代入式（12.131），整理后得到

$$I(s) = k'\langle \eta^2 \rangle l_c^3 (1 + s^2 l_c^2)^{-2} \tag{12.133}$$

或写为

$$I(s)^{-1/2} = [k'\langle \eta^2 \rangle l_c^3]^{-1/2}(1 + s^2 l_c^2) \tag{12.134}$$

将 $I(s)^{-\frac{1}{2}}$-s^2 作图，得一直线，此直线的斜率与截距之比，即为 l_c^2。

12.12.3　比表面积 (S/V) 的计算

1. Porod 方法

按积分不变量 Q 的定义，由经狭缝准直校正的散射强度 $I(s)$ 求得积分不变量 Q 后，从而可得到对组分为 ϕ_A，ϕ_B 两相体系的 $\langle (\Delta\rho)^2 \rangle = (\rho_A - \rho_B)^2$，再由 Porod 规律算出 k_p 值，则比表面积 S/V：

$$\frac{S}{V} = \frac{[s^4 I(s)]_{s\to\infty}}{2\pi I_e(s)V_0\langle (\Delta\rho)^2 \rangle} = \frac{k_p}{[2\pi I_e(s)V_0\langle (\rho_A - \rho_B)^2 \rangle]} \tag{12.135}$$

式中，S 为粒子的表面积；V 为粒子的体积。式（12.135）或写为

$$\frac{S}{V} = \pi\phi_A\phi_B\frac{k_p}{Q_1} \tag{12.136}$$

式中：

$$Q_1(s) = \int_0^\infty s^2 I(s)\,\mathrm{d}s = 2\pi^2 V_0 I_e(s)\langle (\Delta\rho)^2 \rangle\phi_A\phi_B。$$

2. Debye 方法

$$\frac{S}{V} = \frac{4\phi_A\phi_B}{l_c} \tag{12.137}$$

3. Guinier 方法

$$\frac{S}{V} = \frac{4\phi_A\phi_B[s^3 \tilde{I}(s)]_{s\to\infty}}{\int_0^\infty s\tilde{I}(s)\,\mathrm{d}s} = \frac{\pi\phi_A\phi_B[s^4 I(s)]_{s\to\infty}}{\int_0^\infty s^2 I(s)\,\mathrm{d}s} \tag{12.138}$$

式中，$\tilde{I}(s)$ 为实测（模糊）散射强度。方程（12.138）应用了

$$[s^3 \tilde{I}(s)]_{s\to\infty} = \frac{\pi}{2}[s^4 \tilde{I}(s)]_{s\to\infty}$$

4. 特征函数方法

在两相体系中，Guinier 曾给出仅与粒子形状有关的特征函数 $\gamma_0(r)$ 和相关函数 $\gamma(r)$ 存在下述关系：

$$\gamma(r) = V_0\langle (\Delta\rho)^2 \rangle\gamma_0 \tag{12.139}$$

在孤立的均匀体系中，$\gamma(r) = \gamma_0$，

$$\gamma_0(r) = \frac{1}{2\pi^2 V_0 \langle (\Delta\rho)^2 \rangle} \int_0^\infty s^2 I(s) \frac{\sin(sr)}{sr} \mathrm{d}s \qquad (12.140)$$

在图 12.47 中给出了尼龙 11 在不同热处理条件下的 $\gamma_0(r)$-r 曲线。由图中可见，随热处理温度的增加，体系粒子的分布加宽，粒子尺寸增加。

比表面积

$$\frac{S}{V} = -4\left[\frac{\mathrm{d}\gamma_0(r)}{\mathrm{d}r}\right]_{r\to 0} \qquad (12.141)$$

对多分散两相体系则有

$$\frac{S}{V} = -4\left[\frac{\mathrm{d}\gamma(r)}{\mathrm{d}r}\right]_{r\to 0} \phi_A \phi_B \qquad (12.142)$$

$$\gamma(r) = \frac{1}{2\pi^2 V_0 \langle (\Delta\rho)^2 \rangle} \int_0^\infty s^2 I(s) \frac{\sin(sr)}{sr} \mathrm{d}s \qquad (12.143)$$

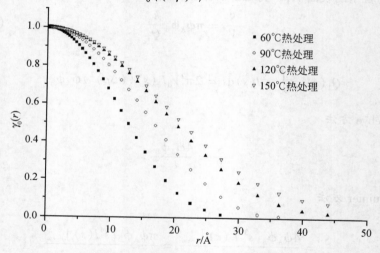

图 12.47　尼龙 11 在不同热处理条件下的 $\gamma_0(r)$-r 曲线

12.13　SAXS 方法研究聚合物相行为

长期以来，聚合物的相行为，尤其是嵌段共聚物相行为，一直是研究的热点之一。头尾连接形成的嵌段共聚物具有以下特殊之处：由不同长链形成的聚合物，由于其间的性质具有显著差异，它们之间通常不相容；在混合溶液中，这些不相容的长链聚合物的链段，可发生凝聚产生尺寸在纳米级的微相分离；在平衡条件下，处于混合溶液中微相分离相区的嵌段聚合物相态随着组分 f 和链段间相互作用参数与链段尺寸之积 χN 而改变，聚合物链段可出现长程有序排列，形成体心立方堆积的球形结构（BCC）、六角形堆积的圆柱状结构（HPC）、三维有序双连续双金刚石状结构（OBDD）和三维有序交替堆积的层状结构（LAM）。出现微相分离的嵌段聚合物由于温度变化也可产生相态变化。

1. 嵌段共聚物的相结构

OBDD 结构可在线型和星型两嵌段聚合物产生，而获得这种结构的条件是只可在较窄的组分范围内出现。比如线型 ［苯乙烯 – 异戊二烯（SI）］ 两嵌段聚合物中，当聚苯乙烯含量为 28% ~33% 和 62% ~66% 时，方可观察到 OBDD 形态结构。

图 12.48 描绘了分别由具有层状（a）和圆柱状（b）结构的两嵌段聚合物 AB 和均聚物 hA 形成的 OBDD 结构示意。将苯乙烯 – 丁二烯（SB）组分比为 20/20 呈层状结构的两嵌段聚合物设为 AB，该嵌段聚合物中的 PS 相对分子质量 $M_n = 20.5 kg/mol$ 且质量分数为 50%。20/20 的 SB 两嵌段聚合物与 PS 均聚物（设为 hA）通过自组装，由初始的均匀溶液转化成 OBDD 结构，在 OBDD 结构中，hA + A（A 设为 SB 中的 S，即苯乙烯）作为基体，而 SB 中的丁二烯（B）作为夹层。如果取呈圆柱状结构 SB10/23 与均聚物 hPS 混合，也能形成 OBDD 结构，但此时的 OBDD 结构中，基体是丁二烯，夹层是 hA + A。

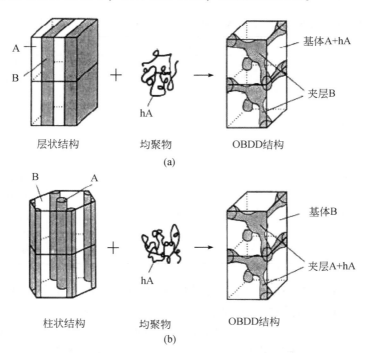

图 12.48　由两种不同结构的两嵌段聚合物 AB 和均聚物 hA 形成的 OBDD 结构示意图

表 12.9 给出了苯乙烯 – 异戊二烯两嵌段聚合物和苯乙烯 – 丁二烯两嵌段聚

合物，随嵌段共需物中聚苯乙烯（PS），聚丁二烯（PB）的相对分子质量和嵌段共聚物中所含 PS 质量分数变化引起的相态结构。表 12.10 给出了均聚物 PS（hPS）相对分子质量为 14kg/mol 和嵌段共聚物 SI27/22 系列样品，在不同 hPS 含量和嵌段共聚物中 PS 所占不同组分数［ϕ_{PS}（%）］时的相态结构。

表 12.9　苯乙烯 – 异戊二烯和苯乙烯 – 丁二烯两嵌段聚合物的相态结构

两嵌段聚合物	嵌段共聚物中 PS 相对分子质量 M_n/（g/mol）	嵌段共聚物中 PS 所占质量分数/%	相态结构
SI27/22	26 600	55	层状
SI13/34	12 900	28	PS 呈圆柱状
SI13/51	12 800	20	PS 呈圆柱状
IS12/45	45 300	79	PI 呈圆柱状
SB20/20	20 500	50	层状
SB10/23	10 200	30	PS 呈圆柱状
SB23/10	22 200	71	PB 呈圆柱状

表 12.10　均聚物 hPS 和嵌段共聚物 SI27/22 在不同 PS 含量时的相态结构

hPS 质量分数/%	ϕ_{PS}/%	相态结构
20	60	层状
22	61	层状
24	62	层状
26	63	层状和圆柱状
28	64	层状和圆柱状
30	65	OBDD
32	66	OBDD
34	67	OBDD
36	68	圆柱状
38	69	圆柱状
40	70	圆柱状

由表 12.9 和表 12.10 可知，均聚物的相对分子质量及其在嵌段共聚物中所含组分的多少对其形态结构具有显著的影响。这一点在透射电子显微（TEM）照片（图 12.49）和 SAXS 曲线（图 12.50、图 12.51）中也有明确的表现。图 2.49 是 hPS 相对分子质量为 14kg/mol，与 SI27/22 形成的混合溶液中具有不同质量比（表 12.10）的 TEM 照片，图中清晰可见混合溶液中嵌段物组分含量变化引起的形态改变。

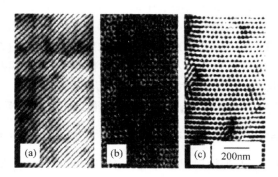

图 12.49　不同 hPS 含量与 SI27/22 形成的混合溶液的 TEM 照片

hPS 质量分数：（a）24%，层状；（b）32%，OBDD；（c）36%，六方点阵柱状

图 12.50 是带有不同相对分子质量的 hPS 和在嵌段共聚物 SI27/22 中 PS 占 30% 的 SAXS 曲线。由图中可清楚发现，当 hPS 的相对分子质量为 2.6kg/mol

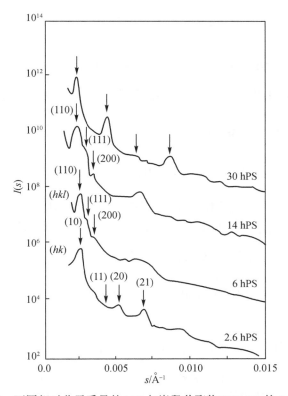

图 12.50　不同相对分子质量的 hPS 与嵌段共聚物 SI27/22 的 SAXS 曲线

（2.6hPS）时，SI27/22 与 hPS 共混物中的 PS 呈六方点阵柱状结构，其散射峰对应的（hk）晶面分别为（10），（11），（20），（21）；对 2.6hPS 和 14hPS 与 SI27/22 共混物中的 PS 呈 OBDD 形态，其散射峰对应的（hkl）晶面分别为（110），（111），（200）；当 SI27/22 与 hPS 共混物中的 PS 相对分子质量增大到 30 kg/mol 时，共混物中的 PS 此时又显现出层状结构。

将 SAXS 和 TEM 方法相结合，可以确定共混物的晶面间距：

（1）对层状结构，由于它具有一维周期性，其晶面间距可表为 $d_h = \dfrac{a_{\text{lam}}}{h}$，$h = 1$，2，3，…其中，$h$ 为衍射晶面指标（Miller 指数）；a_{lam} 是层状晶胞的点阵参数，即层状微区之间的距离，它可由 Bragg 方程确定，故 $a_{\text{lam}} = d_{001}$。高阶晶面相对于第一个衍射晶面的晶面间距可表示为 $\dfrac{d_h}{d_1} = 1.00$，0.50，0.33，0.25，…

（2）对具有二维周期性六角形堆积的圆柱状结构，晶面间距可表示为

$$d_{hk} = \frac{a_{\text{hex}}}{\left[\left(\dfrac{4}{3} \right)^{\frac{1}{2}} (h^2 + hk + k^2)^{\frac{1}{2}} \right]}$$

且（hk）= 10，11，20，21，30，…其中，hk 为衍射晶面指标；a_{hex} 是六方点阵的点阵参数（六角形堆积形成的圆柱状结构微区之间的距离），$a_{\text{hex}} = \left(\dfrac{4}{3} \right)^{\frac{1}{2}} d_{100}$。同样还有 $\dfrac{d_{hk}}{d_{10}} = 1.00$，0.58，0.50，0.38，0.33，…

（3）对具有三维有序的立方点阵的 OBDD 结构，晶面间距 $d_{hkl} = \dfrac{a_{\text{OBDD}}}{(h^2 + k^2 + l^2)^{\frac{1}{2}}}$，（$hkl$）= 110，111，200，211，220，221，…其中，hkl 为空间群是 $Pn3m$ 立方点阵可能出现的衍射晶面指标；a_{OBDD} 是 OBDD 立方点阵的点阵参数（OBDD 结构形成的微区之间的距离）。亦有 $\dfrac{d_{hkl}}{d_{110}} = 1.00$，0.82，0.71，0.58，0.50，0.47，…

（4）对具有体心立方对称的球状结构，晶面间距 $d_{hkl} = \dfrac{a_{\text{sph}}}{\left[\left(\dfrac{3}{4} \right)^{\frac{1}{2}} (h^2 + k^2 + l^2)^{\frac{1}{2}} \right]}$，

a_{sph} 是球状结构的微区之间的距离，$a_{\text{sph}} = \left(\dfrac{3}{2} \right)^{\frac{1}{2}} d_{110}$。

图 12.51 给出了两嵌段共聚物 SI 与 hPS 在不同组分比条件下的相态。图 12.51（a）中，可清楚看到纯 SI 组分（SI/hPS = 100/0）具有多个散射峰，这些散射峰的位置与第一个峰位置相比，存在整数倍关系。这一现象表明，在此条件下，

SI 呈现大范围空间有序的交替层状结构。随着 hPS 含量的增加，层状结构得以增强。当 hPS 含量进一步增加，从图 12.51（b）中可见，当 SI/hPS = 65/35 时，多个散射峰位置相继与第一个散射峰位置间的关系是 $1:3^{\frac{1}{2}}:4^{\frac{1}{2}}:7^{\frac{1}{2}}:9^{\frac{1}{2}}:12^{\frac{1}{2}}:13^{\frac{1}{2}}:16^{\frac{1}{2}}\cdots$ 这一关系说明在该条件下体系已形成长程空间有序的六方堆积的柱状结构。图 12.51（c）中，各散射峰位置的关系是 $1:2^{\frac{1}{2}}:3^{\frac{1}{2}}:4^{\frac{1}{2}}\cdots$ 峰位的这一结果意味着在此组分下的 SI/hPS 混合溶液已形成长程空间有序的具有体心立方对称的球状结构。图 12.51 中出现的 i（$i=1,2,3$）代表散射峰的级次，在图 12.51（b）中，圆柱状微区在散射角 $2\theta_{max,i}$ 处形成的第 i 级散射峰与柱的平均半径 R 存在 $(\frac{4\pi}{\lambda})R\sin\theta_{max,i}=4.98,8.364,11.46,\cdots$ 同样，由单个球状微区在 $2\theta_{max,i}$ 处形成的第 i 级散射峰与球的平均半径 R 存在 $(\frac{4\pi}{\lambda})R\sin\theta_{max,i}=5.765,9.10,12.3,\cdots$

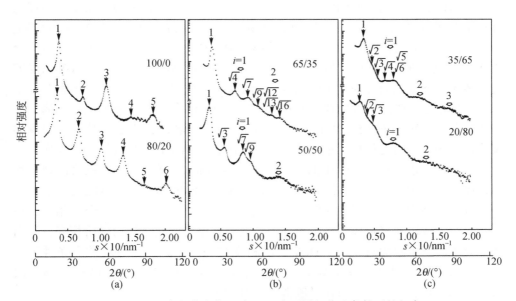

图 12.51　两嵌段共聚物 SI 与 hPS 在不同组分比条件下的相态

SI/hPS 质量分数：（a）100/0 和 80/20，圆柱状结构；（b）65/35 和 50/50，柱状结构；（c）35/65 和 20/80，球状结构

采用 SAXS 方法也可用于研究三嵌段共聚物与均聚物构成的混合物相态。对此有兴趣的读者可参考相关资料，在此不再赘述。

2. 采用 SAXS 方法研究聚合物相变

由于聚合物相变对产品的实际应用具有重大意义，多年来，无论是从理论上还是实验研究，很多对此有兴趣的科学工作者都投入了大量的精力，并发表了众多研究成果，这当中多数归于对纯嵌段共聚物的有序－无序相转变（ODT），对嵌段共聚物和均聚物混合体系 ODT 的研究相对少些。此外，在嵌段共聚物和均聚物混合体系中，还可发现有序－有序转变（OOT）以及 Leibler 在 de Gennes 无规相近似（random phase approximation，RPA）理论基础上发展起来的微相分离转变（MST）。当然，RPA 和 MST 都以 Flory 平均场理论为基础。

嵌段共聚物通过自主装形成周期性的有序形态是由组分比、相对分子质量、链段间的相互作用以及外场条件（如热场、力场、电场、磁场、辐射场等）所决定的。

在假定有序相是层状结构的前提下，Whitmore 和 Noolandi 应用密度泛函理论计算了两嵌段共聚物 AB/A 均聚物混合物的相图。在有序相是层状结构的假定下，Landau-Ginzburg 自由能表达式中的第三项将被略去，进而他们发现，当均聚物 A 聚合度小于 AB 嵌段共聚物中 A 的一半时，旋节线（spinodal）ODT 的温度随着体系中均聚物含量的增加而下降。Bodycomb 在实验上用 SAXS 方法考察了 SI/PS 体系的 ODT，发现 ODT 的温度随着增加 PS 的含量既可增加也可下降，取决于嵌段共聚物 SI 的相对分子质量。Leibler 从平均场理论出发，分析了嵌段共聚物的有序无序转变机理，指出共聚物的组成 f 和 χN（χ 为链段间的相互作用参数，N 为聚合度）是决定 ODT 的重要因素：当组成 $f < 0.5$ 时，体系将出现由均匀无序态转变为有序态的一阶相变，这时随着 χN 的增加，体系将随之展现出体心立方球状结构、六方圆柱状结构等；当 $f \to 0.5$ 时，体系将处于介观相态；在 $f = 0.5$ 时，嵌段共聚物体系将由无序态转变为有序态层状结构的二阶相变，且当相对分子质量无限大时，这一 ODT 二阶相变在 $(\chi N)_{ODT} = 10.495$ 临界条件下产生。后来，Helfand 等考虑了组成 f 的涨落，从理论上得出，在相对分子质量无限大时，二阶相变 $(\chi N)_{ODT}$ 的临界值稍大于 10.495。

Lee 等采用 SAXS 方法研究了苯乙烯－异戊二烯－苯乙烯（SIS）三嵌段共聚物在不同温度下的相转变。图 12.52 是 SIS/PS 不同组分比的混合物，经 3 天 130℃处理后的 SAXS 强度对数 $\log I$ 对散射矢量值 $s = \dfrac{4\pi \sin\left(\dfrac{\theta}{2}\right)}{\lambda}$ 曲线。嵌段共聚物 SAXS 链段（粒子）间散射峰（Bragg 反射峰）是由长程有序呈周期性的微区结构形成，而链段（粒子）内的散射峰（结构因子）则是由单个微区促成的。当 SIS/PS 组成为 75/25 ～ 50/50 时，图中 SAXS 峰位间存在 1∶2∶3∶4… 关系表明，这是微区呈层状结构的标志。当 SIS/PS 组成处于 90/10 ~ 82/20 之间时，SAXS 峰位间存在 1：$\sqrt{3}$：$\sqrt{4}$：$\sqrt{7}$：$\sqrt{9}$···关系，它反映出此时体系中的微区具有六方点阵圆柱状结构特征。当纯 SIS 含量（SIS/PS = 100/0）时，体系中链段的排列采取体心立方（BCC）球状方式；在这一组成下，除图中细箭头指示的一级散射峰较明显外，其余高级散射峰均未出现，其原因是在此条件下，体系中链段的排列缺乏长程有序性，并出现 BCC 和 LLP 两相共存，图中粗箭头则是来源于 LLP 相单个球状微区链段内的一级散射。BCC 和 LLP 两相共存的结论也得到 TEM 实验的证实。

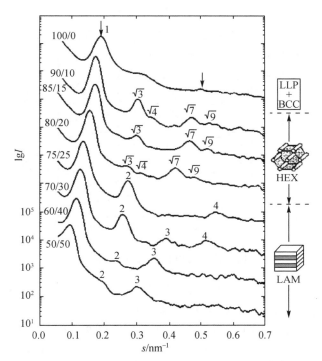

图 12.52 不同组分 SIS/PS 的 SAXS lg$I$ – s 曲线

LAM – 层状结构；HEX – 圆柱状结构；BCC – 体心立方结构；LLP – 液相堆积结构

图 12.53 是三嵌段共聚物 SIS 在不同温度下 SAXS 实验得出的 ODT 相变信息。图中指明，温度在 225℃ 到 230℃ 之间时，位于 $q \approx 0.20\text{nm}^{-1}$ 的散射峰强度急剧降低，且由多个散射峰（尽管有的散射峰强度很弱）演化为只剩一个峰，表明在这个温度范围内体系经历了 ODT 转变，由周期性有序结构化为无序态。再注意图中温度高于 180℃，低于 225℃ 这一范围，散射曲线在 $s \approx 0.29\text{nm}^{-1}$ 和 $s \approx 0.36\text{nm}^{-1}$ 出现了与第一个峰的比为 1：$\sqrt{2}$ 和 1：$\sqrt{3}$ 两个峰，根据前面已阐明的散

射峰位置与形态之间的关系可知，在 180℃ 左右，体系通过非平衡的松弛过程开始由液相堆积（LLP）向体心立方（BCC）结构转变，并在 230℃，通过 ODT 转变，体系最终化为无序态。

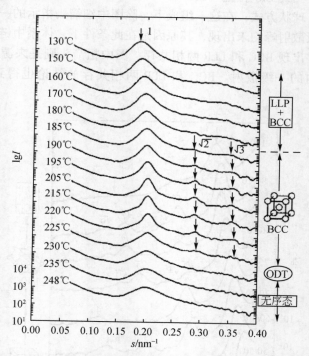

图 12.53　三嵌段共聚物 SIS 在不同温度下 SAXS lg$I$-s 曲线

图 12.54 是 SIS/PS = 70/30（质量分数）在不同温度下的 SAXS log$I$-s 曲线。同纯 SIS 在不同温度下的 SAXS 实验结果类似，在 185℃ 左右，通过非平衡的松弛过程，体系由 LLP 相向 BCC 相转变；在 225℃ 到 230℃ 之间散射峰强度急剧下降，随着温度的增加，只在 $s \approx 0.20\text{nm}^{-1}$ 出现一个宽大的散射峰，说明大约从 230℃ 开始，体系就已发生 ODT 转变，直至随后形成完全无序态。图 12.54 中，温度在 166℃ 到 172℃ 之间，发现有由长程有序层状（LAM）结构到变异（perforate 或 modulate）层状（PL 或 ML）结构的有序 – 有序转变（OOT），以及温度在 189℃ 到 193℃ 之间，出现从 PL（或 ML）到 HEX 六方圆柱状相的 OOT。从图中还需注意到，随着温度的提高，在温度为 170℃ 时，图中标明的散射峰 2 劈裂为两个峰，表明此时体系不再是 LAM 或 HEX 结构，而有新的形态出现。第一级峰和第二级峰的劈裂，都是由于体系中有 LAM 和 PL 的共存相。

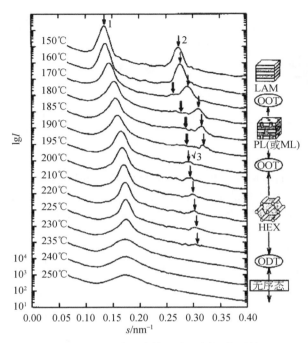

图 12.54　SIS/PS = 70/30（质量分数）在不同温度下的 SAXS lg$I$-s 曲线

3. 采用 SAXS 方法研究受限条件下聚合物形态

对结晶 – 非晶嵌段共聚物，以纳米尺度研究聚合物的取向形态已日益引起广大科技工作者的极大兴趣。程正迪等采用聚氧化乙烯 – 聚苯乙烯两嵌段共聚物（PEO-b-PS）与均聚物 PS 混合，得到 PEO 的体积份数为 0.32 的共聚物作为受限取向研究样品。无取向样品的 SAXS 数据表明，该共聚物属于六方点阵圆柱状结构，其近邻圆柱状微区间距为 23.1nm，直径是 13.7nm 的圆柱被包围在 PS 连续相中。由于连续相 PS 的玻璃化转变温度 T_g = 64℃，而 PEO 的熔点 T_m = 50℃，可见，PEO 的剪切取向结晶受限于周围是不能移动的 PS 连续相条件下进行的。

图 12.55 是（PEO-b-PS）/PS 共聚物在 30℃ 等温剪切拉伸结晶的 2D SAXS 谱。图 12.55（a）中可清晰地看到 5 个散射长条斑点，计算得出它们满足 1∶$\sqrt{3}$∶$\sqrt{4}$∶$\sqrt{7}$∶$\sqrt{9}$…关系，具有 6 次旋转对称性，这是六方点阵圆柱状结构明显特征，说明取向后 PEO 呈六边形圆柱体结构分布于 PS 连续相中。

图 12.56 是 PEO 微晶在实空间 2D 圆柱体的取向模型。

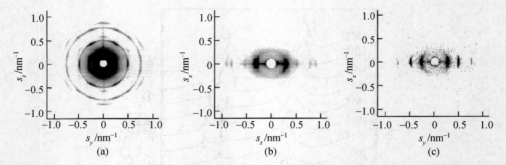

图 12.55　（PEO-b-PS）/PS 共聚物在 30℃等温剪切拉伸结晶的 2D SAXS 谱

（a）剪切方向与 X 射线方向相同；（b）X 射线方向平行于剪切平面（剪切平面位于 x，y 面内）的 y 方向；（c）X 射线方向垂直于剪切平面，与 z 轴平行（x，y，z 组成直角坐标系）

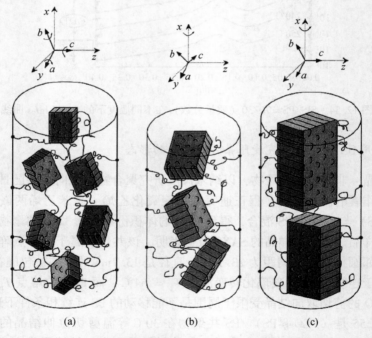

图 12.56　PEO 微晶在实空间 2D 圆柱体的取向模型

（a）实空间中 PEO 六方柱状受限微晶在 PS 连续相中的无规取向模型；（b）实空间中 PEO 六方柱状受限微晶在 PS 连续相中的倾斜取向模型；（c）实空间中 PEO 六方柱状受限微晶在 PS 连续相中的垂直取向模型

12.14　分　形　维　数

在自然界中存在的各种过程，大部分为非有序、非平衡的不稳过程。对这些随机的非平衡的非线性过程，采用经典力学、量子力学和相对论是不能解决的。近些年来，为了较好地解决这些非线性问题，从不同角度发展了多种学说，分形是其中的一种。聚合物（包括均聚物、嵌段共聚物、接枝共聚物、共混物）以及凝胶、催化剂、化学沉积和溶解、固化以及多孔材料等，当它们处于某种过程中时，多具有分形特征。对某一体系而言，分形的本质是满足标度不变性，即它没有特征长度，但存在统计的自相似性。所谓某体系具有标度不变性，是指取该体系的任一局部域，对所取的域进行放大，经放大后会出现原图形的特性。因此对于分形，将其放大后，其形态、不规则性、复杂程度等各种原来域所具有的特性均不改变。当然，标度不变性，对于任一具有分形性质的体系而言，均有其相应的实用范围，不在实用范围内，体系也不再具有分形特性。对于这个范围，一般取下界为其原子尺度，而其上界取为实际客体尺寸。自相似性则指在所研究的体系中整体与整体间或局部与局部间，均存在某种结构、过程的特性等从不同空间、时间尺度去观察都是相似的。数学中的 Kohn 曲线就是一个具有自相似性的典型例子（图 12.57）。由图 12.57 可见，按一定规律形成的 Kohn 曲线具有严格的自相似性，称为有规分形。图 12.58 是单轴各向异性的二维有限扩散聚集（DLA）生长的无规分形。在自然界中，如海岸线的分形，聚合物晶体生长过程的分形等，其自相似性不是严格的，仅具有统计意义上的自相似性，这种统计意义上的自相似性称为无规分形。需注意的是，体系具有自相似性绝不是表明该体系具有相同或简单重复的性质。一般聚合物样品恰恰具有这种表征分形特征的性质。分形分为表面分形和质量分形。一个体系所具有的分形特征，可由分形维数 D 表征。分形维数 D 与所研究体系的结构、特性及其变化有关。分形维数 D 与欧几里得维数 d 不同，欧几里得维数 d 仅为正整数，在一般空间取为 $d = 1，2，3$。可分别对应于线、面、体；如再考虑时间，则可取 $d = 4$，即四维空间。

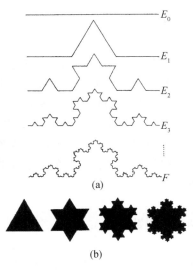

图 12.57　三次 Kohn 曲线（a）及其形成的雪花（b）

图 12.58　单轴各向异性 DLA 生长聚集

表面积为 A_r 的多孔体系表面分形符合下述标度律：

$$A_r = N_0 r^{2-D_s} \qquad (12.144)$$

式中，N_0 为具有表面分形体系的分形界限特征常数；r 为测量长度；D_s 为表面分形维数。SAXS 方法是研究分形的有力手段之一，关于 SAXS 强度 $I(s)$，由式 (12.143) 有

$$I(s) \propto N_0 s^{-\alpha} \qquad (12.145)$$

式中，S 为散射矢量，$s = \dfrac{4\pi\sin\theta}{\lambda}$；$\alpha = 6 - D_s$。通常，表面分形维数 $2 \leqslant D_s < 3$，因此 $3 < \alpha \leqslant 4$，但对具有反应催化的表面，其 $\alpha > 4$；另外，在一些情况下，在式 (12.144) 指数律关系中，指数 $\alpha < 3$，对这种不满足表面分形维数 $3 < \alpha \leqslant 4$ 关系的情况，体系具有质量分形特性，即满足

$$M = Ar^{-D_m} \qquad (12.146)$$

或写为

$$\rho = Br^{3-D_m} \qquad (12.147)$$

式中，M，ρ 分别为系统的质量和密度；D_m 为质量分形维数；A，B 为与被测系统质量、密度分布无关的测量长度。

对于质量分形，有 $0 \leqslant D_m \leqslant 3$，再联系式 (12.145) 可知，$\alpha = D_m$，即对具有质量分形体系，其分形维数 $0 \leqslant \alpha \leqslant 3$。Schmidt 指出，对于畸变体系，当 s 很大，且满足 $s\xi \gg 1$（这里 ξ 是体系产生散射的特征长度）时，$I(s)$ 正比于散射矢量 s 的负指数幂，此时的散射又称"指数律"散射，即 SAXS 强度 $I(s)$ 与分形有下述关系

$$I(s) = I_0 s^{-\alpha} \qquad (12.148)$$

两边取对数，即

$$\ln I(s) = \ln I(0) - \alpha \ln s \qquad (12.149)$$

式中，$I(0)$ 为 $s \to 0$ 时的散射强度。

由式 (12.148) 可知，作 $\ln I(s)$-$\ln s$ 曲线，如果 $\ln I(s)$-$\ln s$ 呈直线，则直线斜率为 α，表明有分形存在，并可确定分形类别及分形维数。

对于具有分形行为的多孔体系，SAXS 强度与分形的关系已由 Schmidt 给出。将式 (12.131) 化为

$$I(s) = I_e V_0 \phi_1 \phi_2 \langle (\Delta\rho)^2 \rangle s^{-1} \int_0^\infty \gamma(r) \sin(sr) r \mathrm{d}r \qquad (12.150)$$

式中，ϕ_1，ϕ_2 为样品中相 1，相 2 的体积分数；$\langle\Delta\rho\rangle$ 为两相平均电子密度差；V_0 为被辐照样品体积。

对于孔界分明的多孔材料且在 r 较小时，式（12.150）中的相关函数 $\gamma(r)$ 可以在 r_0 附近展开：

$$\gamma(r) = 1 + \frac{\partial\gamma(r)}{\partial r}\Big|_{r=0} r + \cdots \qquad (12.151)$$

如果我们引入表示第 i 组分中长度为 r 的孔存在于第 j 组分中的概率函数 $P_{ij}(r)$，则按 $\gamma(r)$ 定义，$\gamma(r)$ 可被表示为

$$P_{11}(r) = \phi_1 + \phi_2\gamma(r)$$
$$P_{22}(r) = \phi_2 + \phi_1\gamma(r) \qquad (12.152)$$

由式（12.152），有

$$\gamma(r) = [P_{11}(r) - \phi_1]/\phi_2$$

故有

$$\frac{\partial\gamma(r)}{\partial r} = \frac{\partial[P_{11}(r) - \phi_1]/\phi_2}{\partial r} = \frac{\partial P_{11}(r)}{\phi_2 \partial r} = \frac{\partial[1 - \phi_2 r/\bar{l}]}{\phi_2 \partial r} = \frac{1}{\phi_2}\left(-\frac{\phi_2}{\bar{l}}\right)$$

注意到，$\bar{l} = \dfrac{4\phi_1\phi_2 V_0}{A}$。式中，$A$ 为表面积；$\bar{l}$ 为平均切割长。则上式化为

$$\frac{\partial\gamma(r)}{\partial r} = -\frac{A}{4\phi_1\phi_2 V_0} \qquad (12.153)$$

所以式（12.151）化为

$$\gamma(r) = 1 - \frac{Ar}{4\phi_1\phi_2 V_0} + \cdots \qquad (12.154)$$

将式（12.144）代入到式（12.154），有

$$\gamma_{fr}(r) = 1 - \frac{N_0 r^{3-D}}{4\phi_1\phi_2 V_0} \qquad (12.155)$$

考虑到某体系的分形是在一定范围内存在，我们定义其上界为 ξ，当 $r > \xi$ 时，分形不存在。为此，相关函数 $\gamma(r)$ 为

$$\gamma(r) = \gamma_{fr}(r)\gamma_c(r/\xi)$$

为简单起见，令 $\gamma_c(r/\xi) = \exp(-r/\xi)$，则上式为

$$\gamma(r) = \gamma_{fr}(r)\exp(-r/\xi) \qquad (12.156)$$

将式（12.155）和式（12.156）代入到式（12.150），有

$$I(s) = I_e\langle(\Delta\rho)^2\rangle\phi_1\phi_2 V_0 s^{-1}\int_0^\infty\left[1 - \frac{N_0 r^{3-D}}{4\phi_1\phi_2 V_0}\right]e^{-r/\xi}\sin(sr) r\mathrm{d}r \qquad (12.157)$$

注意到，Gradshleyn 和 Ryzhik 积分

$$\int_0^\infty r^{\mu-1} \mathrm{e}^{-x/\zeta} \sin(sr)\mathrm{d}r = \Gamma(\mu)(\zeta^{-2} + s^2)^{-\mu/2} \sin[\mu\arctan(s\zeta)]$$

式中，$\Gamma(x)$ 为 Γ 函数。式（12.157）化为

$$I(s) = \pi I_e \langle (\Delta\rho)^2 \rangle \phi_1 \phi_2 V_0 s^{-1} \left\{ \frac{\Gamma(2)\sin[2\arctan(s\xi)]}{[\xi^{-2} + s^2]} \right.$$
$$\left. - \frac{N_0 \Gamma(5 - D)\sin[(5 - D)\arctan(\xi s)]}{4\phi_1\phi_2 V_0 (\xi^{-2} + s^2)^{(5-D)/2}} \right\} \tag{12.158}$$

当 $s\xi \to \infty$，$s \gg \xi^{-1}$，且 $D = 2$ 时，式（12.158）有

$$I(s) = \frac{1}{2} I_e \langle (\Delta\rho)^2 \rangle N_0 s^{-4}$$

表明，当 $D = 2$ 时，恰恰是当 $s \gg \xi^{-1}$ 时，$I(s) \propto s^{-4}$ 的 Porod 定律关系。

当 $D = 3$，且 $s \gg \xi^{-1}$ 时，式（12.158）为 0，为得到具有分形条件下的 $I(s)$，必须将式（12.158）加以修正，即研究 $D \to 3$ 条件下的 $I(s)$ 值。注意到

$$\arctan(s\xi) \approx \frac{\pi}{2} - (s\xi)^{-1} + 0[(s\xi)^{-3}]$$

$$\sin(s\xi)^{-1} \approx (s\xi)^{-1}$$

则式（12.158）最后形式为

$$I(s) = 2I_e \langle (\Delta\rho)^2 \rangle \phi_1 \phi_2 V_0 \xi^{-1} \left[1 - \frac{N_0}{4\phi_1\phi_2 V_0} \right] s^{-4} \tag{12.159}$$

对于分形维数为 $2 \leqslant D < 3$ 且 $s \gg \xi^{-1}$ 时，其质量分形维数 D_m 与 $I(s)$ 关系为

$$I(s) = I_{0m} \Gamma(D_m + 1)\{\sin[\pi(D_m - 1)/2]/(D_m - 1)\} s^{-D_m} \tag{12.160}$$

表面分形维数 D_s 与 $I(s)$ 的关系为

$$I(s) = I_{0s} \Gamma(5 - D_s)\sin[\pi(D_s - 1)/2] s^{-(6-D_s)} \tag{12.161}$$

式中，I_{0m}，I_{0s} 均为与实验条件和分形结构有关的常数。将式（12.160）、式（12.161）和式（12.145）相比可知，对质量分形 $\alpha = D_m \leqslant 3$，对表面分形 $\alpha = 6 - D_s$（即 $\alpha > 3$），清楚地表明了根据 SAXS 强度测量可以确定体系的分形结构。式（12.160）和式（12.161）表明，去模糊强度 $I(s)$ 与质量分形维数 D_m 的关系是 $I(s) \propto s^{-D_m}$，同表面分形维数 D_s 的关系是 $I(s) \propto s^{-(6-D_s)}$。如采用模糊强度 $\tilde{I}(s)$，则模糊强度与分形维数的关系分别为 $\tilde{I}(s) \propto s^{-(5-D_s)}$（表面分形）和 $\tilde{I}(s) \propto s^{1-D_m}$（质量分形）。同时，分形维数 D 与粒子回转半径 R_g 有下述关系：

$$R_g^2 = D(D + 1)\xi^2/2 \tag{12.162}$$

采用分形理论也可以阐明聚合物链段 Flory 的自回避无规行走模型与分形维数的关系。

运用上述模糊强度与质量分形维数和表面分形维数的关系，可计算嵌段共聚物的界面分形。图 12.59 是苯乙烯质量分数 28% 的苯乙烯-丁二烯-苯乙烯（SBS）

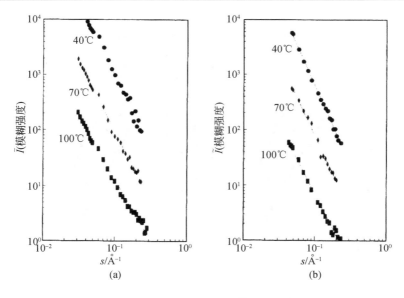

图 12. 59　不同温度条件下 SAXS 模糊强度 $\tilde{I}$ 与散射矢量值 s 的关系曲线

（a）SBS 三嵌段共聚物；（b）SIS 三嵌段共聚物

（a）和苯乙烯质量分数 14% 的苯乙烯-异戊二烯-苯乙烯（SIS）（b）两种三嵌段共聚物的散射矢量值与散射强度的关系。SBS 和 SIS 三嵌段共聚物两相系统具有明显的粗糙界面，对这一系统，Porod 指数率已不适用，采用分形模型可以较好地描述两相界面结构。在分析中，将 SBS 和 SIS 中的聚苯乙烯（PS）相作为微孔（岛相），并把聚丁二烯（PB）和聚异戊二烯（PI）作为连续相（海相），PS 处于 PB 和 PI 连续相的环绕中。图 12. 59 是应用表面分形维数 D 与 SAXS 模糊强度 $\tilde{I}$ 间的关系 $\tilde{I}(s) \propto s^{-(5-D_s)}$ 曲线。图中的三条近似呈直线的 $\tilde{I}(s)$-s 关系是在三个特定温度下的结果，每一个温度条件下，$\tilde{I}(s)$-s 关系均在较宽散射矢量值 $s = \dfrac{4\pi\sin\theta}{\lambda}$ 的范围内表现为线性相关。从每一条直线的斜率可求得 SBS 和 SIS 两相界面的表面分形维数 D_s。同样，采用质量分形维数 D_m 与 SAXS 模糊强度 $\tilde{I}$ 间的关系 $\tilde{I}(s) \propto s^{1-D_m}$ 也可获得类似的关系曲线。运用去模糊 SAXS 强度与散射矢量关系 $\tilde{I}(s) \propto s^{-(5-D_s)}$（表面分形）和 $\tilde{I}(s) \propto s^{1-D_m}$（质量分形）也可求出分形维数，与模糊强度得到的结果相比，只是线性关系稍差（图 12. 60）。表 12. 11 列出了在三种温度下 SBS 和 SIS 的界面分形计算结果，该结果是由图 12. 59 和图 12. 60 中近似直线的斜率算得的表面分形维数。表中，$D_{s(1)}$ 为由模糊强度得出的

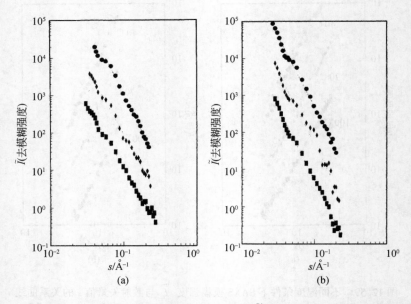

图 12.60　不同温度条件下 SAXS 去模糊强度 $\widetilde{I}$ 与散射矢量 s 的关系曲线
(a) SBS 三嵌段共聚物；(b) SIS 三嵌段共聚物

结果；$D_{s(2)}$ 为由去模糊强度得出的结果；s_{min} 和 s_{max} 为最小和最大散射角对应的散射矢量值。由表中 $D_{s(1)}$ 和 $D_{s(2)}$ 值比较可见，两者数值极其相近。同时，从表中还可发现，随着温度的增加，分形维数也增大，表明在 SBS 和 SIS 两种三嵌段共聚物中，由于温度的提升，体系由微相分离的有序态转为无序态，这样一来，分布于微相界面内的不同链段间的嵌段连接点，由于热运动的加剧使其向两相区的扩散涨落加强，从而造成两相界面的粗糙度加大，界面的分形行为更为明显。

表 12.11　在三种温度下 SBS 和 SIS 两相界面的分形计算结果

样品	$T/℃$	N	$D_{s(1)}$	$D_{s(2)}$	$s_{min}/Å^{-1}$	$s_{max} Å^{-1}$
	40	3	2.13 ±0.08	2.10 ±0.10	0.032	0.232
SBS	79	3	2.51 ±0.12	2.50 ±0.14	0.030	0.232
	100	3	2.77 ±0.14	2.76 ±0.12	0.030	0.262
	40	3	2.21 ±0.10	2.20 ±0.15	0.032	0.242
SIS	70	3	2.58 ±0.12	2.57 ±0.12	0.028	0.242
	100	3	2.81 ±0.12	2.80 ±0.12	0.028	0.262

上述结果阐明，三嵌段共聚物 SBS 和 SIS 的微相界面具有明显的分形结构。

根据 Helfand 理论，分子构筑对微区的相界面性质具有较大的影响。与两嵌段共聚物不同，三嵌段共聚物微区中的聚合物链必定有链的两个连接点被排斥到界面里，从而使得嵌段连接点在界面微区中无序性分布增加，致使界面分形维数值较大。同样，由于分子构筑的不同，四臂星型嵌段共聚物微相界面的分形维数值更大。

应用分形概念，采用 SAXS 测量技术获得的 I-S 曲线，由曲线的斜率，S. Yano 曾求出环氧树脂/TiO$_2$ 杂化物的质量分形维数 $D_m \approx 2.7$（图 12.61）。图 12.61 表明，随着 TiO$_2$ 含量由 2% ~5% 加大到 10% 时，散射峰出现的位置由 $s \approx 2.4$nm^{-1}，移向小散射角 $s \approx 1.9$nm^{-1} 处。分形维数 $D \approx 2.7$ 则表明，微区中存在 TiO$_2$ 的支化三维网络结构。图 12.62 是环氧树脂/SiO$_2$ 杂化物的 SAXS 强度曲线，图中曲线表明，随着环氧树脂/SiO$_2$ 杂化物中 SiO$_2$ 含量的增加，杂化物密度增加，从而促使环氧树脂/SiO$_2$ 杂化物的散射强度变强。由曲线斜率求得该杂化物的表面分形维数 $D \approx 3.4$。按照 Porod 理论可知，具有粗糙表面的纳米 SiO$_2$ 粒子随机地分布于环氧树脂基体中，且环氧树脂分子链被吸附于纳米 SiO$_2$ 粒子表面上；但在环氧树脂/TiO$_2$ 杂化物中，环氧树脂链则是与 TiO$_2$ 分子间形成化学键间的结合。

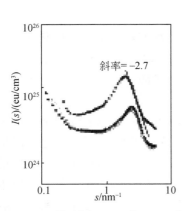

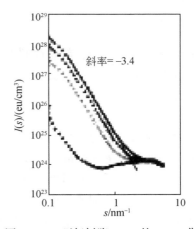

图 12.61　环氧树脂/TiO$_2$ 的 SAXS 曲线　　　图 12.62　环氧树脂/SiO$_2$ 的 SAXS 曲线

图 12.63 是聚（R-3-羟基丁酸酯，PHB）在室温条件下结晶时的 SAXS 强度曲线。图中清楚地给出，在 $s \approx 1$nm^{-1} 时，出现表征球晶片层结构的长周期峰位，其值约为 6nm。该曲线的斜率为 2.7，这说明室温结晶的 PHB 具有质量分形特征。

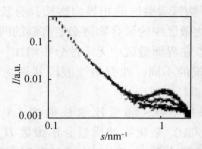

图 12.63 聚（R-3-羟基丁酸酯）在 20℃于 5、10 和 15 分结晶条件下的 SAXS 强度曲线

12.15 小角中子散射

近 20 多年来，基于中子源及其特点，线束设备和散射记录装置的改进，小角中子散射（SANS）已在凝聚态物质结构研究中得到广泛的应用。现仅对这一技术做一简要介绍。

12.15.1 中子源及 SANS 原理

1. 中子源

中子源有下述 5 种：放射性同位素中子源、加速器中子源、核裂变反应堆中子源、带电粒子束裂变和聚变中子源以及等离子体中子源。核裂变反应堆中子源由于具有很高的中子强度，是目前较为理想的中子源，已广泛应用于不同材料的结构研究中。

由原子核裂变反应产生的中子，一般都具有几兆电子伏特的能量；通过减速后，可得到能量为 $E = 30\text{meV}$，波长为 0.17nm 左右的中子流。在这一能量附近的中子流称为热中子，能量低于热中子的称为冷中子。通常用于散射实验的中子源是反应堆中子源和加速器中子源，它们均可提供较高的中子通量。反应堆中子源是基于原子核裂变反应，由核裂变材料 ^{235}U、冷却剂慢化器和慢化反射器构成；加速器中子源则是基于核蜕变反应，借助于加速器将粒子高度加速，利用加速粒子的短脉冲轰击靶材料，从而获得中子束。

2. SANS 原理

SANS 原理基本上与 SAXS 相同，只是 SAXS 是样品的核外电子的散射；而 SANS 由于中子不带电，当中子打击到样品上时，中子与核外电子几乎不发生作用，没有散射出现，而是中子与原子核作用产生的散射。有鉴于此，只要将

SAXS 强度表达式中的相干散射振幅转化为核的相干散射振幅，SANS 相干散射强度即可得到。

体系中的粒子干涉现象，都可以通过 SAXS 和 SANS 去描述：

$$E_s = E_0 \sum_i P_i \exp(i\boldsymbol{r}_i \cdot \boldsymbol{s}) \qquad (12.163)$$

式中，E_s 和 E_0 分别为散射电场强度和入射电场强度；P_i 为第 i 个散射体元的散射能力；$\boldsymbol{r}_i$ 为第 i 个散射体元到参考坐标原点的距离；散射矢量 $\boldsymbol{s}$ 的值，$s = |\boldsymbol{s}| = \dfrac{4\pi\sin\theta}{\lambda}$。其中，$\theta$ 为散射角；λ 为波长。

SAXS 和 SANS 的主要差别在于式（12.163）中的 P_i，对于 SANS，P_i 与原子核的性质有关，是原子核的散射；对 SAXS，P_i 则是与电子密度有关的散射，是核外电子的散射。散射源不同，造成了对所研究体系结构的不同表征。众所周知，氢原子（H）同其他元素比较，其 X 射线散射能力极差。相反，由于中子的散射能力决定于元素的原子核裂变，与核外电子的变迁无关；因此，即便是对 H 原子，它也是中子的较好散射源。由此可知，中子散射对不同的同位素（如氢和重氢），其散射能力不同；X 射线散射对不同的同位素其散射能力是相同的。在 SANS 中，利用标记方法研究聚合物结构具有重要意义。

考虑由原子核和电子壳层磁矩产生的中子散射，对由 N 个原子造成的弹性散射截面（σ），在 Born 一级近似下，单位体积内中子被散射在单位立体角（Ω）中的微分散射截面为

$$\frac{\mathrm{d}\sigma(s)}{\mathrm{d}\Omega} = \left[\frac{\mathrm{d}\sigma(s)}{\mathrm{d}\Omega}\right]_{\mathrm{coh}} + \left[\frac{\mathrm{d}\sigma(s)}{\mathrm{d}\Omega}\right]_{\mathrm{incoh}} \qquad (12.164)$$

式中，相干散射：

$$\left[\frac{\mathrm{d}\sigma(s)}{\mathrm{d}\Omega}\right]_{\mathrm{coh}} = \frac{1}{N} \sum_{i,j=1}^{N} b_i b_j \mathrm{e}^{-\langle W_i + W_j \rangle} \mathrm{e}^{i\boldsymbol{s}\cdot\langle \boldsymbol{R}_i - \boldsymbol{R}_j \rangle} \qquad (12.165)$$

非相干散射：

$$\left[\frac{\mathrm{d}\sigma(s)}{\mathrm{d}\Omega}\right]_{\mathrm{incoh}} = \sum_{\nu=1}^{\nu_0} C_\nu (\sigma_{\mathrm{incoh},\nu}/4\pi)\,\mathrm{e}^{-2W_\nu} \qquad (12.166)$$

式中，R_i，R_j 分别为 i，j 两原子距参考坐标原点的距离；$s = |\boldsymbol{s}| = \dfrac{4\pi\sin\theta}{\lambda}$，$\theta$ 为中子射线散射角，λ 为中子波长；C_ν 为原子分数；$\sum\limits_{\nu=1}^{\nu_0} C_\nu = 1$；$\nu_0$ 为不同元素的数目；e^{-W_ν} 为 Debye 温度因子；b，$\sigma_{\mathrm{incoh},\nu}$ 为中子散射相干长和非相干散射截面，均有表可查。

量子力学已证明，当整个中子散射截面 $\int N[\dfrac{\mathrm{d}\sigma(s)}{\mathrm{d}\Omega}]\mathrm{d}\Omega$ 小于几何截面时，

Born 一级近似式（12.164）总是成立的。

如果不考虑非相干散射，且分子间不存在相互作用，式（12.164）化为

$$\frac{d\sigma(s)}{d\Omega} = C_D(1 - C_D)KmP(s) \tag{12.167}$$

式中，C_D 为标记分子的浓度；K 为对比度因子；m 为聚合度；$P(s)$ 为聚合物分子形成因子。

$$P(s) = \frac{1}{m^2} \langle \sum_{i,j} \exp[is(R_i - R_j)] \rangle \tag{12.168}$$

式中，R_i，R_j 分别为 i，j 两原子距参考坐标原点的距离。

当 s 很小时，式（12.168）可近似表达为

$$P(s) \approx \exp(-\frac{1}{3}s^2R_g^2) \tag{12.169}$$

或写为

$$\frac{1}{P(s)} \approx 1 + \frac{1}{3}s^2R_g^2 \tag{12.170}$$

式中，R_g 为回转半径。

为计算方便，引进简约散射强度

$$J(s) = \frac{d\sigma(s)}{d\Omega} / [C_D(1 - C_D)K] = mP(s) \tag{12.171}$$

由此可见，在小角（小 s）范围内，可以测定样品的回转半径 R_g。将 $P(s) - s$ 曲线外延至 $s \rightarrow 0$，可以求出样品的表观相对分子质量，并由此求得控制分子的分离条件。表 12.12 给出了不同 s 范围内 SANS 可获得的结构信息。

表 12.12　中子散射（NS）在不同 s 值下求得的结构参数

NS 的 $s(\text{nm}^{-1})$ 值范围	结构参数
0.05 ~ 0.3（SANS 范围）	相对分子质量；回转半径 R_g；分子链分聚效应
0.3 ~ 3（IANS 范围）	在一个结晶片层中，聚集结晶基元（stem）的平均数目及其在一个结晶片层中，同一分子的结晶基元之间的平均距离
3 ~ 50（WANS 范围）	结晶基元之间的直接相关函数

12.15.2　SANS 仪

图 12.64 是一种 SANS 仪的装置示意图。由核反应堆通过核裂变产生的连续冷中子流，经过弯形导管进入单色器，再通过速度选择器（它可将中子束按不同

能量进行分离），然后再进入可将中子束准直的导管；中子束再前行进入斩波器（对反应堆中子源，它用于产生脉冲中子束；对加速器中子源，则用于给出单色化脉冲中子束），然后中子束再入射到样品上，最后将经过样品散射的中子束通过检测器。该检测器是由 $1cm^2$ 正方形分有 4096 个格子的 BF_3 多点计数器组成。改变样品与中子源间距离（L）和样品与检测器间距离（D），可获得不同的入射线束与散射线束的角度。

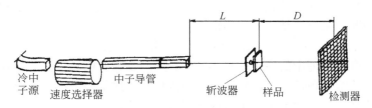

图 12.64   SANS 仪的装置示意图

12. 15. 3   SANS 特点

与 X 射线散射相比，小角中子散射具有下述特征：

（1）反应堆或加速器脉冲中子源的能量是连续的，即其波长是连续的。常用的中子源波长为 $0.1 \sim 1nm$，是研究聚合物链结构、相结构等的理想波段。采用冷中子源时，其波长为 $1nm$ 左右，在较小散射角下，也可获得满意的分辨率，且可避免多重 Bragg 背景散射，其 s 值比 X 射线小 10 倍，应用更广泛。使用热中子流则可用 $0.1nm$ 左右的波长。对研究单胞结构，单链结构等具有重要意义。

（2）中子不带电。由于中子与原子的相互作用是原子核的相互作用；而 X 射线与原子的相互作用是核外电子的散射作用。中子散射性质由原子核决定。

（3）中子具有磁性。中子是研究磁性聚合物的形态结构和磁涨落的有利工具。X 射线是电磁波，它不能测定具有磁性聚合物的结构。

（4）中子对同一元素的不同同位素具有不同的散射长度。如氢（H）和重氢（氘，D）分别为 $b_H = -0.37 \times 10^{-12}cm$，$b_D = 0.66 \times 10^{-12}cm$。用标记方法可以研究处于浓溶液中的聚合物链形态结构等。

（5）中子穿透性强。这是因为中子对绝大多数材料的吸收小，即使波长为 $0.5 \sim 1.5nm$ 时，其吸收系数也很小，所以中子具有较好的波长选择性。

（6）利用冷中子能量低、速度小的特点，可以研究聚合物的动态结构。

12. 15. 4   SANS 的应用

根据 de Broglie 提出的粒子波动方程

$$\lambda = \frac{h}{P} = \frac{h}{mV} = \frac{h}{\sqrt{2mE}} \qquad (12.172)$$

式中，λ 为粒子的 de Broglie 波长；h 为 Planck 常量；P 为粒子动量；m 是粒子质量；V 是粒子速度；E 为粒子能量。

可见，对一定的发射源，只要改变 V 或 E，就可以得到不同的波长 λ。对中子而言，其 λ 为 0.1~1nm，这一波长范围恰恰是与聚合物晶体单胞尺寸、分子链的构筑、粒子尺寸及其相关距离等结构参数相当。由此，SANS 与 SAXS 相比，具有更大的测定聚合物结构的适用范围：

（1）聚合物非晶本体及浓溶液中聚合物链的形态研究。非晶聚合物的链结构研究是聚合物物理中的一个重要内容。用 SALS 和 SAXS 方法不能处理非晶聚合物本体及浓溶液条件下紧密堆砌的分子链构象。这是因为这两种方法不能获得本体和浓溶液条件下的单个分子链的散射数据。应用 SANS 方法，由于氘代（标记）分子与本体分子的 SANS 强度明显不同，将少量的标记分子混入本体分子中，这样带有标记的分子是无标记分子的"稀溶液"，由此可得到此"稀溶液"标记分子的形态。应用这种方法得到的非晶本体以及结晶性聚合物的熔体和浓溶液状态下的聚合物链的形态和尺寸，其结果与 Flory 无规线团模型的结果符合，从而有力地证明了 Flory 理论的正确性。

（2）对带有磁性的聚合物，基于小角中子的磁相干弹性散射，可测定其磁结构和磁涨落。一般 SAXS 方法对具有磁性的聚合物，是不能测定其结构的。

（3）利用 SANS 测定薄膜的厚度、表面粗糙度以及多层膜的界面结构。采用掠入射中子散射（GINS）的掠入射临界角 α_c，要比掠入射 X 射线散射（GIXS）小很多，显示出 SANS 对膜结构测定的优越性。

（4）采用 SANS 可以研究聚合物的畸变、晶体的生长和相变。

（5）采用 SANS 可进行聚合物的取向结构、凝胶和网络结构的研究。

（6）采用 SANS 可进行均聚物、共聚物、共混物的结构、形态与相变的研究。

12.16 聚合物材料结晶过程的结晶能量计算

聚合物材料结晶过程一般需经过三个阶段：预成核阶段、成核阶段和生长阶段。当然这三个阶段不能截然分开，在某时刻后将有混合过程出现，然而不管怎样，结晶的生成，在这三个阶段都必须具有一定的能量。

12.16.1 预成核能 E_c

聚合物材料结晶过程同样遵循 Avrami 方程

$$W_c(t) = 1 - \exp(-t/\tau)^n \tag{12.173}$$

式中，$W_c(t)$ 为时刻 t 时体系的结晶转化度；τ 为时间常数；n 为 Avrami 指数。τ 与预成核能（或称结晶成核激活能）E_c 有下述关系：

$$\tau = \tau_0 \exp(-\frac{E_c}{RT}) \tag{12.174}$$

式中，τ_0 为常数；R 为气体常量；T 为绝对温度。

联合式（12.173）和式（12.174）可得

$$t_c = B\exp(E_c/RT) \tag{12.175}$$

式中，t_c 为结晶相达到某特定值的时间；B 为常数。

在一特定的温度下，当 t_c 达到某一值后，E_c 具有一固定值，因此，利用在不同温度下，预成核能 E_c 达到某固定值，模糊积分不变量 $\tilde{Q}$ 亦为定值的特性，取此时的时间作为式（12.175）中的 t_c，作出 $\ln t_c$-$\frac{1}{T}$ 图，则由直线的斜率，可求出 E_c 值（图12.65）。

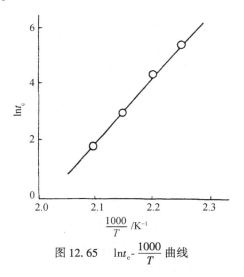

图 12.65　$\ln t_c$-$\frac{1000}{T}$ 曲线

12.16.2　结晶成核能 E_n

在结晶前期，晶体的生长在并未发生碰撞的条件下，可以假设成核速率为常数：

$$\dot{G} = \frac{1}{t_n} = G_0 \exp(-\frac{E_n}{RT}) \tag{12.176}$$

式中, $\dot{G}$ 为成核速率; t_n 为生成一定晶核数的时间; G_0 为常数; E_n 为成核能。

晶核的形成应与由 SAXS 测定的回转半径 R_g 有关, 也应与模糊强度积分不变量 $\tilde{Q}$ 有关。为求 t_n 值, 可取 $\tilde{Q}$ 和 R_g 不变时所对应的时间为 t_n。然后由式 (12.176) 可知, 作 $\ln t_n$-$\frac{1000}{T}$ 曲线, 由图中直线斜率得到 E_n (图 12.66)。

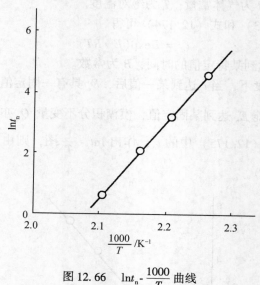

图 12.66　$\ln t_n$-$\frac{1000}{T}$ 曲线

12.16.3　晶核生长能 E_g

晶核生长速度为

$$U = U_0 \exp\left(-\frac{E_g}{RT}\right) \tag{12.177}$$

式中, U 为晶核生长速度; U_0 为常数; E_g 为晶核生长能。晶核的生长可以是一维线性生长, 或是二维平面 (盘状) 生长, 或是三维空间生长。如果假定结晶粒子是球形, 则一般取为三维生长方式, 即 U 是以 cm^3/s 方式生长。

根据 SAXS 测量, 可以求得结晶粒子的平均生长速度为

$$\langle V \rangle = \frac{R_g I(0)}{\sqrt{3\pi}\ \tilde{Q}} \tag{12.178}$$

式中, $\langle V \rangle$ 为粒子平均体积; R_g 为球形粒子回转半径; $I(0)$ 为零角散射强度。球形粒子的体积改变速度 U_V 可由式 (12.179) 给出:

$$U_V = \frac{\langle V_2 \rangle - \langle V_1 \rangle}{t_2 - t_1} \tag{12.179}$$

式中，$\langle V_1 \rangle$ 和 $\langle V_2 \rangle$ 分别为在同一温度下，对应于 t_1 和 t_2 时刻的粒子平均体积。$\langle V_1 \rangle$ 和 $\langle V_2 \rangle$ 可由式（12.178）得到。根据由不同温度下得到的 U_V，作 $\ln U_V$ - $\dfrac{1}{T}$ 图，由图中直线斜率可获得 E_g 值（图12.67）。

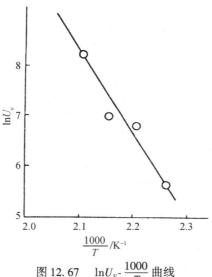

图 12.67　$\ln U_V$ - $\dfrac{1000}{T}$ 曲线

习　题

1. WAXD 和 SAXS 分别测定哪种尺度的结构？它们的狭缝排布和探测器位置有何不同？

2. 哪些主要因素决定了一个样品的 SAXS 强度？

3. 为什么要对长狭缝准直系统进行去模糊修正？确定哪些物理量时必须进行去模糊修正？

4. 采用一维电子密度相关函数法计算：尼龙 1010 的晶区与非晶区电子密度差 $\eta_c - \eta_a$？（提示：已知尼龙 1010 的 $\rho_c = 1.135 \text{g/cm}^3$，$\rho_a = 1.003 \text{g/cm}^3$，$a = 4.9\text{Å}$，$b = 5.4\text{Å}$，$c = 27.8\text{Å}$，$\alpha = 49°$，$\beta = 77°$，$\gamma = 63.5°$，重复单元相对分子质量 $M = 338.52$，核外电子数目 $Z_e = 1881\text{e}7\text{mol}^{-1}$。Avogadro 常量 $N_A = 6.023 \times 10^{23} \text{mol}^{-1}$，电子质量 $= 9.11 \times 10^{-28}\text{g}$，原子质量/电子质量 $= 1840$）。

5. 采用一维电子密度相关函数法计算：PE 晶区与非晶区电子密度之差 $\eta_c - \eta_a$［已知 PE 的 $a = 7.42\text{Å}$，$b = 4.95\text{Å}$，$c = 2.53\text{Å}$，$\alpha = \beta = \gamma = 90°$，$N = 2$（通过单胞分子链数目），样品密度 $\rho_s = 0.932 \text{g/cm}^3$，非晶区密度 $\rho_a = 0.844 \text{g/cm}^3$］。

6. 如何应用 Vonk 方法计算过渡层厚？

7. 试应用 Porod 规律计算两相过渡层厚。

参 考 文 献

[1] Alexander L E. X-Ray Diffraction Methods in Polymer Science. New York：Wiley, 1969

[2] Kakudo M, Kasai N. X-Ray Diffraction by Polymers. Tokyo：Kodansha Ltd, 1972

[3] 仁田勇监修. X 射线结晶学（下）. 东京：丸善, 1961

[4] Tadokoro H. Structure of Crystalline Physics. New York：Wiley, 1979

[5] Fava R A. Methods of Experimental Physics. 16B. New York：Academic Press, 1980

[6] 纪尼叶. X 射线晶体学. 施士元, 译. 北京：科学出版社, 1959

[7] Glatter O, Kratky O. Small Angle X-Ray Scattering. New York：Academic Press, 1982

[8] Guinier A, Fournet G. Small Angle Scattering of X-Ray. New York：Wiley, 1955

[9] 殷敬华, 莫志深. 现代高分子物理学. 北京：科学出版社, 2001

[10] Brumberger H. Small Angle X-Ray Scattering. New York：Gordon-Breach, 1967

[11] 莫志深, 张宏放, 孟庆波, 等. 高分子学报, 1990, 6：655-662

[12] Mo Z S, Meng Q B, Feng J H, et al. Polymer International, 1993, 32（1）：53-60

[13] 莫志深, 张宏放. 合成纤维, 1981, 4：36-41

[14] Strobl G R. Schneider M. J Polym Sci Polym Phys, 1980, 18：1343-1359

[15] Zhang H F, Mo Z S. Eur Polym J, 1996, 32：57-59

[16] Zhang H F, Mo Z S, et al. Makromol Chem Rapid Commun, 1996, 17：117-122

[17] 张宏放, 莫志深, 等. 高分子通报, 1996, 1：1-5

[18] 喻龙宝, 张宏放, 莫志深. 功能聚合物学报, 1997, 10（1）：89-101

[19] Zhang H F, Mo Z S, et al. Polym Deg Stab, 1995, 50：71-74

[20] Zhang H F, Mo Z S, et al. Makromol Chem Phys 1, 1996, 197：553-562

[21] Stein R S. 高分子通讯, 1979, 3：185-192

[22] Flory P J, Yoon Do Y, Dill K A. Macromolecules, 1984, 17：862-868；ibid, 1984, 17：868-871

[23] 莫志深, 陈宜宜. 高分子通报, 1990, 3：178-183

[24] Liu T X, Mo Z S, et al. J Appl Polym Sci, 1998, 69：1829-1835

[25] Kratky O, Pilz I, Schmitz P J. J Colloid interface Sci, 1966, 21：24-34

[26] Pilz I O Kratky. J Colloid Interface Sci, 1967, 24：211-218

[27] Silvestre C, Karasz F E, MacKnight W J, et al. Eur Polym J, 1987, 23：745-751

[28] Vonk C G. J Appl Cryst, 1976, 9：433-440

[29] Sobry R, Fontaine F, Ledent J. J Appl Cryst, 1994, 27：482-491

[30] Lake J A. Acta Cryst., 1967, 23：191-194

[31] Vonk C G. J Appl Cryst, 1971, 4：340-342

[32] Buchanan D R. J Polym Sci Part A-2, 1971, 9：645-658

[33] Kratky O, Miholic G. J Polym Sci Part C, 1963, 2：449-476

[34] Pilz I. J Colloid interface Sci, 1969, 30：140-144

[35] Koberstein J T. J Polym Sci Polym Phys Ed, 1983, 21：1439-1472

［36］ Walter G，Kranold R，Gerber Th，et al. J Appl Cryst，1985，18：205-213

［37］ Koberstein J T，Morra T B，Stein R S. J Appl Cryst，1980，13：34-45

［38］ 张济志. 分形. 北京：清华大学出版社，1995

［39］ 孟昭富. 中国科学（A 辑），1994，24：761-767

［40］ 孟昭富. 小角 X 射线散射理论及应用. 长春：吉林科学技术出版社，1996

［41］ 喻龙宝，莫志深，张宏放，等. 功能高分子学报，1995，8（4）：445-454

［42］ 张宏放，莫志深，等. 高分子学报，1990，6：688-693

［43］ 莫志深，张宏放，等. 应用化学，1991，8（5）：85-88

［44］ 裴光文，刘月亭，等. 理学 X 射线衍射仪用户协会论文选集，1993，6：126-129；1995，（1）：1-14

［45］ 朱育平. 理学 X 射线衍射仪用户协会论文选集，1993，1：9-20；1995，8（2）：149-155

［46］ 张晋远. X 光小角散射//黄胜涛. 固体 X 射线学（二）. 北京：高等教育出版社，1990

［47］ Wang S E，Wang J Z，Zhang H F，et al，et al. Macromol Chem Phys，1996，197：1643-1650

［48］ Wignall G D，Alamo R G，Mandelkern L，et al. Macromolecules，1996，29：5332-53335

［49］ Zhang H F，Mo Z S，et al. Chin J Polym Sci，1996，14：318-323

［50］ Schmidt P W. J Appl Cryst，1991，24：414-435；Schmidt P W，et al. J Chem Phys，1991，94：1474-1479

［51］ Pfeifer P，Avnir D. J Chem Phys，1983，79（1）：3558-3565

［52］ McMahon P，Snook I. J Chem Phys，1996，105（6）：2223-2227

［53］ Mulato M，Chambouleyron I. J Appl Cryst，1996，29：29-36

［54］ Letcher J H，Schmidt P W. J Appl Phys，1966，37：649-655

［55］ Liu L Z，Yeh F J. Benjamin C. Macromolecules，1996，29：5336-5345

［56］ Perrin P，Prud'homme R E. Macromolecules，1994，27：1852-1860

［57］ Martin J E，Hurd A J. J Appl Cryst，1987，20：61-78

［58］ Mandelbrot B B. The Fractal Geometry of Nature. San Francisco：Freeman，1982

［59］ Reich M H，Russo S P，Snook I K，et al. J Colloid interface Sci，1990，135：353-362

［60］ Bale H D，Schmidt P W. Phys Rev Lett，1984，53：596-599

［61］ 丁厚本，王乃彦. 中子源物理. 北京：科学出版社，1984

［62］ Dachs H. Neutron Diffraction. Berlin：Springer-Verlag，1978

［63］ 莫志深. 合成橡胶工业，1980，3：186-190

［64］ Xie R，Yang B X，Jiang B Z. Phys Rev B，1994，50，3636-3644

［65］ Yano S，Ito T，Shinoda K，et al. Polym Inter，2004，54：354

［66］ Owen A，Bergmann A. Polym Inter，2003，53：12

［67］ Lee S H，Char K，Kim G，Macromolecules，2000，33：7072-7083

［68］ Winey K I，Thomas E L，Fetters L J. Macromolecules，1992，25：422-428

［69］ Huang P，Zhu I，Stephen Z D，et al. Macromolecules，2001，34：6649-6657

［70］ Zhang Q X，Mo Z S，Liu S Y，et al. Macromolecules，2000，33：5999-6005

［71］ 张俐娜，薛奇，莫志深，等. 高分子物理近代研究方法. 第二版. 武汉：武汉大学出版社，2006

［72］ Men Y F，Rieger J，Lindner P，et al. J Phys Chem B，2005，109：16650-16657

［73］ Jiang Z Y，Tang Y J，Men Y F，et al. Macromolecules，2007，40：7263-7269

［74］ Hu S S，Rieger J，Lai Y Q，et al. Macromolecules，2008，41：5073-5076

［75］ Zhang J Q，Hu S S，Rieger J，et al. Macromolecules，2009，42：4795-4800

［76］ Jiang Z Y，Tang Y J，Rieger J，et al. Polymer，2009，50：4101-4111

第十三章 聚合物材料掠入射 X 射线衍射

13.1 引 言

    1923 年，Compton 首先报道了当 X 射线以很小角度入射到具有理想光滑平整表面的样品上时，可以出现全反射（也称镜面反射）现象。入射 X 射线在样品上产生全反射的条件是掠入射角（grazing incidence angle）$\alpha_i < \alpha_c$（α_c 为临界角）。由于照射到样品上的入射角 α_i 很小，几乎与样品表面平行，因此人们也将 X 射线全反射实验称为掠入射衍射（GID）实验。当 X 射线以临界角 α_c 入射到样品上时，射线穿透样品深度仅为纳米级，可以测定样品表面的结构信息；由于常规的 X 射线衍射入射到样品表面的角度较大，大部分射线透射到样品中的深度也较大，是 Bragg 反射，而表面或近表面的 X 射线衍射强度则很弱，不能给出样品表面或近表面的结构信息。

    随着科学技术的飞速发展，构成器件厚度为纳米级的聚合物薄膜已得到广泛的应用。例如，在微电子器件中，经常可见到多层聚合物薄膜的应用，为了使用性能的要求，这种多层薄膜不管它们的每层特性是否相同，彼此都必须有很好的黏合性；在医学上，将聚合物材料植入人体中，有一点必须保证，那就是被植入人体中的聚合物材料表面一定要与人体中的血液相匹配；聚合物作为抗氧化、抗腐、抗磨的涂膜，在半导体装置的器件中已被广泛采用；有机多层复合膜用于生物传感器以及制作巨磁阻的磁性薄膜等。总之，在当今的生活中，软物质薄膜已起到越来越重要的作用。因此，在原子、分子水平上对这类薄膜的表面行为和界面行为的表征是极其重要的。在此基础上，对其结构和成型条件进行调控，以提高它们的性能和使用范围已显得日益重要。

    在过去的 30 多年中，由于表面散射理论的发展，先进实验及检测装置的开发和大功率辐射源的启用，使得应用 X 射线散射方法研究薄膜及界面的特性有了长足的进步。X 射线方法由于制样简单，测试后样品一般不被破坏，且所得信息可靠，精确；同时被测样品从晶体到非晶体，可以是固体也可以是液体。故 X 射线方法在单层和多层薄膜结构分析中是被应用最广泛的工具。目前，各种液体、聚合物、玻璃和固体表面，甚至是复合薄膜材料的表面和界面结构，都可以在原子尺度到几十纳米尺度上获得可靠而精确的表征。

将 X 射线全反射与高分辨电子显微镜（HREM）、原子力显微镜（AFM）、扫描隧道显微镜（STM）、变角光谱椭圆仪（VASE）等相结合，用于探求表面和界面在实空间和倒易空间的结构信息，大大推动了材料表面科学的发展。

13.2　掠入射 X 射线衍射的几何分类及实验方法简介

13.2.1　掠入射衍射的几何分类

掠入射衍射的几何分类主要有以下三种（图 13.1）。

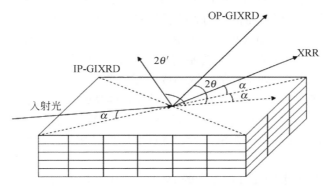

图 13.1　掠入射和出射 X 射线衍射几何

1. 共面对称偶合模式的掠入射衍射

共面对称偶合（coplanar locked coupled）模式掠入射衍射的几何特点是入射 X 射线与出射 X 射线同样品表面之间都形成掠射角，并且相等，衍射线与入射线及样品表面法线共面。一般这种掠射衍射被称为 X 射线反射率（X-ray reflectivity，XRR）。

2. 共面非对称偶合模式的掠入射衍射

共面非对称偶合（coplanar unlocked coupled）模式掠入射衍射的几何特点是入射 X 射线与样品表面之间形成掠射角，出射 X 射线则在广角范围内的 Bragg 角位置，衍射线与入射线及样品表面法线共面。一般这种掠射衍射被称为面外掠入射 X 射线衍射（out-of-plane grazing incident X-ray diffraction，OP-GIXRD）。

3. 非共面非对称偶合模式的掠入射衍射

非共面非对称偶合（non-coplanar unlocked coupled）模式掠入射衍射的几何

特点是入射 X 射线同样品表面之间形成掠射角，出射 X 射线则在广角范围内的 Bragg 角位置，但衍射线与入射线及样品表面共面或存在着一定的夹角。当衍射线与入射线及样品表面共面时，这种掠射衍射被称为面内掠入射 X 射线衍射（in-plane grazing incident X-ray diffraction，IP-GIXRD）。

13.2.2 掠入射 X 射线衍射仪

掠入射 X 射线衍射实验装置与通常 X 射线衍射实验设备的不同之处在于，它采用掠入射角进行样品表面的 X 射线衍射测量。掠入射 X 射线衍射实验装置必须具有高的角度分辨率和良好的准直系统。现在一般测角仪的机械分辨率至少 $0.001°$，能够满足需要。而传统的索拉狭缝只能将 X 射线的平行度改善到 $0.1°$ 左右，而且准直过程中 X 射线的损失比较大。目前掠入射 X 射线衍射仪常使用多层反射镜来将发散的 X 射线变焦为平行光，其平行度可以达到 $0.04°$，光强也比使用索拉狭缝高很多。如果再加上双晶或四晶单色器，可以将光的平行度进一步提高到 $0.01°$ 甚至 $0.002°$ 以下。为了实现对薄膜样品的精确对准，掠入射 X 射线衍射仪通常还配有至少含马达驱动的 Z、χ 方向调节的薄膜样品台。德国布鲁克公司、日本理学公司和荷兰帕纳克公司等都有已商品化的掠入射 X 射线衍射实验装置。

图 13.2 是德国布鲁克公司生产的 D8 Discover 型掠入射 X 射线衍射仪。它为卧式 θ-θ 型，配有装备了多层镜与 4 晶单色器（可选）的封闭陶瓷铜靶、马达驱

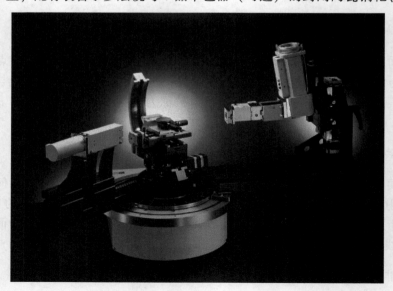

图 13.2　德国布鲁克公司 D8 Discover 型掠入射 X 射线衍射仪

动的能在 X、Y、Z、ω、χ、ϕ 方向调节的薄膜样品台以及闪烁计数器型探测器。当进行 X 射线反射率及面外掠入射 X 射线衍射测量时，χ 处于 90° 的垂直位置，光源出射的平行光垂直于测角仪；当进面内掠入射 X 射线衍射测量时，χ 处于 0° 的水平位置，光源旋转 90°，使出射的平行光平行于测角仪。

图 13.3 是日本理学公司生产的 SmartLab 型掠入射 X 射线衍射仪。它为立式 θ-θ 型，带有配有多层镜与 4 晶单色器（可选）的封闭陶瓷铜靶或 9kW 旋转阳极铜靶、马达驱动的能在 X、Y、Z、ω、χ、ϕ 方向调节的薄膜样品台，以及可以同时在 2θ 和 χ^* 方向运动的闪烁计数器型探测器。无论哪种模式测试时，样品均处于水平状态，当进行 X 射线反射率及面外掠入射 X 射线衍射测量时，探测器在 2θ 方向扫描；当进行面内掠入射 X 射线衍射测量时，探测器在 $2\theta\chi^*$ 方向扫描。与布鲁克的仪器相比，因为它在进行面内扫描时，是通过索拉狭缝来限制面内方向的 X 射线平行度的，所以分辨率要差一些，但是因为其辐照面积比较大，所以衍射信号比较强。

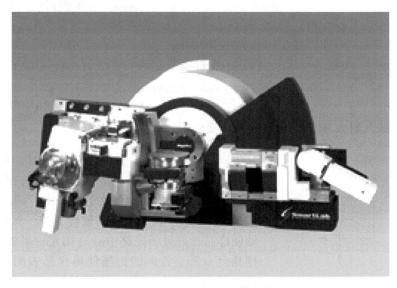

图 13.3　日本理学公司 SmartLab 型掠入射 X 射线衍射仪

用衍射仪进行掠入射 X 射线衍射，尤其是面内掠入射 X 射线衍射测量时，光源功率较小导致衍射信号较弱，因此需要很长的测试时间，甚至有些样品信号过弱而湮没在背景信号中。同步辐射以其准直性好、光通量高的特点，解决了这个难题。

同步辐射产生光的前段比较复杂，光源后面与衍射仪配置相近，一般用功能更全面的六圆衍射仪与 XYZ 三维可动样品架。图 13.4 为北京同步辐射与上海同步辐射衍射站使用的 Huber 五圆衍射仪。它配备的点探测器可以在样品后面的半球内移动，根据样品的位置进行面内和面外衍射扫描。因为同步辐射一般都是点光源，在两个方向上的平行度都很高，所以配备二维探测器后很容易实现二维衍射。详细介绍请见本书第十五章。

图 13.4   Huber 五圆衍射仪

13.2.3   掠入射 X 射线衍射实验方法简介

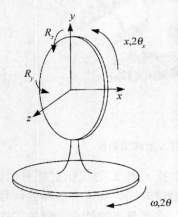

图 13.5   测角仪示意图

在进行掠入射 X 射线衍射实验时，首先要对样品进行精确对准，一般的过程如下：先将样品台高度 Z 降低使样品不处于光路中，通过探测器（2θ）扫描来寻找探测器的精确零点；然后调节 Z 轴使样品正好处于光路中心（切光一半处）；之后样品台 ω 和 χ 方向的扫描使得样品表面与光束平行。因为样品台与光束的平行性对切光有影响，所以 Z、ω 和 χ 方向的对准需要反复进行。如果后续还涉及变换 φ 角进行测量，还需要调节 R_x 和 R_y 使样品的中心处于 ω 轴与 χ 轴交点上（图 13.5）。

进行 X 射线反射率测试时，选用对称偶合模式进行测量。因为在对准时通常使用直通光，光强比较大，所以一般需要使用多个金属片作为衰减片来降低光强，保护探测器。而随着入射角度的增加，反射的 X 射线强度降低（详见 13.3.3），需要减少衰减片来提高入射到探测器中的信号，一般在反射率曲线中，X 射线强度的变化在 7 个数量级以上。

　　进行掠入射 X 射线衍射测试时，保持入射角在一定的掠角，选用探测器扫描模式进行测量。一般为了消除基底的影响，入射角选择在薄膜的临界角和基底的临界角之间。高分子材料一般密度较小，临界角也较小（表 13.1），而常用的硅片或玻璃基底的临界角约为 0.21°~0.23°，所以在实验中通常选用 0.20°或更小角度作为入射角。

表 13.1　部分材料的 $r_e\rho$，δ，μ 和 α_c 值（$\lambda = 0.154\,18$nm）

材料	$r_e\rho/10^{10}\,\mathrm{cm}^{-2}$	$\delta/10^{-6}$	μ/cm^{-1}	$\alpha_c/\,(\,°\,)$
真空	0	0	0	0
PS(C_8H_8)$_n$	9.5	3.5	4	0.153
PMMA($C_5H_8O_2$)$_n$	10.6	4.0	7	0.162
PVC(C_2H_3Cl)$_n$	12.1	4.6	86	0.174
PBrS(C_8H_7Br)$_n$	13.2	5.0	97	0.181
SiO_2	18.0~19.7	6.8~7.4	85	0.21~0.22
Si	20.0	7.6	141	0.223
Ni	72.6	27.4	407	0.424
Au	131.5	49.6	4170	0.570

　　聚合物薄膜样品的制备方法有多种，如 LB 膜、电沉积和溶胶－凝胶法等；一般常用的方法是：将已被事先溶好的待测试样的溶液，滴在 Si 或 SiO_2 单晶衬底上，采用高速旋转涂膜法，制得不同厚度的样品。

　　作为聚合物薄膜掠入射研究的直观例子，图 13.6 给出了聚氧化乙烷/聚苯乙烯嵌段共聚物薄膜的 X 射线反射率曲线和掠入射 X 射线衍射曲线。通常 X 射线反射率曲线也可以用测量出的物理量表示，即横坐标用 $2\theta(2\theta = 2\alpha)$ 表示，纵坐标用反射强度（reflect intensity）表示。为了方便比较不同波长的结果，消除波长的影响，X 射线反射率曲线和掠入射 X 射线衍射曲线经常使用 $k_{0,z}$ 或 q_z 作为横坐标，这两者的计算方法分别为 $k_{0,z} = 2\pi\sin\alpha_i/\lambda$ 和 $q_z = 4\pi k\sin\alpha_i/\lambda$，它们的物理意义将在 13.3 节介绍。

　　通过 X 射线反射率曲线，能解析出薄膜的厚度、密度和粗糙度等信息；通过掠入射 X 射线衍射曲线，能消除基底的影响，更全面地解析出薄膜的结晶情况。13.3 节将详细介绍这两种测量方法的原理及其在聚合物薄膜研究中的应用。

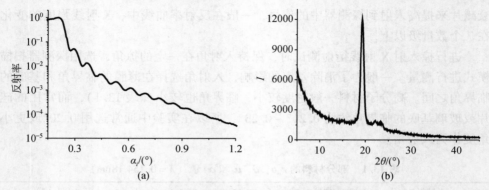

图 13.6　聚氧化乙烷/聚苯乙烯嵌段共聚物薄膜的
X 射线反射率（a）和掠入射 X 射线衍射曲线（b）

13.3　掠入射衍射基本原理及应用

13.3.1　X 射线反射率

1. X 射线全反射

设具有平面波特征的电磁场，在点 r 处的电场强度为 $\boldsymbol{E}(r) = \boldsymbol{E}_0 \exp(i\boldsymbol{k}_i \cdot \boldsymbol{r})$。该电场强度在介质中的传播特性可用 Helmholtz 方程表示：

$$\Delta \boldsymbol{E}(r) + k^2 n^2(r) \boldsymbol{E}(r) = 0 \tag{13.1}$$

式中，$\boldsymbol{k}$ 为波矢，$|\boldsymbol{k}| = k = \dfrac{2\pi}{\lambda}$；$\lambda$ 为辐射线波长；$n(r)$ 为位于 r 处的折射率，对于均匀介质，$n(r)$ 是与位置无关的常数。

如果具有谐波振动的介质在单位体积内含有 N 个原子，谐振频率为 ω_i，则 $n(r)$ 为

$$n^2(r) = 1 + N \frac{e^2}{m\varepsilon_0} \sum_{i=1}^{N} \frac{f_i}{\omega_i^2 - \omega^2 - 2i\omega\eta_i} \tag{13.2}$$

式中，ω 为入射电磁波频率；e 和 m 分别为电子的电荷和质量；η_i 为阻尼因子；f_i 为每个原子的电子强迫振动强度，通常为复数。对 X 射线，若 $\omega > \omega_i$，则式（13.2）可简化为

$$n(r) = 1 - \delta(r) - i\beta(r) \tag{13.3}$$

式中：

$$\delta(r) = \frac{\lambda^2 r_e N_A}{2\pi} \sum_{i=1}^{N} \frac{\rho_i(r)}{A_i} [Z_i + f'(E)] \tag{13.4}$$

$$\beta(r) = \frac{\lambda^2 r_e N_A}{2\pi} \sum_{i=1}^{N} \frac{\rho_i(r)}{A_i} f''(E) \tag{13.5}$$

式中，$\delta(r)$ 与色散有关，$\beta(r)$ 与吸收有关，必须指出，一般材料的色散项 $\delta(r)$ 大于零；N_A 为 Avogadro 常量；λ 为 X 射线波长；$\rho_i(r)$ 为位于 r 处，相对原子质量为 A_i，原子序数为 Z_i 的第 i 个组分的电子密度；经典电子半径 r_e（或称 Thomson 电子散射长），$r_e = \dfrac{e^2}{4\pi\varepsilon_0 mc^2} = 2.814 \times 10^{-5}\text{Å}$；$f'$ 和 f'' 为实的（色散项）和虚的（吸收项）反常因子。

理论计算表明，吸收项 β 值一般要比色散项 δ 值小 $2 \sim 3$ 个数量级，故在计算折射率 $n(r)$ 时，常把 $\beta(r)$ 值略去，即式（13.3）成为

$$n(r) = 1 - \delta(r) \tag{13.6}$$

但应当注意，对那些原子序数大的原子，β 的作用不可忽略。同时，随着 X 射线辐射波长的增加，X 射线与样品间的作用也增加，β 的作用也不可忽略。在这两种情况下，不论样品的化学结构如何，折射率 $n(r)$ 成为复数。

在掠入射条件下，X 射线由光密介质（n_1）入射到光疏介质（n_2）时，由于入射角 α_i 和出射角 α_f 都很小，故波矢差 $\boldsymbol{q} = \boldsymbol{k}_f - \boldsymbol{k}_i$ 也非常小（图 13.7）。当介质均匀且介质波长远离 X 射线吸收边时，折射率可化为

$$n = 1 - \frac{\lambda^2 \rho r_e}{2\pi} - i\frac{\lambda\mu}{4\pi} \tag{13.7}$$

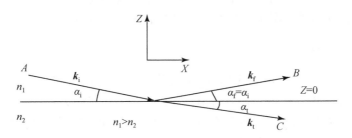

图 13.7 位于 XZ 平面内的电磁波在掠入射角为 α_i 条件下的入射波矢 $\boldsymbol{k}_i$，反射波矢 $\boldsymbol{k}_f$ 和折射波矢 $\boldsymbol{k}_t$（图中 α_t 为折射角）

根据光学中的 Snell 定律，由图 13.7 可知，

$$n_1\cos\alpha_i = n_2\cos\alpha_t \tag{13.8}$$

式中，n_1，n_2 为介质 1，2 的折射率。由于真空或空气的 $n_1 = 1$，所以式（13.8）化为

$$\cos\alpha_t = \cos\alpha_i / n_2 \tag{13.9}$$

式（13.9）表明，由光密介质进入到光疏介质中，若 $n_2 > 1$，由式（13.6）知，$\delta < 0$，则 $\alpha_t > \alpha_i$，此时对任何入射角 α_i 的值，都有 α_t 与之对应。反之，如果 $n_2 < 1$，即 $\delta > 0$，则 $\alpha_t < \alpha_i$，由此可以看出，当 α_i 小到某一值时，$\alpha_t \to 0$，则 $\cos\alpha_t$

=1。把 $\alpha_t = 0$ 时对应的 α_i 角度称为临界角，并以 α_c 表示。上述结果说明，只有在 $\alpha_i > \alpha_c$ 时，$\alpha_t > 0$，有折射发生；当 $\alpha_i \leqslant \alpha_c$ 时，没有折射出现，称为全反射（或称镜面反射）。当然，由于吸收作用，将有很小的反射损失。在全反射下，X射线不能深入到介质中。全反射是研究薄膜表面结构的重要方法，它在研究表面和界面结构、吸附、相变、粗糙度中都得到了广泛的应用。当入射 X 射线与样品表面夹角在 α_c 附近时，伴随的 Bragg 衍射，其散射线的穿透深度仅为几纳米，可以测定样品表面原子排列，称为二维 X 射线散射。

由式（13.9）可知，如果 $\alpha_t = 0$，此时的 α_i 即为 α_c，则 $\cos\alpha_c = \cos\alpha_i = n_2 = 1 - \delta$，所以

$$\alpha_c = \sqrt{2\delta} = \lambda\sqrt{\frac{r_e\rho}{\pi}} \tag{13.10}$$

式（13.10）表明，临界角 α_c 与 X 射线波长和介质的电子密度有关。当介质一定时，$\alpha_c \propto \lambda$。λ 越大，α_c 也越大。表 13.1 列出了部分材料的某些相关参数值。

表 13.1 表明，α_c 值很小，通常为一度的十分之几。对 X 射线而言，δ 的数量级为 10^{-6}，可见折射率 n 稍小于 1。

上述讨论中，应用 X 射线研究聚合物薄膜时，入射线的偏振不是主要的，因此偏振效应不予考虑。对一些小分子材料，由于这些材料具有较高的取向或具有一定的磁矩，在这种情况下，X 射线入射线的偏振不能忽略。

2. 单界面系统

设仅考虑具有平整光滑的真空/介质单层界面（图 13.7）。介质 1（真空）中平面电磁波强度为 $E_i(r) = (0, A, 0)\exp(ik_i \cdot r)$，以波矢分量 $k_i = k(\cos\alpha_i, 0, -\sin\alpha_i)$，临界角为 α_c 入射到具有折射率为 $n = 1 - \delta - i\beta$ 的介质 2 的表面上，在这一条件下产生的反射波强度为 $E_f(r) = (0, B, 0)\exp(ik_f \cdot r)$，其中波矢分量 $k_f = k(\cos\alpha_i, 0, \sin\alpha_i)$；透射波强度为 $E_t(r) = (0, C, 0)\exp(ik_t \cdot r)$，其中波矢 $k_t = (k_{t,x}, 0, k_{t,z})$。$k_{t,x}$，$k_{t,z}$ 可以根据折射定律确定。假定垂直于 XZ 平面在 Y 方向的电磁波呈线性偏振（S 偏振），在 $Z = 0$ 平面上电磁场的切向分量是连续的，则反射系数和透射系数分别为 $r_s = B/A$，$t_s = C/A$。由 Fresnel 公式，有

$$r_s = \frac{k_{i,z} - k_{t,z}}{k_{i,z} + k_{t,z}} \tag{13.11}$$

$$t_s = \frac{2k_{i,z}}{k_{i,z} + k_{t,z}} \tag{13.12}$$

由图 13.7 可知，$k_{i,z} = k\sin\alpha_i$，$k_{t,z} = nk\sin\alpha_t$，再由式（13.9），经过简单运算可得，$k_{t,z} = k(n^2 - \cos^2\alpha_i)^{\frac{1}{2}}$，把上述 $k_{i,z}$，$k_{t,z}$ 代入式（13.11）和式（13.12），略

去高阶小量, 则有

$$r_{s} = \frac{\sin\alpha_{i} - (\sin^2\alpha_{i} - 2\delta)^{\frac{1}{2}}}{\sin\alpha_{i} + (\sin^2\alpha_{i} - 2\delta)^{\frac{1}{2}}} \tag{13.13}$$

$$t_{s} = \frac{2\sin\alpha_{i}}{\sin\alpha_{i} + (\sin^2\alpha_{i} - 2\delta)^{\frac{1}{2}}} \tag{13.14}$$

同理, 位于 XZ 平面内, 垂直于 Y 方向的电磁波偏振是线性的 (P偏振), 则其反射系数和透射系数分别为

$$r_{p} = \frac{n^2 k_{i,z} - k_{t,z}}{n^2 k_{i,z} + k_{t,z}} \tag{13.15}$$

$$t_{p} = \frac{2 k_{i,z}}{n^2 k_{i,z} + k_{t,z}} \tag{13.16}$$

即

$$r_{p} = \frac{(1 - 2\delta)\sin\alpha_{i} - (\sin^2\alpha_{i} - 2\delta)^{\frac{1}{2}}}{(1 - 2\delta)\sin\alpha_{i} + (\sin^2\alpha_{i} - 2\delta)^{\frac{1}{2}}} \tag{13.17}$$

$$t_{p} = \frac{2\sin\alpha_{i}}{(1 - 2\delta)\sin\alpha_{i} + (\sin^2\alpha_{i} - 2\delta)^{\frac{1}{2}}} \tag{13.18}$$

将式 (13.11) 和式 (13.12) 同式 (13.15) 和式 (13.16) 比较可知, X 射线在掠射情况下, $n \to 1$, 所以 $r_{p} = r_{s}$, $t_{p} = t_{s}$。本节仅考虑 S 偏振现象。

反射波的强度, 即 Fresnel 反射率定义为 $R_{f} = |r|^2$。当 α_{i} 较小时, 可以得到 R_{f} 为

$$R_{f} = \frac{(\alpha_{i} - p_{1})^2 + p_{2}^2}{(\alpha_{i} + p_{1})^2 + p_{2}^2} \tag{13.19}$$

式中, p_{1} 和 p_{2} 分别为折射角 $\alpha_{t} = p_{1} + ip_{2}$ 的实部和虚部。

$$p_{1}^2 = \frac{1}{2}\left[\sqrt{(\alpha_{i}^2 - \alpha_{c}^2)^2 + 4\beta^2} + (\alpha_{i}^2 - \alpha_{c}^2) \right]$$

$$p_{2}^2 = \frac{1}{2}\left[\sqrt{(\alpha_{i}^2 - \alpha_{c}^2)^2 + 4\beta^2} - (\alpha_{i}^2 - \alpha_{c}^2) \right]$$

图 13.8 给出了 Fresnel 反射率 R_{f} 与 α_{i}/α_{c} 的关系曲线。该图表明, 对不同的 β/δ 值, 当固定 δ 时, 吸收作用仅在临界角 α_{c} 附近 ($\alpha_{i}/\alpha_{c} \to 1$), 才有明显的作用; 当 $\alpha_{i} > \alpha_{c}$ 时, R_{f} 值迅速下降。由式 (13.19) 可知, 当 $\alpha_{i} > 3\alpha_{c}$ 时, R_{f} 可以简化为

$$R_{f} \approx (\alpha_{c}/2\alpha_{i})^4 \tag{13.20}$$

材料的反射率是重要的物理参数, 由式 (13.19) 和式 (13.20) 可知, 通过改变入射 X 射线波长或改变入射角 α_{i}, 这两种方法均可测得材料的 R_{f} 值。同时也可知道, 当 α_{i} 很大时, $R_{f} \propto \alpha_{i}^{-4}$, 这表明 $R_{f}\alpha_{i}^4 \to$ 常值, 与第十二章所述Porod

定律相比可知，由于 $\alpha_i \propto k_i$，因此对于明锐的相界面，在较大 k 值下，小角散射强度 $I(s) \propto k^{-4}$。

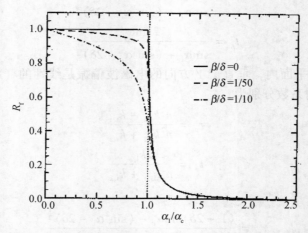

图 13.8   在不同的 β/δ 值下反射率 R_f 与 α_i/α_c 的关系曲线

采用 CuK_α X 射线，Si/真空界面，$\delta = 7.56 \times 10^{-6}$，$\alpha_c = 0.22°$

实际上，由于界面存在粗糙度，并非理想光滑，反射率 R_f 随 α_i 增大而下降，其下降速度比 α_i^{-4} 更快些。

图 13.9 是 Fresnel 透射率 $T_f = |t|^2$ 与 α_i/α_c 的关系曲线。从图中可以看出，当 $\alpha_i \approx \alpha_c$ 时，对不同的 β/δ 值，T_f 达到最大值。同 $\beta = 0$（无吸收）情况相比，

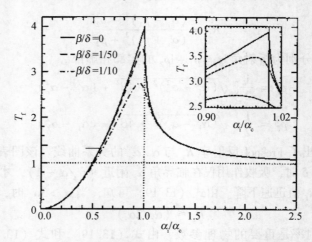

图 13.9   不同的 β/δ 下的透射率 T_f 与 α_i/α_c 的关系曲线

采用 CuK_α X 射线，Si/真空界面，$\delta = 7.56 \times 10^{-6}$，$\alpha_c = 0.22°$；小图为 $\alpha_i/\alpha_c \to 1$ 的情况

随着吸收（β）增加，T_f 值稍偏向小 α_c 方向移动。这是因为反射波和透射波的干涉造成了透射波振幅增加所致。当 α_i 较大时，$T_f \rightarrow 1$，此时入射波较容易进入到介质中。在 $\alpha_i \rightarrow \alpha_c$ 处，瞬逝波（波在 Z 方向的传播按指数衰减进行，透射到样品表面下的深度极小，X 射线衍射强度急剧衰减）的最大透射强度可用下述近似式计算：

$$T_f = \frac{4}{1 + \dfrac{2\sqrt{\beta}}{\alpha_c}} \qquad (13.21)$$

3. 单层膜系统

单层薄膜的结构最简单，它一般可以用双界面模型表示，如图 13.10 所示。

将处于真空（或空气）的薄膜样品（介质 1）置于衬底（介质 2）之上，由图 13.10 所示，以 $r_{0,1}$ 表示真空与样品间的反射系数以 $r_{1,2}$ 表示样品与衬底间的反射系数，d 为样品厚度。在此条件下的反射系数为

$$\begin{aligned} r_s &= \frac{r_{0,1} + r_{1,2}\exp(2ik_{1,z}d)}{1 + r_{0,1}r_{1,2}\exp(2ik_{1,z}d)} \\ &= r_{0,1} + \frac{r_{1,2}(1 - r_{0,1}^2)\exp(2ik_{1,z}d)}{1 + r_{0,1}r_{1,2}\exp(2ik_{1,z}d)} \end{aligned} \qquad (13.22)$$

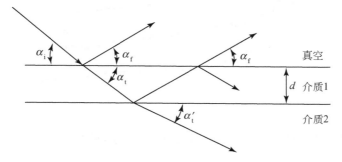

图 13.10　双界面结构衍射几何图

由此可进一步得到反射率 $R_{0,z}$ 为

$$R(k_{0,z}) = |r_s|^2 = \frac{|r_{0,1}|^2 + |r_{1,2}|^2 + 2\mathrm{Re}[r_{0,1}r_{1,2}\exp(2ik_{1,z}d)]}{1 + |r_{0,1}r_{1,2}|^2 + 2\mathrm{Re}[r_{0,1}r_{1,2}\exp(2ik_{1,z}d)]} \qquad (13.23)$$

式中，Re 意为后面复数的实数部，即

$$R(k_{0,z}) = \frac{r_{0,1}^2 + r_{1,2}^2 + 2r_{0,1}r_{1,2}\cos(2k_{1,z}d)}{1 + r_{0,1}^2 r_{1,2}^2 + 2r_{0,1}r_{1,2}\cos(2k_{1,z}d)} \qquad (13.24)$$

这个公式被称为 Parratt 公式，是软件模拟 X 射线反射率的基本核心公式。

根据这个公式可知当 $(2ik_{1,z}d)$ 每增大一个 2π 时会出现一个周期振荡，这通常被称为 Kiessig 振荡（Kiessig oscillation）。根据振荡波纹的宽度，可以求得样品的厚度，可以通过商业化软件进行曲线拟合，也可以通过推导出的下面的简易公式进行计算。

根据振荡周期与膜厚的关系可知，

$$d = \frac{\pi}{\Delta k_{0,z}} \qquad (13.25)$$

将 $k_{0,z} = k\sin\alpha$，$k = 2\pi/\lambda$ 带入上面的公式，有

$$d = \lambda/2\sin\alpha_1 - 2\sin\alpha_2 \qquad (13.26)$$

X 射线反射率测试时角度都很小，所以 $\sin\theta$ 可以近似为 θ，所以上面公式可以近似为 $d \approx \lambda/\Delta 2\alpha$。

作为例子，图 13.11 为用德国布鲁克公司生产的 D8 Discover 型掠入射 X 射线衍射仪测量的在硅片上旋涂不同厚度的聚甲基丙烯酸甲酯（PMMA）薄膜的 X 射线反射率曲线，从上至下分别为 100.9nm、62.5nm、43.1nm、8.8nm。

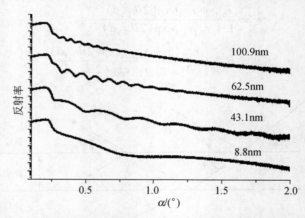

图 13.11　硅片上旋涂的不同厚度的 PMMA 薄膜的 X 射线反射率曲线

将图 13.11 中的数据进行处理，得到了这几个样品的 $R(k_z)k_{0,z}^4$ 与 $k_{0,z}$ 的关系曲线，如图 13.12 所示。由图中可以看出，全部振动波的 $R(k_z)k_{0,z}^4$ 的平均值对 $k_{0,z}$ 是一常数（图中虚线所示）。进一步验证了 $R(k_z)k_{0,z}^4 \rightarrow$ 常数这一结论。

4. 多层膜系统

实用器件中常采用多层膜结构以达到特殊使用要求，因此对多层膜表面结构的研究比单一表面层结构研究更为重要。对于多层膜结构，所有各个界面的散射

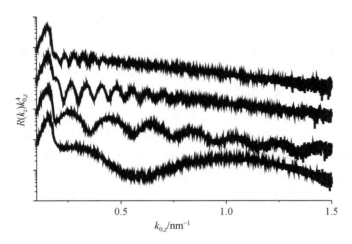

图 13.12　不同厚度 PMMA 薄膜的 $R(k_z)k_{0,z}^4 - k_{0,z}$ 关系曲线

都必须计及。

对于具有 n 层薄膜的样品，令第 $n+1$ 层是半无限长衬底，最上层为真空（或空气），设第 j 层的折射率为 $n_j = 1 - \delta_j - i\beta_j$，厚度为 $d_j (j = 1, 2, \cdots, n)$，掠入射角 α_i，反射角为 α_f（图 13.13）。在这种多层膜结构中，每个界面用一个变换矩阵表征，将代表 n 个界面的变换矩阵相乘，则可求出反射率。Parratt 给出了具有 n 个界面的 X 射线反射率递推公式：

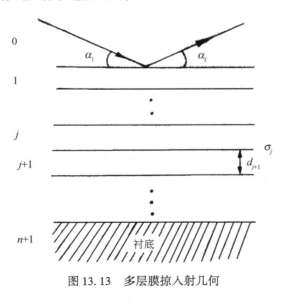

图 13.13　多层膜掠入射几何

$$R_{j,j+1} = \exp\left[-\frac{i\pi}{\lambda}(n_j^2 - \cos^2\alpha_i)^{\frac{1}{2}}d_j\right]\frac{R_{j+1,j+2} + r_{j,j+1}}{R_{j+1,j+2}r_{j,j+1} + 1} \quad (13.27)$$

式中，$r_{j,j+1}$ 为 Fresnel 反射系数；$R_{j+1,j+2}$ 为 $R_{j,j+1}$ 的下一层的反射率。整个递推计算过程由衬底和第 n 层薄膜开始，逐渐一层一层往上推算，直到得到真空（或空气）/样品界面，获得 $R_{1,2}$ 值为止。应注意，因为衬底为无限厚，故 $R_{n,n+1} = 0$。由 $|R_{1,2}|^2 = R$ 给出样品表面总的反射强度。

图 13.14 是玻璃/氧化铟锡（ITO）薄膜和玻璃/ITO/［PEDOT: PSS］［poly（3,4-ethylenedioxythiophene）/ poly（styrenesulfonate）］薄膜的 X 射线反射率曲线。这两种薄膜都常用做聚合物光电器件的电极，其厚度决定了电阻。通过软件拟合知 PEDOT: PSS 薄膜的厚度为 35.6nm，ITO 的薄膜厚度为 20.7nm。

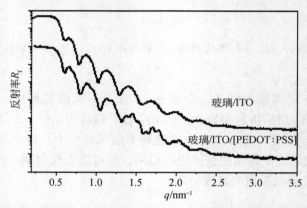

图 13.14　玻璃/ITO 与玻璃/ITO/［PEDOT: PSS］单层膜与双层膜的 X 射线反射率曲线

5. 粗糙度

前面所有对单层或多层膜的反射率、反射系数等的处理都认为膜表面、衬底表面以及其间的界面为理想光滑平整，没有厚度起伏存在，界面是理想明锐的，即在数学上将由第 j 层到第 $j+1$ 层的折射率 n_{j+1} 作为常数。然而，实际上，表面和界面均存在厚度起伏，是粗糙的。电子密度的连续改变，导致折射率也连续地变化。这种粗糙度对反射率曲线的形状有很大的影响。图 13.15 为硅片上旋涂的聚己基噻吩薄膜的基于理想光滑平面的模拟曲线和实际测得的曲线，粗糙度的存在会使波纹数减少，振幅减小。

界面粗糙度分为两种：其一是几何粗糙度，本章仅讨论这种情况下的界面粗糙度；其二是由化学组成造成的界面粗糙度。表面（或界面）厚度起伏有两种情况：一种是表面（或界面）厚度起伏曲率与聚合物的相干长度 l_c 相比较小，但从一个厚度的起伏到另一个厚度起伏，其平均长度比 l_c 大；另一种情况恰好与

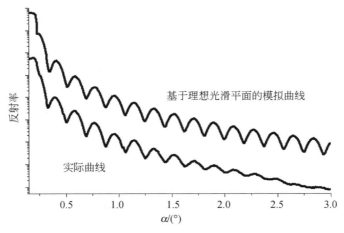

图 13. 15　硅片上旋涂的聚己基噻吩薄膜的基于理想光滑
平面的模拟曲线和实际测得的曲线

上述情况相反，与聚合物相干长度 l_c 相比，表面（或界面）存在较大曲率的厚度起伏（图 13. 16），在 l_c 的长度上可出现几个厚度起伏。很明显，对于上述两种具有不同厚度起伏的表面（或界面），表面（或界面）上密度的变化也不同。在第一种情况下，表面（或界面）各点的入射角 α_i 不同，正如图 13. 16（a）所示。由于表面存在较小的曲率，尽管如此，α_1，α_2 也是不同的，但均在其平均 α_i 值附近摆动。这种条件下（粗糙度变化不明显）的表面对入射线造成的影响，类似于入射线照射到平板上的发散效应［图 13. 16（a）下方］。表面法线方向密度改变是急剧的，存在不连续性。第二种情况是表面（或界面）一个厚度起伏的尺寸远小于相干长度 l_c，入射到表面（或界面）上每点的角度与其平均值明显不同。表面法线方向的密度变化，从真空（或空气）的零值增加到介质中的平均密度，不是陡然改变的，而是连续的［图 13. 16（b）］。这种更接近于表面实际情况的粗糙度造成表面法线方向密度的改变，类似于小角散射中相界面的密度梯度效应。一般而言，表面和界面的这种厚度起伏（粗糙度），由于射线的相互作用，将造成反射率降低。表面和界面的厚度起伏在 $\alpha_i \neq \alpha_f$ 时，造成了反射强度的降低，形成发散散射，偏离了镜面反射。

薄膜表面和界面间存在的粗糙度对结构的影响近年来已有许多报导，但仍有一些问题尚需解决，这方面的理论处理也正在发展中。

当 X 射线以掠入射角 α_i 照射到 n 层薄膜上，设第 j 层厚度为 d_j，粗糙度为 σ_j（图 13. 14），则反射系数 r 可根据 Parratt 推导公式求出：

$$r_{j-1,j} = \frac{(R_{j,j+1} + r_{j,j-1}) a_j^4}{R_{j,j+1} r_{j-1,j} + 1}$$

（13. 28）

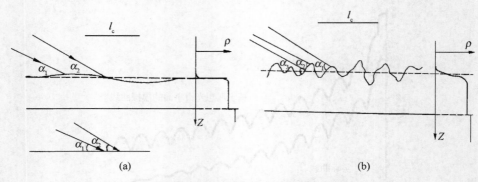

图 13.16　具有厚度起伏曲率较小的波浪形表面（a）和
具有厚度起伏曲率较大的粗糙表面（b）

式中：

$$R_{j,j+1} = \frac{k_j - k_{j+1}}{k_j + k_{j+1}} \exp(-8\pi^2 k_j k_{j+1} \sigma_j^2 / \lambda^2) \tag{13.29}$$

$$a_j = \exp(-i\pi k_j d_j / \lambda) \tag{13.30}$$

$$k_j = (n_j^2 - \cos^2\alpha_i)^{\frac{1}{2}} \tag{13.31}$$

式中，d_j 和 σ_j 分别为第 j 层的薄膜厚度和表面粗糙度，对每一层有四个参数应给予确定，即 δ，β，d 和 σ。

式（13.30）中的粗糙度 σ 实际上应包含表面或界面的粗糙度（σ_γ）和扩散度（σ_d），因此，$\sigma = \sqrt{\sigma_r^2 + \sigma_d^2}$。表面粗糙度的存在将造成反射 X 射线的非镜面性，表面扩散度将增加表面的透明性，两者均可使镜面反射率降低。式（13.30）中，σ 分布是按 Gaussian 分布函数处理，即按 $\exp(-a\sigma^2)$ 进行分析的。在掠入射 X 射线表面结构研究中，由于对象不同，使用的理论也不同。如果不考虑散射体的消光、折射和多重散射条件的单层界面的原子结构问题，则采用 Born 近似法，也称 BA 理论。BA 理论适用于 α_i，α_s 均大于 α_c 的情况，BA 理论不能解决 $\alpha_i \approx \alpha_c$，$\alpha_s \approx \alpha_c$ 条件下 X 射线衍射形成的 Kiessig 干涉条纹或多层膜样品出现的 Bragg 峰结构问题，此时可应用光学中的畸变波 Born 近似（DWBA）理论处理。DWBA 理论，又称动力学近似。该方法是将运动学和动力学相结合研究多层非光滑界面结构，这一理论考虑了折射过程和多重散射。DWBA 理论是把整个散射过程分为两部分：无扰动（理想光滑平面）部分和有扰动（粗糙度引起的小扰动）部分，其实质是对理想散射过程按一级小扰动理论进行处理。式（13.19）中的 σ 是按 DWBA 理论处理的。实际计算中，根据式（13.29）~式（13.32）采用计算机模拟得到 σ，再与实验值进行比较，直到目标函数值达到最小。

图 13.17 为在十八烷基三氯硅烷（OTS）修饰与未修饰的 SiO_2 基底上旋涂的

MEH-PPV ［poly （2-methoxy-5- （2′-ethylhexyloxy）-1,4-phenylene vinylene）］ 薄膜
的反射率曲线。两个反射率曲线波纹的间距相同，说明基底的修饰对薄膜的厚度
没有影响，而 OTS 修饰后的基底上旋涂的薄膜的 X 射线反射率曲线的波纹的数
目较多，说明其粗糙度较小。应用 Bruker 公司的 Leptos 软件，对实验获得的掠入
射衍射强度曲线进行拟合，得出修饰前后高分子与空气界面的粗糙度均为
0.3nm，这个结果与原子力显微镜结果相当吻合。修饰后高分子与基底间的界面
粗糙度则由 0.9nm 减小为 0.5nm。

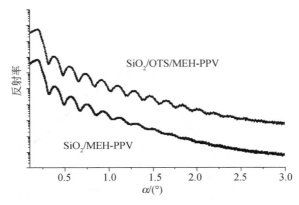

图 13.17　在 OTS 修饰与未修饰 SiO₂ 上旋涂的 MEH-PPV 薄膜的反射率曲线

13.3.2　掠入射 X 射线衍射

1. 超薄膜掠入射 X 射线衍射

当入射角大于全反射的临界角时，X 射线开始入射到物质内，X 射线入射到
薄膜与基底的界面时，如果这个入射角（按 Snell 定律，此入射角小于 X 射线入
射到样品表面的角度）小于薄膜与基底间的全反射临界角，则 X 射线不能入射
到基底中，即 X 射线只照射到薄膜中。这时，在大角部分只能探测到关于薄膜中
结晶的衍射信息。X 射线照射在样品表面的面积为

$$S = H \times L_0 / \sin\alpha_i \qquad (13.32)$$

式中，H 为 X 射线照射宽度；L_0 为 X 射线光束宽度，当入射角很小时，样品的
被照射面积也很大。对于很薄的薄膜，相当于有更多的物质被照射，能产生更多
的衍射信号。

然而由于 X 射线的通量是一定的，照射面积增大的同时，单位面积上的强度
就会降低，导致衍射信号下降。这二者互相影响，对不同的样品最佳的入射角
不同。

例如，图 13.18 为旋涂在玻璃上的聚环氧乙烷（PEO）薄膜的常规 X 射线衍射图和掠入射 X 射线衍射图。常规 X 射线衍射由于入射深度很大，所以能观测到一个很强的宽的玻璃的非晶衍射峰；此外，还能在 23.4°观测到一个很弱的衍射峰，对应聚环氧乙烷的（014）晶面。由此很容易错误地判断聚环氧乙烷是单一取向的。然而，在掠入射 X 射线衍射图中，消除了玻璃的背景信号后，能明显在 15.1°，19.2°，23.4°，27.2°，36.1°观测到 5 个衍射峰，分别对应聚环氧乙烷的（110），（120），（014），（200），（201）晶面，这与偏光显微镜观测到的球晶结构是相一致的。

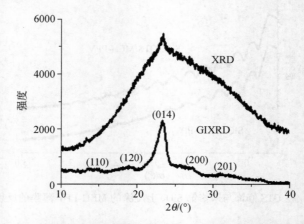

图 13.18 旋涂在玻璃上的聚环氧乙烷（PEO）薄膜的常规 X 射线
衍射图（XRD）和掠入射 X 射线衍射图（GIXRD）

图 13.19 为甲苯溶剂熏蒸处理的玻璃/聚辛基芴（PFO）薄膜的常规 X 射线衍射图和掠入射 X 射线衍射图，可以看出对应只有约 1% 结晶度的 β 相 PFO 的衍射峰很弱，在常规 X 射线衍射中，全部湮没到玻璃的背景信号中，只有在掠入射 X 射线衍射图中消除了玻璃的背景信号后，才能在 7°和 14°观测到强度很低的衍射峰。

面外掠入射 X 射线衍射测试的是与薄膜厚度方向几乎平行的方向的衍射信息，而面内掠入射 X 射线衍射测试的是与薄膜厚度方向垂直的方向的衍射信息，这样面外加上不同 φ 角测试的面内掠入射 X 射线衍射就可以得到薄膜的三维微结构。

图 13.20 为退火前后 PBTTT［poly（2,5-*bis*（3-alkylthiophen-2-yl）thieno［3,2-b］thiophene）］薄膜的面外和面内掠入射 X 射线衍射图，从图中可以看出，PBTTT 分子链主要以主链平行于基底，共轭部分垂直于基底的方式排列，退火后结晶度增加。

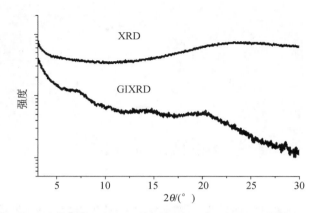

图 13.19　甲苯溶剂熏蒸处理的玻璃/聚辛基芴（PFO）薄膜的常规 X 射线
衍射图（XRD）和掠入射 X 射线衍射图（GIXRD）

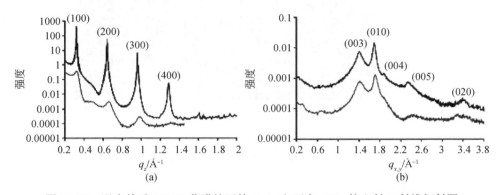

图 13.20　退火前后 PBTTT 薄膜的面外（a）和面内（b）掠入射 X 射线衍射图

同步辐射及相关技术的发展使得这种三维结构可以在高亮度的光源上用新型二维探测器快速地测量出来。图 13.21 为上面样品的二维 X 射线衍射图，从图中不仅能表征出结晶度的变化，还能表征出分子链排列的规整程度的变化。

虽然通过倾转透射电子显微镜也可以得到薄膜样品的三维结构信息，但是掠入射 X 射线衍射法还有可以原位观测的功能。13.22 图为退火过程中在玻璃上旋涂的不同温度的聚己基噻吩薄膜的面外掠入射 X 射线衍射图，可以发现，衍射峰的位置随温度的升高而向小角度移动，降温时又移动回来，而强度在升温降温过程中一直增加。

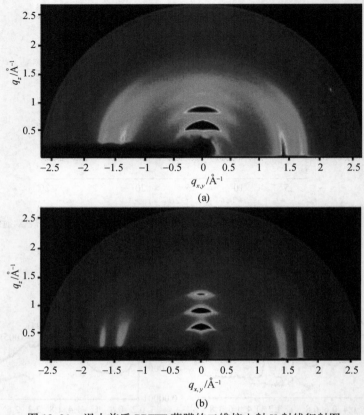

图 13. 21 退火前后 PBTTT 薄膜的二维掠入射 X 射线衍射图

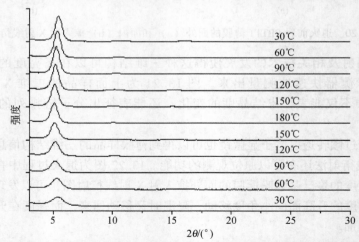

图 13. 22 退火过程中在玻璃上旋涂的不同温度的聚己基噻吩薄膜
的面外掠入射 X 射线衍射图

2. X 射线穿透深度

由于超薄膜比较薄，所以 X 射线的入射角 α_i 一旦大于临界角 α_c，入射到样品内后，很容易穿透整个薄膜。但是对于一些比较厚的样品，如聚烯烃薄膜等，在稍大于临界角 α_c 时，X 射线就不能穿透整个材料，这个就要考虑入射角与 X 射线穿透深度的关系。

通常，由于吸收效应，入射 X 射线波在进入到样品中后，会不断衰减，将入射 X 射线强度衰减为原来强度的 $1/e$ 时，X 射线达到的深度，定义为穿透深度。由式（13.19）可知，具有复数形式的折射角为：$\alpha_t = p_1 + ip_2$，在介质表面下（$Z \leqslant 0$），电场强度 E_t 的数值为

$$E_t = |E_t| = |C| \exp[i(k_{i,x}x - kzp_1)] \exp(kzp_2) \tag{13.33}$$

当 $\alpha_i \leqslant \alpha_c$ 时，p_2 很大，由式（13.33）可知，电场强度 E_t 急速下降，波的传播按指数衰减进行（又称瞬逝波），此波波矢与介质表面几乎平行，其穿透深度 Λ 为

$$\Lambda = \frac{\lambda}{\sqrt{2}\pi} \left[\sqrt{(\alpha_i^2 - \alpha_c^2)^2 + 4\beta^2} - (\alpha_i^2 - \alpha_c^2) \right]^{-\frac{1}{2}} \tag{13.34}$$

式（13.34）说明，穿透深度 Λ 随掠入射角 α_i 改变，因此测定不同深度的结构，可以通过调整 α_i 来达到。当 $\alpha_i \to 0$ 时，

$$\Lambda_0 = \frac{\lambda}{2\pi\alpha_c} = \frac{1}{\sqrt{4\pi r_e \rho}} \tag{13.35}$$

可见此时穿透深度 Λ_0 与 λ 无关。对大多数材料，$\Lambda_0 \approx 5\mathrm{nm}$。从 Λ_0 值也进一步说明，当入射 X 射线角度很小时，散射主要发自于靠近样品表面。利用这一性质可以探测材料的表面结构。图 13.23 表明，当 $\alpha_i/\alpha_c > 1$ 时，X 射线仅受材料的吸收影响，穿透深度迅速增加。理论上，当 $\beta = 0$，即无吸收作用时，具有无限大的穿透深度 Λ。

从式（13.34）可以导出，最大穿透深度 $\Lambda_{\max}$ 为

$$\Lambda_{\max} = \lambda/4\beta = \pi/\mu \tag{13.36}$$

对大多数材料，在 $\alpha_i = \pi/2$ 时，$\Lambda_{\max}$ 约为 $10^4 \sim 10^5 \mathring{\mathrm{A}}$。

利用这个原理我们可以通过改变掠入射角来探测样品不同深度的衍射信息，进而分析样品表面与内部的结晶情况。

图 13.24 为入射角为 0.08°、0.1°、0.2°、0.3°、0.4°、0.5°、0.6°、0.7°、0.8°、0.9°、1°的镀银聚乙烯薄膜面外掠入射 X 射线衍射图。当入射角为 0.08°时，在衍射图中的 21.3°、23.6°、30.1°、36.0°、39.8°和 46.9°出现了明显的衍射峰，分别对应聚乙烯（110）、（200）、（210）、（020）、（310）和（211）晶

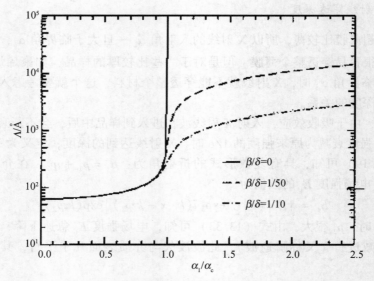

图 13.23 在不同 β/δ 下穿透深度 Λ 与 α_i/α_c 关系曲线

采用 CuK$_\alpha$ X 射线，Si/真空界面，$\delta = 7.56 \times 10^{-6}$，$\alpha_c = 0.22°$

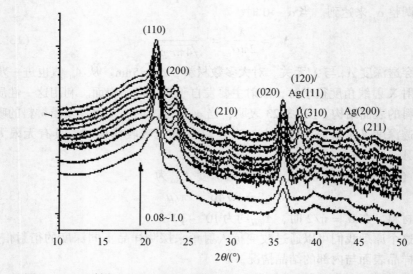

图 13.24 入射角 0.08° ~ 1.0°的镀银聚乙烯薄膜的面外掠入射 X 射线衍射图

波长 1.5406Å，入射角从下至上分别为 0.08°、0.1°、0.2°、0.3°、0.4°、

0.5°、0.6°、0.7°、0.8°、0.9°和 1°

面。当入射角增大到大于 0.2°时，除了这些衍射峰外，还在 38°出现了一个新的衍射峰，可能对应聚乙烯的（120）晶面。也可能对应银的（111）晶面。因为没有同时观测到对应银（200）晶面的衍射峰，所以判断这个峰为对应聚乙烯（120）晶面的衍射峰。当入射角增大到 0.6°时，在 44°出现了明显的衍射峰，应该对应银的（200）晶面。而且当角度继续增大时，这两处峰的比例没有改变，说明在 0.6°时，X 射线已经穿透了整个聚乙烯薄膜，并入射到银膜中。

用上面的公式推导知，当在 X 射线以大于 0.53°的入射角入射到聚乙烯薄膜表面时，理论上，X 射线能穿透整个 50μm 的聚乙烯薄膜，并入射到背面的银膜中。这和入射角为 0.6°时，掠入射 X 射线衍射图出现银的衍射峰的实验结果是吻合的，由此可以认为，利用理想光滑平面推导出的公式来近似计算表面比较光滑的聚乙烯薄膜的 X 射线穿透深度是可以的。但是值得注意的是，在聚乙烯的近表面，由于存在着一定的起伏，对应不同位置 X 射线的入射角度实际会随起伏有所变化。这个变化对入射角大时影响较小，但是对入射角很小时，即计算近表面纳米级的穿透深度时会影响大一些，造成比较大的误差。

入射角很小时，（110）衍射峰相对入射角较大时宽一些，这说明在浅表面聚乙烯的结晶度要高一些，微晶尺寸可能要小一些或者微应力大一些。此外，入射角小时的衍射图中（110）衍射峰型比较不对称，小角度部分更宽一些，有可能是由于表面的聚乙烯结晶受应力的影响造成的晶格畸变。

图 13.25 为这个样品的面内掠入射 X 射线衍射图，结果表明沿拉伸方向结晶情况是不同的，（200）衍射峰变为最强的，但是整体的衍射强度都很低，因为聚乙烯的 c 轴方向相关的衍射峰很难被观测到，所以这些结果说明分子链更多的沿拉伸方向取向。另外，通过对比不同入射角的衍射图可知，在幅宽方向也存在着浅表面结晶度高的现象，而在拉伸方向，由于拉伸作用的影响，这个现象不明显。

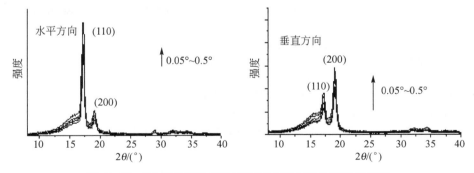

图 13.25　PE 薄膜横向和纵向的面内掠入射 X 射线衍射图

上海同步辐射衍射站（14B）测试，波长为 1.24Å，范围 8°~40°，

入射角分别为 0.05°、0.1°、0.2°、0.5°

习　题

1. 什么是掠入射 X 射线衍射？它有什么用途？

2. 掠射 X 射线衍射几何分类有哪几种？

3. 在解析用铜靶 X 射线源测得的 X 射线反射率曲线时，如何近似计算薄膜的厚度？

4. 简述掠入射 X 射线衍射层序分析方法的原理和用途？

5. 简述掠入射 X 射线实验的光路调节步骤？

参 考 文 献

[1] Tolan M. X-Ray Scattering from Soft-Matter Thin Films. New York：Springer, 1999

[2] 麦振洪，等. 薄膜结构 X 射线表征. 北京：科学出版社, 2007

[3] 郑伟涛，等. 薄膜材料与薄膜技术. 北京：化学工业出版社, 2004

[4] Russell T P. Mater Sci Rep, 1990, 5：171-271

[5] Russell T P. Physica, 1996, B221：267-283

[6] Stepanov S A, Kondrashkina E A, Köhler R, et al. Phys Rev B, 1998, 57：4829-4841

[7] Dosch H. Phys Rev B, 1987, 35：2137-2143

[8] 姜晓明. 物理, 1996, 25（10）：623-627

[9] 崔树范. 物理, 1993, 22（2）：87-91

[10] Stepanov S A, Kondrashkina E A, Schmidbauer M. Phys Rev B, 1996, 54：8150-8162

[11] Marra W C, Eisenberger P, Cho A Y. J Appl Phys, 1979, 50：6927-6933

[12] Jach T, Cowan P L. Phys Rev B, 1989, 39：5379-5747

[13] Matsuno S Y, Kuba M, Nayuki T, et al. The Rigaku J, 2000, 17（2）：36-44

[14] Kojima I, Li B Q. The Rigaku J, 1999, 16（2）：31-42

[15] Stoev K, Sakura K. 理学 X 射线衍射仪用户协会论文选集, 1998, 11（2）：46

[16] Parratt L G. Phys Rev, 1954, 95：359-369

[17] Dosch H. Critical Phenomena at Surfaces and Interfaces（Evanescent X-Ray and Neutron Scattering）. Berlin：Springer-Verlag, 1992

[18] Born M, Wolf E. Principles of Optics. Oxford：Pergamon, 1970

[19] Luo G. M Mai Z H, et al, Phys Rev B, 2001, 64：245404

[20] 张吉东，莫志深. 大学化学, 2009, 24（2）：1-9

[21] 张吉东，莫志深. 第十届全国 X 射线衍射学术大会论文集, 2008：298

[22] Gibaud A, Hazra S. Curr Sci, 2000, 78：1467-1477

[23] Chabinyc M L, Toney M F, et al. J Am Chem, Soc. 2007, 129：3226-3237

第十四章　非晶态聚合物材料的 X 射线散射

14.1　非晶态聚合物

什么是"聚合物非晶态"和"非晶态聚合物"？从聚集态结构角度看，聚合物非晶态包括玻璃态、橡胶态、结晶聚合物中的非晶部分以及结晶熔融态；非晶态聚合物则是指完全不能结晶的聚合物。从分子结构角度看，非晶态聚合物包括：①无规立构聚合物［如无规立构聚苯乙烯（a-PS）、无规立构聚甲基丙烯酸甲酯（a-PMMA）］，它们的分子链结构规则性很差，以致根本不能形成任何可观的结晶，当它们从熔体冷却结晶时，仅能形成玻璃态；②有一类聚合物，如聚碳酸酯（PC）、聚对苯二甲酸乙二醇酯（PET）等，其链结构虽具有一定的规整性，可以结晶，但由于结晶速度非常缓慢，以致其熔体在通常冷却速度下得不到可观的结晶，常呈玻璃态结构；③有些聚合物，链结构虽然具有规整性（如顺式-1,4-聚丁二烯），由于分子链扭折不易结晶，常温下为橡胶态结构，低温时可形成结晶。非晶态聚合物的结构还与温度有关，当温度低于玻璃化温度（T_g）时，聚合物呈玻璃态；高于 T_g 时，聚合物呈橡胶态乃至黏流态，每种结构状态各有其结构特性。晶态聚合物，当升温至完全熔融以及由熔融态淬冷至玻璃态时，均可形成非晶态结构。非晶态聚合物和结晶聚合物中的非晶部分——非晶态，两者在结构和性质上有所不同。鉴于本章讨论问题的性质，对聚合物非晶态和非晶态聚合物不加以区分，统称为非晶态聚合物，且仅讨论用 X 射线散射方法研究非晶态聚合物的理论、实验方法和结果。

非晶态聚合物的结构研究，是凝聚态物理中一个十分活跃的研究领域，是材料科学的重要分支之一。同晶态聚合物结构研究相比，人们对非晶聚合物结构研究远不如对结晶聚合物结构认识得那样深入，无论是基础理论、微观结构还是宏观特性方面，均有大量问题有待人们投入更多的热情和精力去探索解决。

非晶态聚合物材料是否具有近程有序结构，是高分子科学中长期以来存在不同观点争论的问题。20 世纪 50 年代，Flory 提出非晶态聚合物是由无规线团链构象的大分子构成，认为非晶态聚合物在熔融状态下与在 θ 溶剂中具有相同的回转半径或均方末端距，并且这些无规线团形态的分子链聚集，其分布呈 Gaussian 函数状，服从 Gaussian 分布，其链构象可用格子模型表征。后来，Kargin 根据电子衍射和 X 射线衍射实验结果得出，非晶态聚合物存在局部有序结构。20 世纪 70 年代是关于非晶态聚合物结构是否具有近程有序性讨论最活跃的时期，一些研究者提出：宏观上，非晶态聚合物可以用无规线团链构象模型表示，然而在 2 ～ 5nm 尺度上，分子链间存在不同程度的近程有序结构，其范围可大于低分子量液体具有的尺寸。之后，广角 X 射线径向分布函数计算结果，进一步确定了非晶态聚合物在约 5nm 内存在近程有序结构。

晶态聚合物的结晶部分分子链是有序排列，其分子、原子排布具有周期性，称长程有序。非晶态聚合物由于原子或分子间的相互作用，仅发生在几个原子或单个分子大小的尺寸上，即每个原子在一定距离和一定方向上，均拥有固定的邻近原子配位，存在某种程度的有序性。由于其原子、分子的空间排列不呈现周期性和平移对称性，致使分子链的排列杂乱无章，链互相穿插交缠，缺乏任何宏观结构的规律性，是无序组合，至多仅在几个链节范围内有某种有序性，其分子链排列是长程无序，短程有序。当用 X 射线辐照非晶态聚合物样品时，X 射线衍射图只呈现较宽的晕或弥散环，没有表征晶态聚合物的衍射条纹或斑点；X 射线衍射强度曲线呈现单一馒头包形；少数聚合物的 X 射线衍强度曲线呈现双馒头包形〔图 14.1（a）～图 14.1（c）〕。

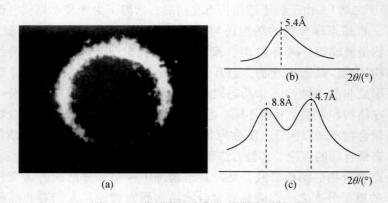

图 14.1　非晶态聚合物的 X 射线衍射图
（a）典型非晶态聚合物的 X 射线衍射图；（b）非晶态聚丙烯的 X 射线衍射强度曲线；
（c）非晶态聚（1-戊烯）的 X 射线衍射强度曲线

对非晶态物质的研究，目前常采用两种办法。其一是衍射数据分析法：通过由实验获得的衍射强度，计算出原子分布，从而得到材料的结构。然而依目前的实验技术、设备和方法，从实验得到的数据，用现有的处理办法去获得数量众多的各原子精确位置和材料的确切结构是不可能的。目前普遍采用描述非晶态物质结构的方法，是借助统计物理学的分布函数法，其中最常用的是径向分布函数（RDF），它是研究非晶态聚合物的重要方法之一。20 世纪 30 年代，Warrern 根据 X 射线衍射强度数据的 Fourier 变换，计算了未拉伸天然橡胶的径向分布函数。由于实验条件、方法和数据处理技术的不完善，此后相当长的一段时间对非晶态聚合物材料结构的研究几乎处于停滞状态。自 20 世纪 60 年代以来，为改善 RDF 的计算精度和消除假峰影响，Kaplow 等提出了一种改善截断误差的修正方法，使 RDF 结果的可靠性大大提高；同时对于多原子体系的 RDF 理论也日臻完善。近年来，非晶态聚合物的 RDF 研究有了较大发展，已先后研究了聚苯乙烯（PS）、聚碳酸酯（PC）、聚对苯二甲酸乙二醇酯（PET）、天然橡胶（NR）、聚乙烯熔体、聚丁二烯、聚三氟氯乙烯、丁腈橡胶及涤纶等。非晶态聚合物样品通过求算 RDF 可以表征其分子链内和分子链间的原子排布短程有序畴及近邻原子配位数目等。其二是模型法：由原子间的相互作用和其他约束条件，给出一种可能的原子结构排布模型，然后由所设模型得出的性质（如径向分布函数等）同实验值加以比较，判断模型的可靠程度。模型的径向分布函数如与实验结果一致，这仅表明了所用模型成立的必要条件；此外，还应将所用模型的计算密度同实际样品密度进行比较；还要求所用模型边界条件与同它类似的模型边界条件一致，并被其他结构分析手段佐证，所有这些条件均被满足后，所提出的模型方是可行的。

对于非晶态金属、非晶态半导体、非晶态玻璃和非晶态聚合物等均提出了多种非晶态材料的结构模型，尽管这些模型的适用性存在这样或那样的限制，但不失其应用性。目前大多使用的模型主要有微晶结构模型、硬球无规密堆模型和连续无规网络模型等。实际上，非晶态样品原子分布是三维的，而 RDF 提供的仅是一维信息，所以直接由 RDF 完全确定非晶态材料的结构是不可能的。为此，根据实验得到的某样品的 RDF 结果，通过合理的实验数据处理，应用现有的结构和化学知识及其他条件，给出尽可能多的原子间距，并应用该物质的晶体结构数据，以便确定与由 RDF 结果得到的原子间距相连的是哪些原子，借以建立合宜的非晶态结构模型；然后计算此模型的 RDF，并与实验得到的 RDF 相比较，从而确定一个比较合理的非晶态结构模型。

对于非晶态聚合物结构分析的实验研究，常采用 X 射线衍射分析（XRD）、扩展 X 射线吸收分析精细结构（EXAFS）、小角中子散射（SANS）、反常 X 光散射、高分辨电子显微镜（HREM）、核磁共振（NMR）等方法。

14.2　普适 X 射线散射强度方程

选取分子链为无序分布的非晶态聚合物，设这种聚合物样品中含有多种不同类原子及其数目。设在 t 时刻第 m 个原子位于 r_m 位置，第 n 个原子位于 r_n 位置，则以电子单位表示的整个系统全部原子产生的散射振幅与其相位之积构成的散射强度为：

$$I_{eu} = \sum_m f_m \exp\left[(2\pi i/\lambda)(s - s_0) \cdot r_m\right] \sum_n f_n \exp\left[(-2\pi i/\lambda)(s - s_0) \cdot r_n\right]$$

(14.1)

式中，f_m，f_n 为 m 原子和 n 原子的散射因子，它是化学结构重复单元中含有的原子数及散射角的函数；s，s_0 分别为入射波和反射波单位矢量；$|h| = 4\pi\sin\theta/\lambda$；$\lambda$ 为 X 射线波长；θ 为散射角。

式 (14.1) 在形式上与晶体散射强度的表达式是一样的，但在晶体散射强度表达式中，矢量 r 是有序的，双重求和是可计算的；对非晶态物质，矢量 r 是随意的，各 r 之间没有一个简单的关系可表达。为了简化式 (14.1)，我们定义 $r_m - r_n = r_{mn}$，则式 (14.1) 化为

$$I_{eu} = \sum_m \sum_n f_m f_n \exp(2\pi i/\lambda)(s - s_0) \cdot r_{mn}$$ (14.2)

注意到 $|s - s_0| = 2\sin\theta$，见式 (12-1) 和图 14.2，则有

$$I_{eu} = \sum_m \sum_n f_m f_n \exp(isr_{mn}\cos\alpha)$$ (14.3)

式中，α 是矢量 $s - s_0$ 和 r_{mn} 之间的夹角。

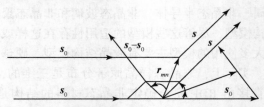

图 14.2　两个原子的相干散射示意图

假定 r_{mn} 在整个空间中各位置出现的概率相同，即原子在整个空间中取任何位置，角 α 则为空间的全部值。由此，式 (14.3) 的指数部分则为

$$\int_0^{4\pi} \exp(isr_{mn}\cos\alpha)\,\mathrm{d}\Omega \Big/ \int_0^{4\pi} \mathrm{d}\Omega = \int_0^\pi \exp(isr_{mn}\cos\alpha) \cdot 2\pi\sin\alpha\mathrm{d}\alpha/4\pi$$

$$= -\frac{1}{2isr_{mn}}\int_1^{-1} \exp(isr_{mn}\cos\alpha)\,\mathrm{d}(isr_{mn}\cos\alpha)$$

$$= -\frac{1}{2isr_{mn}}\left[\exp(-isr_{mn}) - \exp(isr_{mn})\right]$$

$$= \frac{\sin(sr_{mn})}{sr_{mn}}$$

(14.4)

所以，式 (14.3) 变为

$$I_{eu} = \sum_m \sum_n f_m f_n \frac{\sin(sr_{mn})}{sr_{mn}} \qquad (14.5)$$

式（14.5）是著名的 Debye 散射方程，它既适用于晶态聚合物，又适用于非晶态聚合物，常称普适 X 射线散射强度方程。由式（14.5）可知，原子散射强度与原子的结构因子、散射角、X 射线波长和原子间的距离有关，与其间的方向无关。

14.3 非晶态材料径向分布函数（RDF）

14.3.1 单种原子非晶态材料径向分布函数

式（14.5）的双重求和是对整个体系的全部原子对，且假定原子是沿整个空间无取向排列。通过 Fourier 积分，可由实验数据直接求出径向分布函数。对于所考虑的物质仅含有一种原子，且其原子总数为 N 时，如果此系统中任何原子均具有相同的条件，则式（14.5）化为

$$I_{eu} = Nf^2 \sum_{m,n} \frac{\sin(sr_{mn})}{sr_{mn}} \qquad (14.6)$$

对具有 N 个原子的体系，在对上式求和时，将该体系中任一原子依次作为参考原子并与其他原子相互作用，可见其中有 N 项是原子的自身相互作用，即 $m = n$，即 $r_{mn} \to 0$，$\frac{\sin(sr_{mn})}{sr_{mn}} \to 1$，故式（14.6）化为

$$I_{eu} = Nf^2 \left[1 + \sum_{m \neq n} \frac{\sin(sr_{mn})}{sr_{mn}} \right] \qquad (14.7)$$

式（14.7）的求和不包括位于原点的原子。

令距参考原子为 r 处的单位体积内的平均原子密度为 $\rho(r)$，那么在半径为 r，厚度为 dr 的球壳中所含原子数为 $4\pi r^2 \rho(r) dr$，这个值也称为原子的径向密度。在此假设下，处于某参考原子周围的原子分布可视为连续函数，则式（14.7）的求和可写为积分形式：

$$I_{eu} = Nf^2 \left[1 + \int_0^\infty 4\pi r^2 \rho(r) \frac{\sin(sr)}{sr} dr \right] \qquad (14.8)$$

取 ρ_0 为样品的平均原子密度，式（14.8）改写为

$$I_{eu} = Nf^2 \left\{ 1 + \int_0^\infty 4\pi r^2 [\rho(r) - \rho_0] \frac{\sin(sr)}{sr} dr + \int_0^\infty 4\pi r^2 \rho_0 \frac{\sin(sr)}{sr} dr \right\}$$

上式最后一项为

$$\int_0^\infty 4\pi r^2 \rho_0 \frac{\sin(sr)}{sr} dr = \frac{4\pi r^3 \rho_0}{(sr)^2} \left[\frac{\sin(sr)}{sr} - \cos(sr) \right]_0^\infty$$

可以看出，当 $r=0$ 时，上式为 0；当 $r\rightarrow\infty$ 时，上式也为 0，除非 s 很小；然而当 s 很小时，散射角 θ 很小，此时散射光束不可能同原光束分开，即被透射的原光束覆盖。如果我们仅限于研究实验中可观察到的强度，则式（14.8）可写成下述形式：

$$I_{eu} = Nf^2\left\{1 + \int_0^\infty 4\pi r^2[\rho(r) - \rho_0]\frac{\sin(sr)}{sr}dr\right\} \tag{14.9}$$

式（14.9）既未考虑非相干散射，又未计及吸收、偏振、多重散射等的影响。

令 $i(s) = \dfrac{I_{eu}}{Nf^2}$，$g(r) = \dfrac{\rho(r)}{\rho_0}$，则式（14.9）改为

$$s[i(s) - 1] = \int_0^\infty 4\pi r[\rho(r) - \rho_0]\sin(sr)dr \tag{14.10a}$$

及

$$i(s) = 1 + \int_0^\infty 4\pi r^2\rho_0[g(r) - 1]\frac{\sin(sr)}{sr}dr \tag{14.10b}$$

应用 Fourier 积分变换，式（14.10）变为

$$r[\rho(r) - \rho_0] = \frac{1}{2\pi^2}\int_0^\infty s[i(s) - 1]\sin(sr)ds \tag{14.11a}$$

$$g(r) = 1 + \frac{1}{2\pi^2 r\rho_0}\int_0^\infty s[i(s) - 1]\sin(sr)ds \tag{14.11b}$$

或

$$RDF(r) = 4\pi r^2\rho(r) = 4\pi r^2\rho_0 + \frac{2r}{\pi}\int_0^\infty s[i(s) - 1]\sin(sr)ds$$

$$\tag{14.11c}$$

式（14.11b）最先由 Zernicke 和 Prins 导出，Debye 和 Menke 应用这一方程研究了单原子组成的非晶态物质——液汞。$i(s)$ 通常称为散射干涉函数，它是平均每个原子的相干散射强度与单一原子的相干散射强度之比；$g(r)$ 称为双体分布函数。$i(s)$ 可由 X 射线散射强度求得，从而由式（14.11c）得到径向分布函数 $4\pi r^2\rho(r)$。原子的径向分布函数 $4\pi r^2\rho(r)$ 表示了球面上的总原子数，根据 $4\pi r^2\rho(r)$ 曲线可以了解非晶态材料原子间距离及配位数等。$4\pi r^2\rho(r)$ 随 r 增加，在 $4\pi r^2\rho_0$ 曲线附近上下振荡。由径向分布函数定义，$4\pi r^2\rho(r)dr$ 为与平均原子中心相距为 r，厚度为 dr 的球壳中所含原子平均数目。因此，在 $4\pi r^2\rho(r)$ 曲线的第一个峰下面的面积就是最邻近原子壳层内原子的数目，即最邻近配位数；$4\pi r^2\rho(r)$ 曲线的第二个峰和第三个峰下面的面积就是第二和第三原子壳层内原子的数目，等等。配位数是非晶态材料结构的一个重要参数，通过计算径向分布函数 $4\pi r^2\rho(r)$ 值，就可以得到原子的配位数。非晶态结构的另一个重要参数是各原子壳层的平

均距离，它可由 $\rho(r)$ 的峰位求出。由式（14.11b），可以得到双体分布函数 $g(r)$，由 $g(r) = \dfrac{\rho(r)}{\rho_0}$ 可知，通过 $g(r)$ 曲线的峰位，可获得各原子壳层距中心原子的平均距离。

非晶态结构分析中也常用约化径向分布函数 $G(r)$。设 $G(r) = 4\pi r\,[\rho(r) - \rho_0]$，由式（14.11a），有

$$G(r) = \frac{2}{\pi} \int_0^\infty s\,[i(s) - 1]\sin(sr)\,\mathrm{d}s \tag{14.12}$$

由式（14.11b）、式（14.11c）和式（14.12）可以得到对非晶态材料结构研究中三个重要的不同形式的分布函数，即 $g(r)$、$4\pi r^2\rho(r)$ 和 $G(r)$。其间的关系为

$$4\pi r^2\rho(r) = RDF(r) = 4\pi r^2\rho_0 + rG(r) \tag{14.13}$$

$$g(r) = 1 + \frac{G(r)}{4\pi r\rho_0} \tag{14.14}$$

非晶态材料结构分析中，由于约化径向分布函数 $G(r)$ 计算最简便，因此一般先算出 $G(r)$，再求出其他两个分布函数：$4\pi r^2\rho(r)$ 和 $g(r)$。

14.3.2　多种原子非晶态材料径向分布函数

设所研究非晶态体系的样品是由 n 种原子组成，每种原子具有 N_1，N_2，$\cdots$，N_n 个原子数，且总原子数为 $N = \sum_n N_i$；总体积为 V；ρ_0 为该非晶态体系所含原子的平均数密度；ρ_i 为第 i 种原子平均数密度；C_i 为第 i 种原子在该体系中所占分数，则

$$\rho_0 = N/V$$
$$\rho_{0i} = N_i/V$$
$$C_i = N_i/N$$

故，

$$\rho_0 = \sum_n \rho_{0i}; \quad \rho_{0i} = C_i\rho_0$$

根据上述定义，将式（14.9）推广到 n 种原子体系，则其以电子单位表示的相干散射强度为

$$I_{eu}(s) = \sum_{i=1}^n N_i f_i^2 + \sum_i^n \sum_j^n N_i f_i f_j \int_0^\infty \frac{4\pi r}{s}[\rho_{ij}(r) - \rho_{0j}]\sin(sr)\,\mathrm{d}r$$

$$= N\Big[\sum_{i=1}^n C_i f_i^2 + \sum_i^n \sum_j^n C_i f_i f_j \int_0^\infty \frac{4\pi r}{s}[\rho_{ij}(r) - \rho_{0j}]\sin(sr)\,\mathrm{d}r\Big]$$

所以平均每个原子产生的相干散射强度为

$$\frac{I_{\mathrm{eu}}(s)}{N} = \sum_{i=1}^{n} C_i f_i^2 + \sum_i^n \sum_j^n C_i f_i f_j \frac{4\pi}{s} \int_0^\infty r[\rho_{ij}(r) - \rho_{0j}]\sin(sr)\,\mathrm{d}r \quad (14.15)$$

或 $\dfrac{I_{\mathrm{eu}}(s)}{N} = \displaystyle\sum_{i=1}^{n} C_i f_i^2 + \sum_i^n \sum_j^n C_i C_j f_i f_j \frac{4\pi\rho_0}{s} \int_0^\infty r[g_{ij}(r) - 1]\sin(sr)\,\mathrm{d}r \quad (14.16)$

式中，$g_{ij}(r) = \rho_{ij}(r)/\rho_{0j}$，并注意到 $\rho_{0j} = C_j\rho_0$，称 $g_{ij}(r)$ 为偏双体分布函数。

令 $I_{\mathrm{coh}}(s) = \dfrac{I_{\mathrm{eu}}(s)}{N}$，$\langle f\rangle^2 = \left(\displaystyle\sum_n C_i f_i\right)^2$，$\langle f^2\rangle = \displaystyle\sum_n C_i f_i^2$，则式（14.16）化为

$$I_{\mathrm{coh}}(s) = \langle f^2\rangle - \langle f\rangle^2 + \langle f\rangle^2 + \frac{4\pi\rho_0}{s}\sum_i^n\sum_j^n C_i C_j f_i f_j \int_0^\infty r[g_{ij}(r) - 1]\sin(sr)\,\mathrm{d}r$$

$$= \langle f^2\rangle - \langle f\rangle^2 + \langle f\rangle^2\left[1 + \frac{4\pi\rho_0}{s}\sum_i^n\sum_j^n \frac{C_i C_j f_i f_j}{\langle f\rangle^2}\int_0^\infty r[g_{ij}(r) - 1]\sin(sr)\,\mathrm{d}r\right]$$

$$= \langle f^2\rangle - \langle f\rangle^2 + \langle f\rangle^2 I(s) \quad\quad\quad (14.17)$$

这里，$I(s) = 1 + \left[\dfrac{4\pi\rho_0}{s}\displaystyle\sum_i^n\sum_j^n \frac{C_i C_j f_i f_j}{\langle f\rangle^2}\int_0^\infty r[g_{ij}(r) - 1]\sin(sr)\,\mathrm{d}r\right]$

$$= 1 + 4\pi\rho_0\sum_i^n\sum_j^n \frac{C_i C_j f_i f_j}{\langle f\rangle^2}\int_0^\infty r^2[g_{ij}(r) - 1]\frac{\sin(sr)}{sr}\,\mathrm{d}r \quad (14.18)$$

令 $I(s) - 1 = i(s)$，式（14.18）则化为

$$si(s) = 4\pi\rho_0\sum_i^n\sum_j^n \frac{C_i C_j f_i f_j}{\langle f\rangle^2}\int_0^\infty r[g_{ij}(r) - 1]\sin(sr)\,\mathrm{d}r \quad (14.19)$$

令 $W_{ij}(s) = \dfrac{C_i C_j f_i f_j}{\langle f\rangle^2}$，称它为权重因子。

显然，$\displaystyle\sum_i^n\sum_j^n W_{ij}(s) = \frac{\displaystyle\sum_i^n\sum_j^n C_i C_j f_i f_j}{\langle f\rangle^2} = 1 \quad\quad\quad (14.20)$

如此，式（14.18）化为

$$I(s) = \sum_i^n\sum_j^n W_{ij}(s) I_{ij}(s) \quad\quad\quad (14.21)$$

这里，$I_{ij}(s) = 1 + \dfrac{4\pi\rho_0}{s}\displaystyle\int_0^\infty r[g_{ij}(r) - 1]\sin(sr)\,\mathrm{d}r \quad\quad (14.22)$

$I_{ij}(s)$ 称偏干涉函数；$I(s)$ 称全干涉函数。可见，$I(s)$ 是 $I_{ij}(s)$ 的权重和。由式（14.21）可知，多种原子成分聚合物非晶态材料结构分析是比较复杂的，这是由于权重函数 $W_{ij}(s)$ 是随 s 变化的，且对不同种类原子，其 $W_{ij}(s)$ 随 s 变化不同。将式（14.22）中的 $I_{ij}(s)$ 化为

$$s[I_{ij}(s) - 1] = 4\pi\rho_0 \int_0^\infty r[g_{ij}(r) - 1]\sin(sr)\mathrm{d}r$$

$$(14.23)$$

对上式进行 Fourier 变换：

$$\rho_0 r[g_{ij}(r) - 1] = \frac{1}{2\pi^2}\int_0^\infty s[I_{ij}(s) - 1]\sin(sr)\mathrm{d}s$$

$$g_{ij}(r) = \frac{1}{2\pi^2\rho_0 r}\int_0^\infty s[I_{ij}(s) - 1]\sin(sr)\mathrm{d}s + 1$$

$$= 1 + \frac{1}{4\pi r\rho_0}\frac{2}{\pi}\int_0^\infty s[I_{ij}(s) - 1]\sin(sr)\mathrm{d}s$$

所以，

$$g_{ij}(r) = 1 + \frac{1}{4\pi r\rho_0}G_{ij}(r)$$

$$(14.24)$$

其中，

$$G_{ij}(r) = \frac{2}{\pi}\int_0^\infty s[I_{ij}(s) - 1]\sin(sr)\mathrm{d}s$$

$$(14.25)$$

则，

$$RDF_{ij}(r) = 4\pi r^2\rho_{ij}(r) = 4\pi r^2 g_{ij}(r)\rho_{0j} = 4\pi r^2\rho_{0j}\left[1 + \frac{1}{4\pi r\rho_0}G_{ij}(r)\right]$$

$$= 4\pi r^2\rho_{0j} + rC_j G_{ij}(r)$$

$$(14.26)$$

$G_{ij}(r)$ 和 $RDF_{ij}(r)$ 分别称为偏约化分布函数和偏径向分布函数。通常可由实验测定干涉函数 $I(s)$，由式（14.17）知，

$$I(s) = \frac{I_{\text{coh}}(s) - [\langle f^2\rangle - \langle f\rangle^2]}{\langle f\rangle^2}$$

$$(14.27)$$

设对非单一原子系统式（14.12）仍成立，即

$$G(r) = \frac{2}{\pi}\int_0^\infty s[I(s) - 1]\sin(sr)\mathrm{d}s$$

注意到式（14.20）并将式（14.21）代入上式，则有

$$G(r) = \frac{2}{\pi}\int_0^\infty s\left[\sum_i^n\sum_j^n W_{ij}(s)\{I_{ij}(s) - 1\}\right]\sin(sr)\mathrm{d}s$$

$$= \frac{2}{\pi}\sum_i^n\sum_j^n\int_0^\infty W_{ij}(s)s\{I_{ij}(s) - 1\}\sin(sr)\mathrm{d}s$$

$$(14.28)$$

假定各种原子的散射因子与 s 的关系相同，即 $W_{ij}(s)$ 与 s 无关，则上式为

$$G(r) = \frac{2}{\pi}\sum_i^n\sum_j^n W_{ij}\int_0^\infty s[I_{ij}(s) - 1]\sin(sr)\mathrm{d}s$$

$$(14.29)$$

即

$$G(r) = \sum_{i}^{n} \sum_{j}^{n} W_{ij} G_{ij}(r) \qquad (14.30)$$

令

$$g(r) = \sum_{i}^{n} \sum_{j}^{n} W_{ij} g_{ij}(r) \qquad (14.31)$$

并将式（14.24）和式（14.30）代入式（14.31），且注意到式（14.20），有

$$g(r) = 1 + \frac{G(r)}{4\pi r \rho_0} \qquad (14.32)$$

称 $g(r)$，$G(r)$ 为全双体分布函数和全约化分布函数。

如令 $\rho(r) = g(r)\rho_0$，将式中 $g(r)$ 以式（14.31）及 $g_{ij}(r) = \rho_{ij}(r)/\rho_{0j}(r)$ 和 $\rho_{0j}(r) = C_j \rho_0$ 代入，则得

$$\rho(r) = \sum_{i}^{n} \sum_{j}^{n} W_{ij}(r) g_{ij}(r) \rho_0 = \sum_{i}^{n} \sum_{j}^{n} W_{ij}(r) \frac{\rho_{ij}(r)}{C_j} \qquad (14.33)$$

所以全径向分布函数为

$$RDF(r) = 4\pi r^2 \rho(r) = \sum_{i}^{n} \sum_{j}^{n} W_{ij}(r) \frac{RDF_{ij}(r)}{C_j} = 4\pi r^2 \rho_0 + r G(r) \qquad (14.34)$$

式中，$RDF_{ij}(r) = 4\pi r^2 \rho_{ij}(r)$。

式（14.32）和式（14.34）是分析非晶态材料常用的公式。偏原子分布函数和全原子分布函数间的密切关系可由式（14.30）、式（14.31）、式（14.33）和式（14.34）明确地表达出。聚合物为多种原子体系，全径向分布函数 $RDF(r)$ 是不同种原子的偏径向分布函数 $RDF_{ij}(r)$ 的叠加，因此对全径向分布函数 $RDF(r)$ 的解释要复杂得多。目前主要还是计算全径向分布函数 $RDF(r)$。$RDF(r)$ 分布函数曲线中的峰值是与聚合物化学结构重复单元和链构象有关，是由分子链内的原子间距所决定。同时，这一峰值也反映了链段堆砌和链段排列的有序性，它是由分子链间的原子间距决定的。

进行非晶态材料 X 射线散射强度实际测量时，辐射源一般采用 MoK$_\alpha$，X 射线散角不可能为无限大，对于 MoK$_\alpha$ 辐射源，此时 $s_{max} \approx 17 \text{Å}^{-1}$，式（14.12）的积分上限则为 s_{max}，即 X 射线散射强度实际测量在 s_{max} 处截止，造成截止效应。从式（14.12）可知，在 s_{max} 处，尽管 $I(s)$ 明显减少，但它扩大了 s 倍，因此 $s[I(s)-1]$ 仍具有较大值，致使式（14.12）的积分曲线在 s_{max} 处不趋于 0，从而使 $4\pi r^2 \rho(r)$ 曲线出现假峰，给出错误信息。以 s_{max} 去取代积分上限 ∞，将造成真峰两侧产生一对假峰，这一对假峰位置为 $r = r_j \pm \dfrac{8\pi}{3 s_{max}}$。式中，$r_j$ 为第 j 个真峰

的峰位。因此在采用式（14.12）进行数据处理时，为了使被积函数加快收敛，避免出现假峰，一般在 $s[I(s)-1]$ 项后乘以一个收敛因子 $\exp(-\alpha^2 s^2)$，其中，α 为常数。通常收敛因子 $\exp(-\alpha^2 s^2) \approx 0.1$（当 $s = s_{max}$ 时）。如此，式（14.12）化为

$$G(r) = \frac{2}{\pi} \int_0^\infty s[I(s) - 1] \exp(-\alpha^2 s^2) \sin(sr) ds \qquad (14.35)$$

这样做的目的，一方面因为在大 s 区域，$I(s)$ 的测量精度较低，使得 $s[I(s)-1]$ 误差较大，当它乘以收敛因子 $\exp(-\alpha^2 s^2)$ 后，由于在大 s 区和小 s 区乘以不同的权重，因此可以降低大 s 区处测量误差造成的影响；另一方面，可以减小在 s_{max} 后 $s[I(s)-1]$ 突变为零，造成 $4\pi r^2 \rho(r)$ 曲线出现假峰，给出错误信息。假峰的出现是误差存在的主要表征，计算结果表明，在整个 $4\pi r^2 \rho(r)$ 曲线上均存在假峰，但在小 r 范围会出现振幅较大的假峰，假峰更显著，影响更大些。分析表明，引入收敛因子 $\exp(-\alpha^2 s^2)$ 后，分布函数曲线的峰变宽和变矮，这对分辨率有些影响，但对样品的主要结构参数（如峰位、配位数等）并无影响。图 14.3（a）表明，当不加入收敛因子时，$g(r)$ 曲线的第一个峰附近两边均出现假峰 [图 14.3（a_1）]；引入收敛因子 $\alpha^2 = -0.012$ 后，假峰消失了 [图 14.3（a_2）]。图 14.3（b）表明收敛因子和误差处理对 $RDF(r)$ 曲线的影响；图中所标注的误差处理，是指对截断效应、归一化因子逐次逼近的选定 [至少以在小 r 范围不出现 $RDF(r)$ 曲线中假峰为准] 和为降低大 r 范围产生的高频振荡对收敛因子中 α 值的选取等造成的影响进行处理。当然，实验测定散射强度时，s_{min} 也不可能为 0，也会造成误差，但 s_{min} 不为 0 造成的误差要比 s_{max} 不趋于 ∞ 小得多。一般为降低 s_{min} 不为 0 的影响，通常是把实验散射强度值外推到 $s = 0$。

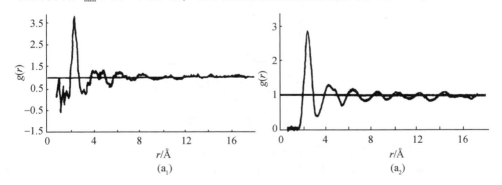

图 14.3 收敛因子对 $g(r)$（a）及 $RDF(r)$
（b）分布函数的影响（待续）

（a_1）未作收敛因子修正；（a_2）引入收敛因子 $\alpha^2 = -0.012$；（b_1）未做收敛因子修正和误差处理；
（b_2）未做误差处理，已做收敛因子修正；（b_3）经过收敛因子和误差处理

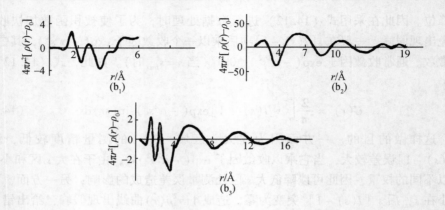

14.4　非晶态材料的 X 射线散射实验方法

14.4.1　实验要求

由于非晶态聚合物不同于结晶聚合物，它在所有角度都产生散射。当计算径向分布函数时，散射角的测量范围应使 s 上限尽可能大，对于常用的 MoK_α 和 AgK_α，大致在 $17Å^{-1}$ 和 $22Å^{-1}$，即各自相应于散射角 $2\theta = 148°$ 和 $158°$。实际上，由式（14.7）可知，当 s 足够大时，相干散射强度趋近于 Nf^2，即式（14.9）中的积分项趋近于 0。散射强度的干涉函数 $I(s)$ ［式（14.27）］曲线如图 14.4。从图中可以看到，只要测定的角度足够大，即 s 够大，则 $I(s) \rightarrow 1$。

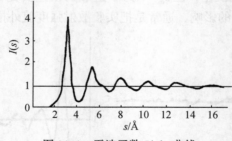

图 14.4　干涉函数 $I(s)$ 曲线

采用衍射法测定非晶态聚合物结构，就是由实测散射强度曲线推算出样品 RDF。实测的散射强度含有相干散射、非相干散射、空气散射和其他寄生散射以及不同实验条件等的影响，所有这些必须经过适当处理、修正并把实测散射强度数据转化为以电子单位表示，之后方可进行干涉函数、径向分布函数的计算。

14.4.2　X 射线散射实验

　　X 射线散射法测定非晶态聚合物结构，通常采用的实验装置如图 14.5 所示。对薄膜样品则应用透射法［图 14.5（a）］；对具有一定厚度的样品应用对称反射法［图 14.5（b）］。当然，为增加散射强度，最好在低角度采用透射法，在高角度采用反射法。使用这两种方法时，应注意测量中要保有两种测量方法角度的叠合区，以便通过角度叠合区的散射强度进行比例换算，使之成为统一的测量强度。

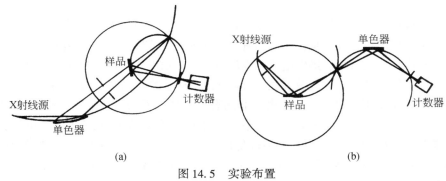

图 14.5　实验布置

（a）透射法；（b）对称反射法

　　对上述两种方法，实验时一般采用对称反射法。为降低非相干散射和荧光效应，采用晶体单色器。目前常用的是石墨单色器；由于这种单色器具有较宽的通频带，故在低角处的非相干散射仍可通过，但可阻止高角处的非相干散射。同时要求 X 射线源具有足够大的功率和良好的稳定性，以提高数据采集的精度。为尽量扩大测量范围，减少截断误差，一般选用短波长辐射材料作靶，如 Mo，Ag 等。这两种靶材料的辐射上限为 $s_{max} \approx \dfrac{4\pi}{\lambda}$ 可达 17Å^{-1} 和 22Å^{-1}。采用闪烁计数器和步进定时扫描。扫描步长 Δs 大小的选择，取决于样品条件和测试的精度要求。Δs 过大虽然可缩短测量时间，但会造成散射强度 $I_{m0}(s)$ 的测量误差；Δs 太小又造成测量时间的加长。一般步长应为 $\Delta s = \left(\dfrac{4\pi\sin\theta}{\lambda}\Delta\theta\right)$，在 $0.15 \sim 0.5\text{Å}^{-1}$ 之间比较合宜。另外，由于在大 s 区散射强度弱，为提高散射强度，一般采取增大狭缝宽度的办法。进行 X 射线散射强度测量时，在大 s 区的变化部分，即狭缝由窄变宽处，应有一个狭缝变换重合区域，由重合区域测量的宽狭缝和窄狭缝的散射强度，求出比例关系，然后以此比例关系去除宽狭缝（即大 s）区的散射强度值，再将两部分的散射强度转化为同一实验条件下的散射强度值。为改善样品均匀性，消除样品的取向影响，测量数据时，采用旋转样品架为宜。

14.5 X 射线散射强度的数据处理

实验测定的非晶态材料的 X 射线散射强度 (I_{m0})，需经过偏振 (P)、吸收 (A) 校正以及空气散射强度 (I_{air})、多重散射强度 (I_{ms}) 和非相干散射强度 (I_{in}) 的校正。

14.5.1 空气散射强度、多重散射强度和荧光辐射

大角度时的空气散射强度 (I_{air})，有时可达被测样品总散射强度的 10% 左右，因此必须加以修正. 办法是，选取与有样品时相同的实验条件，包括温度、扫描速度、采样步长、靶材料、操作电流、电压等，并在放有相同的样品架时，测量无样品条件的散射强度即为空气散射强度 (I_{air})，再从总散射强度 I_{m0} 中扣除。

对于多重散射强度 (I_{ms})，由于非晶态样品的 X 射线散射强度较低，多重散射（主要是二次散射）一般予以忽略；当然对于聚合物非晶态样品，由于其组成主要是 H、C、S、O 等原子序数较低的一些元素，二次散射强度在总散射强度中占有一定比例（约为百分之几），原则上应予以考虑。按 Warren 给出的计算二次散射强度的表达式：

$$\frac{I(2)}{I(1)} = \frac{B^2 Q(2\theta, q, b)}{J(2\theta) \sum_n A_i \mu_i(m)} \tag{14.36}$$

式中，$I(1)$，$I(2)$ 分别为一次、二次散射强度；$B = \sum_n Z_i$，Z 为原子序数；$J(2\theta) = B\left(q + \frac{1-q}{1 + b\sin^2\theta}\right)$；$\mu_i$ 和 A_i 是第 i 种原子的质量吸收系数和原子量。Q，q 与 b 值可查表。由此可得到每个原子的多重散射强度 $I_{ms}(s) \approx I(2)$。

由于在 X 射线散射实验装置的布置中，通常是将单色器放在 X 射线的光路中，因此荧光辐射给测试结果带来的影响可不考虑。

14.5.2 偏振和吸收校正

1. 偏振校正

样品和单色器都可使散射的辐射产生偏振，偏振后的辐射对强度是有影响的，必须加以修正，并以偏振因子 (P) 表征影响程度：

$$P = \frac{1 + B\cos^2 2\theta}{1 + C} \tag{14.37}$$

式中，2θ 为散射角。当不采用单色器，使用滤波片时，$B = C = 1$。实验中多采用

理想嵌镶分光晶体单色器，此时 $B = \cos^2 2\theta_s$；对使用理想完整分光晶体单色器时，$B = \cos 2\theta_s$，这里 θ_s 为单色器的衍射角。同时，如果单色器置于衍射光路中，$C = 1$；如果单色器置于入射光路中，$B = C$。

2. 吸收校正

样品引起的对 X 射线散射强度的吸收校正，取决于样品的吸收系数和实验时样品的安排方式（图 14.6）。

实验安排如图 14.6（a）所示，为对称反射布置时，当样品的厚度为 $\mu t > 3$ 时，吸收因子 $A = \dfrac{1}{2\mu}$ 与散射角无关。式中，μ 为线吸收系数；t 为样品厚度（cm）。但一般样品厚度不易满足 $\mu t > 3$，

如果样品较薄，则吸收因子为

$$A = \frac{1 - \exp(-2\mu t / \sin\theta)}{2\mu} \tag{14.38}$$

实验安排如图 14.6（b）所示，为垂直入射透射布置时，

$$A = \frac{\exp[\mu t(1 - \sec 2\theta)] - 1}{\mu t(1 - \sec 2\theta)} \tag{14.39}$$

实验安排如图 14.6（c）所示，为对称透射布置时，

$$A = \frac{\sec\theta}{\exp[-\mu t(1 - \sec\theta)]} \tag{14.40}$$

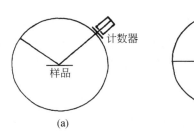
(a)

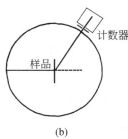
(b)

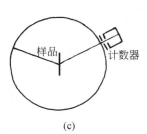
(c)

图 14.6　实验布置图

（a）对称反射；（b）垂直透射；（c）对称透射

14.5.3　非相干散射

物体的散射辐射主要是由两部分构成，即相干散射和非相干散射。相干散射的波长与入射波长相同；非相干散射的波长大于入射波长，且波长与散射角有关。非相干散射亦称非弹性散射，当在衍射光路中采用高分辨单色器时，$I_{in}(s_1)$ 的影响可以忽略；如采用石墨单色器，由于它具有宽的频带，尤其是对原子序数

较小的元素，非相干散射强度应该加以考虑。对于原子序数为 Z，以电子单位表示的非相干散射强度为

$$\frac{I_{in}}{I_e} = R\big[\,Z - \sum_n f_i^2(s_1)\,\big] \tag{14.41}$$

式中，I_e 为单个电子散射强度；$f_i(s_1)$ 为原子序数为 Z 的第 i 个原子的散射因子 $(s_1 = \dfrac{\sin\theta}{\lambda})$；$R$ 为 Breit-Dirac 反冲因子。其中，

$$f_i(s_1) = \sum_{j=1}^n A_{i,j}\exp(-B_{i,j}s_1^2) + C_i \tag{14.42}$$

式中，参数 A，B 和 C 均可由 X 射线国际表中查得。

Breit-Dirac 反冲因子 R 与入射 X 射线波长（λ）和非相干散射波长（λ'）有下述关系：

$$R = (\frac{\lambda'}{\lambda})^3 = (1 + 0.0486 \times \frac{\sin^2\theta}{\lambda})^3 \tag{14.43}$$

$I_{in}(s_1)$ 已有表，可据 $\dfrac{I_{in}}{R}$ 与 $\dfrac{\sin\theta}{\lambda}$ 关系对不同原子查表得到 $\dfrac{I_{in}}{R}$，再乘以相应 R，则可求得每个原子的 $I_{in}(s_1)$。对含有 n 种原子的非相干散射强度：

$$I_{in}(s_1) = \sum_{i=1}^n C_i I_{in,i}(s_1) \tag{14.44}$$

14.5.4　样品散射强度的归一化

实验测定的非晶态样品的 X 射线散射强度（I_{m0}），首先应该扣除空气散射强度（I_{air}），即 $I_{m0}(2\theta) - I_{air}(2\theta) = I_m(2\theta)$，再进行背底扣除。其方法有多种，一般是连接 s_{min} 和 s_{max} 两点，计算这两点所连接直线以上的各 2θ 对应的强度值，然后再把以 2θ 为单位的散射强度化为以 $s = \dfrac{4\pi\sin\theta}{\lambda}$ 为单位的散射强度，即 $I_m(2\theta) \longrightarrow I_m(s)$。当然 $I_m(s)$ 仍为相对散射强度。$I_m(s)$ 与实验条件，如入射 X 射线强度，实测角度范围，样品厚度、实验温度、样品种类等有关。因此必须将它化为以电子单位表示的平均每个原子的散射强度，以便进行不同实验结果的比较。相对散射强度的这个转化过程称为归一化或标准化。

样品的相对散射强度 $I_m(s)$ 经偏振（P）和吸收（A）校正后，即 $I_0(s) = \dfrac{I_m(s)}{P \times A}$，其单位仍是任意的。将 $I_0(s)$ 归一化为 $\beta I_0(s) = I_{nor}(s)$，称 β 为归一化因子（也称约化常数），它是由实验条件与样品尺寸决定的，是与 s 无关的参数。同时，$I_{nor}(s)$ 为

$$I_{nor}(s) = I_{coh}(s) + I_{in}(s) + I_{ms}(s) \tag{14.45}$$

式中，$I_{coh}(s)$ 为平均每个原子的相干散射强度。

通常采用两种方法来确定归一化因子 β：高角法和径向分布函数法。

1. 高角法

$I_0(s)$ 为经偏振（P）和吸收（A）校正后的散射强度。由式（14.15）可知，当 s 非常大时，平均每个原子的相干散射强度 $I_{coh}(s)$ 为 $\sum_{i}^{n} C_i f_i^2 = [f^2]$，则式（14.45）变为

$$\beta I_0(s) = \langle f^2 \rangle + I_{in}(s) + I_{ms}(s) \tag{14.46}$$

所以，$\beta = \dfrac{\displaystyle\int_{s_{min}}^{s_{max}} [\langle f^2 \rangle + I_{in}(s) + I_{ms}(s)]\,\mathrm{d}s}{\displaystyle\int_{s_{min}}^{s_{max}} I_0(s)\,\mathrm{d}s} \tag{14.47}$

式中，s_{min} 为 $I_0(s)$ 强度曲线可能取得的最小 s 值；s_{max} 为实验时测定散射强度时所取的最大 s 值。

2. 径向分布函数法

由式（14.34）可知，径向分布函数：

$$4\pi r^2 \rho(r) - 4\pi r^2 \rho_0 = rG(r) = \frac{2r}{\pi}\int_0^\infty s[I(s) - 1]\sin(sr)\,\mathrm{d}s$$

$$= \frac{2r^2}{\pi}\int_0^\infty s^2[I(s) - 1]\frac{\sin(sr)}{sr}\mathrm{d}s$$

当 $r \to 0$ 时，$\dfrac{\sin(sr)}{sr} \to 1$ 且 $\rho(r) \to 0$，故上式变为

$$-2\pi^2 \rho_0 = \int_0^\infty s^2[I(s) - 1]\,\mathrm{d}s \tag{14.48}$$

由式（14.27）可知：

$$I(s) = \frac{I_{coh}(s) - [\langle f^2 \rangle - \langle f \rangle^2]}{\langle f \rangle^2}$$

把此式代入式（14.48），有

$$-2\pi^2 \rho_0 = \int_0^\infty s^2\left\{\frac{I_{coh}(s) - [\langle f^2 \rangle - \langle f \rangle^2]}{\langle f \rangle^2} - 1\right\}\mathrm{d}s \tag{14.49}$$

但知，

$$\beta I_0(s) = I_{nor}(s), I_{nor}(s) = I_{coh}(s) + I_{in}(s) + I_{ms}(s)$$

所以，

$$I_{coh}(s) = \beta I_0(s) - I_{in}(s) - I_{ms}(s)$$

将式（14.49）右端乘以阻尼因子 $\exp(-\alpha^2 s^2)$，则有

$$-2\pi^2\rho_0 = \int_0^\infty s^2 \left\{ \frac{\beta I_0(s) - I_{in}(s) - I_{ms}(s) - [\langle f^2 \rangle - \langle f \rangle^2]}{\langle f \rangle^2} - 1 \right\} \exp(-\alpha^2 s^2) \mathrm{d}s$$

$$= \int_0^\infty s^2 \beta \frac{I_0(s)\exp(-\alpha^2 s^2)}{\langle f \rangle^2} \mathrm{d}s - \int_0^\infty s^2 \left[\frac{I_{in}(s) + I_{ms}(s) + \langle f^2 \rangle}{\langle f \rangle^2} \right] \exp(-\alpha^2 s^2) \mathrm{d}s$$

所以，

$$\beta = \frac{\displaystyle\int_0^\infty s^2 \left[\frac{\langle f^2 \rangle + I_{in}(s) + I_{ms}(s)}{\langle f \rangle^2} \right] \exp(-\alpha^2 s^2) \mathrm{d}s - 2\pi^2\rho_0}{\displaystyle\int_0^\infty s^2 \frac{I_0(s)\exp(-\alpha^2 s^2)}{\langle f \rangle^2} \mathrm{d}s} \tag{14.50}$$

当用上述两种方法之一，求得 β 后，由式 $\beta I_0(s) = I_{nor}(s)$ 可以得到 $I_{nor}(s)$，所以每个原子的相干散射强度 $I_{coh}(s) = I_{nor}(s) - I_{in}(s) - I_{ms}(s)$ 可以得到。再利用式（14.27）求出干涉函数 $I(s)$，继之由式（14.35）、式（14.32）和式（14.34）得到 $G(r)$，$g(r)$ 和 $RDF(r)$。

14.6 非晶态聚合物材料结构参数的计算

非晶态聚合物结构参数可用 $G(r)$、$g(r)$ 和 $RDF(r)$ 去描述。由于非晶态聚合物结构的主要特点是，在分子链内和分子链间的任意原子周围只有几个原子距离内的原子，其排列是有序的，当然最重要的是研究样品在不同相对分子质量、化学结构、不同组成以及在不同外力场（如机械力、热力、压力、电场力等）作用下，最邻近原子的平均距离以及这些原子的实际位置偏离平均位置的程度，最邻近原子的种类和数目，原子排列的最大有序范围等。这些问题可以通过最邻近原子的平均距离 r 及其平均位移 σ、配位数 n 和有序距离 r_s 给予描述。所有这些对非晶态聚合物材料具有重要意义的结构参数均可通过计算 $G(r)$，$g(r)$ 和 $RDF(r)$ 去得到。

1. 最邻近原子的平均距离 (r)

某个原子周围的原子数密度 $\rho(r)$ 是随距离该原子位置的增大而在 ρ_0 附近上下波动，根据原子数密度 $\rho(r)$ 分布密度的差别，可将原子数密度 $\rho(r)$ 分布分成若干壳层。原子数密度 $\rho(r)$ 曲线的第一个极大值是第一原子壳层，第二个极大值是第二原子壳层等。双体分布函数 $g(r)$ 曲线的第一个峰位所对应的 r 值就是最邻近原子的平均距离 (r)；$g(r)$ 曲线上的峰位就代表原子分布几率极大值的地方。所以，根据 $\rho(r) = g(r)\rho_0$ 定义，只要得到 $g(r)$，就可以求出原子数

密度 $\rho(r)$ 分布，从而得到最邻近原子的平均距离 (r)。

2. 原子平均位移 (σ)

原子真实位置偏离平均位置的程度，就表示非晶态材料结构的无序性，它可用原子均方位移表示。设第一原子壳层内任一原子距中心原子的距离为 r_{i1}，则 $\sigma = \langle (r_{i1} - r)^2 \rangle^{1/2}$ 就代表原子平均位移。此原子均方位移等于 $RDF(r)$ 第一个峰半宽的 $\dfrac{1}{2.36}$。

3. 邻近原子配位数 (n)

由 $RDF(r)$ 的第一峰面积可求出平均最邻近原子配位数 (n)。一般，$RDF(r)$ 的第一峰和第二峰往往重合，因此精确确定第一峰面积是困难的，有多种方法计算 n 值，比较通用的方法有三种（图 14.7）。

1）对称的 $rg(r)$ 法

该方法认为 $rg(r)$ 曲线的第一个峰是对称的，配位数 n 为图 14.7（a）第一个峰面积：

$$n = 2 \int_{r_0}^{r_{max}} 4\pi r \rho_0 [rg(r)] \, dr \tag{14.51}$$

式中，r_0 与 r_{max} 分别为 $rg(r)$ 曲线的第一个峰左边 $rg(r) = 0$ 处和峰顶处的 r 值。

2）对称的 $r^2 g(r)$ 法

这是常用的计算配位数 n 的方法，它是以 $r^2 g(r)$ 曲线的第一个峰对称为基础的 [图 14.7（b）]。

$$n = 2 \int_{r_0}^{r_{max}} 4\pi \rho_0 [r^2 g(r)] \, dr \tag{14.52}$$

式中，r_0 与 r_{max} 分别为 $r^2 g(r)$ 曲线的第一个峰左边 $r^2 g(r) = 0$ 处和峰顶处的 r 值。

3）在 $4\pi\rho_0 r^2 g(r)$ 曲线上积分到第一个极小值：

$$n = \int_{r_0}^{r_{min}} 4\pi \rho_0 r^2 g(r) \, dr \tag{14.53}$$

式中，r_0 为 $4\pi\rho_0 r^2 g(r)$ 曲线的第一个峰左边 $4\pi\rho_0 r^2 g(r) = 0$ 处的 r 值；r_{min} 为 $4\pi\rho_0 r^2 g(r)$ 曲线的第一个峰右边极小值处的 r 值 [图 14.7（c）]。也有人采用下述公式计算配位数 n 值：

$$n = 2 \int_{r_0}^{r_p} 4\pi \rho_0 r^2 g(r) \, dr \tag{14.54}$$

式中，r_0 为第一个峰左边 $4\pi\rho_0 r^2 g(r) = 0$ 处的 r 值；r_p 是第一个峰半高宽中点处的 r 值。

同时，$4\pi\rho_0 r^2 g(r)$ 曲线的第一个峰的半高宽值，给出了最邻近配位原子由热效应和畸变造成的漫散射程度。还应指出，$4\pi\rho_0 r^2 g(r)$ 是全径向分布函数，第一个峰是若干偏径向分布函数 $4\pi\rho_0 r^2 g_{ij}(r)$ 的第一个峰的叠加，所以 n 并不代表原子间的最邻近配位原子数。由式（14.34）可知，n 是同类原子或异类原子最邻近配位原子数经 $\dfrac{W_{ij}}{C_j}$ 加权后叠加的结果。当然，一维的 $RDF(r)$ 不可能完全真实地反映原子在空间的分布，但它确实可以提供某些重要的结构信息。

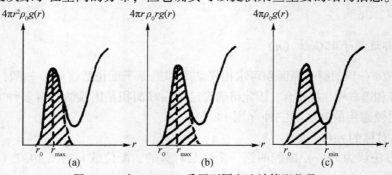

图 14.7　由 $RDF(r)$ 采用不同方法计算配位数

4. 有序畴尺寸（r_s）

非晶态材料中短程有序尺寸（r_s）的范围是有限的，一般 r_s 值在 10 个原子间距左右。$g(r)$ 曲线中第一个峰位 r 代表最邻近原子的平均距离，此值一般与样品中的主要组成原子的直径相当。非晶态材料的短程有序性也可明显地从 $g(r)$ 曲线看出，当 r 增大时，$g(r) \rightarrow 1$，振荡逐渐减小，即原子间的双体相关性逐渐变为零。通常定义 $g(r) = 1 \pm 0.02$ 处的 r 值作为有序畴尺寸（r_s）。

14.7　聚合物非晶态材料径向分布函数的计算示例

实际研究非晶态材料的径向分布函数时，应选择大功率、稳定性高的 X 射线衍射仪，采用对称反射法，为增大扫描范围一般使用 MoK_α 辐射源并把晶体单色器置于衍射光路中，以消除非相干散射和荧光辐射。

实验时采用定时步进扫描，步宽为 $\Delta(2\theta) = 0.5°$，记录 $2\theta = 3° \sim 148°$ 的散射强度 $I_{m0}(2\theta)$。记录 $I_{m0}(2\theta)$ 时，在大散射角（2θ）处记录 $I_{m0}(2\theta)$ 的时间，每点应保持记数在 5000 以上，最好整个测量角度范围内，每点计数在 10^4，以使统计误差小于 1%。然后扣除空气散射强度 $I_{air}(2\theta)$。$I_{m1}(2\theta) = I_{m0}(2\theta) - I_{air}(2\theta)$。之后将 $I_{m1}(2\theta)$ 数据转化为 $I_{m1}(s)$。对 $I_{m1}(s)$-s 曲线进行平滑并外推到 $s = 0$ 处；再将已平滑的 $I_{m1}(s)$-s 曲线进行一元三点插值，得到等间距的数组

$I_m(s)$。测出样品的厚度（t），由 $\dfrac{I_{样}(\sim 0°)}{I_{空}(\sim 0°)} = \exp(-\mu t)$ 求出 μt。这里 $I_{样}(\sim 0°)$ 和 $I_{空}(\sim 0°)$ 分别为有样品和无样品时原光束附近的散射强度。继之按式（14.38）~式（14.40）对 $I_m(s)$ 进行吸收（A）校正和按式（14.37）进行偏振（P）校正，则 $I_0(s) = \dfrac{I_m(s)}{P \cdot A}$。对于聚合物非晶态样品，一个化学重复单元的平均密度 ρ_0 为

$$\rho_0 = \frac{ML}{NV\ (\text{Å})} = \frac{ML \times 10^{24}}{NV\ (\text{cm})} = \frac{ML \times 10}{6.02V\ (\text{cm})} \tag{14.55}$$

式中，N 为 Avogadro 常量（$6.023 \times 10^{23}\text{mol}^{-1}$）；$L$ 为化学重复单元数目；M 为化学重复单元的相对分子质量；V 为单胞体积；样品密度 ρ_0 也可由测量得到。样品的原子散射因子 f 按式（14.42）计算；非相干散射 $I_{in}(s)$ 可由国际关系表中查得。如计及二次散射 $I_{ms}(s)$，可用式（14.36）计算。一个原子的平均干涉函数 $I(s)$ 应用式（14.27）得到。从式（14.35）、式（14.32）和式（14.34）可以分别得到 $G(r)$，$g(r)$ 和 $RDF(r)$（图 14.8、图 14.9 和图 14.10）。

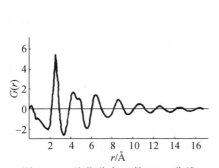

图 14.8　约化分布函数 $G(r)$ 曲线

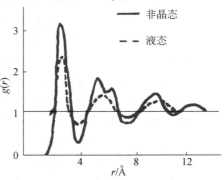

图 14.9　双体分布函数 $g(r)$ 曲线

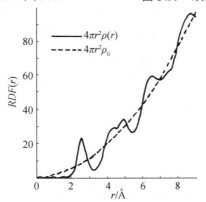

图 14.10　径向分布函数 $RDF(r)$ 曲线

如果非晶态聚合物样品平均短程有序畴内有 N_1 个原子，原则上，在 $RDF(r)$ 曲线上应该有 $N_1(N_1-2)/2$ 个峰，由于 $RDF(r)$ 是原子的空间径向分布统计平均，而且 $RDF(r)$ 峰通常比原子之间的位置分布宽，因此将产生峰的重叠，要严格分辨这些峰也很困难。$RDF(r)$ 提供的结构信息与原子间距有关；原子间距（r）越小，求出的结果就越精确，一般来说，前面的峰尖锐重叠少，可以比较好的给出原子分布。如果前面的峰重叠，必须进行峰的分离；假若前两个峰出现尾部的部分重叠，可以把第一个峰的左侧对称地划到右边，而第二个峰则顺其肩部趋势绘出近似的钟形函数。如果头两个峰重叠比较复杂，把每个峰用 Lorentz 函数进行严格的分峰处理。对于非晶态聚合物材料，通常 $RDF(r)$ 前两个峰是属于分子内近邻原子和次近邻原子间原子的（一般为 $r<6$Å）相互作用造成的，它给出了近邻原子和次近邻原子间距及配位数等信息。对于大 r 范围，峰被叠合成模糊宽大的形状，它提供了分子链间原子分布和链堆砌的信息。图 14.11 给出了熔融时天然橡胶径向分布函数 $RDF(r)$ 曲线。从图 14.11 可以看出，天然橡胶（NR）的第一个峰属于分子内所有 C_1-C_2 各原子间平均原子间距的贡献，第二个峰是属于分子内所有 C_1-C_3 平均原子间距的贡献。由于这两个峰面积比 S_c/S_e（表14.1）近似相等，因此它们属于分子内 C_1-C_3 各原子之间的相互作用引起的平均原子间距的峰。第三个峰属于所有可能的 C_1-C_4 和 C_1-C_5 各原子之间的相互作用引起的原子间距。由于这两个峰面积比 S_c/S_e 为 0.55 ~ 0.61，所以该峰是由分子链内 C_1-C_4 及 C_1-C_5 与分子链间 C_1-C_4 及 C_1-C_5 各原子之间的相互作用引起的。第四个峰属于所有可能的 C_1-C_6 和 C_1-C_7 各原子之间的相互作用引起的原子间距。由于这两个峰面积比 S_c/S_e 约为 0.1，所以该峰主要是由分子链间 C_1-C_6 及 C_1-C_7 各原子之间的相互作用引起的贡献。以下各峰则主要来源于分子链间原子之间的相互作用引起的平均原子间距的贡献。表 14.1 是 NR 的实测和计算 $RDF(r)$ 峰参数比较。图 14.11 还表明近邻分子有序堆砌分别处于 4.5 ~ 8Å 和 10 ~ 12Å 范围内；由于 NR 的分子有序堆砌对称性较低，而分子的柔顺性较高，因此 NR 的分子短程有序畴小于聚乙烯（PE）的值。

表 14.1　NR 的实测和计算 $RDF(r)$ 峰参数比较

实 测 值		计 算 值		S_c/S_e
峰位 r/Å	峰面积 S_e/Å²	峰位 r/Å	峰面积 S_c/Å²	
1.50	1.92	1.47	2.0	1.04
2.60	2.25	2.49	2.4	1.06
3.99	8.80	3.97	4.8	0.55
5.25	55.87	5.89	5.2	0.09

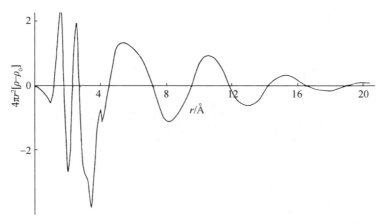

图 14.11　熔融时 NR 的 $RDF(r)$ 曲线

　　图 14.12 是熔融慢冷无规聚苯乙烯（a-PS）和淬火等规聚苯乙烯（i-PS）的 $RDF(r)$ 曲线，图 14.13 则是淬火无规聚苯乙烯（a-PS）和淬火等规聚苯乙烯（i-PS）的 $RDF(r)$ 曲线。图 14.12 和图 14.13 清楚表明，对于 PS，无论是熔融慢冷 a-PS，还是淬火 a-PS 或淬火 i-PS 样品，它们的最近邻原子间距，分子内的相互作用和近邻分子间的有序堆砌尺度，即分子的近邻有序畴几乎是不变的，这表明对于 PS，在十几埃（Å）的尺寸内，其分子内或分子间的原子相互作用形成的短程有序畴与熔体的冷却速度无关。

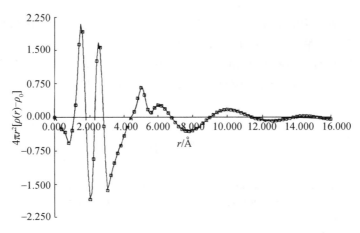

图 14.12　熔融慢冷无规聚苯乙烯（a-PS）（□）和淬火等规聚
苯乙烯（i-PS）（—）的 $RDF(r)$ 曲线

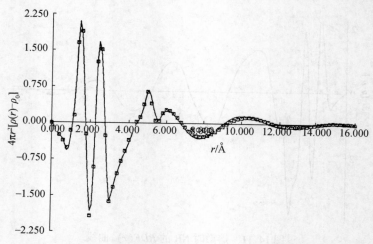

图 14.13　淬火无规聚苯乙烯（a-PS）（—）和淬火等规聚
苯乙烯（i-PS）（□）的 RDF（r）曲线

习　题

1. WAXD 方法记录的非晶态样品散射强度与散射角 2θ 之间的关系曲线是什么形状？用照相法得到的曲线又是什么形状？如样品经拉伸后仍为非晶态，上述两种方法得到的强度曲线形状有改变吗？与结晶样品经拉伸后的曲线形状相比有何不同？

2. 测定样品的 $RDF(r)$ 实验如何安排？应注意那些问题？在数据处理时应进行那些校正？对聚合物样品的多重散射校正如何进行？

3. 样品的非晶态结构参数用那几个主要物理量去描述？最邻近原子平均距离（r）、原子平均位移（σ）、邻近原子配位数（n）、有序畴尺寸（r_s）等如何计算？

参 考 文 献

［1］Alexander L E. X-Ray Diffraction Metsods in Polymer Science. New York：Wiley Interscience, 1969

［2］Kaplow R, Strong S L, Averbacs B L. Phys Rev, 1965, 138：A1336-A1345

［3］黄胜涛. 固体 X 射线学（一）. 北京：高等教育出版社, 1985

［4］黄胜涛，等. 非晶态材料的结构和结构分析. 北京：科学出版社, 1987

［5］郭贻诚，王震西. 非晶态物理学. 北京：科学出版社, 1984

［6］Longman G W, Wignall G D, Sheldon R P. Polymer, 1979, 20：1063-1070

［7］Gingrics N S. Rev Mod Phys, 1943, 15（1）：90-110

［8］ Warren B E. X-Ray Diffraction. Reading Mass：Addison-Wesley，1969

［9］ 蒋世承，等. 今日化学，1987，2（6）：1-6

［10］ Wecker S M，Davidson T，Cosen J B. J Mater Sci，1972，7：1249-1259

［11］ 许顺生. X 射线衍射学进展. 北京：科学出版社，1984

［12］ Wagner C N J. J Non-Cryst Solids，1978，31：1-40

［13］ Wrigst A C. The Structure of Amorphous Solids by X-Ray and Neutron Diffraction. Oxford：Pergman，1974

［14］ Waseda Y. The Structure of Non-Crystalline Metarials，Liquids and Amorphous Solids. New York：McGraw-Hill，1980

［15］ Wang L S，Yes G S Y. J Macromol Sci Phys，1978，B15：107-118

［16］ Wignall G D，Longman G W. J Mater Sci，1973，8：1439-1448

［17］ Gupta M R，Yes G S Y. J Macromol Sci Phys，1978，B15：119-147

［18］ 韩甫田，等. 分析测试通报，1988，7（1）：62-66

［19］ Klug S P，Alexander L E. X-Ray Diffraction Procedures for Polycrystalline and Amorphous Materials. New York：Josn Wiley and Sons，1974

［20］ 莫志深. 高分子通讯，1979，5：309-316

［21］ Wei W D. Chin Mat Sci Technol，1987，3：214-218

［22］ 施良和，胡汉杰. 高分子科学的今天和明天. 北京：化学工业出版社，1994

［23］ 李德修. 物理，1979，8：243-249；1982，11：700-704

第十五章　同步辐射 X 射线散射在聚合物材料研究中的应用

15.1　同　步　辐　射

15.1.1　同步辐射简介

高速带电粒子在磁场中做曲线运动时会释放出电磁辐射，由于这种辐射是在同步加速器上第一次观察到的，因此，这种辐射被称为同步加速器辐射，也就是我们通常所说的同步辐射。同步辐射源是产生、增强并利用同步辐射的大型装置，包括两个部分：①注入器。主要功能是将带电粒子加速到同步辐射源要求的额定能量，然后注入储存环内。②储存环。这是同步辐射的核心装置，带电粒子在其中做平稳的圆周运动的同时释放出同步辐射。图 15.1 为第三代同步辐射光源示意图。

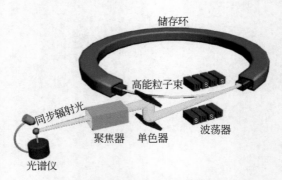

图 15.1　第三代同步辐射光源示意图

高能粒子束在储存环内做循环运动，储存环设计有直线部分用于安装插入件，如波荡器等。插入件能够使粒子的振动降低从而得到同步辐射强束，强束通过一系列的光学元件，如单色器、聚焦器等，得到具有特定性质的光束，用来检测样品。与普通的 X 射线相比，同步辐射 X 射线有着众多的优点：

（1）高亮度。与一般的 X 射线相比，同步辐射光源亮度要高出几个数量级，而第三代光源由于使用各种插件，其亮度比一般光源要高十几个数量级。

（2）偏振性好。在高能运动电子方向上，同步辐射的瞬时偏振可达 100%。

（3）准直性好。同步辐射 X 射线有着天然的准直性和低发散度，这使得其光斑尺寸非常小。同步辐射光束的平行性可以与激光束相媲美，能量越高，光束的平行性越好。

（4）光谱连续。覆盖了从远红外到硬 X 射线的各种波长。

（5）可精确计算。同步辐射 X 射线具有精确的可计算性，可以用来做各种波长的光源。

至今，同步辐射的发展经历了三代。第一代同步辐射光源并非为同步辐射应用而专门设计的，而是伴随着高能物理研究的储存环和加速器运行的，同步辐射只是一种副产物。如北京同步辐射装置、美国康奈尔大学的电子同步加速器等属此类型。

20 世纪 70 年代，第一代同步辐射装置数量迅速增加，然而此时的同步辐射用户们已经不满足于第一代光源了，科学家迫切需要专门用于同步辐射应用的光源，也就是第二代光源。由于第二代光源是专门为同步辐射应用而设计建设的，对同步辐射的质量、储存环的结构都做了优化设计，同步辐射的性能大大提高，为科学研究提供了一个非常广阔的平台。在此期间，世界各地建成一大批同步辐射专用光源，如美国 Brookhaven 实验室的 NSLS、英国 Daresbury 的 SRS 和合肥的国家同步辐射实验室（NSRL）等。

随着科技的快速发展以及科学研究的深入，对同步辐射有了更高的要求，从而促使了新一代、具有更高亮度的同步辐射光源的产生，这就是一些国家已经和正在建造的第三代同步辐射光源。第三代同步辐射光源是大量使用插件的低发射度储存环，其发出的同步辐射光的亮度比第二代光源要高出 100 倍以上（图 15.2），比普

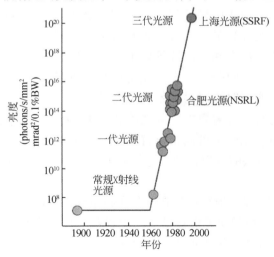

图 15.2　各代光源亮度的比较

通的 X 射线光源要高出 1 亿倍。目前，全球已有 11 个第三代光源投入运行，此外还在有一批三代光源在建。经过 10 多年的努力，我国已在上海成功建设完成第三代同步辐射装置——上海光源（SSRF），现在已经有部分线站开放运行。

15.1.2　同步辐射与聚合物材料

由于同步辐射的众多优越性，其在聚合物研究中得到越来越广泛的应用，同步辐射小角和广角 X 射线散射（SAXS 和 WAXS）技术是研究聚合物晶体和其他有序结构的重要实验手段。结合小角和广角 X 射线散射，可以同时检测高分子 0.1~1000nm 尺度的结构。结晶性聚合物材料、微相分离的嵌段共聚物、无机纳米材料和聚合物的复合材料等结构都是在这个尺度范围内。基于同步辐射高亮度、高空间和时间分辨的特点，原位研究聚合物材料在合成和成型加工过程中的结构演变成为可能。美国纽约州立大学的 Benjamin Hsiao 和 Benjamin Chu 组最近几年把同步辐射在研究聚合物加工过程中物理化学问题的优势充分发挥出来了，近 5 年发表相关论文 200 余篇。他们将纺丝、挤出、拉伸和剪切等聚合物材料加工和性能检测的装置与同步辐射 X 射线散射实验站联用，研究外场作用下聚合物加工中结晶和其他有序过程，这些工作不仅完善了聚合物在非热力学平衡过程的基本理论，同时对聚合物材料加工有直接的指导作用。

高分子物理研究呈现出"非"（非平衡态、非均匀性和非线性）、"多"（多组分、多分散、多尺度以及多元相互作用）的新颖性以及学科交叉（纳米、组装、功能和生物）等特点。许多难题（如玻璃化、结晶和流变等），由于难度大，目前的研究工作还停留在对已有理论的修补或完善阶段，并无突破性进展；而部分新兴的热门科学问题（如组装及聚电解质等生物和能源材料相关的高分子物理问题等）的研究还停留在表象，缺乏物理深度，未真正涉及深层次本质问题。非平衡态和非线性等要求研究手段的高时间分辨；非均匀、多组分等特点则需要高空间分辨；多尺度特点和与纳米、组装和生物等交叉学科研究要求研究手段能同时检测材料不同尺度结构。同步辐射 X 射线的高亮度正好满足高时间和高空间分辨要求，并能检测 0.1~1000nm 跨越四个数量级尺度的结构。而同步辐射光能量可调，可直接研究多元相互作用。因此，不管是传统的科学难题还是新兴的热门科学问题的解决，都将与先进的第三代同步辐射光源的应用息息相关。

事实上，同步辐射 X 射线散射在高分子科学和工业的发展过程中一直负有重要作用。国外高分子科学研究群体已是同步辐射中心的重要用户群，如欧洲同步辐射中心 ESRF 的 12 个研究方向组中，有 3 个与高分子学科相关，包括主要针对聚合物材料的 5 线 6 站的软物质研究群；美国 NSLS 甚至建有一条专门研究聚合物材料的同步辐射线站。英国 Diamond 也专门建设了一条研究聚合物材料和其他软物质的线站。国际石化巨头 EXXON MOBILE 在 NSLS 建有一条自己的实验线站。聚合物材料工业在欧美等发达国家被认为是朝阳产业，目前还在建设聚合物材料研究的专用线站。而中国作为制造业大国，聚合物材料相关产业正处于高速发展阶段，建设一条同步辐射 X 射线散射专用线站有望推动我国与聚合物材料相关的制造业的跨越式升级发展，为中国从制造业大国到制造业强国的飞跃插上翅膀。

我国同步辐射建设相对较晚，现已在大陆建成三个同步辐射中心（北京、合肥和上海）。北京同步辐射最早，但它属于高能物理的一个副产物，同步辐射每年只对外开放 2~3 月。合肥国家同步辐射实验室经过一期和二期建设，现已建成 14 条线站，全时对用户开放。上海光源的建设成功，标志我国已经进入国际先进同步辐射俱乐部，已在 2009 年 4 月开始对用户开放。图 15.3 是上海光源的航拍图。结合北京、合肥和上海光源，国内高分子界同行完全可以在同步辐射实验站上开展与国际同步的研究工作。

图 15.3　上海光源航拍图

15.1.3　上海光源小角散射实验站

上海光源一期建设 7 条线站，其中一条就是 X 射线散射光束线站（BL16B1）。设计的技术参数和指标主要针对聚合物材料及其他软物质研究群体。

上海光源 X 射线小角散射光束线站以弯转磁铁为光源，光束线达到的技术指标如下：

能量范围：5~20keV（覆盖 V~Mo 元素的 K 吸收边）；

能量分辨率：$\Delta E/E$ 约 5.0×10^{-4}，8keV；

光子通量：$10^{11} \sim 10^{12}\,\mathrm{s}^{-1}$，8keV；

聚焦光斑尺寸：约 0.3mm（水平）× 0.2mm（垂直），8keV；

时间分辨：约 10ms。

设计概念如图 15.4 所示。

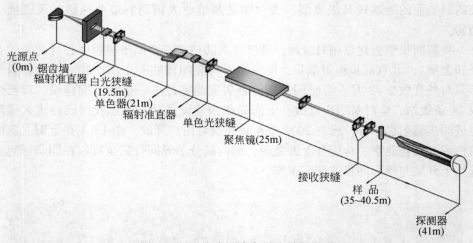

图 15.4　上海光源小角站光学概念图

　　线站采用弧矢聚焦双晶单色仪对同步辐射白光进行单色化，并对单色光进行水平方向聚焦，调节单色仪第二晶体的压弯半径和垂直反射聚焦镜的压弯半径，可使单色光在水平方向和垂直方向同时聚焦在任何所需要的位置。小角探测器采用 Mar165 CCD，广角采用气体位敏探测器系统。探测器位置可移动，样品位置固定，调节探测器与样品间的距离可得到不同的小角分辨尺度和不同的角度测量范围。

　　另外，实验站还配备各种散射实验附件，如温度可调的高低温样品池和压强可调的高压样品池用于物质结构随温度或压强的变化的研究；快门系统用于研究生物大分子活性或快速相变的时间分辨实验；位置可调样品平台用于研究表面结构的掠入射散射实验等。

表 15.1　上海同步辐射装置小角散射光束线站实验条件

样品台	①常规七维样品台； ②真空样品室和真空六维样品台
在线装置	Linkam 高低温样品台
探测器	①二维小角 CCD 探测器：Mar165 CCD； ②1D 小角气体探测器； ③1D 广角气体探测器

样品 – 探测器距离	2m、3m、5m 可选
测量方式	透射
可测量的空间尺度	$1 \sim 120\text{nm}$（$\lambda = 0.124\text{nm}$）

上海同步辐射装置小角散射光束线站主要面向化学、材料科学、生命科学等领域，以聚合物、纳米材料、生物分子、液晶等为主要研究对象，提供一个以常规小角散射为主，兼顾反常小角散射、掠入射小角散射、小角散射和广角散射同时测量以及动态过程研究等技术的实验平台。

（1）通过测量 X 射线相干散射在小角度范围的强度分布，获得物质内部较大尺度（300nm 以下）的结构信息，如聚合物材料和各种聚集体的分形数、生物大分子的长周期和形貌、生物蛋白及分子团簇的回转半径、纳米颗粒的粒度分布和比表面、平衡固溶体原子偏聚状态中的态密度涨落以及其他各种结构参数等。

（2）可以测量较大角度范围的散射信号，得到有关晶格的结构信息。对于一些相变过程中发生较宽尺度范围（从几埃到几百纳米）内结构变化的情况，要求广角散射与小角散射实验联用，如非晶合金的晶化过程，聚合物从熔体到晶体的转变等。

（3）同步辐射波长连续可调，原子散射因子中的色散项在其吸收边上下有十分显著的改变，利用某一元素吸收边附近进行 X 射线散射实验，可以"标定"物质中不同元素。

（4）掠入射小角散射是近年来发展起来的一种新技术，用于研究薄膜表面和近表面内部的纳米尺度的结构。如与反常散射技术相结合，将可从散射信号中得出某种特定元素的贡献，如多孔硅中的金属团簇以及纳米碳管中的金属囊等。

（5）高亮度的 X 射线将使我们能够开展时间分辨散射实验，可进行生物大分子活性研究和各种相变过程的动态研究等。

15.2　同步辐射 X 射线原位样品装置

聚合物材料分子由于其相对分子质量大，内部结构形态复杂多变，加之以加工工艺的不同更增加了聚合物材料微观形态的多样性。常规的检测手段只能得到其静态的结构信息，无法得知在加工和使用过程中聚合物材料结构的形成和演化过程。同步辐射 X 射线的高亮度提供的空间和时间分辨检测，使我们能够实时原位在线地跟踪聚合物材料在加工和使用过程中的结构变化过程，为通过加工调控聚合物材料结构、探求结构与性能之间的关系提供直接的实验数据。原位在线研究的先决条件除了同步辐射光源高亮度提供的高空间和时间分辨外，还需要对样品环境控制的原位装置进行设计，否则同步辐射的优势就很难充分发挥出来。因此，针对聚合物材料的特点，设计研制解决聚合物材料基础和应用科学问题的原位样品装置非常重要。

以下是一些常用的与同步辐射 X 射线联用的原位样品装置。

图 15.5（a）是一个 Linkam THM600 的温控样品台 ［图 15.5（a₁）为其工作原理图］，温度的精度为 ±0.1℃，最大升降温速率为 30℃/min。该样品台最初为光学显微镜设计，目前已经广泛用于 X 射线散射和红外装置，仅需将光学窗口改为 X 光或红外光的窗口材料。X 射线散射一般采用聚酰亚胺（Kapton）薄膜作为窗口材料。由于常用 X 射线散射装置的 X 射线是沿水平方向传播，样品台就需要垂直放置。为了固定熔体或液体，需要设计一个额外的小样品室。该装置用于研究聚合物材料在不同温度条件下的结构变化过程。

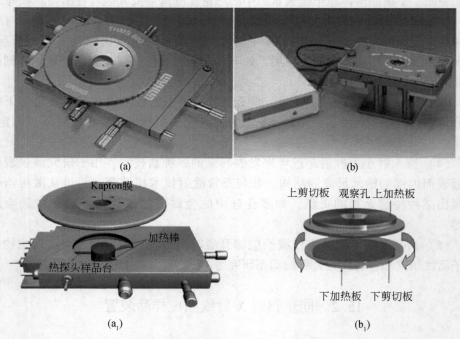

(a)　　　　　　　　　　　　　　(b)

(a₁)　　　　　　　　　　　　　　(b₁)

图 15.5　Linkam 温控样品台与剪切热台

(a) 温控样品台；(b) 剪切热台

图 15.5（b）是 Linkam CSS450 剪切热台 ［图 15.5（b₁）为其工作原理图］，温度范围从室温到 450℃，其他温度控制参数与 Linkam THM600 相似。

剪切热台具有不同的剪切功能，如连续剪切、脉冲剪切和正旋振荡剪切等。该装置已经广泛用于国内外同步辐射装置上。与 X 射线散射联用，需要重新设计窗口的结构。采用机械固定的方法，将 Kapton 膜固定在热台上下加热板上。由于样品与窗口黏结强，在拆卸样品时容易破坏窗口，机械固定的方法方便更换窗口。该装置可以模拟挤出和注射成型过程中剪切诱导的高分子相变过程和最终形态结构。

　　图 15.6 是国家同步辐射实验室软物质研究组自主研制的微型温控拉力装置。该装置采用伺服电机精确驱动反向螺杆，带动两个夹具向相反方向运动拉伸和压缩样品，保证样品检测的位置中心在拉伸过程中静止。其最大拉伸比可达 1000%，拉伸速率范围设计为 0.58 ~ 580 μm/s，温度控制范围设计为室温到 200℃。该装置设计有很高的灵活性，可以根据材料的不同需要来更换不同量程、不同精度的拉压力传感器，同时配置用于真应力应变检测所需的摄像机，其分辨率大于 3 μm，并且具有很高的时间分辨率。检测方法上设有恒应变速率和恒应力拉伸两种模式。该装置主要用于研究材料的结构与性能之间的关系。

图 15.6　微型温控拉力装置

　　图 15.7 (a) 是国家同步辐射实验室软物质研究组自主研制的恒应变速率的伸展流变装置 [图 15.7 (a₁) 是其工作原理图]。上面提到的拉伸装置主要针对固体，拉伸速率较慢。而恒应变伸展流变装置主要针对高分子熔体，需要较快的拉伸速率，保证外场施加的应变速率能够克服分子链的松弛动力学。适当改变装置设置可以模拟纺丝和吹膜过程中熔体在拉伸过程中结构的形成过程。

　　图 15.7 (b) 是国家同步辐射实验室软物质研究组自主研制的挤出装置 [图 15.7 (b₁) 是其工作原理图]，可以直接模拟挤出过程中聚合物材料结构的

形成过程。该装置还可以外加牵引拉伸装置来模拟熔体纺丝的加工过程。

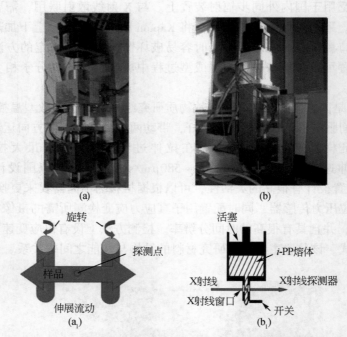

图 15.7　自主研制的与同步辐射实验站联用原位样品环境装置

(a) 伸展流变装置；(b) 挤出装置

15.3　同步辐射 X 射线散射在聚合物研究中的实例

在这一节中我们将列举几个利用同步辐射原位研究聚合物材料的实例。由于很多科学问题目前还存在争议，因此我们的目的不是针对具体的科学问题，而是主要展现同步辐射 X 射线的功能以及它可以帮助我们解决哪些方面的科学问题。在选择上只能限于作者熟悉的内容，但同步辐射 X 射线散射的功能和可以应用的领域远远不限于此，读者可以针对自己的研究，拓展同步辐射应用的研究方向和研究领域。

15.3.1　同步辐射 X 射线散射研究聚合物结晶动力学

高分子与小分子的主要区别在于其长链结构，完全结晶的聚合物材料几乎无法得到，然而结晶确实是高分子科学研究的最重要的课题之一。我们目前使用的聚合物材料中，有三分之二是结晶性聚合物材料，如聚乙烯和聚丙烯等。正是由于高分子的长链结构，其结晶过程和机理更为复杂。通过高分子科学界 60 多年的不懈努力，目前对晶体结构和晶体生长过程已积累了丰富的数据，并形成了一些理论。然而对晶体生成的最初阶段还缺乏认识，这正是近年高分子结晶领域研究最多、争论最多的一个问题。仅仅通过成核生长机理能否解释高分子结晶机制？在结晶开始前，是否存在一个所谓的预有序结构？在研究高分子结晶初期阶段机制这一充满争论的方向上，各种结果和解释的相互矛盾说明仍有许多工作要做。近年来，高分子物理界的科学工作者对不同始态的聚合物，如溶液、玻璃态和熔融态结晶的初期行为做了大量的研究。在此，我们就以英国 Ryan 等和王志刚等基于等规聚丙烯（i-PP）所做的一些工作，来展示同步辐射 SAXS/WAXS 在研究结晶的初期行为中的独特作用。

图 15.8 是 Ryan 等的实验装置图，实验采用的波长 $\lambda = 0.103\text{nm}$，SAXS 探测器距样品约 8m，WAXS 数据探测采用一维微带气体探测系统（MSGC），SAXS/WAXS 探测器和样品之间设有真空室以减少空气的散射和吸收。将制成盘形的 i-PP 样品（直径约 8mm，厚约 1mm）放入铝制 DSC 坩埚内，再将坩埚放入 Linkam DSC 仪器。样品以 20℃/min 升温速度从室温升到 180℃，并在此温度下保持 5min，然后以 50℃/min 的降温速度降温至等温结晶温度 T_1 并保持数小时。在用 Linkam DSC 做等温结晶的同时，用 SAXS/WAXS 对其进行检测，X 射线数据每 8s 采一帧，每帧间隔以 10μs。SAXS 图像的散射矢量的模 q 用鼠尾胶原蛋白校准，WAXS 图像用 HDPE 做散射角校准，WAXS 在 2θ 范围内的强度数据换算成铜靶辐射 CuK_α（$\lambda = 0.154\text{nm}$）。

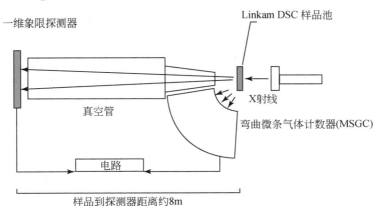

图 15.8　BM26B DUBBLE 线站（法国 ESRF）SAXS/WAXS 实验装置

图 15.9 是 i-PP 在 130℃ 等温结晶时的 SAXS/WAXS 三维图，对应着洛伦兹修正 SAXS 强度 $q^2I(q, t)$ 和 WAXS 强度 $I(2\theta, t)$。结合 $I(q, t)$ 的最大值 q_m，可以通过 SAXS 数据得出特征长度 $L = 2\pi/q_m$。在后期，这个长度对应着半晶

结构的长周期 L_p。在图 15.9 中，130℃完全结晶结构的最终 $L_p = 0.190nm$。

为了说明 i-PP 结晶初期阶段的 SAXS 和 WAXS 数据之间的关系，从 SAXS 数据中导出的不变量与 WAXS 数据中结晶峰积分强度之间可以相互比较，SAXS 的不变量 Q_s 定义为

$$Q_s = \int_0^\infty q^2 I(q,t)\,\mathrm{d}q \approx \int_{q_1}^{q_2} q^2 I(q,t)\,\mathrm{d}q \tag{15.1}$$

相对不变量是通过与实验限制之间的整合得到的，其中 q_1 和 q_2 分别为第一个和最后一个可信数据点。

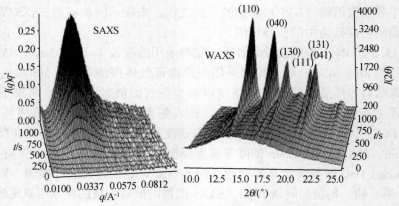

图 15.9　i-PP 130℃等温结晶 SAXS/WAXS 图
2θ 处的 WAXS 强度换算成 CuK_α（$\lambda = 0.154nm$）辐射

将 WAXS 结晶峰拟合成多重背景叠加下的 PearsonⅦ 函数，该拟合包括无定形态背景下 i-PPα 单斜晶的晶体反射，图 15.10 是高结晶度样品的 WAXS 图，该图就是用这种拟合方法得到的，图中可以看到五个明显的布拉格峰，插图是结晶过程发生初期 WAXS 图的拟合，图中列出的是（110）和（040）两个峰。

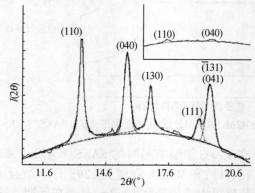

图 15.10　WAXS 结晶峰拟合成多重背景叠加下的 PearsonⅦ 函数

图 15.11 所示的是 i-PP 在一定结晶温度范围内 SAXS 不变量 Q_s 的时间演变。从这些静态结晶动力学曲线可以看出，深过冷温度下的结晶速度很快，而浅过冷温度下的结晶速度相对较慢（所需时间可达几个小时）。

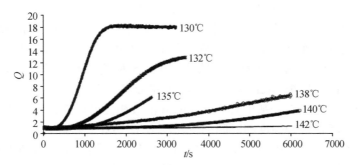

图 15.11　i-PP 在不同温度下的等温结晶
结晶过程用 SAXS 计算得到的不变量 Q 的变化表示

图 15.12 为 i-PP 在 130℃等温结晶时的 SAXS 不变量和 WAXS 结晶度，并且与 Avrami 模型做了比较，Avrami 方程为式 15.2：

$$1 - X_s = e^{-Kt^n} \tag{15.2}$$

式中，K 为结晶速率常数；X_s 为结晶度，定义为 $X_s = X_w(t)/X_w(\infty)$（是通过 SAXS 不变量换算得到的结晶度）；n 是 Avrami 指数，在图 15.12 插图中，指数 n $=3.4$，对应着球晶的生长。从插图可以看出，结晶曲线并非完全符合 Avrami 方程，非指数动力学曲线及 n 不为整数都会出现偏离，这种偏离是由各种不同晶体单元同时生长造成的，但是到现在仍然没有一种合适的理论来说明这种偏离。从图中的 SAXS 和 WAXS 数据可以看出，在较长的一段时间内，结晶度有一个缓慢的非

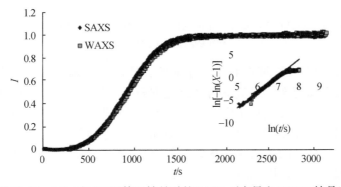

图 15.12　i-PP 在 130℃等温结晶时的 SAXS 不变量和 WAXS 结晶度

线性增加，结晶不完善部分重新结晶或结晶完善部分继续结晶以增加片晶厚度引起的二次结晶是造成结晶度缓慢增加的主要原因。

正如上面提到的，我们关心的核心问题是生长初期的结构形成问题。在结晶温度较高时，通过比较 SAXS 和 WAXS 的强度，可以看出 SAXS 的信号出现较 WAXS 早，如图 15.13 所示。从图中可以明显看出，SAXS 不变量在约 500s 时，强度就开始上升，而 WAXS 的强度则要等到近 1000s 才有明显信号。由于 SAXS 反映的是大尺度结构的信息和密度涨落，WAXS 检测的是晶体结构信息，因此，这种信号出现的先后被 Ryan 等解释为液液相分离，也就是说在聚合物结晶前有一个液液相分离先发生。基于 Cahn-Hilliard 液液相分离理论，可以非常好地拟合结晶前期散射峰位置和强度随时间的变化动力学。这一现象在其他聚合物，如聚对苯二甲酸乙二醇酯等中也会发生。然而，也是通过同步辐射 SAXS/WAXS 信号的比较，王志刚等却认为 SAXS 和 WAXS 信号出现的先后是由探测器灵敏度差异所造成的，而不是液液相分离所产生。因此，他们支持传统的聚合物结晶成核生长理论。

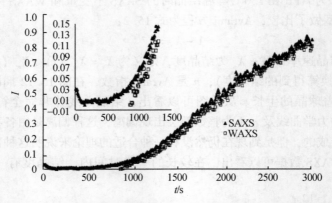

图 15.13　i-PP 在 140℃ 等温结晶时的 SAXS 不变量和 WAXS 结晶度的比较
插图为结晶初期强度比较

关于聚合物结晶前期的争议还在继续，我们希望通过这一实例提醒读者：①同步辐射 X 射线散射在研究聚合物结晶方面的确具有非常强大的功能，特别是原位在线跟踪晶体的形成和演化过程，包括结晶初期的结构形成动力学。这充分体现了同步辐射 X 射线散射高时间分辨的优势。②然而，我们必须记住，与其他任何研究手段一样，同步辐射 X 射线散射也具有它的局限性，特别是需要知道装置本身的灵敏度以及使用范围。正如王志刚等提到的，SAXS 与 WAXS 探测器灵敏度差异会造成的信号出现的先后。

15. 3. 2　同步辐射 X 射线散射研究嵌段共聚物相变

人类进步常常是由新的材料的发现而推动的，如铜和锡的合金带来了青铜时代，铁和碳的组合才有了钢的时代和现代工业。现在，聚合物材料正经历同样的过程。高分子共混合金通常能达微米尺度，而纳米和分子尺度的合金则需要共聚。由于分子链中包含具有不同物理化学特性的分子单元，嵌段共聚物常具有一般均聚物所无法比拟的性能，如智能和多功能。嵌段共聚物的合成、自组装和结构研究在过去二十几年非常热烈，可以说是高分子研究的中心，这从 Leibler 于 1980 年在 *Macromolecules* 上关于嵌段共聚物微相分离的经典理论文章的引用就可以看出，该文章为 *Macromolecules* 创刊以来引用最高的文章之一。

两嵌段共聚物通过自组装或者微相分离后形成的丰富多彩的对称结构，如图 15.14 所示。而多嵌段共聚物则可形成更多的结构。由于聚合物分子尺度都在纳米尺度范围，非常适合小角 X 射线散射研究。在研究嵌段共聚物结构方面，同步辐射 X 射线散射具有不可替代的作用，通过 X 射线散射，可以很容易判别一些简单的对称结构。图 15.15 中给出了一个 PEO-b-PBh 两嵌段共聚物的小角 X 射线散射图。散射峰的 q 值比为 $1:2:3:4$，这对应的结构就是层状结构。同样的道理，如果是六方排列的轴结构，散射峰 q 值比则是 $1:\sqrt{3}:2:\sqrt{7}:3$，体心立方排列的球是 $1:\sqrt{2}:\sqrt{3}:2$。所以通过几个强峰就可以鉴别这些简单的对称结构。但对于更为复杂的结构，则需要更细致的分析，或者像制备单晶一样制备单一相畴的样品。

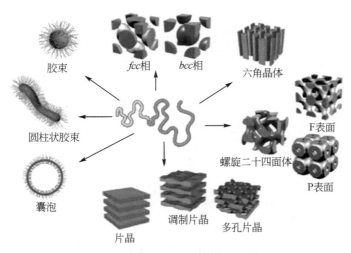

图 15.14　两嵌段共聚物自组装形成的纳米有序结构

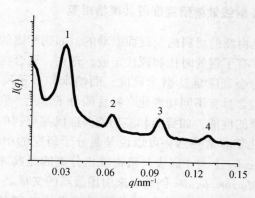

图 15.15　PEO-b-PBh 两嵌段共聚物小角 X 射线散射图曲线

　　嵌段共聚物中，除了微相分离外，如果其中一段为结晶性的高分子，则引入了一个新的相变——结晶过程。研究嵌段共聚物结晶是近年的一个热点，主要关注微相分离形成的纳米结构对结晶的影响。相比较而言，对微相分离和结晶两个相变同时发生的情况研究较少。研究这样的体系，需要同时采用高时间分辨的SAXS 和 WAXS，同步辐射可能是目前唯一的有效手段。图 15.16 是一个 PEO-b-PS 在等温结晶过程的 SAXS 和 WAXS 曲线。如果没有并行检测的 WAXS 信号，我们就很难得知 SAXS 散射信号来源于微相分离还是结晶。由于 SAXS 和 WAXS信号时同时出现，所以我们知道相分离是由于结晶驱动的，最后获得由结晶主导的层状结构。

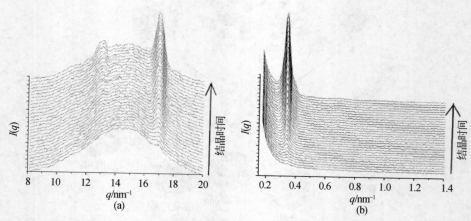

图 15.16　PEO-b-PS 共聚物结晶过程中 WAXS（a）和 SASX（b）图

有意思的是，如果升高结晶温度，可获得完全不同的结构，这明显不是由结晶单一主导的结构。图 15.17（a）中给出了样品在不同温度下的小角 X 射线散射图。从图中可以看出，在低温时，得到的是明显的层状结构，在高温出现了 q 值与一阶峰成 $\sqrt{3}$ 和 2 比值的高阶峰，这一结构看起来像六方排列的轴状。为了确定这一结构，需要制备单一相畴结构的样品，图 15.17（b）给出了单一相畴样品的二维散射图。基于该散射图，我们确定在高温得到的是 perforated 层状结构，这一特殊结构实际上是结晶和微相分离竞争的结果。由于该共聚物是非对称的，微相分离希望得到轴状结构而结晶推动层状结构的形成，两个相变同时协同发生，最终妥协的结构就成了穿孔（perforated）层状结构。

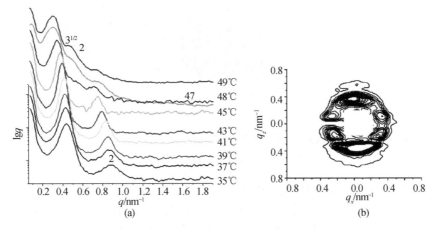

图 15.17 不同温度结晶后的 PEO-b-PS 共聚物一维 SAXS 图（a）
和 48℃下结晶的二维 SAXS 图（b）

嵌段共聚物的两段也可以都是结晶性的，这样的体系最终结构将由两段的结晶决定，如 PCL-b-PEO 这样的嵌段共聚物，两段都可以结晶。图 15.18 是一个高度非对称的 PCL-b-PEO 共聚物在不同温度下的 SAXS 和 WAXS 图。由于体系中 PCL 为主要部分，所以在高温时先结晶，这从 WAXS 图中可以看出，其中只有 PCL 的结晶峰，没有 PEO 的结晶峰。当温度降到约 15℃ 时，PEO 开始结晶，WAXS 中出现了 PEO 的衍射峰，PEO 结晶也导致了 SAXS 图的变化。通过对 SAXS 和 WAXS 图的分析，我们认为在高温时 PCL 结晶后，PEO 链段与其发生相分离，形成层夹球的结构 [图 15.18（c）]，其中层是结晶后的 PCL 片晶，在进一步降温中，这些 PEO 纳米球发生结晶。

还有一种双结晶性嵌段共聚物，其两段既可以独立结晶也可以不发生相分离而形成共晶，一个典型的例子就是聚乳酸。在 PLLA 和 PDLA 的共混物中，两种

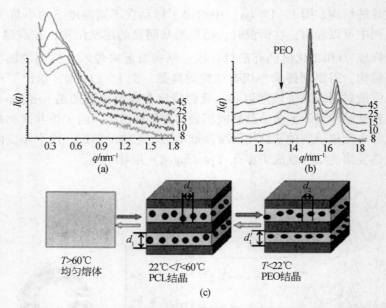

图 15.18　高度非对称 PCL-b-PEO 共聚物在降温过程中的 SAXS（a）和 WAXS（b）图
以及从 SAXS 和 WAXS 图推断出的在降温过程中的结构变化（c）

分子链可以按 1/1 结晶成外消旋晶体（立构复合晶体），其熔点比对应异构体的熔点高出 50℃以上。在外消旋晶体中，每一种分子链都有各自的手性螺旋，这是由其化学立构体决定的：PLLA 是左手螺旋结构而 PDLA 是右手螺旋结构。在等物质的量的比的共混物中，两种不同的分子链可以各自结晶成不同的晶体（单一组分晶体）。对于 PLLA 和 PDLA 的嵌段共聚物来说，不同只是嵌段部分的结构，外消旋晶体和单一组分晶体之间的竞争可能产生一些有趣的现象。图 15.19 是（PLLA-b-PDLA）两嵌段聚合物在不同温度下等温结晶 WAXS 图，从图中可以看出高度不对称的两嵌段共聚物 LD80/20 等温结晶时只有单一组分晶体结构［图 15.19（a）］，其熔点在 145℃左右。由于 LD50/50 两嵌段共聚物高度对称性，其在整个结晶温度范围内结晶得到的为外消旋晶体［图 15.19（b）］，即使在 170℃等温结晶得到的仍然是外消旋晶体。对于两部分嵌段比例处在中间的共聚物 LD66/33，在不同温度区域下等温结晶得到的晶型是不同的［图 15.19（c），（d）］。等温结晶温度超过 110℃时，LD66/33 的晶体生成倾向于外消旋晶体，而在较低温度下等温结晶时两种晶型都会存在。在这里，得到的单一组分晶体仍为 α 相，类似的现象在富 PLLA 或富 PDLA 的共混物中也可以看到。图 15.19（d）为 70℃和 80℃等温结晶时的单一组分晶体峰，在 70℃或 80℃等温结晶时单一组分晶体的 WAXS 峰很弱。

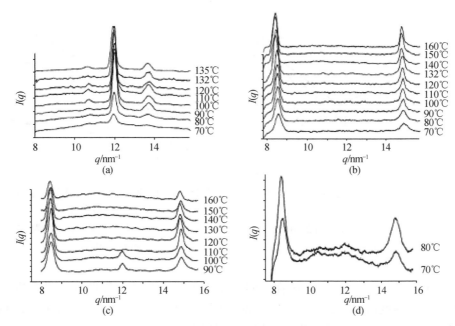

图 15.19　PLLA-b-PDLA 两嵌段共聚物在不同嵌段不同温度下等温结晶 WAXS 图

（a）LD80/20；（b）LD50/50；（c），（d）LD66/33

　　如果将 WAXS 得到的结果做成相图（图 15.20），从图中可以看出高度不对称的嵌段共聚物结晶只能得到单一组分晶体，而对称的嵌段共聚物结晶得到的却只能是外消旋晶体，若调节嵌段部分的比例及结晶温度可以使得两种晶体共存。

　　基于 SAXS 和相关函数分析也可以发现对应的晶体形态差异。图 15.21 给出了从相关函数得到的 LD50/50 在不同温度下等温结晶时的形态参数。长周期 L 和片晶厚度 l_c 随着温度的增加而线性上升，而非晶层 l_a 缓慢增加，根据 NMR 测试结果显示，该嵌段共聚物含有 53 个丙交酯单元（106 个乳酸单元），伸直链的长度约为 31nm，由于 L-乳酸和 D-乳酸在嵌段共聚物中所占的比例相同，因此两部分嵌段长度均为 15.5nm。对于这样一个相对较短的分子链，在结晶时分子链的折叠多倾向于整数折叠，晶体的厚度随结晶温度升高而跳跃增加。在这个体系中片晶厚度是随着温度连续增加的，与通常高分子均聚物结晶行为相同：$l_c \propto 1/\Delta T$，$\Delta T = T_m^0 - T_c$，T_m^0 和 T_c 是平衡熔点和结晶温度。

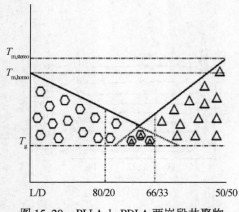

图 15. 20　PLLA-b-PDLA 两嵌段共聚物
的相图

$T_{m,stereo}$，$T_{m,homo}$ 分别为外消旋晶体和
单一组分晶体的熔点

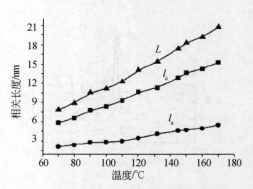

图 15. 21　LD50/50 在不同温度下等温结晶
时的形态参数

L，l_c，l_a 分别为长周期、片晶厚度
和无定形区厚度

　　图 15. 22（a）是 LD66/33 在不同温度下等温结晶的长周期和片晶厚度。在三个不同的温度区域中，长周期和片晶厚度都是相对恒定的值。在 110 ~ 120℃，LD66/33 的片晶厚度接近 9. 7nm，与 D-乳酸嵌段部分的长度相当，整个 D-乳酸嵌段和 L-乳酸嵌段的一半形成外消旋晶体［图 15. 22（b₂）］。在这种情况下，由于立构复合结晶的作用，另一半的 L-乳酸嵌段处于无定形区，而不是全部的 D-乳酸嵌段处在无定形区。在此温度区间的低温区，长周期和片晶厚度急剧减少到一个相对稳定值，片晶厚度约为 5nm，是 D-乳酸分子链长的一半，D-乳酸嵌段处于一次折叠［图 15. 22（b₁）］。在高温区，长周期和片晶厚度是随着结晶温度的增加连续上升的，但是斜率趋于水平。由于该温度下片晶厚度几乎稳定在 13. 3nm 左右，比整个 D-乳酸嵌段的长度（10nm）还长，即便伸直链晶体也无法达到这个厚度。由此我们推断该晶体的形成是由不同分子链中的 D-乳酸嵌段叠加而成［图 15. 22（b₃）］。晶面间距的缓慢增加则可能是因为熔体中 L-乳酸嵌段熵的减少造成的。

15. 3. 3　同步辐射 X 射线散射研究流动场诱导聚合物结晶

　　流动场诱导的聚合物结晶是聚合物材料加工的核心问题，也是高分子科学的重要课题，因为几乎所有的聚合物材料在成为产品之前都要经过复杂的流动态，经过了几十年的关于流动场诱导聚合物结晶的研究，已经得到了一些重要的结果：①流动场可以加速聚合物结晶动力学过程，流动场足够强时可以使得聚合物

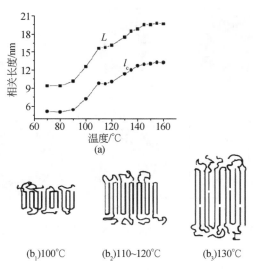

图 15.22 LD66/33 在不同温度下等温结晶的形态参数 (a) 及
片晶折叠示意图 (b)

晶体的形态发生变化。②流动场对聚合物结晶动力学的加速主要是对高分子成核的促进作用。③聚合物的相对分子质量大小及其分布在流动场诱导聚合物结晶中扮演重要角色，通常认为高分子量部分对于聚合物熔体流动诱导取向结构形成以及加速结晶动力学过程起到重要作用。正是由于同步辐射 X 射线散射在流动场诱导结晶中的应用，最近几年该领域有了长足的发展。

我们首先以一个同步辐射 WAXS 的例子来说明高时间分辨研究流动场诱导结晶中的独特优势。聚丙烯在静态结晶条件下，一般生成 α 晶体，而在剪切场作用下可以生成具有高抗冲韧性的 β 晶体。然而对其形成机理一直存在争议。通过时间分辨的同步辐射 WAXS，Hsiao 等直接观察到 α 晶体和 β 晶体形成的先后次序。图 15.23 是利用同步辐射 WAXS 原位跟踪剪切诱导聚丙烯结晶过程。

剪切后 α 晶体明显先于 β 晶体出现，积分后的一维散射图将这一先后次序显示的更为清晰，如图 15.24 所示，α 晶体在约 15s 就出现，而 β 晶则需要约 45s 才能看到。基于两种晶型出现的先后次序和 β 晶体含量与 α 晶体取向度的关系，Hsiao 等认为 β 晶体的生成是基于取向的 α 晶体生成存在。这一推断的正确与否可能还需要进一步的实验数据来验证，但同步辐射 X 射线散射时间分辨的优势得到充分体现。如果检测手段的时间分辨大于 60s，我们根本无法知道究竟是 α 晶体先生成还是 β 晶体先生成，上面提到的推断也不可能存在。

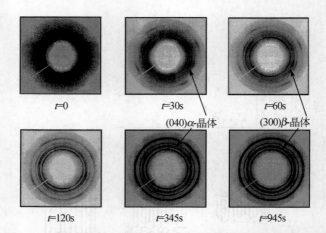

图 15.23 同步辐射 X 射线散射跟踪剪切诱导聚丙烯结晶过程

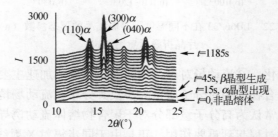

图 15.24 剪切诱导聚丙烯结晶过程获得的一维 SAXS 图

　　流动场诱导结晶研究的核心问题是关于原始晶核 shish 的形成。强流动场所用下，高分子不再生成通常的球晶，而生成所谓的 shish-kebab 结构，其中 shish 是晶核，kebab 是附生的片晶。Shish-kebab 结构是 20 世纪 60 年代由 Mitsuhashi、Pennings 和 Binsbergen 等各自发现的。由于 shish-kebab 结构能够提高聚合物产品的性能，加之其非平衡热动力学物理机制，高分子物理研究者对此投以极大的兴趣。经过近半个世纪的研究，人们对这种奇特的结构有了一定的认识，然而对于 shish-kebab 的形态以及形成过程仍然还不清楚。Keller 最早引用 de Gennes 的 coil-stretch 转变的概念来解释 shish-kebab 的形成过程，并且用实验进行了验证。但是最近高分子科学家的工作显示 shish-kebab 的形成可能并不需要 coil-stretch 转变。回答这一问题需要流变学与结晶学研究的结合，因此设计研制能与同步辐射 X 射线散射实验站联用的原位流变装置是关键。国家同步辐射实验室软物质研究组自主研制了一台微型伸展流变装置，与上海光源 X 射线小角散射实验站联用开展工作，图 15.25 是其研制的装置安装在实验站上的图片（X 射线从图的左边入射）。研究思路是利用伸展流变获得分子链解缠结或 coil-stretch 转变的信息，采用同步辐射 X 射线散射检测 shish 的生成与否，最终将 shish 生成和解缠结需要的流动场参数比较，回答 coil-stretch 转变是否是 shish 生成的必要条件。

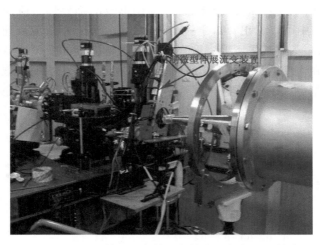

图 15.25　微型伸展流变装置安装在上海光源 X 射线
小角散射实验站样品台上的照片

由于 HDPE 具有较高的熔体强度，在晶体熔点以上流动性仍然很差，所以是研究伸展流动诱导结晶的合适材料。材料经过高压硫化机熔融压片制成样片，将样片剪成合适的尺寸，固定在拉伸装置转轴的夹片上，然后升温到 180℃，恒温 5min 消除热历史，随后降温到 125℃，开始拉伸。拉伸完成后立即采集 SAXS 数据。

图 15.26（a）是 125℃ 伸展中止时采集的 HDPE 二维 SAXS 图，此时的应变速率和应变分别为 15.7s^{-1} 和 2.5，图中的水平箭头方向为伸展方向，子午线上的尖斑表示 shish 结构的形成，赤道方向上的最大散射强度为 kebab 结构，通常出现在 240s 之后。根据 SAXS 图，可以算出伸展中止后 shish 结构的相对含量，也可以算出结晶完成后 kebab 最终取向度，shish 结构的相对含量 x_{shish} 可以表示为式（15.3）：

$$x_{shish} = (I_{shish} - I_b)/I_b \tag{15.3}$$

式中，I_{shish} 为 shish 结构的散射强度；I_b 为熔体的背景散射强度。用 Hermans 取向参数定义 kebab 结构的取向度：

$$f = \frac{3\langle \cos^2\phi \rangle - 1}{2} \tag{15.4}$$

式中，ϕ 为片晶取向方向和流动方向之间的夹角。当片晶方分布为各向同性时，标准 Hermans 取向参数 f 为 0，完全有序排列时的 f 为 1。图 15.26（b）是不同应变速率下 shish 相对含量与应变之间的关系曲线，从图中可知，若伸展应变速率为 3.1s^{-1}，只有应变超过 1.88 时才会出现 shish 结构。在较大的应变速率下和实验允许的误差范围内，诱导 shish 结构形成的伸展应变 ε 基本上均为 1.57。显然，当伸展应变速率 $\dot{\varepsilon}$ 足够大时，诱导 shish 结构形成的临界伸展应变 ε^* 为恒定值。从图 15.26（c）中可以看出，对于一个给定的应变 ε，不管应变速率 $\dot{\varepsilon}$ 是否变化，kebab 结构的取向参数基本不变。取向参数是随着应变的变化而变化的，呈现出两个阶段，并在应变约为 1.5 时出现转变。当应变大于 1.5 时，取向参数随应变增加而增加的幅度大于低应变下的情况，这意味着 shish 结构能够加强 kebab 结构的取向。

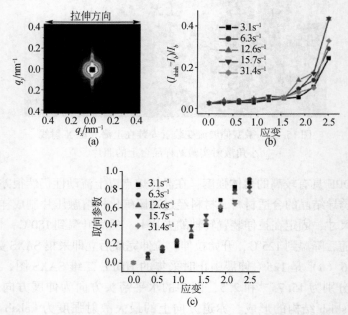

图 15.26　HDPE 的二维 SAXS 图（应变 2.5，应变速率 15.7s^{-1}，尖斑为 shish 结构）（a）、
不同应变速率下 shish 含量 – 应变曲线（应变超过 1.57 时才会出现 shish）（b）
以及不同应变速率下片晶取向参数 – 应变曲线（c）

图 15.27（a）是 125℃下应变速率 $\dot{\varepsilon}$ 为 6.2s^{-1} 时不同应变下 HDPE 的工程应力 – 时间曲线，在这里之所以用工程应力 – 时间曲线而不用真应力 – 时间曲线是因为：①当伸展速率大到足以克服分子链松弛时，聚合物熔体表现出固体性状，定义聚合物固体的屈服时通常用工程应力 – 应变曲线而不是真应力 – 应变曲线；②橡胶网络的应力是由缠结点之间链段密度决定的而不是交联截面积，如果没有解缠结，就很难简单地除以交联截面积来计算。如图 15.27（a）所示，在伸展的第一个阶段，聚合物熔体表现如弹性固体，形变主要是由外力引起的，曲线斜

率较大；在到达屈服点以前，曲线的斜率减小，这是分子链 Rouse 松弛造成的；当施加的应变 ε 大屈服应变 ε_y 时，聚合物熔体就会屈服，屈服的发生意味着分子链的滑移和解缠结。对于应变 1.88 和 2.11，屈服应变的最大值均为 1.76，这个值就是屈服应变 ε_y，当应变达到该值时分子链开始从起始的"软管"中移出从而发生解缠结。应变 ε 小屈服应变时，松弛应力 σ 比屈服点之后的应力松弛要小，这是因为在缠结和解缠结态下的分子链松弛动力学不同。

　　屈服应变 ε_y 是随着应变速率 $\dot\varepsilon$ 的变化而变化的，如图 15.27（b）所示。虽然在较长的伸展时间内较低的应变速率 $\dot\varepsilon$ 下屈服也会发生，但是实际的应变屈服是随着应变速率 $\dot\varepsilon$ 的增加而增加的。图 15.27（c）中的虚线为 shish 结构出现的临界应变 ε^*，可以看出，当应变速率大到足以克服分子链 Rouse 松弛时，临界应变 ε^* 比屈服应变 ε_y 要小。

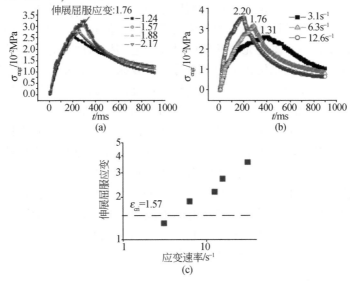

图 15.27　应变速率为 6.2s⁻¹ 时不同应变下 HDPE 的工程应力 – 时间曲线（a）、不同应变速率下 HDPE 的工程应力 – 时间曲线（b）以及伸展屈服应变 – 应变速率曲线（c）

　　根据伸展流变和 SAXS 数据，可以做出下面几点结论：①当应变速率 $\dot\varepsilon$ 足以克服分子链的 Rouse 松弛时，shish 结构出现的临界应变 ε^* 小于屈服应变 ε_y，因此 shish 的生成并不需要解缠结或 coil-stretch 转变。②shish 生成的临界应变刚好能将缠结链构筑的网络拉直，但不是将整根链拉直。我们通过链端交联的网络来模拟熔体结构，也可以得出类似的结论，并得出流动场诱导成核源于长短链的协同作用，而并不是其中之一独立贡献的结论。

　　上述关于 shish-kebab 结构形成的临界应变的研究可参阅相关文献（Yan T Z, Zhao B J, Cong Y H, et al. Macromolecules, 2010, 43: 602-605）。

15.3.4 同步辐射 X 射线散射研究聚合物材料结构与性能的关系

聚合物作为结构材料，在使用的时候，它的力学性能比其他的物理特性显得更为重要。从人们发现聚合物材料开始，材料的结构与力学性能关系一直是高分子科学与工程学科研究的中心课题。但由于聚合物材料结构的复杂性，虽然经过了高分子科学界和工业界几十年的不懈努力，但至今仍然没有一个合适的理论能够满意地描述聚合物材料的力学性能与微观结构的对应关系，也没有普适的科学理论来指导材料设计和精确计算材料的安全使用寿命。

相对于结晶性聚合物材料而言，无定形聚合物材料的结构要简单一些。荷兰艾恩德霍芬（Eindhoven）大学的 Miejier 研究组和国际上众多研究组经过近 20 年的不懈研究和努力，似乎已经建立起较好的理论来描述无定形聚合物材料结构与力学性能之间的关系，但是由于目前玻璃化转变还没有成熟的理论，现有无定形聚合物材料结构与力学性能关系的理论还需要进一步完善。而对于结晶性聚合物材料，目前就没有一个真正完善的理论可以描述结构与性能之间的关系。这主要是因为结晶性聚合物的结构比无定形高分子要复杂得多，如图 15.28 所示，结晶性聚合物包含多尺度的结构，从微米到毫米尺度的球晶、几十纳米的片晶层、约 10nm 尺度的片晶到晶体内分子链的排列，即不同的晶型结构和无定形区分子链的构象等，如果再加上晶体尺寸分布和取向、片晶和片晶层间的连接链分布和无定形分子链的缠结和取向等结构参数，将宏观力学性能与所有这些结构参数对应的确是一个非常巨大的挑战。同步辐射 X 射线的高亮度正好满足高时间和空间分辨要求，并能检测 0.1 ~ 1000nm 跨越四个数量级尺度的结构。拉伸是一种常用的加工方法，同时也是检测材料力学性能的手段之一，将拉伸力学性能测试与同步辐射 X 射线散射联用可以把结构和性能关系直接关联起来。

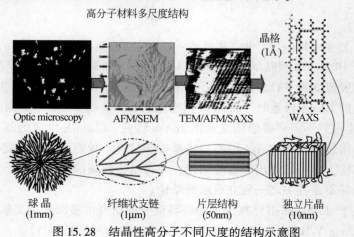

图 15.28 结晶性高分子不同尺度的结构示意图

　　下面我们就以尼龙 12 作为一个例子，介绍利用同步辐射 WAXS 研究其结构与性能之间的关系。尼龙 12 粒料用硫化机加热熔融压片，然后以恒定速率降到室温（或者在某一恒定温度下等温结晶），得到片状的样品。用裁刀裁出哑铃形样条。将自制的拉力测试装置与合肥国家同步辐射实验室 X 射线散射站联用，用一定的拉伸方式（恒速、恒应变速率、恒应力等）拉伸样条，高分辨的 CCD 检测样品的宽度的变化，同时广角 X 射线散射（WAXS）检测样品的结构变化。合肥国家同步辐射实验室 X 射线散射站配有二维 Mar CCD 探测器和 Mar345 成像板探测器。该实验采用 Mar345 成像板探测器，主要考虑其探测面大，能探测的角度范围宽。

　　通常条件下结晶，得到的是尼龙 12 六方结构的 γ 相。其特征衍射峰分别是（020）和（001），如果 X 射线波长为 0.154nm，2θ 分别在 5.8°和 21.5°左右。初始样品的衍射曲线也证实了这一点。图 15.29（a）是拉伸过程中的工程应力 - 应变曲线。其中插入了几幅不同应变下二维 WAXS 图。从图中可以看出，拉伸过程中衍射峰逐渐发生取向。为了了解更细微的结构变化，我们把二维图积分成一维衍射曲线［图 15.29（b）、（c）］。从一维衍射曲线可以直观地看出衍射峰位置、强度和峰宽的变化，这些参数的具体变化可以通过峰的拟合得到。

　　图 15.30（a）和图 15.30（b）分别给出了（020）和（001）两个峰在拉伸过程中峰位的变化。这里可以直接采用空间晶面间距，以便于直观理解晶体受力变化图像。在图中同时给出工程应力 - 应变曲线，方便直接获得力学性能与结构之间的关系。

　　从图中可以看出，晶面间距随宏观应变的变化可以分为三个阶段，I 区是线性变化区，对应宏观的应力 - 应变曲线也就是我们通常所说的线性形变区。几乎所有聚合物材料在拉伸过程都经历这一区间。II 区中，晶面间距发生突变。（020）晶面先减小然后增加，而（001）晶面增加的速率明显加快。非常有趣的是这个区间正好对应材料宏观力学性能的塑性形变区。III 区对应的是材料屈服后的形变行为。这里晶面间距只发生非常微小的变化。这三个结构变化区从峰的强度和宽度也得到证实，如图 15.30（c）所示。这些微观结构参数与材料宏观力学性能非常好地对应，或者说，微观结构的变化直接在宏观力学性能上得到体现。

　　为什么在塑性形变时，尼龙 12 会有这样一个结构变化行为呢？这就要求更进一步的分析。仔细观察在塑性形变区中 WAXS 图可以看出，在（001）峰的左边有一新的散射峰出现［图 15.31（a）］，这个峰在二维 WAXS 图上可以非常清楚地看到。如果以 0°到 360°的方位角积分，无定形背底太强，在一维图中这个峰反而不太清晰。因此我们选择积分范围只是在竖直方向，再通过差谱的办法，

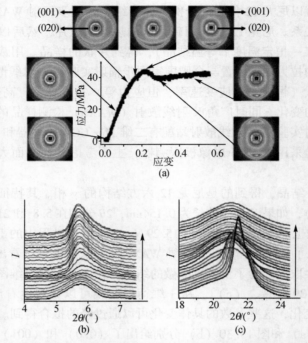

图 15.29 尼龙 12 在拉伸过程中的工程应力 – 应变曲线和不同应变下的二维广角 X 射线散射图（a）及其对应的一维广角 X 射线散射曲线：（b）（020）峰和（c）（001）峰

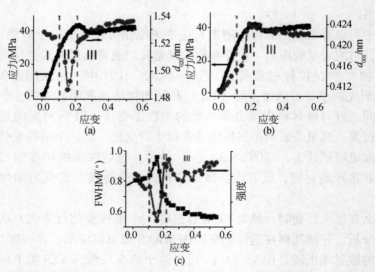

图 15.30 尼龙 12 在拉伸过程中（020）晶面（a）和（b）（001）晶面间距以及（020）衍射峰半高宽和衍射强度（c）随应变的变化

即用塑性区的一维图减去对应的弹性区的一维图，得到如图 15.31 （b）所示的差谱图。从差谱中我们看到的是两个 2θ 分别在 20.4°和 23.4°的新衍射峰。这对应着一个新晶体结构。由于这个晶体结构在继续拉伸中消失，所以只是一个过渡相，也就是说，尼龙 12 的塑性形变对应了一个马氏体相变，或者说过渡相对应了尼龙 12 的塑性形变。

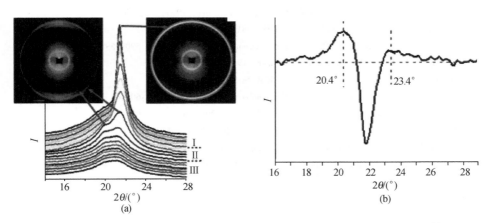

图 15.31 尼龙 12 在拉伸过程中的竖直方向一维衍射曲线 （a）及塑性形变区差谱图 （b）

习 题

1. 同步辐射 X 射线比常规光源的亮度高出 10 个数量级，高亮度光源在研究高分子材料时的优势是什么？请举例说明。

2. 小角和宽角 X 射线散射的原理完全相同，小角和宽角 X 射线散射联用的优势主要体现在哪些方面？

3. 同步辐射光子能量连续变化，在散射实验中，能量连续可调的优势在哪些方面？

4. 小角 X 散射强度用 Lorentz 修正，其物理来源是什么？

5. 原位样品装置通常采用 Kapton 膜做 X 射线的窗口材料，为什么？请比较 Kapton 与其他窗口材料的优劣。

参 考 文 献

[1] 马礼敦，杨家福. 同步辐射应用概论. 上海：复旦大学出版社，2001
[2] Als-Nielsen J，McMorrow D. Elements of Modern X-Ray Physics. New York：Wiley，2001：2
[3] 国家自然科学基金委化学科学部 2009 年高分子物理前沿研讨会会议纪要
[4] 柳义. 上海光源 X 射线小角散射光束线站的概念设计. 核技术，2006，20（4）：245-248

[5] Heeley E L, Maidens A V, Olmsted P D, et al . Macromolecules, 2003, 36：3656-3665

[6] Wang Z G, Hsiao B S, Sirota E B, et al. Macromolecules, 2000, 33：978-989

[7] Li L B, Meng F H, Zhong Z Y, et al. J Chem Phys, 2007, 126：024904

[8] Li L B, Sererro Y, Koch M H, et al. Macromolecules, 2003, 36：529-532

[9] Li L B, Zhong Z Y, de Jeu Wim H, et al. Macromolecules, 2004, 37：8641-8646

[10] Bucknall D G, Anderson H L. Science, 2003, 302：1905

[11] Kumaraswamy G, Issian A M, Kornfield J A. Macromolecules, 1999, 32：7537

[12] Li L B, de Jeu Wim H. Adv Polym Sci, 2005, 181：75-120

[13] Somani R H, Hsiao B S, Nogales A, et al. Macromolecules, 2001, 34：5902-5909

[14] Pennings A J, Kiel A M, Koiloid Z Z. Polymer, 1965, 205：160-162

[15] de Gennes P G. J Chem Phys, 1974, 60：5030-5042

[16] Yan T Z, Zhao B J, Cong Y H, et al. Macromolecules, 2010, 43：602-605

[17] Shao C G, An H N, Wang X, et al. Macromolecules, 2007, 40 (26)：9475-9481

[18] Ma Z, Shao C G, Wang X, et al. Polymer, 2009, 50：2706-2715

[19] Wang D L, Shao C G, Zhao B J, at al. Macromolecules, 2010, 43：2406-2412

[20] Ishikawa T, Nagai S, Kasai N. Makromol Chem, 1981, 182：977-988

附录 1　聚合物晶体学数据

1. 聚烯烃 ⁻HCH–HCR⁻ₙ

聚合物	晶型	参考文献	晶系	空间群	晶胞参数/Å a	b	c	夹角	N	密度/(g/cm³) 晶体	非晶	熔点/℃	熔融热/(kJ/mol)	链构象 $A*M/N$
反式聚乙炔 trans-polyacetylene (26.04)	I	[1]	假六方		4.2	4.2	2.43		1	1.16				2 * 1/1
		[2]	单斜		4.26	7.33	2.46	$\beta=91.4°$	2	1.126				2 * 1/1
		[3]	单斜	$C_{2h}^5\text{-}P2_1/c$	4.24	7.32	2.46	$\beta=91.5°$	2	1.133				2 * 1/1
		[4]	正交	$D_{2h}^{16}\text{-}Pnma$	7.32	4.24	2.46		2	1.33				2 * 1/1
		[5]	正交	$D_{2h}^{16}\text{-}Pnma$	7.330	4.090	2.457		2	1.174				2 * 1/1
顺式聚乙炔 cis-polyacetylene (26.04)	II	[6]			7.66	4.42	4.384		4	1.165				2 * 2/1
		[7]	正交	$D_{2h}^{16}\text{-}Pnma$	7.62	4.44	4.384		4	1.166				2 * 2/1
		[8]	单斜		3.73	3.73	2.44	$\gamma=98°$	1	1.286				2 * 1/1
		[9]	六方		5.12	5.12	4.84		3	1.180				2 * 3/1
聚丙二烯 polyallene (40.06)	I	[10]	正交	$D_{2h}^6\text{-}Pnan$	8.20	7.81	3.88		4	1.071		122		2 * 2/1
	II		单斜	$C_2^2\text{-}P2_1$ $C_{2h}^2\text{-}P2_1/m$	6.37	5.12	3.88	$\gamma=96.6°$	2	1.058				2 * 2/1
	III						3.88							2 * 2/1
聚四氟丙二烯 polytetrafluoroallene (112.03)		[11]	四方	$C_4^2\text{-}P4_1$ $D_4^3\text{-}P4_122$	6.88	6.88	15.4		8	2.042		126		2 * 8/1

续表

聚合物	晶型	参考文献	晶系	空间群	晶胞参数/Å a	b	c	夹角	N	密度/(g/cm³) 晶体	非晶	熔点/°C	熔融热/(kJ/mol)	链构象 A*M/N
全同立构聚-1-丁烯 isotactic poly(1-butene) $\begin{array}{c}\mathord{+}CH_2-\underset{\underset{C_2H_5}{\mid}}{C}\mathord{+}_n\end{array}$ (56.11)	I	[12]	三方		17.70	17.70	6.51		18	0.950		133	7.57	2*3/1
		[13]	六方		17.3	17.3	6.7		18	0.96	0.87	132	6.07	2*3/1
	II	[14]	四方	$S_4^1\text{-}P\bar{4}$	14.91	14.91	20.76		44	0.888		120	8.16	2*11/3
	III	[15]	正交	$D_2^4\text{-}P2_12_12_1$	12.38	8.88	7.56		8	0.897		110		2*4/1
间规立构聚-1-丁烯 syndiotactic poly(1-butene)	I	[16]	正交	$D_2^5\text{-}C222$	16.81	6.06	7.73		8	0.946				4*2/1
	II	[17]	单斜	$C_2^2\text{-}P2_1$	9.94	13.9	20.4		22	0.964				4*5/3
聚-(1-二十二烯) poly(1-docosene) $\begin{array}{c}\mathord{+}CH_2-CH\mathord{+}_n\\ \mid\\ C_{20}H_{41}\end{array}$ (308.59)	I	[18]	正交		7.5	8.8	6.7		8	0.93		90		2*4/1
	II		单斜		5.3	10.8	7.7	$\beta=94°$	8	0.93		83		2*4/1
聚乙烯 polyethylene $\mathord{+}CH_2-CH_2\mathord{+}_n$ (28.05)	I	[19]	正交	$D_{2h}^{16}\text{-}Pnam$	7.40	4.93	2.534		2	1.008		137	8.03	2*1/1
		[20]	正交		7.428	4.934	2.532		2	1.004		142	8.12	2*1/1
	II	[21]	正交	$D_{2h}^{16}\text{-}Pnam$	7.407	4.949	2.551		2	0.9961				2*1/1
		[22]	假单斜	$C_{2h}^3\text{-}C2/m$	4.05	4.85	2.54	$\gamma=105°$	1	0.966				2*1/1
		[23]	单斜		8.09	4.79	2.53	$\gamma=107.9°$	2	0.998				2*1/1
		[24]	三斜		4.285	4.820	2.54	90°,110°, 108°	1	1.002				2*1/1
	III (高压)	[25]	正交		8.64	4.88	2.54		2	0.920				2*1/1
		[26]	四方		4.26	4.26	8.52		4	1.20				2*4/1

续表

聚合物	晶型	参考文献	晶系	空间群	晶胞参数/Å a	b	c	夹角	N	密度/(g/cm³) 晶体	非晶	熔点/℃	熔融热/(kJ/mol)	链构象 $A*M/N$
聚亚乙烯基 polyethylidene $-[CH(CH_3)]_n-$ (28.05)		[27]	正交		12.38	6.28	2.5		4	0.958		100; 195; 200		1 * 2/1
聚(1-己烯) poly(1-hexene) $-[CH_2-CH(C_4H_9)]_n-$ (84.16)		[28]	单斜		22.2	8.89	13.7	$\gamma=94.5°$	14	0.726		−55		2 * 7/2
			正交		11.7	26.9	13.7		28	0.908				2 * 7/2
聚异丁烯 polyisobutylene $-[CH_2-C(CH_3)(CH_3)]_n-$ (56.11)		[29]	正交	$D_2^4-P2_12_12_1$	6.94	11.96	18.63		16	0.964	0.915	44	12.0	2 * 8/5
		[30]	正交	$D_2^4-P2_12_12_1$	6.88	11.91	18.60		16	0.978	0.912			2 * 8/3
聚(1-辛烯) poly(1-octene) $-[CH_2-CH(C_6H_{13})]_n-$ (112.22)		[31]	单斜		5.6	38	7.6	$\beta=97°$	8	0.93		5		2 * 4/1
反式聚戊二烯 trans-polypentenamer $-[CH_2-HC=CH-CH_2-CH_2]_n-$ (68.12)		[32]	正交	$D_{2h}^{16}-Pnam$ 或 $C_{2v}^9-Pna2_1$	7.28	4.97	11.90		4	1.051		23	12.0	5 * 5/1

续表

聚合物	晶型	参考文献	晶系	空间群	晶胞参数/Å a	b	c	夹角	N	密度/(g/cm³) 晶体	非晶	熔点/℃	熔融热/(kJ/mol)	链构象 A*M/N
全同立构聚丙烯(i-PP) isotactic polypropene CH_2-CH $\|$ CH_3 (42.08)	I	[33]	单斜	C_{2h}^6-$C2/c$	6.65	20.96	6.50	$\beta=99.3°$	12	0.938	0.85	176	9.92	2*3/1
		[34]	单斜		6.66	20.78	6.495	$\beta=99.62°$	12	0.946		189	7.96	2*3/1
		[35]	单斜	C_{2h}^5-$C2_1/c$	6.65	20.73	6.50	$\beta=99.7°$	12	0.947		208	5.80	2*3/1
		[36]	单斜		6.63	20.78	6.504	$\beta=99.5°$	12	0.949		165	10.5	2*3/1
		[37]	单斜		6.64	20.88	6.51	$\beta=98.7°$	12	0.940		178	10.0	2*3/1
		[38]	单斜	C_{2h}^5-$C2_1/c$	6.69	20.98	6.504	$\beta=99.5°$	12	0.931	0.854	183	6.16	2*3/1
		[39]	单斜	C_{2h}^5-$C2_1/c$	6.65	20.80	6.50	$\beta=99.33°$	12	0.945		220	10.9	2*3/1
		[40]	三斜	C_i^1-$P\bar{1}$	13.36	11.00	6.502	93°,81°,108°	12	0.935		186	8.8	2*3/1
	II	[41]	六方		12.74	12.74	6.35		12	0.939	0.907	147	4.22	2*3/1
		[42]	三方		19.08	19.08	6.49		27	0.922		200	8.2	2*3/1
		[43]	三方	D_3^4-$P3_121$	6.38	6.38	6.33		3	0.939		170	4.0	2*3/1
		[44]	正交		19.08	11.01	6.490		18	0.922		192		2*3/1
		[45]	六方		22.03	22.03	6.490		36	0.922		183		2*3/1
		[46]	三方	C_3^2-$P3_1$	19.08	19.08	(6.49)		27	0.922				2*3/1
		[47]	正交		11.03	19.08	6.49		18	0.921				2*3/1
		[48]	三方		11	11	6.5		9	0.92				2*3/1
	III	[49]	三斜		6.45	21.40	6.50	89°,100°,99°	12	0.946				2*3/1
		[50]	正交	D_{2h}^{24}-$Fddd$	8.54	9.93	42.41		48	0.935				2*3/1
	(淬火)	[51]	四方		5.97	5.97	6.00			0.88				2*3/1

续表

聚合物	晶型	参考文献	晶系	空间群	晶胞参数/Å a	b	c	夹角	N	密度/(g/cm³) 晶体	非晶	熔点/℃	熔融热/(kJ/mol)	链构象 $A*M/N$
同规立构聚丙烯 syndiotactic polypropylene	I	[52]	正交	D_2^2-$P222_1$	14.5	5.8	7.4		8	0.898	0.858	161	1.88	4*2/1
		[53]	正交	D_2^5-$C222_1$	14.50	5.60	7.40		8	0.930		138	2.1	4*2/1
		[54]	假六方	D_{2h}^{27}-$Ibca$	14.50	11.20	7.40		16	0.930			8.3	4*2/1
	II	[55]					5.05							4*1/1
		[56]	正交	C_{2v}^9-$Pna2_1$	5.22	11.17	5.06		4	0.947				4*1/1
	III	[57]					11.8							4*1/1
	IV 高压	[58]	三斜	C_1^1-$P1$	5.72	7.64	11.60	73°,89°, 112°	1	0.942				12*1/1
同规立构丙烯-乙烯交替共聚物 syndiotactic poly(propene-alt-co-ethylene) ⁅CH₂–CH–CH₂–CH₂⁆ₙ │ CH₃ (70.14)		[59]	单斜		11.9	11.62	9.00	$\gamma=67.03°$				55		
四氟乙烯-乙烯交替共聚物 poly(tetrafluoroethylene-alt-ethylene) ⁅CF₂–CF₂–CH₂–CH₂⁆ₙ (128.07)		[60]	单斜		9.6	9.25	5.0	$\gamma=96°$	4	1.93				4*1/1
		[61]	正交		8.57	11.20	5.04		4	1.758	1.684	267		4*1/1

2. 乙烯类聚合物﹢CH₂—CHR﹢ₙ和亚乙烯类聚合物﹢CH₂—RCR﹢ₙ

聚合物	晶型	参考文献	晶系	空间群	晶胞参数/Å a	b	c	夹角	N	密度/(g/cm³) 晶体	非晶	熔点/℃	熔融热/(kJ/mol)	链构象 $A*M/N$
聚(N,N-二丁基丙烯酰胺) poly(N,N-dibutyl-acrylamide) ﹢CH₂—CH﹢ₙ O=C—N(C₄H₉)₂ (183.30)		[62]	六方		26.3	26.3	6.3		12	0.97				2*3/1
聚丙烯腈 syndiotactic polyacrylonitrile ﹢CH₂—CH﹢ₙ CN isotactic (53.06)		[63]	六方		5.99	5.99						317	4.86	
		[64]	正交	C_{2v}^{16}-Ama2	21.18	11.6	(5.1) 5.10		16	1.125		341	5.23	4*1/1
		[65]	正交		10.20	6.10	5.10		4	1.111				4*1/1
		[66]	正交	C_{2v}^{9}-Pna2₁	10.7	12.1	(5.1)		8	1.07				4*1/1
		[67]	四方		4.74	4.74	2.55		1	1.538				2*1/1
		[68]	四方 (gel)		11.4	11.4	8.2		16	1.32				2*4/1
全同立构聚甲基丙烯酸甲酯 isotactic poly (methylmethacrylic) ﹢CH₂—C﹢ₙ CH₃ O=C—OCH₃ (100.12)		[69]	正交	D_{2h}^{24}-Pnma	21.08	12.17	10.50		20	1.234		220		2*5/1
		[70]	正交	D_{2h}^{24}-Pnma	41.96	24.34	10.50		80	1.240				*10/1
		[71]	三斜		20.57	12.49	10.56	93°,88°,91°	20	1.228				*10/1

续表

聚合物	晶型	参考文献	晶系	空间群	晶胞参数/Å			夹角	N	密度/(g/cm³)		熔点/℃	熔融热/(kJ/mol)	链构象 A*M/N
					a	b	c			晶体	非晶			
聚甲基丙烯腈 polymethacrylonitrile $\left[CH_2-\underset{CN}{\overset{CH_3}{C}}\right]_n$ (67.09)	I	[72]	假六方		9.03	9.03	6.87		4	0.918		250		2*4/1
		[73]			7.87	8.97	6.87		4	0.918				2*4/1
	II	[74]	单斜		13.5	7.71	7.62	$\beta=97.7°$	8	1.134				2*4/1
聚乙酸三氟乙烯酯 poly(trifluorovinylacetate) $\left[CF_2-\underset{O=C-CH_3}{\overset{\displaystyle\vert}{CF}}\right]_n$ (140.06)		[75]	正交		9.54	12.44	4.8		4	1.633		175		2*
聚乙烯醇 poly(vinyl alcohol) $\left[CH_2-\underset{OH}{CH}\right]_n$ (44.05)		[76]	单斜	$C_{2h}^2\text{-}P2_1/m$	7.81	5.51	2.52	$\gamma=91.7°$	2	1.350	1.291	232	6.87	2*1/1
		[77]	单斜		7.81	5.43	2.52	$\gamma=91.5°$	2	1.34	1.27	243	6.99	2*1/1
		[78]	单斜	$C_{2h}^2\text{-}P2_1/m$	7.81	5.50	2.52	$\gamma=92°$	2	1.352		267		2*1/1
		[79]	单斜		7.84	5.52	2.52	$\gamma=93°$	2	1.343				2*1/1
		[80]	正交 (淬火)	$C_{2v}^{20}\text{-}Imm2$	7.42	5.25	2.52		2	1.490				2*1/1
聚溴乙烯 poly(vinyl bromide) $\left[CH_2-\underset{Br}{CH}\right]_n$ (106.95)		[81]	正交	$D_{2h}^{11}\text{-}Pbcm$	11.0	5.6	5.1		4	2.26		117		4*1/1

续表

聚合物	晶型	参考文献	晶系	空间群	晶胞参数/Å a	b	c	夹角	N	密度/(g/cm³) 晶体	非晶	熔点/°C	熔融热/(kJ/mol)	链构象 A*M/N
聚氯乙烯 poly(vinyl chloride) $\left[CH_2-\underset{Cl}{CH}\right]_n$ (62.50)		[82]	正交	D_{2h}^{11}-$Pbcm$	10.6	5.4	5.1		4	1.42	1.41	273	11	4*1/1
		[83]	正交	D_{2h}^{11}-$Pbcm$	10.40	5.30	5.10		4	1.477		310	4.9	4*1/1
		[84]	正交		10.11	5.27	5.12		4	1.522		212	2.8	4*1/1
		[85]	单斜		10.65	5.20	5.15	$\gamma=90°$	4	1.456			3.3	4*1/1
		[86]	正交 (单晶)	D_{2h}^{11}-$Pbcm$	10.24	5.24	5.08		4	1.523				4*1/1
聚氟乙烯 poly(vinyl fluoride) $\left[CH_2-\underset{F}{CH}\right]_n$ (46.04)		[87]	六方		4.93	4.93	2.53		1	1.436		200	7.54	2*1/1
		[88]	正交	C_{2v}^{14}-$Pbcn$	8.57	4.95	2.52		2	1.430		230		2*1/1
		[89]	单斜		4.938	4.938	2.518	$\gamma=120°$	1	1.4377				2*1/1
聚甲酸乙烯酯 poly(vinyl formate) $\left[CH_2-\underset{\underset{O}{\overset{\|}{O-CH}}}{CH}\right]_n$ (72.06)	全同立构	[90]	三方	C_{3v}^{6}-$R3c$	15.9	15.9	6.55		18	1.502				2*3/1
	同规立构	[91]					5.0							4*1/1
聚偏溴乙烯 poly(vinylidene bromide) $\left[CH_2-CBr_2\right]_n$ (185.85)		[92]	单斜		25.88	13.87	4.77	$\gamma=109.8°$	16	3.065				4*1/1

续表

聚合物	晶型	参考文献	晶系	空间群	晶胞参数/Å a	b	c	夹角	N	密度/(g/cm³) 晶体	非晶	熔点/℃	熔融热/(kJ/mol)	链构象 A*M/N
聚偏氯乙烯 poly(vinylidene chloride) —CH₂—CCl₂—ₙ (96.94)		[93]	单斜	C_{2h}^2 - $P2_1/m$	6.71	12.51	4.68	$\gamma=123°$	4	1.954	1.66	200		4 * 1/1
		[94]	单斜		13.69	6.296	4.67	$\gamma=124.8°$	4	1.948		190		4 * 1/1
		[95]	单斜		22.54	12.53	4.68	$\gamma=95.8°$	16	1.958				
		[96]	单斜	C_2^2 - $P2_1$	6.73	12.54	4.68	$\gamma=123.6°$	4	1.957		195	5.68	
聚偏氟乙烯 poly(vinylidene fluoride) —CH₂—CF₂—ₙ (64.04)	α(Ⅱ)	[97]	单斜		5.02	25.4	4.62	$\beta=107°$	10	1.888	1.68	185	6.7	4 * 1/1
		[98]	单斜	C_2^2 - $P2_1$	17.72	11.68	4.57	$\gamma=92.7°$	16	1.801		220	5.96	4 * 1/1
		[99]	单斜	C_{2h}^5 - $P2_1/c$	4.96	9.64	4.62	$\beta=90°$	4	1.925		178		4 * 1/1
		[100]	正交	C_{2v}^4 - $Pma2$	4.96	9.64	4.62		4	1.925	1.67	170	6.2	4 * 1/1
		[101]	单斜	C_2^2 - $P2_1$	9.64	5.02	4.64	$\gamma=91.1°$	4	1.895		178		4 * 1/1
		[102]	正交		9.60	5.00	4.655		4	1.904		213		
	β(Ⅰ)	[103]	正交	C_{2v}^{14} - $Amm2$	8.45	4.88	2.55		2	2.022		212		2 * 1/1
		[104]	正交	C_{2v}^{14} - $Amm2$	8.58	4.91	2.56		2	1.972		191		2 * 1/1
		[105]	正交	C_{2v}^{14} - $Amm2$	8.47	4.90	2.56		2	2.002		207		2 * 1/1
		[106]	正交		8.60	4.97	2.57		2	1.936				
	γ(Ⅲ)	[107]	单斜	C_s^4 - Cc	4.96	9.58	9.23	$\beta=92.9°$	8	1.942		218		8 * 1/1
		[108]	单斜	C_2^3 - $C2$	8.66	4.93	2.58	$\beta=97°$	2	1.945		197		2 * 1/1
		[109]	单斜		4.96	9.67	9.20	$\beta=93°$	8	1.930		231		8 * 1/1
		[110]	正交	C_{2v}^{16} - $Ama2$	4.97	9.66	9.18		8	1.930		184		8 * 1/1
	δ(Ⅳ) (极化 α相)	[111]			4.96	9.64								4 * 1/1
		[112]	正交	C_{2v}^9 - $Pna2_1$	4.96	9.64	4.62		4	1.925				4 * 1/1

3. 聚酰胺

聚合物	晶型	参考文献	晶系	空间群	晶胞参数/Å a	b	c	夹角	N	密度/(g/cm³) 晶体	非晶	熔点/℃	熔融热/(kJ/mol)	链构象 A*M/N
聚对氨基苯甲酸 poly(p-aminobenzoic acid) (119.12)		[113]	正交	D_2^4-$P2_12_12_1$	7.71	5.14	12.9		4	1.548		550		6*2/1
		[114]	正交	D_2^4-$P2_12_12_1$	7.71	5.14	12.8		4	1.560				6*2/1
		[115]	正交	D_2^4-$P2_12_12_1$	7.75	5.30	12.87		4	1.497				6*2/1
聚(3-氨基丁酸) poly(3-aminobutyric acid) (85.11)		[116]	正交		10.9	9.6	4.6		4	1.17		300		4*1/1
聚(4-氨基丁酸)(尼龙4) poly(4-aminobutyric acid) (85.11)	α	[117]	单斜		9.44	8.22	12.1	$\gamma=116°$	8	1.340		260		5*2/1
		[118]	单斜	C_2^2-$P2_1$	9.29	7.79	12.24	$\gamma=114.5°$	8	1.375		260		5*2/1
		[119]	单斜		9.79	8.31	12.25	$\gamma=117°$	8	1.273				5*2/1
	β	[120]	单斜				12.24							5*2/1
	δ	[121]	六方		4.65	4.65								
聚(10-氨基癸酸)(尼龙10) poly(10-aminocapric acid) (169.27)	α	[122]	三斜		9.80	5.12	27.54	54°,90°, 110°	4	1.110				11*2/1
	γ	[123]	假六方	C_{2h}^5-$P2_1/c$	4.78	9.56	26.9	$\gamma=120°$	4	1.056		188		11*2/1
		[124]	六方		4.9	4.9	26.5		2	1.02		117		11*2/1

聚合物	晶型	参考文献	晶系	空间群	晶胞参数/Å a	晶胞参数/Å b	晶胞参数/Å c	夹角	N	密度/(g/cm³) 晶体	密度/(g/cm³) 非晶	熔点/℃	熔融热/(kJ/mol)	链构象 A*M/N
	α	[125]	单斜	C_2^2-$P2_1$	9.56	8.01	17.24	$\gamma=67.5°$	8	1.232	1.09	215	20.8	7*2/1
		[126]	单斜	C_2^2-$P2_1$	4.81	7.61	17.10	$\gamma=79.5°$	4	1.221		223	18.1	7*2/1
		[127]	单斜		9.65	8.11	17.2	$\gamma=66.3°$	8	1.220		223	23	7*2/1
		[128]	单斜	C_2^2-$P2_1$	9.45	8.02	17.08	$\gamma=68°$	8	1.252		226	21.6	7*2/1
		[129]	单斜		9.66	8.32	17.0	$\gamma=65°$	8	1.214		214	26	7*2/1
		[130]	单斜		4.77	4.06	17.25	$\gamma=66.5°$	2	1.224		272	19.4	7*2/1
		[131]	单斜	C_2^2-$P2_1$	9.71	8.19	17.40	$\gamma=115°$	8	1.199		260	27	7*2/1
		[132]									0.917	228	27.3	
	β	[133]	六方							1.250	1.114	250	24.1	
		[134]								1.23	1.10		18.5	
	γ	[135]	六方		4.8	4.8	8.6		1	1.10				7*1/1
		[136]	六方		4.85	4.85	8.4		1	1.10				7*1/1
		[137]	单斜	C_{2h}^5-$P2_1/c$	9.35	4.81	16.60	$\gamma=120°$	4	1.162	1.09	272	15.6	7*2/1
		[138]	单斜	C_{2h}^5-$P2_1/c$	9.33	4.78	16.88	$\gamma=121°$	4	1.165			27	7*2/1
		[139]	六方		4.79	4.79	16.7		2	1.132				7*2/1
		[140]	正交		4.82	7.82	16.70		4	1.194				7*2/1
		[141]	单斜		9.14	4.84	16.68	$\gamma=121°$	4	1.188				7*2/1
		[142]	正交		4.83	7.83	16.8		4	1.191				7*2/1
	>150℃	[143]	三方		4.90	16.28	8.22		4	1.146				7*1/1
		[144]	单斜		4.86	4.65	16.87	$\gamma=60°$	2	1.138				7*2/1

聚(6-氨基己酸)(尼龙6)
poly(6-aminocaproic acid)

$$\leftarrow NH \!-\! (CH_2)_5 \!-\! \overset{\overset{\displaystyle O}{\|}}{C} \!\rightarrow_n$$

(113.16)

续表

聚合物	晶型	参考文献	晶系	空间群	晶胞参数/Å a	b	c	夹角	N	密度/(g/cm³) 晶体	非晶	熔点/°C	熔融热/(kJ/mol)	链构象 A*M/N
聚(8-氨基辛酸)(尼龙8) poly(8-aminocaprylic acid) (141.21)	α	[145]	单斜	C_2^2-$P2_1$	9.8	8.3	22.4	γ=115°	8	1.14		185	30	9*2/1
		[146]								1.18		202		
	γ	[147]	六方		4.79	4.79	21.7		2	1.088	1.04		18	9*2/1
		[148]	六方		4.9	4.9	21.7		2	1.04				9*2/1
		[149]	假六方	C_{2h}^5-$P2_1/c$	4.77	9.54	21.9	γ=120°	4	1.087				9*2/1
聚(7-氨基庚酸)(尼龙7) poly(7-aminoenanthic acid) (127.19)		[150]	三斜	C_1^1-P1	9.8	10.0	9.8	56°,90°,69°	4	1.18		233		8*1/1
		[151]	三斜	C_i^1-$P\bar 1$	4.9	5.4	9.85	49°,77°,63°	1	1.21		225		8*1/1
聚(12-氨基十二烷酸)(尼龙12) poly(12-aminolauric acid) (197.32)	γ	[152]	六方		4.80	4.80	32.1		2	1.023	0.972	208		13*2/1
		[153]	六方		4.70	4.70	31		2	1.10		179		13*2/1
		[154]	假六方	C_{2h}^5-$P2_1/c$	4.79	9.58	31.9	γ=120°	4	1.034				13*2/1
		[155]	单斜		4.87	9.38	32.2	γ=121.5°	4	1.045				13*2/1
		[156]	单斜		4.90	4.67	32.1	γ=121.7°	2	1.048	0.99			13*2/1
		[157]	单斜		9.28	4.85	31.35	γ=124.4°	4	1.126				13*2/1
	挤出	[158]	三斜		9.28	5.29	31.35	59°,90°,60°	4	1.223				13*2/1
聚(9-氨基壬酸)(尼龙9) poly(9-aminopelargoric acid) (155.24)		[159]	三斜	C_i^1-$P\bar 1$	4.9	5.4	12.5	49°,77°,64°	1	1.15		210		10*1/1
		[160]	三斜	C_i^1-P1	9.7	9.7	12.6	64°,90°,67°	4	1.07		194		10*1/1

$\left[\!\!\begin{array}{c} \text{NH} - (\text{CH}_2)_7 - \overset{\text{O}}{\overset{\|}{\text{C}}} \end{array}\!\!\right]_n$

$\left[\!\!\begin{array}{c} \text{NH} - \text{CH}_2)_6 - \overset{\text{O}}{\overset{\|}{\text{C}}} \end{array}\!\!\right]_n$

$\left[\!\!\begin{array}{c} \text{NH} - (\text{CH}_2)_{11} - \overset{\text{O}}{\overset{\|}{\text{C}}} \end{array}\!\!\right]_n$

$\left[\!\!\begin{array}{c} \text{NH} - (\text{CH}_2)_8 - \overset{\text{O}}{\overset{\|}{\text{C}}} \end{array}\!\!\right]_n$

续表

聚合物	晶型	参考文献	晶系	空间群	晶胞参数/Å			夹角	N	密度/(g/cm³)		熔点/°C	熔融热/(kJ/mol)	链构象 A*M/N
					a	b	c			晶体	非晶			
聚(3-氨基丙酸)(尼龙3) poly(3-aminopropionic acid) $+NH+(CH_2)_2+\!\!\overset{O}{\overset{\|}{C}}+_n$ (71.08).	α	[161]	单斜	$C_2^2\text{-}P2_1$	9.33	8.73	4.78	$\gamma=120°$	4	1.400		340		4*1/1
		[162]	单斜		9.60	8.96	4.78	$\gamma=122.5°$	4	1.361		330		4*1/1
	β	[163]	正交		9.56	7.56	4.78		4	1.366				4*1/1
聚(18-氨基十八烷酸)(尼龙18) poly(18-aminostearic acid)	γ	[164]	单斜		4.76	9.52	46.9	$\gamma=120°$	4	1.016				19*2/1
聚(11-氨基十一烷酸) (尼龙11) poly(11-aminoundecanoic acid) $+NH+(CH_2)_{10}+\!\!\overset{O}{\overset{\|}{C}}+_n$ (183.30)	α	[165]	三斜	$C_1^1\text{-}P1$	9.5	10.0	15.0	$60°,90°,67°$	4	1.10		183	27	12*1/1
		[166]	三斜		4.78	4.13	13.1	$90°,75°,66°$	1	1.343	1.01	220	41	12*1/1
		[167]	三斜	$C_i^1\text{-}P\bar{1}$	4.9	5.4	14.9	$49°,77°,63°$	1	1.15		182		12*1/1
		[168]	三斜		9.6	4.2	15.0	$72°,90°,64°$	2	1.19		194		12*1/1
		[169]	三斜		4.78	4.13	14.9	$82°,75°,66°$	1	1.174		186		12*1/1
		[170]			4.78		14.1	$\alpha=63.5°$				188		12*1/1
	II	[171]	单斜		9.75	8.02	15.0	$\gamma=115°$	4	1.145				12*1/1
	γ	[172]	单斜		9.48	4.5	29.4	$\gamma=118.5°$	4	1.10				12*1/1
		[173]				7.68	14.78							

续表

聚合物	晶型	参考文献	晶系	空间群	晶胞参数/Å a	b	c	夹角	N	密度/(g/cm³) 晶体	非晶	熔点/°C	熔融热/(kJ/mol)	链构象 A * M/N
聚(5-氨基戊酸)(尼龙5) poly(5-aminovaleric acid) $\leftarrow NH-(CH_2)_4-\overset{O}{\overset{\|}{C}}\rightarrow_n$ (99.13)	α	[174]	三斜	C_i^1-$P1$	9.5	5.6	7.5	48°,90°,67°	2	1.30		258		6 * 1/1
聚己二酰癸二胺(尼龙106) poly(decamethylene adipamide) $\leftarrow NH-(CH_2)_{10}-NH-\overset{O}{\overset{\|}{C}}-(CH_2)_4-\overset{O}{\overset{\|}{C}}\rightarrow_n$ (282.43)		[175]					20.0					230		18 * 1/1
聚壬二酰癸二胺(尼龙109) poly(decamethylene azelamide) $\leftarrow NH-(CH_2)_{10}-NH-\overset{O}{\overset{\|}{C}}-(CH_2)_7-\overset{O}{\overset{\|}{C}}\rightarrow_n$ (324.51)		[176]										214	68.2	21 *
反式聚(4-辛烯二酰癸二胺) trans-poly(decamethylene 4-octenediamide) $\leftarrow NH-(CH_2)_{10}-NH-\overset{O}{\overset{\|}{C}}-(CH_2)_2-CH=CH-(CH_2)_2-\overset{O}{\overset{\|}{C}}\rightarrow_n$ (308.47)		[177]					24.1					243		20 * 1/1

续表

聚合物	晶型	参考文献	晶系	空间群	晶胞参数/Å			夹角	N	密度/(g/cm³)		熔点 /℃	熔融热 /(kJ/mol)	链构象 A * M/N
					a	b	c			晶体	非晶			
聚癸二酰癸二胺(尼龙1010) poly(decamethylene sebacamide) $\left[NH-(CH_2)_{10}-NH-C-(CH_2)_8-C\right]_n$ (338.54)		[178] [179]	三斜		4.9	5.4	27.8 25.6	49°,76°,63°	1	1.14		203 197	51.1 34.7	22 * 1/1 * 1/1
聚丁二酰癸二胺(尼龙104) poly(decamethylene succinamide) $\left[NH-(CH_2)_{10}-NH-C-(CH_2)_2-C\right]_n$ (254.37)		[180]	三斜		4.9	5.5	19.8	49°,77°,63°	1	1.18		242		16 * 1/1
聚乙二酰十二亚甲基二胺(尼龙122) poly(dodecamethylene oxamide) $\left[NH-(CH_2)_{12}-NH-C-C\right]_n$ (254.37)		[181]					19.5					230		16 * 1/1
聚丙二酰十二亚甲基二胺(尼龙123) poly(dodecamethylene malonamide) $\left[NH-(CH_2)_{12}-NH-C-CH_2-C\right]_n$ (268.40)		[182]	单斜		8.48	4.71	41.30	$\beta=101°$	4	1.01				17 * 2/1

续表

聚合物	晶型	参考文献	晶系	空间群	晶胞参数/Å a	b	c	夹角	N	密度/(g/cm³) 晶体	非晶	熔点/℃	熔融热/(kJ/mol)	链构象 A*M/N
聚丁二酰十二亚胺(尼龙124) poly(dodecamethylene succinamide) $+NH\text{-}(CH_2)_{12}\text{-}NH\text{-}\overset{O}{\overset{\|}{C}}\text{-}(CH_2)_2\text{-}\overset{O}{\overset{\|}{C}}+_n$ (282.43)		[183]	三斜		4.9	5.5	22.3	49°,77°,63°	1	1.17		237		18*1/1
聚癸二酰十二亚胺(尼龙1210) poly(dodecamethylene sebacamide) $+NH\text{-}(CH_2)_{12}\text{-}NH\text{-}\overset{O}{\overset{\|}{C}}\text{-}(CH_2)_8\text{-}\overset{O}{\overset{\|}{C}}+_n$ (366.59)	α	[184]	三斜		5.0	5.25	29.2	51°,75°,63°	1	1.15		173		24*1/1
	β	[185]	三斜		5.0	8.16	29.2	90°,75°,68°	1	1.15				24*1/1
聚己二酰庚二胺(尼龙76) poly(heptamethylene adipamide) $+NH\text{-}(CH_2)_7\text{-}NH\text{-}\overset{O}{\overset{\|}{C}}\text{-}(CH_2)_4\text{-}\overset{O}{\overset{\|}{C}}+_n$ (240.35)	γ	[186]	假六方	$C_2^2\text{-}P2_1$					2			209		
聚壬二酰庚二胺(尼龙79) poly(heptamethylene azelamide) $+NH\text{-}(CH_2)_7\text{-}NH\text{-}\overset{O}{\overset{\|}{C}}\text{-}(CH_2)_7\text{-}\overset{O}{\overset{\|}{C}}+_n$ (282.43)	γ	[187]	假六方						1			201		

续表

聚合物	参考文献	晶型	晶系	空间群	晶胞参数/Å a	b	c	夹角	N	密度/(g/cm³) 晶体	非晶	熔点/℃	熔融热/(kJ/mol)	链构象 A*M/N
聚庚二酰庚二胺(尼龙77) poly(heptamethylene pimelamide) $+NH+(CH_2)_7+NH-C(=O)+(CH_2)_5-C(=O)+_n$ (254.37)	[188]		假六方	C_s^1-m	4.82	18.95		$\gamma=120°$	1	1.105		214		16 * 1/1
	[189]	γ	假六方				18.95		1			228		16 * 1/1
聚癸二酰庚二胺(尼龙710) poly(heptamethylene sebacamide) $+NH+(CH_2)_7+NH-C(=O)+(CH_2)_8-C(=O)+_n$ (296.46)	[190]	γ	假六方	C_2^2-$P2_1$					2			187		
聚辛二酰庚二胺(尼龙78) poly(heptamethylene suberamide) $+NH+(CH_2)_7+NH-C(=O)+(CH_2)_6-C(=O)+_n$ (268.40)	[191]	γ	假六方	C_2^2-$P2_1$					2			230		
聚壬二酰己二胺(尼龙69) poly(hexamethylene azelamide) $+NH+(CH_2)_6+NH-C(=O)+(CH_2)_7-C(=O)+_n$ (268.40)	[192]		单斜		7.8	5.3	40.15	$\gamma=87°$	4	1.08		226		17 * 2/1

续表

聚合物	晶型	参考文献	晶系	空间群	晶胞参数/Å a	b	c	夹角	N	密度/(g/cm³) 晶体	非晶	熔点/℃	熔融热/(kJ/mol)	链构象 A*M/N
聚己二酰己二胺(尼龙66) poly(hexamethylene adipamide) $+NH+CH_2+_6NH-\overset{O}{C}+CH_2+_4\overset{O}{C}+_n$ (226.32)	αI	[193]	三斜	$C_i^1\text{-}P\bar{1}$	4.9	5.4	17.2	48°,77°,63°	1	1.24	1.09	265	46.5	14*1/1
		[194]	单斜		15.7	10.5	17.3	β=73°	9	1.240	1.12	270	40	14*1/1
		[195]	三斜		5.00	4.17	17.3	81°,76°,63°	1	1.204		301	36.8	14*1/1
		[196]	三斜		4.87	5.26	17.15	50°,76°,64°	1	1.241		280	68	14*1/1
		[197]	三斜		4.97	5.47	17.29	48°,77°,62°	1	1.214			58	14*1/1
		[198]	三斜		4.96	5.52	17.41	48°,76°,62°	1	1.208			46.9	14*1/1
		[199]	三斜							1.225	1.095		53.2	14*1/1
		[200]	三斜							1.220	1.096			14*1/1
	II	[201]	三斜		4.95	5.45	17.12	52°,80°,63°	1	1.152		269.5	43.4	14*1/1
		[202]	三斜							1.165	1.095		41.9	
	β	[203]	三斜	$C_i^1\text{-}P\bar{1}$	4.9	8.0	17.2	90°,77°,67°	2	1.25	1.09			14*1/1
	高温	[204]	三斜		5.0	5.9	16.23	57°,80°,60°	1	1.10				14*1/1
	(170℃)	[205]	三斜		4.91	5.87	16.50	56°,81°,60°	1	1.119				14*1/1
聚戊二酰己二胺(尼龙65) poly(hexamethylene glutaramide) $+NH+CH_2+_6NH-\overset{O}{C}+CH_2+_3\overset{O}{C}+_n$ (212.29)		[206]	单斜	$C_{2h}^6\text{-}C2/c$	4.60	8.62	30.95	β=114°	4	1.258		241		13*2/1
	190℃	[207]	单斜		5.23	8.50	30.55	β=110°	4	1.105				13*2/1

续表

聚合物	参考文献	晶系	空间群	晶胞参数/Å a	b	c	夹角	N	密度/(g/cm³) 晶体	非晶	熔点/℃	熔融热/(kJ/mol)	链构象 A*M/N
聚丙二酰己二胺(尼龙63) poly(hexamethylene malonamide) (184.24)	[208]			8.60	4.62	25.70	$\beta=100.4°$	4	1.218		241		11*2/1
反式聚(4-辛烯二酰己二胺) *tans*-poly(hexamethylene 4-octenediamide) (252.36)	[209]					19.1					259		16*1/1
聚间二苯磺酰己二胺 poly(hexamethylene m-phenylene disulfonamide) (318.41)	[210]	单斜	C_{2h}^3-$C2/m$	7.70	7.76	14.1	$\beta=117°$	2	1.409		170		13*1/1
聚乙二酰己二胺(尼龙62) poly(hexamethylene oxamide) (170.21)	[211]	三斜	C_i^1-$P\bar{1}$	5.15	7.54	12.39	32°, °74, 62°	1	1.280		320		10*1/1

续表

聚合物	晶型	参考文献	晶系	空间群	晶胞参数/Å a	b	c	夹角	N	密度/(g/cm³) 晶体	非晶	熔点/℃	熔融热/(kJ/mol)	链构象 A*M/N
聚癸二酰己二胺(尼龙610) poly(hexamethylene sebacamide) $-NH+CH_2)_6 NH-C(-(CH_2)_8-C-)_n$ (282.43)	α	[212]	三斜	C_i^1-$P\bar{1}$	4.95	5.4	22.4	49°,76°,63°	1	1.16		228	30.6	18*1/1
		[213]	三斜		4.86	5.05	22.35	55°,76°,62°	1	1.189		215	56.5	18*1/1
		[214]								1.152	1.041	233	58.6	
		[215]								1.189		225		
		[216]								1.17		216		
	β	[217]	三斜	C_i^1-$P\bar{1}$	4.9	8.0	22.4	90°,77°,67°	2	1.20				18*1/1
聚辛二酰己二胺(尼龙68) poly(hexamethylene suberamide) $-NH+CH_2)_6 NH-C(-(CH_2)_6-C-)_n$ (254.37)		[218]	三斜						1			232		
		[219]	单斜		9.60	8.26	19.7	γ=115°	4	1.193		235		16*1/1
	淬火	[220]	假六方		9.7	9.7		γ=120°						
聚丁二酰己二胺(尼龙64) poly(hexamethylene succinamide) $-NH+CH_2)_6 NH-C-(CH_2)_2-C-)_n$ (198.26)		[221]	三斜		4.9	5.3	14.8	51°,77°,62°	1	1.25		275		12*1/1
聚对苯二甲酰己二胺 poly(hexamethylene terephthalamide) $-NH+CH_2)_6 NH-C-⟨⟩-C-)_n$ (246.31)		[222]					15.6					371		14*1/1

续表

聚合物	晶型	参考文献	晶系	空间群	晶胞参数/Å			夹角	N	密度/(g/cm³)		熔点/℃	熔融热/(kJ/mol)	链构象 A*M/N
					a	b	c			晶体	非晶			
聚己二酰甲亚甲基二胺(尼龙16) poly(methylene adipamide) $\vdash$NH—CH$_2$—NH—C$\overset{O}{\overset{\parallel}{}}$—(CH$_2$)$_4$—C$\overset{O}{\overset{\parallel}{}}\dashv_n$ (156.18)		[223]	单斜	C_{2h}^6-$C2/c$	8.04	4.79	20.2	$\gamma=90°$	4	1.33		285		9 * 2/1
聚十二烷二酰亚甲基二胺(尼龙112) poly(methylene dodecanediamide) $\vdash$NH—CH$_2$—NH—C$\overset{O}{\overset{\parallel}{}}$—(CH$_2$)$_{10}$—C$\overset{O}{\overset{\parallel}{}}\dashv_n$ (240.35)		[224]	单斜	C_{2h}^6-$C2/c$	8.12	4.79	35.2	$\gamma=90°$	3	1.166		259		15 * 2/1
聚戊二酰亚甲基二胺(尼龙15) poly(methylene glutaramide) $\vdash$NH—CH$_2$—NH—C$\overset{O}{\overset{\parallel}{}}$—(CH$_2$)$_3$—C$\overset{O}{\overset{\parallel}{}}\dashv_n$ (142.16)		[225]	三方	C_3^5-$P3_121$	4.79	4.79	26.1		3	1.366				8 * 3/1
聚庚二酰亚甲基二胺(尼龙17) poly(methylene pimelamide) $\vdash$NH—CH$_2$—NH—C$\overset{O}{\overset{\parallel}{}}$—(CH$_2$)$_5$—C$\overset{O}{\overset{\parallel}{}}\dashv_n$ (170.21)		[226]	三方	C_3^5-$P3_121$	4.79	4.79	34.5		3	1.237				10 * 3/1

续表

聚合物	晶型	参考文献	晶系	空间群	晶胞参数/Å a	b	c	夹角	N	密度/(g/cm³) 晶体	非晶	熔点/℃	熔融热/(kJ/mol)	链构象 $A*M/N$
聚丙二酰亚甲基二胺(尼龙13) poly(methylene malonamide) $\left[\text{NH-CH}_2\text{-NH-C-CH}_2\text{-C}\right]_n$ (114.10)		[227]	六方		4.79	4.79	18.0		3	1.589				6 * 3/2
聚癸二酰亚甲基二胺 (尼龙110) poly(methylene sebacamide) $\left[\text{NH-CH}_2\text{-NH-C}(\text{CH}_2)_8\text{C}\right]_n$ (212.29)		[228]	单斜	C_{2h}^6-C2/c	8.10	4.79	30.0	$\gamma=90°$	4	1.211		260		13 * 2/1
聚辛二酰亚甲基二胺(尼龙18) poly(methylene suberamide) $\left[\text{NH-CH}_2\text{-NH-C}(\text{CH}_2)_6\text{C}\right]_n$ (184.24)		[229]	单斜	C_{2h}^6-C2/c	8.08	4.79	25.2	$\gamma=90°$	4	1.255		276		11 * 2/1
聚壬二酰王二胺(尼龙99) poly(nonamethylene azelamide) $\left[\text{NH}(\text{CH}_2)_9\text{NH-C}(\text{CH}_2)_7\text{C}\right]_n$ (310.48)		[230]					24.0					177		
	γ	[231]	假六方						1			165		20 * 1/1

续表

聚合物	晶型	参考文献	晶系	空间群	晶胞参数/Å a	b	c	夹角	N	密度/(g/cm³) 晶体	非晶	熔点/°C	熔融热/(kJ/mol)	链构象 A*M/N
聚丙二酰壬二胺(尼龙93) poly(nonamethylene malonamide) (226.32)		[232]	正交		8.32	4.71	32.70		4	1.173				14*2/1
聚壬二酰辛二胺(尼龙89) poly(octamethylene azelamide) (296.46)	γ	[233]	假六方						2			206		
聚丙二酰辛二胺(尼龙83) poly(octamethylene malonamide) (212.29)		[234]	单斜		8.50	4.71	30.70	β=101.7°	4	1.172		233		13*2/1
聚辛二酰辛二胺(尼龙88) poly(octamethylene suberamide) (282.43)		[235]	三斜						1			216		

聚合物	晶型	参考文献	晶系	空间群	晶胞参数/Å					密度/(g/cm³)		熔点	熔融热	链构象
					a	b	c	夹角	N	晶体	非晶	/℃	/(kJ/mol)	$A*M/N$
聚丁二酰辛二胺(尼龙 84) poly(octamethylene succinamide) $\left[NH\!-\!(CH_2)_8\!-\!NH\!-\!\overset{O}{\overset{\|}{C}}\!-\!(CH_2)_2\!-\!\overset{O}{\overset{\|}{C}}\right]_n$ (226.32)		[236]	三斜		4.9	5.4	17.3	51°,77°, 62°	1		1.20	254		14*1/1
聚对苯二甲酰辛二胺 poly(octamethylene terephthalamide) $\left[NH\!-\!(CH_2)_8\!-\!NH\!-\!\overset{O}{\overset{\|}{C}}\!-\!\langle\bigcirc\rangle\!-\!\overset{O}{\overset{\|}{C}}\right]_n$ (274.36)		[237]					17.9					355		16*1/1
聚壬二酰戊二胺(尼龙 59) poly(pentamethylene azelamide) $\left[NH\!-\!(CH_2)_5\!-\!NH\!-\!\overset{O}{\overset{\|}{C}}\!-\!(CH_2)_7\!-\!\overset{O}{\overset{\|}{C}}\right]_n$ (254.37)		[238]					19.5					179		16*1/1
聚戊二酰戊二胺(尼龙 55) poly(pentamethylene glutaramide) $\left[NH\!-\!(CH_2)_5\!-\!NH\!-\!\overset{O}{\overset{\|}{C}}\!-\!(CH_2)_3\!-\!\overset{O}{\overset{\|}{C}}\right]_n$ (198.26)		[239]	单斜	C_2^3-$C2$	8.30	4.79	13.8	$\gamma=90°$	2		1.200	198		12*1/1

续表

聚合物	晶型	参考文献	晶系	空间群	晶胞参数/Å a	b	c	夹角	N	密度/(g/cm³) 晶体	非晶	熔点/℃	熔融热/(kJ/mol)	链构象 A*M/N
聚丙二酰戊二胺(尼龙53) poly(pentamethylene malonamide) (170.21)		[240]	正交		8.47	4.62	22.40		4	1.290		195		10*2/1
聚庚二酰戊二胺(尼龙57) poly(pentamethylene pimelamide) (226.32)	γ	[241]	单斜	C_s^2-m	4.83	9.35	16.62	$\gamma=58.9°$	2	1.169		228		14*1/1
聚对苯二甲酰戊二胺 poly(pentamethylene terephthalamide) (232.28)		[242]					14.1					354		13*1/1
聚己二酰间苯二胺 poly(m-phenylene adipamide) (218.26)		[243]					11.8					344		11*1/1

续表

聚合物	晶型	参考文献	晶系	空间群	晶胞参数/Å a	b	c	夹角	N	密度/(g/cm³) 晶体	非晶	熔点/℃	熔融热/(kJ/mol)	链构象 A * M/N
聚十二烷二酰对苯二胺 poly(p-phenylene dodecanediamide) (302.42)		[244]					21.2							19 * 1/1
聚间苯二甲酰间苯二胺 poly(m-phenylene isophthalamide) (238.25)		[245]	正交		6.7	4.71	11.0		1	1.14		357		10 * 1/1
		[246]	三斜	C_1^1-P1	5.27	5.25	11.3	112°,111°,88°	1	1.470		390		10 * 1/1
		[247]	三斜	C_1^1-P1	5.36	5.36	11.3	113°,113°,88°	1	1.443	1.33			10 * 1/1
		[248]	正交		5.1	5.0	23.2		2	1.34				10 * 2/1
聚邻苯二甲酰对苯二胺 poly(p-phenylene phthalamide) (238.25)		[249]	正交	D_{2h}^{14}-Pbcn	22.8	5.5	8.1		4	1.56				10 * 1/1
聚庚二酰对苯二胺 poly(p-phenylene pimelamide) (232.28)		[250]					14.7					372		14 * 1/1

续表

聚合物	晶型	参考文献	晶系	空间群	晶胞参数/Å a	b	c	夹角	N	密度/(g/cm³) 晶体	非晶	熔点/℃	熔融热/(kJ/mol)	链构象 A*M/N
聚对苯二甲酰对苯二胺 poly(p-phenylene terephthalamide) (238.25)	I	[251]	单斜		7.728	5.184	12.81	$\gamma=90.04°$	2	1.542		600		12*1/1
		[252]	单斜	$C_{2h}^5\text{-}P2_1/c$	7.80	5.19	12.9	$\gamma=90°$	2	1.515				12*1/1
		[253]	正交		7.78	5.28	12.9		2	1.493				12*1/1
		[254]	单斜		7.79	5.18	12.89	$\gamma=92.2°$	2	1.522				12*1/1
		[255]	正交		7.60	5.04	12.78		2	1.616				12*1/1
	II	[256]			8.0	5.1	12.9		2	1.50				12*1/1
聚己二酰丁二胺(尼龙 46) poly(tetramethylene adipamide) (198.26)		[257]	三斜	$C_1^1\text{-}P1$	4.95	5.47	14.66	$48°,78°,64°$	1	1.245		295		12*1/1
		[258]	单斜		9.6	8.26	14.7	$\gamma=115°$	4	1.246		308		12*1/1
		[259]	三斜		4.9	5.5	14.8	$46°,78°,64°$	1	1.29		350	41.6	12*1/1
聚十三烷二酰十三烷二胺(尼龙 1313) poly(tridecamethylene tridecanediamide) (422.70)	γ	[260]	单斜		9.22	4.94	34.47	$\beta=121.1°$	2	1.044	1.01	>183	97.2	28*1/1
		[261]	单斜		4.88	4.73	34.0	$\gamma=121°$	1	1.043		172		28*1/1

4. 聚酯（—O—X—O—C̈—Y—C̈— 或 —O—X—C̈—）

聚合物	晶型	参考文献	晶系	空间群	晶胞参数/Å a	b	c	夹角	N	密度/(g/cm³) 晶体	非晶	熔点/℃	熔融热/(kJ/mol)	链构象 A*M/N
聚己二酸癸二醇酯 poly(decamethylene adipate) 〔O—(H₂C)₁₀—O—C̈—(CH₂)₄—C̈〕ₙ (284.40)		[262]	单斜		5.0	7.4	22.1		2	1.16		80	42.7	18*1/1
		[263]			5.11	7.43						74	44	
聚十八烷二酸癸二醇酯 poly(decamethylene octadecanedioate) 〔O—(H₂C)₁₀—O—C̈—(CH₂)₁₆—C̈〕ₙ (452.72)		[264]	单斜		5.47	7.38	37.5	β=115°	2	1.096		93		30*1/1
聚乙二酸癸二醇酯 poly(decamethylene oxalate) 〔O—(H₂C)₁₀—O—C̈—C̈〕ₙ (228.29)		[265]	单斜		5.28	7.00	17.0		2	1.207		79		14*1/1
		[266]	单斜		6.75	7.05	17.0	β=129°	2	1.206				14*1/1
聚对苯甲二酸癸二醇酯 poly(decamethylene terephthalate) 〔O—(H₂C)₁₀—O—C̈—C₆H₄—C̈〕ₙ (304.39)		[267]	三斜		4.62	6.30	20.10	107°,96°, 113°	1	1.022		138	46.1	18*1/1

续表

聚合物	晶型	参考文献	晶系	空间群	晶胞参数/Å a	b	c	夹角	N	密度/(g/cm³) 晶体	非晶	熔点/℃	熔融热/(kJ/mol)	链构象 A*M/N
聚己二酸乙二酯 poly(ethylene adipate) (172.18) 结构式		[268]	单斜	C_{2h}^5-$P2_1/c$	5.47	7.23	11.72	$\beta=113.5°$	2	1.345		54	21.0	10*1/1
		[269]	单斜		7.26	5.40	10.85	$\alpha=66.7°$	2	1.453		47		10*1/1
		[270]	单斜		5.47	7.42	11.55	$\beta=113.5°$	2	1.363		50		10*1/1
聚间苯二甲酸乙二酯 poly(ethylene isophthalate) (192.17) 结构式	I	[271]	三斜	C_i^1-$P\bar{1}$	5.20	7.08	14.8	109°,136°,96°	2	2.034				9*2/1
	II	[272]	三斜	C_i^1-$P\bar{1}$	5.41	6.35	21.2	116°,136°,84°	2	1.478				9*2/1
聚癸二酸乙二酯 poly(ethylene sebacate) (228.29) 结构式	I	[273]	单斜		5.5	15	16.9	$\beta=65°$	4	1.20		72	13.8	14*1/1
		[274]	单斜	C_{2h}^5-$P2_1/c$	5.58	7.31	16.76	$\beta=115.5°$	2	1.229		79	35	14*1/1
		[275]	单斜		5.52	7.30	16.65	$\beta=115.0°$	2	1.247		73	32	14*1/1
		[276]	单斜		5.52	7.4	16.9	$\beta=65°$	2	1.21		76	29.1	14*1/1
	II	[277]	三斜	C_i^1-$P\bar{1}$	5.39	7.60	16.76	105°,112°,72°	2	1.246				14*1/1

续表

聚合物	晶型	参考文献	晶系	空间群	晶胞参数/Å a	b	c	夹角	N	密度/(g/cm³) 晶体	非晶	熔点/°C	熔融热/(kJ/mol)	链构象 A*M/N
聚对苯甲二酸乙二酯 poly(ethylene terephthalate) (192.17)		[278]	三斜	C_i^1-$P\bar{1}$	4.56	5.94	10.75	98°,118°,112°	1	1.457	1.335	265	24.1	10*1/1
		[279]	三斜		5.54	4.14	10.86	107°,112°,92°	1	1.472	1.337	284	22.6	10*1/1
		[280]	三斜		4.52	5.98	10.77	101°,118°,111°	1	1.477		267	9.2	10*1/1
		[281]	三斜		4.48	5.80	10.1	100°,118°,111°	1	1.530		265	16.7	10*1/1
		[282]	三斜		4.50	5.90	10.76	100°,119°,111°	1	1.503		310	32	10*1/1
		[283]	三斜		4.62	5.92	10.68	100°,128°,105°	1	1.58				10*1/1
聚对苯甲二酸己二酯 poly(hexamethylene terephthalate) (248.28)	α	[284]	三斜	C_i^1-$P\bar{1}$	4.57	6.10	15.40	105°,98°,114°	1	1.146		160	34.8	14*1/1
		[285]	三斜		9.98	9.52	15.40	120°,98°,95°	4	1.133	1.225	161	33.5	14*1/1
		[286]	单斜		9.1	17.2	15.5	α=127.3°	6	1.28				14*1/1

续表

聚合物	晶型	参考文献	晶系	空间群	晶胞参数/Å a	b	c	夹角	N	密度/(g/cm³) 晶体	非晶	熔点/℃	熔融热/(kJ/mol)	链构象 A*M/N
		[287]	单斜		9.10	17.56	15.74	α=127.8°	6	1.245				14*1/1
	β I	[288]	三斜		4.8	5.7	15.7	104°,161°,108°	1	1.25				14*1/1
		[289]	三斜	C_i^1-$P\bar{1}$	5.217	5.284	15.74	129°,98°,96°	1	1.277		174		14*1/1
		[290]	三斜	C_i^1-$P\bar{1}$	4.68	11.57	15.51	105°,114°,109°	2	1.279				14*1/1
	II	[291]	三斜		5.217	10.57	15.74	129°,98°,96°	2	1.277				14*1/1
聚对苯二甲酸己二酯 poly(hexamethylene terephthalate) (248.28)	γ	[292]	三斜	C_i^1-$P\bar{1}$	5.3	13.9	15.5	124°,130°,88°	2	1.30				14*1/1
	I	[293]	正交	D_2^4-$P2_12_12_1$	7.52	5.70	12.49		4	1.490		>350		6*2/1
		[294]	正交	D_2^4-$P2_12_12_1$	7.62	5.7	12.56		4	1.462				6*2/1
		[295]	正交		7.47	5.67	12.55		4	1.501				6*2/1
聚对羟基苯甲酸 poly(p-hydroxybenzoic acid) (120.11)		[296]	正交		7.5	5.7	12.6		4	1.48				6*2/1
	II	[297]	正交		11.1	3.7	12.6		4	1.54				6*2/1
	III	[298]	正交		9.2	5.3	12.4		4	1.32				6*2/1
	高温	[299]	正交		9.24	5.28	12.50		4	1.308				6*2/1

续表

聚合物	晶型	参考文献	晶系	空间群	a	b	c	夹角	N	密度/(g/cm³) 晶体	密度/(g/cm³) 非晶	熔点/℃	熔融热/(kJ/mol)	链构象 A*M/N
聚对苯二甲酐 poly(terephthalic anhydride) （148.12）		[300]	正交		6.04	3.97	13.49		2			410		7*2/1
		[301]	单斜		6.02	3.76	13.49	$\alpha=90°$	2	1.611		400		7*2/1
聚己二酸丁二酯 poly(tetramethylene adipate) （200.23）	α	[302]	单斜		6.73	7.94	14.20	$\beta=45.5°$	2	1.229		48		12*1/1
	β	[303]	正交		5.062	7.325	14.67		2	1.222		45		12*1/1
聚丁二酸丁二酯 poly(tetramethylene succinate) （172.18）		[304]	单斜	$C_{2h}^5\text{-}P2_1/c$	5.21	9.14	10.94	$\beta=124°$	2	1.324		34		10*1/1
		[305]	单斜		5.23	9.08	10.79	$\beta=123.9°$	2	1.344		114		10*1/1
聚癸二酸丙二酯 poly(trimethylene sebacate) （242.32）		[306]	单斜		5.0	7.4	31.3		4	1.39		53		15*2/1
		[307]	正交	$D_2^4\text{-}P2_12_12_1$	5.032	7.532	31.33		4	1.3554		58		15*2/1

续表

聚合物	晶型	参考文献	晶系	空间群	晶胞参数/Å a	b	c	夹角	N	密度/(g/cm³) 晶体	非晶	熔点/℃	熔融热/(kJ/mol)	链构象 A*M/N
聚对苯二甲酸丙二酯 poly(trimethylene terephthalate)		[308]	三斜	C_i^1-$P\bar{1}$	4.58	6.22	18.12	97°,89°, 111°	2	1.432		233		11*2/1
		[309]	三斜		4.59	6.21	18.31	98°,90°, 112°	2	1.428		221		11*2/1
(206.20)		[310]	三斜		4.64	6.27	18.64	98°,93°, 111°	2	1.377				11*2/1

5. 聚醚 (—CH₂—CH—OR)

聚合物	晶型	参考文献	晶系	空间群	晶胞参数/Å a	b	c	夹角	N	密度/(g/cm³) 晶体	非晶	熔点/℃	熔融热/(kJ/mol)	链构象 A*M/N
聚丁基乙烯基醚 poly(butyl vinyl ether) (100.16)		[311]	三方	C_{3i}^2-$R\bar{3}$	23.7	23.7	6.50		18	0.947	0.92	64		2*3/1
聚甲基乙烯基醚 poly(methyl vinyl ether)		[312]	三方	D_{3d}^6-$R\bar{3}c$	16.20	16.20	6.50		18	1.175		144		2*3/1
(58.08)		[313]	三方	D_{3d}^6-$R\bar{3}c$	16.25	16.25	6.50		18	1.168				2*3/1

续表

聚合物	晶型	参考文献	晶系	空间群	晶胞参数/Å			夹角	N	密度/(g/cm³)		熔点/℃	熔融热/(kJ/mol)	链构象 A*M/N
					a	b	c			晶体	非晶			
聚异丙基乙烯基醚 poly(isopropyl vinyl ether) $-\!\!+\!CH_2-CH\!\!+_n$ $\quad\ \ |$ $\quad\ \ O-CH(CH_3)_2$ (86.13)		[314]	四方		17.2	17.2	35.5		68	0.926		191		2*17/5

6. 聚多氧化物（-X-O-Y-O-或-R-O-）

聚合物	晶型	参考文献	晶系	空间群	晶胞参数/Å			夹角	N	密度/(g/cm³)		熔点/℃	熔融热/(kJ/mol)	链构象 A*M/N
					a	b	c			晶体	非晶			
聚环氧乙烷 poly(ethylene oxide) $-\!\!+\!CH_2-CH_2-O\!\!+_n$ (44.05)	I	[315]	单斜	$C_{2h}^5-P2_1/c$	9.5	12.0	19.5	$\gamma=101°$	36	1.207	1.13	66	8.29	3*7/2
		[316]	单斜	C_s^2-m	8.05	13.04	19.48	$\beta=125.4°$	28	1.229		70	9.5	3*7/2
		[317]	单斜		8.03	13.09	19.52	$\beta=125.1°$	28	1.220		62	8.04	3*7/2
		[318]	单斜		8.16	12.99	19.30	$\beta=126.1°$	28	1.239		75	7.86	3*7/2
		[319]	单斜		7.51	13.35	19.90	$\beta=118.6°$	28	1.169		76	8.7	3*7/2
	II	[320]	三斜	$C_i^1-P\bar{1}$	4.71	4.44	7.12	$63°,93°,111°$	2	1.197				3*2/1
聚六亚甲基醚 poly(hexamethylene oxide) $-\!\!+\!(CH_2)_6O\!\!+_n$ (100.16)		[321]	单斜	C_{2h}^6-C2/c	5.65	9.01	17.28	$\beta=134.5°$	4	1.060		58		7*2/1
		[322]	单斜	C_{2h}^6-C2/c	5.64	8.98	17.32	$\beta=134.5°$	4	1.063		58		7*2/1

续表

聚合物	晶型	参考文献	晶系	空间群	晶胞参数/Å a	b	c	夹角	N	密度(g/cm³) 晶体	非晶	熔点/℃	熔融热/(kJ/mol)	链构象 $A*M/N$
聚三亚甲基醚 poly(trimethylene oxide) $+\!\!\!+[CH_2]_3\!-\!O+\!\!\!+_n$ (58.08)	I	[323]	单斜	C_{2h}^3-$C2/m$	12.3	7.27	4.80	$\beta=91°$	4	1.178		36		4*1/1
	II	[324]	三方	C_{3v}^6-$R3c$	14.13	14.13	8.41		18	1.194				8*1/1
	III	[325]	正交	D_2^5-$C222_1$	9.23	4.82	7.21		4	1.203		50	8.8	8*1/1
聚甲醛 poly(oxymethylene) $+\!\!\!+[CH_2\!-\!O]+\!\!\!+_n$ (30.03)	I	[326]	三方	C_3^2-$P3_1$	4.46	4.46	17.30		9	1.506	1.25	181	7.45	2*9/5
		[327]	三方	C_{6h}^1-$P6/m$	4.471	4.471	17.39		9	1.491		215	10.0	2*9/5
		[328]	三方		4.470	4.470	56.00		29	1.492		200	9.8	*29/16
	II	[329]	正交	D_2^5-$C222_1$	7.75	4.46	17.30		18	1.501			5.65	2*9/5
	II	[330]	正交	D_2^4-$P2_12_12_1$	4.767	7.660	3.563		4	1.533				2*2/1
	III	[331]	正交	D_2^4-$P2_12_12_1$	4.57	7.41	3.49		4	1.688				2*2/1
聚环氧丙烷 poly(propylene oxide) $+\!\!\!+\underset{H_3C}{HC}\!-\!H_2C\!-\!O+\!\!\!+_n$ (58.08)		[332]	正交	C_{2v}^9-$Pna2_1$	10.52	4.67	7.16		4	1.097	0.998	75	8.4	3*2/1
		[333]	正交	D_2^4-$P2_12_12_1$	10.51	4.69	7.09		4	1.104		72		3*2/1
		[334]	正交	D_2^4-$P2_12_12_1$	10.40	4.64	6.92		4	1.155		80	8.4	3*2/1
		[335]	正交	D_2^4-$P2_12_12_1$	10.46	4.66	7.03		4	1.126				3*2/1
聚四亚甲基醚 poly(tetramethylene oxide) $+\!\!\!+[CH_2]_4\!-\!O+\!\!\!+_n$ (72.11)		[336]	单斜	C_{2h}^6-$C2/c$	5.48	8.73	12.07	$\beta=34.2°$	4	1.157		35	12.6	5*2/1
		[337]	单斜	C_{2h}^6-$C2/c$	5.59	8.90	12.07	$\beta=134.2°$	4	1.12		43	12.4	5*2/1
		[338]	正交	D_2^4-$P2_12_12_1$	7.22	8.75	12.25		8	1.238		37		5*2/1

7. 聚硫化物

聚合物	晶型	参考文献	晶系	空间群	晶胞参数/Å			夹角	N	密度/(g/cm³)		熔点/°C	熔融热/(kJ/mol)	链构象 A*M/N
					a	b	c			晶体	非晶			
聚乙基桥硫醚 poly(ethylene sulfide) $+CH_2-CH_2-S+_n$ (60.11)		[339]	六方		4.92	4.92	6.74		2	1.413		210		3 * 2/1
		[340]	正交	D_{2h}^6-Pnna	8.50	4.95	6.70		4	1.416		190		3 * 2/1
		[341]	正交	$D_2^4-P2_12_12_1$	8.508	4.938	6.686		4	1.421		216	14	3 * 2/1
聚亚甲基硫醚 poly(methylene sulfide) $+CH_2-S+_n$ (46.09)		[342]	正交		12.7	12.0	5.10		16	1.575		260		2 * 2/1
		[343]	六方		5.07	5.07	36.52		17	1.600		245		2 * 17/9
聚戊亚甲基硫醚 poly(pentamethylene sulfide) $+(CH_2)_5-S+_n$ (102.20)		[344]	单斜	$C_{2h}^5-P2_1/c$	9.61	9.78	7.84	$\beta=131°$	4	1.221		65		6 * 1/1

续表

聚合物	晶型	参考文献	晶系	空间群	晶胞参数/Å			夹角	N	密度/(g/cm³)		熔点/℃	熔融热/(kJ/mol)	链构象 $A*M/N$
					a	b	c			晶体	非晶			
聚三亚甲基硫醚 poly(trimethylene sulfide) $[CH_2]_3-S$ (74.14)		[345]	单斜	C_s^2-m	5.16	10.33	4.06	$\gamma=120°$	2	1.320		100		$4*1/1$
聚四亚甲基硫醚 poly(tetramethylene sulfide) $[CH_2]_4-S$ (88.17)	I	[346]	单斜	C_{2h}^6-C2/c	5.73	9.15	13.26	$\beta=135.7°$	4	1.206		67		$5*5*2/1$
聚对苯硫醚 poly(p-phenylene sulfide) (108.16)		[347]	正交	$D_{2h}^{14}-Pbcn$	8.67	5.61	10.26		4	1.440		295		$5*2/1$
		[348]	正交		8.68	5.66	10.26		4	1.425		290		$5*2/1$
		[349]	正交		8.57	5.59	10.33		4	1.452	1.319	315	12.1	$5*2/1$

参 考 文 献

［1］ Corradini P. Atti Accad Nazl Lincei, Cl Sci Fis, Mat Nat, Rend, 1958, 25：517

［2］ Lieser G. Polym Commun, 1984, 25：201

［3］ Fincher C R Jr, Chen C E, Heeger A J, et al. Phys Rev Lett, 1982, 48：100

［4］ Shimamura K, Karasz F E, Hirsch J A, et al. Makromol Chem, Rapid Commun, 1981, 2：473

［5］ Perego G, Lugli G, Pedretti U, et al. Makromol Chem, 1988, 189：2657

［6］ Perego G, Lugli G, Petretti U, et al. J Phys (Orsay, Fr), 1983, 44 (S6)：C3-93

［7］ Perego G, Lugli G, Pedretti U, et al. Makromol Chem, 1988, 189：2657

［8］ Lieser G, Wegner G, Muller W, et al, Makromol Chem, Rapid Commun, 1980, 1：627

［9］ Bates F S, Baker G L. Macromolecules, 1983, 16：1013

［10］ Tadokoro H, Takahashi Y, Otsuka S, et al. J Polym Sci Part B, 1965, 3：697; Tadokoro H, Kobayashi M, Mori K, et al. Rep Progr Polym Phys Japan, 1967, 10：181; idem, J Polym Sci Part C, 1969, 22：1031

［11］ McCullough J D, Bauer R S, Jacobs T L. Chem Ind (London), 1957, 706

［12］ Starkweather Jr H W, Jones G A. J Polym Sci Polym Phys Ed, 1986, 24：1509

［13］ Natta G, Pino P, Corradini P, et al, J Am Chem Soc, 1955, 77：1708

［14］ Starkweather Jr H W, Jones G A. J Polym Sci Polym Phys Ed, 1986, 24：1509

［15］ Cojazzi G, Malta V, Celotti G, et al. Makromol Chem, 1976, 177：915

［16］ Rosa C De, Venditto V, Guerra G, et al. Macromolecules, 1991, 24：5645; Rosa C De, Venditto V, Guerra G, et al. Makromol Chem, 1992, 193：1351

［17］ Noguchi K, Chatani Y. Polym Prepr Janpan (Engl Ed), 1990, 39 (1-4)：E515

［18］ Trafara G, Koch R, Sausen E. Makromol Chem, 1978, 179：1837

［19］ Bunn C W. Trans Faraday Soc, 1939, 35：482

［20］ Charlesby A. Proc Phys Soc London, 1945, 57：496

［21］ Busing W R. Macromolecules, 1990, 23：4608

［22］ Teare P W, Holmes D R. J Polym Sci, 1957, 24：496; Gieniewski C, Moore R S. Macromolecules, 1970, 3：97

［23］ Murahashi S, Yuki J, Sano T, et al. J Polym Sci, 1962, 62：S77

［24］ Turner-Jones A. J Polym Sci, 1962, 62：S53

［25］ Bassett D C, Tuner B. Philos Mag, 1974, 29：923; Bassett D C, Block S, Piermarini G J. J Appl Phys, 1974 45：4146

［26］ Fekete G T, Basset W A, Beatty C L. Bull Am Phys Soc, 1978, 23：408

［27］ Nasini A G, Trossarelli L, Saini G. Makromol Chem, 1961, 44/46：550

［28］ Tuner-Jones A. Makromol Chem, 1964, 71：1

［29］ Fuller C S, Frosch C J, Pape N R. J Am Chem Soc, 1940, 62：1905; Liquori A M, Acta Crystallogr, 1955, 8：345

［30］ Tanaka T, Chatani Y, Tadokoro H. J Polym Sci Polym Phys Ed, 1974, 12：515

［31］ Trafara G. J Polym Sci. Polym Chem Ed, 1980, 18：321

［32］ Natta G, Dall' Asta G, Mazzanti G. Angew Chem, 1964, 76：765；Angew Chem Int Ed Engl, 1964, 3：723；Natta G, Bassi I W. Atti Accad, Nazl Lincei, Cl Sci Fis, Mat Nat, Rend, 1965, 38：315；Natta G, Bassi I W. J Polym Sci Part C, 1967, 16：2551

［33］ Natta G, Corradini P. Nuovo Cimento, 1960, 15（Suppl）：40

［34］ Turner-Jones A, Aizlewood J M, Beckett D R. Makromol Chem, 1964, 75：134

［35］ Hikosaka M, Seto T. Rep Progr Polm Phys Japan, 1969, 12：153；Polym J（Tokoro）, 1973, 5：111

［36］ Mencik Z. J Macromol Sci B：Phys, 1972, 6：101

［37］ Wilchinsky Z W. J Appl Phys, 1960, 31：1969

［38］ Mencik Z. Chem Prumysl, 1960, 10：377

［39］ Corradini P, Petraccone V, Pirozzi B. Eur Polym J, 1983, 19：299

［40］ Walter N M, Pearson F G. J Mol Spectrosc, 1960, 5：290

［41］ Keith H D, Padden F J Jr, Walter N M, et al. J Appl Phys, 1959, 30：1485

［42］ Turner-Jones A, Cobbold A J J. Polym Sci Part B, 1968, 6：538；Samuels R J, Yee R H. J Polym Sci Part A-2, 1972, 10：385

［43］ Addink E J, Beintema J. Polymer, 1961, 2：185

［44］ Turner-Jones A, Aizlewood J M, Beckett D R. Makromol Chem, 1964, 75：134

［45］ Turner-Jones A, Aizlewood J M, Beckett D R. Makromol Chem, 1964, 75：134

［46］ Kopp S, Dorset D L, Lotz B. Bull Am Phys Soc, 1994, 39（1）：108；Abstr. A' 33 3

［47］ Meille S V, Ferro D R, Bruckner S, et al. Macromolecules, 1994, 27：2615

［48］ Lotz B. Polym Prepr（Am Chem Soc, Div Polym Sci）, 1996, 37（2）：430

［49］ Morrow D R, Newman B A. J Appl Phys, 1968, 39：4944

［50］ Bruckner S, Meille S V. Nature, 1989, 340：455；Meille S V, Bruckner S, Porzio W. Macromolecules, 1990, 23：4114

［51］ McAllister P B, Carter T J, Hinde R M. J Polym Sci Polym Phys Ed, 1978, 16：49

［52］ Natta G, Pasquon I, Corradini P, et al, Atti Accad, Nazl Lincei, Cl Sci Fis, Mat Nat, Rend, 1960, 28：539

［53］ Natta G, Corradini P, Gains P, et al. J Polym Sic Part C, 1967, 16：2477

［54］ Lotz B, Lovinger A J, Cais R E. Macromolecules, 1988, 21：2375；Lovinger A J, Lotz B, Davis D D. Macromolecule, 1990, 31：2253

［55］ Natta G, Peraldo M, Allegra G. Makromol Chem, 1964, 75：215

［56］ Chatani Y, Murayama H, Noguchi K, et al. J Polym Sci Part C：Polym Lett, 1990, 28：393

［57］ Hasegawa R, Tanabe Y, Kobayashi M, et al. J Polym Sci Part A-2, 1970, 8：1073

［58］ Maruyama H, Chatani Y, Asanuma T, et al. Polym Prepr Janpan（Engl Ed）, 1991, 40（1－4）：E467；Chatani Y, Maruyama H, Asanuma T, et al. J Polym Sci Part B：Polym Phys, 1991, 29：1649

［59］ McIntyre D, Chien H, Kozulla R, Bull Am Phys Soc, 1995, 40（1）：350；Abstr G313

［60］ Wilson F C, Starkweather H W Jr. J Polym Sci Polym Phys Ed, 1973, 11：919

［61］ Tanigami T, Yamaura K, Matsuzawa S, et al. polymer, 1986, 27：999

［62］ Badami D V. Polymer, 1960, 1：273

［63］ Natta G, Mazzanti G, Corradini P. Atti Accad, Nazl Lincei, Cl Sci Fis, Mat Nat, Rend, 1958, 25：3

［64］ Klement J J, Geil P H. J Polym Sci, Part A-2, 1968, 6: 1381

［65］ Stefani R, Chevreton M, Garnier M, et al. Seances Acad Sci, 1960, 251: 2174

［66］ Yamazaki H, Kajita S, Kamide K. Polym J (Tokyo), 1987, 19: 995

［67］ Stefani R, Chevreton M, Garnier M, et al. Seances Acad Sci, 1960, 251: 2174

［68］ Minagawa K, Tamura T, Okada Y, et al. Polym Prepr Janpan (Engl Ed), 1993, 42 (5-11): E1138

［69］ Tadokoro H. Kobunshi, 1970, 19: 775; Tadokoro H, Chatani Y, Kusanagi H, et al. Macromolecules, 1970, 3: 441

［70］ Kusanagi H, Chatani Y, Tadokoro H. Polymer, 1994, 35: 2028

［71］ Bosscher F, ten Brinke G, Eshuis A, et al. Macromolecules, 1982, 15: 1364

［72］ Joh Y, Yoshihara T, Kotake Y, et al. J Polym Sci Part B, 1965, 3: 933; Yoshihara T, Kotake Y, Joh Y. ibid, 1967, 5: 459

［73］ Minami S, Murase K, Yoshihara T. Rep Progr Polym Phys Janpan, 1972, 15: 339

［74］ Joh Y, Yoshihara T, Kotake Y, et al. J Polym Sci Part B, 1965, 3: 933; Yoshihara T, Kotake Y, Joh Y. ibid, 1967, 5: 459

［75］ Takizawa T, Sano T, Chantani Y, et al. Preprints of the 6th Polymer Symp, Polymer Phys Div (Nagoyan), 1957, (10): 83; Chantani Y, Taguchi I, Sano T, et al. Annu Rept Inst Textile Sci Janpan, 1960, 13: 37; J Polym Sci, Part D, 1971, 5: 431

［76］ Bunn C W. Natuer (London), 1948, 161: 929

［77］ Tsuboi K, Mochizuki T J. Polym Sci Part B, 1963, 1: 531; Kobunshi Kagaku, 1966, 23: 645

［78］ Becker L. Plaste Kautsch, 1961, 8: 557

［79］ Kusanagi A H, Ishimoto A. Polym Prepr Janpan (Engl Ed), 1990, 39 (5-11): E1509

［80］ Becker L. Plaste Kautsch, 1961, 8: 557

［81］ Tadokoro H. Kobunshi, 1959, 8: 223

［82］ Natta G, Corradini P. Atti Accad, Nazl Lincei, Cl Sci Fis, Mat Nat, Rend, 1955, 19: 229; J Polym Sci, 1956, 20: 251

［83］ Natta G, Bassi I W, Corradini P. Atti Accad, Nazl Lincei, Cl Sci Fis, Mat Nat, Rend, 1961, 31: 17

［84］ Burleigh P H. J Am Chem Soc, 1960, 82: 794

［85］ Asahina M, Okuda K. Kobunshi Kagaku, 1960, 17: 607

［86］ Wilkes S E, Folt V L, Krimm S. Macromolecules, 1973, 6: 235

［87］ Golike R C. J Polym Sci, 1960, 42: 583

［88］ Natta G, Bassi I W, Allegra G. Atti Accad, Nazl Lincei, Cl Sci Fis, Mat Nat, Rend, 1961, 31: 350

［89］ Lando J B, Hanes M D. Macromolecules, 1995, 28: 1142

［90］ Fujii K, Mochizuki T, Imoto S, et al. Makromol Chem, 1962, 51: 225

［91］ Fujii K, Mochizuki T, Imoto S, et al. Makromol Chem, 1962, 51: 225

［92］ Narita S, Okuda K. J Polym Sci, 1959, 38: 270

［93］ Takahagi T, Chatani Y, Kusumoto T, et al. Polym J, 1988, 20: 883

［94］ Reinhardt R C. Ind Eng Chem, 1943, 35: 422

［95］ Narita S, Okuda K. J Polym Sci, 1959, 38: 270

［96］ Okuda K. J Polym Sci Part A, 1964, 2: 1749

［97］ Leshchenko S S, Karpov V L, Kargin V A. Vysokomol Soedin, 1959, 1: 1538; ibid, 1963, 5: 953; Polym Sci USSR (Engl Transl), 1964, 5: 1

［98］ Gal' Perin Ye L, Strogalin Yu V, Mlenik M P, Vysokomol Soedin, 1965, 7: 933; Polym Sci, USSR (Engl Transl), 1965, 7: 1031

［99］ Hasegawa R, Kobayashi M, Tadokoro H. Polym J (Tokyo), 1972, 3: 591; Hasegawa R, Takahashi Y, Chatani Y, et al. ibid: 600; Takahashi Y, Matsubara Y, Tadokoro H. Macromolecules, 1983, 16: 1588

［100］ Bachmann M A, Lando J B. Macromolecules, 1981, 14: 40

［101］ Okuda K, Yoshida T, Sugita M, et al. J Polym Sci Part B, 1967, 5: 465

［102］ Gal' perin Ye L, Kosmynin B P. Vysokomol Soedin Ser A, 1969, 11: 1432; Polym Sci USSR (Engl Transl), 1969, 11: 1624

［103］ Gal' Perin Ye L, Strogalin Yu V, Mlenik M P. Vysokomol Soedin, 1965, 7: 933; Polym Sci USSR (Engl Transl), 1965, 7: 1031

［104］ Hasegawa R, Kobayashi M, Tadokoro H. Polym J (Tokyo), 1972, 3: 591; Hasegawa R, Takahashi Y, Chatani Y, et al. ibid: 600, Takahashi Y, Matsubara Y, Tadokoro H. Macromolecules, 1983, 16: 1588

［105］ Lando J B, Olf H G, Peterlin A. J Polym Sci Part A-1, 1966, 4: 941

［106］ Gal' perin Ye L, Kosmynin B P. Vysokomol Soedin Ser A, 1969, 11: 1432; Polym Sci USSR (Engl Transl), 1969, 11: 1624

［107］ Takahashi Y, Tadokoro H. Macromolecules, 1980, 13: 1317; Takahashi Y, Kohyama M, Matsubara Y, Iwane H, et al. Macromolecules, 1981, 14: 1841

［108］ Hasegawa R, Kobayashi M, Tadokoro H. Polym J (Tokyo), 1972, 3: 591; Hasegawa R, Takahashi Y, Chatani Y, et al: ibid: 600, Takahashi Y, Matsubara Y, Tadokoro H. Macromolecules, 1983, 16: 1588

［109］ Lovinger A J. Macromolecules, 1981, 14: 322

［110］ Weinhold S, Litt M H, Lando J B. J Polym Sci Polym Lett Ed, 1979, 17: 585; Macromolecules, 1980, 13: 1178

［111］ Naegale D, Yoon D Y, Broadhurst M G. Macromolecules, 1978, 11: 1297

［112］ Bachmann M, Gordon W L, Weinhold S, et al. J Appl Phys, 1980, 51: 5095

［113］ Hasegawa R K, Chatani Y, Tadokoro H. Rep Progr Polym Phys Janpan, 1973, 16: 217

［114］ Tashiro K, Kobayashi M, Tadokoro H. Macromolecules, 1977, 10: 413

［115］ Ozaki Y, Takahashi Y, Takes M, et al. Polym Prepr Japan (Engl Ed), 1990, 39 (1-4): E497; Takahashi Y, Ozaki Y, Takes M, et al. J Polm Sci Part B: Polym Phys, 1993, 31: 1135

［116］ Unpublished work of Scherer H, in Bestian H. Angew Chem Int Ed Engl, 1968, 7: 278

［117］ Vogelsong D C. J Polym Sci Part A, 1963, 1: 1055

［118］ Fredericks R J, Doyne T H, Spraque R S. J Polym Sci Part A-2, 1966, 4: 899

［119］ Bellinger M A, Waddon A J, Atkins E D T, et al. Macromolecules, 1994, 27: 2130

［120］ Fredericks R J, Doyne T H, Spraque R S. J Polym Sci Part A-2, 1966, 4: 913

［121］ Fredericks R J, Doyne T H, Spraque R S. J Polym Sci Part A-2, 1966, 4: 913

［122］ Cojazzi G, Fichera A M, Malta V, et al. Polym J, 1985, 21: 309

［123］ Cojazzi G, Fichera A, Malta V, et al. Macromol Chem, 1978, 179: 509

［124］ Slichter W P. J Polym Sci, 1959, 36: 259

［125］ Holmes D R, Bunn C W, Smith D J. J Polym Sci, 1955, 17: 159

［126］ Okada A, Fuchino K. Kobunshi Kagaku, 1950, 7: 122

［127］ Ruscher C, Schroder H J. Faserforsch Textiltech, 1960, 11: 165

[128] Wallner L G. Montash Chem, 1948, 79: 279

[129] Brill R Z. Phys Chem, Abt B, 1943, 53: 61

[130] Itoh T. Jpn J Appl Phys, 1976, 15: 2295

[131] Malta V, Cojazzi G, Fichera A, et al. Eur Polym J, 1979, 15: 765

[132] Illers K H. Makromol Chem, 1978, 179: 497

[133] Novak I I, Vettegren V I. Vysokomol Soedin, 1965, 7: 1027; Polym Sci, USSR (Engl Transl), 1965, 7: 1136

[134] Hendus H, Schmieder K, Schnerl G, et al. Festschrift Carl Wurster der BASF vom, 1960, 2: 12

[135] Ziabicki A. Kolloid Z, 1959, 167: 132

[136] Avramova N, Fakirov S. Polym Commun, 1984, 25: 27

[137] Ogawa M, Ota T, Yoshizaki O, et al. J Polym Sci Part B, 1963, 1: 57; Ota T, Yoshizaki O, Nagai E, et al. 1963, 20: 225

[138] Arimoto H. J Polym Sci Part A, 1964, 2: 2283

[139] Vogelsong D C. J Polym Sci Part A, 1963, 1: 1055

[140] Bradbury E M, Elliott A. Polymer, 1963, 4: 47

[141] Illers H K, Haberkorn H, Smika P. Makormol Chem, 1972, 158: 285

[142] Illers H K, Haberkorn H, Smika P. Makormol Chem, 1972, 158: 285

[143] Okada A, Fuchino K. Kobunshi Kagaku, 1950, 7: 122

[144] Itoh T. Jpn J Appl Phys, 1976, 15: 2295

[145] Vogelsong D C. J Polym Sci Part A, 1963, 1: 1055

[146] Schmidt G F, Stuart H A Z. Naturforsch, 1958, 13A: 222

[147] Vogelsong D C. J Polym Sci Part A, 1963, 1: 1055

[148] Slichter W P. J Polym Sci, 1959, 36: 259

[149] Cojazzi G, Fichera A, Malta V, et al. Macromol Chem, 1978, 179: 509

[150] Hasegawa R K, Kimoto K, Chatani Y, et al. Disc Meeting Soc Polym Sci, Tokyo Japan, (preprints), 1974: 713

[151] Slichter W P. J Polym Sci, 1959, 36: 259

[152] Frunze T M, Cherdabayev A Sh, Shleifman R B, et al. Vysokomol Soedin Ser A, 1976, 18: 696; Polym Sci USSR (Engl Transl), 1976, 18: 793

[153] Northolt M G, Tabor B J, Van Aartsen J J. J Polym Sci Part A-2, 1972, 10: 191

[154] Cojazzi G, Fichera A, Carbuglio C, et al. Chim Ind (Milan), 1972, 54: 40; Makromol Chem, 1973, 168: 289

[155] Inoue K, Hoshino S. J Polym Sci Polym Phys Ed, 1973, 11: 1077

[156] Owen A J, Kollross P. Polym Commun, 1983, 24: 303

[157] Dosiere M. Polymer, 1993, 34: 3160

[158] Dosiere M. Polymer, 1993, 34: 3160

[159] Komoto H, Saotome K. Kobunshi Kagaku, 1965, 22: 337

[160] Hasegawa R K, Kimoto K, Chatani Y, et al. Disc Meeting Sco Polym Sci, Tokyo Japan (preprints), 1974: 713

[161] Masamoto J, Sasaguri K, Ohizumi C, et al. J Polym Sci Part A-2, 1970, 8: 1703; Masamoto J, Kobayashi H. Kobunshi Kagaku, 1970, 27: 220

[162] Munoz-Guerra S, Fernandez-Santin J M, Rodriguez-Galan A, et al. J Polym Sci Polym Phys Ed, 1985, 23: 733

[163] Munoz-Guerra S, Fernandez-Santin J M, Rodriguez-Galan A, et al. J Polym Sci Polym Phys Ed, 1985, 23: 733

[164] Cojazzi G, Drusiani A M, Fichera A, et al. Eur Polym J, 1981, 17: 1241

[165] Hasegawa R K, Kimoto K, Chatani Y, et al, Disc Meeting Sco Polym Sci, Tokyo Japan (preprints), 1974: 713

[166] Genas M. Angew. Chem, 1962, 74: 535

[167] Slichter W P. J Polym Sci, 1959, 36: 259

[168] Little K Br. J Appl Phys, 1959, 10: 225

[169] Natta G, Porri L, Stoppa G, et al. J Polym Sci Part B, 1963, 1: 67

[170] Newman B A, Sham T P, Pae K D. J Appl Phys, 1977, 48: 4092

[171] Kawaguchi A, Lkawa T, FijiwaraY, et al, Rep Progr Polym Phys Japan, 1966, 9: 157; Kawaguchi A, Lkawa T, FijiwaraY, et al. J Macromol Sci B: Phys, 1981, 20: 1

[172] Kawaguchi A, Lkawa T, FijiwaraY, et al. Rep Progr Polym Phys Japan, 1966, 9: 157; Kawaguchi A, Lkawa T, FijiwaraY, et al. J Macromol Sci B: Phys, 1981, 20: 1

[173] Macchi M, Giorgi A A. Makromol Chem Rapid Commun, 1980, 1: 563

[174] Hasegawa R K, Kimoto K, Chatani Y, et al. Disc Meeting Sco Polym Sci, Tokyo Japan, (preprints), 1974: 713

[175] Baker W O, Fuller C S. J Am Chem Soc, 1942, 64: 2399

[176] Kinoshita Y. Makromol Chem, 1959, 33: 1

[177] Lanzetta N, Maglio G, Marchetta C, et al. Preprint III-36 IUPAC Symposium on Macromolecules, Helsinkii, 1972, July 2-7; Maglio G, Marchetta C, Palumbo R, et al. Makromol Chem, 1972, 156: 321; Lanzetta N, Maglio G, Marchetta C, et al. J Polym Sci Polym Chem Ed, 1973, 11: 913

[178] Mo Z S, Zhang H F, Meng Q B, et al. Acta Polymerica Sinica (Chin), 1990, 6: 655; Mo Z S, Meng Q B, Feng J H, et al. Polym Int, 1993, 32: 52

[179] Baker W O, Fuller C S. J Am Chem Soc, 1942, 64: 2399

[180] Jones N A, Atkins E D T, Hill M J, et al. Macromolecules, 1996, 29: 6011

[181] Shalaby S W, Pearce E M, Fredericks R J, et al. J Polym Sci Polym Chem Ed, 1973, 11: 1

[182] Aceituno J E, Tereshko V, Lotz B, et al. Macromolecules, 1996, 29: 1886

[183] Jones N A, Atkins E D T, Hill M J, et al. Macromolecules, 1996, 29: 6011

[184] Franco L, Puiggali J. J Polym Sci Part B: Polym Phys, 1995, 33: 2065

[185] Franco L, Puiggali J. J Polym Sci Part B: Polym Phys, 1995, 33: 2065

[186] Kinoshita Y. Makromol Chem, 1959, 33: 1

[187] Kinoshita Y. Makromol Chem, 1959, 33: 1

[188] Kinoshita Y. Makromol Chem, 1959, 33: 21

[189] Kinoshita Y. Makromol Chem, 1959, 33: 1

[190] Kinoshita Y. Makromol Chem, 1959, 33: 1

[191] Kinoshita Y. Makromol Chem, 1959, 33: 1

[192] Korshak V V, Frunze T M. Sythetic Hetero-Chain Polyamides. Translated by Kaner N, Davey D, Co, New York, 1964

[193] Bunn C W, Garner E V. Proc R Soc London Se A, 1947, 189: 39

[194] Korshak V V, Frunze T M, Synthetic Hetero-Chain Polyamides. Translated by Kaner N, Daniel Davey and Co., New York, 1964, Tables I II XXI XXVIII AND XXX

[195] Echochard E. J Chim Phys Phys-Chim Biol, 1946, 43: 113

[196] Itoh T. Jpn J Appl Phys, 1976, 15: 2295

[197] Starkweather Jr H W, Zoller P, Jones G A. J Polym Sci Polym Phys Ed, 1984, 22: 1615

[198] Hirschinger J, Miura H, Gardner K H, et al. Macromolecules, 1990, 23: 2153

[199] Haberkorn H, Illers K H, Simak P. Polym Bull (Berlin), 1979, 1: 485

[200] Starkweather Jr H W, Moynihan R E. J Polym Sci, 1956, 22: 363

[201] Starkweather Jr H W, Zoller P, Jones G A. J Polym Sci Polym Phys Ed, 1984, 22: 1615

[202] Haberkorn H, Illers K H, Simak P. Polym Bull (Berlin), 1979, 1: 485

[203] Bunn C W, Garner E V. Proc R Sco London Ser A, 1947, 189: 39

[204] Colclough M L, Baker R. J Mater Sci, 1978, 13: 2531

[205] Hirschinger J, Miura H, Gardner K H, et al. Macromolecules, 1990, 23: 2153

[206] Navarro E, Franco L, Subirana J A, et al. Macromolecules, 1995, 28: 8742

[207] Navarro E, Franco L, Subirana J A, et al. Macromolecules, 1995, 28: 8742

[208] Aceituno J E, Tereshko V, Lotz B, et al. Macromolecules, 1996, 29: 1886

[209] Lanzetta N, Maglio G, Marchetta C, et al. Preprint III-36 IUPAC Symposium on Macromolecules, Helsinkii, July 2-7, 1972; Maglio G, Marchetta C, Palumbo R, Riva F, Simone M de. Makromol. Chem, 1972, 156: 321; Lanzetta N, Maglio G, Marchetta C, Palumbo R. J Polym Sci Polym Chem Ed, 1973, 11: 913

[210] Sasaki S, Takigawa S. J Polym Sci Part B: Polym Phys, 1989, 27: 1077

[211] Chatani Y, Ueda Y, Tadokoro H, et al. Macromolecules, 1978, 11: 636

[212] Bunn C W, Garner E V. Proc R Soc London Ser A, 1947, 189: 39

[213] Itoh T. Jpn J Appl Phys 1976, 15: 2295

[214] Starkweather Jr H W, Moynihan R E. J Polym Sci, 1956, 22: 363

[215] Starkweather Jr H, Moore G, Hansen J, et al. J Polym Sci, 1956, 21: 189

[216] Schmidt G F, Stuart H A Z Naturforsch, 1958, 13A: 222

[217] Bunn C W, Garner E V. Proc R Sco London Ser A, 1947, 189: 39

[218] Kinoshita Y. Makromol Chem, 1959, 33: 1

[219] Hill M J, Atkins E D T. Macromolecules, 1995, 28: 604

[220] Hill M J, Atkins E D T. Macromolecules, 1995, 28: 604

[221] Jones N A, Atkins E D T, Hill M J, et al. Macromolecules, 1996, 29: 6011

[222] Morgan P W, Kwolek S L. Macromolecules, 1975, 8: 104

[223] Franco L, Navarro E, Subirana J A, et al. Macromolecules, 1994, 27: 4284

[224] Franco L, Navarro E, Subirana J A, et al. Macromolecules, 1994, 27: 4284

[225] Franco L, Navarro E, Subirana J A, et al. Macromolecules, 1994, 27: 4284

[226] Franco L, Navarro E, Subirana J A, et al. Macromolecules, 1994, 27: 4284

[227] Puiggali J, Munoz-Guerra S. J Polym Sci Polym Phys Ed, 1987, 25: 513

[228] Franco L, Navarro E, Subirana J A, et al. Macromolecules, 1994, 27: 4284

[229] Franco L, Navarro E, Subirana J A, et al. Macromolecules, 1994, 27: 4284

[230] Baker W O, Fuller C S. J Am Chem Soc, 1942, 64: 2399

[231] Kinoshita Y. Makromol Chem, 1959, 33: 1

[232] Aceituno J E, Tereshko V, Lotz B, et al. Macromolecules, 1996, 29: 1886

[233] Kinoshita Y. Makromol Chem, 1959, 33: 1

[234] Aceituno J E, Tereshko V, Lotz B, et al. Macromolecules, 1996, 29: 1886

[235] Kinoshita Y. Makromol Chem, 1959, 33: 1

[236] Jones N A, Atkins E D T, Hill M J, et al. Macromolecules, 1996, 29: 6011

[237] Morgan P W, Kwolek S L. Macromolecules, 1975, 8: 104

[238] Slichter W P. J Polym Sci, 1959, 35: 77

[239] Navarro E, Aleman C, Subirana J A, et al. Macromolecules, 1996, 29: 5406

[240] Aceituno J E, Tereshko V, Lotz B, et al. Macromolecules, 1996, 29: 1886

[241] Lin J C, Litt M H, Froyer G. J Polym Sci Polym Chem Ed, 1981, 19: 165

[242] Morgan P W, Kwolek S L. Macromolecules, 1975, 8: 104

[243] Morgan P W, Kwolek S L. Macromolecules, 1975, 8: 104

[244] Morgan P W, Kwolek S L. Macromolecules, 1975, 8: 104

[245] Herlinger H, Horner H P, Druschke F, et al. Angew Makromol Chem, 1973, 29/30: 229; Herlinger H, Knoell H, Menzel H, et al. Appl Polym Symp, 1973, 21: 215

[246] Kakida H, Chatani Y, Tadokoro H. Rep Progr Polym Phys Japan, 1975, 18: 197; J Polym Sci Polym Phys Ed, 1976, 14: 427

[247] Kazaryan L G, Tsvankin D Ya, Vasil' ev V A, et al. Vysokomol Soedin Ser A, 1975, 17: 1560; Polym Sci USSR (Engl Transl), 1975, 17: 1797

[248] Sakaoku K, Itoh T, Kitamura K. Rep Progr Polym Phys Japan, 1981, 24: 139

[249] Morawetz H, Jacabhazy S Z, Lando J B, et al. Proc Natl Acad Sci U S A, 1963, 49: 789

[250] Morgan P W, Kwolek S L. Macromolecules, 1975, 8: 104

[251] Northolt M G, Stuut H A. J Polym Sci Polym Phys Ed, 1978, 16: 939

[252] Tashiro K, Kobayashi M, Tadokoro H. Macromolecules, 1977, 10: 413

[253] Penn L, Larsen F. J Appl Polym Sci, 1979, 23: 59

[254] Fu Y, Wunderlich B. Bull Am Phys Soc, 1995, 40 (1): 614

[255] Hindeleh A M, Obaid A A A. Acta Polym, 1996, 47: 55

[256] Haraguchi K, Hajiyama T, Takayanagi M. Rep Progr Polym Phys Japan, 1977, 20: 191; J Appl Polym Sci, 1979, 23: 915

[257] Kashima M, Kusanagi H, Ishimoto A. Polym Prepr Japan (Engl Ed), 1991, 40 (5-11): E1488

[258] Atkins E D T, Hill M, Hong S K, et al. Macromolecules, 1992, 25: 917

[259] Gaymans R J, Doeksen D K, Harkema S//Kleintjens L J, Lemstra P J. Integration of Fundamental polymer Science and Technology. New York: Elsevier Appl Sci, 1986: 573

[260] Wang L H, Balta Celleja F J, Kanamoto T, et al. Polymer, 1993, 34: 4688

[261] Prieto A, Iribarren I, Munoz-Guerra S. J Mater Sci, 1993, 28: 4059

[262] Fuller C S, Frosch C J. J Am Chem Soc, 1939, 61: 2575

[263] Maglio G, Marchetta C, Botta A, et al. Eur Polym J, 1979, 15: 695

[264] Kanamoto T, Nagai H, Tanaka K. Rep Progr Polym Phys Japan, 1966, 9: 135; Kanamoto T, Tanaka K, Nagai H. J Polym Sci Part A-2, 1971, 9: 2043; Kanamoto T. J Polym Sci Polym Phys. Ed, 1974,

12：2535

[265] Fuller C S, Frosch C J. J Am Chem Soc, 1939, 61：2575

[266] Wittamann J C, Lotz B. J Polym Sci Polym Phys Ed, 1981, 19：1853

[267] Bateman J, Richards R E, Farrow G, et al. Polymer, 1960, 1：63

[268] Turner-Jones A, Bunn C W. Acta Crystallogr, 1962, 15：105

[269] Point J J. Bull Cl Sci Acad R Belg, 1953, 30：435

[270] Hobbs S Y, Billmeyer F W Jr. J Polym Sci Part A-2, 1969, 7：1119

[271] Yamadera R, Sonoda C. J Polym Sci Part B, 1965, 3：411

[272] Hachiboshi M, Fukuda T, Kobayashi S. J Macromol Sci B Phys, 1969, 3：525；Kobayashi S, Hachiboshi M. Rep Progr Polym Phys Japan, 1970, 13：157

[273] Esipova N G, Pan-Tun L, Andreeva N S, et al. Vysokomol Soedin, 1960, 1：1109

[274] Kanamoto T, Nagai H, Tanaka K. Rep Progr Polym Phys Japan, 1966, 9：135；Kanamoto T, Nagai H, Tanaka K. J Polym Sci Part A-2, 1971, 9：2043；Kanamoto T. J Polym Sci Polym Phys Ed, 1974, 12：2535

[275] Hobbs S Y, Billmeyer F W Jr. J Polym Sci Part A-2, 1969, 7：1119

[276] Fuller C S. Chem Rev, 1940, 26：143

[277] Keith H D. Macromolecules, 1982, 15：122

[278] Daubeny R de P, Bunn C W, Brown C J. Proc R Soc London Ser A, 1954, 226：531

[279] Kilian H G, Haboth H, Jenckel E. Kolloid Z, 1960, 172：166

[280] Tomashpol' skii Yu Ya, Markova G S. Vysokomol Soedin, 1964, 6：27；Polym Sci USSR（Engl Transl）, 1964, 6：316

[281] Northolt M G, Stuut H A. J Polym Sci. Polym Phys Ed, 1978, 16：939

[282] Kinoshita Y, Nakamura R, Kitano Y, et al. Polym Prepr（Am Chem Soc Div Polym Chem）, 1979, 20（1）：454；Kitano Y, Kinoshita Y, Ashida T. Polymer, 1995, 36：1947

[283] Geil P H, Liu J. Bull Am Phys Sco, 1996, 41（1）：395

[284] Bateman J, Richards R E, Farrow G, et al. Polymer, 1960, 1：63

[285] Joly A M, Nemoz G, Douillard A, et al. Makromol Chem, 1975, 176：479

[286] Hall I H, Ibrahim B A. Polymer, 1982, 23：805

[287] Palmer A, Poulin-Dandurand S, Revol J F, et al. Eur Polym J, 1984, 20：783；Brisse F, Palmer A, Moss B, et al. ibid, 1984, 791

[288] Hall I H, Ibrahim B A. Polymer, 1982, 23：805

[289] Palmer A, Poulin-Dandurand S, Revol J FF, et al. Eur Polym J, 1984, 20：783；Brisse F, Palmer A, Moss B, et al. ibid, 1984, 791

[290] Inomata K, Yamanaka K, Sasaki S. Polym Prepr Japan（Engl Ed）, 1992, 41（1-4）：E609；Inomata K, Sasaki S. ibid, 1993, 42（1-4）：E 597；Inomata K, Sasaki S. J Polym Sci Part B：Polym Phys, 1996, 34：83

[291] Palmer A, Poulin-Dandurand S, Revol J FF, et al. Eur Polym J, 1984, 20：783；Brisse F, Palmer A, Moss B, et al. ibid, 1984, 791

[292] Hall I H, Ibrahim B A. Polymer, 1982, 23：805

[293] Lieser G. J Polym Sci Polym Phys Ed, 1983, 21：1611

[294] Geiss R, Volksen W, Tsay J, et al. J Polym Sci Polym Lett Ed, 1984, 22：433

［295］Yoon D Y, Masciocchi N, Depero L E, et al. Macromolecule, 1990, 23: 1793

［296］Rynikar F, Liu J, Geil P H. Macromol Chem Phys, 1994, 195: 81

［297］Lieser G. J Polym Sci Polym Phys Ed, 1983, 21: 1611

［298］Yoon D Y, Masciocchi N, Depero L E, et al. Macromolecule, 1990, 23: 1793

［299］Rynikar F, Liu J, Geil P H. Macromol Chem Phys, 1994, 195: 81

［300］Long T C, Liu J, Yuan B L, Geil P H. Bull Am Phys Soc, 1995, 40（1）: 616

［301］Rybnikar F, Liu J, Geil P H. Bull Am Phys Soc, 1996, 41（1）: 444

［302］Minke R, Blackwell J. J Macromol Sci B Phys, 1979, 16: 407; ibid, 1980, 18: 233

［303］Minke R, Blackwell J. J Macromol Sci B Phys, 1979, 16: 407; ibid, 1980, 18: 233

［304］Tadokro H//Allen G. Molecular Structure and Properties（Physical Chemistry Series One, V. 2）（MTP International Review of Science）London: Butterworths, 1972: 45

［305］Ihn K J, Yoo E S, Im S S. Macromolecules, 1995, 28: 2460

［306］Fuller C S, Frosch C J, Pape N R. J Am Chem Soc, 1942, 64: 154

［307］Jourdan N, Deguire S, Brisse F. Macromolecules, 1995, 28: 8086

［308］Chatani Y, Higashibata N, Takase M, et al. Aunn Meeting Sco Polym Sci Kyoto Japan, （preprints）, 1977: 427

［309］DesboroughI J, Hall I H, Neisser J Z. Polymer, 1979, 20: 545

［310］Dorset D L, Moss B//Craver C D. Polymer Characterization（Adv Chem Series203）Washington: Am Chem Soc, 1983: 409

［311］Dall' Asta G, Bassi I W. Chim Ind（Milan）, 1961, 43: 999

［312］Bassi I W. Atti Accad, Nazl Lincei, Cl Sci Fis, Mat Nat, Rend, 1960, 29: 193

［313］Corradini P, Bassi I W. J Polym Sci Part C, 1968, 16: 3233

［314］Dall' Ásta G, Oddo N. Chim Ind（Milan）, 1960, 42: 1234

［315］Fuller C S. Chem Rev, 1940, 26: 143

［316］Takahashi Y, Tadokoro H. Macromolecules, 1973, 6: 672

［317］Richards J R, Ph D Thesis. Univ of Penna, 1961; Diss Abstr, 1961, 22: 1029

［318］Tadokoro H. J Polym Sci Part C, 1966, 15: 1

［319］Bortel E, Hodorowicz S, Lamot R. Makromol Chem, 1979, 180: 2491

［320］Takahashi Y, Sumita I, Tadokoro H. J Polym Sci Polym Phys Ed, 1973, 11: 2113

［321］Kobayashi S, Tadokoro H, Chatani Y. Makromol Chem, 1968, 112: 225

［322］Tadokro H//Allen G. Molecular Structure and Properties（Physical Chemistry Series One, V. 2）（MTP International Review of Science）London: Butterworths, 1972: 45

［323］Tadokoro H, Takahashi Y, Chatani Y, et al. Makromol Chem, 1967, 109: 96; Kakida H, Makino D, Chatani Y, et al. Macromolecules, 1970, 3: 569

［324］Tadokoro H, Takahashi Y, Chatani Y, et al. Makromol Chem, 1967, 109: 96; Kakida H Makino D, Chatani Y, Kobayashi M, Tadokoro H. Macromolecules, 1970, 3: 569

［325］Tadokoro H, Takahashi Y, Chatani Y, Kakida H, Makromol. Chem. , 1967, 109: 96; Kakida H Makino D, Chatani Y, Kobayashi M, Tadokoro H. Macromolecules, 1970, 3: 569

［326］Hammer C F, Koch T A, Whiteny J F. J Appl Polym Sci, 1959, 1: 169

［327］Uchida T, Tadokoro H. J Polym Sci Part A-2, 1967, 5: 63

［328］Carazzolo G. Gazz Chim Ital, 1962, 92: 1345; Carazzolo G, Putti G. Chim Ind（Milan）, 1963, 45:

771；Carazzolo G, Mammi M. J Polym Sci Part A, 1963, 1：965；Carazzolo G A. J Polym Sci Part A, 1963, 1：1573；Carazzolo G, Leghissa S, Mammi M. Makromol Chem, 1963, 63：171

[329] Becker L, Wiss. Z. Karl-Marx-Univ. Leipzig, Math. Naturwiss. Reihe, 1962, 11：3

[330] Carazzolo G. Gazz Chim Ital, 1962, 92：1345；Carazzolo G, Putti G. Chim Ind（Milan）, 1963, 45：771；Carazzolo G, Mammi M. J Polym Sci Part A, 1963, 1：965；Carazzolo G A. J Polym Sci, Part A, 1963, 1：1573；Carazzolo G, Leghissa S, Mammi M. Makromol Chem, 1963, 63：171

[331] Miyaiji H, Asai K. J Phys Soc Japan, 1974, 36：1497

[332] Natta G, Corradini P, Dall' Asta G. Atti Accad, Nazl Lincei, Cl Sci Fis, Mat Nat, Rend, 1956, 20：408

[333] Hughes R E, Celia Jr R J. Polym Prepr（Am Chem Soc Div Polym Chem）, 1974, 15（1）：137

[334] Stanley E, Litt M. J Polym Sci, 1960, 43：453

[335] Cesari M, Perego G, Marconi W. Makromol Chem, 1966, 94：194

[336] Tadakoro H, Chatani Y, Kobayashi M, et al. Rep Progr Polym Phys Japan, 1963, 6：303；Imada K. Miyaka T, Chatani Y, et al. Makromol Chem, 1965, 83：113

[337] Tadokoro H. J Polym Sci Part C, 1966, 15：1

[338] Vainshtein E F, Kusherev M Ya, Popov A A, et al. Vysokomol Soedin Ser A, 1969, 11：1606；Polym Sci USSR（Engl Transl）, 1969, 11：1820

[339] Boileau S, Coste J, Raynal J M, et al. Seances Acad Sci, 1962, 254：2774

[340] Takahashi Y, Tadokoro H, Chatani Y. J Macromol Sci B Phys, 1968, 2：361

[341] Hasegawa H, Claffey W, Geil P H. J Macromol Sci B Phys, 1977, 13：89

[342] Lando J B, Stannett V. J Polym Sci Part B, 1964, 2：375；Polym Prepr（Am Chem Soc Div Polym Chem）, 1964, 5：969

[343] Carazzolo G, Mammi M. J Polym Sci Part B, 1964, 2：1057；Carazzolo G, Valle G. Makromol Chem, 1966, 90：66

[344] Gotoh Y, Sakakihara H, Tadokro H. Polym J（Tokoyo）, 1973, 4：68

[345] Sakakihara H, Takahashi Y, Tadokoro H. Disc Meeting Soc Polym Sci//Tokyo, Japan（preprints）, 1969：407

[346] Kobayashi S, Nakazawa H, Iwayanagi S. Rep Progr Polym Phys Japan, 1977, 20：163

[347] Tabor B J, Magre' E P, Boon J. Eur Polym J, 1971, 7：1127

[348] Lovinger A J, Padden Jr F J, Davis D D. Polymer, 1988, 29：229

[349] Chung J S, Bodziuch J, Cebe P. J Mater Sci, 1992, 27：5609

附录 2 Ag，Mo，Cu，Co 和 Fe 靶在不同衍射角 (2θ) 下的面间距 d

$2\theta_{Ag}$	$2\theta_{Mo}$	$2\theta_{Cu}$	$2\theta_{Co}$	$2\theta_{Fe}$	$d/\text{Å}$	$(\sin\theta/\lambda)/\text{Å}^{-1}$
3.21	4.07	8.84	10.27	11.12	10.000	0.050
3.63	4.61	10.00	11.62	12.57	8.845	0.057
6.43	8.15	17.74	20.63	22.34	5.000	0.100
7.24	9.18	20.00	23.27	25.21	4.439	0.113
7.89	10.00	21.80	25.37	27.49	4.077	0.123
10.00	12.68	27.73	32.31	35.05	3.217	0.155
10.73	13.61	29.78	34.72	37.67	3.000	0.167
10.80	13.70	30.00	34.97	37.95	2.979	0.168
12.88	16.34	35.92	41.96	45.59	2.500	0.200
14.29	18.14	40.00	46.80	50.90	2.254	0.222
15.75	20.00	44.26	51.89	56.52	2.046	0.244
16.12	20.47	45.34	53.18	57.94	2.000	0.250
17.69	22.47	50.00	58.78	64.15	1.824	0.274
19.37	24.62	55.10	64.96	71.05	1.667	0.300
20.00	25.43	57.03	67.32	73.71	1.615	0.310
20.96	26.65	60.00	70.97	77.83	1.542	0.324
21.55	27.41	61.85	73.28	80.45	1.500	0.333
23.57	30.00	68.31	81.38	89.74	1.373	0.364
24.09	30.66	70.00	83.52	92.23	1.344	0.372
25.93	33.03	76.15	91.47	101.60	1.250	0.400
27.04	34.47	80.00	96.57	107.78	1.199	0.417
29.81	38.05	90.00	110.42	125.41	1.090	0.459
30.00	38.29	90.72	111.49	126.87	1.083	0.461
31.31	40.00	95.80	118.98	137.59	1.039	0.481
32.36	41.36	100.00	125.70	148.68	1.006	0.497
32.57	41.63	100.87	127.06	180.00	1.000	0.500
				(0.9687)		
34.67	44.37	110.00	144.08		0.941	0.531
36.72	47.06	120.00	180.00		0.890	0.562
			(0.8952)			
38.50	49.39	130.00			0.851	0.588
38.96	50.00	132.92			0.841	0.595
39.33	50.48	135.36			0.833	0.600
39.97	51.34	140.00			0.820	0.609
40.00	51.37	140.19			0.820	0.610
41.04	52.75	149.00			0.800	0.625
41.14	52.88	150.00			0.798	0.626
41.98	54.00	160.00			0.783	0.639

$2\theta_{Ag}$	$2\theta_{Mo}$	$2\theta_{Cu}$	$2\theta_{Co}$	$2\theta_{Fe}$	$d/Å$	$(\sin\theta/\lambda)/Å^{-1}$
42.49	54.67	170.00			0.774	0.646
42.66	54.90	180.00			0.771	0.649
46.23	59.67				0.714	0.700
46.48	60.00				0.711	0.704
47.23	61.02				0.700	0.714
50.00	64.77				0.664	0.754
53.32	69.30				0.625	0.800
53.82	70.00				0.620	0.807
60.00	78.64				0.561	0.892
60.96	80.00				0.553	0.904
67.83	90.00				0.503	0.995
68.23	90.59				0.500	1.000
70.00	93.25				0.489	1.023
74.38	100.00				0.464	1.078
80.00	109.09				0.436	1.146
80.54	110.00				0.434	1.153
84.60	117.05				0.417	1.200
86.22	120.00				0.410	1.219
89.02	125.35				0.400	1.250
90.00	127.30				0.397	1.261
91.31	130.00				0.392	1.275
95.72	140.00				0.378	1.322
99.32	150.00				0.368	1.359
100.00	152.24				0.366	1.366
101.99	160.00				0.361	1.386
103.47	168.56				0.357	1.400
103.64	170.00				0.357	1.402
104.20	180.00				0.355	1.407
110.00					0.342	1.461
120.00					0.324	1.544
127.62					0.313	1.600
130.00					0.309	1.616
138.36					0.300	1.667
140.00					0.298	1.676
150.00					0.290	1.722
160.00					0.285	1.756
170.00					0.281	1.776
180.00					0.280	1.783

注：表中 d 为应用 $2d\sin\theta = \lambda$ 求得，λ 采用双线分离后，按 $\lambda_{K_\alpha} = 1/3\lambda_{K_{\alpha2}} + 2/3\lambda_{K_{\alpha1}}$ 对 Ag，Mo，Cu，Co 和 Fe 靶的波长进行计算，结果为 $\lambda_{Ag} = 0.56083Å$，$\lambda_{Mo} = 0.71073Å$，$\lambda_{Cu} = 1.54178Å$，$\lambda_{Co} = 1.7903Å$，$\lambda_{Fe} = 1.9373Å$。

附录 3　基本物理常数

物理常数	符号	数值(SI 单位)
质子静止质量	M_p	$1.6726231 \times 10^{-27}$ kg
电子静止质量	m_e	9.109389×10^{-31} kg
电子电荷	e	$1.6021773 \times 10^{-19}$ A·s
电子荷质比	e/m_e	1.758819×10^{11} (A·s)/kg
原子质量单位	u	1.660540×10^{-27} kg
Bohr 半径	a_o	5.291772×10^{-11} m
电子半径	r_e	2.817940×10^{-15} m
Planck 常量	h	6.62607×10^{-34} J·s
	$\hbar = h/2\pi$	1.054572×10^{-34} J·s
Boltzmann 常量	K_B	1.38065×10^{-23} J/K
气体常量	R	8.3145 J/(mol·K)
Avogadro 常量	N_A	6.0221367×10^{23} mol^{-1}
Molar 体积常量	V_{mol}	22.41383 m^3/kmol
Faraday 常量	$F = N_A \cdot e$	9.64853×10^4 C/mol
Bohr 磁子	β_e	9.27401×10^{-24} J/T
核子磁矩	β_N	5.05078×10^{-27} J/T
质子旋磁比	γ_H	2.67522×10^8 T^{-1}·S^{-1}
质子 Lande 因子	γ_H	5.58569
	m_p/m_e	1836.152701
质子电子比	μ_e/μ_p	658.2106881
	γ_e/γ_p	658.2275841
电子 Lande 因子	g_e	2.0023193043

物理常数	符号	数值(SI 单位)
电子磁矩	μ_e	$-9.2847701(31) \times 10^{-24}$ J/T
自由电子回磁比	$\gamma_e = g_e\mu_N/\hbar$	$1.7608592(18) \times 10^{11}$ T/s
中子质量	m_n	$1.6749286(10) \times 10^{-27}$ kg
精细结构常数	$1/\alpha = 2h/\mu_0 ce^2$	$137.0359895(61)$
真空光速	c	2.99792458×10^8 m/s
真空导磁性	$\mu_0 = 4\pi \times 10^{-7}$	$12.566370614 \times 10^{-7}$ (T^2·m^3)/J
真空介电常数	$E_0 = 1/\mu_0 c^2$	$8.85418817 \times 10^{-12}$ (A^2·S^2)/(J·m)
重力常量	G	6.6725×10^{-11} m^3/(kg·s^2)
重力加速度	g	9.80665 m/s^2
电子 Compton 波长	λ_c	2.426310×10^{-12} m

注：$\pi = 3.14159$，$e = 2.71828$，$1/e = 0.36788$，$\ln(10) = 2.30259$。

附录4　晶面间距和单胞体积

1. 晶面间距

三斜
$$\frac{1}{d_{hkl}^2} = \frac{1}{(1 + 2\cos\alpha\cos\beta\cos\gamma - \cos^2\alpha - \cos^2\beta - \cos^2\gamma)}$$
$$\times \left[\frac{h^2\sin^2\alpha}{a^2} + \frac{k^2\sin^2\beta}{b^2} + \frac{l^2\sin^2\gamma}{c^2} + \frac{2hk}{ab}(\cos\alpha\cos\beta - \cos\gamma) \right.$$
$$\left. + \frac{2kl}{bc}(\cos\beta\cos\gamma - \cos\alpha) + \frac{2hl}{ac}(\cos\gamma\cos\alpha - \cos\beta) \right]$$

单斜
$$\frac{1}{d_{hkl}^2} = \frac{1}{\sin^2\beta}\left(\frac{h^2}{a^2} + \frac{k^2\sin^2\beta}{b^2} + \frac{l^2}{c^2} - \frac{2hl\cos\beta}{ac} \right)$$

正交
$$\frac{1}{d_{hkl}^2} = \frac{h^2}{a^2} + \frac{k^2}{b^2} + \frac{l^2}{c^2}$$

四方
$$\frac{1}{d_{hkl}^2} = \frac{h^2 + k^2}{a^2} + \frac{l^2}{c^2}$$

三方
$$\frac{1}{d_{hkl}^2} = \frac{(h^2 + k^2 + l^2)\sin^2\alpha + 2(hk + kl + lh)(\cos^2\alpha - \cos\alpha)}{a^2(1 + 2\cos^3\alpha - 3\cos^2\alpha)}$$

六方
$$\frac{1}{d_{hkl}^2} = \frac{4}{3}\left(\frac{h^2 + hk + k^2}{a^2} \right) + \frac{l^2}{c^2}$$

立方
$$\frac{1}{d_{hkl}^2} = \frac{h^2 + k^2 + l^2}{a^2}$$

2. 单胞体积

立方晶系　$V = a^3$

四方晶系　$V = a^2 c$

正交晶系　$V = abc$

六方晶系　$V = \dfrac{\sqrt{3}}{2}a^2 c$

三方晶系　$V = a^3(1 - 3\cos^2\alpha + 2\cos^{3\alpha})^{\frac{1}{2}}$

单斜晶系　$V = abc\sin\beta$

三斜晶系　$V = abc(1 - \cos^2\alpha - \cos^2\beta - \cos^2\gamma + 2\cos\alpha\cos\beta\cos\gamma)^{\frac{1}{2}}$

附录 5 主族元素间化学键的键长

(单位:10^{-12} m)

	H	B	C	N	O	F	Al	Si	P	S	Cl	Ga	Ge	As	Se	Br	In	Sn	Sb	Te	I
H	**68**	115	111	99	92	86	152	147	143	135	130	152	154	154	148	144	175	172	174	169	167
B	115	**162**	157	145	138	131	199	195	190	181	176	199	201	200	194	191	223	219	221	216	213
C	111	157	**158**	148	143	137	192	188	185	182	178	193	196	197	195	193	216	213	215	211	210
N	99	145	148	**146**	142	138	179	175	173	172	173	180	184	186	185	186	202	200	202	199	199
O	92	138	143	142	**144**	142	171	168	167	166	168	173	177	180	179	181	195	193	195	192	193
F	86	131	137	138	142	**148**	163	161	160	160	163	166	170	173	173	176	187	185	188	185	186
Al	152	199	192	179	171	163	**244**	236	227	217	210	239	238	237	229	225	268	261	261	253	249
Si	147	195	188	175	168	161	236	**230**	222	213	206	234	234	232	225	222	260	255	256	249	245
P	143	190	185	173	167	160	227	222	**218**	210	204	227	229	228	222	219	251	247	249	244	241
S	135	181	182	172	166	160	217	213	210	**206**	202	218	220	222	219	216	241	238	240	235	235
Cl	130	176	178	173	168	163	210	206	204	202	**202**	211	215	217	215	216	234	231	233	230	230
Ga	152	199	193	180	173	166	239	234	227	218	211	**238**	238	237	230	226	263	259	260	253	250
Ge	154	201	196	184	177	170	238	234	229	220	215	238	**240**	239	233	230	262	258	260	255	252
As	154	200	197	186	180	173	237	232	228	222	217	237	239	**240**	235	231	260	257	259	254	253
Se	148	194	195	185	179	173	229	225	222	219	215	230	233	235	**232**	230	253	250	252	248	248
Br	144	191	193	186	181	176	225	222	219	216	216	226	230	231	230	**230**	249	246	248	245	245
In	175	224	216	203	195	187	268	260	251	241	234	263	263	261	254	249	**292**	285	285	278	274
Sn	172	219	213	200	193	185	261	255	247	238	231	259	258	257	250	246	285	**280**	281	273	270
Sb	174	221	215	202	195	188	261	256	249	240	233	260	260	259	252	248	285	281	**282**	275	272
Te	169	216	211	199	192	185	253	249	244	235	230	253	255	254	248	245	278	273	275	**270**	267
I	167	213	210	199	193	186	249	245	241	235	230	250	252	253	248	245	274	270	272	267	**266**

注:键价 S 可以用 Pauling 相关方程,根据实验键长 d 计算得出:$S = \exp[(d_0 - d)/b]$,$d = d_0 - (b \ln S)$。式中,d_0、d 为单键长;$b = 37 \times 10^{-12}$ m。

附录6 多原子分子的键长与键角

分子	键	键长/ 10^{-12} m	键	键角/ (°)	分子	键	键长/ 10^{-12} m	键	键角/ (°)
CO_2	C-O	115.98	O-C-O	180	C_2H_2	C-H	109.3	H-C-H	180
CS_2	C-S	155.30	S-C-S	180	C_2H_2	C-C	176.6		
CSe_2	C-Se	198	Se-C-Se	180	C_2H_4	C-H	108.4	H-C-H	115.5
SO_2	S-O	143.21	O-S-O	119.5	C_2H_4	C-C	133.2		
SO_3	S-O	143	O-S-O	120	C_2H_6	C-H	109.3	H-C-H	109.75
H_2O	O-H	95.8	H-O-H	104.45	C_2H_6	C-C	153.4		
H_2O_2	O-O	148	O-O-H	100	C_6H_6	C-H	108.4	H-C-C	120
ClO_2	Cl-O	149	O-Cl-O	118.5	C_6H_6	C-C	139.7	C-C-C	120
H_2S	S-H	134.55	H-S-H	93.3	CH_3OH	C-H	109.4	C-O-H	109
NH_3	N-H	100.8	H-N-N	107.3	CH_3OH	C-O	109.5		
PH_3	P-H	143.7	H-P-H	93.3	CH_3OH	O-H	96.0		
A_sH_3	As-H	151.9	H-As-H	91.83	$(CH_3)_2O$	C-H	109.4	C-O-C	111.5
A_sCl_3	As-Cl	216.1	Cl-As-Cl	98.4	$(CH_3)_2O$	C-O	141.6		
$SbCl_3$	Sb-Cl	235.2	Cl-Sb-Cl	99.5	$(CH_3)_3N$	C-H	109	H-C-H	107.1
$BiCl_3$	Bi-Cl	248	Cl-Bi-Cl	100	$(CH_3)_3N$	C-N	147.2	C-N-C	108.7
SiH_3F	Si-H	146.0	H-Si-H	109.3	C_2H_5Cl	C-C	159.5	H-C-H	110
SiH_3F	Si-F	159.5			C_2H_5Cl	C-Cl	177.9	C-C-Cl	110.5
GeH_3Cl	Ge-H	152	H-Ge-H	110.9	$(CH_3)_2CO$	C-C	151.5	C-C-C	116.22
$POCl_3$	P-Cl	199	Cl-P-Cl	103.5	$(CH_3)_2CO$	C-O	121.5	C-C-O	121.9
CH_4	C-H	109.3	H-C-H	109.5	CH_3SH	C-S	181.9	C-S-H	96.5
CCl_4	C-Cl	176.6	Cl-C-Cl	109.5	$(CH_3)_3As$	C-As	195.9	C-As-C	96

附录 7　部分习题参考答案

第一章

4.

点群	赤面（投影图）	对称面	对称轴	对称中心	晶系
C_{2h}-$2/m$		m	2	i	单斜
D_{2h}-mmm		m（3）	2（3）	i	正交
C_6-6		—	6	—	六方
C_{4v}-$4mm$		m（4）	4	—	四方

6. （1）ABO_3；（2）000；$\dfrac{1}{2}\,\dfrac{1}{2}\,0$；$\dfrac{1}{2}\,0\,\dfrac{1}{2}$；$0\,\dfrac{1}{2}\,\dfrac{1}{2}$；$\dfrac{1}{2}\,\dfrac{1}{2}\,\dfrac{1}{2}$；（3）面心或体心

7. uvw 点阵点指标，可为正值或负值；
   [uvw] 直线点阵指标，uvw 互为质数；
   hkl 平面（米勒）指数，非互质；
   （hkl）平面（米勒）指数，互质

8. 5.64Å

第二章

1. $N=4$，$Z=4$，$L=12$

2. $\rho_s=0.896\text{g/cm}^3$，$\rho_c=1.005\text{g/cm}^3$

4. (1) D、C (2) B、B、A、C、D

5. 等同周期（I）（identity period），沿着分子链方向结晶轴长（或沿着分子链轴方向相近相同两个等同点间距离）习惯上称等同周期，一般用 X 射线衍射测定；

长周期（L）（long period）在结晶聚合物中等于结晶层 + 非晶层 + 2 倍过渡层厚度，用 SAXS 或 EM 测定；

晶面间距（d）（interplanar spacing）在晶体中等于两个相邻晶面的垂直距离，用 Bragg 公式计算得到

6. (a) $N = 4$，$\rho_c = 0.929 \text{g/cm}^3$；(b) $N = 2$，$\rho_c = 0.929 \text{g/cm}^3$

第三章

3. PE 4.00cm²/g；尼龙 1010 0.626cm²/g；i-PP 4.005cm²/g；

尼龙 66 5.53cm²/g

6. 0.18cm

第四章

1. (a) $a^* = 0.152\text{Å}^{-1}$；$b^* = 0.047\text{Å}^{-1}$；$c^* = 0.156\text{Å}^{-1}$

$\alpha^* = \gamma^* = 90°$；$\beta^* = 80°40'$

(b) $V = 8.94 \times 10^{-22} \text{cm}^3$，$V^* = 1.12 \times 10^{21} \text{cm}^{-3}$

(c) $d_{110} = 6.286\text{Å}$

(d) $2\theta_{040} = 16.81°$

第五章

1. (1) $a = 7.52$ Å；$b = 4.94\text{Å}$；$c = 2.53\text{Å}$

(2) $\overline{L}_{110} = 105.6\text{Å}$

2. $c = 28.9\text{Å}$

3. $a = 7.24\text{Å}$；$b = 4.94\text{Å}$；$c = 2.53\text{Å}$

$d_{110} = 4.12\text{Å}$；$d_{200} = 3.717\text{Å}$；$d_{020} = 2.467\text{Å}$；$d_{011} = 2.251\text{Å}$

第六章

3. D、A、E、C、B

第八章

2. 14614g/mol

第九章

2. $w_{c,x} = 79.4\%$

3. 证明：$w_c = PI_c$，$w_a = gI_a$，$\dfrac{I_c}{I_a} = \dfrac{gw_c}{Pw_a} = \dfrac{gw_c}{P(1-w_c)}$，$I_cP = I_c pw_c + I_a gw_c$，

$$w_c = \frac{PI_c}{I_cP + I_ag} = \frac{I_c}{I_c + I_ag/P} = \frac{I_c}{I_c + I_ak},$$

即 $w_c = \dfrac{I_c}{I_c + kI_a} \times 100\%$，式中 $k = g/p$

4. $W_{c,d} = 47.7\%$；$\phi_{c,d} = 43.6\%$；

证明：$W_{c,d} = \phi_{c,d} \cdot \rho_c/\rho_s$

由 $\dfrac{W_{c,d}}{\phi_{c,d}} = \dfrac{\rho_c \cdot \phi_c}{\rho_s \phi} \bigg/ \dfrac{\phi_c}{\phi}$

故 $W_{c,d} = \phi_{c,d} \cdot \rho_c/\rho_s$

5.（1）$N = Z = 2$；$L = 4$；$\rho_c = 1.546\mathrm{g/cm^3}$，$M = 164.2\mathrm{g}$；晶体结构重复单

元

（2）$W_{c,d} = 38.8\%$

（3）请参考 9.3.2 节尼龙 1010 的例子

第十章

1. $e = 0.941$；$f = 0.298$；$g = 0$
2. $e = 0.5549$；$f = 0.813$；$g = 0$

第十一章

2. B

3. 105.8Å

第十二章

4. $(\eta_c - \eta_a) = 0.019 \left[\dfrac{\mathrm{mol} \cdot e}{\mathrm{cm^3}} \right]$

5. $(\eta_c - \eta_a) = 0.093 \left[\dfrac{\mathrm{mol} \cdot e}{\mathrm{cm^3}} \right]$